AF309293

BASE

DU SYSTÈME MÉTRIQUE DÉCIMAL,

ou

MESURE DE L'ARC DU MÉRIDIEN

ENTRE DUNKERQUE ET BARCELONE.

BASE

DU SYSTÈME MÈTRIQUE DÉCIMAL,

OU

MESURE DE L'ARC DU MÉRIDIEN

COMPRIS ENTRE LES PARALLÈLES

DE DUNKERQUE ET BARCELONE,

EXÉCUTÉE EN 1792 ET ANNÉES SUIVANTES,

Par MM. MÉCHAIN ET DELAMBRE.

Rédigée par M. Delambre, secrétaire perpétuel de l'Institut pour les sciences mathématiques, membre du bureau des longitudes, des sociétés royales de Londres, d'Upsal et de Copenhague, des académies de Berlin et de Suède, de la société Italienne et de celle de Gottingue, et membre de la Légion d'honneur.

———

SUITE DES MÉMOIRES DE L'INSTITUT.

———

TOME PREMIER.

PARIS.

BAUDOUIN, IMPRIMEUR DE L'INSTITUT NATIONAL.

———

JANVIER 1806.

DISCOURS PRÉLIMINAIRE.

Lᴇs deux questions de la grandeur et de la figure de la terre, qui exercent depuis si long-temps les astronomes et les géomètres, paroissent de nature à n'être jamais entièrement épuisées. Les anciens ne se sont guère occupés que de la première ; la seconde leur avoit semblé résolue aussitôt que posée. Dès l'instant où l'on se fut démontré la courbure de la terre et la convexité des mers, on se hâta de conclure que la terre étoit un globe. Dans un temps où l'on ne vouloit voir dans le ciel que des cercles, quand on ne pouvoit concevoir que des mouvemens rectilignes ou circulaires, on n'avoit garde d'élever le moindre doute sur une supposition qui réunissoit une grande simplicité en théorie et une exactitude suffisante pour la pratique. Il passa donc pour certain jusqu'à Huygens et Newton que la terre étoit sphérique. Dans cette hypothèse il suffit de mesurer un arc d'un méridien quelconque pour être en état de construire un globe qui soit en petit la représentation de la terre, et sur lequel on puisse tracer dans leurs justes proportions les différens pays qui en partagent la surface. Ératosthène paroît être le premier qui ait montré comment devoit se faire cette opération fondamentale de la géographie. Sans sortir de son observatoire, il donna la première idée de la marche qu'il falloit suivre pour déterminer la grandeur de la terre. Il avoit lu ou entendu dire qu'à Syenne, le jour du solstice, les puits étoient éclairés jusqu'au fond; que les corps droits ne jetoient aucune ombre à midi. Il en conclut que Syenne étoit sous le tropique. La hauteur solsticiale, qu'il put observer lui-même à Alexandrie, lui donnoit la différence de latitude ou le nombre de degrés du méridien interceptés entre les parallèles de ces deux villes. La route qui conduisoit de l'une à l'autre étoit d'environ 5000 stades.; elle se dirigeoit à peu près dans le sens du méridien : il en supposa la déclinaison tout-à-fait nulle. La différence en latitude lui parut la cinquantième partie d'un grand cercle. La circonférence de la terre devoit par conséquent être de 250,000 stades : il la porta à 252,000, pour avoir un degré de 700 stades en nombres ronds. Ces résultats ne sont pas, comme on voit, d'une précision bien rigoureuse; mais ils suffisoient à la géographie de son temps. Pour placer sur son globe ou sur ses cartes, par rapport à Alexandrie, tous les lieux qu'il vouloit décrire, il lui suffisoit de connoître vers quel point de l'horizon et à quelle distance ils se trouvoient; ou bien encore les latitudes de deux lieux, et leur distance itinéraire étant données, on pouvoit les mettre à leurs places respectives sur le globe. C'étoit un service essentiel qui ne pouvoit être rendu à la géographie que par un homme qui à beaucoup d'esprit joignît toutes les connoissances qu'on avoit pu amasser de son temps. Quelques modernes ont

voulu lui faire honneur d'une précision à laquelle il ne
pouvoit prétendre. Ces anciennes opérations, dont il ne
reste que des traditions vagues, sont extrêmement commodes pour ceux qui aiment les systèmes. Elles renfer-
ment toutes quelque indéterminée qu'on évalue d'après
les observations modernes, ou d'après l'hypothèse que
l'on s'est faite. On y trouve tout ce qu'on veut, mais
on n'y peut jamais lire que ce que l'on sait d'ailleurs ;
on n'y peut rien puiser qui avance le moins du monde
nos connoissances. Si les modernes n'eussent pas exécuté ce qu'Ératosthène s'étoit contenté d'indiquer, sa
mesure si fameuse et tant de fois commentée ne nous
apprendroit rien, sinon que la distance d'Alexandrie à
Syenne étoit environ la cinquantième partie d'une circonférence. Quant à sa division du degré en 700 stades,
elle n'a pour nous aucun sens, puisque rien ne détermine le stade dont il s'est servi. D'autres géographes ont
divisé le degré en un autre nombre de stades, c'est-à-
dire qu'ils ont traduit les nombres d'Ératosthène en d'autres fractions équivalentes, comme nous faisons nous-
mêmes quand, pour la commodité du calcul, nous
convertissons les minutes et les secondes en décimales
de degré, ou réciproquement. Ces fractions sont iden-
tiques ; il n'y a que la forme qui soit changée, et ces
différens degrés dont il est question dans les anciens
auteurs ont encore une existence moins réelle que celui
d'Ératosthène, dont ils ne sont qu'une espèce de tra-
duction. Celui de Posidonius est le seul sur lequel on
ait conservé quelques détails ; mais ses données étoient

encore bien plus incertaines que celle d'Ératosthène. Riccioli fait remarquer avec beaucoup de raison, comme une chose fort suspecte, ces distances de 5000 stades justes que l'on compte entre Rhodes et Alexandrie, Alexandrie et Syenne, Syenne et Méroé; il n'en faut pas davantage pour montrer que ces trois degrés ne sont que des approximations grossières qui ne valoient pas la peine d'être tant et si longuement discutées. Un degré plus ancien encore est, dit-on, celui dont Aristote fait mention dans son *Traité du ciel*, liv. II., chap. 14; mais il est à remarquer que, dans ce passage, Aristote ne dit nullement que la terre ait été mesurée. *Ceux des mathématiciens qui essaient d'estimer la grandeur de la terre, disent qu'elle a 400,000 stades de circonférence*..... Ὅσοι τὸ μέγεθος ἀναλογίζεσθαι πειρῶνται..... S'exprimeroit-il ainsi s'il vouloit parler d'une mesure effective? Et le présent ϖειρῶνται, *essaient*, peut-il s'entendre d'une mesure plus ancienne qu'Aristote?

Ce que les Arabes ont fait pour la mesure de la terre est encore bien moins précis. Almamoun, nous dit-on, fit assembler ses astronomes dans les plaines de Sinjar. Après y avoir pris la hauteur du pôle, on ne dit pas comment, ils se séparèrent en deux troupes, et marchèrent, les uns vers le midi, les autres vers le nord, mesurant le mieux qu'ils purent la route qu'ils faisoient, observant de temps à autre la hauteur du pôle, jusqu'à ce qu'ils eussent trouvé des deux côtés une différence d'un degré entre leur latitude et celle du point de départ. De cette mesure de deux degrés il résulta une évalua-

tion qui paroît encore moins précise que celle des astronomes d'Alexandrie (1).

Toutes ces mesures étoient du genre de celle de Fernel,
sur laquelle on a moins disserté, parce que Fernel n'est
pas si ancien, et parce que son degré d'Amiens a depuis été mesuré d'une manière bien plus authentique.
Comme les Arabes, il s'est acheminé vers le nord, jusqu'à ce qu'il eût trouvé la hauteur du pôle augmentée
d'un degré. Comme Eratosthène, Posidonius, et les
Arabes, il a supposé que sa route étoit toute dans un
même méridien. On ne sait pas si les Arabes se sont
beaucoup trompé dans leur estime : l'erreur de Posidonius étoit de 2 degrés en longitude ; celle d'Ératosthène
étoit de 3. Fernel fut plus heureux : Amiens est en effet
sous le même méridien que Paris, ou du moins l'écart
n'est que de quelques minutes. Quant à sa mesure géodésique, elle consistoit à compter les tours de roue de
sa voiture. Le moyen étoit grossier : ceux des Grecs ne
l'étoient pas moins ; ceux des Arabes n'ont probablement
pas été meilleurs. Fernel a rencontré assez juste ; c'est
un hasard singulier. Quand les Grecs et les Arabes auroient été aussi heureux, ce qui n'est pas, on n'en pourroit encore rien conclure.

Snellius employa une meilleure méthode : Bailli dit
que c'étoit la méthode d'Eratosthène et des anciens.
Cette assertion est au moins très-gratuite. Snellius

____

(1) Ils trouvèrent le degré de 56 ½ milles. Paucton, *Métrologie*, p. 123,
prétend qu'il faut lire 66 ½.

mesura une base sur laquelle il forma des triangles; il en déduisit la distance dans le sens du méridien, et il observa la hauteur du pôle aux deux extrémités. C'est exactement la méthode actuelle; il n'y a de différence que dans les moyens mécaniques, dans les méthodes de calcul et dans les soins qu'on y apporte maintenant : or on ne voit rien de pareil chez les anciens, quand on les lit sans prévention, et qu'on ne veut trouver dans leurs ouvrages que ce qu'ils y ont mis véritablement.

Riccioli avoit imaginé, pour mesurer les degrés et le rayon de la terre, diverses méthodes qu'il a détaillées avec soin dans sa *Géographie réformée*; mais, outre qu'elles ne pouvoient s'appliquer qu'à de fort petits arcs, elles avoient encore l'inconvénient de dépendre plus ou moins des réfractions astronomiques ou terrestres. Les valeurs différentes auxquelles il étoit successivement arrivé par toutes ces méthodes, prouvoient assez qu'elles méritoient peu de confiance, et elles sont toutes aujourd'hui totalement abandonnées. La plus simple de toutes étoit celle qu'il avoit empruntée de Kepler, et elle consistoit dans la solution de ce problème très-facile en théorie : *Connoissant la distance de deux lieux en ligne droite, et leurs distances angulaires au zénith l'une de l'autre, déterminer la distance de chacun de ces deux lieux au centre de la terre*; ce qui se réduit à calculer les deux côtés d'un triangle rectiligne dont on connoît deux angles et le côté compris. Mais il est visible que la réfraction terrestre altère les deux angles. On ne doit donc faire aucun fond sur cette méthode, et l'on peut voir ce qu'en ont dit Picard et Cassini dans leurs ouvrages sur la mesure et la grandeur de la terre.

Norwood, revenant en partie à la méthode de Snellius, en partie à celle de Fernel, mesurant un plus grand arc avec de plus grands instrumens, et tâchant d'évaluer, au moyen d'un graphomètre, tous les détours de la route qu'il mesuroit à la manière des arpenteurs, Norwood, malgré tous ses soins, se trompa d'environ 400 toises sur le degré.

Picard, qui en société avec Auzout avoit rendu à l'astronomie un service capital en appliquant aux grands instrumens les lunettes et les micromètres en place de pinnules, suivit d'ailleurs l'exemple de Snellius, et mettant dans toutes les parties de l'opération une exactitude et des soins auparavant inconnus, donna enfin une mesure sur laquelle on pouvoit compter, et sur laquelle on compta pendant soixante ans. On reconnut depuis qu'il s'étoit trompé de quelques secondes dans l'arc céleste; mais, par un hasard heureux, cette erreur trouvoit une compensation, en ce que la longueur de la toise qu'il employoit étoit plus courte d'un millième environ que celle qui a servi de modèle à la toise de l'Académie des sciences. Picard donna donc à son degré d'Amiens 57066 toises, c'est-à-dire, environ 15 toises de moins que nous n'avons trouvé par notre mesure; mais, quand on eut reconnu l'erreur de l'arc céleste, sans avoir encore soupçonné la différence qui existoit entre sa toise et celle de l'Académie, on porta son degré à 57183 ou 57167 toises en tenant compte de la réfraction, et l'erreur devint alors de près de 100 toises ; mais elle fut diminuée des deux tiers par les vérifications de la base de Villejuif et Juvisi, faites avec tant de soin et à tant de reprises, de 1740 à 1756 (1).

La mesure de Picard fut continuée jusqu'à Dunkerque et Collioure, par Cassini et Lahire. Cette nouvelle entreprise, commencée vers 1683, interrompue long-temps, ne put être terminée que vers 1718, et le livre où les détails de toutes ces opérations sont consignées a été imprimé comme suite aux *Mémoires de l'Académie* pour la même année.

Tout ce travail reposoit sur la base de Picard. Pour vérification, on en avoit pourtant mesuré deux autres sur le bord de la mer, l'une auprès de Dunkerque, et l'autre auprès de Perpignan. A la première, on ne trouva qu'une toise de différence entre le calcul et la mesure réelle ; à la seconde, on eut d'abord trois toises ; ensuite, par quelques corrections, on rendit cette différence un peu moindre, et puis, sans nous dire en quel sens étoient ces deux erreurs, on se contenta de conclure que les observations et les calculs étoient suffisamment vérifiés.

La grandeur de la terre étant ainsi passablement déterminée par les astronomes français, on commença tout aussitôt à disputer sur la figure des méridiens.

Huygens et Newton avoient trouvé par la théorie que

---

(1) *Degré du méridien entre Paris et Amiens*, par MM. Maupertuis, Clairault, Camus et Lemonnier. Paris, 1740, p. LIV.

la terre devoit être applatie vers les pôles. La mesure des 8 degrés ½ de Dunkerque à Collioure, indiquoit un allongement : ce résultat n'étoit pas moins contraire à celui qu'on tiroit de la diminution du pendule, près de l'équateur, observée par Richer, qu'il n'étoit opposé aux démonstrations d'Huygens et de Newton. Mairan, dans les mémoires de 1720, fit tous ses efforts pour concilier les observations du pendule et celles des degrés, et prouver que les unes et les autres pouvoient être également bonnes. Desaguliers, dans les *Transactions philosophiques*, soutint que l'hypothèse de Mairan étoit inadmissible. La dispute ne finissoit pas : divers auteurs proposoient des moyens plus ou moins faciles pour décider la question ; le plus sûr étoit, sans contredit, celui de mesurer deux degrés ; l'un vers l'équateur, et l'autre vers le pôle. Ces opérations démontrèrent l'applatissement. On n'avoit pas attendu ces mesures pour élever des doutes sur l'exactitude de celles qui avoient été exécutées en France ; on sentit la nécessité de les vérifier. Cassini de Thuri s'en chargea, conjointement avec Lacaille, en 1739. Leur travail parut sous le titre de *Méridienne vérifiée en 1744*, comme suite aux *Mémoires de l'Académie* : et il ne resta plus de doute sur l'allongement des degrés en allant de l'équateur au pôle. Cette conclusion étoit encore confirmée par la mesure d'un degré de longitude, exécutée par les deux mêmes astronomes ; tout conspiroit donc pour prouver l'applatissement : la quantité seule laissoit matière à de nouvelles recherches, plus difficiles encore et plus délicates que toutes celles qu'on avoit déja faites.

Depuis ce temps plusieurs degrés ont été mesurés en différens pays; Lacaille, au cap de Bonne-Espérance; Boscowich, dans les états du Pape; Beccaria, dans le Piémont; Liesganig, en Autriche et en Hongrie, suivirent avec plus ou moins de succès les exemples donnés en France; enfin, Mason et Dixon mesurèrent un degré en Pensilvanie, sans employer aucun triangle, et en portant la toise actuellement sur l'arc terrestre tout entier. Loin de fixer l'incertitude qui restoit sur la quantité de l'applatissement, la comparaison de tous ces degrés étoit plus propre à faire douter de la similitude des méridiens ou de la régularité de leur courbure. Ces soupçons ont acquis de nouvelles forces par les dernières opérations. On finira peut-être par reconnoître que les parallèles ne s'éloignent pas moins que les méridiens de la figure circulaire, et que la terre n'est pas exactement un solide de révolution; mais, si l'on acquiert la preuve que toutes les parties de la terre sont irrégulières, on saura du moins, à fort peu près, dans quelles limites ces irrégularités seront renfermées, et l'on resserrera de plus en plus ces limites : déja même il est démontré que si l'on peut commettre quelqu'erreur en donnant à la terre la figure d'un sphéroïde elliptique, cette erreur est du moins absolument indifférente pour la pratique.

Ces mesures de degrés et celles du pendule faites avec des soins non moins scrupuleux, en différens climats, avoient donné l'idée d'une mesure universelle et invariable, dont l'original seroit pris dans la nature. Picard, qui avoit lié entre elles les deux opérations afin qu'on pût en tout temps retrouver la valeur de sa toise, proposoit la longueur du pendule pour cette mesure universelle, et lui donnoit le nom de rayon astronomique; il promettoit que cette longueur et sa toise seroient scrupuleusement conservées dans le magnifique observatoire qui venoit d'être terminé. On eut depuis à se repentir d'avoir négligé une précaution si sage et si facile.

Cassini, dans le livre *De la grandeur et de la figure de la terre*, pages 158 et 159, proposoit un pied géométrique qui seroit la six-millième partie de la minute du grand cercle, ou bien une brasse de deux de ces pieds, et qui seroit la dix-millionième partie du demi-diamètre de la terre, ou enfin une toise de six de ces mêmes pieds, ensorte que le degré eût été de 60,000 toises. Cette idée différoit peu de celle de Moûton, qui, dans un ouvrage imprimé à Lyon en 1670, proposoit de prendre pour unité la minute du degré qu'il appeloit *mille*; les divisions et sous-divisions de cette grande unité étoient toutes décimales, et il leur donnoit les noms de *centuria*, *decuria*, *virga*, *virgula*, *decima*, *centesima* et *millesima*, ou de *stadium*, *funiculus*, *virga*, *virgula*, *digitus*, *granum*, *punctum*. (*Observationes diametrorum*, p. 427.)

Cette idée d'une mesure universelle, prise dans la nature, fut applaudie et souvent reproduite, mais sans aucun succès, si ce n'est celui d'avoir été jugée assez bonne pour qu'on ait cru devoir en faire honneur aux anciens. Paucton, à la page 102 de sa *Métrologie*, dit expressément que le *prototype naturel auquel les anciens avoient rapporté leurs mesures est la mesure de la terre;* et un peu plus haut : *l'Égypte conservoit ce module authentique;* et page 109 : *le côté de la grande pyramide, pris cinq cents fois, est précisément la mesure du degré déterminé par les modernes.* Dans cette hypothèse, tout s'explique avec une merveilleuse facilité, mais c'est en donnant 684 $\frac{1}{5}$ pieds au côté de la base. Or, suivant les mesures faites par les astronomes et ingénieurs français en Égypte, ce côté est de 716 $\frac{1}{2}$; et cette longueur donne au degré 2700 toises de plus qu'il ne doit avoir selon nos mesures.

Bailli, en présentant à son lecteur une idée assez semblable à celle de Paucton, ne l'offre du moins que comme une conjecture vraisemblable (*Histoire de l'astronomie moderne,* t. I, pag. 156). *Les anciens,* nous dit-il, *ont eu, comme nous, l'idée de rendre leurs mesures invariables en les prenant dans la nature, et cette idée, encore sans exécution chez nous, semble avoir été remplie par eux.* Comme Paucton, il prend pour bases de son système le côté de la pyramide et la coudée, qu'il suppose de 20,54 pouces; mais, suivant nos ingénieurs, la coudée nilométrique est de 19,992 pouces; tandis que le côté de la pyramide est de 716 $\frac{1}{2}$ au lieu de 684 $\frac{1}{5}$. Nous ne ferons aucune réflexion sur tous ces systèmes bâtis sur des fondemens si ruineux ; mais on regrette que tant d'auteurs qui se sont exercés à retrouver dans les ouvrages des anciens tout ce que les modernes ont de mieux, ne se soient pas attachés plutôt à démêler les découvertes futures que ces ouvrages recèlent aussi, sans doute, et à nous apprendre ce que nous ignorons encore.

Quoi qu'il en soit, au reste, de toutes ces conjectures; que les mesures usitées chez les peuples anciens, dont nous connoissons l'histoire, aient eu pour origine les travaux d'un peuple inconnu, dont la mémoire n'étoit pas même parvenue aux Grecs ni aux Romains; que l'idée d'une mesure universelle et prise dans la nature soit due aux modernes, ou qu'elle ait été réalisée bien avant les temps historiques : nous la voyons enfin heureusement exécutée; c'est de tous les bons effets qui resteront de la révolution française celui que nous aurons payé moins cher, et si ce grand changement a éprouvé quelques contradictions, elles tenoient uniquement à cet esprit d'inertie et de paresse, qui commence toujours par repousser les nouveautés les plus utiles.

Depuis long-temps, l'étonnante et scandaleuse diversité de nos mesures avoit excité les réclamations des bons esprits; plus d'une fois on avoit présenté des projets de réforme au gouvernement, qui les avoit fait examiner : mais, malgré les rapports les plus favorables, malgré la bonne volonté des ministres, et particulièrement du contrôleur général des finances Orry, ces projets avoient toujours été repoussés ou mis en oubli. En 1788, le vœu d'une mesure uniforme fut consigné dans les cahiers de quelques bailliages; quelques savans firent entendre leur voix. Les esprits étoient alors disposés à recevoir avec enthousiasme toutes les réformes utiles.

Le système incohérent de nos mesures, outre ses incon-véniens réels, avoit un vice originel qui en fit hâter l'abolition : la confusion qui y régnoit étoit en grande partie l'ouvrage de cette féodalité que personne n'osoit plus défendre, et dont on travailloit à faire disparoître jusqu'aux moindres vestiges. Ce concours unique de cir-constances valut un accueil favorable à la proposition faite en 1790 à l'assemblée constituante par M. de Tal-leyrand, aujourd'hui ministre des relations extérieures. Le 6 mai, M. de Bonnai fit son rapport; et le 8 du même mois l'assemblée rendit un décret par lequel *le roi étoit supplié d'écrire à S. M. Britannique, et de la prier d'engager le parlement d'Angleterre à concourir avec l'assemblée nationale à la fixation de l'unité na-turelle des mesures et des poids, afin que, sous les auspices des deux nations, des commissaires de l'Aca-démie des sciences pussent se réunir en nombre égal avec des membres choisis de la Société royale de Lon-dres, dans le lieu qui seroit jugé respectivement le plus convenable, pour déterminer à la latitude de 45 degrés, ou toute autre latitude qui pourroit être préférée, la longueur du pendule, et en déduire un modèle inva-riable pour toutes les mesures et pour les poids.*

Ce décret fut sanctionné le 22 août. L'Académie nomma une commission composée de MM. Borda, Lagrange, Laplace, Monge et Condorcet. Leur rap-port, imprimé dans les *Mémoires de l'Académie des sciences pour* 1788, p. 7, est du 19 mars 1791. On y voit les raisons qui peuvent être alléguées en faveur des trois différentes unités fondamentales entre lesquelles les choix pouvoient se partager. La première est le pendule qui bat les secondes. Les commissaires croient qu'il faudroit prendre celui de 45 degrés, par la raison « Qu'il est » moyen arithmétique entre tous les pendules inégaux » entre eux qui battent les secondes aux différentes latitudes ; mais on peut observer en général que le pen- » dule renferme un élément hétérogène, qui est le temps, » et un élément arbitraire, la division du jour en 86400 » secondes. Or il est possible d'avoir une unité de lon- » gueur qui ne dépende d'aucune autre quantité. Cette » unité, prise sur la terre même, aura un autre avan- » tage, celui d'être parfaitement analogue à toutes les » mesures réelles que, dans les usages communs à la » vie, on prend aussi sur la terre, telles que des dis- » tances entre des points de sa surface ou l'étendue des » portions de cette même surface. Il est bien plus na- » turel, en effet, de rapporter la distance d'un lieu à » un autre au quart d'un des cercles terrestres, que de les » rapporter à la longueur d'un pendule. »

Les commissaires se déterminant pour ce genre d'unité de mesure, ne pouvoient plus balancer qu'entre le quart de l'équateur ou celui du méridien, qui sont les deux autres unités dont nous avions à parler.

« La régularité de l'équateur n'est pas plus assurée » que la similitude ou la régularité des méridiens ; la » grandeur de l'arc céleste répondant à l'espace qu'on » auroit mesuré, est moins susceptible d'être déterminée » avec précision ; enfin on peut dire que chaque peuple

» appartient à un des méridiens de la terre, mais qu'une
» partie seulement est placée sous l'équateur.

» Le quart du méridien terrestre deviendroit donc
» l'unité réelle de mesure, et la dix-millionième partie
» de cette longueur en seroit l'unité usuelle. On renon-
» ceroit à la division ordinaire du quart de méridien
» en degrés, du degré en minutes et de la minute en
» secondes; mais on ne pourroit conserver cette an-
» cienne division sans nuire à l'unité du système de
» mesure, puisque la division décimale, qui répond à
» l'échelle arithmétique, doit être préférée pour les me-
» sures d'usage, et qu'ainsi l'on auroit pour celles de
» longueur seules deux systèmes de division, dont l'un
» s'adapteroit aux grandes mesures et l'autre aux petites.
» La lieue, par exemple, ne pourroit être à la fois et
» une division simple du degré et un multiple de la toise
» en nombres ronds. Les inconvéniens de ce double
» système seroient éternels; au contraire, ceux du chan-
» gement seront passagers.

» En adoptant ces principes, on n'introduira rien d'ar-
» bitraire dans les mesures, que l'échelle arithmétique
» sur laquelle leurs divisions doivent nécessairement se
» régler; de même il n'y aura rien d'arbitraire dans les
» poids, que le choix de la substance homogène et facile
» à retrouver toujours dans le même degré de pureté et
» de densité à laquelle il faut rapporter la pesanteur de
» toutes les autres, comme, par exemple, si l'on choisit
» pour base l'eau distillée, pesée dans le vide ou rap-
» pelée au poids qu'elle y auroit, et prise au degré de

» température où elle passe de l'état de solide à celui
» de liquide.....
  » Nous proposerons donc de mesurer immédiatement
» un arc du méridien depuis Dunkerque jusqu'à Bar-
» celone, ce qui comprend un peu plus de $9^{\circ} \frac{1}{2}$. Cet arc
» seroit d'une étendue très-suffisante, et il y en auroit
» environ 6 degrés au nord et $3\frac{1}{2}$ au midi du parallèle
» moyen. A ces avantages se joint celui d'avoir les deux
» points extrêmes également au niveau de la mer. C'est
» pour satisfaire à cette dernière condition qui donne
» l'avantage d'avoir des points de niveau invariables et
» déterminés par la nature, pour augmenter l'arc me-
» suré, pour qu'il soit partagé d'une manière plus égale,
» enfin pour l'étendre au-delà des Pyrénées et se sous-
» traire aux incertitudes que leur effet sur les instru-
» mens peut produire dans les observations, que nous
» proposons de prolonger la mesure jusqu'à Barcelone.....
  » Les opérations nécessaires pour ce travail seroient,
» 1°. de déterminer la différence de latitude entre Dun-
» kerque et Barcelone, et en général de faire sur cette
» ligne toutes les observations astronomiques qui se-
» roient jugées utiles; 2°. de mesurer les anciennes bases
» qui ont servi à la mesure du degré faite à Paris, et
» aux travaux de la carte de France; 3°. de vérifier par
» de nouvelles observations la suite des triangles qui
» ont été employés pour mesurer la méridienne, et de
» les prolonger jusqu'à Barcelone; 4°. de faire au 45ᵉ
» degré des observations qui constatent le nombre des
» vibrations que feroit en un jour, dans le vide, au

1.

» bord de la mer, à la température de la glace fondante,
» un pendule simple égal à la dix-millionième partie de
» l'arc du méridien, afin que ce nombre étant une fois
» connu on puisse retrouver cette mesure par les obser-
» vations du pendule. On réunit par ce moyen les avan-
» tages du système que nous avons préféré, et de celui
» où l'on auroit pris pour unité la longueur du pendule.
» Ces observations peuvent se faire avant que cette dix-
» millionième partie soit connue : connoissant en effet
» le nombre des oscillations d'un pendule d'une lon-
» gueur déterminée, il suffira de connoître dans la suite
» le rapport de cette longueur à cette dix-millionième
» partie, pour en déduire d'une manière certaine le
» nombre cherché. 5°. Vérifier par des expériences nou-
» velles et faites avec soin, la pesanteur dans le vide
» d'un volume donné d'eau distillée, prise aux termes
» de la glace. 6°. Enfin réduire aux mesures actuelles de
» longueur, les différentes mesures de longueur, de sur-
» face ou de capacité usitées dans le commerce, et les
» différens poids qui y sont en usage, afin de pouvoir en-
» suite, par de simples règles de trois, les évaluer en me-
» sures nouvelles lorsqu'elles seront déterminées......

» Nous n'avons pas cru qu'il fût nécessaire d'attendre
» le concours des autres nations, ni pour se décider sur
» le choix de l'unité de mesure, ni pour commencer les
» opérations. En effet, nous avons exclu de ce choix
» toute détermination arbitraire ; nous n'avons admis
» que des élémens qui appartiennent également à toutes
» les nations. Le choix du 45° parallèle n'est point

» déterminé par la position de la France; il n'est pas
» considéré ici comme un point fixe du méridien, mais
» seulement comme celui où correspondent la longueur
» moyenne du pendule et la grandeur moyenne d'une
» division quelconque de ce cercle. Enfin nous avons
» choisi le seul méridien où l'on puisse trouver un arc
» aboutissant au niveau de la mer, coupé par le paral-
» lèle moyen, sans être cependant d'une trop grande
» étendue qui en rende la mesure actuelle trop difficile.
» Il ne se présente donc rien ici qui puisse donner le
» plus léger prétexte au reproche d'avoir voulu affecter
» une sorte de prééminence.

» En un mot, si la mémoire de ces travaux venoit à
» s'effacer, si les résultats seuls étoient conservés, ils
» n'offriroient rien qui pût servir à faire connoître quelle
» nation en a conçu l'idée, en a suivi l'exécution. »

Les commissaires proposoient à l'Académie de nommer six commissions différentes pour les six opérations
distinctes dont le projet étoit composé; mais, avant tout,
ce projet devoit être présenté à l'assemblée nationale.
C'est ce qui fut exécuté sans retard; car le décret qui
adoptoit le plan proposé par l'Académie est du 26 mars
1791, et la sanction suivit quatre jours après. Cette loi
portoit en outre que le Roi chargeroit l'Académie des
sciences de nommer des commissaires qui devoient sans
délai s'occuper de ces opérations, et notamment de la
mesure d'un arc du méridien depuis Dunkerque jusqu'à
Barcelone.

Les diverses commissions furent en effet nommées

presque aussitôt, ainsi qu'on le voit dans un écrit inti-
tulé : *Exposé des travaux de l'Académie sur le projet
de l'uniformité des mesures et des poids* (*Mém*. de 1788,
pag. 17) ; seulement on crut devoir charger une commission unique des observations tant astronomiques que
géodésiques, qui devoient concourir à la détermination
de la grandeur du méridien.

. On s'occupa sans relâche de la construction des instrumens nécessaires aux diverses opérations. L'essai qu'on
avoit fait du cercle répétiteur dans la jonction des observatoires de Paris et de Greenwich en 1787, le succès avec
lequel MM. Borda, Cassini et Méchain l'avoient ap-
pliqué à la mesure des hauteurs du soleil et de différentes
étoiles, prouvoient que cet instrument, si commode par
la petitesse de ses dimensions, remplaceroit à lui seul,
avec avantage, les grands secteurs et les quarts de cercle
dont on s'étoit servi jusqu'alors. Mais il n'existoit encore
qu'un seul de ces cercles, celui qui avoit été éprouvé en
1787 ; il étoit d'ailleurs presque hors d'état de servir.
L'artiste Lenoir se chargea d'en construire quatre autres,
d'un rayon un peu plus grand. Il exécuta de plus les
grandes règles de platine qui ont servi aux mesures des
bases, une autre règle de platine destinée aux observations du pendule, deux boules, l'une d'or, l'autre de platine, pour les mêmes observations ; enfin il coopéra, avec
MM. Borda et Lavoisier, à toutes les expériences faites
pour la dilatation relative du cuivre et du platine.

Dès le 15 juin 1792, MM. Cassini et Borda commen-
cèrent à l'observatoire les expériences du pendule, et les

continuèrent jusqu'au 4 août. Leur appareil étoit fixé contre le mur qui porte aujourd'hui les deux quarts de cercle muraux. Les expériences pour la dilatation relative du cuivre et du platine se firent l'année suivante, du 24 mai au 5 juin, dans le jardin de la maison que M. Lavoisier occupoit alors sur le boulevard de la Nouvelle-Madeleine, et les bornes qu'on y avoit solidement établies pour cet objet ont subsisté tant qu'on a cru que leur conservation pourroit être utile. On verra tous les détails de ces diverses expériences dans deux mémoires de Borda.

Quinze mois s'étoient écoulés depuis la promulgation de la loi qui avoit ordonné la mesure de la méridienne. L'artiste distrait, comme nous avons dit, par beaucoup d'autres soins, n'avoit pu achever plutôt les quatre cercles répétiteurs, et quelques réverbères à miroir parabolique, destinés à servir de signaux de nuit dans des circonstances où les signaux ordinaires seroient trop difficiles à voir, soit à cause de l'éloignement, soit à cause des brumes. Une proclamation du roi, rédigée dans la vue de faciliter nos opérations, et de mettre sous la protection spéciale des autorités administratives nos signaux, nos réverbères et nos échafauds ; cette proclamation, l'un des derniers actes d'une autorité expirante, ne nous fut remise que le 24 juin, c'est-à-dire dans le temps où elle ne pouvoit plus avoir qu'une utilité passagère, pour n'être bientôt après entre nos mains qu'un titre qui nous rendroit suspects au lieu de nous protéger.

Méchain partit le 25 avec les deux premiers cercles

qui furent achevés. Il étoit chargé spécialement de la
partie méridionale de l'arc à mesurer. Nous étions convenus qu'il auroit dans son lot les 170,000 toises qui
mesurent la distance de Barcelone à Rodez. Le mien
étoit composé des 380,000 toises que l'on compte de
Rodez à Dunkerque. La raison de cette répartition inégale fut que la partie espagnole étant absolument neuve,
tandis que le reste avoit été déja mesuré deux fois, nous
étions persuadés qu'elle devoit offrir bien plus de difficultés; nous ignorions que les plus grandes se trouve-
roient, pour nous, aux portes mêmes de Paris. Méchain
en fit bientôt la triste expérience; arrêté dès la troisième
poste par des citoyens inquiets, qui ne voyoient par-tout
que complots et projets de contre-révolution, il eut
beaucoup de peine à se tirer de leurs mains; les magistrats et les officiers municipaux n'avoient pas encore
perdu tout crédit sur l'esprit du peuple, ils firent res-
pecter la loi, et Méchain eut la permission de continuer sa route. A mesure qu'il avançoit, il trouvoit moins
d'obstacles; cependant la présence de deux commissaires
espagnols, qui l'accompagnoient dans ses courses sur les
limites des deux États, jetèrent l'alarme dans les villages
français : il se vit obligé de remettre à un autre temps
deux stations qu'il avoit établies sur les frontières, et
dès qu'il eut passé les Pyrénées, il ne rencontra plus
d'oppositions. Aidé par M. Tranchot, ingénieur géo-
graphe, avantageusement connu par la carte de Corse,
et qu'il avoit pris pour adjoint, il eut bientôt reconnu
toutes les stations propres à être les sommets de ses

triangles; ses signaux furent bientôt placés : dès le 13 septembre il put commencer la mesure des angles à la station de Nôtre-Dame-du-Mont. Celles de Puig-se-Calm, Roca-Corba, Rodos, Mont-Serrat, Valvidrera, se suivirent avec rapidité. Il s'étoit reposé sur MM. Tranchot, Planez et Alvarez du soin de prendre les angles à Matas et Matagalls. Enfin, le 29 octobre il termina la station du fort de Mont-Jouy, au sud de Barcelone, la dernière et la plus australe de toute la méridienne. C'étoit là qu'il avoit résolu d'employer tout son hiver à la détermination de la latitude et de l'azimut.

Je n'avois pas ce bonheur en France. Dès le 26 juin, avec l'un de mes deux cercles, et en attendant que le second fût prêt, j'allai visiter les stations les plus voisines de Paris. Elles n'offroient pas à beaucoup près les facilités auxquelles je m'étois attendu. A Montmartre, où je me transportai d'abord, au lieu d'un clocher ouvert de toutes parts, et où l'on avoit pu, en 1740, observer du centre tous les objets environnans, je ne trouvai qu'une tour écrasée, moins haute que le faîte de l'église, et dans laquelle il est impossible de faire la moindre observation. Je ne concevois rien à ce changement, dont personne ne put me rendre raison, et il ne me fut expliqué que plusieurs années après par quelques estampes représentant des vues de Paris, dessinées et gravées par Milcent en 1735, et publiées par Desrochers, graveur, rue du Foin-Saint-Jacques. On y voit très-distinctement sur le toit de l'église une assez belle flèche, dont la base est une lanterne ouverte où les astronomes se placèrent sans doute en 1740. Obligé de renoncer à ce point, dont la situation avoit été si avantageuse, ma première idée fut d'y substituer le Panthéon. M. la Rochefoucauld, qui étoit alors président du département de Paris, et président de l'Académie des sciences, en m'offrant toutes les facilités qui dépendroient de lui, m'avertit qu'on se disposoit à faire des changemens à ce dôme; cet inconvénient me fit essayer d'autres projets. Le premier fut de me servir d'un belvéder nouvellement construit à l'extrémité de Montmartre, mais, vu de Dammartin, il se confondoit avec les maisons voisines; je le remplaçai par les Invalides, ils étoient invisibles de Saint-Martin-du-Tertre, et je fus obligé, après bien des tentatives inutiles, d'en revenir au Panthéon. La tour de Montlhéry étoit dans le même état que du temps de Picard et de Cassini, mais elle est à la fois trop grosse et trop irrégulière pour former un bon signal. J'en fis placer un à 6 toises de la tour, il fut détruit le jour même; le procureur de la commune le fit rétablir aux frais de l'auteur du délit, ce qui n'empêcha pas que quelque temps après il ne fût renversé de nouveau, et mis en pièces.

Malvoisine n'avoit éprouvé aucun changement, mais les arbres dont la ferme est environnée rendoient très-difficile l'observation de la cheminée prise pour signal en 1740. Après ce que Méchain avoit éprouvé tout près de-là, et ce qui venoit de m'arriver à moi-même à Mont-lhéri, je ne jugeai pas à propos d'élever un signal sur le toit de la maison, comme j'ai fait quelques années après; je fis hausser la cheminée de six pieds. Torfou et Brie ne présentèrent aucune difficulté. La tour de Montjai, du temps de Picard, étoit tellement en ruines qu'il n'avoit pas voulu y remonter une seconde fois pour vérifier une erreur de 10″ qu'il avoit commise dans un de ses triangles. Cassini et Lacaille y montèrent pourtant en 1740, et y placèrent un signal à 14 pieds de l'extrémité orientale des ruines (1); mais il est difficile de savoir si cette extrémité étoit toujours la même, ou si la tour avoit perdu quelque chose de ce côté depuis cinquante-deux ans. Ce qu'il y a de certain, c'est que la moitié du mur circulaire est entièrement détruite, et qu'il n'en reste rien qui s'élève au-dessus du terrain; la moitié qui est debout est même fort peu régulière. Les moyens de monter au sommet paroissoient fort dangereux pour les instrumens et les observateurs; l'envie de vérifier autant qu'il seroit possible les anciens triangles, me faisoit passer par-dessus toutes ces difficultés, et l'on devoit me construire un signal comme en 1740, vers l'extrémité orientale des ruines : mais, quand le charpentier voulut se mettre à l'ouvrage, les habitans, armés de fusils, vinrent l'en empêcher, et l'on verra plus loin quels désagrémens nous a coûtés ce signal qui n'a jamais existé qu'en projet.

Le clocher de Saint-Martin du Tertre, quoique rebâti en 1745, menaçoit ruine au point qu'on en avoit descendu les cloches, à la réserve d'une seule, qu'on ne

____

(1) Picard dit qu'il ne restoit qu'une moitié de tour.

pouvoit sonner sans ébranler la charpente et la maçonnerie d'une manière tout-à-fait alarmante.

Celui de Dammartin devoit durer moins encore ; car
l'église venoit d'être vendue, et le propriétaire se disposoit à l'abattre, comme il a fait peu de temps après.
Il eût été difficile à remplacer. Cette circonstance me
fit changer mon plan, et je pris la résolution de commencer par les stations qui entourent Dammartin.

Toutes ces recherches, et bien d'autres dont je ne
parle pas à cause de leur peu de succès, m'occupèrent
jusqu'au 15 juillet.

Mon second cercle étoit fini, mais non encore les
réverbères. Au reste, comme il étoit évident que dans
les circonstances où nous nous trouvions il eût été très-
imprudent de les employer, je ne les attendis pas, et je
partis le 16 juillet pour Compiègne.

Le moulin de Jonquières, qui en est à deux lieues,
devoit être notre première station ; il avoit servi dans
l'opération de Picard et dans celle de 1740, et l'on peut
remarquer en passant que l'angle à Clermont est de 32"
plus fort chez Picard que chez les auteurs de la *Méridienne vérifiée ;* que l'angle à Jonquières est plus foible
de 22, et que Picard a conclu le troisième par l'impossibilité où il s'est trouvé de faire entrer son quart de
cercle dans le clocher de Coivrel. Mais les moulins sont
en général d'assez mauvais signaux, parce que l'axe
autour duquel on les fait tourner est rarement au centre
de la figure, et qu'ainsi la quantité de l'angle dépend
du vent qui souffle. Méchain en avoit fait l'expérience

en 1787 sur le moulin de Fiennes, et j'ai éprouvé la même chose à Brie, sur le moulin de Fontenai. Pour éviter ces inconvéniens, je fis placer un signal à quarante-deux pieds de l'axe du moulin. J'ai appris depuis que ce moulin a été incendié, et je ne crois pas qu'il soit rétabli.

Arrivés le 18 à Jonquières, nous y fûmes reçus avec bienveillance. Le maire du lieu, quoiqu'il n'eût aucune connoissance de la loi relative à notre mesure, et que le district eût négligé de lui faire passer la proclamation du Roi, nous donna toutes les permissions que nous lui demandions, et dans le même jour nous commençâmes nos observations. J'avois fait chercher dans le village un vieillard assez âgé pour avoir souvenance de l'opération faite en 1739. Pour rassurer les bons villageois qui commençoient à s'attrouper autour de nous, je faisois raconter au vieillard tout ce qu'il avoit vu de l'ancienne mesure : ses récits naïfs, très-curieux pour moi, ne produisirent sur les auditeurs qu'une partie de l'effet que j'avois désiré ; les murmures commençoient, lorsque je vis la municipalité en corps qui venoit m'exprimer les inquiétudes des habitans, et me prier de vouloir bien suspendre mes opérations jusqu'à ce que l'administration départementale pût être consultée. J'offris de partir le soir même pour aller à Beauvais chercher l'autorisation expresse qui devoit dissiper les alarmes. On me facilita les moyens de faire ce voyage. Le président du département de l'Oise étoit alors M. Dauchi, aujourd'hui conseiller d'État et préfet de Marengo, ci-devant membre de l'assemblée nationale, et qui même la présidoit quand elle avoit rendu l'un des décrets relatifs à la mesure de la méridienne. Il me donna pour la municipalité l'arrêté que je désirois, et de plus, pour le curé, qu'il connoissoit, une recommandation des plus pressantes. Muni de ces deux pièces, je fus reçu parfaitement de nos bons villageois, qui firent pour nous tout ce qui dépendoit d'eux, pendant cinq jours que nous restâmes à Jonquières. Nous n'éprouvions plus d'autre inquiétude que celle de ne pouvoir faire accorder nos observations du clocher de Saint-Martin du Tertre avec celles de 1740; nous ignorions encore que ce clocher eût changé de place.

A Clermont je fus encore obligé de changer le centre de station, non pas à la vérité de 42 pieds, comme à Jonquières, mais de 13 $\frac{1}{2}$ pieds. Au lieu de la belle flèche qui s'élevoit de 67 pieds au-dessus de la tour carrée qui sert de clocher, et qui de toutes parts se projetoit dans le ciel, je ne trouvai plus que les murs de la tour, et à l'un des angles un tourillon qui s'élevoit de 8 $\frac{1}{2}$ pieds au-dessus de la balustrade; faute de mieux, je fus réduit à le prendre pour signal. Son peu de hauteur le rendoit assez difficile à bien observer, d'autant plus qu'il se projetoit sur des objets voisins d'avec lesquels on avoit de la peine à le distinguer.

Ainsi, pour la seconde fois, je voyois s'évanouir l'espoir de comparer mes angles à ceux des anciennes opérations. Outre le changement de centre de station au clocher de Clermont, des cinq objets que j'avois à observer, trois avoient changé de place; en sorte qu'en

calculant des réductions assez incertaines, je n'aurois
pu comparer que des sommes ou différences d'angles, et
aucun angle réellement observé. A cela près, la station
n'eut d'autre incommodité que le mauvais temps. Celle
de Saint-Christophe fut agréable de tous points; mais
il n'en fut pas de même à Dammartin. Nous n'y fûmes
pas long-temps sans reconnoître l'impossibilité d'y observer le belvédère Flécheux, que j'avois tenté de substituer au clocher de Montmartre. Le 10 août au matin,
M. Lefrançais Lalande, maintenant membre de l'Institut, et qui avoit bien voulu m'aider dans ces opérations, partit pour Paris, afin d'aller le soir à Montmartre
allumer un réverbère chez Flécheux. Nous ignorions
l'un et l'autre ce qui se passoit aux Tuileries. J'attendis
vainement au clocher jusqu'à dix heures du soir; je
n'aperçus d'autre lueur que celles des maisons qui brû-
loient dans la cour du Carrousel. M. Lalande neveu
avoit bien pu entrer à Paris, mais on n'en laissoit sortir
personne; il eut bien de la peine le lendemain à se faire
délivrer un ordre pour passer la barrière. Il aluma le
réverbère, que nous aperçûmes à huit heures et demie.
Cette espèce de signal n'étoit pas sans danger dans une
pareille circonstance. Le 12 et le 13 nous ne vîmes rien;
le 14 le réverbère fut allumé de nouveau: la lumière en
étoit fort tremblante; mais ce n'étoit pas là le plus grand
obstacle, il auroit fallu deux autres réverbères semblables, l'un à Saint-Martin du Tertre, l'autre à Saint-
Christophe.

Heureusement nous ne les avions point; on ne peut

savoir quels eussent été les résultats d'observations aussi imprudentes. Je sentis la nécessité de choisir un autre objet : j'essayai les Invalides. Le charpentier qui s'étoit chargé de placer un signal sur la tour de Montjai, m'apporta le procès-verbal de la résistance qu'il avoit éprouvée. Je pars aussitôt pour Meaux, dans l'espérance que l'administration du district pourra lever cet obstacle. On n'avoit aucune connoissance officielle de la proclamation : on me dit qu'on ne peut forcer les habitans à souffrir mes opérations, mais seulement les y exhorter en leur répondant qu'elles n'ont rien dont ils doivent s'alarmer. On me donne des lettres en ce sens pour le maire de Montjai : elles sont lues au prône, et ne font qu'affermir les habitans dans leur opposition. La fermentation augmente parmi eux; ils se liguent avec ceux des communes voisines, et notamment avec ceux de Lagni, pour résister plus efficacement si l'on veut employer la force. Je cherche un autre objet qui puisse remplacer cette tour dont l'accès m'étoit interdit, et sur laquelle je n'étois pas moi-même trop curieux de monter. En examinant l'horizon, j'aperçois le moulin de Belle-Assise, observé en 1740. Je n'aurois pu me dispenser d'y placer un signal, et ce lieu étoit trop voisin de Montjai pour qu'on m'y laissât tranquille. Le château de Belle-Assise est remarquable de loin par un beau pavillon dont la toiture pyramidale offre un signal tout fait : c'est ce que je pouvois désirer de mieux. Muni de lettres du district pour la municipalité du lieu, je me présente à Belle-Assise, où j'ai le bonheur d'achever la mesure de mes angles sans être aperçu ; mais, au moment où nous nous disposions à partir, un détachement de la garde nationale de Lagni vient visiter le château : on nous reconnoît, on se rappelle que nous avions voulu placer un signal à Montjai ; on nous enlève, on nous entraîne à travers champs par une pluie affreuse. Nous arrivons à Lagni à minuit ; je montre notre proclamation et l'ordre particulier du district de Meaux. Ces pièces étoient sans réplique. La municipalité, pour notre propre sûreté sans doute, nous consigne à l'auberge de l'Ours, avec deux fusiliers qui doivent veiller toute la nuit à notre porte ; nous obtenons seulement la permission d'envoyer un exprès à Meaux le lendemain matin : la réponse arrive le même jour, et l'on nous rend la liberté. L'ordre des opérations nous appeloit à Saint-Martin du Tertre : la route fut difficile ; à chaque pas nous étions arrêtés. Toutes les municipalités étoient en séance permanente ; il falloit y comparoître. On discutoit devant nous s'il étoit prudent de nous laisser passer, et s'il ne valoit pas mieux s'assurer de nos personnes. Plusieurs scènes du même genre, qui s'étoient succédées dans la même matinée, nous faisoient voir l'impossibilité d'aller plus loin avec des passeports et des ordres émanés d'une autorité qui n'étoit plus. M. Lefrançais se chargea d'aller à Paris en solliciter de nouveaux. Je ne voulois pas y rentrer moi-même, prévoyant bien qu'on me diroit unanimement qu'il falloit remettre à des temps plus tranquilles, et je pensois que l'opération une fois suspendue, on ne trouveroit de long-temps des circonstances qui parussent favorables pour la reprendre. Arrivé à Saint-Denys, j'y fais viser mes passeports, et j'obtiens un arrêté du district; mais en me le remettant le procureur-syndic m'avertit qu'avec ce secours je n'irai pas à un quart de lieue. En effet, une demi-heure après, en passant par Épinai, nous nous voyons arrêtés. On trouve que nos instrumens ne sont pas désignés assez clairement dans nos passeports; on veut les saisir : on exige que je les étale sur le terrain et que j'en explique l'usage. Personne n'entend la démonstration que j'en fais, et il faut la recommencer pour chaque curieux qui survient. Vainement je veux mettre dans mes intérêts deux arpenteurs qui se trouvent présens, en leur prouvant l'affinité de mes opérations avec celles dont ils font profession; ils voient trop à la disposition des esprits qu'ils tâcheroient inutilement de parler en notre faveur : ils n'osent donner de conclusion. Après trois heures de débats on nous force à remonter dans nos voitures que la garde armée accompagne. On nous mène à Saint-Denys. La place étoit remplie de volontaires qui attendoient des armes pour aller à la défense des frontières. On nous fait traverser cette foule, en l'excitant contre nous par les qualités sous lesquelles on nous annonce. Je demande à être conduit au district, qui le matin même avoit pris un arrêté en notre faveur. Pendant que nous y sommes, on fait sur la place la visite de nos voitures : on y trouve des lettres cachetées adressées à toutes les administrations des départemens que traverse la méridienne. On veut rompre les cachets; la garde nationale de Saint-

Denys s'y oppose, en alléguant un décret de l'assemblée constituante. Des cris se font entendre; on demande le procureur-syndic et moi. Nous descendons sans trop savoir ce qu'on veut de nous. En descendant, le procureur-syndic me montre un endroit où je puis me cacher, et me conseille d'y attendre quelques instans et de tâcher ensuite de m'évader, s'il tarde à reparoître. Il revient m'annoncer que le danger n'est pas imminent. On avoit besoin de moi pour rompre les cachets. On fait publiquement lecture des lettres. C'étoit une circulaire par laquelle le comité d'instruction publique de l'assemblée nationale nous recommandoit à toutes les administrations départementales. On avoit déja lu six de ces lettres; on vouloit les entendre toutes. Le lecteur épuisé demande grâce. Je propose qu'on prenne une lettre au hasard parmi toutes celles qui étoient intactes; je réponds sur ma tête que toutes se ressemblent, et je demande qu'on s'en tienne à cette dernière épreuve, si elle est conforme à ce que j'annonce. La proposition est acceptée; mais, après l'examen des lettres, on commence celui des instrumens : on les étale sur la place, et me voilà forcé de recommencer le cours de géodésie dont j'avois donné les premières leçons à Épinai. On ne m'écoute pas plus favorablement. Le jour commençoit à tomber; on n'y voyoit presque plus. L'auditoire étoit très-nombreux : les premiers rangs entendoient sans comprendre; les autres, plus éloignés, entendoient moins et ne voyoient rien. L'impatience et les murmures commençoient; quelques voix proposoient un de ces moyens expéditifs, si fort en usage dans ces temps, et qui tranchoient toutes les difficultés, mettoient fin à tous les doutes. Le président du district eut l'heureuse idée de renvoyer au lendemain l'examen de tous nos instrumens; mais, affectant, pour nous sauver, une grande sévérité, il ordonna que le scellé seroit mis sur nos effets et nos voitures déposées au corps-de-garde. Alors on remonta dans la salle de la commune pour signer le procès-verbal de tout ce qui venoit de se passer. On fut d'avis que j'écrivisse au président de l'assemblée nationale. Ma lettre lue dès le lendemain, fut renvoyée à un comité qui, dans la même journée, par l'organe de M. Lacépède, proposa un décret qui fut adopté à l'instant, et dont la principale disposition étoit de recommander aux corps administratifs, municipalités et gardes nationales de tous les lieux où Méchain et moi croirions devoir étendre nos opérations, de veiller à ce qu'il ne nous fût apporté aucun obstacle, et de maintenir le libre transport de tous les instrumens que nous croirions devoir employer. Ce décret me fut apporté le 9 à Saint-Denys, où je me tenois caché depuis l'aventure du 6.

Ainsi l'éclat même qu'on avoit donné à notre arrestation nous devint extrêmement utile. Le décret rendu sur mes réclamations étoit pour nous un secours tout autrement efficace que les nouveaux passeports demandés au ministre. C'étoit un devoir pour moi de poursuivre sans relâche les opérations commencées : je m'y livrai avec une nouvelle ardeur; mais les pluies et les brouillards survinrent et nous désolèrent le reste de sep-

tembre et pendant la plus grande partie d'octobre. A
Saint-Martin du Tertre il nous fut absolument impossible d'apercevoir les Invalides, quoique des Invalides
on eût cru reconnoître tous les points dont nous avions
besoin.

Comme on n'avoit dans cette recherche aucun instrument propre à mesurer les angles, on avoit probablement
pris pour le clocher de Saint-Martin du Tertre quelque
autre objet à peu près semblable et à peu près dans la
même direction ; car, ayant calculé les angles que dévoient faire à Saint-Martin les directions à Dammartin,
au Panthéon et aux Invalides, nous vîmes une éminence
qui devoit nous cacher les Invalides.

Mais le Panthéon étoit bien visible, et nous l'observâmes. Ce nouveau changement nous força de recommencer les stations de Dammartin et de Belle-Assise ;
de-là nous passâmes à celles de Montlhéri et de Torfou,
qui furent très-pénibles. Le clocher de Mespuy étoit
devenu invisible de Malvoisine, quoique je l'eusse fait
exhausser d'une pyramide de 8 à 10 pieds. Je choisis
celui de Forêt-Sainte-Croix, à deux lieues d'Étampes ;
mais il falloit s'assurer de la possibilité d'y observer
tous les points environnans. L'état de l'atmosphère étoit
peu favorable à ces recherches. Par un temps très-froid
et superbe en apparence, je passai dix jours dans ce
clocher sans rien voir ; à la fin une pluie abondante vint
nétoyer l'atmosphère, et la station fut heureusement
terminée peu de jours après. Nous étions au 17 décembre : il étoit temps d'interrompre des observations

qui sont presque impraticables dans une saison si avancée; mais la cheminée de Malvoisine, que nous avions fait élever de six pieds, ne pouvoit résister aux vents impétueux qui sur cette hauteur sont si fréquens pendant l'hiver. Il importoit de rendre au plutôt ce signal inutile, afin d'éviter que le vent ne le renversât sur les habitans de la ferme, qui s'étoient prêtés avec beaucoup de complaisance à tout ce que nous leur avions demandé. Pour y parvenir, il falloit encore faire la station de Chapelle-la-Reine. Ce clocher, ouvert de tous les côtés, étoit un observatoire bien incommode pour la saison : les vents, la pluie et la neige se succédoient pour nous désoler, et nous avions à observer un clocher qui étoit invisible tout le jour, même quand l'horizon étoit superbe. Enfin le 31 décembre, après avoir observé pendant toute la journée un objet assez équivoque qui se trouvoit à quatre minutes près dans la direction du clocher de Boiscommun, à l'instant où le soleil quittoit l'horizon nous vîmes ce clocher y monter subitement et s'y montrer comme un fil extrêmement délié. Nous l'observâmes comme nous pûmes, à la hâte, pendant le crépuscule. Nous le guettâmes inutilement les cinq jours suivans : il reparut le 6 janvier, toujours à la même heure et pendant aussi peu de temps.

Nous revînmes l'année suivante, à peu près dans la même saison, pour répéter ces observations, après avoir pris la précaution de faire couvrir de toile une des faces du clocher de Boiscommun, qui par le haut est une simple lanterne toute à jour. Le clocher ne fut visible

de même que le soir. Cet effet des réfractions terrestres
qui, à différens temps ou à différentes heures du même
jour, et, suivant les variations atmosphériques, élève
plus ou moins le même objet, le cache ou le rend visible, est singulièrement curieux, et nous l'ayons observé plus d'une fois. A Bourges, dans les plus beaux
jours de l'été, je cherchois inutilement la tour d'Issoudun qu'on avoit observée en 1740. Quelques arbres que
je voyois dans la direction de cette tour, m'ôtoient toute
espérance : j'essayai de la chercher le soir, et je la vis ainsi
deux fois au coucher du soleil. A Boiscommun, le clocher
de Chapelle-la-Reine se montra un matin, par un brouillard humide, plus haut et plus gros qu'un arbre qui se
voyoit en même temps dans la lunette, et qui, à l'ordinaire, paroissoit deux fois plus haut que la partie visible
du clocher. C'est ainsi que des côtes de Gênes et de Pro-
vence on voit quelquefois les montagnes de Corse s'élever
au-dessus de l'horizon sensible, comme si elles sortoient
de l'eau, et disparoître ensuite, comme si elles se plon-
geoient dans la mer. (*Mém. de l'Acad. pour* 1722.)

J'étois pressé de rentrer à Paris pour la station du Panthéon, parce qu'elle exigeoit deux signaux qui ne pouvoient subsister long-temps, c'est-à-dire le clocher de
Dammartin et la cheminée de Malvoisine. Je fus fort sur-
pris, à mon arrivée, de ne plus voir la lanterne qui terminoit le dôme. C'étoit là le changement qui m'avoit été
annoncé en termes vagues par M. la Rochefoucauld. Ce
contre-temps causa de nouveaux retards : il fallut faire
construire en charpente un observatoire temporaire qui

remplaçât la lanterne dont la partie supérieure avoit été abattue. Nous eûmes en cette occasion à nous louer beaucoup de l'obligeance de M. Quatremère de Quinci, ordonnateur des travaux du Panthéon, et maintenant membre de l'Institut. Avec son agrément et par les soins de M. Rondelet, nous eûmes en peu de temps un observatoire solide et commode. Ce secours nous étoit indispensable pour nous garantir un peu des vents aussi froids qu'impétueux qui, dans cette saison, soufflent presque constamment à une si grande hauteur, et qui nuiroient sensiblement à la justesse des observations, en inquiétant continuellement l'observateur pour sa sûreté personnelle et celle de ses instrumens.

Je regretois que ce petit observatoire, qui nous avoit été si utile, ne dût pas avoir une existence plus durable. Je demandai à M. Rondelet si, sans nuire à la solidité ni à la décoration de ce qu'on alloit construire en remplacement de la lanterne, il ne seroit pas possible de ménager dans la partie la plus élevée un petit observatoire ouvert de huit fenêtres, par lesquelles on pourroit observer tout ce que les environs de Paris offrent de plus remarquable dans un rayon de dix lieues : une station si bien placée et si commode ne peut manquer d'être utile en un grand nombre d'occasions. Sur la réponse affirmative de M. Rondelet, je portai ma demande à M. Quatremère, qui l'accueillit aussitôt. Cet observatoire existe, et M. Tranchot, chargé, quelques années après, de commencer autour de Paris les opérations du cadastre, en a fait un fort bon usage.

Nos observations commencées au Panthéon le 16 février, ne furent terminées que le 28. Ainsi en huit mois, sans avoir perdu volontairement un seul instant, nous n'avions pu terminer que quatorze stations, tandis que Méchain, en Espagne, favorisé par un plus beau ciel et ne rencontrant que les obstacles qui tiennent à la nature du travail, avoit pu faire neuf stations en moins de deux mois. Il avoit ensuite déterminé, avec tout le succès et l'agrément possible, la latitude de Montjouy et la direction des côtés de ses triangles par rapport à la méridienne. Les trois étoiles qu'il avoit choisies pour la latitude sont α et β de la petite Ourse et α du Dragon. Elles lui donnèrent trois résultats dont les extrêmes ne diffèrent pas de 0"2. Il avoit encore observé ζ de la grande Ourse qui, dans son passage au méridien sous le pôle, n'a que 7° ½ de hauteur : elle lui donna 4" de moins ; mais la seule conséquence que l'on puisse tirer de ces observations, c'est qu'à 7° ½ les réfractions de Bradley ne sont exactes qu'à 8" près.

Il essaya de plus β du Taureau et Pollux ; mais ces deux étoiles passant du côté du midi, on est obligé de supposer la déclinaison : ainsi l'on ne sera pas étonné de voir 1" et 1"5 de différence sur la latitude qu'il en a déduite.

Ces observations employèrent les mois de décembre, janvier et février. Au commencement de mars Méchain détermina l'azimut du signal de Matas par les observations du soleil levant et du soleil couchant ; le 7 et le 9, par les distances de l'étoile polaire à un réverbère placé sur le pic de las Agujas.

Dans les intervalles il trouva encore le temps de suivre la marche de la comète de 1793, qu'il avoit aperçue le 10 janvier, d'observer le solstice d'hiver de 1792, et diverses occultations d'étoiles et l'éclipse de lune du 25 février 1793.

Après avoir si heureusement terminé sa mission en Espagne, et avant de reprendre le chemin des Pyrénées où il avoit deux stations à faire sur la frontière, Méchain paroît s'être occupé de son projet pour prolonger la méridienne jusqu'aux îles Baléares.

Il n'a laissé aucun renseignement bien précis sur ce plan indiqué page 509, et dont il a depuis exécuté avec quelques changemens avantageux la partie qui s'étend de Barcelone à Tortose.

Une note de sa main m'apprend que dès le mois de novembre 1792 M. Tranchot lui avoit remis des angles observés au graphomètre sur la Sierra-Morella, à la chapelle Saint-Jean, au Montsia, dans la course qu'il avoit faite jusqu'à Tortose pour reconnoître les points qui devoient servir à la jonction de Mayorque à la côte de Catalogne, et parmi les brouillons de ses observations je trouve encore que le 2 avril 1793 il avoit pris seize distances de la plus haute des montagnes de Mayorque au zénith de Montjouy. Après cette obser-vation on voit dans ses manuscrits une lacune de cinq mois, occasionnée par un accident terrible dont les suites le retinrent deux mois au lit et le privèrent pendant un an de l'usage du bras droit. Il fit pourtant, au solstice d'été de 1793, un effort pour observer l'obliquité de l'écliptique; mais ce pénible essai lui prouva qu'il étoit hors d'état de reprendre la suite de ses travaux, et il alla prendre les eaux et les douches de Caldas. Le bonheur qui l'avoit accompagné pendant neuf mois parut l'avoir abandonné pour toujours, et les quatre années qui suivirent son accident offrent une continuité de contre-temps, de traverses et de chagrins qui le rendirent extrêmement malheureux. Je n'ai connu dans toute mon opération aucun de ces excès ni de bonne ni de mauvaise fortune.

Dès le mois de mars je voulois rentrer en campagne; il me falloit de nouveaux passeports, et je ne pouvois les obtenir. J'avois toujours pressenti cette difficulté, et c'étoit avec une répugnance extrême que je m'étois vu forcé de rentrer à Paris pour une station qu'il n'étoit plus possible de différer. Le ministre de l'intérieur consentit avec beaucoup de peine à me donner une lettre de recommandation pour la municipalité; il prévoyoit sans doute qu'elle seroit inutile. En effet, ma demande portée, comme c'étoit alors l'usage, à l'assemblée générale de la commune, fut refusée d'une voix unanime. Pendant six semaines je sollicitai assez inutilement : Chaumet, procureur de la commune, consentit pourtant d'assez bonne grâce à reproduire ma pétition. Cousin, de l'Académie des sciences, qui tenoit à la commune comme membre du comité des subsistances, se trouva par hasard à l'assemblée ce jour-là, et dit quelques mots en ma faveur : les passeports furent accordés aussi unanimement qu'ils avoient été refusés d'abord. Le

1.

E

conseil exécutif provisoire me remit une nouvelle proclamation toute conforme à l'ancienne, à l'exception du
préambule. Je ne pus obtenir ces différentes pièces que
le 3 mai à midi ; je partis le jour même à deux heures
pour Dunkerque.

Cette obligation d'avoir des passeports, qu'il falloit
montrer à chaque pas, étoit une des choses les plus con-
traires à la célérité de nos opérations : elle rendoit plus
difficile la communication d'une station à l'autre ; elle
nous forçoit d'être plus réservés sur les courses, que nous
n'osions plus hasarder à moins qu'elles ne fussent de
la plus indispensable nécessité ; elle attiroit sur nous la
méfiance, en nous soumettant aux recherches de tous
les postes armés, et nous mettoit dans la nécessité d'obtenir l'agrément non seulement des magistrats où des
citoyens au milieu desquels nous devions opérer, mais
aussi de tous ceux que nous rencontrions sur la route.
Outre mes passeports j'avois pris cette fois une lettre de
recommandation pour le général en chef de l'armée du
nord, parce que le théâtre de la guerre n'étoit pas fort
éloigné de celui de mes opérations.

Nous avions une petite armée au pied de Mont-Cassel ;
les avant-postes ennemis étoient près de la montagne
des Chats, où j'avois une station à laquelle je fus obligé
de renoncer. En substituant Cassel, Watten et Fiefs au
moulin des Chats, à Hondschote et Bolle-Zèle, j'évitai
les deux armées et n'eus pas besoin d'importuner le général, avec lequel je me trouvai pourtant un jour logé
à Béthune. C'étoit Custine qui commandoit alors l'armée
du nord.

Cette campagne fut très-heureuse. J'observois à Dunkerque dès le 18 mai : les stations de Watten, Cassel, Fiefs, Béthune, Mesnil, Bonnières, Sauti, Beauquêne, Mailli, Vignacourt, Amiens, Villers - Bretonneux, Bayonvillers, Sourdon, Arvillers, Noyers, Coivrel, et la partie qui restoit de celle de Jonquières, étoient terminées le 6 octobre. Nous trouvions par-tout des signaux tout prêts dans les clochers dont tout le pays étoit si bien garni. Il est vrai que cet avantage est acheté par quelques inconvéniens. La nécessité de s'échafauder, la difficulté de se placer convenablement dans des flèches étroites, embarrassées de charpente, tout cela prend au moins autant de temps que la recherche des stations et la construction des signaux dans les pays montueux. Nos cercles étoient de dimensions commodes pour entrer dans les clochers; mais leur construction a pourtant en certains cas un désavantage, quand on les compare aux quarts de cercle. Dans ces derniers instrumens l'intersection des deux axes optiques se fait en avant du pied; c'est là qu'est véritablement le centre. On peut le placer dans les fenêtres ou les ouvertures des clochers; à défaut d'ouvertures naturelles il suffit d'ôter une ou deux ardoises, et l'on peut observer les plus grands angles. Dans les cercles, au contraire, l'intersection se fait au centre de l'instrument; ce centre est toujours à une distance du toit ou du mur égale à la moitié de la longueur de la lunette : la divergence est considérable; ce n'est plus assez d'une seule ouverture, il en faut autant qu'on a d'objets à observer. Ajoutez la difficulté de lire les alidades foiblement ou obliquement éclairées, celle de trouver le centre de la station, la position souvent très-gênée de l'observateur, et parfois l'impossibilité de faire pour lui et son instrument deux échafauds assez indépendans l'un de l'autre pour que les mouvemens du premier ne se communiquent pas au second. Tant d'inconvéniens, sans parler encore des erreurs auxquelles expose trop souvent l'observation des flèches très-aiguës, me faisoient préférer les signaux, malgré plusieurs avantages qu'on trouve dans les clochers, tels que celui d'être au milieu d'un endroit habité et d'offrir un abri contre la pluie et les grands vents; encore combien avons-nous trouvé de clochers où ce dernier avantage étoit nul, comme ceux de Dammartin, Torfou, Chapelle, Pithiviers, Châteauneuf, Orléans : mais aussi tout se réunit pour la sûreté et la facilité, quand la tour finit par une plate-forme où l'on peut placer un signal, comme à Dunkerque, Watten et Béthune.

Cette partie septentrionale de l'arc fut la plus agréable de toutes à mesurer, et cependant tout n'y fut pas heureux. Généralement tous les centres de stations furent les mêmes qu'en 1740; il en faut pourtant excepter Watten, où nous mîmes notre signal sur un petit clocher, au lieu de prendre le milieu de la tour; le signal du Mesnil, que je fus obligé de substituer à celui de Rébreuve, et le clocher de Noyers, rebâti depuis 1740 à 6 toises de distance de l'ancien. Villers-Bretonneux ne se voyoit plus de Beauquêne, quoique de Villers-Bretonneux Beauquêne se vît parfaitement; ce qui peut

s'expliquer par les réfractions terrestres. Forcé de conclure deux angles qui avoient leurs sommets à ce point,
pour vérification je ne pus trouver que des triangles
d'une disposition assez peu avantageuse. A la vérité les
clochers sont en grand nombre, mais les arbres dont
ils sont presque tous entourés ne laissent pas toujours
la liberté du choix.

Mes triangles formoient alors une chaîne continue
depuis Dunkerque jusqu'à Chapelle-la-Reine, quatre
lieues par-delà Fontainebleau. En passant par Paris
pour me rendre à Pithiviers, qui devoit être ma première station, j'allai visiter l'ancienne base de Villejuif
et Juvisi. Là je fus bientôt convaincu de l'impossibilité
de mesurer plus de 5000 toises, et de la difficulté de
lier cette base aux triangles principaux. M. Jollivet,
maintenant conseiller d'état, me parla de la route de
Lieursaint à Melun : j'allai la visiter avec lui. Nous
reconnûmes aisément que l'on pouvoit sans peine mesurer six mille toises, qu'il ne seroit pas même impossible d'en mesurer dix à onze mille. La liaison avec les
triangles voisins étoit très-facile ; seulement les arbres
de la route et les maisons de Lieursaint auroient exigé,
pour la base de onze mille toises, des signaux trop incommodes et trop dispendieux. Sans rien décider sur la
longueur, mon choix fut dès-lors arrêté, et cette base
me parut de tout point préférable à celle de Juvisi.

A Pithiviers et Boiscommun je commençai à me trouver fort embarrassé. Le clocher de la Cour-Dieu, dont
on s'étoit servi en 1740, et qui aujourd'hui doit être

abattu, subsistoit encore; mais il étoit de tous côtés enseveli dans les arbres de la forêt. Pour le remplacer, il falloit un point assez élevé pour être aperçu à la fois de Pithiviers, Boiscommun, Châteauneuf et Orléans. Je fis pour le trouver bien des courses infructueuses dans le pays compris entre Pithiviers, Boiscommun, Orléans et Sulli sur Loire. Après bien des tentatives, je me décidai à faire construire un signal de 64 pieds de hauteur dans l'endroit qui se nomme le haut de Châtillon. Ce signal avoit 20 pieds de base; le quatrième étage, qui nous servoit d'observatoire, étoit un carré de $6\frac{1}{2}$ pieds de côté. Pour nous mettre à l'abri du vent et de la neige nous avions fait garnir de planches les quatre côtés de cet étage, qui étoit de plus surmonté d'une pyramide semblable à nos signaux ordinaires. Le vent, qui avoit moins de prise sur nous, en avoit d'autant plus sur le signal qui lui présentoit une surface considérable. Le charpentier, que nous n'avions pu surveiller, n'avoit pas rempli toutes les conditions de son marché; il avoit sur-tout négligé ce qui devoit assurer la solidité. Le moindre vent agitoit toute la machine de manière non seulement à rendre les observations moins sûres, mais à inquiéter les observateurs; aussi avions-nous grand soin de n'y monter que par un temps calme, et d'en descendre bien vîte, si le vent s'élevoit : mais il falloit aussi descendre l'instrument, et cette opération demandoit encore un quart d'heure. Les jours étoient courts, la terre étoit couverte de neige, le froid rigoureux; la station fut pénible : elle avoit commencé le 12 nivôse

an 2, et dura jusqu'au 21. Ce n'étoit pas tout encore
que d'avoir fini à Châtillon : il falloit, pour rendre inutile ce signal qui ne pouvoit durer, et qu'en effet un
ouragan renversa peu de temps après, se hâter de l'observer de toutes les stations circonvoisines. Il avoit
manqué de nous être funeste de plus d'une manière :
il étoit chaque jour l'objet d'une dénonciation dans
quelque société populaire, et il avoit été l'occasion des
bruits les plus ridicules que la malveillance ou la frayeur
avoient fait courir sur notre compte; enfin c'est à ce
signal que je reçus une nouvelle à laquelle j'étois bien
loin de m'attendre.

Six mois auparavant (1) l'Académie des sciences
avoit été supprimée; la commission qu'elle avoit nommée
pour les diverses opérations relatives aux nouvelles mesures, avoit été conservée pour un temps (2). On vouloit toujours l'établissement du nouveau système métrique; mais on s'ennuyoit de la longueur de l'opération
fondamentale. On avoit décrété un mètre provisoire,
on songeoit à le rendre définitif; du moins c'est la seule
manière dont je puisse expliquer l'arrêté dont je vais
parler. Une lettre du président de la commission temporaire des poids et mesures, en date du 9 nivose,
m'apprenoit qu'un arrêté du 3 venoit de supprimer six
membres au nombre desquels je me trouvois compris,
et que je devois en conséquence cesser mes opérations,

____

(1) 8 août 1793.
(2) Par un décret du 11 septembre 1793.

mettre en ordre mes mémoires et mes calculs, ainsi que la note de mes instrumens et de mes dépenses.

Dans ma réponse j'exposois l'état où j'avois amené l'opération qui m'avoit été confiée, et je donnois les raisons pour lesquelles il étoit à désirer qu'on me laissât achever les stations de Châtillon et de Pithiviers, et commencer celles d'Orléans et de Châteauneuf. Pour ne pas s'exposer à perdre tout le fruit d'un travail de trois mois et les dépenses qu'il avoit occasionnées, il falloit conduire les triangles jusqu'à deux clochers qu'on pût retrouver en tout temps, et je recommandois la précaution d'en faire assurer la durée par un arrêté du comité de salut public ; quant à mes registres, je demandois deux ou trois mois pour les mettre en ordre et achever tous mes calculs. En attendant la permission que je demandois, je me hâtai à tout hasard d'exécuter ce que je proposois.

Un des membres de la commission fut chargé vers le même temps de visiter les canaux du Loing, de Briare et d'Orléans. La commission le fit porteur des ordres qui me concernoient. Il vint me trouver à Châteauneuf, assista à toutes mes opérations, et puis à celles que je fis immédiatement après à Orléans. J'étois bien curieux de connoître l'arrêté qu'il m'apportoit ; mais il avoit toujours quelque prétexte honnête et obligeant pour éluder ma demande. Quelques momens après son départ on me remit enfin un paquet cacheté qui renfermoit les deux pièces qu'on va lire. Voici d'abord la lettre officielle par laquelle on acceptoit mes offres,

18 nivose an 2.

« CITOYEN,

» La commission des poids et mesures a chargé l'un
» de ses membres, de se rendre auprès de toi pour te
» remettre l'arrêté du comité de salut public qui te con-
» cerne, et pour concerter avec toi les moyens de clore
» tes opérations de manière que les signaux restent inu-
» tiles ; elle t'invite à terminer la rédaction de tes cal-
» culs et la copie de tes observations, ainsi que tu le
» proposes. »

Cette lettre, que je copie fidèlement, ne contenoit
rien qui ne fût absolument nécessaire ; c'étoit le style
du temps. La commission n'étoit plus, comme autrefois,
uniquement composée de mes confrères et de mes amis :
elle faisoit pourtant encore pour moi tout ce qui étoit
en son pouvoir. Par l'envoi d'un de ses membres elle
me donnoit, même en exécutant l'arrêté qui me destituoit, le moyen de conduire mes triangles aux deux
points qui devoient assurer tout le travail. Mes registres
me restoient, et je pouvois en faire des copies : ces
réflexions me consoloient un peu. Voici l'arrêté :

*Extrait des registres du comité de salut public de la
Convention nationale.*

Du troisième jour de nivose, l'an deuxième de la République
française, une et indivisible.

« Le comité de salut public, considérant combien il
» importe à l'amélioration de l'esprit public que ceux
» qui sont chargés du gouvernement ne délèguent de

1.   G

» fonction ni ne donnent de mission qu'à des hommes
» dignes de confiance par leurs vertus républicaines et
» leur haine pour les rois ; après s'en être concerté avec
» les membres du comité d'instruction publique, oc-
» cupés spécialement de l'opération des poids et mesures,
» arrête que Borda, Lavoisier, Laplace, Coulomb,
» Brisson et Delambre, cesseront, à compter de ce jour,
» d'être membres de la commission des poids et mesures,
» et remettront de suite, avec inventaire, aux membres
» restans, les instrumens, calculs, notes, mémoires, et
» généralement tout ce qui est entre leurs mains de relatif
» à l'opération des mesures. Arrête, en outre, que les
» membres restans à la commission des poids et mesures,
» feront connoître au plutôt au comité de salut public
» quels sont les *hommes dont elle a un besoin indispen-*
» *sable* pour la continuation de ses travaux, et qu'elle
» fera part en même temps de ses vues sur les moyens
» *de donner le plutôt possible l'usage des nouvelles*
» *mesures à tous les citoyens*, en *profitant de l'impul-*
» *sion révolutionnaire.*

   » Le ministre de l'intérieur tiendra la main à l'exé-
» cution du présent arrêté.

      » *Signé au registre*, B. BARÈRE, ROBESPIERRE,
        » BILLAUD-VARENNE, COUTHON, COLLOT-
        » D'HERBOIS, etc. »

   Il est évident que les premières lignes de cet arrêté
ne contiennent que de vains prétextes. En me confiant
une opération aussi difficile que l'avoit été la mesure

de la méridienne dans des temps si orageux ; sans doute on ne demandoit pas que je quittasse mes clochers et mes signaux pour aller dans les clubs faire parade de sentimens républicains et de haine pour les rois ; ce n'eût pas été le moyen d'accélérer un travail dont on se plaignoit d'être obligé d'attendre si long-temps le résultat. En destituant un grand nombre de ceux qui s'y étoient consacrés tout entiers, et principalement Borda, qui en avoit fait le plan et créé tous les moyens d'exécution, il étoit visible qu'on vouloit changer ce plan, ou du moins le simplifier beaucoup, et dans cette vue on ne vouloit dans la commission que les personnes dont on avoit *un besoin indispensable*. On désiroit aussi profiter de l'impulsion révolutionnaire, et cette idée étoit fort bonne ; mais il n'étoit peut-être pas impossible de parvenir aux mêmes fins par d'autres voies.

Je terminai les observations à Orléans le 5 pluviose an 2, et j'étois à Paris le 12. Je trouvai en arrivant que le comité révolutionnaire de ma section avoit mis le scellé chez moi, par forme de précaution : j'en obtins la levée en fournissant la preuve de la mission que j'avois remplie, et en produisant les certificats des municipalités de tous les lieux où j'avois successivement séjourné depuis ma dernière sortie de Paris. On peut juger seulement que je ne montrai pas l'arrêté qu'on vient de lire ; je laissai croire, sans le dire formellement, que ma mission continuoit. Mes commissaires examinèrent tous mes papiers avec le plus grand scrupule. Je n'eus qu'à me louer d'eux ; ils consentirent même à me laisser plusieurs diplomes académiques qui pourtant paroissoient les inquiéter, et sur-tout celui de la Société royale de Londres, qui étoit en latin, et où ils reconnoissoient le nom et les armes du roi Georges. C'étoit de leur part une grande condescendance pour un homme qu'ils croyoient en correspondance avec plusieurs rois.

Depuis long-temps on n'avoit reçu de nouvelles de Méchain ; nous en verrons bientôt la raison. On répandoit le bruit qu'il ne vouloit plus rentrer en France, et c'est à cette circonstance peut-être qu'il a dû de n'être pas compris dans la suppression par laquelle on avoit, disoit-on, épuré la commission des poids et mesures. On craignit sans doute de lui fournir un prétexte pour se fixer en pays étranger avec ses instrumens et ce qui pouvoit lui rester de fonds pour la méridienne. On lui a réellement fait en divers temps des offres avantageuses qui, venant après la suppression des académies et le renversement de toutes ses espérances, auroient pu le tenter ; mais il étoit trop attaché à ses devoirs pour rien écouter, avant d'avoir rempli tous les engagemens qu'il avoit contractés en se chargeant de la mesure de la méridienne.

Aussitôt après la saison des eaux, et quoiqu'elles ne lui eussent pas rendu l'usage du bras droit, qu'il n'a entièrement recouvré que deux ans après son accident, il se rapprocha des Pyrénées pour y faire les stations de Puy-Camellas et de Puy de la Estella, par lesquelles il devoit opérer la jonction des triangles espagnols aux triangles français.

En 1792 on lui avoit conseillé de remettre ces stations à des temps plus tranquilles. Ces temps n'étoient point arrivés; la guerre étoit même ouvertement déclarée. Cette partie de sa mission étoit donc plus difficile que jamais. Pour ces deux stations il avoit besoin de deux signaux, l'un sur Forceral, l'autre sur Bugarach. Ces deux montagnes sont sur le territoire français. Heureusement Méchain étoit également connu et estimé de l'administration départementale de Perpignan et du général espagnol; il en obtint toutes les facilités que permettoient les circonstances. Avec l'aide de M. Bueno, capitaine du génie militaire, et l'un des deux commissaires espagnols qui devoient l'accompagner par-tout, il fit lui-même la station de Camellas en septembre et octobre 1793, c'est-à-dire les premiers jours de l'an 2. Son adjoint Tranchot, d'une meilleure santé et d'un caractère plus hardi, plus entreprenant, se chargea de la station de la Estella. Des miquelets vinrent l'enlever et le conduisirent garotté à la ville voisine, d'où il fut envoyé d'une manière un peu plus convenable à Perpignan.

Le président du département lui donna les moyens de retourner à Estella et ensuite en Espagne, après qu'il eut placé les signaux de Forceral et de Bugarach. Les deux stations de Camellas et de Estella furent terminées le même jour 13 frimaire an 2 (3 novembre 1793), celle-ci par Tranchot, celle-là par Méchain.

« Il ne restoit plus qu'à mesurer les angles à Perpi-
» gnan, à Forceral et Bugarach : la jonction étoit com-

» plète. Je comptois (c'est Méchain qui parle) la ter-
» miner dans le courant de novembre, et me rendre à
» Évaux pour y observer pendant l'hiver les distances
» des étoiles au zénith..... On étoit bien éloigné de
» soupçonner qu'on ne pourroit aller sous peu de jours
» aux stations sur le territoire de France ; mais, si nous
» obtenons la liberté de passer dans le courant du mois
» prochain, tout sera réparé en mars (1794), et pourvu
» qu'on nous accueille en France, nous arriverons en-
» core à Évaux ou Sermur, et même plus près de Bourges,
» dans le courant de juillet..... et cette grande opéra-
» tion se trouveroit terminée en deux années, après tous
» mes retards et mes accidens. »

C'est ainsi que Méchain s'exprimoit dans une lettre
datée de Barcelone le 21 nivose an 2. On y voit qu'on
lui avoit refusé la permission de rentrer en France, et
qu'il ne désespéroit pas encore de l'obtenir en pluviose ;
mais le général espagnol la refusa constamment, et sa
raison étoit que les connoissances acquises par Méchain
et ses adjoints pendant leur séjour aux diverses stations
des Pyrénées, pourroient devenir préjudiciables à l'Espagne. Il vouloit donc que Méchain fût retenu jusqu'à
la paix ; mais il lui laissoit le choix du lieu qu'il voudroit
habiter. Méchain choisit Barcelone, pour se rapprocher
autant qu'il le pourroit du fort de Mont-Jouy, dont l'entrée ne lui étoit plus permise, et où il avoit, l'année
précédente, observé la hauteur du pôle avec tant de
succès.

Pour rendre sa détention utile, sinon à sa mission

principale, au moins à l'astronomie, il se mit à observer avec soin la hauteur solsticiale du soleil, pour en déduire l'obliquité de l'écliptique : comme il avoit besoin pour cela de la latitude de son nouvel observatoire, il y répéta toutes les observations qu'il avoit faites à Mont-Jouy, et pour les comparer les unes aux autres il détermina trigonométriquement la différence de latitude entre le centre de la tour de Mont-Jouy et le point où il venoit d'observer à Barcelone.

Tous ces détails sont tirés de la lettre dont on a vu ci-dessus un fragment, et qu'il adressoit à Borda qu'il croyoit encore président de la commission ; il lui donnoit en outre la carte de tous ses triangles en Espagne, avec le tableau de tous les angles qu'il avoit observés, et tout ce qu'il avoit fait pour la latitude de Mont-Jouy.

L'arrêté du 3 nivose, qui nous destituoit, nous ordonnoit de remettre à la commission tous nos mémoires, notes ou calculs. Borda se crut obligé de rendre aussi cette lettre ; mais, avant de s'en dessaisir, il désira que j'en prisse copie, et j'ai regreté long-temps de n'avoir pas gardé la lettre même : mais cette perte est plus que réparée par les registres originaux et les copies au net qui m'ont été remis par madame Méchain ou par Méchain lui-même, à son départ pour l'Espagne en 1802. Malheureusement ces registres ne contiennent que les observations et les calculs, dans le plus bel ordre, à la vérité, mais sans le moindre avertissement, sans la plus petite note pour cette partie historique dans laquelle, pour tout ce qui concerne Méchain, je n'ai, pour

me guider, que mes souvenirs, les dates de ses observations et un assez grand nombre de lettres qu'il m'a
écrites; mais notre correspondance n'a commencé qu'a-
près sa rentrée en France, et M. Tranchot, qui pourroit
me fournir des renseignemens curieux et utiles, est
maintenant occupé loin de Paris à lever la carte des
quatre départemens de la rive gauche du Rhin.

La vie que Méchain menoit en Espagne étoit extrêmement triste, depuis que sa mission terminée ne lui
fournissoit plus de distractions assez puissantes pour
l'empêcher de se livrer aux inquiétudes que lui caū-
soient sa femme et ses enfans, dont les lettres ne lui par-
venoient que tard et à de longs intervalles. Ce que les
journaux pouvoient lui apprendre des scènes sanglantes
qui se passoient à Paris, augmentoit encore ses alarmes.
Ce qui lui restoit des fonds qu'il avoit obtenus pour ses
opérations, demeuré entre les mains des banquiers espagnols, étoit séquestré comme propriété française; il
n'avoit pour perspective qu'une captivité qui paroissoit
devoir durer autant que la guerre. Telle étoit sa situation, lorsque le comte Ricardos mourut. Celui qui le
remplaça dans le gouvernement de Catalogne se montra
moins difficile. Méchain demanda des passeports pour
l'Italie, n'espérant pas en obtenir pour la France : ils
lui furent accordés. Vers le même temps, madame Méchain parvint à lui faire passer quelques secours en
argent. Il s'embarqua pour l'Italie, aborda à Livourno
avec beaucoup de peine, et se rendit à Gênes dans les
premiers jours de l'an 3,

En France on ne paroissoit pas fort empressé de lui voir reprendre ses opérations ; on ne songeoit nullement à me donner un successeur : la commission temporaire des poids et mesures ne s'occupoit guère que de détails administratifs pour l'établissement du nouveau système métrique. Un de ses membres faisoit paroître une instruction où toutes les parties de ce système étoient expliquées avec une netteté propre à en faire saisir parfaitement l'esprit et sentir tous les avantages. C'est à cela que se bornèrent les travaux de la commission temporaire, qui même cessa bientôt de s'assembler. La mesure de la méridienne sur-tout paroissoit abandonnée. Le général Calon, membre de la Convention et directeur du dépôt de la guerre, conçut l'idée d'une opération géodésique qui devoit servir de fondement à une carte des nouveaux départemens de la France, qu'il vouloit faire tracer en continuation de la carte de Cassini, et sur la même échelle. Il nous engagea, Méchain et moi, à nous charger des triangles principaux, en attendant que nous pussions continuer ceux de la méridienne. Il vouloit attacher au dépôt tous les savans dont les travaux pouvoient avancer la géographie, et que la suppression des académies avoit dispersés : il écrivit à Méchain, me fit chercher, et nous donna le titre d'astronomes du dépôt de la guerre. Il désiroit que les opérations trigonométriques commençassent au printemps de l'an 3. Nous obtînmes de lui de reprendre d'abord nos triangles interrompus aux Pyrénées et à la Loire : dans cette vue il sollicita pour nous un arrêté

du comité de salut public; et c'est lui, tant qu'il fut
à la tête du dépôt général de la guerre, qui nous procura
les fonds et tous les secours nécessaires.

La loi du 18 germinal an 3, rendue sur le rapport
de C.-A. Prieur, vint bientôt après ranimer toutes les
parties de l'entreprise; elle apporta quelques modifications au plan de l'Académie des sciences, à la loi du
31 mars 1791, et changea presque entièrement la nomenclature des mesures et des poids.

Cette partie, qui paroîtroit la plus simple et la plus
facile de tout le nouveau système, étoit au contraire
celle qui devoit éprouver le plus de critiques. L'Académie l'avoit bien prévu; mais forcée à plusieurs époques de s'occuper de ce travail, elle avoit proposé deux
nomenclatures différentes : l'une dans laquelle on donnoit aux subdivisions des mesures des noms composés
qui indiquoient le rapport décimal qu'elles avoient entre
elles; et l'autre dont les noms étoient simples, mono-
syllabiques et indépendans les uns des autres. La commission temporaire en avoit fait une troisième. Un arrêté
du 13 brumaire a depuis permis d'employer, au lieu des
noms systématiques, des mots plus courts et plus fami-
liers. Nous allons réunir en un seul tableau ces diverses
nomenclatures.

(Voyez les *Mémoires de l'Académie*, 1789, p. 6;
l'*Instruction sur les mesures déduites de la longueur de
la terre*, Paris, an 2, et le Rapport que M. Prieur a fait
à la Convention, en présentant le projet de loi qu'elle
adopta le 18 germinal an 3.)

ACADÉMIE DES SCIENCES.		COMMISSION TEMPORAIRE.	LOI du 18 germinal.	ARRÊTÉ du 13 brumaire an IX	VALEURS.
Décade					1,000,000 mètres.
Degré		Grade ou degré,			100,000
Poste			Myriamètre	Lieue	10,000
Mille	Millaire	Millaire	Kilomètre	Mille	1,000
Stade			Hectomètre		100
Perche			Décamètre	Perche	10
Mètre	Mètre	Mètre	Mètre	Mètre	1
Palme	Décimètre	Décimètre	Décimètre	Palme	0.1
Doigt	Centimètre	Centimètre	Centimètre	Doigt	0.01
Trait	Millimètre	Millimètre	Millimètre	Trait	0.001
Tonneau	Muid	Cade	Kilolitre	Muid	Mètre cube
Setier	Décimuid	Décicade	Hectolitre	Setier	
Boisseau	Centimuid	Centicade	Décalitre	Boisseau, Velte	
Pinte	Pinte	Cadil	Litre	Plute	Décimètre cube.
			Décilitre	Verre	
			Centilitre		
Millier	Millier	Bar		Millier	
Quintal		Décibar		Quintal	
Décal		Centibar	Myriagramme		
Livre	Grave	Grave	Kilogramme	Livre	Décimètre cube d'eau distillée.
Once	Décigrave	Décigrave	Hectogramme	Once	
Drâme	Centigrave	Centigrave	Décagramme	Gros	
Maille	Milligrave	Gravet	Gramme	Deniers	
Grain		Décigravet	Décigramme	Grain	
		Centigravet	Centigramme		
		Milligravet	Milligramme		
		Are	Hectare	Arpent	10,000 mèt. carrés
		Déciare			1,000 idem.
		Centiare	Are	Perche carrée	100 idem.
					10 idem.
			Centiare	Mètre carré	1 idem.
			Stère	Stère	Mètre cube
			Déci-stère	Solive	
Unité monétaire					Décagr. d'argent.
			Franc	Franc	5 grammes d'arg.
			Décime	Sol	
			Centime	Denier	

Chacune de ces nomenclatures a ses inconvéniens et ses avantages. Ce qui a pu nuire à celle de la dernière loi, c’est la longueur des noms, ce sont les rimes fréquentes, qui souvent importunent l’oreille; c’est l’affectation mal-adroite d’énoncer les sous-divisions de différens ordres, de dire, par exemple, 57 mètres 4 décimètres 8 centimètres, au lieu de 57 mètres 48 centimètres, ou même 57 mètres 48 : mais l’usage rendra ces inconvéniens moins sensibles, ou fera trouver des moyens pour les éviter. Quant au reproche de barbarie qu’on a fait à plusieurs de ces mots, il n’est pas d’une grande importance; il porte principalement sur *hecto* et *kilo*. Je ne prétends pas me déclarer le champion de cette nomenclature, à laquelle on sait que nous n’avons eu aucune part. Je ne nierai pas que ces mots ne puissent choquer l’oreille d’un helléniste; mais que seroit-il arrivé si l’on eût préféré *hécatommètre*, à l’imitation des Grecs, qui ont dit ἑκατόμπους, ἑκατόμπυλος, ἑκατόμϐοιος, ἑκατόγχειρ, ἑκατογκέφαλος; l’usage eût sans doute fini par retrancher quelque chose à ce mot qu’on eût trouvé trop long, et l’auroit peut-être rendu plus barbare qu’il n’est aujourd’hui. On a plaisanté sur *kilo* substitué à *chilio;* mais, sauf le *k* mis en place du *ch* pour prévenir une prononciation vicieuse, χίλιοι est le mot poétique pour χίλιοι. Voyez dans Homère (*Iliade,* liv. V, v. 860), Mars, blessé par Diomède, crier comme neuf mille ou dix mille hommes :

. . . . . . Ὁ δ’ ἔϐραχε χάλκεος Ἄρης
Ὅσσον τ’ ἐννεάχιλοι ἐπίαχον ἢ δεκάχιλοι
Ἄνερες. . . . .

Voyez dans le livre XIV ces mêmes mots répétés (v. 148) à l'occasion de Neptune déguisé en vieillard, et qui pousse un cri pour encourager les Grecs.

Après cette digression, revenons à la loi du 18 ~~bru-maire~~ *Germinal*.

L'article X ordonne que « les opérations relatives à » la détermination de l'unité des mesures de longueur » et de poids déduites de la grandeur de la terre, com-» mencées par l'Académie des sciences et suivies par » la commission temporaire, seront continuées jusqu'à » leur entier achèvement par des commissaires particu-» liers, choisis principalement parmi les savans qui y » ont concouru jusqu'à présent, et dont la liste sera » arrêtée par le comité d'instruction publique ». Le reste ne contient que des dispositions administratives.

En exécution de cet article, le comité d'instruction publique, par un arrêté du 28 germinal, nomma les douze commissaires suivans :

Berthollet, Borda, Brisson, Coulomb, Delambre, Haüy, Lagrange, Laplace, Méchain, Monge, Prony, Vandermonde.

Ces commissaires, réunis au lieu des séances du co-mité d'instruction publique, le 21 floréal, convinrent des articles suivans :

ARTICLE PREMIER.

Il sera procédé sans délai à la fabrication d'un mètre en cuivre, de la plus grande exactitude possible, et qui sera remis au comité d'instruction, pour pouvoir servir d'étalon provisoire et légal.

ART. II.

Les citoyens Borda et Brisson sont nommés commissaires particuliers pour diriger et surveiller la fabrication de cet étalon provisoire. Ils feront en sorte que sa confection soit achevée dans une décade. Ils présenteront le résultat de ce travail, avec un procès-verbal de la vérification qu'ils en auront faite, aux autres commissaires pour les poids et mesures, qui seront convoqués à cet effet, et qui remettront au comité d'instruction publique l'étalon accompagné du procès-verbal et des calculs nécessaires, après les avoir revêtus de leurs signatures.

ART. III.

Les citoyens Méchain et Delambre sont les commissaires chargés spécialement de la mesure des angles, des observations astronomiques et de la mesure des bases dépendantes de la méridienne.

ART. IV.

Les citoyens Delambre, Laplace et Prony iront incessamment déterminer sur les lieux l'emplacement le plus convenable pour la base près Paris, et en indiqueront les extrémités; ils feront en outre le projet des édifices à construire à chacune de ces extrémités. Ils présenteront le résultat du tout à l'assemblée des commissaires réunis, qui statuera sur ce qui sera le mieux à faire.

Le comité d'instruction sera invité à ordonner sans délai la construction des édifices des extrémités de la base, d'après les plans qui auront été adoptés.

Art. V.

Le citoyen Delambre partira le plutôt possible pour la continuation de la détermination des triangles, en allant vers le midi.

Le citoyen Méchain fera les mêmes opérations en partant des Pyrénées, et venant à la rencontre du citoyen Delambre.

Cependant le citoyen Méchain se rendra préalablement à Paris, et ce ne sera qu'après avoir conféré avec lui que l'assemblée des commissaires réunis prendra un parti définitif relativement aux observations de la hauteur du pôle et à la mesure des bases. Ce sera alors que l'assemblée pourra informer le comité d'instruction publique de la durée probable de ces opérations, ainsi que de ce qui sera le plus propre à les rendre plus parfaites.

Art. VI.

Les commissaires chargés de la détermination de l'étalon des poids, seront les citoyens Borda, Haüy et Prony. Ils y emploieront la méthode la plus susceptible d'exactitude. Néanmoins ils feront fabriquer, sous le délai de deux ou trois mois, un poids pour servir d'étalon provisoire, et avec une précision suffisante. Ce poids, ainsi que le procès-verbal de vérification et les calculs de sa détermination, sera remis au comité d'instruction publique, après avoir été adopté par l'assemblée des commissaires qui se trouveront alors à Paris.

A R T. V I I.

Enfin les citoyens Berthollet, Monge et Vandermonde dirigeront le travail du platine destiné à former non seulement l'étalon de mètre de la République, mais encore d'autres étalons d'une similitude parfaite, que l'on pourra envoyer, soit aux compagnies savantes, soit aux divers gouvernemens du monde policé.

A R T. V I I I.

Les divers commissariats désignés par les articles précédens se hâteront de proposer à l'assemblée générale des commissaires leurs vues générales sur les différentes branches de travail qu'ils ont à suivre, afin que l'assemblée puisse bientôt fixer ce qu'il est important d'arrêter concernant lesdites opérations. Les commissariats feront d'ailleurs leurs dispositions particulières et se pourvoiront des objets dont ils auront besoin, conformément à l'arrêté du 18, du comité d'instruction.

Pendant qu'on faisoit, avec toute la célérité possible, les préparatifs nécessaires pour la reprise des opérations géodésiques, nous allâmes, comme nous en étions convenus par l'article IV, visiter le chemin de Lieursaint à Melun. Dans cette course, il fut décidé que l'on se borneroit pour la base à une longueur de 6000 toises environ, depuis la sortie de Lieursaint jusqu'à l'endroit où la route de Brie vient se réunir à celle de Paris.

Méchain ne put se rendre à Paris, comme il y étoit invité par l'article V; il étoit encore à Marseille le 13 thermidor, et il s'y embarqua pour Vendres, auprès de Perpignan, où il dut arriver dans le courant de fructidor, car le 27 il observoit à Forceral. Son premier soin fut de parcourir les stations entre les Pyrénées et Carcassonne, pour y faire placer les signaux. Il m'écrivoit à cette occasion qu'il lui paroissoit bien difficile, dans les circonstances, de se servir des réverbères, qui inquiéteroient et alarmeroient les habitans des campagnes. Il avoit été contraint d'y renoncer en Catalogne; pour moi, je n'aurois jamais osé m'en servir en 1792 et 1793, et depuis je n'y pensai même plus.

J'étois parti pour Orléans le 10 messidor. Je désirois choisir d'abord mes stations et placer les signaux depuis la Loire jusqu'à Bourges; mais j'y trouvai trop de difficultés, et je me rendis directement dans cette dernière ville, afin de mettre à profit les beaux jours pour y observer les azimuts, comme j'avois déja fait à Watten. Je les commençai le 18 messidor, après dix-sept mois et demi d'interruption; ils m'occupèrent jusqu'à la fin du mois. Le mois suivant fut employé presque tout entier à la recherche des stations : j'eus beaucoup de peine à retrouver les vestiges des signaux de Méri et d'Ennordre, termes d'une base mesurée en 1740, et, quand je les eus découverts, je fus obligé de me placer ailleurs. La montagne de Michavant n'étoit plus visible; il fallut la remplacer par celle de Morogues.

Ce triangle fut très-difficile à former. Le signal d'Ennordre, vu de Morogues, se projettoit sur des objets voisins, et devoit être impossible à voir, excepté quand il seroit fortement éclairé du soleil. Nous aperçûmes dans la même direction à peu près un objet qui ressembloit fort à notre signal. Nous observâmes ce prétendu signal trois jours de suite, sans nous douter de la méprise. Arrivés à Ennordre nous demeurâmes convaincus que Morogues et Ennordre étoient réciproquement invisibles : nous fûmes obligés de déplacer le signal d'Ennordre et de recommencer deux stations.

L'intervalle entre la Loire et Bourges est la partie de la méridienne qui a le plus exercé les académiciens en 1740. On voit dans leur ouvrage qu'ils furent obligés de le parcourir trois fois dans toute son étendue, avant de trouver une disposition de triangles qui pût les satisfaire. La chose étoit devenue bien autrement difficile par l'incendie du clocher de Salbris, dont la flèche s'élevoit considérablement au-dessus de l'église; il n'y reste plus aujourd'hui qu'une tour écrasée, qu'on n'aperçoit d'aucune des stations circonvoisines. Il falloit le remplacer, et je ne voyois rien qui convînt. Ce n'est pas que les clochers manquent; il y en a même de très-élevés qu'on aperçoit de plus de 80000 mètres : mais ils sont si mal placés qu'on n'en sauroit tirer presque aucun parti. Les montagnes ne manquent pas non plus ; mais elles sont presque toutes de la même hauteur, et toutes couvertes de bois, en sorte que par-tout l'horizon est très - borné. Il eût fallu, pour de semblables recherches, avoir trois signaux qu'on pût monter et démonter à volonté, pour les transporter successivement à tous les sommets qui auroient donné quelque espérance. Je ne doute pas que par ce moyen on n'eût pu former une suite bien plus belle de triangles ; mais un pareil équipage eût été fort dispendieux, et les chemins, qui sont par-tout étroits et difficiles, excepté la grande route qui va de Bourges à Gien par Aubigni, auroient rendu les transports longs et coûteux. Nous n'avions que des assignats, et ils commençoient à tomber dans un terrible discrédit : pour aller de Bourges au village le plus voisin de Méri, c'est-à-dire à 9000 ou 10000 toises, la poste nous prenoit 1500 francs ; nos trois derniers signaux nous avoient coûté 8000 francs ; ceux que Méchain faisoit placer dans le même temps à Tauch et à Forceral en coûtoient chacun 3000, parce qu'ils étoient sur des hauteurs d'un accès difficile. Les fonds que j'avois emportés de Paris étoient épuisés, et je restai un mois entier à Bourges où je n'avois plus rien à faire, parce que je n'avois plus de quoi payer les chevaux qui devoient me mener à Dun-sur-Auron. Je n'avois donc nullement la faculté de faire des essais.

J'avois placé un signal près d'Oison, à quelques toises près de celui de 1740. Pour remplacer Salbris, je pris le clocher de Soême, pointe mince et déliée qui fut très-difficile à observer. Elle me paroissoit assez longue, et je ne fis nul doute que de Soême je ne dusse voir mon signal d'Oison; d'ailleurs je n'avois pas le choix. Quand je fus à Soême, je vis qu'un bois très-voisin me cachoit le signal d'Oison; je ne trouvai pour le remplacer que le clocher de Chaumont. Alors il me falloit un point intermédiaire entre Vouzon et Ennordre. Je fus encore fort heureux de trouver le petit clocher de Sainte-Montaine. Je n'étois pourtant pas trop satisfait de cet arrangement, car la distance de Vouzon à Chaumont ne soutendoit à Orléans qu'un angle de 27 degrés, et à Soême qu'un angle de 22 degrés. Je m'attachai à les bien observer; je crois y avoir réussi, quoique les circonstances ne fussent pas très-favorables : la saison étoit très-avancée et très-rigoureuse. Malgré tous mes soins, ces deux triangles sont ceux où la somme des erreurs est la plus forte; ce que j'attribue à la hauteur des flèches d'Orléans et de Chaumont, dont l'une est de 120 pieds, l'autre de 80. Il suffisoit de 3 pouces d'inclinaison au sommet de la flèche d'Orléans, pour changer d'une seconde l'angle à Chaumont et l'angle à Vouzon; heureusement ils sont fort grands, et l'erreur des côtés doit être insensible : l'inclinaison changeroit le centre de station; mais un pied d'erreur sur ce centre ne produiroit qu'une demi-seconde sur l'angle. En considérant de tous côtés la flèche d'Orléans, je ne pus apercevoir la moindre inclinaison sensible. M. de Prony, qui étoit avec moi en ce moment, n'en soupçonna pas plus que moi. Je suis un peu moins sûr du clocher de Chaumont : s'il y a quelque erreur, elle doit venir de ce côté ; mais je ne crois pas qu'elle soit bien considérable.

Toutes ces difficultés me retinrent jusqu'au milieu de frimaire an 4. J'étois très-pressé de me rendre à Dunkerque pour y observer la hauteur du pôle, et d'ailleurs nous ne pouvions rester long-temps dans un pays où l'on refusoit de nous loger et de nous nourrir pour des assignats ; en outre il régnoit à Vouzon une maladie épidémique, dont un de mes coopérateurs fut attaqué, au point qu'il n'étoit pas en état d'être transporté quand je quittai Vouzon pour aller à Chaumont. Au reste, la saison pluvieuse, qui rendoit ces stations si longues et si désagréables, faisoit pourtant que j'avois moins de regret de n'être pas à Dunkerque, où je n'aurois pu faire la moindre observation. Je fis donc tous mes efforts pour conduire cette année les triangles jusqu'à Châteauneuf et Orléans, et leur chaîne s'étendit alors de Dunkerque à Bourges sans interruption.

Méchain étoit encore dans une situation plus fâcheuse. Voici ce qu'il me mandoit le 12 vendémiaire an 4 :

« Vous ne pouvez vous faire une idée des difficultés
» que nous éprouvons pour avoir du bois et des ouvriers,
» pour le transport et l'établissement des signaux sur
» le sommet des montagnes ; nous sommes obligés d'aller
» à pied presque par-tout : d'ailleurs impossibilité phy-
» sique de faire autrement pour certaines stations, telle,
» par exemple, que celle de Bugarach, où l'on ne peut
» arriver qu'en s'accrochant aux buis, aux broussailles,
» et en gravissant les rochers. Cette marche est de quatre

» à cinq heures. La descente est encore plus pénible
» et plus scabreuse. Vous pouvez juger de la commo-
» dité du séjour, à plus de 600 toises de hauteur, sur
» un pic qui n'a pas 2 toises d'étendue, et bordé de
» précipices. Les autres stations sont moins élevées,
» mais toujours d'un accès difficile..... et pour la plu-
» part éloignées de trois ou quatre lieues de toute habi-
» tation. Nuit et jour on y est exposé aux orages, ayant
» pour lit un peu de paille, et pour abri une simple
» tente, souvent interrompu et tourmenté par les nuages
» qui enveloppent une des stations et y restent accro-
» chés des journées entières ; puis, quand l'une se dé-
» couvre, l'autre s'ensevelit. La station de Forceral
» exige six signaux à la fois..... J'ai été presque dé-
» couragé quand j'ai vu celui de Bugarach, qui avoit
» tant coûté de peines, abattu par un ouragan furieux.
» La tramontane est terrible dans ces régions ; rien ne
» résiste à sa violence : il faut abattre les tentes et des-
» cendre en rampant sur la terre, si l'on ne veut être
» enlevé comme une plume. J'ai fait dix voyages à
» Forceral ; j'y ai couché plusieurs nuits presque à la
» belle étoile, pour observer quatre angles. Nous avons
» commencé beaucoup trop tard dans ce pays. Les si-
» gnaux vont être placés jusqu'à Carcassonne et Alaric ;
» il faut marcher...... J'espère que nos angles seront
» mesurés jusqu'à Carcassonne dans les premiers jours
» de novembre, et je compte revenir ensuite à Perpi-
» gnan, pour chercher une base. »

Il réussit dans tous ces projets : ses triangles formèrent alors une chaîne non interrompue depuis Mont-Jouy jusqu'à Carcassonne. Il trouva sur la route de Perpignan à Narbonne une base de 6000 toises; il en fixa les termes par des pieux enfoncés dans un massif de maçonnerie, et recouverts d'une plaque de cuivre au milieu de laquelle le point de centre étoit marqué par l'intersection de deux diamètres d'un cercle, et il joignit ces deux points aux triangles principaux par la station subsidiaire d'Espira. L'hiver de l'an 4 fut employé tout entier à ces opérations et à celles par lesquelles il détermina la latitude de Perpignan et la position de cette ville par rapport aux signaux voisins. (1)

Je ne pus arriver à Dunkerque que le 7 nivose, pour y faire les opérations correspondantes à celles que Méchain avoit faites deux et trois ans auparavant à Barcelone et à Mont-Jouy. J'aurois bien désiré que nos observations eussent été simultanées; mais il est démontré qu'il ne peut résulter aucun inconvénient réel de l'intervalle qui les sépare. En observant les passages supérieurs et inférieurs des étoiles circompolaires, nous nous rendons indépendans des mouvemens des étoiles, ou plutôt nos observations nous donneroient ces mouvemens, ainsi que les déclinaisons absolues, en même temps que la hauteur du pôle. La nutation a dû varier au plus de $3''$ dans l'intervalle, c'est-à-dire du tiers de la plus grande. Supposons $0''6$ d'incertitude sur la plus grande nutation, l'erreur relative, dans nos calculs, ne sera que de $0''2$ dont nous nous tromperons sur le mouvement en déclinaison pendant trois ans; mais il n'en résultera aucune incertitude sur la hauteur du pôle. Cette même remarque s'applique à plus forte raison encore à l'aberration, qui a dû être la même à Dunkerque et à Mont-Jouy, puisque nous observions tous deux dans la même saison. De plus, nos déclinaisons s'accordent fort bien avec celles que nous avons observées simultanément en l'an 5, Méchain à Carcassonne, et moi à Évaux. Enfin elles ont été confirmées par celles que nous avons trouvées à Paris en l'an 7, et qui nous ont donné, à un sixième de seconde près, la même latitude pour le Panthéon.

Quoique je fusse arrivé trop tard à Dunkerque, et que le temps eût été fort variable, je réussis pourtant à prendre cent soixante-quatorze distances de l'étoile polaire dans son passage supérieur, et cent trente-huit dans son passage inférieur, qui ont dû me donner la latitude avec la précision d'une demi-seconde. Trois cent six observations du passage supérieur de β de la petite Ourse, en empruntant la déclinaison observée par Méchain à Mont-Jouy, ou celle que nous observâmes tous deux depuis en l'an 5, donneroient un tiers de seconde de plus.

Le passage inférieur de β de la petite Ourse réussit mal; les observations n'étoient qu'au nombre de soixante-huit, et assez mauvaises. En les faisant concourir avec les autres, la latitude se trouveroit diminuée de près d'une seconde; en les rejetant, comme je crois qu'on doit le faire, la latitude sera déterminée assez sûrement pour n'avoir pas besoin de vérification ultérieure, comme je l'avois craint. Remarquons encore que cette latitude, comparée à celle de l'Observatoire de Paris, donne le même arc céleste que Lacaille a trouvé par ses observations en 1740.

Je quittai Dunkerque en germinal an 4, pour continuer mes triangles, qui alloient jusqu'à Bourges et Dun-sur-Auron.

Il auroit été fort difficile de placer un signal sur la tour de Bourges; de quelqu'une des stations voisines il se seroit nécessairement projeté sur le tourillon de l'escalier ou sur celui de l'horloge. Celui-ci est surmonté d'un pélican qui sert de girouette, et qu'on a pris pour point de mire en 1740. Il s'élève de 6 mètres environ au-dessus de la balustrade. Je me déterminai à le prendre aussi pour signal. Il étoit très-aisé à bien observer de Méri et de Dun, d'où je le vis d'abord; on le distinguoit aussi parfaitement de Cullan, à une distance de 60000 mètres : mais, quand il se projetoit en terre, comme à Morlac ou à Morogues, il étoit très-difficile à reconnoître. A Morlac on ne le voyoit jamais qu'à la fin du jour. De Morogues on ne pouvoit rien distinguer; on étoit obligé d'observer la masse du tourillon, grossie encore par un pilier qui porte une roue sur laquelle glisse un fil qui soulève le marteau de l'horloge.

Le clocher de Morlac avoit été rasé à la hauteur du faîte de l'église, ainsi que beaucoup d'autres du même département. Un représentant du peuple s'étoit vanté, dans une lettre à la Convention, d'avoir *fait tomber tous ces clochers qui s'élevoient orgueilleusement au-*

dessus de l'humble demeure des s.... c.... On n'ose plus écrire aujourd'hui le titre dont ils se glorifioient alors, et duquel on avoit composé le nom donné d'abord aux jours complémentaires du nouveau calendrier. Cependant j'ai vu par-tout que ces humbles s.... c.... regretoient beaucoup leurs clochers. J'invitai donc les habitans de Morlac à rétablir celui qu'ils avoient vu tomber avec tant de chagrin ; j'offris de payer les frais par moitié : mais ils aimoient encore mieux leur argent, et ne voulurent entendre à aucun arrangement. Je m'en tins alors à faire construire à la place une simple pyramide couverte en planches ; mais, telle qu'elle étoit, elle pouvoit garantir leur église de la pluie. Je voulus la leur céder à moitié prix, après mes opérations : sur leur refus, je la vendis à un particulier-pour la somme qu'ils n'avoient pas voulu donner ; mais, quand il se présenta pour en enlever les matériaux, ils s'y opposèrent. L'affaire fut portée au tribunal voisin, et je reçus quelques mois après une lettre du juge, qui me demandoit un récit exact dès faits, pour savoir à qui appartenoit véritablement mon signal. J'ignore l'issue de ce grave procès.

La tour de l'horloge de Dun-sur-Auron est terminée par une pyramide quadrangulaire facile à observer ; cependant un petit toit destiné à couvrir la cloche, fait sur l'une des faces une saillie de deux pieds qui, vue de Bourges, et sur-tout de Morogues, gênoit un peu l'observation.

Depuis la mesure de 1740, M. de Béthune-Charost avoit fait construire un belvédère à très-peu de distance de l'ancien signal des Préaux. Ce belvédère, surmonté d'une pyramide octogone, formoit le plus commode et le plus sûr des signaux, quand on le voyoit, comme à Dun, d'assez près pour en distinguer toutes les parties; mais, vu de Morlac, il nous a singulièrement exercés par ses phases, c'est-à-dire par la manière inégale dont il étoit éclairé du soleil aux différentes heures du jour; en sorte que, pour obtenir des observations qui ne fussent point altérées par le soleil, ou dans lesquelles les erreurs fussent de nature à se détruire mutuellement, il me fallut mesurer cent soixante-dix fois l'angle que le belvédère faisoit avec le signal de Cullan.

Ce dernier signal étoit placé à peu de distance de celui qui porte le même nom dans la *Méridienne vérifiée.*

A Saint-Saturnin je n'ai pu retrouver exactement la place de l'ancien signal, et d'ailleurs je n'aurois pu m'y établir. Des bois embarrassoient l'horizon, et même, en m'écartant, je n'ai pu observer que par des échappées de vue qui ne subsisteront peut-être pas long-temps. Ce signal étoit fort difficile à reconnoître de Morlac, et, pour ne plus m'exposer à la même méprise qu'à Morogues, j'envoyai allumer un feu au pied même du signal. Ce qui augmentoit mon incertitude étoit que la distance observée au zénith de Morlac étoit moindre de 10′ que celle de la *Méridienne vérifiée.* Le feu, allumé dans le crépuscule, confirma la distance au zénith que j'avois observée. Il y a sans doute faute d'impression dans la *Méridienne vérifiée,* page XXXIII.

Sur la montagne de Laage je reconnus très-bien la

place du signal de 1700 ; mais nuls vestiges de celui de
1740. Je me plaçai donc à l'endroit qui me parut le plus
favorable.

Pour la station suivante je pris, comme autrefois,
le clocher d'Arpheuille. Il étoit assez difficile à voir de
Cullan, à cause d'un gros arbre qui en cachoit la partie
inférieure. Le triangle qui se termine à ce clocher est
presque isoscèle, et l'angle au sommet est de près de
115 degrés. Je souhaitois fort le partager en deux, au
moyen d'un signal intermédiaire : j'y trouvai trop de
difficultés, et j'ai été obligé de le laisser tel qu'il étoit.

La tour de Sermur et le signal d'Orgnat sont mes
dernières stations pour cette campagne. Quand j'arrivai
à Sermur, le 6 brumaire an 5, la montagne étoit déja
couverte de neige. Le signal de la Fagitière n'ayant pu
être posé à temps, le clocher d'Herment ne pouvant être
aperçu du pied de la tour de Sermur, et la station de
Saint-Michel s'étant trouvée trop difficile à remplacer,
je fus obligé de remettre au printemps la partie australe
de ces deux stations. J'étois pressé de me rendre à
Évaux, où nous étions convenus que celui qui se trouveroit le plus avancé feroit pendant l'hiver les observations de latitude à égale distance de Dunkerque et de
Barcelone, à très-peu près.

Il restoit à Méchain neuf ou dix stations, en comptant Rodez et Rieupeiroux : il m'en restoit douze, en
comptant aussi ces deux stations que nous devions faire
chacun par moitié. Mais Évaux se trouvoit enfermé dans
les derniers triangles que j'avois formés ; il ne me falloit

pas plus d'un jour pour m'y rendre d'Orgnat où j'étois alors. Méchain étoit à même proximité de Carcassonne ; il vouloit faire en cette ville des observations d'azimut. Il se résolut donc à y passer l'hiver, pour y observer aussi la latitude, tandis que j'observerois celle d'Évaux.

Il étoit temps que j'arrivasse ; huit jours plus tard l'objet de mon voyage étoit manqué. Quoique l'hiver eût commencé par de beaux froids et un temps clair, je n'eus pas trois belles nuits en nivose ; les deux mois suivans furent plus beaux : et quoique une maladie de M. Bellet, qui dans toutes mes observations tenoit le niveau, m'ait fait perdre environ trois semaines, je fis cependant environt douze cents observations de α et de β de la petite Ourse, au-dessus et au-dessous du pôle, et les deux étoiles s'accordèrent à moins d'une demi-seconde. La déclinaison de la polaire, déterminée par ces observations, est à moins d'un cinquième de seconde la même que celle qui résulte des observations simultanées de Méchain à Carcassonne, et ces observations, non seulement assurent la latitude d'Évaux, mais augmentent la confiance en celle de Dunkerque.

J'étois à Évaux vers le 4 frimaire. Vers le même temps, le froid insupportable et les neiges qui couvroient les montagnes du département du Tarn, forcèrent Méchain de se réfugier à Carcassonne. Il projetoit de reprendre la mesure des triangles aux premiers beaux jours, et de les conduire dans la même année jusqu'à Aubassin et Violan. En se chargeant de ces stations il vouloit me ménager le loisir d'opérer avant l'hiver la jonction entre la base de Melun et les triangles voisins. Il insistoit sur ces propositions dans toutes les lettres qu'il m'écrivoit de Carcassonne.

Les mauvais temps l'empêchèrent de songer aux observations azimutales avant le 25 floréal : elles furent terminées dix jours après. Il n'employa cette fois que le soleil, et non plus la polaire, parce qu'elle auroit exigé l'usage des réverbères, que nous n'avons jamais osé nous permettre en France. Le besoin de vérifier un angle qui paroît avoir été très-difficile, et dont je trouve dans ses manuscrits quatre séries outre les six qu'il a publiées page 374, le retint à Carcassonne jusqu'à la fin de prairial. En messidor il envoya Tranchot poser les signaux et chercher une position nouvelle entre la Gaste et Montalet, pour donner aux triangles une disposition plus avantageuse. Tranchot lui trouva Cambatjou. Lui-même se disposoit à rentrer en campagne au commencement de thermidor; mais le mauvais état de sa santé lui fit perdre encore ce qui restoit de la belle saison.

Pour moi, sorti d'Évaux le 12 germinal, je me mis, avec Bellet, à la recherche des stations.

Nous ne trouvâmes rien qui nous indiquât exactement la place du signal de la Fagitière. La station de Saint-Michel fut remplacée par la station infiniment plus commode des Bordes. Ce point, que nous avions très-bien aperçu de la Fagitière, nous en avoit paru beaucoup plus éloigné. Nous le cherchâmes long-temps entre Aubusson et Guéret; enfin Bellet le trouva au sud-est de Felletin.

Nous ne fûmes pas si heureux du côté d'Herment.
Ce clocher ne se voyoit plus du bas de la tour de Sermur. Nous voulions une station intermédiaire : nous la
cherchâmes pendant six jours, sans trouver un point
d'où l'on pût découvrir à la fois Sermur, la Fagitière
et Herment, quoique ces trois stations soient fort élevées. Ce qui rendoit Herment si difficile, c'est qu'on
avoit abattu la partie supérieure du clocher et la lanterne où l'on s'étoit mis en 1740; il ne restoit même
de la partie inférieure que la charpente, qui étoit toute
à jour. Je la fis couvrir de toile blanche, parce que de
Sermur ce clocher se projetoit sur des montagnes voisines. La couleur de cette toile alarmoit les habitans,
qui craignoient d'avoir l'air d'arborer l'étendard de la
contre-révolution. Je fis donc ajouter, d'une part, une
bande rouge, et, de l'autre, une bleue. Ce moyen
parut satisfaire tout le monde. Cependant, comme je
n'étois pas encore bien sûr qu'on respectât long-temps
mon signal tricolor où le blanc dominoit trop, je sollicitai de l'administration départementale du Puy-de-
Dôme un arrêté qui mît ce signal sous la sauvegarde
des autorités locales, et en effet il fut toujours respecté.
Celui de Bort, au contraire, fut souvent insulté, et sans
le zèle et les soins de l'administration municipale, il
n'eût pas subsisté long-temps. Le jour même où il avoit
été construit, un orage affreux avoit dévasté les environs
de Bort et rempli les rues de la ville, jusqu'à trois pieds
de hauteur, de terre et de cailloux que les eaux avoient
entraînés du haut de la montagne. On avoit craint pour

le pont de la Dordogne. On s'en prenoit à notre signal, qui paroissoit être la cause du désastre ; on lui attribuoit encore les pluies continuelles qui, pendant près de deux mois, suspendirent toute culture dans ces montagnes. Plus d'une fois on voulut l'arracher : il en fut de même à peu près de celui de Meimac. Heureusement ils étoient tous les deux dans des lieux écartés et d'un accès peu commode.

La place de celui d'Aubassin fut choisie par un temps horrible ; là pluie et le brouillard empêchoient de voir à trois pas. On ne put retrouver aucun vestige de l'ancien signal. Il n'y avoit pas beaucoup à choisir à Violan ; tant la crête de la montagne est étroite : mais cette raison même empêcha de placer le signal au même point que l'ancien ; qui n'étoit probablement qu'un tronc d'arbre planté tout à l'extrémité, vers Aubassin. De la ville de Salers, où nous étions arrivés par un temps toujours pluvieux ; le 20 prairial, nous vîmes Violan se couvrir de neige en un instant : elle fondit le lendemain, et rendit l'accès de la montagne plus désagréable encore que difficile. Bellet m'épargna la peine de cette visite ; comme il avoit déja fait pour Aubassin. D'Aurillac à Montsalvy nous fûmes accompagnés d'un orage des plus affreux. Nous cheminions dans le nuage même, à la lueur des éclairs et au bruit d'un tonnerre continuel.

De là nous visitâmes la chapelle Saint-Pierre. Elle est abandonnée et n'a plus de porte ; le clocher n'existe plus qu'à moitié. Un arbre est à l'angle qui se présente.

le premier, à gauche en venant de Montsalvy. En 1740 on n'avoit pu de Violan distinguer suffisamment ces deux objets, dont on avoit observé l'ensemble (*Méridienne vérifiée*, p. XL). A quelques mètres de la chapelle on trouve une place commode pour un signal : on y voit parfaitement tous les points qui nous étoient nécessaires ; seulement la Bastide nous parut un objet assez confus, quoique dans une position fort élevée. On pouvoit rapprocher le signal de la ville de Montsalvy, en le mettant sur une hauteur que l'on trouve à gauche en revenant de la chapelle. Mais au nord de Montsalvy, et tirant un peu à l'est, est une autre montagne appelée Puech-l'Arbre ou Puy-de-l'Arbre ; elle touche à la ville, à laquelle elle cache le puy Violan : je me déterminai à la prendre pour station.

En allant à la Bastide, nous visitâmes la chapelle désignée dans la *Méridienne vérifiée* sous le titre de Saint-Mamet, parce qu'elle est voisine de ce bourg ; mais elle porte le nom de Saint-Laurent.

A la Bastide je ne trouvai qu'un seul moyen qui fût convenable pour les observations, c'étoit de mettre un signal sur le clocher : mais ce clocher est couvert d'une pierre, espèce de schiste, épaisse et lourde, dont on ne pouvoit détacher aucun fragment sans s'exposer à faire écrouler tout. Il eût fallu construire à la place du toit une espèce d'observatoire surmonté d'une pyramide comme celle de nos signaux de Châtillon, Melun et Lieursaint : la disette d'ouvriers et de matériaux rendoit ce moyen trop long et trop dispendieux. Je ne voulois pas, comme on avoit fait en 1740, prendre successivement pour point de mire différentes parties qui sont éloignées les unes des autres de 33 mètres. Je fus donc réduit à placer à 133 toises du clocher une pyramide de 5 toises de hauteur, que je fis couvrir de paille du haut jusqu'à terre ; et qui n'en fut pas moins très-difficile à distinguer du puy Violan, parce qu'elle se projetoit sur des objets voisins, inconvénient que je n'avois pu éviter parmi tant d'autres difficultés.

De la Bastide et de Montsalvy je reconnus que la tour de Rodez et le petit clocher de Saint-Jean de Rieupeyroux pouvoient m'épargner deux signaux ; alors je me hâtai de retourner à Sermur, où je repris mes observations le 10 prairial, après cinquante-huit jours de courses préparatoires. Je mesurai mon dernier angle le 10 fructidor, à Rodez ; et ces douze stations, malgré les pluies et les brumes, n'employèrent que deux mois d'un travail effectif.

Je n'avois, pendant tout ce temps, aucune nouvelle de Méchain. Le 6 fructidor, je découvris son signal de la Gaste, que j'avois cherché vainement les jours précédens. Le 7, je rencontrai Tranchot sur le chemin de Rieupeyroux à Rodez ; il venoit de terminer la mission dont Méchain l'avoit chargé. Tous les signaux étoient en place ; rien ne s'opposoit plus à son retour à Paris, où il n'étoit pas rentré depuis le mois de juin 1792. Méchain avoit trouvé à Carcassonne un jeune homme dont il parle avantageusement, page 293 : il ne vouloit pas d'autre aide pour achever ce qui restoit à mesurer entre Carcassonne et Rieupeyroux. Il comptoit terminer avant la mauvaise saison ; mais ses forces physiques ne répondoient plus à son zèle. Je vois par une lettre qu'il m'écrivoit le 20 brumaire an 6, « Qu'une indisposition » assez grave étoit venue prolonger des retards bien in- » volontaires. J'ai été, me disoit-il, arrêté deux mois » entiers dans la montagne Noire, sans pouvoir y trouver » deux heures de suite, où je pusse observer. Je n'ai pu » terminer la station de Nore qu'à force de constance, » et avec des peines infinies. Je suis au comble de la » douleur en voyant l'impossibilité d'aller plus avant. » Je ne redoute ni les fatigues ni le froid ; mais ce seroit » sans succès que je tenterois de les braver..... Dans » cette cruelle conjoncture je prends le parti de rester » encore dans cet affreux exil, loin de ce que j'ai de » plus cher au monde ; je sacrifie tout, je renonce à » tout, plutôt que de rentrer sans avoir terminé ma » portion de travail que vous aviez même voulu dimi- » nuer. J'attendrai donc le retour du beau temps. J'em- » ploierai l'intervalle à terminer la rédaction, et dès » les premiers beaux jours je reprendrai la mesure des » angles. Je ferai les plus grands efforts pour qu'elle » soit terminée avant la fin de floréal, assez à temps pour » prendre part à la mesure des bases..... *Mais, pour* » *rien au monde, je ne rentrerai avant d'avoir entiè-* » *rement rempli ma tâche* ». Cette résolution, dans laquelle je le savois affermi depuis long-temps, m'em- pêcha d'insister sur l'offre que je lui avois faite de continuer par-delà Rodez, jusqu'à ce que je l'eusse

rencontré, quoique, dans un autre temps, il m'eût proposé de venir au-devant de moi jusqu'à Sermur, ou
même plus près de Bourges, si je rencontrois trop d'obstacles. Il me restoit d'ailleurs à prendre quelques angles
à Brie, Malvoisine et Montlhéri ; j'avois à préparer la
mesure des bases, et joindre celle de Melun aux triangles
voisins. On peut voir, page 126, quelle peine nous a
donnée, dans le clocher de Brie, le signal de Montlhéri,
malgré la précaution prise de blanchir ce signal et de
peindre en noir la partie de la tour sur laquelle il se
projetoit.

Le 17 vendémiaire an 6 nous allâmes à Melun, M. Laplace et moi, pour déterminer définitivement les extrémités de la base, et commander les signaux. La route
est plantée d'arbres des deux côtés, et elle fait un petit
coude vers le tiers de la base. Cette réunion de circonstances fait que les deux extrémités sont invisibles l'une
pour l'autre, et nécessite des signaux élevés. Ils ne
purent être achevés qu'en nivose. Malgré leur hauteur,
ils étoient encore invisibles : il fallut reconnoître, et
couper les branches qui gênoient la vue. Cette opération demanda six semaines. Aussitôt qu'elle fut terminée,
je mesurai tous les angles des deux triangles subsidiaires,
qui furent achevés le 7 ventose an 6.

Les règles qui devoient servir à mesurer les bases,
n'étoient pas prêtes ; je les attendis jusqu'à la fin de
germinal. Les premiers jours de ce mois furent employés
à tracer l'alignement de la base ; la mesure entière prit
ensuite trente-huit jours, sans compter trois jours de

pluie dans lesquels il nous fut impossible de rien faire. En travaillant depuis neuf heures du matin jusqu'au coucher du soleil, nous n'avons jamais pu parvenir à mesurer plus de 360 mètres en un jour, c'est-à-dire à placer plus de quatre-vingt-dix règles au bout l'une de l'autre.

Cette mesure fut achevée le 15 prairial. Mon dessein étoit d'abord de la recommencer aussitôt en sens contraire; mais, en calculant ce qui me faudroit de temps pour cette seconde opération, je vis qu'il faudroit remettre à l'année suivante la mesure de la base de Perpignan, et je pensai qu'il valoit mieux avoir deux bases à 66 myriamètres (environ 160 lieues) de distance, que deux mesures de la base de Melun, d'autant plus que la proximité nous met à portée de vérifier celle-ci quand on voudra. D'ailleurs je n'étois pas sans espérance que nous pourrions revenir assez tôt, Méchain et moi, pour en exécuter conjointement la seconde mesure pendant l'automne, et l'achever en présence des savans étrangers qui seroient les premiers au rendez-vous indiqué pour le 15 vendémiaire an 7.

On a vu que le premier projet avoit été d'inviter la Société royale de Londres à concourir avec l'Académie des sciences à la fixation de l'unité fondamentale; mais l'unité projetée étoit alors la longueur du pendule. La mesure de la méridienne étoit une entreprise bien plus considérable, et d'une trop longue durée, pour qu'on pût se flatter de la voir terminer par les commissaires réunis des deux nations, lorsque tant de causes probables et prochaines pouvoient troubler la bonne intelligence entre leurs gouvernemens. L'événement ne prouva que trop tôt combien cette crainte étoit fondée. Mais les mesures terminées, avant d'en déduire les conséquences, il n'y avoit plus aucun inconvénient, on devoit au contraire trouver un avantage réel, à soumettre le travail à l'examen de tous les savans de l'Europe ; et toutes les puissances amies ou seulement neutres furent invitées à nommer des députés à ce congrès d'une espèce toute nouvelle.

L'époque fixée étoit assez voisine ; il n'y avoit plus un instant à perdre. Quelques préparatifs et quelques délais dans la remise des fonds nécessaires, me retinrent à Paris jusqu'au milieu de messidor. On ne pouvoit voyager bien vîte avec l'attirail nécessaire à la mesure d'une base. Je ne pus arriver à Perpignan que le 4 thermidor. Je m'occupai tout aussitôt à planter les signaux aux deux termes de la base. L'alignement seul dura sept jours, et la mesure quarante et un, sans compter trois jours d'un vent impétueux qui nous réduisit à l'inaction. On voit donc que, dans les circonstances les plus favorables, on ne peut guère se flatter, avec tous les soins et le scrupule que nous y apportions, de mesurer une base de 12000 mètres en moins de cinquante jours, puisque, dans les deux plus belles saisons de l'année, et malgré l'avantage d'un terrain bien uni, la base de Melun employa quarante-cinq jours, et celle de Perpignan cinquante et un, tout compté. Il est vrai que la nécessité de marquer le soir dans le sein de la terre, et de manière à le retrouver le lendemain sans la moindre incertitude, le point où l'on s'étoit arrêté; le soin de remettre tous les instrumens dans leurs boîtes, de les déposer en lieu sûr, de les venir reprendre le matin, et d'aller au loin chercher le gîte où l'on passoit la nuit : tout cela prenoit chaque jour un temps considérable, qu'on eût épargné si l'on eût pu camper auprès des règles autour desquelles auroient veillé des factionnaires. Mais aucun de ces moyens n'étoit en notre pouvoir; et d'ailleurs nous n'avions que le nombre de coopérateurs strictement nécessaire, et personne n'avoit un instant dans la journée pour se reposer.

La base de Perpignan fut terminée le premier complémentaire an 6. J'en donnai avis aussitôt à Méchain, en lui demandant ses triangles, pour voir comment les deux bases s'accorderoient. Dès l'hiver précédent je lui avois communiqué tous les miens; il les avoit calculés de nouveau, et m'avoit envoyé tous ses résultats pendant que j'étois à Melun. En attendant sa réponse, je calculai les diverses réductions dont ma base avoit besoin pour être rapportée à l'horizon, au niveau de la mer et à la température moyenne de 13° de Réaumur.

Des obstacles de toute espèce avoient, contre son attente, retenu Méchain entre Carcassonne et Rodez. C'est par cette dernière ville et Rieupeyroux qu'il avoit repris la suite de son travail le premier thermidor an 6; de-là il avoit passé successivement à la Gaste, à Puy-Saint-Georges et à Mont-Rédon; et voici ce qu'il m'écrivoit de cette station le 19 fructidor :

« J'ai fait rétablir tous les signaux et pris les moyens
» les plus directs pour en assurer la conservation. J'ai
» écrit aux administrations centrales et municipales ;
» j'ai requis l'emploi de l'autorité. Pour le signal de
» Montalet, il a fallu recourir à la force : des propos
» répandus, et le fanatisme, avoient tellement exaspéré
» les esprits qu'on détruisoit le signal aussitôt qu'il étoit
» relevé, et au mépris d'un avis imprimé que le dépar-
» tement avoit fait afficher. On vient de relever ce signal
» et d'y poster des gardes : il n'y a plus rien à craindre.
» Il a fallu mettre aussi des gardes à plusieurs autres
» signaux. Au nord de Rodez on a été plus tranquille.
» Vos signaux de la Bastide et de Montsalvy sont tou-
» jours intacts..... Vous pouvez compter que sous peu
» vous aurez tous mes angles. »

Dix jours après il m'envoya ses triangles depuis Barcelone jusqu'à Carcassonne : il achevoit alors les observations à Cambatjou. Il avoit encore à faire les stations
de Montalet et de Saint-Pons : celle de Montalet finit
le 9 vendémiaire an 7. La base mesurée, je m'étois rendu
à Narbonne, et ensuite à Carcassonne, pour être plus
près de Méchain et plus à portée de le suppléer en
cas de maladie. Le 15 vendémiaire il m'envoyoit de
Saint-Pons tous les triangles depuis Alaric et Carcassonne, auxquels il ne manquoit plus que deux angles
que je pouvois conclure d'après ceux qu'il me communiquoit. L'exprès qui m'apporta ces triangles lui porta
la longueur de ma base de Perpignan, et le premier
brumaire il m'écrivoit de Saint-Pons de Thomières que

ses observations étoient finies, qu'il iroit bientôt me joindre à Carcassonne; et par *post-scriptum* il ajoutoit : *Il me semble par aperçu que la base de Perpignan, calculée d'après celle de Melun, sera plus courte de* $1^t \frac{3}{4}$ *ou environ que la base mesurée*. Pour moi, d'après des calculs faits avec plus de loisir, mais dans lesquels j'avois été forcé de regarder comme insensibles des réductions légères que je n'avois pas eu le temps de calculer, je ne trouvois guère que 4 pouces ; mais, toute réduction faite, la différence fut de 10 à 11 pouces. Nous avons dit ci-dessus qu'en 1718 on avoit eu 3 toises ou 216 pouces pour la différence entre les bases de Juvisi et de Perpignan.

Le 7, Méchain m'écrivoit que, par de nouveaux calculs faits avec plus de soin, il trouvoit 6006^t1983 pour la base de Perpignan déduite de celle de Melun, au lieu de 6006^t27 qu'avoit données la mesure. « J'avoue, » ajoute-t-il, que je ne m'attendois pas d'arriver si près, » d'autant que par un aperçu fait bien à la hâte, j'avois » trouvé, comme je vous l'ai mandé, une différence » de 1.75 toise ; mais *j'affirme que les angles des trian-* » *gles de Rodez à Carcassonne étoient arrêtés tels que* » *je vous les envoie avant d'avoir commencé la première* » *ligne de ces calculs* (1). Je n'avois fait qu'ébaucher la

---

(1) Il n'est pas moins certain que tous mes angles, de Dunkerque à Rodez, étoient arrêtés depuis plus long-temps encore, puisque Méchain les avoit tous calculés depuis six mois. Ma base de Melun étoit également arrêtée et communiquée à Borda, Méchain et plusieurs de mes confrères. Quand j'écrivois à Méchain pour lui communiquer la longueur de la base de Perpignan, il

» longueur des côtés sur mon ancienne échelle, pour
» calculer les réductions au centre, et c'étoit d'après
» cette ébauche que je croyois apercevoir 1.75 toise
» entre la base calculée sur la première et la mesure
» effective. »

Peu de jours après cette lettre il vint me trouver à
Carcassonne, et nous revînmes ensemble à Paris, où
nous arrivâmes dans les premiers jours de frimaire an 7.

Mon dernier soin, avant d'aller à Melun pour mesurer la base, avoit été de constater l'état des règles
par une comparaison faite dans l'atelier de M. Lenoir,
en sa présence, avec son aide et celle de M. Bellet. Le
6 frimaire je fis, de la même manière, une vérification
semblable ; elle prouva, comme la première, que les
règles n'avoient pas éprouvé la moindre altération. On
tira la même conséquence d'une comparaison plus authentique encore faite par une commission particulière,
dont le procès-verbal, rédigé par Méchain, sera rapporté en entier dans la suite de cet ouvrage.

Les savans étrangers qui avoient reçu l'invitation de

---

me manquoit encore les triangles entre Carcassonne et Rodez ; le même
exprès qui m'apporta ces triangles remporta dans le même instant la longueur
de ma base. Il n'étoit plus en mon pouvoir d'y rien changer, quand je pus
commencer les calculs des triangles qui remplissoient la lacune et achevoient
la jonction : ainsi les contre-temps qui avoient tant retardé la clôture des
opérations de Méchain, n'avoient servi qu'à donner une plus grande authen-
ticité aux opérations, et il eût été difficile d'imaginer une combinaison qui
écartât plus sûrement toute idée de collusion. Je puis montrer la preuve de
tous ces faits dans les lettres originales de Méchain, que je conserve avec
toutes les autres pièces justificatives.

se rendre à Paris dans les premiers jours de l'an 7,
pour prendre une connoissance intime des opérations
exécutées, et pour contribuer de leur travail et de leurs
lumières à tirer les conséquences qui devoient fixer de
la manière la plus authentique l'unité fondamentale
du système de mesures; ces députés, pour la plupart,
avoient devancé l'instant marqué, et depuis deux mois
ils attendoient notre retour. Cette circonstance nous
avoit rendu plus sensibles les contrariétés imprévues et
les obstacles de tout genre qui avoient retenu Méchain.
Je tâchai du moins de mettre à profit les cinquante jours
que j'avois été contraint de passer à Narbonne et à Carcassonne après la mesure de ma seconde base. J'avois
eu le loisir de calculer toutes les parties de l'opération,
dont j'avois dès-lors le résultat définitif ou la longueur
véritable du mètre; mais ce résultat étoit trop important
pour être adopté, pour ainsi dire, de confiance : il convenoit que tous les calculs fussent examinés scrupuleusement, ou même répétés par les commissaires. Méchain
avoit besoin de quelques délais pour mettre en ordre et
calculer ses dernières observations. Il en pouvoit résulter quelques modifications légères, à la vérité, mais
importantes dans une occasion où l'on vouloit la précision la plus rigoureuse. On résolut d'examiner séparément chacune des opérations qui concouroient au
même but. On commença par exposer aux yeux de la
commission toute entière les instrumens qui avoient servi
aux mesures géodésiques et astronomiques, les cercles
répétiteurs, les règles de platine et tous leurs accessoires.

On lut dans les assemblées générales les mémoires de Borda sur la construction de ces règles, et sur les épreuves auxquelles il les avoit soumises; il rendit compte de ses expériences du pendule. On répéta quelques-unes de ces expériences; on fit un simulacre de la mesure d'une base, et quelques observations d'angles horizontaux et de distance au zénith. Après ces conférences générales, on sentit l'utilité de former des commissions particulières pour examiner dans le plus grand détail les observations et refaire les calculs.

Les savans étrangers venus pour prendre part à ces travaux étoient MM. AEneæ et van Swinden, députés bataves; M. Balbo, député du roi de Sardaigne, remplacé depuis par M. Vassalli Eandi, envoyé par le gouvernement provisoire du Piémont; M. Bugge, député du roi de Danemarck; MM. Ciscar et Pédrayés, députés du roi d'Espagne; M. Fabbroni, député de Toscane; M. Franchini, député de la République romaine; M. Mascheroni, député de la République cisalpine; M. Multedo, député de la République ligurienne, et M. Trallès, député de la République helvétique.

La commission française avoit éprouvé quelque changement depuis l'arrêté du 28 germinal an 3; nous avions perdu M. Vandermonde; MM. Berthollet et Monge étoient en Égypte : ils avoient été remplacés par MM. Darcet et Lefèvre-Gineau.

La commission chargée spécialement d'examiner les opérations géodésiques et astronomiques étoit composée de MM. Trallès, van Swinden, Laplace et Legendre.

En examinant tous les détails de la mesure des deux bases, en voyant les doubles registres originaux, dans lesquels toutes les parties de ce travail ont été consignées avec tous les élémens des réductions, la commission a pensé que la forme même de ces registres, la marche constante qu'on avoit suivie, avoit dû prévenir toute erreur appréciable, et que l'accord des deux bases situées à une si grande distance, rendoit superflues toutes vérifications ultérieures ; en conséquence on adopta, pour servir de fondement à tous les calculs, les deux longueurs suivantes, réduites au niveau de la mer, et à la température de 16 ¼ du thermomètre centigrade :

Base de Melun . . . . 6075^{t}900069.
Base de Perpignan . . 6006^{t}247848. (1)

Procédant ensuite à l'examen des trois angles de chaque triangle, comparant les différentes séries de chacun de ces angles, et pesant toutes les circonstances et les notes consignées dans les registres originaux, et en outre les éclaircissemens fournis par les deux observateurs, les commissaires arrêtèrent le tableau des triangles tel qu'il sera rapporté en son lieu, et l'on commença les calculs. Ils furent tous faits séparément par quatre personnes différentes, MM. Trallès, van Swinden, Legendre et moi. Chacun apportoit ses calculs, et l'on convenoit des résultats qu'on devoit adopter quand il se trouvoit quelques-unes de ces différences insensibles qu'on ne peut

____

(1) Cette quantité subira une petite correction, et sera portée à 6006^{t}25. Voyez dans le volume suivant le chapitre des Bases.

toujours éviter dans des opérations si longues et si délicates.

On soumit à un examen semblable les observations
azimutales faites à Watten, Bourges, Carcassonne et
Mont-Jouy : alors on put calculer l'arc terrestre mesuré.
Nous produisîmes, Méchain et moi, nos observations
de latitude faites à Dunkerque, Paris, Évaux, Carcassonne et Mont-Jouy ; on connut ainsi l'arc céleste ; et
la comparaison de cet arc à celui qui avoit été mesuré
au Pérou, ayant donné pour applatissement $\frac{1}{334}$, on en
conclut la grandeur du quart du méridien de 5130740
toises, et le mètre de 443.295936 lignes.

Pendant ce travail nous déterminions, Méchain et
moi, chacun par dix-huit cents observations, la hauteur du pôle, de nos observatoires, pour en conclure
celle du Panthéon, l'un des sommets de nos triangles,
et ces latitudes s'accordèrent à moins d'un sixième de
seconde. L'été suivant j'observai encore un très-grand
nombre de fois l'azimut du Panthéon de dessus la terrasse de mon observatoire ; mais ce travail, dont je donnerai les détails et les résultats, fut terminé trop tard
pour être soumis à la commission, et n'étoit pas nécessaire pour l'objet principal de nos travaux.

La commission spéciale pour le quart du méridien
et la longueur du mètre étoit composée de MM. van
Swinden, Trallès, Laplace, Legendre, Ciscar, Méchain
et moi. Le rapport, rédigé par M. van Swinden, est du
6 floréal an 7.

La commission chargée de vérifier les règles et d'en

établir le rapport avec les toises du nord, du Pérou et de Mairan, étoit composée de MM. Multedo, Vassalli, Coulomb, Mascheroni et Méchain. Elle fit son rapport le 21 floréal an 7.

M. Fabbroni s'étoit joint à M. Lefèvre-Gineau pour achever le travail de la fixation de l'unité de poids. La commission chargée d'examiner ces expériences et les registres de M. Lefèvre étoit composée de MM. Trallès, Vassalli, Coulomb, Mascheroni et van Swinden. M. Trallès fit son rapport le 11 prairial, sur l'unité de poids. Ces deux rapports, réunis et refondus par M. van Swinden, furent lus à une assemblée générale de l'Institut, et un extrait de ce rapport a été entendu avec le plus grand intérêt dans la séance publique du 15 messidor. Le 4 du même mois l'Institut avoit présenté au corps législatif les étalons prototypes du mètre et du kilogramme en platine, qui furent de suite déposés aux archives, en exécution de l'article II de la loi du 18 germinal an 3.

Il ne reste plus, pour donner à cette grande et utile opération toute la publicité nécessaire pour mettre l'âge présent, et la postérité même, en état de juger à quel degré de précision l'on a pu parvenir en faisant usage de toutes les connoissances acquises à la fin du dix-huitième siècle, que d'exposer dans un ouvrage particulier et dans l'ordre le plus clair les différentes opérations exécutées par les commissaires de l'Institut national. C'est l'objet que nous nous proposons dans cet ouvrage dont l'impression, commencée il y a six ans, a été interrompue par un concours de circonstances dont il est inutile aujourd'hui de rendre compte, et notamment par le voyage d'Espagne entrepris par Méchain pour prolonger notre méridienne jusqu'aux îles Baléares, suivant le projet qu'il en avoit conçu dès 1792, et qu'il avoit été forcé de remettre à des temps plus tranquilles. Après des traverses inouies, il avoit conduit ses triangles depuis Barcelone jusqu'à Tortose; toutes ses stations étoient choisies et reconnues jusqu'à Cullera. Il avoit trouvé dans le royaume de Valence un emplacement pour la mesure d'une base; encore six ou sept triangles, il conduisoit sa mesure jusqu'au puy nommé los Masons, dans Ivice : trois mois devoient suffire à ces opérations. Il devoit faire pendant l'hiver les observations astronomiques au terme austral de ce nouvel arc; au mois de mars il auroit mesuré la base d'Oropesa. A son retour il comptoit observer le pendule à 45°, et nous rapporter dans l'été de l'an 14 ce beau complément de tant de travaux : une fièvre épidémique, les fatigues extrêmes qu'il avoit endurées avec une constance qu'on ne peut s'empêcher de déplorer en l'admirant, l'ont arrêté dans sa course, et nous l'ont enlevé le troisième jour complémentaire an 13, à Castellon de la Plana, dans le royaume de Valence..

Après cette notice historique, dans laquelle j'ai tâché de placer tout ce qui peut intéresser ceux qui seroient appelés à des opérations de même genre, et le récit des circonstances qui nous ont empêchés souvent de faire ce que nous aurions tenté dans des temps plus heureux,

je vais donner le plus succinctement qu'il me sera possible, mais sans omettre rien de ce que je pourrai croire
utile, le détail des précautions que j'ai prises et des
méthodes que j'ai suivies dans mes observations et
mes calculs.

Méthodes d'observations et de calculs.

Tous les auteurs qui ont mesuré des arcs du méridien ont commencé par la description de leurs instrumens : le nôtre est si connu maintenant que ce seroit
un soin fort inutile, d'autant plus que le cercle de Borda,
par sa nature, n'exige que des vérifications extrêmement
aisées, et qui, pour les observations géodésiques, se
bornent à rendre l'axe optique des deux lunettes parallèle au plan du cercle. Nous parlerons ailleurs de la
manière dont on s'assure de la verticalité du plan dans
les observations des distances au zénith. Quant à la
figure de l'instrument, elle se trouve gravée dans la
Connoissance des temps de l'an 6, et dans l'exposé des
opérations de 1787, pour la jonction des observatoires
de Paris et de Greenwich.

Les deux cercles avec lesquels j'ai fait toutes mes observations avoient de rayon, l'un o^{m}21, et l'autre o^{m}18.
Le plus grand étoit marqué du n° 1, le second du n° 4.
Méchain avoit les n°^{s} 2 et 3. Les deux miens étoient
divisés en quatre cents degrés subdivisés chacun en dix
parties ; ce qui faisoit au total quatre mille divisions
tracées sur le limbe. Le vernier les partageoit encore

1. N

chacune en dix parties, sans la moindre incertitude, et l'on pouvoit même estimer, sans se tromper de deux ou trois, les millièmes de degré. Quatre alidades, placées presque à angles droits, divisoient encore l'erreur; en sorte que ce n'est pas trop de dire que l'instrument donnoit les millièmes de degré. Ainsi, faisant abstraction des erreurs de la division, on auroit un angle à trois ou quatre secondes près par une seule observation. Supposons en outre $12''$ d'erreur sur la division où l'on s'arrêtoit au bout d'une série, on auroit $15''$ à diviser par le nombre des observations; ce qui fait presque toujours une quantité insensible. Nous ne faisons pas entrer dans ce calcul les erreurs du pointé, produites par toutes les illusions optiques qui peuvent naître des circonstances atmosphériques et de la manière plus ou moins foible, plus ou moins oblique, dont les signaux sont éclairés. C'est à ces causes qu'il faut attribuer les différences que donnent les observations entre les diverses séries d'un même angle mesurées sur les mêmes points de la division. Voyez, au reste, la station de Dunkerque, pages 6 et 7.

Trois de nos quatre cercles étoient divisés en grades ou degrés décimaux valant chacun $\dfrac{360°}{400} = 0°9 = 54' = 3240''$. Cette division est beaucoup plus commode pour l'usage du cercle répétiteur, et le seroit également pour les verniers de tous les instrumens quelconques. Plusieurs personnes tiennent encore à l'ancienne division par habitude et parce qu'elles n'ont fait aucun usage de la nouvelle; mais aucun de ceux qui les ont pratiquées toutes deux ne veut retourner à l'ancienne. Cependant, comme nos tables trigonométriques décimales n'ont pas encore l'étendue des tables de Vlacq ni de celles de Callet, nous convertirons tous nos arcs décimaux en degrés, minutes et secondes ordinaires, par une opération fort simple qui me paroît préférable à tous les moyens subsidiaires, et à toutes les tables qu'on a construites pour la faciliter.

Proposons-nous de convertir l'arc décimal de la page 5 . . . . 46ᵍ7865625

Je retranche le dixième 4ᵍ67865625

J'ai pour reste, en degrés et décimales . . . . . 42°10790625

Ou, multipliant la fraction par 60 . . . . 42° 6′4743750

Et enfin . . . . 42° 6′ 28″46250

en multipliant par 60 la fraction de minutes pour la réduire en secondes.

Pour exemple de l'opération contraire, supposons qu'on ait à chercher avec le cercle un objet inconnu qui fait avec un objet connu l'angle . . . . 42° 6′ 28″4625

Convertissez les secondes en fractions de minute . . 42° 6′4743y5

Convertissez de même les minutes en fractions de degré . . . . 42°10790625

Ajoutez le neuvième . . . . 4°67865625

Et vous avez en grades ou degrés décimaux 46ᵍ7865625

On peut se contenter de multiplier le neuvième par dix, mais l'addition sert de preuve à la dernière division faite par neuf.

Excentricité de la lunette inférieure.

Nos instrumens ont encore une chose qui leur est particulière, c'est l'excentricité de la lunette inférieure.

Quand on commence l'observation d'un angle ACB (*pl. I, fig.* 1), on met la lunette supérieure sur l'objet à droite A, dans la direction CA. Si la lunette inférieure étoit concentrique, on la dirigeroit selon CB, et l'arc intercepté donneroit sur le limbe la mesure cherchée; mais, à cause de l'excentricité, l'axe optique de la lunette inférieure, qui est fixée sur une alidade à la distance CD du centre, ne peut prendre que la direction DB, dans laquelle on l'arrête par la vis de pression qui attache la lunette au limbe.

Quand ensuite on fait tourner l'instrument tout entier sur son pivot, et que par ce mouvement on amène la lunette inférieure sur l'objet A, le point D est transporté en E; la lunette inférieure prend la direction EA, en sorte que le mouvement donné à l'instrument est égal à l'angle DCE, et non point à l'angle BCA. La lunette supérieure, qui faisoit avec CB l'angle ACB, et qui a tourné à droite de la quantité $ACA' = DCE$, fait alors avec CB l'angle $BCA' = BCA + DCE$. Pour la conduire au point B, on est obligé de la faire avancer sur le limbe d'une quantité $ABC + DCE$; c'est ce que marque l'alidade après la seconde observation, en supposant qu'elle fût, en commençant, sur zéro.

Soit P l'arc parcouru; de $P = ACB + DCE$ on tire

$$ACB = P - DCE = P - (ACE - ACD)$$
$$= P - ACE + ACD$$
$$= P - (90 - A) + BCD - BCA$$
$$= P - (90 - A) + (90 - B) - ACB$$

donc

$$2\,ACB = P + A - B; \quad ACB = \tfrac{1}{2} P + \tfrac{1}{2} A - \tfrac{1}{2} B$$

Mettons les sinus $\dfrac{CE}{AC}$ et $\dfrac{CD}{BC}$ au lieu des petits angles A et B, nous aurons

$$ACB = \tfrac{1}{2} P + \tfrac{1}{2} \left(\tfrac{CE}{AC} \right) - \tfrac{1}{2} \left(\tfrac{CD}{BC} \right)$$

Soit r l'excentricité $CD = CE$, D la distance AC de l'objet à droite, G la distance BC de l'objet à gauche, on aura pour la correction de l'angle donné par l'alidade,

$$\frac{\frac{1}{2} r}{D} - \frac{\frac{1}{2} r}{G} = \frac{\frac{1}{2} r (G - D)}{DG}$$

Cette correction se réduit à zéro quand les deux distances sont égales; elle changeroit de signe, si l'excentricité que nous avons supposée à droite étoit à gauche. Pour exprimer cette correction en secondes, il faut la multiplier par l'arc égal au rayon : or cet arc est sensiblement égal à $\dfrac{1''}{sin.\ 1''}$. Ainsi la correction de l'angle sera

$$\frac{\frac{1}{2} r}{D.\ sin.\ 1''} - \frac{\frac{1}{2} r}{G.\ sin.\ 1''} = \frac{r}{D.\ sin.\ 2''} - \frac{r}{G.\ sin.\ 2''}$$

Dans mon cercle n° 1, l'excentricité étoit de 18 lignes; dans le cercle n° 4, encore un peu moindre; dans les cercles de Méchain elle étoit de 20 lignes. (Voyez page 292.) En supposant successivement $r = 16$ lignes, 18 lignes et 20 lignes, la constante deviendra successivement 1909″86, 2148″59 et 2387″32.

Ces trois valeurs donneront la table suivante, au moyen de laquelle on pourra tenir compte, si l'on veut, de cette correction, ou bien se convaincre qu'elle est ordinairement insensible.

Correction due à l'excentricité de la lunette.

DISTANCE en toises.	EXCENTRICITÉ.			DISTANCE en toises.	EXCENTRICITÉ.		
	16 lig.	18 lig.	20 lig.		16 lig.	18 lig.	20 lig.
1000	1″91	2″15	2″39	21000	0″09	0″10	0″11
2000	0.95	1.07	1.19	22000	0.09	0.10	0.10
3000	0.64	0.72	0.80	23000	0.09	0.09	0.10
4000	0.48	0.54	0.60	24000	0.08	0.09	0.10
5000	0.38	0.43	0.47	25000	0.08	0.09	0.09
6000	0.32	0.36	0.40	26000	0.07	0.08	0.09
7000	0.27	0.31	0.34	27000	0.07	0.08	0.09
8000	0.24	0.27	0.30	28000	0.07	0.08	0.08
9000	0.21	0.24	0.27	29000	0.07	0.07	0.08
10000	0.19	0.21	0.24	30000	0.07	0.07	0.08
11000	0.17	0.19	0.21	31000	0.06	0.07	0.07
12000	0.16	0.18	0.20	32000	0.06	0.07	0.07
13000	0.15	0.17	0.18	33000	0.06	0.06	0.07
14000	0.14	0.15	0.17	34000	0.06	0.06	0.07
15000	0.13	0.14	0.16	35000	0.06	0.06	0.07
16000	0.12	0.13	0.15	36000	0.05	0.06	0.07
17000	0.11	0.13	0.14	37000	0.05	0.06	0.07
18000	0.11	0.12	0.13	38000	0.05	0.06	0.06
19000	0.10	0.11	0.13	39000	0.05	0.05	0.06
20000	0.10	0.10	0.12	40000	0.05	0.05	0.06

L'usage de cette table est fort simple. Avec la distance de l'objet qui est du même côté que l'excentricité, c'est-à-dire avec la distance de l'objet à droite pour nos instrumens, entrez dans la table, et prenez une correction à laquelle vous donnerez le signe +.

Avec la distance qui est de l'autre côté, c'est-à-dire celle de l'objet à gauche, prenez une seconde correction que vous marquerez du signe —.

Exemple. Soit $r = 18$ lignes, $D = 30000$ toises, $G = 4000$ toises.
Avec $D = 30000$ toises, la colonne 18 lig. donne . . . . . $+ 0''07$
Avec $G = 4000$ toises, la même colonne donne . . . . . . $- 0''54$

Correction totale . . . . $- 0''47$

Dans ce cas la correction vaudroit la peine d'être calculée ; mais ces suppositions extrêmes ne se trouvent dans aucun de nos triangles.

C'est une remarque curieuse de Borda, que l'effet de l'excentricité sur les trois angles se réduit toujours à zéro. En effet, dans l'observation des trois angles, chacun des trois côtés se trouve successivement à droite et à gauche, et les six corrections se détruisent mutuellement. On peut ajouter que c'est la même chose et pour la même cause dans un tour d'horizon.

Réticule et signaux.

J'AI parlé, page 9, station de Dunkerque, du mouvement de 45 degrés, qui permet de donner aux fils de nos lunettes la situation qui convient le mieux aux circonstancés. Imaginons (*Pl. I, fig.* 3) que le quadri-latère $ABDE$ est le réticule, BE le fil vertical et AD le fil horizontal. On peut donner à ce réticule un mouvement qui rende BD et AE parallèles à l'horizon ; les fils AD, BE feront alors avec l'horizon AE des angles de 45 degrés, et la pointe renversée du signal GFC se placera pour l'observation à l'intersection des fils en C. Si le signal est long et d'une grosseur uniforme, comme seroit un tronc d'arbre ou une poutre verticale, on peut le placer comme $GFCH$, pourvu qu'à chaque fois on observe toujours le même point C de la ligne GH ; mais, quand nos signaux étoient des pyramides, j'amenois en C la pointe qui en faisoit le sommet. Si la pyramide étoit large et obtuse, alors je donnois au fil BE la position verticale, et j'amenois C sur l'axe du signal. Si le signal étoit très-court et peu large, l'observation devenoit très-difficile ; car le simple contact avec le fil vertical le faisoit disparoître, en sorte qu'on n'étoit jamais sûr de l'avoir mis sous le milieu du fil. Si l'on employoit les fils inclinés, il falloit maintenir le signal à une certaine hauteur au-dessus de l'intersection C, et à distance égale des deux fils autant qu'on pouvoit ; mais cette estime de la distance pouvoit avoir quelque incertitude. J'ai presque toujours incliné les fils. Méchain, dans sa première expédition, aimoit mieux la position verticale ; mais, dans son dernier voyage, je vois par ses manuscrits qu'il a préféré les fils inclinés. Il ne dit pas ce qui l'a fait changer d'avis : c'est peut-être la nature de ses signaux qui, dans les triangles au sud de Barcelone, étoient des réverbères composés d'une où plusieurs lampes. Quand les deux signaux, qui sont toujours perpendiculaires à l'horizon, se trouvoient à des hauteurs très-inégales, il falloit incliner le plan du cercle; le signal n'étoit plus parallèle au fil vertical, ou bien il descendoit obliquement dans l'angle formé par les fils inclinés. Faute d'une vis de rappel, l'observation avoit ses difficultés, quelle que fût la position qu'on préférât; mais, quand on avoit quelque doute, on observoit successivement des deux manières.

Dans ces cas le meilleur de tous les signaux, sans contredit, seroit une lampe à réverbère. Le diamètre apparent de l'objet seroit égal dans tous les sens; on pourroit le mettre en contact dans l'angle des fils inclinés, ou sous l'intersection même, s'il avoit un diamètre apparent double de l'épaisseur des fils. On ne pourroit alors commettre aucune erreur en pointant à l'objet que son éclat feroit distinguer de très-loin; mais cet avantage seroit souvent acheté par trop d'inconvéniens. Les premiers seroient la nécessité d'éclairer les fils de la lunette, l'embarras qui accompagne les observations nocturnes sur des montagnes presque toujours éloignées de toute habitation, et celui d'avoir à chaque station une personne intelligente chargée d'allumer, de diriger et d'entretenir le réverbère; il y a d'ailleurs telles circonstances où l'on n'oseroit se servir de pareils signaux, et Méchain fut obligé d'y renoncer dans son premier voyage d'Espagne. Il s'en est servi dans son second voyage, pour les stations entre Barcelone et

Tortose, et dans les dernières qu'il a faites auprès de Cullera et d'Oropesa. En examinant les diverses séries d'un même angle ou les diverses parties de la même série, je n'y vois pas plus d'accord, peut-être même un peu moins que quand il observoit des signaux ordinaires. Nous avons dit ci-dessus que le réverbère allumé à Montmartre le 11 et le 15 août 1792 étoit sujet à des ondulations très-sensibles, qui faisoient osciller le lieu apparent autour du véritable. C'est un inconvénient au reste qui paroît inhérent aux signaux de toute espèce, je l'ai éprouvé bien souvent sur les signaux de jour; j'ai cru même plusieurs fois voir ces oscillations rester suspendues pendant quelques minutes, quoique l'objet fût à sa plus grande distance du point de repos, qui est son lieu vrai. Je n'ose pourtant répondre de ce fait, que je n'ai pas suffisamment constaté.

S'il existe une réfraction latérale, comme j'ai été par fois tenté de le croire, les réverbères y seroient également sujets, et l'on n'a pour se garantir de cette illusion que deux moyens qui ne sont pas infaillibles, l'un est d'attendre les instans favorables; l'autre, de répéter les observations à des heures et dans des circonstances différentes.

Pour qu'un signal soit facile à distinguer, il faut qu'il ait une longueur suffisante; il semble que la largeur soit moins nécessaire, et la largeur auroit l'inconvénient de rendre le point de mire plus incertain dans l'observation des angles. J'ai souvent aperçu de très-loin une aile de moulin verticale, quoiqu'elle se présentât assez obliquement pour n'avoir qu'une largeur presque insensible.

Après plusieurs essais je me suis fait la règle de donner à mes signaux une hauteur égale à $\frac{5}{10000}$ de la distance. De cette manière cette hauteur paroissoit sous un angle de 30″ au moins. Soit donc D la plus grande distance d'un signal en toises, H la hauteur cherchée ; je faisois

$$H = D. \; sin. \; 31'' = 0.00015 \; D$$

et je donnois à la base un tiers de la hauteur.

Un arbre isolé est un des objets qui s'aperçoit le mieux même quand il se projette en terre ; j'en ai vu souvent à de très-grandes distances. Celui de Rieupeyroux, dont la tête n'avoit pas deux mètres, se distinguoit de la Bastide, à plus de 60000 ; mais un arbre est toujours un mauvais signal, parce qu'il est toujours irrégulier, et je n'en ai jamais employé. Quand un signal ne doit s'observer que de deux stations, on pourroit le composer d'une seule face triangulaire ou rectangulaire qui couperoit en deux également l'angle entre les deux stations, si cet angle surpassoit 90 degrés, ou qui feroit un angle de 90 degrés avec la ligne qui couperoit l'angle en deux parties égales, si cet angle étoit au-dessous de 90 degrés.

Quand trois angles ont un même signal pour sommet commun, on peut encore trouver, sans beaucoup de peine, l'inclinaison qu'il faudroit donner à la face unique du signal sur l'un des rayons visuels, pour que de toutes les stations d'alentour le signal, quoique vu obliquement, conservât pourtant une largeur suffisante. Si quatre angles ont un même sommet, le problème

devient plus difficile. Borda parloit de composer tous
les signaux d'un triangle isocèle qui tourneroit autour
d'un axe vertical, et qu'on présenteroit successivement
à toutes les différentes stations d'où il devroit être observé. Toutes ces manières sont fort bonnes en théorie;
bien exécutés, ces signaux rendroient certainement les
observations plus exactes, on auroit plus rarement besoin de réductions, et l'on connoîtroit beaucoup plus
exactement les élémens nécessaires pour les calculer:
mais ils seroient plus difficiles à bien exécuter; on ne
pourroit leur donner la même solidité : on a souvent à
faire à des ouvriers peu intelligens, et les matériaux
manquent aussi. Nous avons été forcés le plus souvent
de couvrir nos signaux de paille, parce qu'on ne pouvoit
à aucun prix se procurer les planches nécessaires. Ainsi,
tout considéré, j'ai presque par-tout donné à mes signaux la forme d'une pyramide quadrangulaire tronquée, pour que le sommet fût toujours visible ou moins
difficile à voir. Méchain s'est servi quelquefois de tentes
coniques surmontées d'un cylindre vertical, ou de deux
cônes opposés par la base, et ayant leur axe perpendiculaire à l'horizon. A Mont-Serrat il avoit pour signal
une espèce de table rectangulaire attachée à une poutre
verticale scellée contre le portail de la chapelle, et
s'élevant au-dessus du toit. A sa rentrée en France il
adopta la forme que je donnois à mes signaux.

Quand on choisit la place d'un signal, il est très-
utile d'observer en même temps sur quels objets il se
projettera quand on l'observera des stations voisines.

Autant qu'il sera possible, on évitera qu'il se projette en terre, et sur-tout sur des objets voisins ; car alors il seroit éclairé comme eux, et très-difficile à distinguer. Si les objets sont fort éloignés, l'inconvénient est beaucoup moins grave, et souvent presque nul.

Si l'on n'a pas le choix de la place du signal, il est très-important de remarquer la couleur des objets sur lesquels il se projette, afin de donner au signal une couleur différente qui serve à le distinguer.

Quand le signal se projette dans le ciel, il est souvent utile de le noircir, pour qu'il tranche mieux sur la couleur des nuages. Ainsi je me suis très-bien trouvé d'avoir noirci la pyramide que j'avois placée sur la cheminée de Malvoisine.

Quand le signal se projette sur un objet voisin, il convient de lui donner une couleur très-blanche ; c'est ce que j'ai fait pour le signal du Mesnil, qui se projettoit sur un bois. Le signal de Montlhéri, vu de Brie, se projettoit sur la tour : j'ai blanchi le signal et noirci la tour, sans quoi l'observation étoit impossible. Le toit tournant de mon observatoire de la rue de Paradis, vu de la pyramide de Montmartre et même du Panthéon, dont il n'est pourtant éloigné que de 885 toises, ne pouvoit se distinguer, parce qu'il se projettoit sur des objets très-voisins. Couvert d'une toile blanche, il se voyoit passablement.

Pour trouver sur quel objet doit se projeter un signal, placez le cercle en O (*pl. I, fig.* 10) dans la position verticale, comme pour prendre une distance au zénith ;

fixez la lunette supérieure sur zéro, et dirigez-la sur le pied du signal *A*, d'où vous aurez à observer le signal *O*; amenez la seconde lunette sur le même point *A*, et fixez-la dans cette position par la vis de pression. C'est ce que j'appelle mettre les deux lunettes sur zéro. Puis la lunette inférieure restant fixée sur *A*, donnez un mouvement de 180 degrés à la lunette supérieure : alors elle sera dirigée sur le point *B*, diamétralement opposé au point *A*. C'est donc sur *B* que se projettera le signal *O*. Remarquez si c'est dans le ciel ou en terre, sur un objet voisin ou éloigné, noir ou blanc, et tenez-en note, pour donner au signal la couleur convenable. Comme la réfraction terrestre pourroit changer un peu les apparences, examinez quelques minutes au-dessus et au-dessous de *B* dans le même vertical, et vous connoîtrez tous les objets sur lesquels il est possible que le signal *O* soit projeté quand on l'observera de *A*.

La lunette inférieure restant toujours fixée sur *A*, amenez la supérieure sur l'horizon, qui sera quelque part en *G* au-dessous de *B*, si *O* se projette dans le ciel, ou au-dessus de *B*, si *B* est en terre; notez l'arc marqué par l'alidade : cet arc sera la somme des deux distances au zénith *ZOA* et *ZOG*.

Si cet arc surpasse 180 degrés seulement de quatre ou cinq minutes, alors il est presque indubitable que l'objet se projettera dans le ciel.

Si l'arc est juste de 180 degrés, il y aura quelque doute; mais on pourra croire que la pointe du signal sera dans le ciel.

Si l'arc est de quelques minutes plus foible que 180 degrés, le signal O se projettera sûrement en terre. Alors évitez, s'il est possible, qu'il se projette sur un arbre ou tout autre objet isolé qui pourroit se confondre imparfaitement avec votre signal et vous induire en erreur.

Faites la même chose pour tous les signaux qui entourent le signal O; car il se pourroit qu'il fallût blanchir une face et noircir l'autre : et si vous prévoyez qu'il doive être plus difficile à voir d'une station que d'une autre, soit à cause de l'éloignement, soit pour toute autre raison, tournez l'une des faces du signal directement vers cette station, pour que le signal y paroisse tout entier de la même teinte et que l'observation soit moins sujette à l'erreur qui pourroit provenir de la manière inégale dont il seroit éclairé.

L'observation a prouvé qu'un objet caché sous l'horizon peut y monter et devenir visible. Il seroit donc possible qu'une montagne, un bâtiment ou quelque objet terrestre G, presque toujours caché sous l'horizon, vînt à se montrer, et que le signal B cessât alors de paroître projeté dans le ciel; mais, outre que ce cas doit être rare, il n'en résulteroit pas d'inconvénient bien grave, les objets qui ne se montrent que par une réfraction extraordinaire étant toujours plus foibles que ceux qui se voient directement : ainsi le procédé qu'on vient de voir a toute l'exactitude qu'on peut desirer dans la pratique. Voyez (pages 145 et 146) des exemples qui prouvent que de Malvoisine le signal de Lieursaint devoit être en terre, et que de Montlhéri la pointe devoit se voir dans le ciel, ainsi que l'expérience l'a prouvé, et, page 275, d'autres exemples qui prouvent que le signal de la Bastide devoit se voir dans le ciel de par-tout, excepté de Violan ; ce que l'événement a pareillement confirmé.

Observations.

APRÈS avoir exposé notre manière de construire et de placer les signaux, disons comment nous les avons observés.

Les observations sont de deux espèces, distances au zénith et angles de position, ou angles entre les sommets de deux signaux. La distance au zénith est nécessaire pour réduire à l'horizon les angles de position qu'on observe toujours dans des plans inclinés.

Soit A l'angle de position observé, H et h les hauteurs des deux signaux sur l'horizon, la réduction, ainsi que nous le démontrerons bientôt, est à très-peu près

$$+ sin^2. \tfrac{1}{2} (H + h). tang. \tfrac{1}{2} A - sin^2. \tfrac{1}{2} (H - h). cot. \tfrac{1}{2} A = n$$

d'où

$$\tfrac{1}{2} d (H + h). sin. (H + h). tang. \tfrac{1}{2} A$$
$$- \tfrac{1}{2} d (H - h). sin. (H - h). cot. \tfrac{1}{2} A = dn$$

Dans mes observations aucun de ces deux termes n'a passé $0.024\, d(H \mp h)$; ce qui, en supposant $d (H \mp h) = 60''$, donneroit $1''44$ pour l'erreur de la réduction.

Dans les observations de Méchain je trouve 0.032, 0.039, 0.041 et $1.10\, d (H \mp h)$. Presque toujours les deux termes sont de signe contraire; à l'ordinaire ils sont insensibles l'un et l'autre. D'après ces considérations, je me suis contenté de faire pour chaque distance au zénith une seule série de dix angles, excepté dans les cas où quelque circonstance rendoit l'observation douteuse. Quand le temps étoit beau, j'aimois mieux répéter l'observation des angles de position, et, s'il étoit mauvais, les variations de la réfraction terrestre auroient rendu les distances au zénith plus incertaines. Quand ces distances sont plus grandes que 91 degrés, ou plus petites que 89, il conviendroit de les observer en même temps que l'angle de position; mais cela n'est guère possible. Il falloit donc se contenter de les observer immédiatement avant ou après, ou à plusieurs heures du jour, afin de choisir pour la réduction des angles à l'horizon la distance dont l'heure étoit la plus voisine, et où l'on avoit lieu de croire la réfraction terrestre moins différente. Méchain, qui en général observoit dans un terrain plus inégal, et qui prolongeoit davantage son séjour à chaque station, a répété plus que moi ces observations de distances au zénith, surtout dans les derniers temps. Il avoit l'avantage de voir l'horizon de la mer de presque tous ses signaux, et il en a donné de nombreuses observations que nous comparerons soigneusement pour vérifier les différences de niveau qu'on déduit des observations réciproques de tous les signaux. Pour cet objet il suffisoit encore de pousser les séries jusqu'à dix angles; car les différences qu'on trouve entre les observations sont visiblement causées par des changemens de réfractions. Pour moi, je n'aurois pu observer la mer que de Dunkerque, Watten et Cassel ; mais pendant mon séjour à ces trois stations l'horizon de la mer a toujours été tellement embrumé, que j'ai mieux aimé partir d'un nivellement exécuté par les ingénieurs entre le pied de la tour de Dunkerque et la laisse de basse mer.

Dans l'observation des distances au zénith, Méchain rendoit le fil tangent au sommet du signal, et il corrigeoit ensuite la distance observée en ajoutant la demi-épaisseur de fil, qu'il avoit trouvée de 3". Il ne dit pas comment il avoit déterminé cette quantité. Les essais que j'ai faits pour la déterminer moi-même m'ont paru sujets à quelque incertitude (1). Pour éviter la petite erreur qui pouvoit en résulter, j'avois soin de mettre alternativement les deux bords du fil à la hauteur du sommet du signal : cette manière me dispensoit de connoître l'épaisseur de mon fil. Au reste, on verra ci-après que dans les observations réciproques, il n'est nullement besoin de cette connoissance.

La distance au zénith donnée directement par l'observation est ordinairement celle qu'il faut employer à la réduction des angles. Pour la différence de niveau et les réfractions horizontales, il faut quelques corrections dont nous donnerons plus loin les formules.

---

(1) Picard, dans sa *Mesure de la terre*, dit qu'un filet de ver à soie est la treize-centième partie d'un pouce ; ainsi dans nos lunettes de 21 $\frac{1}{3}$ pouces, la demi-épaisseur doit être de 3"78. (*Mém. de l'Acad.* t. VII, p. 151.)

Pour les détails de l'observation, voyez pages 3 et 289.

Les angles de position étant d'une toute autre importance, nous y avons mis tous les soins, tout le scrupule et tout le temps que les circonstances ont permis. Dans les premiers temps, où nous avions les moyens de voyager avec plus de commodité, nous portions nos deux cercles à toutes les stations; nos adjoints observoient les angles en même temps que nous, ou à leur tour, selon les circonstances; mais, quand le discrédit du papier-monnoie et les retards que nous éprouvions continuellement dans les paiemens nous eurent forcés à réduire toutes nos dépenses, lorsqu'enfin nous avions tout au plus de quoi payer une seule charette attelée d'un cheval, pour nous conduire aux différentes stations, nous et tout ce dont nous avions un besoin indispensable (1); quand cet état de détresse eut rebuté mes adjoints, à la réserve de Bellet qui m'a constamment accompagné par-tout, je me réduisis au cercle

---

(1) C'est ainsi que nous avons fait toutes les stations depuis Orléans jusqu'à Rodez. Outre l'incommodité de cette manière de voyager, il nous est arrivé plusieurs fois, comme à Philopœmen, de payer l'intérêt de notre mauvaise mine. Ceux qui avoient de nous la meilleure idée, nous prenoient pour des prisonniers de guerre qu'on transportoit d'un hôpital dans un autre. Notre accoutrement justifioit assez cette idée. D'autres, en voyant les boîtes de nos cercles, nous prenoient pour des charlatans de village qui n'auroient pas de quoi payer, et ils refusoient de nous loger. C'est ce qui nous est arrivé à Vouzon. A Soesme on nous refusoit aussi le gîte; mais c'est parce qu'on nous connoissoit, et que nous n'avions que des assignats. Sans la municipalité, qui promit de rendre du bled en nature à ceux qui nous auroient

fio en set, je changeai la manière d'observer que j'avois
suivie jusqu'alors. Au lieu de mesurer le même angle
séparément, ce qui d'ailleurs étoit une perte de temps,
je me réunissois avec Bellet, auquel j'abandonnois ordinairement la lunette inférieure, tandis que j'observois
avec la supérieure. Par ce moyen l'observation étoit plus
prompte et même plus sûre, puisque nous n'avions
plus à craindre les petits mouvemens presque insensibles que l'instrument peut recevoir dans le temps où
l'œil d'un observateur unique passe d'une lunette à
l'autre; nous y gagnions aussi d'avoir le résultat moyen
de deux vues différentes et de deux manières d'envisager
le même objet. Quand l'intérieur des clochers étoit trop
embarrassé pour permettre aux deux observateurs de
tourner autour de l'instrument, alors, au lieu de changer
de place, nous changions de lunette; et nous visions
constamment au même objet, sauf à changer de place
et d'objet dans une autre série du même angle, et il
s'est présenté plus d'une circonstance où la mesure de
l'angle eût été impossible pour un seul observateur;
quelquefois elle eût été fort douteuse, quand nous étions
sur un plancher mobile ou sur des échafauds auxquels
nous n'avions pu donner toute la solidité desirable, ou
bien encore lorsque nous n'avions pu nous mettre à
l'abri du vent.

---

fourni du pain, on refusoit de nous en donner, et malgré cette garantie
nous ne pûmes, pendant plusieurs jours, obtenir rien autre chose. On ne
voyage ainsi qu'en temps de révolution, et quand on a bien irrévocablement
pris son parti d'aller en avant.

Quand les circonstances étoient favorables, je me bornois à des séries de vingt angles ; quand-elles l'étoient moins, je continuois jusqu'à ce qu'il ne me restât plus de doute ou que les signaux fussent trop difficiles à voir. Je répétois les séries douteuses à diverses heures du jour. J'aurois plus d'une fois desiré prolonger mon séjour dans une station, pour obtenir des observations plus propres à gagner la confiance du lecteur ; mais jamais je n'ai quitté un signal tant qu'il me restoit le moindre doute. Le désœuvrement, l'ennui, l'impatience, m'ont porté souvent à observer dans des temps où j'aurois mieux aimé pouvoir faire autre chose ; et j'ai noté scrupuleusement toutes les circonstances, afin qu'on pût rejeter ou admettre à son choix ces observations, si on ne les juge pas assez sûres ; et je ne me suis permis d'en supprimer aucune, ni en tout, ni en partie. Chaque soir je copiois moi-même toutes les observations de la journée dans un registre dont toutes les pages sont collationnées et signées par tous les coopérateurs ou témoins. Malgré ce soin, j'ai constamment conservé tous les cahiers originaux de chacun des observateurs. Pour la partie méridionale, outre plusieurs copies faites par Méchain lui-même ou par ses adjoints, j'ai entre les mains tous les originaux, à la réserve pourtant de plusieurs stations espagnoles dont je crois n'avoir que de simples copies. Voyez, pour les autres détails, les pages 5, 11 et 289.

Réductions.

Toutes les fois que je l'ai pu, j'ai observé au centre de la station ; mais cela n'est guère praticable dans les clochers, et même à certains signaux. Alors il faut une réduction ; et, pour la calculer, on a besoin de la distance au centre et de l'angle que faisoit cette distance avec les objets observés.

Les astronomes qui ont mesuré des arcs du méridien se sont pour la plupart dispensés du soin de rapporter ces deux élémens, et ils nous ont donné leurs angles tout réduits. Picard, à l'article VI de sa *Mesure de la méridienne*, parle de ces réductions de manière à faire soupçonner que sa méthode pour les calculer ne pouvoit être bien rigoureusement exacte ; Cassini n'en dit rien dans sa *Grandeur de la terre* ; Maupertuis, dans son *Degré du cercle polaire*, donne les deux élémens de la réduction pour les angles observés dans le clocher de Tornéo. Sans doute ils ont pu par-tout ailleurs observer au centre de leurs signaux, qui étoient des cônes creux, formés de plusieurs grands arbres dépouillés de leur écorce.

Bouguer et les autres académiciens qui vérifièrent en 1757 le degré d'Amiens, donnent leurs angles non seulement réduits au centre, mais corrigés de l'erreur de leur quart de cercle.

Dans son livre de *la Figure de la terre* il se contente d'indiquer la méthode expéditive qu'il s'étoit faite pour ces calculs ; mais cette méthode est très-incomplète et ne peut nous suffire.

La Condamine et les officiers espagnols en disent encore moins.

Les auteurs de la *Méridienne vérifiée* sont les premiers qui, entrant à cet égard dans tous les détails nécessaires, nous ont mis en état de refaire tous les calculs ; mais, malgré toutes leurs explications et les onze figures qui les accompagnent, c'est encore une chose assez épineuse que la vérification de leurs réductions au centre. Je donnerai ci-après des formules commodes pour les refaire sans peine, sans figure, et pourtant sans incertitude.

Beccaria, dans son *Degré de Turin*, p. 78, se contente de donner quelques règles générales. Boscowich, dans son *Degré de Rome*, explique une méthode qui ressemble beaucoup à celle de Bouguer ; Liesganig l'expose fort au long, et y ajoute quelques tables pour en faciliter l'usage : mais tous ces auteurs donnent encore leurs angles tout corrigés. Dans l'exposé des opérations faites en 1787 pour la jonction des observatoires de Paris et de Greenwich, chaque triangle est accompagné d'une figure qui indique la position de l'instrument, et fait voir quels sont les signes des deux parties de la correction. Méchain suivoit aussi cette méthode, et j'ai une copie de tous les triangles d'Espagne où il a pris la même précaution. Tout cela sans doute n'est pas ce qu'on auroit pu imaginer de plus commode, même pour les observations faites avec le quart de cercle ; mais l'avantage que nous avions d'observer avec un cercle entier, nous permettoit d'employer une méthode plus simple et plus exacte.

Quelle que fût la position du cercle par rapport au centre de la station, nous pouvions toujours observer l'angle de direction, en le comptant depuis 0° jusqu'à 360°. Par ce moyen on pouvoit, dans tous les cas, se servir de la même formule, en faisant attention aux signes algébriques des sinus. De cette manière il suffisoit de mettre à côté de l'observation la distance au centre et l'angle de direction, compté de droite à gauche, depuis 0° jusqu'à 360°.

Pour le démontrer, soit (*pl. I, fig.* 2) ACB l'angle réduit au centre, AOB l'angle observé,

$$ACB = AIB - CBO = AOB + OAC - CBO$$

ou, pour abréger,

$$C = O + A - B$$

Or

$$\sin. A = \sin. OAC = \frac{OC. \sin. AOC}{AC} = \frac{r. \sin. (O + BOC)}{D}$$

$$= \frac{r. \sin. (O + y)}{D}$$

$$\sin. B = \sin. CBO = \frac{OC. \sin. BOC}{BC} = \frac{r. \sin. y}{G}$$

donc

$$C = O + \frac{r. \sin. (O + y)}{D. \sin. 1''} - \frac{r. \sin. y}{G. \sin. 1''}$$

Cette formule est générale, et ne souffre aucune exception.

C est l'angle au centre, O l'angle observé, y l'angle

entre l'objet à gauche et le centre de station, r la distance du centre du cercle au centre de station, D la distance de l'objet à droite, et G celle de l'objet à gauche.

Si l'angle $(O + y)$ que fait la distance D avec la distance r est plus grand que 180°, le premier terme devient soustractif.

Si l'angle y surpasse 180°, le second terme devient additif.

Quand on termine l'observation de l'angle O, la lunette supérieure est dirigée vers l'objet à gauche B, et l'inférieure vers l'objet à droite A. Celle-ci restant fixe sur A, faites mouvoir la lunette supérieure de droite à gauche jusqu'à ce qu'elle soit pointée en C; le chemin qu'elle aura fait sur le limbe sera la mesure de l'angle $BOC = y$. (Voyez *Dunkerque*, pages 6, 7 et 8.)

Cette formule n'est au fond que la méthode ordinaire présentée sous une forme plus générale, et qui dispense le calculateur et l'observateur de l'embarras des figures ou de l'énonciation détaillée de tous les cas qui peuvent arriver, suivant les diverses positions du centre O par rapport à C. Voici une autre méthode qui donne la réduction exprimée par un seul terme.

Par les trois sommets de triangle imaginez le cercle ACB, et par le point P où BO coupe le cercle, menez les cordes CP et AP :

$$ACB = APB = AOB + OAP$$

ou

$$C = O + OAP .$$

Mais

$$sin. \; OAP = \frac{OP \, sin. \, AOB}{AP}$$

et

$$OAP = \frac{OP. \, sin. \, O}{AP. \, sin. \, 1''}$$

d'ailleurs

$$OP = \frac{OC. \, sin. \, OCP}{sin. \, CPO} = \frac{r. \, sin. \, (CPB - COP)}{sin. \, CPB} = \frac{r. \, sin. \, (CAB - \gamma)}{sin. \, CAB}$$

$$= \frac{r. \, sin. \, (A - \gamma)}{sin. \, A}$$

donc

$$OAP = \frac{r. \, sin. \, (A - \gamma). \, sin. \, O}{AP. \, sin. \, A. \, sin. \, 1''}$$

De P menez sur AC la perpendiculaire PL,

$$AP = AL. \, sec. \, PAL = (AC - CP. \, cos. \, ACP). \, sec. \, PAL$$

$$= \frac{D - CP. \, cos. \, ABP}{cos. \, PAL}$$

et

$$CP = \frac{OC. \, sin. \, COB}{sin. \, CPB} = \frac{r. \, sin. \, \gamma}{sin. \, A}$$

donc

$$AP = D - \frac{r. \, sin. \, \gamma. \, cos. \, B}{sin. \, A}$$

donc enfin

$$C = O + \frac{r. \, sin. \, O. \, sin. \, (A - \gamma)}{\left(D - \dfrac{r. \, sin. \, \gamma. \, cos. \, B}{sin. \, A.}\right). \, sin. \, A. \, sin \, 1''}$$

$$= \frac{r. \, sin. \, O. \, sin. \, (A - \gamma)}{D. \, sin. \, A. \, sin. \, 1'' - r. \, sin. \, \gamma. \, cos. \, B. \, sin. \, 1''}$$

ou tout simplement

$$C = O + \frac{r. \, sin. \, O. \, sin. \, (A - \gamma)}{D. \, sin. \, A. \, sin. \, 1''}$$

Je me suis servi de cette formule de préférence à la

première, parce qu'elle est toujours d'une exactitude suffisante, et que le calcul occupoit moins de place. La première est plus rigoureuse, et elle offre encore cet avantage, que si l'on a observé plusieurs angles qui aient un côté commun, comme AC, le terme qui dépend de ce côté commun est le même pour les réductions de tous ces angles.

J'ai toujours tâché de me placer de manière à pouvoir observer tous mes angles du même endroit. Il suffit alors de mesurer une seule fois r, qui est une quantité constante en ce cas, et un seul y, duquel on peut conclure tous les autres, en y ajoutant différens angles que donne l'observation. (Voyez pages 128 et 129.)

On peut aussi se placer de manière à n'avoir aucune réduction; pour cela égalez à zéro la première formule, vous en conclurez

$$\frac{r.\, sin.\, (O + y)}{D} = \frac{r.\, sin\, y}{G}$$

ou

$$G.\, sin.\, (O + y) = D.\, sin.\, y$$

ou bien

$$G.\, sin.\, O.\, cos.\, y + G.\, cos.\, O.\, sin.\, y = D.\, sin.\, y$$
$$G.\, sin.\, O = (D - G.\, cos.\, O).\, tang.\, y$$

et

$$tang.\, y = \frac{G.\, sin.\, O}{D - G.\, cos.\, O} = \frac{G.\, sin.\, C}{D - G.\, cos.\, C}$$
$$= tang.\, A = tang.\, (180° + A)$$

Il suffit donc de se placer en un point où l'on ait $y = A$

ou $(180^\circ + A)$. Mettez A ou bien $(180^\circ + A)$ au lieu de y dans la formule

$$\frac{r.\,sin.\,O.\,sin.\,(A - y)}{D.\,sin.\,A.\,sin.\,1''}$$

elle se réduira de même à zéro.

Voyez, pages 36, 41 et 42, l'usage que j'ai fait de cette remarque à Béthune et Mesnil, pour placer le cercle n° 4 en un point où l'on pût observer l'angle tel que je le voyois du centre du signal ; mais il faut pour cela connoître l'un des angles A ou B du triangle.

Dans la formule

$$\frac{r.\,sin.\,(O + y)}{D.\,sin.\,1''} - \frac{r.\,sin.\,y}{G.\,sin.\,1''}$$

supposez

$$(O + y) = 90^\circ \quad \text{et} \quad y = 90^\circ,$$

il restera

$$\frac{r}{D.\,sin.\,1''} - \frac{r}{G.\,sin.\,1''}$$

dont la moitié est la formule trouvée (page 101), pour corriger l'excentricité ; et, en effet, quand la lunette est en DB (*fig.* 1), l'angle de direction $BDC = 90^\circ$; quand elle est en EA, l'angle de direction est encore 90°.

Si l'une des deux distances D ou G est assez grande pour que $\dfrac{r}{D}$ ou $\dfrac{r}{G}$ soit insensible, comme il arrive quand on compare un astre avec un objet terrestre, alors la formule se réduit au terme qui dépend de l'objet terrestre ; l'autre s'évanouit : c'est ce qui a lieu dans les observations d'azimut.

Mes deux formules peuvent s'appliquer à tous les angles rapportés dans la *Méridienne vérifiée*. On trouve dans cet ouvrage, pages VI, VII et VIII, les renseignemens nécessaires pour calculer les réductions au centre et entendre les expressions dont les auteurs se servoient pour indiquer la position de leur instrument. Leur planche VII est toute entière destinée à cet usage ; mais, malgré tous ces secours, le calcul des réductions est encore assez compliqué ; il est aisé de s'y tromper, et je soupçonne que les auteurs s'y sont trompés eux-mêmes, quoique fort rarement.

Remarquons d'abord que, dans la *Méridienne vérifiée*, l'objet à gauche est toujours nommé le premier, et l'objet à droite, toujours le second. C'est le contraire dans nos observations.

Nommons r le nombre de pieds de la distance au centre, et x l'angle de direction qu'on trouve après chaque observation ; soit enfin R la réduction au centre. Les formules suivantes en donneront la valeur dans tous les cas.

Réduction au centre pour les observations de la Méridienne vérifiée.

Premier cas. *Direction de* (*l'objet à gauche*) r *pieds.*

$$R = -\frac{r.\,sin.\,O}{G.\,sin.\,1''}$$

Second cas. *Direction de (l'objet à gauche) r pieds.*

$$R = -\ \frac{r.\ sin.\ O}{D.\ sin.\ 1''}$$

Troisième cas. *Direction en dedans de (l'objet à droite) r pieds.*

$$R = +\ \frac{r.\ sin.\ O}{G.\ sin.\ 1''}$$

Quatrième cas. *Direction en dedans de (l'objet à gauche) r pieds.*

$$R = +\ \frac{r.\ sin.\ O}{D.\ sin.\ 1''}$$

Cinquième cas. *Entre (l'objet à gauche) et la direction à r pieds..... x.*

$$R = -\ \frac{r.\ sin.\ O.\ sin.\ (A + x)}{D.\ sin.\ A.\ sin.\ 1''} = -\ \frac{r.\ sin.\ (O - x)}{D.\ sin.\ 1''} - \frac{r.\ sin.\ x}{G.\ sin.\ 1''}$$

Sixième cas. *Entre (l'objet à gauche) et la direction en dedans à r pieds..... x.*

$$R = +\ \frac{r.\ sin.\ O.\ sin.\ (A + x)}{D.\ sin.\ A.\ sin.\ 1''} = +\ \frac{r.\ sin.\ (O - x)}{D.\ sin.\ 1''} + \frac{r.\ sin.\ x}{G.\ sin.\ 1''}$$

Septième cas. *Entre (l'objet à gauche) et la direction à gauche, à r pieds..... x, ou entre la direction à r pieds et (l'objet à gauche)..... x.*

$$R = -\ \frac{r.\ sin.\ O.\ sin.\ (A - x)}{D.\ sin.\ A.\ sin.\ 1''} = -\ \frac{r.\ sin.\ (O + x)}{D.\ sin.\ 1''} + \frac{r.\ sin.\ x}{G.\ sin.\ 1''}$$

Huitième cas. *Entre (l'objet à gauche) et la direction à gauche, en dedans, à r pieds..... x, ou entre la direction en dedans, à r pieds, et (l'objet à gauche)..... x.*

$$R = + \; \frac{r.\,sin.\,O.\,sin.\,(A - x)}{D.\,sin.\,A.\,sin.\,1''} = + \; \frac{r.\,sin.\,(O + x)}{D.\,sin.\,1''} - \frac{r.\,sin.\,x}{G.\,sin.\,1''}$$

Quelquefois, à la suite d'une observation, au lieu des quantités r et x, on trouve seulement ces mots, *même direction et même distance;* alors on emploie pour la réduction la même formule et la même distance que pour l'observation précédente : mais l'angle x a besoin d'une correction pour laquelle on observera les règles suivantes.

Soit m le mouvement donné au quart de cercle entre l'observation précédente et celle qu'il s'agit de réduire, ou l'angle entre les deux objets sur lesquels étoit pointée la lunette fixe dans les deux observations, m sera positif si le second objet est à la droite du premier, et négatif s'il est à la gauche.

Au lieu de l'angle x, on emploiera $(x - m)$ dans le cinquième et dans le sixième cas, $(x + m)$ dans le septième et dans le huitième cas. Si m est négatif, $(x - m)$ se changera en $(x + m)$, et réciproquement.

Si l'on se rappelle que ces mots (*objet à gauche*) sont là pour le nom du signal qui est nommé le premier, (*objet à droite*) pour le nom de celui qui est le second, on n'aura point d'embarras pour le calcul des réductions de la *Méridienne vérifiée*, et l'on pourra comparer avec plus de sûreté les angles de cet ouvrage avec les nôtres.

Dans tout ce qui précède nous avons supposé le centre visible et accessible, en sorte que l'on pût directement mesurer la distance r et l'angle y de la manière indiquée pages 6 et 7, *station de Dunkerque;* mais ce centre se trouve parfois dans l'axe d'une poutre verticale qui embarrasse le milieu de presque tous les clochers, ou dans l'axe d'une tour ou tourelle dans laquelle on ne peut pénétrer. Il faut alors trouver des moyens de suppléer à l'observation directe, qui est impossible.

Le mieux alors seroit de se placer (*pl. I, fig.* 3) quelque part sur la ligne FG. On détermineroit F en faisant

$$FB = FD = \tfrac{1}{2}\, BD$$

On viseroit en F pour déterminer l'angle de direction y; et, pour avoir r, il suffiroit de mesurer GF et d'y ajouter

$$CF = BF.\ tang.\ CBF = BF.\ cot.\ BCF = BF.\ cot.\ \left(\tfrac{180^\circ}{n}\right)$$

n étant le nombre des côtés du polygone.

Si le polygone est un carré,

$$BF.\ cot.\ \left(\tfrac{180}{n}\right) = BF.\ cot.\ 45^\circ = BF$$

Si la poutre ou la tour a pour base un rectangle $ABDE$, $CF = \tfrac{1}{2}\, AB$; si la tour est ronde, $CF = \tfrac{1}{2}$ diamètre.

Si l'on ne peut se placer aussi avantageusement, on essaiera de se mettre sur le prolongement d'un des côtés du polygone, comme en O sur le prolongement de BD, ou en O' sur celui de AE. Alors on aura

$$r = OC = OF. \text{ sec. } FOC.$$

$$\text{tang. } FOC = \frac{CF}{OF} = \frac{BF \text{ cot. } BCF}{OF} = \left(\frac{BF}{OF}\right). \text{ cot. } \left(\frac{180°}{n}\right)$$

et

$$y = (SOF + FOC)$$

ou

$$y = SO'H - CO'H \text{ et } r = O'H. \text{ sec. } CO'H$$

Il arrivera bien rarement, dans les clochers, que l'on puisse ainsi choisir sa position; mais il n'est pas rare au moins qu'on puisse se placer de manière à voir les deux extrémités de la diagonale. Or le centre C est toujours sur le milieu de la diagonale, car ces polygones sont toujours d'un nombre pair de côtés.

Dans ce cas (*fig.* 4) mesurez $OD = r'$, $OE = r''$, $SOD = y'$, $SOE = y''$; S est toujours l'objet à gauche dans le dernier angle qu'on vient de mesurer.

Mais

$$OE : CE :: \text{ sin. } C : \text{ sin. } COE$$
$$CD : OD :: \text{ sin. } COD : \text{ sin. } C$$

Donc, à cause de $CD = CE$,

$$OE : OD :: \text{ sin. } COD : \text{ sin. } COE$$
$$OE + OD : OE - OD :: \text{ sin. } COD + \text{ sin. } COE$$
$$: \text{ sin. } COD - \text{ sin. } COE$$
$$(r'' + r') : (r'' - r') :: \text{ tang. } \tfrac{1}{2} DOE : \text{ tang. } \tfrac{1}{2} (COD - COE)$$
$$= \text{ tang. } \tfrac{1}{2} d$$
$$\text{tang. } \tfrac{1}{2} d = \left(\frac{r'' - r'}{r'' + r'}\right). \text{ tang. } \tfrac{1}{2} (y'' - y')$$

et

$$y = \tfrac{1}{2}(y'' + y') + \tfrac{1}{2}d$$

y'' est toujours plus grand que y'; mais r'' peut être plus petit que r'. Alors $\tfrac{1}{2}d$ est négatif.

A présent

$$r = OC = \tfrac{1}{2}(OB + OA) = \tfrac{1}{2}OE.\cos.COE$$
$$+ \tfrac{1}{2}OD.\cos.COD$$
$$= \tfrac{1}{2}r''.\cos.\left(\frac{y''-y'}{2} - \frac{d}{2}\right)$$
$$+ \tfrac{1}{2}r'.\cos.\left(\frac{y''-y'}{2} + \frac{d}{2}\right)$$
$$= \tfrac{1}{2}(r'' + r').\cos.\tfrac{1}{2}(y'' - y').\cos.\tfrac{1}{2}d$$
$$+ \tfrac{1}{2}(r'' - r').\sin.\tfrac{1}{2}(y'' - y').\sin.\tfrac{1}{2}d$$
$$= \tfrac{1}{2}(r'' + r').\cos.\tfrac{1}{2}(y'' - y').\cos.\tfrac{1}{2}d$$
$$\left[1 + \frac{\tfrac{1}{2}(r'' - r').\sin.\tfrac{1}{2}(y'' - y').\sin.\tfrac{1}{2}d}{\tfrac{1}{2}(r'' + r').\cos.\tfrac{1}{2}(y'' - y').\cos.\tfrac{1}{2}d}\right]$$
$$= \tfrac{1}{2}(r'' + r').\cos.\tfrac{1}{2}(y'' - y').\cos.\tfrac{1}{2}d$$
$$\left[1 + \left(\frac{r'' - r'}{r'' + r'}\right).\tang.\tfrac{1}{2}(y'' - y').\tang.\tfrac{1}{2}d\right]$$
$$= \tfrac{1}{2}(r'' + r').\cos.\tfrac{1}{2}(y'' - y').\cos.\tfrac{1}{2}d$$
$$[1 + \tang^2.\tfrac{1}{2}d]$$
$$= \frac{\tfrac{1}{2}(r'' + r').\cos.\tfrac{1}{2}(y'' - y').\cos.\tfrac{1}{2}d}{\cos^2.\tfrac{1}{2}d}$$
$$= \frac{\tfrac{1}{2}(r'' + r').\cos.\tfrac{1}{2}(y'' - y')}{\cos.\tfrac{1}{2}d}$$

D'où il suit que, *dans tout triangle rectiligne, la ligne menée d'un angle au milieu du côté opposé, a pour valeur la demi-somme des deux autres côtés, multipliée par le cosinus du demi-angle compris, et divisée par le cosinus de la demi-différence des segmens de cet angle.* On pourroit donner de ce théorème une démonstration synthétique assez simple.

Vous aurez donc pour ce cas les trois formules

$$tang. \tfrac{1}{2} d = \left(\frac{r'' - r'}{r'' + r'}\right). \; tang. \tfrac{1}{2} (y'' - y')$$

$$r = \frac{\tfrac{1}{2}(r'' + r'). \; cos. \tfrac{1}{2} (y'' - y')}{cos. \tfrac{1}{2} d}$$

et

$$y = \tfrac{1}{2} (y'' + y') + \tfrac{1}{2} d$$

$\tfrac{1}{2} d$ devenant négatif si $r'' < r'$.

Ces formules sont indépendantes de la figure de la tour. Si $r'' = r'$, alors

$$\tfrac{1}{2} d = 0; \quad r = r'. \; cos. \tfrac{1}{2} (y'' - y') \quad \text{et} \quad y = \tfrac{1}{2} (y'' + y')$$

C'est ce qui aura lieu si la tour est circulaire, où si vous vous placez à égale distance des angles D et E; ce qu'il faudra faire, pour plus de simplicité, toutes les fois qu'il sera possible.

Supposons maintenant qu'on ne puisse voir les deux extrémités de la diagonale, mais seulement les deux angles D et E de la face DE (*fig.* 5), mesurez $OD = r'$, $OE = r''$, $SOD = y'$, $SOE = y''$:

$$CD : sin. \; COD :: CO : sin. \; CDO$$
$$sin. \; COE : CE :: sin. \; CEO : CO$$

d'où

$$sin. \; COE : sin. \; COD :: sin. \; CEO : sin. \; CDO$$
$$tang. \tfrac{1}{2} (COE + COD) : tang. \tfrac{1}{2} (COE - COD)$$
$$:: tang. \tfrac{1}{2} (CEO + CDO)$$
$$: tang. \tfrac{1}{2} (CEO - CDO)$$
$$tang. \tfrac{1}{2} (DOE) : tang. \tfrac{1}{2} d' :: tang. \tfrac{1}{2} (360° - DCE - DOE)$$
$$: tang. \tfrac{1}{2} (CEO - CED - CDO + CDE)$$

$$tang. \tfrac{1}{2} (y'' - y') : tang. \tfrac{1}{2} d' :: tang. \tfrac{1}{2} [360^\circ - C - (y'' - y')]$$
$$: tang. \tfrac{1}{2} (DEO - EDO)$$
$$:: tang. \tfrac{1}{2} (y'' - y' + C)$$
$$: tang. \tfrac{1}{2} (EDO - DEO) = tang. \tfrac{1}{2} d$$

donc

$$tang. \tfrac{1}{2} d' = tang. \tfrac{1}{2} (EDO - DEO). \, tang. \tfrac{1}{2} (y'' - y').$$
$$cot. \tfrac{1}{2} (y'' - y' + C)$$

Or le triangle EDO donne

$$tang. \tfrac{1}{2} (EDO - DEO) = \left(\frac{r'' - r'}{r'' + r'} \right) . \, cot. \tfrac{1}{2} (y'' - y')$$

donc

$$tang. \tfrac{1}{2} d' = \left(\frac{r'' - r'}{r'' + r'} \right) . \, cot. \tfrac{1}{2} (y'' - y' + C)$$
$$ODE = 90^\circ - \tfrac{1}{2} (y'' - y') + \tfrac{1}{2} d = u'$$
$$OED = 90^\circ - \tfrac{1}{2} (y'' - y') - \tfrac{1}{2} d = u''$$
$$DOC = \tfrac{1}{2} (y'' - y') - \tfrac{1}{2} d' = p'$$
$$EOC = \tfrac{1}{2} (y'' - y') + \tfrac{1}{2} d' = p''$$
$$ODC = u' + CDE = u' + b$$
$$OEC = u'' + b$$

$$r = OC = \frac{OD. \, sin. \, ODC}{sin. \, DCO} = \frac{r'. \, sin. \, (u' + b)}{sin. \, (u' + b + p')} = \frac{OE. \, sin. \, OEC}{sin. \, OCE}$$
$$= \frac{r''. \, sin. \, (u'' + b)}{sin. \, (u'' + b + p'')}$$

et la solution se réduit aux formules suivantes:

$$\frac{r''}{r'} = tang. \, x$$
$$tang. \tfrac{1}{2} d = tang. \, (x - 45^\circ). \, tang. \left(90^\circ - \frac{y'' - y'}{2} \right)$$
$$u' = 90^\circ - \tfrac{1}{2} (y'' - y') + \tfrac{1}{2} d$$
$$u'' = 90^\circ - \tfrac{1}{2} (y'' - y') - \tfrac{1}{2} d$$

$$\tan \tfrac{1}{2} d' = \tan (x - 45^\circ) . \cot \tfrac{1}{2} (y'' - y' + C)$$

$$p' = \tfrac{1}{2} (y'' - y') - \tfrac{1}{2} d'$$

$$p'' = \tfrac{1}{2} (y'' - y') + \tfrac{1}{2} d'$$

$$r = \frac{r' . \sin (u' + b)}{\sin (u' + b + p')} = \frac{r'' . \sin (u'' + b)}{\sin (u'' + b + p'')}$$

$$y = y' + p' = y'' - p''$$

$$b = 90^\circ - \tfrac{1}{2} C ; \ \tfrac{1}{2} C = \left(\frac{180^\circ}{n} \right)$$

Il m'est arrivé de ne pouvoir observer que l'un des angles D ou E (*fig.* 6); dans ce cas il faut aussi mesurer le côté DE. Connoissant alors, dans le triangle DOE, les trois côtés, on en conclura les angles. On connoît d'ailleurs le triangle DCE par les dimensions de la poutre : alors on a dans le triangle ODC ou OEC deux côtés et l'angle compris; on en déduit la distance OC et l'angle $COS = y$, par les règles ordinaires de la trigonométrie.

Si l'on ne pouvoit mesurer qu'une des deux distances OD ou OE (*fig.* 6), et l'angle qu'elle fait avec OS, on marqueroit sur la poutre un point M au milieu de DE; dans MOD ou MOE on connoîtroit les trois côtés, et la trigonométrie donneroit $r = OC$, et $y = COS$.

Ce n'est pas tout que d'avoir réduit l'angle au centre de la station, il faut encore le réduire au centre du signal observé.

Quand les signaux sont obliquement éclairés, le point observé n'est ni dans l'axe, ni même dans la direction à cet axe. Soit, par exemple, le signal $abcd$ (*fig.* 7); si l'on n'a pu voir que la face éclairée ab ou bc, on a observé le point A ou le point B au lieu du point M, milieu du signal, et l'angle a besoin d'une correction égale à l'angle AOM ou BOM.

Soit P la perpendiculaire MA ou MB sur le milieu de la face éclairée, ou la distance entre l'axe du signal et le point observé; A l'angle que fait cette distance avec le rayon visuel OM, dirigé au centre; D la distance de l'observateur au centre du signal observé. Dans le triangle AOM on connoît les deux côtés AM et MO, avec l'angle compris : or, j'ai démontré que le plus petit des deux angles inconnus, se trouve par la série

$$c = AOM = \left(\frac{P}{D}\right) \cdot \frac{\sin A}{\sin 1''} + \frac{1}{2}\left(\frac{P}{D}\right)^2 \cdot \frac{\sin 2A}{\sin 1''}$$
$$+ \frac{1}{3}\left(\frac{P}{D}\right)^3 \cdot \frac{\sin 3A}{\sin 1''}$$
$$+ \frac{1}{4} \text{ etc.}$$

M. Legendre a depuis démontré la même série dans la troisième édition de sa *Géométrie*, à laquelle je renverrai le lecteur. Nous pouvons ici nous contenter du premier terme,

$$c = \frac{P \cdot \sin A}{D \cdot \sin 1''}$$

Pour savoir si la correction est additive, voici une règle générale dont il est aisé de trouver la preuve.

La correction est soustractive, si le point observé est à la $\left(\begin{smallmatrix}\text{droite}\\\text{gauche}\end{smallmatrix}\right)$ du centre dans l'objet à $\left(\begin{smallmatrix}\text{droite}\\\text{gauche}\end{smallmatrix}\right)$; elle est additive, si le point observé est à $\left(\begin{smallmatrix}\text{gauche}\\\text{droite}\end{smallmatrix}\right)$ du centre dans l'objet à $\left(\begin{smallmatrix}\text{droite}\\\text{gauche}\end{smallmatrix}\right)$.

Il n'y auroit aucune difficulté dans l'application, si

l'on connoissoit toujours également bien les élémens
de cette correction. J'ai toujours eu soin d'orienter mes
signaux de manière à n'avoir aucune incertitude sur
l'angle A ; mais dans les flèches aiguës, qui sont ordinairement octogones, et qui ont toutes une espèce de
torsion plus ou moins sensible, on peut dire véritablement que l'angle A n'est jamais bien connu ; et la correction est impraticable.

La perpendiculaire P seroit toujours bien connue si
les signaux étoient des parallélépipèdes, comme notre
signal du Mesnil ; car, dans ce cas, P est une constante ;
ou si l'on étoit toujours sûr de voir toute entière la face
éclairée du signal. Or c'est ce qui a lieu plus rarement
qu'on ne pense. Quand les signaux étoient bien visibles,
je me dirigeois sur le sommet, afin que la correction fût
insensible ; quand j'y éprouvois plus de difficulté, je
visois à la partie la plus basse et la plus large de la face
éclairée. La correction est alors la plus grande possible ;
mais on a l'avantage de bien connoître P. Dans les
temps nébuleux, je visois au milieu apparent de la face
éclairée. P est alors assez incertain ; je lui donnois une
valeur moyenne entre celles du sommet et de la base.

Si le signal est une tourelle ronde, comme à Clermont, la correction sera plus plus longue à calculer.
En voici la méthode.

Un observateur placé en O (*fig.* 8), à une distance
considérable de la tour $APSB$, ne peut voir cette tour
que quand elle est éclairée du soleil, et alors même il
n'en voit que la partie éclairée ; et s'il prend le milieu

de la partie visible pour le centre de la tour, il se trompe
d'une quantité qu'il s'agit de déterminer.

Soit NM la méridienne, MCS l'azimut du soleil au
temps de l'observation, le demi-cercle ASB sera éclairé
du soleil. A l'extrémité A de la partie éclairée je mène
le rayon visuel OA, et de l'autre côté le rayon OE
tangent à la tour : la partie visible sera donc $APSE$,
et le rayon visuel OC la partage en P en deux parties
inégales. L'angle

$$COE = \frac{CE}{OC.\,sin.\,1''}$$

l'angle

$$COA = \frac{CE.\,cos.\,CPS}{OC.\,sin.\,1''}$$

donc

$$COE - COA = \frac{CE\,(1 - cos.\,CPS)}{OC.\,sin.\,1''} = \frac{2\,CE.\,sin^2.\,\frac{1}{2}\,CPS}{OC.\,sin.\,1''}$$
$$= \frac{2\,d.\,sin^2.\,\frac{1}{2}\,CPS}{D.\,sin.\,1''} = \frac{2\,d.\,sin^2.\,\frac{1}{2}\,(MCP - MCS)}{D.\,sin.\,1''}$$

et la correction

$$c = \frac{d.\,sin^2.\,\frac{1}{2}\,(x - z)}{2\,D.\,sin.\,1''}$$

x est l'azimut de l'observateur, z l'azimut du soleil sur
l'horizon de la tour. On aura

$$cot.\,z = sin.\,L.\,cot.\,H - \frac{cos.\,L.\,tang.\,B}{sin.\,H}$$

L étant la hauteur du pôle, B la déclinaison et H
l'angle horaire. Quant à x, on le connoîtra par la disposition des triangles, par une carte ou par une bous-
sole ; on peut aussi observer $(x - z)$ comme il suit.

Mettez les deux lunettes sur zéro (page 110), et
dirigez-les sur la tourelle ; ensuite, la lunette inférieure
demeurant immobile, tournez la supérieure jusqu'à ce

qu'elle soit dans le vertical du soleil, ce que vous re-
connoîtrez quand l'ombre d'un fil à plomb coupera le
tube de la lunette en deux parties égales dans toute la
longueur, depuis l'oculaire jusqu'à l'objectif. Notez alors
le chemin qu'aura fait l'alidade ; ce sera l'angle $(x - z)$.
Ce moyen est bien suffisant ; il est le plus facile, mais
il n'est pas infaillible ; car il arrivera souvent que l'observateur sera dans l'ombre quand le signal lointain
sera fort éclairé.

Remarquez que la correction trouvée par la formule
sera souvent un peu trop forte, parce que la limite A
de la partie éclairée sera trop peu lumineuse pour être
aperçue.

Si le soleil et l'objet auquel on compare la tour sont
du même côté, la correction est additive ; elle est soustractive dans le cas contraire.

Dans toutes les réductions dont nous venons de donner
les formules, nous avons supposé tacitement que le
centre du cercle, le centre de station et les sommets des
deux signaux observés, étoient dans un même plan ;
c'est ce qui n'arrive jamais.

La réfraction élève inégalement les objets terrestres ;
il y a toujours une différence sensible entre la hauteur
du centre du cercle et le point extérieur qui a servi de
mire dans les stations circonvoisines ; il en résulte que
les trois angles qui doivent former chacun des triangles,
ont toujours été observés dans des plans différens. Avant
que d'en faire usage, il faut donc les ramener au même
plan, ou du moins à une même surface. En corrigeant

les trois angles des effets de la réfraction, et les réduisant tous à ceux qu'on auroit observés en plaçant le centre du cercle au sommet des signaux, on auroit trois angles dans un même plan, et leur somme devroit être de 180°. Ce seroit un avantage; mais les réductions seroient plus pénibles, plus incertaines, et d'ailleurs, ces triangles rectilignes seroient tous dans des plans différens, et peu propres à donner la longueur de l'arc du méridien. On préfère donc de réduire tout à l'horizon. De cette manière on a des triangles sphériques. La somme des trois angles doit toujours surpasser tant soit peu 180°; ce qui exige de nouvelles réductions ou une manière particulière de calcul. Nous allons considérer successivement tous ces objets.

Réduction à l'horizon et aux cordes.

On sait que le premier de ces problèmes consiste à chercher l'angle au zénith dans un triangle sphérique formé par les distances angulaires des deux objets, soit entre eux, soit au zénith de l'observateur.

Soit donc A l'angle observé entre deux objets dans un plan incliné, $(90° - H)$ et $(90° - h)$ les deux distances au zénith, $(A + x)$ l'angle au zénith ou l'angle réduit à l'horizon. La trigonométrie sphérique nous donnera cette équation :

$$\cos. A = \cos. (A + x). \cos. H. \cos. h. + \sin. H. \sin. h$$

x sera la réduction qu'il s'agit de déterminer.

Développons l'expression précédente

$$\cos. A = (\cos. A. \cos. x - \sin. A. \sin. x). \cos. H. \cos. h + \sin. H. \sin. h$$

d'où

$$\sin. x - \cot. A. \cos. x = \frac{\sin. H. \sin. h - \cos. A}{\sin. A. \cos. H. \cos. h}$$

$$\sin. x - \cot. A + 2 \sin^2. \tfrac{1}{2} x. \cot. A$$
$$= \tang. H. \tang. h. \cosec. A$$
$$- \sec. H. \sec. h. \cot. A$$

$$2 \sin. \tfrac{1}{2} x. \cos. \tfrac{1}{2} x + 2 \sin^2. \tfrac{1}{2} x. \cot. A$$
$$= \frac{(\cos H. \cos. h - 1). \cot. A + \sin. H. \sin. h. \cosec. A}{\cos. H. \cos. h}$$
$$= \cosec. A. [\sin^2. \tfrac{1}{2} (H + h) - \sin^2. \tfrac{1}{2} (H - h)]$$
$$- \cot. A. [\sin^2. \tfrac{1}{2} (H + h) + \sin^2. \tfrac{1}{2} (H - h)]$$
$$= \frac{\tang. \tfrac{1}{2} A. \sin^2. \tfrac{1}{2} (H + h) - \cot. \tfrac{1}{2} A \sin^2. \tfrac{1}{2} (H - h)}{\cos. H. \cos. h}$$
$$= \frac{n}{\cos. H. \cos. h}$$

ou, pour abréger,

$$2 \sin. \tfrac{1}{2} x. \cos. \tfrac{1}{2} x + 2 a. \sin^2. \tfrac{1}{2} x = 2 b$$

On retrouve souvent des équations de cette forme. Résolvons celle-ci d'une manière générale.

Je divise tout par

$$2. \cos^2. \tfrac{1}{2} x = \frac{2}{1 + \tang^2. \tfrac{1}{2} x}$$

il me vient

$$\tang. \tfrac{1}{2} x + a. \tang^2. \tfrac{1}{2} x = b (1 + \tang^2. \tfrac{1}{2} x)$$
$$(a - b). \tang^2. \tfrac{1}{2} x + \tang. \tfrac{1}{2} x = b$$

et

$$\tang^2. \tfrac{1}{2} x + \frac{\tang. \tfrac{1}{2} x}{a - b} = \left(\frac{b}{a - b}\right)$$

$$tang. \tfrac{1}{2} x = - \frac{1}{2 (a - b)} \pm \frac{1}{2 (a - b)} \sqrt{1 + 4 (a - b) b}$$

$$= - \frac{1}{2 (a - b)} \overline{1 \pm 1 + 4 (a - b) b}^{\frac{1}{2}}$$

$$= + \frac{\tfrac{1}{2} 4 (a - b) b - \tfrac{1}{2} \cdot \tfrac{1}{4} 4^2 (a - b)^2 b^2 + \tfrac{1}{2} \cdot \tfrac{1}{4} \cdot \tfrac{1}{6} 4^3 (a - b)^3 b^3 - etc.}{2 (a - b)}$$

$$= \tfrac{1}{4} \cdot 4 b - \tfrac{1}{4} \cdot \tfrac{1}{4} 4^2 (a - b) b^2 + \tfrac{1}{4} \cdot \tfrac{1}{4} \cdot \tfrac{3}{6} 4^3 (a - b)^2 b^3$$

$$- \tfrac{1}{4} \cdot \tfrac{1}{4} \cdot \tfrac{3}{6} \cdot \tfrac{5}{8} 4^4 (a - b)^3 b^4$$

$$+ \tfrac{1}{4} \cdot \tfrac{1}{4} \cdot \tfrac{3}{6} \cdot \tfrac{5}{8} \cdot \tfrac{7}{10} 4^5 (a - b)^4 b^5 + etc.$$

$$= b - (a - b) b^2 + \tfrac{3}{6} 4 (a - b)^2 b^3$$

$$- \tfrac{3}{6} \cdot \tfrac{5}{8} 4^2 (a - b)^3 b^4$$

$$+ \tfrac{3}{6} \cdot \tfrac{5}{8} \cdot \tfrac{7}{10} 4^3 (a - b)^4 b^5 - etc.$$

série dont la loi est évidente

$$= b - (a - b) b^2 + 2 (a - b)^2 b^3$$
$$+ 5 (a - b)^3 b^4$$
$$+ 14 (a - b)^4 b^5$$

$$= b - a b^2 + (2 a^2 + 1) b^3 + (5 a^3 - 4 a) b^4$$
$$+ (14 a^4 - 15 a^2 + 2) b^5 + etc.$$

mais

$$\tfrac{1}{2} x = tang. \tfrac{1}{2} x - \tfrac{1}{3} \cdot tang^3. \tfrac{1}{2} x + \tfrac{1}{5} \cdot tang^5. \tfrac{1}{2} x$$

donc

$$\tfrac{1}{2} x = b - a b^2 + 2 (\tfrac{1}{3} + a^2) b^3 + etc.$$

ou

$$x = 2 b - 2 a b^2 + \tfrac{4}{3} b^3 + 4 a^2 b^3 + etc.$$

Ici

$$a = cot. A ; \quad b = \tfrac{1}{2} n. \, sec. \, H. \, sec. \, h$$

et l'on aura

$$x = n. \, sec. \, H. \, sec. \, h - \tfrac{1}{2} \cdot n^2. \, sec^2. \, H. \, sec^2. \, h. \, cot. \, A. \, sin. \, 1''$$
$$+ \tfrac{1}{3} \cdot n^3. \, sec^3. \, H. \, sec^3. \, h \, (\tfrac{1}{3} + cot^2. \, A). \, sin^2. \, 1'' + etc.$$

Le plus souvent on peut se contenter des deux premiers termes, et même y supprimer les sécantes; et alors on revient à la formule donnée par M. Legendre, qui a négligé les quantités du second ordre.

La formule peut encore s'écrire ainsi:

$$\frac{2 \sin. \frac{1}{2} x. \left(\cos. \frac{1}{2} x. \sin. A. + \cos. \frac{1}{2} x. \cos. A \right)}{\sin. A} = \frac{n}{\cos. H. \cos. h}$$

$$2 \sin. \frac{1}{2} x = \frac{n. \sin. A}{\cos. H. \cos. h. \sin. (A + \frac{1}{2} x)}$$

et

$$x = \frac{n. \sin. A}{\cos. H. \cos. h. \sin. (A + \frac{1}{2} x). \sin. 1''}$$

Ainsi, quand on aura calculé

$$x = \frac{\sin^2. \frac{1}{2} (H + h). \tan. \frac{1}{2} A - \sin^2. \frac{1}{2} (H - h). \cot. \frac{1}{2} A}{\cos. H. \cos. h. \sin. 1''}$$

valeur approchée, on pourra la multiplier par

$$\frac{\sin. A}{\sin. (A + \frac{1}{2} x)}$$

La quantité

$$n = \sin^2. \frac{1}{2} (H + h). \tan. \frac{1}{2} A - \sin^2. \frac{1}{2} (H - h). \cot. \frac{1}{2} A$$

se calcule au moyen de deux tables d'un usage commode. La première donne pour chaque valeur de $(H \pm h)$, de minute en minute, la quantité

$$10000. \sin^2. \frac{1}{2} (H \pm h) = 5000. \sin. \text{verse} (H \pm h)$$

Une autre (c'est la table IV) donne pour chaque valeur de A, de 10 en 10 minutes, les quantités

$$\left(\frac{0''0001}{\sin. 1''} \right). \tan. \frac{1}{2} A \quad \text{et} \quad \left(\frac{0''0001}{\sin. 1''} \right). \cot. \frac{1}{2} A$$

La table III donne le facteur $sec. H. sec. h$, par lequel il faut multiplier n.

Une quatrième donneroit les termes dépendans des carrés et des cubes; mais ils sont toujours insensibles. Ces tables se trouveront, avec quelques autres, à la suite du discours préliminaire.

On aura donc ainsi, avec autant de facilité que d'exactitude, les trois angles du triangle sphérique qui passe par les sommets des trois signaux. Tous les triangles, de Dunkerque à Barcelone, ainsi réduits, formeront une suite de triangles sphériques traversés par un arc du méridien; tous les angles de ce polygone seront connus. On aura pareillement dans chaque triangle assez de données pour en déduire toutes les inconnues, ainsi que les différentes parties de la méridienne, par les règles de la trigonométrie sphérique. Tous ces calculs se feront sans beaucoup de peine, par les moyens que nous donnerons ci-après. On peut aussi se servir de ces mêmes angles corrigés suivant un théorème très-curieux de M. Legendre. On peut enfin réduire tous ces triangles sphériques aux triangles rectilignes formés par leurs cordes; mais, dans cette méthode, il faut une nouvelle réduction aux angles horizontaux.

Pour la trouver, soit (*pl. I, fig.* 14) le triangle sphérique ABC avec le triangle des trois cordes ABC; prolongez AB d'abord en D, et AC en E, de manière que $AD = AE = 90°$. Soit AKI l'axe de la sphère et K le centre, menez les rayons KD et KE, et l'arc $DE = DKE = BAC$; à présent prolongez AD et AE de sorte que $DL = \frac{1}{2} AB$ et $EM = \frac{1}{2} AC$, et menez les rayons KL et KM, l'angle BAK de la corde avec l'axe $= \frac{1}{2}(180^\circ - AB) = (90^\circ - \frac{1}{2}AB)$, l'angle $IKL = 90 - DL = (90^\circ - \frac{1}{2}AB) = BAK$. Donc KL est parallèle à AB. On prouvera de même que KM est parallèle à AC; donc $LKM = LM = BAC$, angle des cordes. Or le triangle sphérique ALM donne pour l'angle des cordes $A' = LM$, l'équation

$$\cos. LM = \cos. LAM. \sin. AL. \sin. AM + \cos. AL. \cos. AM$$

Nous aurons donc, en mettant A' pour $(A + x)$,

$$\cos. A'' = \cos. (A' - y) = \cos. A'. \cos. a. \cos. b + \sin. a. \sin. b$$

La même figure serviroit à démontrer la réduction à l'horizon. Par le centre K de la sphère imaginez les rayons KM et KL parallèles aux rayons visuels dirigés aux signaux observés; $LM = LKM$ sera l'angle observé dans le plan incliné; le cercle DE est parallèle à l'horizon de l'observateur en A. Ainsi les arcs EM, DL sont les hauteurs ou les abaissemens des signaux; $ME = H$, $DL = h$; $DE = DKE$ est l'angle réduit $A + x$, et le triangle ALM donne

$$\cos. A = \cos. (A + x). \cos. H \cos. h. + \sin. H. \sin. h$$

Développant la valeur de $\cos. A''$, et faisant les mêmes opérations que ci-dessus, nous aurons

$$2 \sin. \tfrac{1}{2} y. \cos. \tfrac{1}{2} y + 2 \sin^2. \tfrac{1}{2} y. \cot. A'$$
$$= - \sin^2. \tfrac{1}{2}(a + b). \tan. \tfrac{1}{2} A'$$
$$+ \sin^2. \tfrac{1}{2}(a - b). \cot. \tfrac{1}{2} A'$$

et

$$y = m - \tfrac{1}{2} m^2. \cot. A' + \tfrac{1}{2} m^2 (\tfrac{1}{3} + \cot^2. A')$$

On peut toujours se contenter du premier terme ; car je trouve qu'en supposant $A = 120°$, a et $b = 15'$, c'est-à-dire des côtés de 28500 toises, $\frac{1}{2} m^2 . cot. A$ est encore absolument insensible.

Nommons donc y la réduction de l'angle sphérique $(A + x)$ à l'angle des cordes, on aura

$$y = - sin^2 . \tfrac{1}{2} (a + b) . tang. \tfrac{1}{2} (A + x)$$
$$+ sin^2 . \tfrac{1}{2} (a - b) . cot. \tfrac{1}{2} (A + x).$$

Les tables I et IV donneront donc encore cette quantité, avec la seule attention de changer les signes. La table III est inutile ici ; mais, au lieu de la table I, qui suppose les demi-arcs terrestres a et b convertis en toises, il sera plus commode d'employer la table II, qui donne les valeurs de $sin^2 . \frac{1}{2} (a + b)$ et $sin^2 . \frac{1}{2} (a - b)$ par les distances en toises.

Soient P et Q les distances aux deux signaux ; le degré moyen dans nos opérations, étant 57020 toises environ, nous aurons, pour calculer la table II, l'expression suivante :

$$sin^2 . \tfrac{1}{2} (a \pm b) = sin^2 . \left[\left(\frac{3600''}{57020} \right) \left(\frac{P \pm Q}{4} \right) \right]$$
$$= sin^2 . \left[\frac{900}{57020} (P \pm Q) \right]$$
$$= sin^2 . 1'' \left[\frac{90}{5702} (P \pm Q) \right]^2$$
$$= \left(\frac{sin. 90''}{5702} \right)^2 (P \pm Q)^2$$
$$= \left(\frac{sin. 9''}{570.2} \right)^2 (P \pm Q)^2$$

et

$$10000 . sin^2 . \tfrac{1}{2} (a \pm b) = \left(\frac{sin. 9''}{5.702} \right)^2 (P \pm Q)^2$$
$$= 0.00000.00000.58557 (P \pm Q)^2$$

Pour une table qui marche de 1000 en 1000 toises,

Supposez $(P \pm Q) = 1000$, cette expression deviendra . .   0.00005.8557

Le double de ce nombre sera la seconde différence. . . .   11.7114

Le triple sera la première des différences premières . . .   17.5671

Vous aurez pour 2000 le quadruple, ou 0.00023.4228

Le quintuple sera la seconde des différences premières .   29.2785

Et pour 3000 . . . .   0.00052.7013

Ce procédé s'applique également à toutes les tables de nombres proportionnels au carré de l'argument.

Soit $C (n A)^2$ le terme général de la table, C étant le coefficient constant, et n ayant successivement les valeurs 1, 2, 3, etc. de la suite naturelle des nombres.

$C (n A)^2$ devient successivement . .

$$C. A^2; \quad C. 4 A^2; \quad C. 9 A^2; \quad C. 16 A^2 \ldots \ldots C. n^2. A^2 -$$

Les premières différences sont successivement

$$C. A^2; \quad 3 C. A^2; \quad 5 C. A^2; \quad 7 C. A^2 + \text{etc.}$$

et la différence seconde est constamment

$$2 C. A^2$$

Il suffit donc de déterminer le premier terme $C. A^2$, et le reste se trouve par de simples additions.

Avec ces réductions la somme des trois angles doit toujours être de 180° 0′ 0″; ce qui sert à juger de la bonté des observations, au lieu que la somme des angles d'un triangle sphérique étant variable, on est obligé, dans les autres méthodes, de calculer cet excès sphérique. Voici plusieurs moyens d'en trouver la valeur.

1.   T

Excès sphérique.

Soit (*pl. I, fig.* 13) ABC un triangle sphérique quelconque partagé en deux triangles rectangles par l'arc perpendiculaire BD, on a

$$\cot. ABD = \cos. AB. \tan. A$$

d'où

$$\tan. A - \cot. ABD = \tan. A (1 - \cos. AB)$$

et

$$2 \sin^2. \tfrac{1}{2} AB. \tan. A = \tan. A - \tan. (90 - ABD)$$
$$= \frac{\sin. (A + ABD - 90)}{\cos. A. \sin. ABD} = \frac{\sin. (A + ABD - 90 + D - 90)}{\cos. A. \sin. ABD}$$
$$= \frac{\sin. (A + ABD + D - 180°)}{\cos. A. \sin. ABD} = \frac{\sin. (180 + x - 180)}{\cos. A. \sin. ABD}$$
$$= \frac{\sin. x}{\cos. A. \cos. (A - x)} = \frac{\sin. x}{\cos. A^2. \cos. x - \sin. A. \cos. A. \sin. x}$$
$$= \frac{\tan. x}{\cos^2. A - \sin. A. \cos. A. \tan. x}$$

et

$$\tan. x = \frac{2 \sin^2. \tfrac{1}{2} AB. \sin. A. \cos. A}{1 - 2 \sin^2. \tfrac{1}{2} AB. \sin^2. A} = \frac{\sin^2. \tfrac{1}{2} AB. \sin. 2 A}{1 - \sin^2. \tfrac{1}{2} AB (1 - \cos. 2 A)}$$
$$= \frac{\tan^2. \tfrac{1}{2} AB. \sin. 2 A}{1 + \tan^2. \tfrac{1}{2} AB. \cos. 2 A}$$

d'où

$$x = \frac{\tan^2. \tfrac{1}{2} AB. \sin. 2 A - \tfrac{2}{3} \tan^2. \tfrac{1}{2} AB. \sin. 4 A + \tfrac{1}{3} \tan^3. \tfrac{1}{2} AB. \sin. 6 A - \text{etc.}}{\sin. 1''}$$

On a donc

$$A + ABD - 90° = \frac{\tan^2. \tfrac{1}{2} AB. \sin. 2 A - \text{etq.}}{\sin. 1''}$$

On a de même

$$C + CBD - 90° = \frac{\tan^2. \tfrac{1}{2} BC. \sin. 2 C - \text{etc.}}{\sin. 1''}$$

donc

$$(A + B + C - 180) = \frac{tang^2. \frac{1}{2} AB. \, sin. \, 2\, A - etc.}{sin. \, 1''}$$
$$+ \frac{tang^2. \frac{1}{2} BC. \, sin. \, 2\, C - etc.}{sin. \, 1''}$$

Il suffit du premier terme de ces deux séries. Or

$$\frac{tang^2 \frac{1}{2} AB}{sin. \, 1''} = tang. \, 1'' \left(\frac{AB}{2}\right)^2 = \left(\frac{AB}{2}\right)^2. \, sin. \, 1''$$
$$= \left(\frac{1800'' \, AB}{57020}\right)^2. \, sin. \, 1'' = \left(\frac{9}{285.1}\right)^2. \, sin. \, 1''$$
$$= 0''00004.8311 \, (AB)^2$$

d'où

$$(A + B + C - 180°) = 0''00004.831 \, (AB)^2. \, sin. \, 2\, A$$
$$+ 0''00004.831 \, (BC)^2. \, sin. \, 2\, C$$

Ainsi une même table peut donner en deux parties
l'excès sphérique du triangle ABC. On entrera dans
la table successivement avec chacun des deux côtés en
toises et l'angle adjacent.

C'est ainsi que j'ai calculé la table V. Développons notre formule, elle deviendra, en faisant $a = 0.00004.831$,

$$2\, a. \, (AB)^2. \, sin. \, A. \, cos. \, A + 2\, a. \, (BC)^2. \, sin. \, C. \, cos. \, C$$
$$= 2\, a. \, AB. \, sin. \, A. \, AB. \, cos. \, A + 2\, a. \, BC. \, sin. \, C. \, BC. \, cos. \, C$$
$$= 2\, a. \, AB. \, sin. \, A. \, AD + 2\, a. \, AB. \, sin. \, A. \, CD$$
$$= 2\, a. \, AB. \, sin. \, A\,(AD + CD) = 2\, a. \, AB. \, AC. \, sin. \, A$$
$$= 2\, a. \, AB. \, BC. \, sin. \, B = 2\, a. \, BC. \, AC. \, sin. \, C$$
$$= 2\, a. \, (AB)^2. \, \frac{sin. \, A. \, sin. \, B}{sin. \, (A + B)}$$
$$= 4\, a. \, surface \, du \, triangle \, considéré \, comme \, rectiligne.$$
$$= 0''00009.862. \, double \, surface \, du \, triangle \, rectiligne.$$

Ces dernières expressions sont celles dont on se sert communément ; on voit qu'elles ne sont que des approximations. Il est aisé d'avoir une expression exacte.

Soient A, A', A'' les trois angles d'un triangle sphérique ; soit aussi $A + A' + A'' = 180^\circ + y$, et cherchons la valeur de y ;

$$A' + A'' = 180 - (A - y)$$

$$\tfrac{1}{2}(A' + A'') = 90^\circ - \tfrac{1}{2}(A - y)$$

$$\mathrm{tang.}\ \tfrac{1}{2}(A' + A'') = \mathrm{cot.}\ \tfrac{1}{2}(A - y) = \frac{1 + \mathrm{tang.}\ \tfrac{1}{2}A.\ \mathrm{tang.}\ \tfrac{1}{2}y}{\mathrm{tang.}\ \tfrac{1}{2}A - \mathrm{tang.}\ \tfrac{1}{2}y}$$

mais, suivant une formule de Néper,

$$\mathrm{tang.}\ \tfrac{1}{2}(A' + A'') = \frac{\mathrm{cot.}\ \tfrac{1}{2}A.\ \mathrm{cos.}\ \tfrac{1}{2}(C' - C'')}{\mathrm{cos.}\ \tfrac{1}{2}(C' + C'')}$$

donc

$$\frac{1 + \mathrm{tang.}\ \tfrac{1}{2}A.\ \mathrm{tang.}\ \tfrac{1}{2}y}{\mathrm{tang.}\ \tfrac{1}{2}A - \mathrm{tang.}\ \tfrac{1}{2}y} = \frac{\mathrm{cot.}\ \tfrac{1}{2}A.\ \mathrm{cos.}\ \tfrac{1}{2}(C' - C'')}{\mathrm{cos.}\ \tfrac{1}{2}(C' + C'')}$$

d'où l'on tire

$$\mathrm{tang.}\ \tfrac{1}{2}y = \frac{2\,\mathrm{sin.}\ \tfrac{1}{2}C'.\ \mathrm{sin.}\ \tfrac{1}{2}C''}{\mathrm{cos.}\ \tfrac{1}{2}(C' + C'').\ \mathrm{tang.}\ \tfrac{1}{2}A + \mathrm{cos.}\ \tfrac{1}{2}(C' - C'').\ \mathrm{cot.}\ \tfrac{1}{2}A}$$

$$= \frac{\mathrm{tang.}\ \tfrac{1}{2}C'.\ \mathrm{tang.}\ \tfrac{1}{2}C''.\ \mathrm{sin.}\ A}{1 + \mathrm{tang.}\ \tfrac{1}{2}C'.\ \mathrm{tang.}\ \tfrac{1}{2}C''.\ \mathrm{cos.}\ A}$$

expression finie et rigoureuse que M. Legendre avoit trouvée de son côté, et d'où je tire

$$\tfrac{1}{2}y = \frac{\mathrm{tang.}\ \tfrac{1}{2}C'.\ \mathrm{tang.}\ \tfrac{1}{2}C''.\ \mathrm{sin.}\ A}{\mathrm{sin.}\ 1''} - \frac{(\mathrm{tang.}\ \tfrac{1}{2}C'.\ \mathrm{tang.}\ \tfrac{1}{2}C'')^2.\ \mathrm{sin.}\ 2A}{\mathrm{sin.}\ 2''}$$

$$+ \frac{(\mathrm{tang.}\ \tfrac{1}{2}C'.\ \mathrm{tang.}\ \tfrac{1}{2}C'')^3.\ \mathrm{sin.}\ 3A}{\mathrm{sin.}\ 3''}$$

$$- \text{etc.}$$

L'expression finie de $\mathrm{tang.}\ \tfrac{1}{2}y$ ne peut, en aucun cas, devenir négative ; d'où il suit que l'excès sphérique est toujours positif, et que les trois angles d'un triangle sphérique surpassent toujours 180°.

Pour démontrer les séries que nous avons substituées aux fonctions de cette forme,

$$\tang. x = \frac{m.\, \sin. y}{1 + m.\, \cos. y}$$

différentions, en supposant m constante,

$$\frac{dx}{\cos^2. x} = \frac{(1 + m.\, \cos. y).\, m\, \cos. y\, dy + m^2\, \sin^2. y\, dy}{(1 + m.\, \cos. y)^2}$$

et

$$\frac{dx}{dy} = \frac{m.\, \cos. y + m^2}{1 + 2\, m.\, \cos. y + m^2} = \alpha m + \beta m^2 + \gamma m^3 + \delta m^4 + \text{etc.}$$

d'où o $=$

$$\alpha m + \qquad \beta m^2 + \qquad \gamma m^3 + \qquad \delta m^4 + \text{etc.}$$
$$- \cos. y\, m + 2\, \alpha.\, \cos. y\, m^2 + 2\, \beta.\, \cos. y\, m^3 + 2\, \gamma.\, \cos. y\, m^4 + \text{etc.}$$
$$- \qquad m^2 + \qquad \alpha m^3 + \qquad \beta m^4 + \text{etc.}$$

On en conclut

$$\alpha = \cos. y$$
$$\beta = 1 - 2\, \alpha.\, \cos. y = 1 - 2\, \cos^2. y = - \cos. 2 y$$
$$\gamma = - \alpha - 2\, \beta.\, \cos. y = - \cos. y + 2\, \cos. 2 y.\, \cos. y$$
$$= \cos. 3 y$$
$$\delta = - 2\, \gamma.\, \cos. y - \alpha\beta$$
$$= - 2\, \cos. 3 y.\, \cos. y + \cos. 2 y = - 4 y$$

et ainsi des autres, parce qu'on a généralement

$$2\, \cos. n A.\, \cos. A = \cos. (n - 1)\, A = \cos. (n + 1)\, A$$

donc

$$\frac{dx}{dy} = m.\, cos.\, y + m^2.\, cos.\, 2\, y + m^3.\, cos.\, 3\, y + \text{etc.}$$

donc

$$x = m.\, sin.\, y - \tfrac{1}{2}\, m^2.\, sin.\, 2\, y + \tfrac{1}{3}\, m^3.\, sin.\, 3\, y - \text{etc.}$$

Si l'on avoit supposé

$$tang.\, x = \frac{m.\, sin.\, y}{1 - m.\, cos.\, y}$$

tous les termes pairs auroient été positifs, aussi bien que les impairs.

Si l'on avoit

$$tang.\, y = n.\, tang.\, x$$

on feroit

$$n = cos.\, C$$

alors

$$tang.\, x - tang.\, y = \frac{sin.\, (x - y)}{cos.\, x.\, cos.\, y} = (1 - cos.\, C).\, tang.\, x$$
$$= 2\, sin^2.\, \tfrac{1}{2}\, C.\, tang.\, x$$

et

$$sin.\, (x - y) = 2\, sin^2.\, \tfrac{1}{2}\, C.\, sin.\, x.\, cos.\, y$$
$$= 2\, sin^2.\, \tfrac{1}{2}\, C.\, sin.\, x.\, cos.\, [x - (x - y)]$$
$$= 2\, sin^2.\, \tfrac{1}{2}\, C.\, sin.\, x.\, cos.\, x.\, (cos.\, x - y)$$
$$+ 2\, sin^2.\, \tfrac{1}{2}\, C.\, sin^2.\, x.\, sin.\, (x - y)$$

d'où

$$tang.\, (x - y) = \frac{sin^2.\, \tfrac{1}{2}\, C.\, sin.\, 2\, x}{1 - 2\, sin^2.\, \tfrac{1}{2}\, C.\, sin^2.\, x} = \frac{tang^2.\, \tfrac{1}{2}\, C.\, sin.\, 2\, x}{1 + tang^2.\, \tfrac{1}{2}\, C.\, cos.\, 2\, x}$$

or

$$n = cos.\, C = \frac{1 - tang^2.\, \tfrac{1}{2}\, C}{1 + tang^2.\, \tfrac{1}{2}\, C}$$

d'où

$$tang^2 \cdot \tfrac{1}{2} C = \frac{1-n}{1+n}$$

donc

$$(x - y) = \left(\frac{1-n}{1+n}\right) \cdot sin. \; 2\,x - \tfrac{1}{2}\left(\frac{1-n}{1+n}\right)^2 \cdot sin. \; 4\,x + \tfrac{1}{3} \; \text{etc.}$$

$$= \left(\frac{1-n}{1+n}\right) \cdot sin. \; 2\,y + \tfrac{1}{2}\left(\frac{1-n}{1+n}\right)^2 \cdot sin. \; 4\,y + \tfrac{1}{3} \; \text{etc.}$$

Si n étoit > 1, on feroit $cos. \; C = \frac{1}{n}$; alors on auroit

$$tang. \; x = cos. \; C. \; tang. \; y$$

ou

$$(y - x) = \left(\frac{n-1}{n+1}\right) \cdot sin. \; 2\,x + \tfrac{1}{2}\left(\frac{n-1}{n+1}\right)^2 \cdot sin \; 4\,x + \text{etc.}$$

$$= \left(\frac{n-1}{n+1}\right) \cdot sin. \; 2\,y - \tfrac{1}{2}\left(\frac{n-1}{n+1}\right)^2 \cdot sin. \; 4\,y + \text{etc.}$$

Toutes ces transformations nous seront utiles; elles peuvent se déduire des formules que M. Lagrange a données dans les *Mémoires de Berlin* pour 1774. J'aurois donc supprimé ces démonstrations; mais ces méthodes étant destinées principalement aux personnes qui seront chargées d'opérations géodésiques, j'ai cru qu'elles seroient bien aises de trouver ici les démonstrations de toutes les formules qu'elles auront occasion d'employer, et qui ne se trouvent pas dans les livres élémentaires.

Il nous reste à expliquer les réductions qu'il faut appliquer aux distances au zénith observées.

Il nous est arrivé à Malvoisine de ne pouvoir prendre la distance au zénith au même étage où nous avions observé les angles. Ainsi (*pl. I, fig. 9*), nous avons observé la distance ZOA, au lieu de la distance ZCA. La différence est évidemment l'angle CAO. Or

$$\text{tang. } A = \frac{\left(\frac{CO}{OA}\right) \cdot \sin. O}{1 - \frac{CO}{OA} \cdot \cos. O}$$

d'où

$$A = \left(\frac{CO}{OA}\right) \cdot \frac{\sin. O}{\sin. 1''} + \left(\frac{CO}{OA}\right)^2 \cdot \frac{\sin. 2 O}{\sin. 2''} + \left(\frac{CO}{OA}\right)^3 \cdot \frac{\sin. 3 O}{\sin. 3''}$$

$$= \left(\frac{dH}{D. \sin. 1''}\right) \cdot \sin. \delta + \left(\frac{dH}{D}\right)^2 \cdot \frac{\sin. 2 \delta}{\sin. 2''} + \text{etc.}$$

dH étant la différence de hauteur, D la distance du signal observé, et δ la distance qu'il s'agit de réduire.

La distance corrigée sera donc

$$\delta + \left(\frac{dH}{D}\right) \cdot \frac{\sin. \delta}{\sin. 1''} + \text{etc.}$$

Le premier terme est toujours suffisant.

Quelquefois, au lieu de descendre, nous avons été forcés de nous mettre en avant du centre de station, comme en O (*fig.* 10). Alors la distance corrigée $= \delta$
$+ \left(\frac{r}{D}\right) \cdot \frac{\cos. \delta}{\sin. 1''}$. r est la distance au centre.

Remarquez que *cos.* δ est négatif si $\delta > 90°$. La correction devient alors soustractive. En effet, dans ce cas, la dépression $H'OA'$ a été trouvée trop grande, la distance au zénith trop grande; par conséquent il la faut diminuer. Au contraire, si l'objet est élevé au-dessus de la ligne horizontale OH, la hauteur de l'objet a été trouvée trop grande, la distance au zénith trop petite; il la faut augmenter.

Le triangle COA donne

$$AC : sin. \ O :: OC : sin. \ A$$

et

$$A = \frac{OC. \ sin. \ O}{D. \ sin. \ 1''} = \frac{r. \ cos. \ \delta}{D. \ sin. \ 1''}$$

Si le centre est en B', $B'CO$ étant dans le plan de l'horizon,

$$OC. = OB'. \ cos. \ HOB'$$

ou

$$distance \ corrigée. = \delta' = \frac{r. \ cos. \ y. \ cos. \ \delta}{D. \ sin. \ 1''}$$

Cette expression est générale, en faisant attention aux signes des deux cosinus.

Les distances au zénith ainsi corrigées, quand il y aura lieu, serviront pour réduire les angles à l'horizon; mais, pour calculer les différences de niveau des stations, il faudra réduire toutes les distances au zénith au sommet de tous les signaux, en y ajoutant la correction $\frac{dH. \ sin. \ \delta}{D. \ sin. \ 1''}$ donnée ci-dessus. C'est pour cela que, dans toutes mes stations, j'ai donné la quantité dH en toises. Ainsi, page 2', on voit qu'à Dunkerque $dH = 2^t 6$.

Au lieu de réduire la distance au zénith à celle qu'on auroit observée en plaçant le cercle au sommet du signal, on peut la réduire au pied du même signal : alors dH sera une quantité négative.

Dans la partie nord de la France, presque tous mes signaux étoient des clochers; mon cercle étoit communément beaucoup plus près de la pointe du clocher que du sol. J'avois des réductions moins fortes en rapportant mes distances au zénith à celles que j'aurois prises au haut des clochers. Les différences de niveau calculées pour le sommet de mes signaux, se réduisent au sol, en retranchant la hauteur totale du clocher. Ainsi, à Amiens, ayant trouvé 76 toises pour l'élévation de la pointe de la flèche au-dessus de la mer, et pour la hauteur du clocher 330 pieds ou 55 toises au-dessus du pavé, je retranche 55 toises de 76, et il me reste 21 toises pour l'élévation du pavé de l'église d'Amiens au-dessus de la mer.

Dans les signaux le cercle est plus près de terre que du sommet : voilà pourquoi Méchain a préféré la réduction au pied du signal ; mais, au clocher de Rodez, il a, comme moi, pris pour point de niveau la tête de la statue ou le sommet du signal. À l'ordinaire, il donnoit à chaque observation $dH' =$ (hauteur du signal observé au-dessus du sol qui portoit ce signal, — la hauteur de son cercle, y compris le pied). Ainsi, à Rieupeyroux, page 294, en observant le signal de la Gaste, il donne $dH' = 1^{t}7665$; d'où l'on voit, en ajoutant $0^{t}5671$, hauteur ordinaire du cercle sur son pied, que la hauteur totale du signal de la Gaste au-dessus de la montagne, étoit $2^{t}3336$. En effet, page 305, on trouve $2^{t}333$. En observant le puy Saint-Georges, il donne $dH' = 2^{t}4885$, d'où l'on concluroit $3^{t}0566$ pour la hauteur du signal du puy Saint-Georges ; mais, page 314, on trouve $3^{t}1461$. C'est que ce jour-là la hauteur de l'instrument étoit $0^{t}6226$; la différence étoit $9^{t}0555$ dont l'instrument étoit monté plus haut cette fois. (Le pied de bois pouvoit s'alonger ou se raccourcir de quelques pouces.) En observant Rodez, dont la hauteur étoit o, il donne $dH' = $ o $= $ o^{t}567^i. Pour Alby, où il n'y avoit pas de signal, il donne encore $dH' = - $ o^{t}567^i.

Il n'étoit pas toujours possible de mesurer directement dH; ainsi, dans les clochers, je mesurois AC, EF et FC ($fig.$ 11.), et je disois

$$AB : BE :: AC : CS = \frac{BE \cdot AC}{AB} = \frac{a\,b}{b - q}$$

ou

$$FS = \frac{a\,c}{b - c}$$

En comprenant l'épaisseur de l'arête AS dans la mesure de AC et EF, on a la hauteur du sommet extérieur du clocher, non compris le petit cylindre qui le termine et sert de support à la croix ou à la girouette. C'est ce sommet que nous avons observé autant que nous avons pu.

Pour les flèches très-élevées, comme celles d'Amiens et d'Orléans, ce moyen étoit impraticable. Voici alors la manière dont je déterminois dH: de deux stations voisines j'observois la distance au zénith du point B ($fig.$ 12), sommet de la flèche, et celle du point A du faîte de l'église. Dans le triangle CAB j'avois

$$\sin. A : BC :: \sin. (ZCA - ZCB) : AB = \frac{D \cdot \sin. (\delta' - \delta)}{\sin. A}$$

Quand la flèche étoit fort aiguë, il étoit assez difficile de s'assurer si l'on observoit toujours le même point. Le mal seroit léger s'il se bornoit à augmenter de quelques secondes les distances au zénith, et que le point observé fût toujours dans l'axe; mais c'est ce qui n'est pas, et j'en ai une preuve bien remarquable entre mille autres. La flèche de Sauti est une pyramide octogonale assez belle. Un jour que de Bonnières je l'observois éclairée du soleil, elle me parut avoir trois pointes différentes. La face qui se présentoit à moi plus directement étoit fort blanche; les faces voisines, foiblement éclairées, avoient presque leur couleur naturelle : elles paroissoient plus courtes que la face blanche, et elles étoient inégales entre elles. Aucune de ces trois pointes n'étoit véritablement dans l'axe du clocher; toutes trois étoient à la surface, et d'autant plus éloignées de l'axe qu'elles étoient plus courtes. Il est évident que des observations faites dans de pareilles circonstances sont nécessairement défectueuses, et ce qu'il y a de plus fâcheux, c'est qu'il est impossible de calculer et de corriger l'erreur; il faut attendre et choisir les instans favorables.

Pour preuve des erreurs que peuvent produire les phases des signaux, je citerai des angles observés à Bonnières.

Le 21 juillet, à 9ʰ du matin, l'angle entre Sauti et Fiefs me parut de . . . . 90° 42′ 8″0
Le lendemain, à pareille heure, je trouvai . . . . 90° 42′ 7″7
Les signaux n'étoient point éclairés. Milieu . . . . 90° 42′ 7″85
Le 21, à 4ʰ, les objets étant éclairés obliquement, l'angle fut de . . . . 90° 42′ 11″6
Le 22, à 3ʰ, les objets étant encore éclairés, ... 90° 42′ 12″8
Milieu . . . . 90° 42′ 12″2
Différence . . . . 4″35

La même chose est arrivée à M. Méchain au puy Cambatjou, sur les signaux de la Gaste et puy Saint-Georges.

Les deux signaux étant éclairés en sens contraire un soir et un matin, on trouva les angles . . . . 66° 37′ 54″65

Et . . . . 66° 37′ 39″66

Le milieu . . . . 66° 37′ 47″15

Ce qui s'accorde parfaitement avec celui de trois autres séries qu'on peut voir page 322 . . . . 66° 37′ 47″77

Mais la différence entre les deux premières est de . . . 14″99

M. Méchain a supprimé ces deux séries comme peu sûres ; mais les ayant retrouvées dans ses manuscrits, j'ai cru devoir les rapporter à l'appui de ce que j'ai observé moi-même. Les deux séries supprimées étoient chacune de vingt-quatre angles.

La compensation n'est pas toujours aussi parfaite que dans cet exemple. La même station de Cambatjou m'en fournira la preuve.

Pour l'angle entre puy Saint-Georges et Montredon, deux séries de vingt-quatre angles chacune (non publiées), donnent . . . . 71° 15′ 17″79

Et . . . . 71° 15′ 8″47

Milieu des deux séries rejetées . . . . 71° 15′ 13″1

Milieu des trois séries imprimées page 323 . . . . 71° 15′ 11″3

La différence est . . . . 1″8

Mais le milieu entre les cinq seroit . . . . . . 71° 15′ 12″0

On conçoit en effet qu'il faut une réunion de cir-

constances assez rares pour que l'erreur soit exactement
la même, au signe près, dans les deux séries altérées
par les phases des signaux.

J'ai donné aux stations de Watten, page 19; de Morlac, p. 221, et à celles de la Bastide, p. 277 et 278,
des exemples d'effets tout aussi extraordinaires de ces
phases. M. Méchain en a observé de pareils à Carcassonne; entre les signaux d'Alaric et de Noré on trouve
à la page 374 sept séries composant cent trente-deux
angles. Les différences extrêmes ne passent guère 3″,
et cela n'est pas bien rare; mais, en rétablissant quatre
séries supprimées, les différences extrêmes passeroient
10″. Cependant les signaux d'Alaric et de Noré étoient
des pyramides ordinaires. Ces inégalités font le tourment
des observateurs; mais, ce qui doit les consoler, c'est
qu'après avoir multiplié les séries de ces angles douteux,
on en trouve toujours plusieurs qui tiennent assez exactement le milieu entre toutes les autres, et que le milieu
entre toutes, sans exception, diffère très-peu de celles
qui ont été faites dans les circonstances les plus favorables. Le résultat est donc, à très-peu près, le même,
soit qu'on supprime les séries dans lesquelles l'écart est
le plus sensible, soit qu'on les réunisse à celles qui sont
évidemment les meilleures. Mais, quel que soit le parti
que l'on préfère, il me semble qu'on doit tout publier.
Ces irrégularités mêmes sont des faits qu'il importe de
connoître. Les soins les plus attentifs n'en sauroient
préserver les observateurs les plus exercés, et celui qui
ne produiroit que des angles toujours parfaitement

d'accord, auroit été singulièrement bien servi par les circonstances, ou ne seroit pas bien sincère.

Il résulte encore de tout ceci une conséquence remarquable, c'est que l'accord de deux séries ne prouve rien, à moins qu'elles n'aient été faites dans des circonstances qui ne laissent aucun doute, c'est-à-dire quand les deux signaux étoient bien visibles, bien terminés, et dans l'ombre, ou tous deux éclairés sur une face qui se présentoit directement à l'observateur. Or la réunion de ces deux dernières circonstances est infiniment rare. Si les signaux sont éclairés, il arrivera presque toujours qu'ils le seront tous deux obliquement et inégalement. Ces inconvéniens ne doivent pas avoir lieu quand on observe des réverbères; les différentes séries devroient, ce semble, offrir beaucoup plus d'accord; et cependant les dernières stations de M. Méchain dans le royaume de Valence, où il n'employoit que des réverbères, offrent des différences qui vont à 4 et 5″, et même une fois jusqu'à 8″. Il n'y a donc jusqu'ici aucun moyen connu pour éviter ces petites erreurs, si ce n'est la constance à multiplier les observations de manière à rendre les compensations presque infaillibles.

Les effets de la lumière sur les signaux ordinaires ne se bornent pas à rendre telle ou telle partie plus ou moins visible, ou à raccourcir la flèche d'un clocher. Les signaux en sont quelquefois déformés au point d'être méconnoissables. Ainsi le clocher de Sauti, vu de Fiefs, nous a paru tout courbé. (Voyez page 33.) La même chose m'est arrivée à Méri, en observant le premier signal

d'Ennordre (ces dernières observations, devenues inú-
tiles, n'ont pas été imprimées, mais elles sont consignées
dans mon registre) : ce signal me parut de moitié plus
court qu'à l'ordinaire, et la partie visible étoit oblique;
ce qui provénoit sans doute de ce que toutes les parties
du signal n'étoient pas couvertes de planches également
neuves et également propres à réfléchir la lumière du
soleil. En effet, ces apparences ne se remarquent guère
que dans les temps un peu brumeux. Dans ce cas, c'est
un grand hasard si l'angle mesuré peut être exact,
quelque précaution qu'on prenne en l'observant.

J'ai dit, page 223, que la réduction à l'axe du belvédère pouvoit être de $11''. sin. B$, en supposant que la
pointe fût invisible et la hauteur réduite en apparence
aux trois quarts. En effet, d'après les dimensions rapportées au même endroit, on auroit par la formule de
la page 133,

$$\left(\frac{P. \, sin. \, B}{D. \, sin. \, 1''}\right) = \frac{0'539. \, sin. \, B}{9447. \, sin. \, 1''} = 11''8. \, sin. \, B.$$

Or B étoit de 19° 20' pour une des faces qui pouvoient
être éclairées, et de 25° pour l'autre. Ainsi l'angle pouvoit être de $3''89$ trop grand et de $5''1$ trop petit. Les
corrections doubleroient si la moitié du toit étoit invisible.

Je n'ai point rappelé dans cette introduction quelques
corrections d'un genre particulier qui ont eu lieu dans
des circonstances uniques; elles ont été suffisamment
expliquées aux stations où j'ai été forcé d'y recourir, et
pour lesquelles ont été faites presque toutes les figures

des planches II et III : mais il me reste à démontrer ce que j'ai dit page 23, station de Cassel, que l'erreur de l'observation, quand les deux angles d'une tour sont inégalement élevés, est égale à la demi-différence des hauteurs ; et d'abord il faut avertir qu'à la page 23 il faut lire par-tout I pour D, et H pour K.

I et H sont donc les angles inégalement élevés de la tour de Cassel qui se plaçoient sur les fils du réticule ; HK est la différence de hauteur ; l'axe de la tour est Pn, et l'observation donnoit l'angle pour Cam. L'erreur est donc

$$ab = Ib - Ia = \tfrac{1}{2} IK - \tfrac{1}{2} Id = \tfrac{1}{2} (IK - Id)$$
$$= \tfrac{1}{2} dK = \tfrac{1}{2} KH = 0{\cdot}0833$$

Planche III, la figure 13 *bis* se rapporte à la note de la page 108. Elle représente le tourillon de l'horloge, le pélican qui a été pris pour signal, et la roue qui fait mouvoir le marteau de l'horloge. Vue de face, comme dans la figure, cette roue est séparée du tourillon ; vue obliquement, l'intervalle disparoissoit. Cette figure est copiée d'une estampe que j'ai tirée à Bourges d'un vieux Bréviaire.

Nous terminerons ce qui regarde les observations géodésiques par l'explication des tables qui suivent, et qui sont destinées à faciliter le calcul des réductions.

Je choisirai l'angle à Violan, entre Aubassin et la Bastide, comme l'un de ceux dont les réductions sont les plus fortes,

Réduction à l'horizon et aux cordes.

Angle observé réduit au centre.	Distance au zénith.	Distances en toises des signaux.
	Aubassin . . 91° 32′ 45″	Aubassin 18283
	Bastide . . . 91° 7′ 10″	Bastide 25423
51° 9′ 29″744	$H + h = 2°$ 39′ 55″	$P + Q = 43706$
	$H - h = 25′$ 35″	$P - Q = 7160$

	Table I.		Table II.	
Argumens	$H + h$	$H - h$	$P + Q$	$P - Q$
Facteurs	+ 5.408	+ 0.139	— 0.112	— 0.003
Table IV. Angle obs.	+ 9″87	— 43″09	+ 9″87	— 43″09
	0″37856	4″309	0″987	0″12927
	4″3264	1″2927	987	
	48″672	38781	1″974	
	+ 53″377	— 5″99	— 1″11	
	— 5″99		+ 0″13	
	+ 47″387 Réd. à l'horizon		— 0″98	

51° 9′ 29″744 Angle au centre.

51° 10′ 17″131 Angle à l'horizon.

— 0″98 Réduction aux cordes.

51° 10′ 16″15 Angle des cordes.

$H + h$ est la somme des deux distances au zénith
diminuée de 180°. Si la somme étoit moindre que de
180°, ($H + h$) seroit ce qui s'en manque pour aller

à 180°. $(H - h)$ est, dans tous les cas, la différence des deux distances au zénith, en retranchant la plus petite de la plus grande.

Les quantités $(H + h)$ et $(H - h)$ sont toujours censées positives, car leurs carrés seuls entrent dans la formule de réduction.

Avec $(H + h)$ et $(H - h)$ vous prenez dans la table I deux nombres auxquels vous donnez le signe +.

$P + Q$ est la somme des distances en toises entre l'observateur et chacun des signaux observés; $P - Q$ est la différence de ces mêmes distances. $P - Q$ se prend en retranchant la plus petite de la plus grande; ainsi $(P - Q)$ est toujours une quantité positive.

Avec $(P + Q)$ et $(P - Q)$ vous prenez dans la table II deux nombres auxquels vous donnez le signe — invariablement.

Avec l'angle observé, $51°\ 9'\ \frac{1}{2}$, vous prenez dans la table IV le nombre *tangente*, auquel vous donnez toujours le signe +, et que vous mettez sous le facteur donné par $(H + h)$.

Avec le même angle, vous prenez dans la colonne voisine le nombre *cotangente* auquel, vous donnez toujours le signe —, et que vous placez sous le facteur de $(H - h)$.

Vous placez ces deux nombres avec leurs mêmes signes sous les facteurs $(P + Q)$ et $(P - Q)$, comme vous le voyez dans le type du calcul.

Vous faites les quatre multiplications.

La différence des deux premiers produits est la réduction à l'horizon, qui, s'applique, suivant son signe,
à l'angle réduit au centre.

La différence des deux derniers produits est la réduction aux cordes, et elle s'applique, suivant son signe,
à l'angle horizontal.

Cette dernière réduction est presque toujours soustractive; mais, il arrive pourtant, quelquefois qu'elle
devient additive, le quatrième produit surpassant alors
le troisième.

A l'ordinaire, ce quatrième produit est nul, et le
troisième toujours fort petit; en sorte qu'en calculant
la réduction à l'horizon, qui est indispensable, il n'en
coûte guère davantage pour avoir la réduction aux
cordes.

Pour la réduction à l'horizon, il suffit le plus sou-
vent des deux produits que nous avons calculés. Cependant, dans la rigueur, la différence de ces produits doit
être multipliée par le produit $sec. H. sec. h$ que fournit
la table III.

Dans notre exemple, avec $H = 1° 33'$, et $h = 1° 7'$,
je trouve, dans la table III, 1.0006 qui doit multiplier
$+ 47''387$, valeur approchée de la réduction; mais
$0,0006 \times 47''4 = 0''02844$ étant insensible, on peut supposer $sec. H. sec. h = 1$.

Si la réduction à l'horizon étoit de plusieurs minutes,
les termes du second ordre, que nous négligeons, de-
viendroient sensibles. A la réduction $(n. sec. H. sec. h)$
donnée par les tables I, III et IV, il faudroit ajouter

les termes $- \frac{1}{2} (n.\ sec.\ H.\ sec.\ h)^2 \frac{cot.\ A}{sin.\ 1''} + \frac{1}{2} (n.\ sec.\ H.\ sec.\ h)^3 \frac{(\frac{1}{3} + cot^2.\ A)}{sin^2.\ 1''}$. J'en ai supprimé la table, qui ne sert presque jamais. On peut tenir compte du terme $- \frac{1}{2} (n.\ sec.\ H.\ sec.\ h)^2 \frac{cot.\ A}{sin.\ 1''}$ en recommençant le calcul avec $(A + \frac{1}{2} x)$, au lieu de A ; ce qui changera fort peu les membres donnés par la table IV.

Dans notre exemple, $\frac{1}{2} x$ étant $\frac{1}{2} (47''3) = 23''7$, on voit qu'il auroit fallu entrer dans la table IV avec l'angle $51° 9' 54''$, ou $51° 9'9$.

Mais supposons que la réduction eût été $10'$, la moitié $5'$, ajoutée à l'angle $51° 10' = A$, auroit donné $A + \frac{1}{2} x = 51° 15'$, et les nombres *tang.* et *cot.* seroient devenus $9''89$ et $43''00$. L'un auroit augmenté de $0''01$, l'autre diminué de $0''08$; la réduction auroit augmenté de $0''054 + 0''01072 = 0''066$, quantité encore insensible.

La table V sert à trouver l'excès sphérique du triangle entier.

Dans le triangle Violan, Aubassin et Bastide,

L'angle à Violan est . . $51° 10'$ . . Violan Aubassin 18264^t . . $1''57$
L'angle à Bastide, . . . $45° 34'$ . . Bastide Aubassin 19922^t . . $1''91$

Excès sphérique . . . . $3''48$

Choisissez les deux angles les plus petits du triangle : ce sont ici ceux de Violan et de Bastide, car celui d'Aubassin est de $83°$; des deux objets choisis, prenez la distance au troisième. Ainsi, à côté de l'angle à Violan mettez la distance de Violan à Aubassin, ou 18264^t; à côté de l'angle à Bastide mettez la distance de Bastide à Aubassin = 19922^t. Avec le premier angle et la première distance la table V donne 1″57, avec le second angle et la seconde distance elle donne 1″91 ; la somme 3″48 est l'excès sphérique. En choisissant les deux plus petits angles, on est sûr que la perpendiculaire tombera dans le triangle, et les deux parties fournies par la table seront de même signe; mais si l'un des angles choisis étoit obtus, la perpendiculaire tomberoit dehors, et le nombre trouvé dans la table V avec l'angle obtus seroit soustractif. On évite cette différence en ne prenant que des angles aigus, ce qui arrivera toujours quand on prendra les plus petits. Au reste, pour employer l'angle obtus, on en prend le supplément à 180°, et l'on donne le signe —, au nombre pris dans la table avec ce supplément. Par ce moyen on aura toujours trois manières différentes pour trouver l'excès sphérique d'un même triangle, par la table V.

La table VI donne tout d'un coup l'excès sphérique. Pour s'en servir, il suffit d'avoir une carte des triangles, avec une échelle. Ainsi, planche VI, prenant avec un compas la distance de Violan à Bastide, et la portant sur l'échelle, je trouve 25600^t. Ce côté sera la base. Mettant une pointe de compas sur Aubassin, je cherche la plus courte distance au côté opposé pris pour base; je trouve que cette distance est de 14000^t. Avec ces deux nombres je trouve 3″46 pour excès sphérique.

TABLES
POUR LA RÉDUCTION DES ANGLES.

TABLE I. Arg. $(H + h)$ et $(H - h)$.

Somme et différence des hauteurs des deux signaux sur l'horizon.

M.	0° +	1° +	2° +	M.	0° +	1° +	2° +
1	0,000	0,787	3.097	31	0.203	1.751	4.822
2	0,001	0.813	3.148	32	0.217	1.790	4.886
3	0,003	0.839	3.200	33	0.230	1.829	4.951
4	0,003	0.866	3.252	34	0.244	1.869	5.016
5	0,005	0.893	3.305	35	0.259	1.909	5.081
6	0.007	0.921	3.358	36	0.274	1.949	5.147
7	0.010	0.949	3.411	37	0.289	1.990	5.213
8	0.013	0.978	3.465	38	0.305	2.031	5.280
9	0.017	1.007	3.520	39	0.321	2.073	5.347
10	0.021	1.036	3.575	40	0.338	2.115	5.414
11	0.026	1.066	3.630	41	0.355	2.158	5.482
12	0.030	1.096	3.685	42	0.373	2.201	5.550
13	0.036	1.127	3.741	43	0.391	2.244	5.619
14	0.041	1.158	3.798	44	0.400	2.288	5.688
15	0.047	1.190	3.855	45	0.428	2.332	5.758
16	0.054	1.222	3.912	46	0.447	2.376	5.828
17	0.061	1.254	3.970	47	0.467	2.421	5.899
18	0.068	1.287	4.028	48	0.487	2.467	5.970
19	0.076	1.320	4.086	49	0.508	2.513	6.041
20	0.081	1.354	4.145	50	0.529	2.559	6.112
21	0.093	1.388	4.205	51	0.550	2.606	6.184
22	0.102	1.422	4.265	52	0.572	2.653	6.257
23	0.112	1.457	4.325	53	0.594	2.701	6.330
24	0.122	1.492	4.386	54	0.617	2.749	6.403
25	0.132	1.528	4.447	55	0.640	2.797	6.477
26	0.143	1.564	4.508	56	0.663	2.846	6.551
27	0.154	1.601	4.570	57	0.687	2.895	6.626
28	0.166	1.638	4.633	58	0.711	2.945	6.701
29	0.178	1.695	4.695	59	0.736	2.995	6.776
30	0.190	1.713	4.758	60	0.761	3.046	6.852

TABLE II.

Arg. $(P + Q)$ et $(P - Q)$

Somme et différence des distances des deux signaux.

En toises. $P \pm Q$	—	En toises. $P_n \pm Q$	—
0000	0,000	30000	0.052
1000	0,000	31000	0.056
2000	0,000	32000	0,060
3000	0.001	33000	0.064
4000	0.001	34000	0.068
5000	0.001	35000	0.072
6000	0,002	36000	0.075
7000	0,003	37000	0,080
8000	0,004	38000	0.085
9000	0,005	39000	0,089
10000	0,006	40000	0.094
11000	0,007	41000	0,098
12000	0,008	42000	0.103
13000	0,010	43000	0.108
14000	0,011	44000	0.113
15000	0,013	45000	0,119
16000	0.015	46000	0.124
17000	0.017	47000	0.129
18000	0.019	48000	0.135
19000	0,021	49000	0.146
20000	0,023	50000	0.146
21000	0,026	51000	0.152
22000	0,028	52000	0,158
23000	0,031	53000	0,164
24000	0,034	54000	0,171
25000	0,037	55000	0.177
26000	0.040	56000	0.184
27000	0,043	57000	0.190
28000	0,048	58000	0,197
29000	0,049	59000	0,204
30000	0.053	60000	0,211

TABLE III.

Argument, H et h.

Les chiffres 1.00 qui sont en tête de chaque colonne, sont communs à tous les nombres de la table.

D. M.	0° 0' 1.00	0° 30' 1,00	1° 0' 1.00	1° 30' 1.00	2° 0' 1.00	2° 30' 1.00	3° 0' 1.00
0 0	00	00	02	03	06	10	14
10	00	01	02	03	06	10	14
20	00	01	02	04	06	10	14
30	00	02	02	04	06	10	14
40	01	02	02	04	07	11	15
50	01	02	03	05	07	11	15
1 0	02	02	03	05	08	11	15
10	02	02	04	06	08	12	16
20	03	03	04	06	09	12	16
30	03	04	05	07	09	13	17
40	04	05	06	08	10	14	18
50	05	06	07	09	11	15	19
2 0	06	06	08	10	12	16	20
10	07	07	09	11	13	17	21
20	08	09	10	12	14	18	22
30	10	10	11	13	16	19	23
40	11	11	12	14	17	20	25
50	12	13	14	16	18	21	26
3 0	14	14	15	17	20	23	27

Pour réduire à l'horizon l'angle observé, on prendra dans la table I deux facteurs, l'un avec l'argument $(H + h)$, l'autre avec l'arg. $(H - h)$.

Pour réduire l'angle horizontal à l'angle des cordes, on prendra dans la table II deux facteurs avec les argumens $(P + Q)$ et $(P - Q)$.

La table III donne le facteur séc. H, séc. h, qui, dans certains cas assez rares, sert à achever le calcul de la réduction à l'horizon.

TABLE IV.

ARGUMENT, *angle à réduire.*

Cherchez l'angle observé dans la colonne à gauche et descendante, si cet angle est moindre que 90°, et dans la colonne à droite et ascendante, s'il surpasse 90°.

À côté de l'angle vous trouverez deux nombres, l'un dans la colonne intitulée *tang.*, et l'autre dans la colonne intitulée *cotang.*

Angle. D.	M.	Tang. +	Cotang. −	Angle D.	M.
12	0	2″17	196″25	168	0
	10	2,20	193.54	167	50
	20	2,23	190.90		40
	30	2,26	188.34		30
	40	2,29	185.84		20
	50	2,32	183.40		10
13	0	2.35	181.04	167	0
	10	2.38	178.72		50
	20	2.41	176.37		40
	30	2 44	174.27		30
	40	2.47	172.12		20
	50	2.50	170.03		10
14	0	2.53	167.99	166	0
	10	2.56	165.99		50
	20	2.60	164.04		40
	30	2 63	162.14		30
	40	2.66	160.27		20
	50	2.69	158.45		10
15	0	2.72	156.68	165	0
	10	2.75	154.93		50
	20	2.78	153.23		40
	30	2,81	151.56		30
	40	2.84	149.93		20
	50	2.87	148.33		10
16	0	2.90	146.77	164	0
— Cot.	+ Tang.			D. M. Angle.	

Angle. D.	M.	Tang. +	Cotang. −	Angle D.	M.
16	0	2″90	146″77	164	0
	10	2.93	145.23		50
	20	2.96	143.72		40
	30	2.99	142.26		30
	40	3.02	140.82		20
	50	3.05	139.40		10
17	0	3.08	138.02	163	0
	10	3.11	136.66		50
	20	3.14	135.32		40
	30	3.18	134.01		30
	40	3.21	132.73		20
	50	3.24	131.47		10
18	0	3.27	130.23	162	0
	10	3.30	129.02		50
	20	3.33	127.82		40
	30	3.36	126.65		30
	40	3.39	125.50		20
	50	3.42	124.37		10
19	0	3.45	123.26	161	0
	10	3.48	122.17		50
	20	3.51	121.09		40
	30	3.55	120.04		30
	40	3.58	119.00		20
	50	3.61	117.98		10
20	0	3.64	116.98	160	0
— Cot.	+ Tang.			D. M. Angle.	

Angle.		Tang.	Cotang.	Angle.	Angle.		Tang.	Cotang.	Angle.
D.	M.	+	—		D.	M.	+	—	
20	0	3″64	116″98	160 0	26	0	4″76	89″35	154 0
	10	3.67	115.99	50		10	4.79	88.75	50
	20	3.70	115.02	40		20	4.82	88.17	40
	30	3.73	114.07	30		30	4.86	87.60	30
	40	3.76	113.13	20		40	4.89	87.03	20
	50	3.79	112.20	10		50	4.92	86.68	10
21	0	3.82	111.29	159 0	27	0	4.95	85.92	153 0
	10	3.85	110.39	50		10	4.98	85.37	50
	20	3.88	109.51	40		20	5.02	84.83	40
	30	3.92	108.64	30		30	5.05	84.30	30
	40	3.95	107.79	20		40	5.08	83.77	20
	50	3.98	106.94	10		50	5.11	83.25	10
22	0	4.01	106.11	158 0	28	0	5.14	82.74	152 0
	10	4.04	105.30	50		10	5.17	82.22	50
	20	4.07	104.49	40		20	5.21	81.71	40
	30	4.11	103.70	30		30	5.24	81.12	30
	40	4.14	102.91	20		40	5.27	80.73	20
	50	4.17	102.14	10		50	5.30	80.24	10
23	0	4.20	101.38	157 0	29	0	5.33	79.76	151 0
	10	4.23	100.63	50		10	5.36	79.28	50
	20	4.26	99.89	40		20	5.40	78.81	40
	30	4.29	99.17	30		30	5.43	78.34	30
	40	4.32	98.44	20		40	5.46	77.89	20
	50	4.35	97.74	10		50	5.49	77.43	10
24	0	4.38	97.04	156 0	30	0	5.53	76.98	150 0
	10	4.41	96.35	50		10	5.56	76.53	50
	20	4.45	95.67	40		20	5.59	76.09	40
	30	4.48	95.00	30		30	5.62	75.66	30
	40	4.51	94.34	20		40	5.66	75.23	20
	50	4.54	93.68	10		50	5.69	74.80	10
25	0	4.57	93.04	155 0	31	0	5.72	74.38	149 0
	10	4.60	92.40	50		10	5.75	73.96	50
	20	4.63	91.77	40		20	5.78	73.55	40
	30	4.67	91.16	30		30	5.82	73.14	30
	40	4.70	90.54	20		40	5.85	72.73	20
	50	4.73	89.94	10		50	5.88	72.33	10
26	0	4.76	89.35	154 0	32	0	5.91	71.93	148 0
		—	+	D. M.			—	+	D. M.
		Cot.	Tang.	Angle.			Cot.	Tang.	Angle.

Angle. D.	M.	Tang. +	Cotang. −			Angle. D.	M.	Tang. +	Cotang. −		
32	0	5″91	71″93	148	0	38	0	7″10	59″90	142	0
	10	5.94	71.54		50		10	7.13	59.62		50
	20	5,98	71.15		40		20	7.17	59.34		40
	30	6.01	70.77		30		30	7.21	59.06		30
	40	6.04	70.39		20		40	7.24	58.79		20
	50	6.07	70.01		10		50	7.27	58.52		10
33	0	6.11	69.63	147	0	39	0	7.30	58.25	141	0
	10	6.14	69.26		50		10	7.33	57.98		50
	20	6.18	68.90		40		20	7.37	57.71		40
	30	6.21	68.54		30		30	7.40	57.45		30
	40	6.24	68.16		20		40	7.44	57.19		20
	50	6,27	67.82		10		50	7.47	56.93		10
34	0	6.31	67.47	146	0	40	0	7.51	56.67	140	0
	10	6.34	67.12		50		10	7.54	56.42		50
	20	6.37	66.77		40		20	7.57	56.17		40
	30	6.41	66.43		30		30	7.61	55.92		30
	40	6.44	66.09		20		40	7.64	55.67		20
	50	6.47	65.75		10		50	7.68	55.42		10
35	0	6.50	65.42	145	0	41	0	7.71	55.17	139	0
	10	6.54	65.09		50		10	7.75	54.93		50
	20	6.57	64.76		40		20	7.78	54.69		40
	30	6.60	64.44		30		30	7.81	54.45		30
	40	6.64	64.12		20		40	7.85	54.21		20
	50	6.67	63.80		10		50	7.88	53.97		10
36	0	6.70	63.48	144	0	42	0	7.92	53.73	138	0
	10	6.73	63.17		50		10	7.95	53.50		50
	20	6.77	62.86		40		20	7.98	53.27		40
	30	6.80	62.55		30		30	8.02	53.04		30
	40	6,84	62.25		20		40	8.05	52.81		20
	50	6.87	61.95		10		50	8.08	52.58		10
37	0	6.90	61.65	143	0	43	0	8.12	52.36	137	0
	10	6.93	61.35		50		10	8.15	52.14		50
	20	6.97	61.06		40		20	8.19	51.92		40
	30	7.01	60.77		30		30	8.22	51.70		30
	40	7.04	60.48		20		40	8.26	51.48		20
	50	7.07	60.19		10		50	8.29	51.26		10
38	0	7.10	59.90	142	0	44	0	8.33	51.05	136	0
		Cot. −	Tang. +	Angle. D.	M.			Cot. −	Tang. +	Angle. D.	M.

Angle D.	M.	Tang. +	Cotang. −		D.	M.
44	0	8″33	61″05		136	0
	10	8.36	50.84			50
	20	8.40	50.63			40
	30	8.43	50.42			30
	40	8.47	50.21			20
	50	8.50	50.00			10
45	0	8.54	49.80		135	0
	10	8.57	49.59			50
	20	8.61	49.39			40
	30	8.65	49.19			30
	40	8.68	48.99			20
	50	8.72	48.79			10
46	0	8.76	48.59		134	0
	10	8.79	48.39			50
	20	8.83	48.20			40
	30	8.87	48.01			30
	40	8.90	47.82			20
	50	8.94	47.63			10
47	0	8.97	47.44		133	0
	10	9.00	47.25			50
	20	9.04	47.06			40
	30	9.07	46.88			30
	40	9.11	46.69			20
	50	9.14	46.51			10
48	0	9.18	46.33		132	0
	10	9.21	46.15			50
	20	9.25	45.97			40
	30	9.29	45.79			30
	40	9.32	45.61			20
	50	9.36	45.43			10
49	0	9.40	45.26		131	0
	10	9.43	45.08			50
	20	9.47	44.91			40
	30	9.51	44.74			30
	40	9.54	44.57			20
	50	9.58	44.40			10
50	0	9.62	44.23		130	0
		−	+		D.	M.
		Cot.	Tang.		Angle.	

Angle D.	M.	Tang. +	Cotang. −		D.	M.
50	0	9″62	44″23		130	0
	10	9.65	44.06			50
	20	9.69	43.90			40
	30	9.73	43.73			30
	40	9.76	43.57			20
	50	9.80	43.40			10
51	0	9.84	43.24		129	0
	10	9.87	43.08			50
	20	9.91	42.92			40
	30	9.95	42.76			30
	40	9.98	42.60			20
	50	10.02	42.44			10
52	0	10.06	42.29		128	0
	10	10.09	42.13			50
	20	10.13	41.98			40
	30	10.17	41.82			30
	40	10.20	41.67			20
	50	10.24	41.52			10
53	0	10.28	41.37		127	0
	10	10.31	41.22			50
	20	10.35	41.07			40
	30	10.39	40.92			30
	40	10.43	40.77			20
	50	10.47	40.62			10
54	0	10.51	40.48		126	0
	10	10.54	40.33			50
	20	10.58	40.19			40
	30	10.62	40.04			30
	40	10.66	39.90			20
	50	10.70	39.76			10
55	0	10.74	39.62		125	0
	10	10.77	39.48			50
	20	10.81	39.34			40
	30	10.85	39.20			30
	40	10.89	39.06			20
	50	10.93	38.92			10
56	0	10.97	38.79		124	0
		−	+		D.	M.
		Cot.	Tang.		Angle.	

Angle D.	M.	Tang. +	Cotang. −	D.	M.
56	0	10.97	38.79	124	0
	10	11.00	38.65		50
	20	11.04	38.52		40
	30	11.08	38.39		30
	40	11.12	38.25		20
	50	11.16	38.12		10
57	0	11.20	37.99	123	0
	10	11.23	37.86		50
	20	11.27	37.73		40
	30	11.31	37.60		30
	40	11.35	37.47		20
	50	11.39	37.34		10
58	0	11.43	37.21	122	0
	10	11.47	37.08		50
	20	11.51	36.96		40
	30	11.55	36.83		30
	40	11.59	36.71		20
	50	11.63	36.58		10
59	0	11.67	36.46	121	0
	10	11.71	36.33		50
	20	11.75	36.21		40
	30	11.79	36.09		30
	40	11.83	35.97		20
	50	11.87	35.85		10
60	0	11.91	35.73	120	0
	10	11.95	35.61		50
	20	11.99	35.49		40
	30	12.03	35.37		30
	40	12.07	35.25		20
	50	12.11	35.13		10
61	0	12.15	35.02	119	0
	10	12.19	34.90		50
	20	12.23	34.79		40
	30	12.27	34.67		30
	40	12.31	34.56		20
	50	12.35	34.44		10
62	0	12.39	34.33	118	0
	Cot. −	Tang. +	Angle D.	M.	

Angle D.	M.	Tang. +	Cotang. −	D.	M.
62	0	12.39	34.33	118	0
	10	12.43	34.21		50
	20	12.47	34.10		40
	30	12.51	33.99		30
	40	12.56	33.88		20
	50	12.60	33.77		10
63	0	12.64	33.66	117	0
	10	12.68	33.55		50
	20	12.72	33.44		40
	30	12.76	33.33		30
	40	12.80	33.22		20
	50	12.84	33.11		10
64	0	12.89	33.01	116	0
	10	12.93	32.90		50
	20	12.97	32.80		40
	30	13.01	32.69		30
	40	13.05	32.58		20
	50	13.09	32.48		10
65	0	13.14	32.38	115	0
	10	13.18	32.28		50
	20	13.22	32.17		40
	30	13.26	32.07		30
	40	13.30	31.97		20
	50	13.34	31.87		10
66	0	13.39	31.76	114	0
	10	13.43	31.66		50
	20	13.47	31.56		40
	30	13.52	31.46		30
	40	13.56	31.36		20
	50	13.60	31.26		10
67	0	13.65	31.16	113	0
	10	13.69	31.06		50
	20	13.73	30.96		40
	30	13.78	30.87		30
	40	13.82	30.77		20
	50	13.86	30.67		10
68	0	13.91	30.58	112	0
	Cot. −	Tang. +	Angle D.	M.	

Left half

Angle. D. M.	Tang. +	Cotang. −	D. M.
68 0	13″91	30″58	112 0
10	13.95	30.48	50
20	13.99	30.39	40
30	14.04	30.29	30
40	14.08	30.20	20
50	14.12	30.10	10
69 0	14.17	30.01	111 0
10	14.21	29.91	50
20	14.26	29.82	40
30	14.30	29.73	30
40	14.35	29.64	20
50	14.39	29.55	10
70 0	14.44	29.46	110 0
10	14.48	29.37	50
20	14.53	29.28	40
30	14.57	29.19	30
40	14.62	29.10	20
50	14.66	29.01	10
71 0	14.71	28.92	109 0
10	14.75	28.83	50
20	14.80	28.74	40
30	14.85	28.65	30
40	14.89	28.56	20
50	14.94	28.47	10
72 0	14.99	28.39	108 0
10	15.03	28.30	50
20	15.08	28.21	40
30	15.12	28.13	30
40	15.17	28.04	20
50	15.21	27.95	10
73 0	15.26	27.87	107 0
10	15.30	27.78	50
20	15.35	27.70	40
30	15.40	27.62	30
40	15.44	27.53	20
50	15.49	27.45	10
74 0	15.54	27.37	106 0
	− Cot.	+ Tang.	D. M. Angle.

Right half

Angle. D. M.	Tang. +	Cotang. −	D. M.
74 0	15″54	27″37	106 0
10	15.58	27.28	50
20	15.63	27.20	40
30	15.68	27.12	30
40	15.73	27.04	20
50	15.78	26.96	10
75 0	15.83	26.88	105 0
10	15.87	26.80	50
20	15.92	26.72	40
30	15.97	26.64	30
40	16.01	26.56	20
50	16.06	26.48	10
76 0	16.11	26.40	104 0
10	16.16	26.32	50
20	16.21	26.24	40
30	16.26	26.16	30
40	16.31	26.08	20
50	16.36	26.00	10
77 0	16.41	25.93	103 0
10	16.45	25.85	50
20	16.50	25.77	40
30	16.55	25.70	30
40	16.60	25.62	20
50	16.65	25.54	10
78 0	16.70	25.47	102 0
10	16.75	25.39	50
20	16.80	25.32	40
30	16.85	25.24	30
40	16.90	25.17	20
50	16.95	25.09	10
79 0	17.00	25.02	101 0
10	17.05	24.94	50
20	17.10	24.87	40
30	17.15	24.80	30
40	17.20	24.72	20
50	17.25	24.65	10
80 0	17.31	24.58	100 0
	− Cot.	+ Tang.	D. M. Angle.

| Angle. | Tang. | Cotang. | | Angle. | Tang. | Cotang. | |
D. M.	+	−		D. M.	+	−	
80 0	17″31	24″58	100 0	85 0	18″90	22″50	95 0
10	17.36	24.50	50	10	18.95	22.43	50
20	17.41	24.43	40	20	19.01	22.37	40
30	17.46	24.36	30	30	19.06	22.30	30
40	17.51	24.29	20	40	19.12	22.24	20
50	17.56	24.22	10	50	19.17	22.18	10
81 0	17.62	24.15	99 0	86 0	19.23	22.12	94 0
10	17.67	24.08	50	10	19.28	22.05	50
20	17.72	24.01	40	20	19.34	21.99	40
30	17.77	23.94	30	30	19.40	21.92	30
40	17.82	23.87	20	40	19.45	21.86	20
50	17.87	23.80	10	50	19.51	21.80	10
82 0	17.93	23.73	98 0	87 0	19.56	21.74	93 0
10	17.98	23.66	50	10	19.62	21.67	50
20	18.03	23.59	40	20	19.68	21.61	40
30	18.09	23.52	30	30	19.74	21.54	30
40	18.14	23.45	20	40	19.80	21.48	20
50	18.19	23.38	10	50	19.86	21.42	10
83 0	18.25	23.31	97 0	88 0	19.92	21.36	92 0
10	18.30	23.24	50	10	19.97	21.29	50
20	18.35	23.17	40	20	20.03	21.23	40
30	18.40	23.11	30	30	20.09	21.17	30
40	18.46	23.04	20	40	20.15	21.11	20
50	18.51	22.97	10	50	20.21	21.05	10
84 0	18.57	22.91	96 0	89 0	20.27	20.99	91 0
10	18.62	22.84	50	10	20.33	20.93	50
20	18.68	22.77	40	20	20.39	20.87	40
30	18.73	22.70	30	30	20.45	20.81	30
40	18.79	22.63	20	40	20.51	20.75	20
50	18.84	22.56	10	50	20.57	20.69	10
85 0	18.90	22.50	95 0	90 0	20.63	20.63	90 0
	−	+	D. M.		−	+	D. M.
	Cot.	Tang.	Angle.		Cot.	Tang.	Angle.

TABLE V. — *Pour trouver l'excès sphérique de la somme des trois angles sur 180°.*

— ARGUMENS. Côté et angle adjacent.

D.	D.	4000ᵗ	5000ᵗ	6000ᵗ	7000ᵗ	8000ᵗ	9000ᵗ	10000ᵗ	11000ᵗ	12000ᵗ
0	90	0″00	0.00	0.00	0.00	0.00	0.00	0.00	0.00	0″00
1	89	0.00	0.00	0.00	0.01	0.01	0.01	0.02	0.02	0.02
2	88	0.00	0.01	0.01	0.01	0.02	0.03	0.03	0.04	0.05
3	87	0.01	0.01	0.02	0.02	0.03	0.04	0.05	0.06	0.07
4	86	0.01	0.02	0.02	0.03	0.04	0.05	0.07	0.08	0.10
5	85	0.01	0.02	0.03	0.04	0.05	0.07	0.08	0.10	0.12
6	84	0.01	0.02	0.03	0.05	0.06	0.08	0.10	0.12	0.14
7	83	0.02	0.03	0.04	0.06	0.07	0.09	0.12	0.14	0.17
8	82	0.02	0.03	0.05	0.06	0.08	0.11	0.13	0.16	0.19
9	81	0.02	0.04	0.05	0.07	0.09	0.12	0.15	0.18	0.21
10	80	0.03	0.04	0.06	0.08	0.10	0.13	0.16	0.20	0.24
11	79	0.03	0.04	0.06	0.09	0.11	0.14	0.18	0.22	0.26
12	78	0.03	0.05	0.07	0.09	0.12	0.16	0.20	0.24	0.28
13	77	0.03	0.05	0.07	0.10	0.13	0.17	0.21	0.25	0.30
14	76	0.03	0.06	0.08	0.11	0.14	0.18	0.23	0.27	0.32
15	75	0.04	0.06	0.08	0.12	0.15	0.19	0.24	0.29	0.34
16	74	0.04	0.06	0.09	0.12	0.16	0.20	0.25	0.31	0.37
17	73	0.04	0.07	0.10	0.13	0.17	0.22	0.27	0.32	0.39
18	72	0.04	0.07	0.10	0.14	0.18	0.23	0.28	0.34	0.41
19	71	0.05	0.07	0.11	0.14	0.19	0.24	0.30	0.36	0.43
20	70	0.05	0.08	0.11	0.15	0.20	0.25	0.31	0.37	0.45
21	69	0.05	0.08	0.11	0.16	0.21	0.26	0.32	0.39	0.46
22	68	0.05	0.08	0.12	0.16	0.22	0.27	0.33	0.40	0.48
23	67	0.05	0.09	0.12	0.17	0.22	0.28	0.35	0.42	0.50
24	66	0.06	0.09	0.13	0.17	0.23	0.29	0.36	0.43	0.52
25	65	0.06	0.09	0.13	0.18	0.24	0.30	0.37	0.45	0.53
26	64	0.06	0.09	0.14	0.18	0.24	0.31	0.38	0.46	0.55
27	63	0.06	0.10	0.14	0.19	0.25	0.31	0.39	0.47	0.56
28	62	0.06	0.10	0.14	0.19	0.25	0.32	0.40	0.48	0.58
29	61	0.06	0.10	0.15	0.20	0.26	0.33	0.41	0.49	0.59
30	60	0.07	0.10	0.15	0.20	0.27	0.34	0.42	0.50	0.60
31	59	0.07	0.11	0.15	0.21	0.27	0.34	0.42	0.51	0.61
32	58	0.07	0.11	0.15	0.21	0.28	0.35	0.43	0.52	0.62
33	57	0.07	0.11	0.16	0.21	0.28	0.36	0.44	0.53	0.63
34	56	0.07	0.11	0.16	0.22	0.28	0.36	0.45	0.54	0.64
35	55	0.07	0.11	0.16	0.22	0.29	0.37	0.45	0.55	0.65
36	54	0.07	0.11	0.16	0.22	0.29	0.37	0.46	0.56	0.66
37	53	0.07	0.12	0.17	0.23	0.30	0.37	0.46	0.56	0.67
38	52	0.07	0.12	0.17	0.23	0.30	0.38	0.47	0.57	0.67
39	51	0.07	0.12	0.17	0.23	0.30	0.38	0.47	0.57	0.68
40	50	0.07	0.12	0.17	0.23	0.30	0.39	0.47	0.57	0.68
41	49	0.08	0.12	0.17	0.23	0.30	0.39	0.48	0.58	0.69
42	48	0.08	0.12	0.17	0.23	0.31	0.39	0.48	0.58	0.69
43	47	0.08	0.12	0.17	0.23	0.31	0.39	0.48	0.58	0.69
44	46	0.08	0.12	0.17	0.24	0.31	0.39	0.48	0.58	0.69
45	45	0.08	0.12	0.17	0.24	0.31	0.39	0.48	0.58	0.69
		4000	5000	6000	7000	8000	9000	10000	11000	12000

D.	D.	12000^t	13000^t	14000^t	15000^t	16000^t	17000^t	18000^t	19000^t	20000^t	21000^t
0	90	0″00	0″00	0″00	0″00	0.00	0.00	0.00	0.00	0″00	0″00
1	89	0.02	0.03	0.03	0.04	0.04	0.05	0.05	0.06	0.07	0.07
2	88	0.05	0.06	0.06	0.07	0.08	0.10	0.11	0.12	0.14	0.15
3	87	0.07	0.08	0.10	0.11	0.13	0.15	0.16	0.18	0.20	0.22
4	86	0.10	0.11	0.13	0.15	0.17	0.19	0.22	0.24	0.27	0.29
5	85	0.12	0.14	0.16	0.19	0.21	0.24	0.27	0.30	0.34	0.37
6	84	0.14	0.17	0.20	0.22	0.26	0.29	0.32	0.36	0.40	0.44
7	83	0.17	0.20	0.23	0.26	0.30	0.34	0.38	0.42	0.47	0.51
8	82	0.19	0.22	0.26	0.30	0.34	0.38	0.43	0.48	0.53	0.58
9	81	0.21	0.25	0.29	0.34	0.38	0.43	0.48	0.54	0.60	0.66
10	80	0.24	0.28	0.32	0.37	0.42	0.47	0.53	0.59	0.66	0.73
11	79	0.26	0.30	0.35	0.40	0.46	0.52	0.58	0.64	0.72	0.80
12	78	0.28	0.33	0.38	0.44	0.50	0.56	0.63	0.70	0.79	0.87
13	77	0.30	0.36	0.41	0.47	0.54	0.61	0.68	0.76	0.85	0.93
14	76	0.32	0.38	0.44	0.51	0.58	0.65	0.73	0.82	0.91	1.00
15	75	0.34	0.41	0.47	0.54	0.62	0.70	0.78	0.87	0.97	1.07
16	74	0.37	0.43	0.50	0.57	0.65	0.74	0.82	0.92	1.02	1.13
17	73	0.39	0.45	0.53	0.61	0.69	0.78	0.87	0.97	1.08	1.19
18	72	0.41	0.48	0.55	0.64	0.72	0.82	0.92	1.02	1.13	1.25
19	71	0.43	0.50	0.58	0.67	0.76	0.86	0.96	1.07	1.19	1.31
20	70	0.45	0.52	0.61	0.70	0.79	0.89	1.00	1.12	1.24	1.37
21	69	0.46	0.54	0.63	0.73	0.83	0.93	1.04	1.16	1.29	1.42
22	68	0.48	0.56	0.66	0.75	0.86	0.96	1.08	1.21	1.34	1.48
23	67	0.50	0.58	0.68	0.78	0.89	1.00	1.12	1.25	1.39	1.53
24	66	0.52	0.60	0.70	0.81	0.92	1.03	1.16	1.29	1.43	1.58
25	65	0.53	0.62	0.72	0.83	0.95	1.07	1.20	1.33	1.47	1.63
26	64	0.55	0.64	0.74	0.85	0.97	1.10	1.23	1.37	1.52	1.68
27	63	0.56	0.66	0.76	0.88	1.00	1.13	1.26	1.41	1.56	1.72
28	62	0.58	0.67	0.78	0.90	1.02	1.15	1.29	1.44	1.60	1.76
29	61	0.59	0.69	0.80	0.92	1.05	1.18	1.32	1.48	1.64	1.80
30	60	0.60	0.70	0.82	0.94	1.07	1.21	1.35	1.51	1.67	1.84
31	59	0.61	0.72	0.83	0.96	1.09	1.23	1.38	1.54	1.70	1.88
32	58	0.62	0.73	0.85	0.97	1.11	1.25	1.40	1.56	1.73	1.91
33	57	0.63	0.74	0.86	0.99	1.13	1.27	1.43	1.59	1.76	1.94
34	56	0.64	0.75	0.88	1.01	1.14	1.29	1.45	1.62	1.79	1.97
35	55	0.65	0.76	0.89	1.02	1.16	1.31	1.47	1.64	1.81	2.00
36	54	0.66	0.77	0.90	1.03	1.17	1.32	1.49	1.66	1.83	2.02
37	53	0.67	0.78	0.91	1.04	1.19	1.34	1.50	1.67	1.85	2.04
38	52	0.67	0.79	0.92	1.05	1.20	1.35	1.52	1.69	1.87	2.06
39	51	0.68	0.80	0.92	1.05	1.21	1.36	1.53	1.71	1.89	2.08
40	50	0.68	0.80	0.93	1.06	1.21	1.37	1.54	1.72	1.90	2.10
41	49	0.69	0.81	0.94	1.07	1.22	1.38	1.55	1.73	1.91	2.11
42	48	0.69	0.81	0.94	1.08	1.23	1.39	1.55	1.73	1.92	2.12
43	47	0.69	0.81	0.94	1.08	1.23	1.39	1.56	1.74	1.92	2.12
44	46	0.69	0.81	0.94	1.08	1.23	1.39	1.56	1.74	1.93	2.13
45	45	0.69	0.81	0.94	1.08	1.24	1.39	1.56	1.74	1.93	2.13
cos.	...	12000	13990	14090	15000	16000	17000	18000	19000	20000	21000

D.	D.	21000^t	22000^t	23000^t	24000^t	25000^t	26000^t	27000^t	28000^t	29000^t	30000^t
0	90	0″00	0″00	0″00	0″00	0″00	0″00	0″00	0″00	0″00	0″00
1	89	0.07	0.08	0.08	0.09	0.10	0.11	0.12	0.13	0.14	0.15
2	88	0.15	0.16	0.17	0.19	0.21	0.23	0.24	0.26	0.28	0.30
3	87	0.22	0.24	0.26	0.29	0.31	0.34	0.36	0.39	0.42	0.45
4	86	0.29	0.32	0.35	0.39	0.42	0.45	0.49	0.53	0.56	0.60
5	85	0.37	0.40	0.44	0.48	0.52	0.57	0.61	0.66	0.70	0.75
6	84	0.44	0.48	0.53	0.58	0.63	0.68	0.73	0.79	0.84	0.90
7	83	0.51	0.56	0.61	0.7	0.73	0.79	0.85	0.91	0.98	1.05
8	82	0.58	0.64	0.70	0.77	0.83	0.90	0.97	1.04	1.12	1.20
9	81	0.66	0.72	0.79	0.86	0.93	1.01	1.09	1.17	1.26	1.34
10	80	0.73	0.80	0.87	0.95	1.03	1.11	1.21	1.31	1.40	1.49
11	79	0.79	0.87	0.95	1.04	1.13	1.22	1.32	1.42	1.52	1.62
12	78	0.87	0.96	1.04	1.13	1.23	1.34	1.43	1.54	1.65	1.76
13	77	0.93	1.02	1.12	1.22	1.32	1.43	1.49	1.66	1.78	1.90
14	76	1.00	1.10	1.20	1.30	1.41	1.53	1.65	1.78	1.91	2.04
15	75	1.07	1.17	1.28	1.39	1.51	1.63	1.71	1.89	2.03	2.17
16	74	1.13	1.24	1.35	1.47	1.59	1.72	1.86	2.00	2.15	2.30
17	73	1.19	1.30	1.42	1.55	1.68	1.82	1.96	2.11	2.27	2.43
18	72	1.25	1.37	1.50	1.63	1.77	1.92	2.07	2.22	2.38	2.55
19	71	1.31	1.44	1.57	1.71	1.86	2.01	2.17	2.33	2.50	2.67
20	70	1.37	1.50	1.64	1.79	1.94	2.10	2.26	2.43	2.61	2.79
21	69	1.42	1.56	1.71	1.86	2.02	2.18	2.35	2.53	2.72	2.91
22	68	1.48	1.62	1.77	1.93	2.10	2.27	2.45	2.63	2.82	3.02
23	67	1.53	1.68	1.84	2.00	2.17	2.34	2.53	2.72	2.93	3.14
24	66	1.58	1.73	1.89	2.06	2.24	2.42	2.61	2.81	3.02	3.23
25	65	1.63	1.79	1.96	2.13	2.31	2.50	2.70	2.90	3.11	3.33
26	64	1.68	1.84	2.01	2.19	2.38	2.57	2.77	2.98	3.20	3.42
27	63	1.72	1.89	2.07	2.25	2.44	2.64	2.85	3.06	3.28	3.51
28	62	1.76	1.93	2.11	2.30	2.50	2.70	2.92	3.14	3.37	3.60
29	61	1.81	1.98	2.17	2.36	2.56	2.77	2.99	3.21	3.44	3.68
30	60	1.84	2.02	2.21	2.41	2.61	2.82	3.05	3.28	3.62	3.75
31	59	1.88	2.06	2.25	2.45	2.66	2.88	3.11	3.34	3.58	3.83
32	58	1.91	2.10	2.30	2.50	2.71	2.93	3.16	3.40	3.65	3.90
33	57	1.94	2.13	2.33	2.54	2.76	2.98	3.22	3.46	3.71	3.97
34	56	1.97	2.16	2.36	2.57	2.79	3.02	3.26	3.51	3.79	4.03
35	55	2.00	2.19	2.40	2.61	2.84	3.07	3.31	3.55	3.81	4.08
36	54	2.02	2.22	2.43	2.64	2.87	3.10	3.35	3.60	3.86	4.13
37	53	2.04	2.24	2.45	2.67	2.90	3.14	3.38	3.64	3.90	4.17
38	52	2.07	2.27	2.48	2.69	2.93	3.16	3.41	3.67	3.94	4.21
39	51	2.08	2.28	2.51	2.74	2.95	3.19	3.44	3.70	3.97	4.25
40	50	2.10	2.30	2.52	2.74	2.97	3.21	3.46	3.72	3.99	4.27
41	49	2.11	2.31	2.53	2.75	2.99	3.23	3.49	3.76	4.02	4.30
42	48	2.12	2.32	2.54	2.76	3.00	3.24	3.50	3.76	4.04	4.32
43	47	2.12	2.33	2.55	2.77	3.01	3.25	3.51	3.77	4.05	4.33
44	46	2.13	2.33	2.55	2.78	3.02	3.26	3.52	3.78	4.06	4.34
45	45	2.13	2.33	2.55	2.78	3.02	3.26	3.52	3.78	4.06	4.34
		21000	22000	23000	24000	25000	26000	27000	28000	29000	30000

TABLE VI.

Autre table de l'excès sphérique.

ARGUMENT, base et hauteur des triangles en toises.

	HAUTEUR							
Base.	1000	2000	3000	4000	5000	6000	7000	8000
1000	0.01	0.02	0.03	0.04	0.05	0.06	0.07	0.08
2000	0.02	0.04	0.06	0.08	0.10	0.12	0.13	0.15
3000	0.03	0.06	0.09	0.12	0.14	0.17	0.20	0.23
4000	0.04	0.08	0.12	0.15	0.19	0.23	0.27	0.31
5000	0.05	0.10	0.14	0.19	0.24	0.29	0.34	0.39
6000	0.06	0.12	0.17	0.23	0.29	0.36	0.40	0.46
7000	0.07	0.13	0.20	0.27	0.34	0.40	0.47	0.54
8000	0.08	0.15	0.23	0.31	0.39	0.46	0.54	0.62
9000	0.09	0.17	0.26	0.35	0.43	0.52	0.61	0.69
10000	0.10	0.19	0.29	0.39	0.48	0.58	0.68	0.77
11000	0.11	0.21	0.32	0.42	0.53	0.64	0.74	0.85
12000	0.12	0.23	0.35	0.46	0.58	0.69	0.81	0.93
13000	0.13	0.25	0.37	0.50	0.63	0.75	0.88	1.00
14000	0.13	0.27	0.40	0.54	0.68	0.81	0.95	1.08
15000	0.14	0.29	0.43	0.58	0.72	0.87	1.01	1.16
16000	0.15	0.31	0.46	0.62	0.77	0.93	1.08	1.23
17000	0.16	0.33	0.49	0.66	0.82	0.98	1.15	1.31
18000	0.17	0.35	0.52	0.69	0.87	1.04	1.22	1.39
19000	0.18	0.37	0.55	0.73	0.92	1.10	1.28	1.47
20000	0.19	0.39	0.58	0.77	0.96	1.16	1.35	1.54
21000	0.20	0.40	0.61	0.81	1.01	1.22	1.42	1.62
22000	0.21	0.42	0.63	0.85	1.06	1.27	1.49	1.70
23000	0.22	0.44	0.66	0.89	1.11	1.33	1.55	1.77
24000	0.23	0.46	0.69	0.93	1.16	1.39	1.62	1.85
25000	0.24	0.48	0.72	0.96	1.21	1.44	1.69	1.93
26000	0.25	0.50	0.75	1.00	1.25	1.50	1.76	2.01
27000	0.26	0.52	0.78	1.04	1.30	1.56	1.82	2.08
28000	0.27	0.54	0.81	1.08	1.35	1.62	1.89	2.16
29000	0.28	0.56	0.84	1.12	1.40	1.68	1.96	2.24
30000	0.29	0.58	0.87	1.16	1.45	1.74	2.03	2.31

Base.	HAUTEUR								
	8000	9000	10000	11000	12000	13000	14000	15000	16000
1000	0.08	0.09	0.10	0.11	0.12	0.13	0.14	0.14	0.15
2000	0.15	0.17	0.19	0.21	0.23	0.25	0.27	0.29	0.31
3000	0.23	0.26	0.29	0.32	0.35	0.38	0.41	0.43	0.46
4000	0.31	0.35	0.39	0.42	0.46	0.50	0.54	0.58	0.62
5000	0.39	0.43	0.48	0.53	0.58	0.63	0.68	0.72	0.77
6000	0.46	0.52	0.58	0.64	0.62	0.75	0.81	0.87	0.93
7000	0.54	0.61	0.68	0.74	0.81	0.88	0.95	1.01	1.08
8000	0.62	0.69	0.77	0.85	0.93	1.00	1.08	1.16	1.23
9000	0.69	0.78	0.87	0.95	1.04	1.13	1.22	1.30	1.39
10000	0.77	0.87	0.96	1.06	1.16	1.25	1.35	1.45	1.54
11000	0.85	0.95	1.06	1.17	1.27	1.38	1.49	1.59	1.70
12000	0.93	1.04	1.16	1.27	1.39	1.50	1.62	1.74	1.85
13000	1.00	1.13	1.25	1.38	1.50	1.63	1.76	1.88	2.01
14000	1.08	1.22	1.35	1.48	1.62	1.76	1.89	2.03	2.16
15000	1.16	1.30	1.45	1.59	1.74	1.88	2.03	2.17	2.31
16000	1.23	1.39	1.54	1.70	1.85	2.01	2.16	2.31	2.47
17000	1.31	1.48	1.64	1.80	1.97	2.13	2.30	2.46	2.62
18000	1.39	1.56	1.74	1.91	2.08	2.26	2.43	2.60	2.78
19000	1.47	1.65	1.83	2.01	2.20	2.38	2.55	2.75	2.93
20000	1.54	1.74	1.93	2.12	2.31	2.51	2.77	2.89	3.09
21000	1.62	1.82	2.02	2.23	2.43	2.63	2.84	3.04	3.24
22000	1.70	1.91	2.12	2.33	2.54	2.76	2.97	3.18	3.39
23000	1.77	2.00	2.22	2.44	2.65	2.88	3.11	3.33	3.55
24000	1.85	2.08	2.31	2.54	2.78	3.01	3.24	3.47	3.70
25000	1.93	2.17	2.41	2.65	2.89	3.13	3.38	3.62	3.86
26000	2.01	2.26	2.51	2.76	3.01	3.26	3.51	3.76	4.01
27000	2.08	2.34	2.60	2.85	3.12	3.39	3.65	3.91	4.17
28000	2.16	2.43	2.70	2.97	3.24	3.51	3.78	4.05	4.32
29000	2.24	2.52	2.80	3.07	3.36	3.64	3.92	4.19	4.47
30000	2.31	2.60	2.89	3.18	3.47	3.76	4.05	4.34	4.63

ADDITIONS ET CORRECTIONS.

Discours préliminaire.

Page 22, ligne 22, jettèrent, *lisez* répandit.

—— 23, ligne 5, MM. Tranchot, *ajoutez* Chaix.

—— 33, ligne 16, étoient, *lisez* sont.

—— 53, ligne 29, 3 novembre, *lisez* décembre.

—— 59, aux deux dernières casses du tableau, Franc | 5 grammes, *lisez* Franc..... | 5 grammes.

—— 118, ligne 18, sans doute ils ont pu, etc. *ajoutez* Outhier le dit expressément dans son *Voyage du nord*, et je vois la même chose dans un manuscrit de Lemonnier.

—— 111, ligne 21, le signal B, *lisez* le signal O.

—— 122, quatrième ligne en remontant, au lieu de $=$, *lisez* $= O +$.

—— 125, Premier cas. (l'objet à gauche), *lisez* (à droite).

—— 140, ligne 12, $+ 5 (a - b)^3 b^4$, lisez $- 5 (a + b)^3 b^4$.

—————— ligne 14, *lisez* $- (5 a^3 + 3 a) b^4$.

———————— ligne 8, en remontant, au lieu de la valeur de $\frac{1}{2} x$, qui n'est poussée que jusqu'aux troisièmes puissances, mettez celle-ci qui est exacte jusqu'aux septièmes :

$$\frac{1}{2} x = b - ab^2 + \left(\frac{2}{3} + 2 a^2\right) b^3 - (3 a + 5 a^3) b^4$$
$$+ \left(\frac{6}{5} + 12 a^2 + 14 a^4\right) b^5$$
$$- \left(10 a + \frac{140}{5} a^3 + 42 a^5\right) b^6$$
$$+ \left(\frac{20}{7} + 60 a^2 + 180 a^4 + 132 a^6\right) b^7$$
$$- \text{etc.}$$

et à la dernière ligne ajoutez

$$- \frac{1}{7} n^4 . sec^4 . H . sec^4 . h (3 cot. A + 5 cot^3 . A) . sin^3 . 1''.$$

—— 144, ligne 12, convertis en toises, *lisez* en secondes.

—— 161, on a mis 116 au lieu de 161.

Mesure de la Méridienne.

Page 2, quatre dernières lignes, AZG, AZD et AD, lisez IZG, IZD, ID.

—— 3, 89° 59′ 35″5, *lisez* 53″5.

—— 5, avant le premier angle, mettez 2.

—— 13, ligne 22, ZA, lisez ZI.

—— 16, Parallélipipède, *lisez* parallélépipède.

—— 23, au lieu des lettres D et K, lisez I et H.

—— 29, ligne 7, 41, *lisez* 14.

—— 35, troisième ligne en commençant par le bas, 57°, *lisez* 37.

—— 108, ligne 15, 10ᵗ environ, *lisez* 8ᵗ ¼.

—— 187, l'angle VOq, lisez VOm.

—— 187, dernière ligne, *lisez* $dH = 2^t1667$, etc.

—— 317, ligne 9, 13 fructidor, *lisez* 15.

—— 337, vers le bas, 70°, *lisez* 60°.

—— 396, troisième ligne, 6 pluviose, *lisez* 5.

—— 429, Signal du puy de la Estella, *ajoutez* LVIII.

—— 413, ligne 4, 32″246, *lisez* 35″246.

—— 414, Somme. 120°, *lisez* 220°.

—— 437, ligne 5, en remontant, 98°, *lisez* 90°.

—— 469, angle de Girone, 56. 55 et 58′, *lisez* 36, 35 et 38′.

—— 487, ligne 13, 20° 25′, *lisez* 90° 25′.

MESURE

DE

LA MÉRIDIENNE.

OBSERVATIONS

GÉODÉSIQUES.

TOUR DE DUNKERQUE.

I.

Aux quatre angles de la tour sont des tourelles octogones dont le côté est de deux pieds environ, ou 0^{t}3337,
et qui se terminent en cône surmonté d'une boule.

$P.$ (*fig.* 1), est le montant de la porte de la cabane
du tourrier. Il portoit alors une croix et un coq, que
nous avons pris pour centre de station.

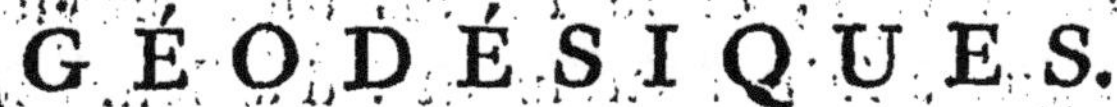

Les distances PA et PB de l'axe du montant aux côtés voisins des tourelles V et S sont de 2^t2708 environ. L'apothème SA est de 0^t4028 : ainsi $PS = PV = 2^t6736$. La ligne HI est de 3^t0417; $IS = VH = 0^t4028$; $VS = 3^t8472$; $VM = SM = 1^t9236$.

Ces distances sont nécessaires pour réduire au centre P les observations dans lesquelles on a visé aux tourelles V ou S; faute de pouvoir distinguer le signal parmi les pavillons qui flottoient alors sur la tour.

Le signal étoit, comme en 1787, la tige même du coq, grossie de plusieurs bottes de foin. Ce signal a été fort difficile à voir, et je l'avois bien prévu; mais on ne pouvoit guère faire autrement : d'ailleurs on avoit la ressource des tourelles.

Le signal étoit 2^t7778 au-dessus de la plate-forme, et par conséquent 2^t0 au-dessus de la lunette de l'instrument. Ainsi $dH = 2^t0$.

J'appellerai dH ou différence de hauteur, la différence entre la hauteur de la lunette et celle du point de mire.

La hauteur de la plate-forme de la tour, mesurée soigneusement avec de triples toises, en présence du tourrier Garcia, est de 27^t0139 : ainsi la hauteur du signal au-dessus du sol est de 29^t79, ou 34^t5 au-dessus de la laisse de basse mer.

L'angle AZG que fait la direction à Gravelines avec la ligne AZD tangente aux deux tourelles, est de $24°\ 58'$. Or Gravelines est de $72°\ 12'$ à l'ouest du méridien : ainsi la ligne AD fait un angle de $97°\ 10'$

avec le méridien, et la ligne *EF* se dirige 7° 16′ à l'ouest du méridien.

Dunkerque

Exemple d'une observation de distance au zénit.

NOMBRE des observations.	TOUR DE WATTEN. (dans le ciel). D. et B n° 4.	
	ANGLES MULTIPLES.	ANGLES SIMPLES.
2	200.000	100.000
4	400.000	100,000
6	599.992	99.99867
8	799.990	99.99875
10	999.980	99.9980 = 89° 59′ 35″5

Le point observé est le sommet d'un petit clocher qui étoit alors sur la tour de Watten. Le signal de Watten n'étoit pas encore construit; il a été placé depuis sur ce même clocher.

Ces mots (dans le ciel) signifient que l'objet observé s'élève au-dessus de tous les objets terrestres qui sont dans la même direction. Quand, au contraire, les objets terrestres qui sont plus loin que l'objet observé, et dans la même direction, s'élèvent plus que l'objet, cette circonstance est indiquée par les mots (en terre).

Les lettres D et B signifient que l'observation a été faite par Delambre et Bellet; le n° qui suit désigne l'instrument. Le cercle n° 4 a 0ᵗ,866 de diamètre; le cercle n° 1 en a 0ᵗ,2222.

En général les observations marquées d'un D ont été faites par moi ; celles marquées d'un F, par le Français Lalande, qui a participé pendant un an à l'opération ; celles marquées d'un B sont de Bellet, artiste en instrumens d'astronomie, dont le zèle et l'intelligence m'ont été très-utiles, et qui s'est chargé de caler le niveau dans toutes les observations de distance au zénit.

C'est de cette manière que toutes les distances au zénit ont été observées, à moins que quelque circonstance n'ait forcé d'abandonner plutôt les observations, ou de les continuer plus long-temps. On a donné celles-ci telles qu'elles sont sur le registre original, pour servir d'exemple ; on donnera les suivantes avec moins de détail.

DISTANCES AU ZÉNIT.

Tour de Cassel.

10　　99^{8}8220　　99^{8}8220　= 89° 50' 23"3 (dans le ciel.) D. B. n° 4.

Clocher de Gravelines.

10　　1000.720　　100.0720　= 90° 3' 53"3 (la pointe dans le ciel.) D. B. n° 4.

Clocher de Bollezele.

4　　400.000　　100.000　= 90° 0' 0"　D. B. n° 4.
C'est le Broulezele de la méridienne de 1740.

Belvédère de l'intendance.

6　　624.107　　104.01783　= 93° 36' 57"8　D. B. n° 4.

Le premier nombre de chaque ligne est le nombre des observations ; le second, l'angle multiple, et le troisième l'angle simple, qui doit toujours se trouver égal au quotient du second divisé par le premier.

Dans tous les angles, les chiffres qui précèdent le point ou la lettre g sont des grades, c'est-à-dire des centièmes d'un quart de la circonférence ; les chiffres qui suivent le point sont des décimales de grade.

Exemple d'une observation d'angle entre deux signaux.

ENTRE WATTEN ET CASSEL.

	Angles multiples.	Moyenne arithmétique.	Angles simples.
	93^g574		
	$93.539 \;+a$	$93^g5315 + a + b + c$	46^g7870
	$93.503 :: + b$		
	$93.510 \;+.c$		
4	187.147		46.78675
6	280.723		46.78717
8	374.298		46.78725
10	467.868		46.7868
12	561.441		46.78675
14	655.014		46.78671
16	748.585		46.78656
18	842.159		46.78661
20	935.731		$46.78655 \;= 42^\circ\, 6'\, 28''4$
	1029.302		
22	$1029.268 \;+a$	$1029.26275 + a + b + c$	
	$1029.240 \;+b$		
	$1029.241 \;+.c$		

20 derniers angles··· 935.73125 ·········· 46.7865625 = 42° 6' 28"5

D. nº 1. 18 mai 1793, depuis 1ʰ jusqu'à 2ʰ 22'. La pointe du toit de la tour de Cassel étoit difficile à voir ; celle du petit clocher sur la tour de Watten se distinguoit un peu mieux.

J'avois oublié de lire les quatre alidades à zéro ; je les ai lues à l'angle double. Il pourra servir de point de départ.

Pour la réduction au centre.

$$r = 2^{t}1697$$
$$z = 1166^{t}90$$
$$1167.19$$
$$1167.00$$

Milieu 1167.03
22ᵉ angle 1029.30

$$y = 137.73 = 123° 57' 25''.$$

Le même angle vers six heures du soir, à la même place.

	Angles multiples.	Moyenne arithm.	Angles simples.
2	93ᵗ576		46ᵗ7880
4	187.144		46.7860
6	280.720		46.7867
8	374.286		46.7857
10	467.862 467.825 + 35 467.801 + 60 467.803 + 57	467.86075 . .	46.786075
12	561.434		46.7862
14	655.008		46.7863
16	748.580 748.545 + 35 748.520 + 60 748.522 + 57	748.57975 . .	46.7862346 = 42° 6' 27''4.

F. n° 1. Après le seizième angle on ne voyoit plus Cassel.

Nos deux cercles ont chacun quatre alidades, qu'on
lit ordinairement, au moins en commençant et en finissant une série d'angles. Ces quatre alidades ne sont pas

tout-à-fait à angles droits. Quand la première du cercle
n° 1 est sur zéro, la seconde, qui devroit marquer 100,
marque environ 35 de moins; la troisième marque environ 65 de moins que 200 ; enfin la quatrième marque
environ 57 de moins que 300. En ajoutant ces constantes aux trois dernières alidades, elles s'accordent
communément bien avec la première. On détermine ces
constantes en commençant chaque série. Si on lisoit
toujours bien, elles ne devroient pas varier. On y trouve
souvent quelques différences qui tiennent à l'inexactitude de l'estime : car le Vernier ne donne que deux
décimales; la troisième est un peu conjecturale. Ces
différences peuvent venir aussi de la difficulté de placer
bien exactement la première sur le zéro. Quand les
instrumens ont été démontés pour les nettoyer, on a cru
voir quelque changement dans les trois constantes. Dans
la première observation ci-dessus, j'avois oublié au
commencement de vérifier les constantes; j'ai mis en
place les lettres a, b, c, et j'ai pris la moyenne arithmétique, sans avoir égard à ces constantes. La différence entre la moyenne arithmétique de la fin et celle
du commencement, donne les vingt derniers angles en
rejetant les deux premiers, qui paroissent aussi bons
que les autres.

La lettre r indique par-tout la distance du centre de
l'instrument au centre de station. La lettre z indique
le point du limbe où se trouve la lunette supérieure
lorsqu'on la dirige vers le centre de station, après la
mesure de l'angle qui termine la série. De ce nombre z

on retranche le dernier angle mesuré, le reste est le chemin qu'à fait la lunette pour venir de l'objet à gauche au centre de la station. Ce reste, toujours indiqué par la lettre y, est l'angle entre l'objet à gauche et le centre. Je nomme O l'angle observé; et $(O + y)$ est l'angle entre l'objet à droite et le centre de la station.

L'objet à droite est toujours nommé le premier; l'objet à gauche, toujours le second.

Soit D la distance de l'objet à droite, G celle de l'objet à gauche : la réduction au centre, dans tous les cas, s'obtiendra par la formule,

$$\text{Réduction au centre} = \frac{r \, sin. \, (O + y)}{D \, sin. \, 1''} - \frac{r \, sin. \, y}{G \, sin. \, 1''}$$

Si l'on fait attention au signe algébrique des sinus de $(O + y)$ et y, on sera dispensé de considérer la position du centre par rapport à l'observateur, pour connoître le signe de la réduction.

La facilité que donnent les cercles pour mesurer les angles depuis o jusqu'à 400, simplifie le calcul des réductions, et permet de les renfermer dans une formule générale.

On peut calculer cette même réduction par une for-mule plus commode à quelques égards, en ce qu'elle n'est composée que d'un seul terme.

Soit A l'angle à l'objet à droite entre l'objet à gauche et le lieu de l'observation où l'angle opposé au côté G, la réduction sera $+ \dfrac{r \, sin. \, O \, sin. \, (A - y)}{D \, sin. \, A \, sin. \, 1''}$.

Le centre de la station est toujours trop voisin du

cercle pour qu'on puisse le voir dans la lunette, qu'on est forcé d'y aligner à vue, et cette observation est toujours un peu grossière. On la répète plus ou moins, suivant la difficulté qu'on éprouve, et l'on prend le milieu. Ainsi, page 6, on voit pour z trois valeurs qui diffèrent de 0ᵍ29 ; l'incertitude paroît de 0ᵍ3 pour chaque observation, et de 0ᵍ1 pour le milieu.

Les angles entre les objets terrestres ont été pris communément vingt fois, à moins de quelque raison particulière pour aller plus loin ou finir plutôt ; mais on les répétoit, autant qu'il étoit possible, à une autre heure, pour prévenir les erreurs qui sont produites par la manière dont les objets sont éclairés.

Le signe :: est consacré en astronomie pour indiquer une observation douteuse. Je m'en suis servi en ce sens.

Le réticule de nos lunettes a un mouvement de 45° qui permet de placer les fils de manière que l'un soit parallèle et l'autre perpendiculaire à l'horizon, comme on le pratiquoit toujours autrefois, ou, ce qui vaut souvent mieux, de les placer en sorte que tous deux fassent un angle de 45° avec l'horizon. Ces deux différentes positions du réticule sont indiquées, la première par le signe +, la seconde par le signe ⨯. Quand il n'y a pas de note particulière, les fils étoient à 45°. Dans des circonstances difficiles, on a été quelquefois forcé de mettre les objets sous le fil vertical : alors on en a averti, et l'on peut regarder l'observation comme douteuse. C'est ce qui a lieu dans la série suivante.

Entre *Watten* et *Cassel.*

2	93ᵇ550		46ᵇ7750	
4	187.100		46.7750	
6	280.650		46.7750	
8	374.200		46.7750	
10	467.752 / 467.695 + 57 / 467.672 + 80 / 467.708 + 45	467ᵇ75225	46ᵇ775225	
12	561.305		46.77543	
14	654.856		46.77543	
16	748.408		46.7755	
18	841.960		46.7755	
20	925.517 / 935.460 + 57 / 935.437 + 80 / 935.473 + 45	935.51725	46.77586	
22	1029.068 / 1029.012 + 57 / 1028.996 + 80 / 1029.025 + 45	1029.07075	46.77593	
24	1122.621		46.775875	
26	1216.172		46.775846	
28	1309.725		46.775893	
30	1403.278 / 1403.222 + 57 / 1403.200 + 80 / 1403.235 + 45	1403.27925	46.775975	$= 42° 5' 54''2$
30 bis	1403.275 / 1403.220 + 57 / 1403.198 + 80 / 1403.230 + 45	1403.27625	46.775875	$= 42° 5' 53''8$

F. nᵒ 4, de 1ʰ à 3ʰ. Le 30ᵉ angle *bis* a été pris par Bellet.

Cassel se voit difficilement, Watten un peu mieux. En général ce sont

deux objets difficiles à appercevoir. Le clocher de Watten étoit fort court et ▮▮▮▮▮
fort obtus : nous l'avons fait exhausser depuis.)   ·Dunkérque.

Ces observations ont été faites aux fils verticaux.

Pour la réduction au centre.

$$r = 2^t 1844$$
$$z = 1440^s 75$$
$$41.03$$
$$41.02$$
$$41.02$$

Milieu 1441.00
30° angle 1403.278

$$y = 37.722 = 33°\ 56'\ 59''$$

Résumé des trois séries.

			Réduction.	Angles réduits au centre.
1ère série	20 angles. D. n° 1.	42° 6' 28''46 — 18''11	42° 6' 10''35
2e série	16 angles. F. n° 1.	42° 6' 27''4 — 18''11	42° 6' 9''29
3e série	30 angles. F. n° 4.	42° 5' 53''8 + 15''58	42° 6' 9''38

42° 6' 9''67

Réduction à l'horizon . . . . — 0''86

Angle à l'horizon ou angle sphérique . . . . 42° 6' 8''81

En se rapprochant de la première série, qui est la
meilleure . . . . 42° 6' 9''34

C'est à ce dernier résultat que s'est arrêtée la commission spéciale nommée
pour examiner les observations.

Après cet exemple, nous serons moins prolixes pour les angles suivans.

Entre Gravelines et Watten.

$$20 \quad 1041^{s}5755 \quad 52^{s}078775 = 46° 52' 15''231 \quad \text{D. n}° 1.$$
$$r = 0^{s}7675$$
$$z = 1219^{s}13$$
$$\overline{\quad 1041.58 \quad}$$
$$y = 177.55 = 159° 47' 42''$$

De 3^{h} 51' à 5^{h} 7'. Les objets se voyoient fort bien.

$$20 \quad 1041.42625 \quad 52.071325 = 46° 51' 51''05 \quad \text{F. n}° 4.$$
$$r = 2^{s}1844 \quad y = 76° 2' 53''$$
$$30 \quad 1562.172 \quad 52.0724 = 46° 51' 54''6 \quad \text{D. n}° 1.$$
$$r = 2^{s}0959 \quad y = 84^{s}42 = 75° 58' 41''$$

Watten bien foible, sur-tout au commencement.

$$20 \quad 1041.48652 \quad 52.0743 = 46° 52^{\wedge} 0''73 \quad \text{F. n}° 1.$$
$$r = 1^{s}6678 \quad y = 103^{s}138 = 92° 49' 21''$$

De $5^{h} \frac{1}{2}$ à 7^{h}.

$$20 \quad 1041.683 \quad 52.08415 = 46° 52' 32''65 \quad \text{B. n}° 4.$$
$$r = 1^{s}9925 \quad y = 209^{s}55 = 188° 35' 42''$$

Watten se voyoit toujours foiblement.

Résumé.

		Réduction.	Angl. réduits au centre.	
20 angles	46° 52' 15''23	— 11''79	46° 52' 3''44	D. n° 1.
20 angles	46° 51' 51''05	+ 7''04	46° 51' 58''09	F. n° 1.
30 angles	46° 51' 54''60	+ 6''79	46° 52' 0''81	D. n° 1.
20 angles	46° 52' 0''73	— 2''46	46° 51' 58''27	F. n° 1.
20 angles	46° 52' 32''65	— 31''54	46° 52' 1''11	B. n° 4.

Milieu . . . . 46° 52' 0''44

$$\overline{\quad - \; 0''12 \quad}$$

Angle à l'horizon . . . . 46° 52' 0''32

Cet angle a été trouvé de 46° 52' 0'' en 1740. Voyez *Méridienne vérifiée*, page xij.

Le clocher de Gravelines est une flèche très-aiguë, et les objets de cette espèce ont toujours fait notre tourment. La pointe n'est pas toujours visible : on observe tantôt un point plus élevé, et tantôt un point plus bas, et si le clocher est éclairé obliquement, le point auquel on vise est plus ou moins éloigné de l'axe du clocher.

Les angles suivans ont été pris pour déterminer la position d'une maison nommée ci-devant l'*intendance*, située rue-du Jeu-de-Paume, et dans laquelle j'ai fait les observations de latitude.

Entre Cassel et le belvedère de l'intendance.

$$10 \quad 10605800 \quad 10680800 = 95° \ 28' \ 19''2 \quad \text{D. n}° \ 4.$$

Entre Bollezele et le belvedère de l'intendance.

$$10 \quad 13605866 \quad 13680866 = 122° \ 28' \ 40''6 \quad \text{D. n}° \ 4.$$

On ne pouvoit voir à la fois ces objets et le centre de la station. Pour déterminer la position de ce centre par rapport à celui de l'instrument, on a mesuré la perpendiculaire $ON = 0^t7639$ (*fig.* 1.)

La ligne . . . . $FP = 0.8611$

D'où . . . . $PK = 1.6250$
Enfin la longueur . . . . $FN = 1.3056$
D'où l'on conclut la distance au centre, ou $r = 2^t0844 = OP$

Et l'angle $KOP = 51° \ 13' \ 18''$
La direction à Gravelines fait, avec ZA ou OK, un

angle de . . . . $24° \ 58'$

Donc entre le centre et Gravelines . . . . $76° \ 11' \ 18''$
Entre Gravelines et Watten . . . . $46° \ 52'$
Entre Watten et Cassel . . . . $42° \ 6' \ 12''$
Entre Cassel et le belvedère . . . . $95° \ 28' \ 10''$

Donc entre le centre et le belvedère . . . . . $260° \ 37' \ 40''$
Ou entre le belvedère et le centre . . . . $99° \ 22' \ 20'' = y$

Ces valeurs de x et y serviront pour réduire les deux angles de Cassel et Bollezele avec le belvedère.

Ainsi entre Cassel et le belvedère de l'intendance . . 95° 28' 19"2

+ 2"8

Horizon . . . . 95° 28' 22"0

— 30' 53"

Centre . . . . 94° 57' 29"

Entre Bollezele et le belvedère . . . . 122° 28' 40"6

+ 4' 22"7

Horizon . . . . 122° 33' 3"3

— 31' 14"

Centre . . . . 122° 1' 49"3

BELVEDÈRE DE L'INTENDANCE.

DISTANCES AU ZÉNIT.

Tour de Watten. D. B. n° 1.

4 399.676 99.2190 = 89° 55' 37"6

Tour de Cassel. D. B. n° 1.

4 398.994 99.7485 = 89° 46' 25"1

En ajoutant 1' environ, on aura la distance de Socx au zénit.

Clocher de Hondschoote. D. B. n° 1.

4 399.448 99.8620 = 89° 52' 32"9

Tour de Dunkerque. D. B. n° 1.

Le point observé est ce qui reste du support de la croix.

6 570.250 95.04166 = 85° 32' 15"

Clocher de Bollezele. D. B. n° 1.

6 599.336 99.88933 = 89° 54' 1"4

ANGLES.

Entre Watten et Cassel. D. B. n° 1.

Belvédère
de
l'intendance.

				Réduct. à l'horizon.	Réduct. au centre.	Angles réduits.
10	465.5062	4685062	$= 41°\ 51'\ 20''1$	$-\ 0''4$	$0''0$	$41°\ 51'\ 19''7$

Entre Cassel et Hondschoote. D. B. n° 1.

10	565.664	56.5644	$= 50°\ 54'\ 35''1$	$+\ 0''6$	$0''0$	$50°\ 54'\ 35''7$

Entre Socx et Hondschoote. D. B. n° 1.

10	582.002	58.2002	$= 52°\ 22'\ 48''6$	$+\ 0''6$	$0''0$	$52°\ 22'\ 49''2$

Entre Bollezele et Hondschoote. D. B. n° 1.

10	868.603	86.8603	$= 78°\ 10'\ 27''4$	$+\ 0''6$	$0''0$	$78°\ 10'\ 28''0$

Entre la tour de Dunkerque et Cassel. D. B. n° 1.

10	934.804	93.4804	$= 84°\ 7'\ 56''5$	$-\ 0''7$	$-\ 41''3$	$84°\ 7'\ 14''5$

$$r = 0^t 1944 \quad y = 108°$$

TOUR DE WATTEN.

Watten.

II.

LA tour de Watten a 15ᵗ environ de hauteur, et se termine par une plate-forme. A la face qui regarde un peu obliquement Helfaut et Saint-Omer, étoit un petit clocher qui a été détruit peu de temps après, et que nous avons pris pour signal, n'osant pas en faire construire un autre dans les circonstances où nous nous trouvions alors. L'élévation du clocher au-dessus de la plate-forme étoit de 1ᵗ9ᵤ67; la hauteur du parapet

est de 0ᵗ75 environ : ainsi le clocher ne s'élevoit que
de 1ᵗ1667 au-dessus du parapet; ce qui rendoit l'observation difficile, comme nous l'avons éprouvé à Dunkerque. C'est ce qui m'a déterminé enfin à placer au-
dessus de ce clocher une espèce de parallélipipède de
0ᵗ28 de largeur, sur 1ᵗ25 de hauteur. Ce nouveau signal
s'élevoit donc de 2ᵗ4167 au-dessus du parapet, et de la
même quantité au-dessus de la lunette : ainsi $dH = 2^t4$.

DISTANCES AU ZÉNIT.

Signal de Dunkerque.

10   10018997   10081997   = 90° 10′ 47″   (dans le ciel.)
D. et B. n° 1. 26 mai 1793. Le signal ne se voit pas bien.

Pointe de la tour de Cassel. $6^h \frac{1}{2}$.

10   997.919   99.7919   = 89° 48′ 45″8 (dans le ciel.) D. B. n° 1.

Clocher de Fiefs, 3 juin.

10   999.500   99.95   = 89° 57′ 18″ (dans le ciel.) F. B. n° 1.

Clocher de Gravelines, 25 mai.

10   1002.190   100.219   = 90° 11′ 49″6 (dans le ciel.), F. B. n° 4.
Barom. 28ᵖᵒ 1ˡⁱ, therm. + 0.11 = 8ᵈ8

La même le 31 mai.

10   2004.263   100.21315 = 90° 11′ 30″6   F. B. n°. 4.
Barom. 28ᵖᵒ 1ˡⁱ, therm. + 0.116 = + 9ᵈ28

On voyoit très-bien Gravelines. La différence entre ces observations et les
précédentes vient en partie de ce que l'objet étant mieux éclairé le 31 que.

le 25, on pouvoit viser exactement au-dessous du coq ; au lieu que le 25,
le coq ne se voyant pas, on observoit un point plus bas et plus éloigné du
zénit.

Clocher d'Helfaut. F. B. nº 1.

10   999ᵇ816   99ᵇ9816   = 89° 59' 0"4

ANGLES.

Entre Cassel et Dunkerque.

20   1655ᵇ25475   82ᵇ7627375 = 74° 29' 11"27
$r =$ 1ᵗ8449 $y =$ 117° 10' 52"   Réduct. — 33"74

D. nº 1. Beaucoup de vent, horizon pur. On avoit assez de peine à observer
le signal de Dunkerque, sur-tout en commençant.

Même angle. D. nº 1.

20   1655ᵇ30925   82ᵇ7654625 = 74° 29'. 20"1
$r =$ 1ᵗ8333 $y =$ 133ᵇ78 = 120° 24' 7"   Réduct. — 34"85

On voyoit fort mal Dunkerque.

Même angle. D. nº 1.

20 . . . . 82ᵇ7645   = 74° 29' 16"98
Même place que le précédent . . . — 34"85

Même angle. F. nº 1.

26   2151ᵇ917   82ᵇ7660385 = 74° 29' 21"96
Même place . . . . — 34"85

Quoique le signal de Dunkerque se vît fort bien, il étoit difficile à observer.

Même angle. B. nº 4.

20   1655ᵇ0605   82ᵇ753025 = 74° 28' 39"8
$r =$ 2ᵗ4653 $y =$ 283ᵇ271 = 254° 56' 38" + 11"17

Même angle. F. n° 4.

10 . . . . 82⁵75025   = 74° 28′ 30″8
Continuation de la série précédente   + 11″9

Signal éclairé et presque invisible.

Même angle. F. B. n° 4.

30   2482860875   82⁵753625   = 74° 28′ 41″75
$r = 2′4919$ $y = 282⁵6$.   = 254° 20′ 24″   + 10″70

On croyoit voir le signal de Dunkerque.

Même angle. F. n° 4.

14   11585536̄75   82⁵752625   = 74° 28′ 38″5
Même place . . . .   + 10″70

On n'a pas été plus loin, parce qu'on ne voyoit plus le signal.

Quand nous avons quitté Dunkerque pour aller à Watten, on plantoit un mât tout près du coq, pour y placer un grand pavillon tricolor, qu'à notre retour à Dunkerque nous avons en effet vu flotter en cet endroit. Ce pavillon n'y étoit pas resté continuellement. J'ai toujours été persuadé que nous l'avons quelquefois observé au lieu du signal, et j'ai même cru deux ou trois fois le voir changer de direction avec le vent. C'est peut-être là la cause principale des différences étonnantes qu'on trouve entre ces observations. Dans cette incertitude, j'ai cru devoir observer la tourelle V, qui se voyoit beaucoup mieux (*fig.* 1).

Entre Cassel et la tourelle V. D. n° 1.

20   165585495   828777475 $=$ 74° 29′ 59″02
     $r =$ 1′8333 $y =$ 120° 24′ 7″ $=$ 34″86

Même angle. F. n° 4.

16   132481′9875 828′7624219 $=$ 74° 29′ 9″89
     $r =$ 3′0891 $y =$ 256° 30′ 22″ $+$ 15″85

Résumé.

20	D. n° 1.	74° 28′ 37″53	Difficile à voir.
20	D. n° 1.	45″25	On voyoit mal.
20	D. n° 1.	42″13	On voyoit bien.
26	F. n° 1.	47″11	Difficile, quoiqu'on vît bien.
20	B. n° 4.	50″97	
10	F. n° 4.	41″97	Presque invisible.
30	F. B. n° 4.	52″45	On n'étoit pas sûr de voir.
14	F. n° 4.	49″21	On ne voyoit pas bien.
160		74° 28′ 45″85	. Milieu des 8 séries.

Tourelle V.

20	D. n° 1.	74° 29′ 24″16
16	F. n° 4.	74° 29′ 25″74
		74° 29′ 24″95
Réduct. au signal ...		— 37″30
		74° 28′ 47″65
Réduc. à l'horizon ...		— 2″77
Angle horizontal ...		74° 28′ 44″88

Entre Fiefs et Cassel.

     20   1546^{s}2785   77^{s}313925   =   69° 34′ 57″12

D. n° 1. Vent très-incommode.

     20   1546^{s}2685   77^{s}313425   =   69° 34′ 55″5

F. n° 1. Beaucoup de vent ; il cesse vers la fin.

     20   1546^{s}24725   77^{s}3123625 =   69° 34′ 52″05   B. n° 1.

     Milieu . . . .   69° 34′ 54″89

   $r = 1′8333$ $y = 194° 53′ 29″$ — 9″95

     Angle réduit au centre . . . . .   69° 34′ 44″94

                          + 0″14

     Angle horizontal . . . .   69° 34′ 45″08

Entre Dunkerque et Gravelines.

     10   506^{s}287   506^{s}287   =   45° 33′ 56″988

$r = 1′8333$ $y = 74° 50′ 12″$ — 13″275

     Angle réduit au centre . . . . .   45° 33′ 43″713

                           + 0″935

     Angle horizontal . . . .   45° 33′ 44″648

D. n° 1. J'ai voulu continuer cette série : au 12ᵉ angle on ne voyoit presque plus le signal. Le 12ᵉ donneroit 1″45 de moins. Il m'a paru plus sûr de m'en tenir au 10ᵉ.

Entre Cassel et Gravelines.

     20   2667^{s}87366   133^{s}393683 = 120° 3′ 15″533

En s'arrêtant au 12ᵉ, après lequel on a cessé de bien voir Gravelines, on aura . . . . 120° 3′ 16″787

     $r = 1′8333$ $y = 74° 50′ 12″$ — 48″136

D. n° 1.   Angle réduit au centre . . . . . 120° 2′ 28″651

Même angle. F. n° 4.

30   4001ˢ370   133ˢ3790   = 120° 2' 27″96

r = 3ᵗ0891   y = 234ˢ39 = 210° 57' 4″ + 2″79

Angle réduit au centre . . . . .   120° 2' 30″75
Je suppose . . . .   120° 2' 30″0

— 1″33

Angle horizontal . . . .   120° 2' 28″67
Entre Cassel et Dunkerque . . . .   74° 28' 44″88

Donc entre Dunkerque et Gravelines . . .   45° 33' 43″8
Observation directe ci-dessus . . . . . .   45° 33' 44″6

Différence . . . .   0″8

Entre Helfaut et Cassel.

20   1659ˢ29525   828ˢ9646625 =   74° 40' 5″51

r = 1ˢ8449   y = 212ˢ964 = 191° 40' 3″ — 41″60

Au centre . . . .   74° 39' 23″91

D. n° 1. Temps superbe, un peu de vent. Helfaut blanc et noir, parce qu'il est éclairé obliquement.

20   1658ˢ6865   828ˢ934325 =   74° 38' 27″21   F. n° 4.

r = 1ˢ8892   y = 37.1ˢ768 = 334ᵈ 35' 28″ + 55″49

Au centre . . . .   74° 39' 22″70
Milieu . . . .   74° 39' 23″3

— 0″1

Angle horizontal . . . .   74° 39' 23″2

TOUR DE CASSEL.

III.

LA tour de Cassel est carrée, et terminée par une pyramide quadrangulaire fort écrasée, autour de laquelle est une galerie de 0ᵗ1667 de large. Le mur d'appui a par-tout 0ᵗ5 de hauteur, excepté du côté qui regarde Watten, où il a 0ᵗ6667. (Voyez *fig.* 2.)

La direction de ce côté fait, avec la direction à Watten, un angle de . . . . . 30582332 = 275° 42′ 36″
Duquel retranchant . . . . 45°

On a l'angle entre Watten et la
diagonale de la tour . . . . 230° 42′ 36″

Le centre de notre instrument étoit sur cette diagonale, à une distance du centre de 2ᵗ2686, et l'angle entre Watten et le centre étoit 230° 42′ 36″.

La hauteur du sommet de la pyramide au-dessus de la galerie étoit de 1ᵗ6667
Celle de l'instrument étoit de 0.7778

La hauteur du point de mire au-dessus de
la lunette, ou $dH =$ 0.8889

La pointe du clocher ne s'élevant que d'une toise environ au-dessus du mur d'appui, cette pointe est souvent difficile à voir, et quelquefois il est impossible de l'observer, quoiqu'on la voie en l'écartant un peu des fils. Aussi le plus souvent nous avons été obligés d'observer deux angles du mur, tels que D et K, en les faisant toucher aux deux fils, comme on le voit dans la *fig.* 3.

La pointe de la pyramide est bien dans l'axe de la tour carrée, et l'observation des deux angles du mur auroit la même exactitude que l'observation de la pointe, si le mur étoit par-tout d'une hauteur égale ; mais l'un de ces murs est plus élevé de 0ᵐ1667 que les trois autres. En plaçant sur les fils deux points inégalement élevés, D et K, l'axe de la tour ne passe plus par le centre C de la lunette ; il s'en écarte d'une quantité égale à la moitié de la différence de hauteur entre les points D et K. Si D est le point le plus élevé, l'axe de la tour sera à droite de C vers K, et si l'objet auquel on compare Cassel est plus voisin de D que de K, l'angle observé sera trop foible ; il sera trop fort si l'objet est plus voisin de K.

Le mur le plus élevé est celui qui regarde Watten. De Watten on auroit observé deux points également élevés : il n'y auroit point eu d'erreur. D'ailleurs on a observé la pointe, ainsi qu'à Dunkerque.

A Fiefs on a observé deux points inégalement élevés, et le plus élevé étoit à gauche : ainsi les angles à Fiefs, dans lesquels Cassel étoit l'objet à droite, sont trop petits ; il faut les augmenter de $\frac{0{,}0833}{18039^t \; sin. \; 1''} = 0''953$. Il faut diminuer de la même quantité ceux dans lesquels Cassel étoit l'objet à gauche : ainsi l'on diminuera de

0″953 l'angle entre le Mesnil et Cassel, et l'on augmentera de 0″953 les angles entre Cassel et Helfaut, entre Cassel et Watten.

Au Mesnil on a observé deux points inégalement élevés, et le plus haut étoit à droite. On augmentera donc l'angle au Mesnil, entre Cassel et Fiefs, de

$$\frac{0'0833}{21046^t\ sin.\ 1''} = 0''817.$$

A Béthune nous avons oublié de marquer si c'est la pointe ou les angles des murs qu'on a observés.

DISTANCES AU ZÉNIT.

Tourelle de Dunkerque.

10   1004δ032   100δ4032   = 90° 21′ 46″4   (dans le ciel.)
D. n° 1.   10 juin, à 2ʰ.

Signal de Watten.

10   1003δ429   100δ3429   = 90° 18′ 31″   (en terre.)
D. n° 1.   A 1ʰ. J'ai pris la partie la plus élevée du signal.

Signal du Mesnil.

10   1001δ719   100δ1719   = 90° 9′ 17″
F. n° 1.   3ʰ ½. Il se projette sur un bois; il égale les arbres en hauteur.

Clocher de Fiefs.

10   1000δ780   100δ078   = 90° 4′ 12″7   (dans le ciel.)
F. n° 1.   On ne voyoit pas bien la pointe.

Clocher d'Helfaut.

10   1002δ793   100δ2793   = 90° 15′ 4″9   (en terre.) F. n° 1.

Signal de Béthune.

6   601^s968   .100^s3280   = 90° 17′ 42″72   (en terre.)

D. n° 1.   Horizon embrumé. On avoit peine à voir le signal.

ANGLES.

Entre la tourelle S de Dunkerque et Watten.

40   2818^s007   705^s450175 =   63° 24′ 18″57

Réduction au signal (Voyez page 2.) . . . .   + 36″28

Entre le signal de Dunkerque et Watten . .   63° 24′ 54″85

r = 2ᵗ2686   γ = 230° 42′ 36″ . + 6″63

Au centre . . . .   63° 25′ 1″48

＋ 4″30

A l'horizon . . . .   63° 25′ 5″78

D. F. n° 1.   De 5ʰ, au coucher du soleil. J'ai observé les 21 premiers angles. Nous nous étions trop mal-trouvés du signal de Dunkerque à Watten pour perdre notre temps à l'observer à Cassel.

Entre Watten et Fiefs.

30   2660^s776   885^s6925333 = 79° 49′ 23″81

r = 2ᵗ2686 y = { 230° 42′ 36″ }
                { − 79° 49′ 24″ } = 150° 53′ 12″ − 49″57

Au centre . . . .   79° 48′ 34″24

＋ 0″82

Horizon . . . .   79° 48′ 35″06

D. F. n° 1.   9 juin 1793, à 2ʰ — 3ʰ ¼. Le Français visoit à Fiefs, et moi à Watten.

Entre Fiefs et le signal du Mesnil.

30   994^s69975   335^s15665835 = 29° 50′ 27″57

D. puis F. n° 1.   7 juillet 1793. Fiefs foible et éclairé du soleil ; signal d'abord brillant, puis foible.

20   663^s1295   335^s156475   = 29° 50′ 26″98

F. n° 1.   Les deux objets sont beaux.

1.

Le cercle, au lieu d'être en d, à l'extrémité de la diagonale (*fig.* 2), comme dans les observations précédentes, avoit été avancé en d''; en sorte que

$$
\begin{aligned}
d\,d' &= 0'239583 \\
d\,m &= 1.604167 \\
\hline
d'\,m &= 1.364584 \\
a\,d'\,w &= 275°\ 42'\ 36'' \\
m\,d'\,c &= 49°\ 36'\ 50'' \\
\hline
c\,d'\,w &= 226°\ .5'\ 46'' \\
w\,d'\,F &= -\ 79°\ 49'\ 24'' \\
F\,d'\,M &= -\ 29°\ 50'\ 28'' \\
\hline
y &= 116°\ 25'\ 54'' \qquad r = 2'1061
\end{aligned}
$$

Milieu des deux séries . . . . $29°\ 50'\ 27''28$

$\qquad\qquad\qquad\qquad\qquad - \quad 5''11$

Angle réduit au centre . . . $29°\ 50'\ 22''17$

Cet angle exige encore une correction d'une autre espèce.

Soit M le centre du signal du Mesnil, F Fiefs, C Cassel (*fig.* 4).

Le signal se projettoit sur un bois; pour le rendre plus visible, on avoit blanchi la face AB, et on ne voyoit que celle-là. L'angle FMC est de $58°\ 58'\ 15''$. Au lieu de viser en M nous avons visé en m, au milieu de la partie AB fortement éclairée par le soleil. Par conséquent l'angle observé est trop foible; il faut l'aug-menter de

$$
mCM = \frac{mM\ sin.\ 58°\ 58'\ 15''}{CM\ sin.\ 1''} = \frac{mM\ sin.\ 58°\ 58'\ 15''}{21041\ sin.\ 1''}
$$

$$
= \frac{0'6667\ sin.\ 58°\ 58'\ 15''}{21041\ sin.\ 1''} = 5''6
$$

Angle observé . . . . 29° 50′ 22″17

m C M . . . . 5″6

Angle véritable . . . . 29° 50′ 27″77

— 0″18

Horizon . . . . 29° 50′ 27″59

Entre *Watten* et *Helfaut*.

22   1066⁵636   48⁵483473 = 43° 38′ 6″45

D. n° 1. 11 juin, à midi. Les objets beaux en commençant; à la fin on ne voyoit presque plus Helfaut.

20   969⁵656   48⁵4828 = 43° 38′ 4″27   F. n° 1.

Milieu . . . . 43° 38′ 5″36

$r = 2^{t}2686$ $y = \left\{ \begin{array}{l} 230° 42′ 36″ \\ — 43° 38′ 6″ \end{array} \right\} = 187° 4′ 30″ — 31″58$

Au centre . . . . 43° 37′ 33″78

+ 1″95

Horizon . . . . 43° 37′ 35″73

Entre *Helfaut* et *Fiefs*.

30   1206⁵25625   40⁵208542 = 36° 11′ 15″68

D. puis F. n° 1. 12 juin 1793, 10ʰ — 12ʰ 45′. On voyoit à peine Helfaut.

Le centre de l'instrument étoit avancé de *d* vers *a*, en sorte que

$$d\ d′ = 0^{t}20833$$
$$d\ m = 1.60416$$
$$d′\ m = 1.39583$$
$$m\ d′\ C = 48° 58′ 23″$$
$$a\ d′\ w = 275° 42′ 36″$$
$$C\ d′\ w = 226° 44′ 13″$$
$$w\ d′\ f = 79° 49′ 24″$$
$$y = 146° 54′ 49″ \qquad r = 2^{t}1265$$

Angle observé : . . . . 36° 11' 15"68

                       — 15"48

Centre . . . . 36° 11' 0"20

                       — 1"2

Horizon . . . . 36° 10' 59"0

Angle à l'horizon entre Watten et Helfaut . 43° 37' 35"73

Entre Helfaut et Fiefs . . . . 36° 10' 59"00

Donc entre Fiefs et Watten . . . . 79° 48' 34"73

Observations directes ci-dessus . . . . . 79° 48' 35"05

Différence . . . . 0"32

Entre Fiefs et le signal de Béthune.

26   1147508375   448118606 = 39° 42' 24"28

D. puis F. n° 1.   9 juillet, 5ʰ 50' — 7ʰ 30'.   Fiefs et le signal étoient éclairés.
A la même place que pour Fiefs et le Mesnil. Ainsi $r = 2'1061$.

Entre Fiefs et Béthune . . . . 39° 42' 24"

Entre Fiefs et le Mesnil, page 27 . . . . . 29° 50' 28"

Donc entre Béthune et le Mesnil . . . . . 9° 51' 56"

Pour Fiefs et le Mesnil nous avions $y = 116°$ 25' 54"

Donc pour Fiefs et Béthune $y = 106°$ 33' 58"

    Réduction . . . .   — 12"35

Entre Fiefs et Béthune.   Centre . . . . . 39° 42' 11"93

                       — 1"42

        Horizon . . . . . 39° 42' 10"51

Entre Helfaut et Fiefs . . . . 36° 10' 59"0

Donc entre Helfaut et Béthune . . . . . . 75° 53' 9"51

FIEFS.

IV.

La flèche de Fiefs est une pyramide octogone dont le côté étoit d'environ 0^t5, à la hauteur à laquelle nous avons placé notre instrument. La hauteur totale au-dessus du sol est de . . . . 19^t5

Notre lunette étoit élevée de. . . . . 41.

$$\text{Ainsi } dH = \overline{5.5}$$

Cette flèche, longue et menue, ne paroît incliner d'aucun côté.

Le milieu du clocher est occupé par une poutre perpendiculaire carrée, dont le côté est de 0^t1076. Elle empêchoit de viser exactement au centre et d'en prendre la distance r. On visoit alternativement à deux arrêtes, dont on mesuroit aussi les distances au centre du cercle, pour en conclure par le calcul r et y, ainsi qu'il est expliqué dans le discours préliminaire.

DISTANCES AU ZÉNIT.

Tour de Watten.

10   $1003^{t}598 $1008^{t}598 $= 90^\circ 19' 25''8$ (dans le ciel.)

F. n° 4. On ne voyoit pas le signal, et fort mal la tour. La pointe du signal s'élève de 2^t4167 au-dessus du parapet, et 2^t4167 à la distance de Fiefs, valent $26''$. On peut supposer $90^\circ 19'$ pour la distance zénit du signal.

Tour de Cassel.

10   $1002^{t}087 $1006^{t}087 $= 90^\circ 11' 16''2$. (dans le ciel.) F. n° 4.

Clocher d'Helfaut.

10   1003^g710 $1008^37 10$ = 90° 20′ 2″0 (dans le ciel.)

F. n° 4. On voyoit à peine Helfaut.

Signal du Mesnil.

10   1001^g804 1008^1804 = 90° 9′ 44″5 (en terre.)

F. n° 1. A 5ʰ.

Clocher de Sauti.

10   1001^g630 1008^163 = 90° 8′ 48″ (dans le ciel.)

F. n° 1. A 6ʰ ½. On voyoit foiblement Sauti.

Clocher de Bonnières.

10   1002^g055 1008^2055 = 90° 11′ 5″8 (dans le ciel.)

F. n° 1. A 7ʰ 10′. On voyoit mal Bonnières.

ANGLES.

Entre Cassel et Helfaut

20   756^g7795 $37^g838975$ = 34° 3′ 18″28

D. n° 1. 3 juillet 1793, 4ʰ. Fortes ondulations.

$$r' = r'' = 0^g3166 \quad z' = 886^g422$$
$$z'' = 9\dot{0}9.085$$

Milieu . . . $z = \overline{897.7535}$

20ᵉ angle . . . $\overline{756.7795}$

$$y = 140.9740 \quad = 126° 52′ 36″$$
$$r = 0^g36765$$

On a observé les deux arrêtes de la face voisine.

Réduction au centre . . . . — 3″99

Angle au centre . . . . 34° 3′ 14″29

Correction. (Voyez Cassel, p. 24.) . + 0″95

Angle vrai . . . . 34° 3′ 15″24

  + 0″23

Horizon . . . . 34° 3′ 15″47

Fiefs.

Entre le signal de Mesnil et Cassel.

20 2026^g44725 $101^g322362$ = 91° 11′ 24″46

D. n° 1. 3 juillet, vers 2^h. Objets foibles, et sur-tout Cassel. Vers la fin de la série on voyoit mieux.

Même place que le précédent, ainsi $r = 0^t36765$

y précédent 126° 52′ 36″

Entre Cassel et Helfaut . . 34° 3′ 18″

Donc . . . . y = 160° 55′ 54″ — 8″26

Au centre . . . . 91° 11′ 16″20

Même angle.

20 2026^g46725 $101^g323362$ = 91° 11′ 27″69

F. n° 4. De 5^h à 7^h ½. Objets bien visibles; mais Cassel éclairé à gauche, ce qui pouvoit augmenter l'angle.

$r' = r'' = 0^t3102$ y = 161° 20′ 56″ — 8″08

$r = 0^t35996$ Au centre . . . . . . 91° 11′ 19″61

Même angle.

20 2026^g4525 $101^g322625$ = 91° 11′ 25″3 B. n° 4.

$r' = r'' = 0^t3194$ $y = 177^g6415$ = 159° 52′ 35″ — 8″33

$r = 0^t36915$ Au centre . . . . . . 91° 11′ 16″97

Même angle. 1ere place.

20 2026^g46725 $101^g323362$ = 91° 11′ 27″69 F. n° 1.

— 8″26

Au centre . . . . 91° 11′ 19″43

Milieu entre les quatre séries . . . . 91° 11′ 18″05

Correction. (Voyez Cassel, p. 23 et 24.) . — 0″95

Angle vrai . . . . 91° 11′ 17″10

+ 1″94

Horizon . . . . 91° 11′ 19″04

Chacune de ces séries, prise séparément, paroît également bonne; elles présentent le même accord dans toutes leurs parties. Il y a quelque apparence que le Français Lalande et moi n'observions pas exactement le même point de la tour, qui n'étoit pas bien éclairée.

Entre Cassel et le signal de Watten.

$$10 \quad 340^s130 \quad 34^{so}130 \quad = 30° 36' 42''12$$
$$r' = r'' = 0^s3194 \quad y = 145^{s}2635 = 130° 44' 14'' \; - \; 1''65$$
$$r = 0^s35996 \quad \text{Au centre} \ldots \ldots \ldots \; 30° 36' 40''47$$

F. n° 4. La nuit a empêché de continuer.

Même angle.

$$44 \quad 149^s553 \quad 34^{so}12568 \; = 30° 36' 40''72$$

Même place . . . . 　— 1''65

Au centre . . . . 30° 36' 39''07

Je suppose . . . . 30° 36' 39''50

Correction. (Voyez Cassel, page 24.) . . . . 　+ 0''95

Réduction à l'horizon . . . . 　+ 0''19

Horizon . . . . 30° 36' 40''64.

D. puis F. n° 1. Point de soleil; on voyoit bien les objets.

Entre le clocher de Sauti et le Mesnil.

$$20 \quad 955^s50025 \quad 47^s7750125 = 42° 59' 51''04$$
$$r = 0^s38665 \quad y = 153^d 37' 1'' \; - \; 4''64$$

Au centre . . . . 42° 59' 46''40

F. n° 4. Le Mesnil beau, Sauti difficile.

Même angle.

$$20 \quad 955^s5210 \quad 47^s77605 \; = 42° 59' 54''4$$
$$r = 0^s46689 \quad y = 143° 41' 37'' \; - \; 6''06$$

Au centre . . . . 42° 59' 48''34

D. n° 1. De midi à 1^h ½. On voyoit mal en commençant, ensuite bien. Les premiers angles sont de 1 ou 2'' plus forts que les derniers.

Même angle.

20   955852925   47ᵍ7764625 $=$ 42° 59′ 55″74
                                            — 6″06
                                      ─────────────
Au centre . . . . 42° 59′ 49″68

F. n° 4. De 7 à 8ʰ. Sauti, éclairé de côté, paroît courbe.

Même angle.

20   955855375   47ᵍ7776875 $=$ 42° 59′ 59″71
                                            — 4″64
                                      ─────────────
Au centre . . . . 42° 59′ 55″07

D. n° 1 ⊹ première place. Grand vent; Sauti foible et courbe; ondulations au Mesnil; fils en ⊹ série à rejeter.

Milieu entre les trois premières . . . . . 42° 59′ 48″14
                                                     ⊹ 0″58
                                               ─────────────
Horizon . . . . 42° 59′ 48″72

Pour ne pas négliger tout-à-fait la dernière,
je suppose   42° 59′ 49″22

Le clocher de Sauti et les flèches voisines nous ont fort exercés par leurs phases différentes.

Entre les clochers de Bonnières et Sauti.

20   767ᵍ770   38ᵍ3885 $=$ 34° 32′ 58″74

D. n° 1. 3 juillet, 5ʰ 40′ — 7ʰ 20′. Objets éclairés du soleil; Sauti tout-à-fait courbe.

Même angle.

20   767ᵍ739   38ᵍ38695 $=$ 34° 32′ 53″72

F. n° 4. 4 juillet, 3ʰ 10′ — 5ʰ 45′. Objets assez beaux en commençant; ils l'étoient moins vers le milieu.

Même angle.

12   460ᵍ659   38ᵍ388225 $=$ 34° 32′ 57″85

B. n° 4. A la fin du jour. Bonnières éclairé du soleil.

1.   5

Même angle.

20   76787525   38838 7625 $=$ 34° 32′ 55″9

D. n° 1. *5 juillet*, vers 2ʰ. Objets foibles, vent considérable qui agitoit le clocher de Fiefs ; mais jamais il n'a fait sortir les objets de dessous les fils en $+$

Milieu entre les quatre séries . . . . 34° 32′ 56″39

Milieu entre la seconde, d'une part, et les
trois autres réunies, de l'autre part . . . . . 34° 32′ 55″50

Milieu entre la seconde et la quatrième . . 34° 32′ 54″81

$r = 0^t 4132$ $y = 196°$ 12′ 11″ $-$ 3″15

Au centre . . . . 34° 52′ 51″66

                          $+$ 0″47

Horizon . . . . 34° 32′ 52″13

Les séries 2 et 4 n'étoient point éclairées par le soleil, et c'est ce qui leur a fait donner la préférence.

BÉTHUNE.

V.

LE signal étoit placé sur la tour de Saint-Vast. C'étoit une pyramide quadrangulaire de 1ᵗo de base sur 2ᵗ1667 de hauteur. Le centre répondoit au milieu d'une trape qui n'est pas tout-à-fait au milieu de la tour, mais à

2ᵗ7361 de la face nord,
3.4167 de la face sud,
2.8750 de la face est,
3.3472 de la face ouest :

$dH = 1.4167.$

On monte à la plate-forme de la tour par un escalier

de 252 marches et de 25 toises de hauteur. Le signal de
Béthune ne se voyoit pas de Fiefs, et le travail de cette
station ne servira qu'à déterminer la position de Béthune.

DISTANCES AU ZÉNIT.

Tour de Cassel.

6   599ᵇ620   99ᵇ92667   = 89° 56′ 2″4   (dans le ciel.)
F. nᵒ 4.   Après le 6ᵉ angle on ne voyoit plus Cassel.

Clocher d'Helfaut. F. nᵒ. 4.

10   1000ᵇ730   100ᵇ9730   = 90° 3′ 56″5   (dans le ciel.)

Clocher de Fiefs. F. nᵒ 4.

10   997ᵇ067   99ᵇ7067   = 89° 44′ 9″7   (dans le ciel.)

Signal du Mesnil. F. nᵒ 1.

10   994ᵇ699   99ᵇ4699   = 89° 31′ 22″5   (dans le ciel.)

ANGLES.

Entre Cassel et Helfaut.

20   833ᵇ091   41ᵇ65455   = 37° 29′ 20″9
Au centre.   D. nᵒ 1.   Objets assez beaux; vent horrible.

20   833ᵇ1125   41ᵇ655625   = 37° 29′ 24″2
F. nᵒ 4.   En même temps que le précédent.

$r = 1^t2222$ $y = 243ᵇ951 = 219° 33′ 21″$ —   5″8

—————————————————

·Au centre . . . .   37° 29′ 18″4
Milieu entre les deux séries . . . . . .   37° 29′ 19″65
                                           —   0″79

—————————————————

·Horizon . . . .   37° 29′ 18″86

Entre Cassel et Fiefs.

20 1748ᵗ047   87ᵗ40235 = 78° 39' 43"61
Au centre. D. n° 1. Objets embrumés, puis beaux.

Même angle.

20 1748ᵗ05075 87ᵗ4025375 = 78° 39' 44"22

F. n° 4. En même temps que la série précédente.

$r = 1^t0139$ $y = 244^t305 = 219° 52' 28"2$ $+\ 0"06$

Au centre. . . . . 78° 39' 44"28
Milieu entre les deux séries . . . . : 78° 39' 43"95
                                        $+\ 0"63$
Horizon. . . . . 78° 39' 44"58

J'avois placé l'instrument n° 4 sur la circonférence du cercle circonscrit au triangle formé par Cassel, Fiefs et Béthune, afin que la réduction fût nulle. Cependant j'ai engagé le citoyen le Français Lalande à mesurer à l'ordinaire r et y, et la réduction en effet est insensible.

Pour rendre la réduction nulle et pouvoir observer hors du centre un angle absolument égal à celui qui s'observeroit du centre, il faut se placer (*fig.* 6) en quelque point G de la circonférence; alors on aura

$$y = BGC = BAC \text{ ou } y = A; \sin. (A - y) = 0;$$

et par conséquent la réduction elle-même $= 0$. (Voyez page 8, seconde formule.)

La même chose auroit lieu de l'autre côté du centre en F; car alors on auroit

$$AFC = 360° - (O + y) = B;$$

d'où

$$360° - O - B = y = 180 - (180 - A) = A.$$

Béthune.

Ainsi, pour se placer sur la circonférence, il faudroit porter le cercle à droite du centre en G, de manière à ce que la direction GC au centre, et la direction GB à l'objet à gauche, fissent un angle égal à l'angle A; ou bien il faudroit porter le cercle à gauche du centre, de manière à ce que la direction FC au centre fît à droite de la direction FA un angle B.

En fixant d'abord les deux lunettes à l'angle A ou B, il suffira de faire mouvoir le cercle dans la direction EB ou DA, jusqu'à ce que l'une des deux lunettes étant dirigée à l'un des signaux, l'autre soit dirigée au centre.

Quand le centre est libre, comme il l'étoit à Béthune et au Mesnil, le procédé est plus facile. Par le centre C menez une ligne CE, qui fasse à droite de CA l'angle $ACE = B$, ou bien une ligne CD, qui fasse à gauche de CB l'angle $BCD = A$, la ligne ECD sera tangente au cercle circonscrit; cette tangente se confondra sensiblement avec le cercle. Placez donc l'instrument en E ou en D, à deux ou trois toises de C, et la réduction sera insensible. Dans la rigueur géométrique, au lieu de rester en E, il faudroit s'avancer dans la direction en B d'une quantité $EG = \dfrac{(CE)^2}{EB} = \dfrac{r^2}{G}$; et de F il faudroit s'avancer vers A de $DF = \dfrac{CD^2}{DA} = \dfrac{r^2}{D}$. Mais on peut sans scrupule rester sur la tangente.

Ces pratiques seront utiles quand on éprouvera quelque difficulté à mesurer la distance au centre; mais lorsque c'est y qu'on ne peut bien observer, il faut se placer de manière à ce que $(A - y) = 90°$, ou $y = A + 90°$.

Entre Helfaut et Fiefs.

20　914ᵉ997　45ᵉ74985 $= 41°$ 10′ 29″51

D. nᵒ 1. Helfaut d'abord embrumé, puis beau par intervalles.

Même angle, observé en même temps.

18　823ᵉ500　45ᵉ7500　$= 41°$ 10′ 30″0　F. nᵒ 4.

$r = $ 1ʲ0278　$y = $ 222° 30′ 46″　— 0″08

Au centre . . . . 41° 10′ 29″92

Milieu entre les deux séries . . . . . . 41° 10′ 29″71

— 4″27

Horizon . . . . 41° 10′ 25″44

J'avois encore placé le cercle nᵒ 4 de manière à ce que le Français Lalande pût observer le même angle que moi qui étois au centre. On voit en effet que la différence entre nos deux séries n'est que de 0″4; elle étoit de 0″67 à l'angle entre Cassel et Fiefs.

Entre Fiefs et le signal du Mesnil.

40　2796ᵉ740　69ᵉ9185　$= 62°$ 55′ 35″94

+ 4″10

Horizon . . . . 62° 55′ 40″04

F. puis B. nᵒ 1. Au centre. 28 juin 1793.

Beaucoup de vent, et Fiefs n'etoit pas toujours bien visible. Les 20 premières observations donneroient environ 2″ de plus que les 40 réunies.

J'étois absent, et à mon retour je n'ai pas pris la peine de recommencer l'observation d'un angle qui ne devoit pas servir.

SIGNAL DE MESNIL.

V I.

L A montagne sur laquelle nous avons placé ce signal
est dans l'arrondissement de Mesnil-les-Ruitz, appelé
plus communément Mesnil-Caillou, sur la même montagne à laquelle on a donné le nom de Rébreuve dans
les méridiennes de 1740 et de 1718. Les deux bois taillis
entre lesquels on s'étoit placé alors, subsistent toujours.
Je me suis approché du signal de 1740, autant que la
distribution actuelle du terrain l'a permis.

Notre signal n'étoit pas dans le milieu du plateau;
il étoit beaucoup plus près du bois qui aboutit à Fres-
nicourt et Verdrel que de celui qui regarde Rébreuve.

La distance de notre signal à la lisière du bois voisin
étoit de 47ᵗ33. La perpendiculaire qui mesuroit cette
distance tomboit un peu à gauche d'un petit chemin
qui entre dans le bois, et vis-à-vis duquel le fossé de
limite est interrompu.

Le signal étoit composé de quatre arbres enfoncés en
terre d'environ une demi-toise, et dont la hauteur visible étoit de 1ᵗ667. Couverts de planches, ils formoient
un parallélépipède qui étoit proprement le signal, et
dont la base carrée avoit 1ᵗ3333 de côté. Ce parallélépipède étoit surmonté d'une pyramide tronquée dont la
hauteur étoit de 1ᵗ4167. La face qui regardoit Fiefs
avoit été blanchie à cause des arbres verts sur lesquels

elle se projettoit. En observant ce signal, on plaçoit la pyramide sous la croisée des fils, et l'on ne voyoit que le parallélépipède. La face blanchie, quand elle étoit éclairée du soleil, étoit extrêmement brillante. J'avois choisi cette forme, parce que de Fiefs, et même de Cassel, le signal ne pouvoit se voir qu'éclairé du soleil. Cette circonstance exigeoit une correction, et le calcul en étoit plus facile et plus sûr que si le signal eût été une pyramide. La face blanchie étoit tournée directement vers Fiefs.

Les habitans du pays m'ont assuré qu'en 1740 le signal étoit un grand arbre dont le sommet avoit été couvert d'un drap blanc.

DISTANCES AU ZÉNIT.

Signal de Béthune.

10   10058800   10055800 = 90° 31′ 19″2   (en terre.)   F. n° 4.

Tour de Cassel.

10   10015726   10051726 = 90° 9′ 19″   (dans le ciel.) F. n° 4.

Clocher de Fiefs.

12   11995567   9959641 = 89° 58′ 3″7   (dans le ciel.) F. n° 4.

Clocher de Sauti.

10   10005325   10050325 = 90° 1′ 45″3   (dans le ciel.) F. n° 4.
Toutes ces distances ont été mesurées le 21 juin 1793.

ANGLES.

Entre Béthune et Fiefs.

$$20 \quad 1944^{s}8365 \quad 97^{s}241825 = 87° \; 31' \; 3''51$$
$$- 1''40$$
$$\overline{}$$

Horizon . . . . 87° 31' 2''11

D. et F. n° 1. Au centre. Ondulations ; à cela près, les deux objets bien visibles.

D. et F. signifient que les deux observateurs étoient ensemble, l'un à la lunette supérieure, et l'autre à l'inférieure. Quand les observateurs changeoient de lunette, on en a averti expressément.

Entre Cassel et Fiefs.

30	1965^{s}6955	65^{s}5231889	= 58° 58' 15''13		D. n° 1.
20	1310^{s}44475	65^{s}5222375	= 58° 58' 12''05		F. n° 4.
$r = 1^{t}2292$	$y = 167^{s}462$	= 150° 42' 57''		0''00	
30	1965^{s}68175	65^{s}522725	= 58° 58' 13''63		F. puis D.
30	1965^{s}701	65^{s}523367	= 58° 58' 15''71		B. n° 4.

Milieu entre les quatre séries . . . . 58° 58' 14''13
Correction. (Voyez Cassel, page 24.) . . . + 0''82
$$\overline{}$$

Angle vrai . . . . 58° 58' 14''95
$$- 0''86$$
$$\overline{}$$

Horizon . . . . 58° 58' 14''09

Les deux premières séries ont été observées simultanément le 23 juin 1793, à 1^h. Bel horizon, vent considérable et froid, ondulations à Fiefs. N° 1 au centre du signal, et n° 4 à 1^t2292 de distance. La troisième série, commencée par le Français-Lalande, a été terminée par moi : les 20 premiers angles, qui sont de le Français, donneroient 12''3 ; les 10 derniers, qui sont de moi, donneroient 16''3 ; ce qui diffère peu de ma première série, et encore moins de la dernière, qui est de Bellet. Les deux séries de le Français s'accordent aussi très-bien ; ce qui prouve que nous avions une manière différente de prendre le même objet, et que nous l'avons conservée les deux jours. En comparant cet angle à ceux qui ont été observés à Cassel et Fiefs, on voit par la somme qu'on auroit pu ajouter $1''$ à ce dernier.

A la troisième série les objets étoient beaux et le temps calme.

Entre Fiefs et Sauti.

$$20 \quad 2280880125 \quad 1148040 0625 = 102° \ 38' \ 9''8 \qquad \text{D. } n° 1.$$
$$20 \quad 2280879625 \quad 1148039 8125 = 102° \ 38' \ 8''99 \qquad \text{F. } n° 4.$$
$$r = 0^t8252 \quad y = 247^t 096 = 222° \ 23' \ 11'' \quad — \ 0''25$$

$$\overline{}$$

$$102° \ 38' \ 8''74$$
Milieu entre les deux séries . . . . $102° \ 38' \ 9''27$
$$— \ 0''05$$

$$\overline{}$$

Horizon . . . . $102° \ 38' \ 9''22$

Ces deux séries ont été observées simultanément. J'avois placé l'instrument n° 4 de manière à ce que la réduction fût nulle : elle s'est trouvée de $0''25$.

S A U T I.

V I I.

LE clocher de Sauti est une tour carrée, en pierres et en briques, surmontée d'une belle flèche qui a été refaite vers 1780. Il n'y a plus de galerie, comme il y en avoit une en 1740, et nous avons observé dans l'intérieur, à la troisième enrayure.

Hauteur totale du clocher . . . . $24^t 1667$
Hauteur de la lunette au-dessus du sol . 19.5000

$$\overline{}$$

$$dH = 4.6667$$

L'ancienne flèche avoit $1^t 667$ de moins que la nou-velle.

DISTANCES AU ZÉNIT.

Signal de Mesnil.

8   801^{g}051   100^{g}131375 $=$ 90° 7' 6"   (dans le ciel.)

D. n° 1. La nuit approchoit.

Clocher de Fiefs.

4   400^{g}373   100^{g}09325 $=$ 90° 5' 2"1   (dans le ciel.)

D. n° 1. Je n'ai pu en prendre davantage.

Clocher de Bonnières.

10   1001^{g}509   100^{g}1509 $=$ 90° 8' 9"   (dans le ciel.)

D. n° 4. A 7^h ½.

Clocher de Beauquêne.

10   1001^{g}535   100^{g}1535 $=$ 90° 8' 17"3   (dans le ciel.) D. n° 4.

Clocher de Mailli.

10   1001^{g}740   100^{g}1740 $=$ 90° 9' 23"76   (dans le ciel.)

D. n° 4. Toutes ces distances ont été observées à la fin du jour, les 13, 16 et 17 juillet 1793.

ANGLES.

Entre Mesnil et le clocher de Fiefs.

20   763^{g}72375   38^{g}1861875 $=$ 34° 22' 3"25

D. n° 1. Objets foibles d'abord; le clocher l'a été jusqu'à la fin. Le signal n'a pas tardé à devenir très-beau : on n'en voyoit que la face qui regarde Sauti. 5^h ½ — 7^h.

20   763^{g}7195   38^{g}185975 $=$ 34° 22' 2"66

F. n° 4. Fiefs blanc d'abord, ensuite foible. 5^h ¼ — 7^h.

Milieu des deux séries . . . . 34° 22' 2"95

$r = $ 0^{t}4239 $y = $ 179° 18' 58"   — 3"89

Au centre. . . . . 34° 21' 59"06

Correction. (Voyez ci-après, p. 44.) . . . . .   + 2"37

Angle vrai . . . . 34° 22' 1"43

    + 0"13

Horizon. . . . . 34° 22' 1"56

Cet angle avoit besoin d'une correction. Pour viser au centre M du signal (*fig.* 5), il auroit fallu viser au point n de la face AD, qui seule étoit visible, parce que le soleil l'éclairoit, tandis que la face DC étoit dans l'ombre, et qu'elle n'étoit pas même couverte de planches. L'angle $FMS = 102° 38' 8''$;

$$FMm = 90°;$$
$$mMS = 12° 38' 8'';$$
$$mSM = \frac{Mm \; sin. \; mMS}{SM \; sin. \; 1''}$$
$$= \frac{0'6667 \; sin. \; 12° 38' 8''}{12656 \; sin. \; 1''}$$
$$= 2''37.$$

Entre Fiefs et Bonnières.

20	121⁸7525	60⁸837625	$= 54° 45' 13''90$

D. n⁰ 1. 14 juillet, $3^h - 5^h$. Fiefs toujours foible, Bonnières blanc sur la fin.

20	121⁸7835	60⁸839175	$= 54° 45' 18''93$

F. n⁰ 4. $5^h 50' - 7^h \frac{1}{2}$. Fiefs toujours blanc, Bonnières blanc sur la fin.

20	121⁸778	60⁸8389	$= 54° 45' 18''04$

B. n⁰ 1. 16 juillet, 6^h.

20	121⁸77225	60⁸8386125	$= 54° 45' 17''10$

D. n⁰ 1. Les deux clochers éclairés par intervalles.

Milieu . . . . $54° 45' 16''99$

$r = 0'53824 \quad y = 98° 23' 10'' \qquad - \quad 7''93$

Au centre . . . . $54° 45' 9''06$

$+ \quad 0''32$

A l'horizon . . . . $54° 45' 9''38$

La première série est peut-être la meilleure, parce que dans les trois autres les objets étoient obliquement éclairés par le soleil. On pourroit donc diminuer cet angle de 3''.

Entre Bonnières et Beauquêne.

20   1435ᵇ920   71ᵇ7960   = 64° 36′ 59″04
$r =$ 0ᵗ42755 $y =$ 153° 37′ 37″   — 9″65

Centre . . . .   64° 36′ 49″39

F. nᵒ 4. 13 juillet, 5ʰ ¼ — 7ʰ ½. Les deux objets d'abord assez beaux, puis Beauquêne éclairé à gauche dans la lunette qui renverse, c'est-à-dire à droite.

20   1435ᵇ87675   71ᵇ7938385 = 64° 36′ 52″04
$r =$ 0ᵗ42228 $y =$ 155° 55′ 6   — 9″44

Centre . . . .   64° 36′ 42″60

D. nᵒ 1. 14 juillet, 6ʰ ½. Objets beaux en commençant, Beauquêne un peu pâle sur la fin.

Cette série a été troublée par un grand nombre de curieux.

20   1435ᵇ93325   71ᵇ7966625 = 64° 37′ 1″19
                                   — 9″44

Centre . . . .   64° 36′ 51″75

B. nᵒ 1. 15 juillet, 3ʰ — 5ʰ. Même place.

20   1435ᵇ9255   71ᵇ796275   = 64° 36′ 59″93
                                   — 9″44

Centre . . . .   64° 36′ 50″49

F. nᵒ 4. 1ʰ 50′ — 3ʰ 25′. Même place.

Milieu des quatre séries . . . .   64° 36′ 48″51
En rejetant la seconde . . . .   64° 36′ 50″54
                                   + 0″74

Horizon . . . .   64° 36′ 51″28

Entre Beauquéne et Mailli.

20 1176ᵗ75875 588379375 = 52° 57' 14″92

F. n° 4. 14 juillet, 2ʰ ½ — 4ʰ ¼. Mailli blanc et quelquefois courbe, Beauquêne assez beau.

20 1176ᵗ72975 588364875 = 52° 57' 10″22

D. n° 1. 15 juillet, 5ʰ 50' — 7ʰ ¼. Objets éclairés du soleil.

20 1176ᵗ798 588399 = 52° 57' 21″28 B. n° 4.
20 1176ᵗ7950 588975 = 52° 57' 20″63

B. n° 1. Midi.

20 1176ᵗ7745 588838725 = 52° 57' 17″47

D. n° 1. 3ʰ. Le soleil s'est très-peu montré, et par cette raison on pourroit
s'en tenir à cette série, qui d'ailleurs tient à-peu-près le milieu entre toutes
les autres.

Milieu entre les cinq séries . . . . 52° 57' 16″90
En rejetant les deux premières . . . . . 52° 57' 19″79

Angle observé, quatrième série . . . . . 52° 57' 17″47
            — 4″39

Centre . . . . 52° 57' 13″08
            + 0″68

Horizon . . . . 52° 57' 13″76

Entre Mailli et le signal du Mesnil.

20 3406ᵗ828 170834,14 = 153° 18' 26″14
r = 0ᵗ47852 y = 249° 31' 15″ + 15″32

Centre . . . . 153° 18' 41″36
            — 4″95

Horizon . . . . 153° 18' 46″41

D et B. n° 1. 18 juillet. Point de soleil, excepté vers la fin.

Tour de l'horizon.

Entre Mailli et le Mesnil . . . . 153° 18' 46"41
Entre le Mesnil et Fiefs . . . . 34° 22' 1"56
Entre Fiefs et Bonnières . . . . 54° 45' 9"38
Entre Bonnières et Beauquêne . . . . 64° 36' 51"28
Entre Beauquêne et Mailli . . . . 52° 57' 13"76

$$\overline{360° \quad 0' \quad 2"39}$$

BONNIÈRES.

VIII.

LE clocher de Bonnières est une flèche octogone sur une tour carrée. L'instrument étoit placé à la seconde enrayure à la hauteur de . . . . 12^t
La hauteur totale du clocher est de . . $\overline{17.6667}$

$$dH = 5.6667$$

DISTANCES AU ZÉNIT.

Clocher de Fiefs.

8   8008029   1008003625 $=$ 90° 1' 57"5   (dans le ciel.) D. et B. n° 1.

Clocher de Sauti.

8   7998611   998951625 $=$ 89° 57' 23"3   (dans le ciel.) D. et B. n° 1.

Clocher de Beauquêne.

10   10008652   1008652 $=$ 90° 3' 31"25 (dans le ciel.) D. et B. n° 1.

Les distances au zénit de ces trois flèches pointues sont très-difficiles à prendre exactement.

ANGLES.

Entre Sauti et Fiefs.

20   2015?605   1008?78025 $= 90° \; 42' \; 8''01$

D. et B. n° 1. 21 juillet 1793, $8^{\rm h} \frac{1}{2}$ — $10^{\rm h} \frac{1}{4}$ du matin. Objets un peu foibles, point de soleil.

20   2015?62725   1008?813625 $= 90° \; 42' \; 11''61$

D. et B. n° 1. $4^{\rm h}$. Objets éclairés obliquement du soleil.

20   2015?60125   1008?80625 $= 90° \; 42' \; 7''70$

D. et B. n° 1. 22 juillet, $8^{\rm h} \frac{1}{4}$ — $9^{\rm h} \frac{1}{2}$. Point de soleil.

20   2015?63475   1008?817375 $= 90° \; 42' \; 12''83$

D. et B. n° 1. $2^{\rm h} \frac{1}{2}$ — $3^{\rm h} \frac{1}{3}$. Objets éclairés obliquement.

Milieu entre les deux suites du matin . .   90° 42' 7''86

$r = 0^{\rm t}32854$ $y = 99° \; 17' \; 29''$ — 5''67

Centre . . . . 90° 42' 2''19

                         — 0''08

Horizon . . . . 90° 42' 2''11

Il est à remarquer que les deux suites du matin, quand le soleil n'éclairoit pas les clochers, s'accordent parfaitement; que les deux suites du soir, quand le soleil éclairoit obliquement, s'accordent aussi très - passablement, mais diffèrent des deux suites du matin. Je m'en tiens à celles-ci.

Entre Beauquêne et Sauti.

30   1731?6085   57?7202833 $= 51° \; 56' \; 53''72$

D. et B. n° 1. 21 juillet, $11^{\rm h} \frac{1}{2}$. Objets beaux, mais fortes ondulations.

30   1731?6065   57?720217 $= 51° \; 56' \; 53''50$

D. et B. n° 1. 22 juillet, $10^{\rm h}$. Ondulations; sur la fin les objets étoient éclairés de côté à peu près l'un comme l'autre.

Milieu . . . . 51° 56' 53''61

$r = 0^{\rm t}32854$ $y = 189° \; 59' \; 40''$ — 4''62

Centre . . . . 51° 56' 43''99

                         — 0''30

Horizon . . . . 51° 56' 48''69

BEAUQUÊNE.

IX.

L E clocher de Beauquêne est une flèche octogone sur une tour carrée. Le cercle étoit placé à la première enrayure, qui a 2ᵗ2708 de diamètre. La hauteur totale du clocher au-dessus du sol est de 16ᵗ $\frac{2}{5}$ environ, dont 6ᵗ $\frac{2}{5}$ au-dessus de la première enrayure; ce qui donne $dH = 6^t$.

Nous avons vu sans peine tous les objets dont nous avions besoin, excepté Villers-Bretonneux. Pour en appercevoir foiblement la pointe, il falloit monter à la troisième enrayure, dont le demi-diamètre étoit plus petit que la longueur de nos lunettes. Cependant en 1740 on a observé ce clocher, le centre du quart de cercle étant à 4 pieds du centre, ce qui n'étoit possible qu'à la première enrayure. J'ai même retrouvé sept pieds plus bas des vestiges d'un ancien échafaud, qui m'ont fait soupçonner qu'on avoit alors observé dans une espèce de chambre carrée percée d'une fenêtre à chaque face, et qui se trouve à l'endroit où commence la charpente. Les arbres qui nous ont caché Villers - Bretonneux n'étoient peut-être pas plantés alors, ou ils étoient beaucoup plus petits.

Pour remplacer Villers-Bretonneux, j'ai observé le clocher de Bayonvillers.

DISTANCES AU ZÉNIT.

Clocher de Sauti.

10   999^{g}013   99^{g}9013 $=$ 89° 54′ 4″   (dans le ciel.)
D. et B. n° 1. Pointe difficile à saisir.

Clocher de Bonnières.

10   1000^{g}557   100^{g}0557 $=$ 90° 3′ 0″5   (dans le ciel.)
D. et B. n° 1. Pointe plus difficile encore.

Clocher de Mailli.

10   1000^{g}227   100^{g}0227 $=$ 90° 1′ 13″5   (dans le ciel.)
D. et B. n° 1. Observé à la chûte du jour.

Clocher de Vignacourt.

10   1001^{g}061   100^{g}1061 $=$ 90° 5′ 43″8   (dans le ciel.)
D. et B. n° 4.

Clocher de Bayonvillers.

10   1002^{g}124   100^{g}2124 $=$ 90° 11′ 28″2   (dans le ciel.)
D. et B. n° 1. Objet foible ; curieux fort incommodes.

ANGLES.

Entre Sauti et Bonnières.

20   1409^{g}87985   70^{g}489925 $=$ 63° 26′ 27″36
D. et B. n° 1. 25 juillet 1793, fini à 4^h. Objets beaux, très-peu éclairés ;
un peu d'ondulations dans le commencement.

20   1409^{g}80125   70^{g}4900625 $=$ 63° 26′ 27″80
D. et B. n° 1. 27 juillet, 0^h $\frac{2}{4}$ — 1^h $\frac{1}{4}$.

Milieu entre les deux séries . . . . 63° 26′ 27″58
$r = 0^t37108$ $y = 148°$ 2′ 51″   — 8″33
                                          ____
. Centre . . . . 63° 26′ 19″25
                                          — 0″54
                                          ____
Horizon . . . . 63° 26′ 18″71

Entre Mailli et Sauti.

20 . 1312842225   6586211125 = 59° 3' 32"40

D. et B. n° 1. 25 juillet, fini à 7ʰ.

20   1312844495   6586224475 = 59° 3' 36"82

D. et B. n° 1. Fortes ondulations ; les objets par fois un peu éclairés.

20   1312844675   6586223375 = 59° 3' 36"37

D. et B. n° 1. Mailli quelquefois si foible qu'on a été forcé d'interrompre.

20   1312844825   6586224125 = 59° 3' 36"72

D. n° 1. Objets un peu éclairés ; ondulations à Mailli.

20   1312844̄7   6586223̄5 = 59° 3' 36"41

D. n° 1. Pendant les dix premiers angles les objets étoient beaux et point éclairés ; pendant les dix derniers les objets étoient éclairés : mais on en voyoit la fine pointe, et l'erreur doit être insensible.

Milieu des cinq séries . . . . 59° 3' 35"73

$r = 0^{t}42402$ $y = 114° 40' 10"$ — 7"56
____

Centre . . . . 59° 3' 28"17

                                   — 0"32
____

Horizon . . . . 59° 3' 27"85

Entre Bayonvillers et Mailli.

20   1157857225   5788786125 = 52° 5' 26"70

D. et B. n° 1. 27 juillet, fini à 4ʰ. Bayonvillers très-foible.

26   1504883̄2   5788781̄5 = 52° 5' 25"21

D. et B. n° 1. Bayonvillers par fois un peu pâle.

Milieu entre les deux séries . . . . . . 52° 5' 25"95

$r = 0^{t}42935$ $y = 135° 50' 36"$ — 8"71
____

Centre . . . . 52° 5' 17"24

                                   — 0"59
____

Horizon . . . . 52° 5' 16"65

Entre Vignacourt et Bayonvillers.

26   20788063   103890315   = 93° 30′ 46″18

D. n° 1. 29 juillet, 2ʰ — 3ʰ ¼.

14   14548651   103890³643 = 93° 30′ 47″8   D. n° 1.

Milieu . . . . 93° 30′ 47″0

$r = 0^t 27275$ $y = 49°$ 59′ 6″   + 1″21

Centre . . . . 93° 30′ 48″21

+ 1″24

Horizon . . . . 93°. 30′ 49″45

Entre Bayonvillers et Mailli, horizon. . . 52° 5′ 16″65

Entre Vignacourt et Bayonvillers . . . . . 93° 30′ 49″45

Donc entre Vignacourt et Mailli . . . . . . 145° 36′ 6″10

MAILLI.

X.

Lᴇ clocher de Mailli est une belle flèche octogone placée sur la croisée de l'église. L'instrument étoit à la seconde enrayure, à laquelle on monte par 107 marches et échellons, à partir du pavé. La partie de la flèche au-dessus de la seconde enrayure est de 4ᵗ58 : ainsi $dH = 3^t 8333$.

DISTANCES AU ZÉNIT.

Clocher de Sauti.

10   9988760   9988760 = 89° 53′ 18″2   (dans le ciel.)

D. n° 1. 2 août 1793. Ces flèches pointues sont difficiles à prendre.

Clocher de Beauquéne.

10   10008136   10080136 = 90° 0' 44"   (dans le ciel.) D. et B. n° 1.

Clocher de Bayonvillers.

10   10028045   10082045 = 90° 11' 2"6   (dans le ciel.)
D. et B. n° 1. Fortes ondulations.

Clocher de Villers-Bretonneux.

10   10018805   10081805 = 90° 9' 47"   (dans le ciel.)
D. et B. n° 1. 5 août. Le 4 au soir, pendant la pluie, j'avois trouvé 20" de moins pour cette distance; c'est probablement l'effet d'une plus grande réfraction.

ANGLES.

Entre Sauti et Beauquéne.

30   22668394 ; 75854647 = 67° 59' 30"56
r = 0'54458 y = 193° 41' 44"   — 9"87
Centre. . . . . 67° 59' 20"69
                                    — 0"24
Horizon. . . . . 67° 59' 20"45

D. et B. n° 1. 2 août, 2ʰ — 3ʰ 45'. Fortes ondulations en commençant ; elles ont été en diminuant jusqu'à la fin.

Entre Beauquéne et Bayonvillers.

30   32718723 5   109805745 = 98° 9' 6"14
D. et B. n° 1. 4 août, 8ʰ $\frac{3}{4}$ — 11ʰ $\frac{1}{3}$. Objets beaux à la fin et au commencement ; vers le milieu Bayonvillers embrumé et éclairé successivement.
30   32718711 33   109805704 = 98° 9' 4"81
D. et B. n° 1. 11ʰ $\frac{1}{2}$ — 1ʰ $\frac{1}{4}$. Ondulations assez fortes.
La première série est plus sûre, et je m'y tiens.
r = 0'47337 y = 101° 54' 35"   — 12"02
Centre . . . . 98° 8' 54"12
                                    + 0"28
Horizon. . . . . 98° 8' 54"40

Entre Beauquêne et Villers-Bretonneux.

20   1753815625′ 878657812.5 = 78° 53′ 31″31

D. et B. n° 1.   4 août, 11^h ¼. — 0^h ¼. Objets beaux en commençant; à la fin Villers-Bretonneux un peu éclairé.

30   (262987687.5) 878658953833 = 78° 53′ 35″02

D. et B. n° 1. Un peu d'ondulations dans le commencement, ensuite les objets assez beaux.

Milieu	78° 53′ 33″17
$r = 0^t 83288$ $\gamma = 76° 45′ 14″$	— 4″45
Centre	78° 53′ 28″72
	— 0″02
Horizon	78° 53′ 28″70

Je ne croyois pas alors que cet angle dût servir, sans quoi je l'aurois observé de nouveau. En 1740 on a trouvé 78° 53′ 22″; on l'a porté dans les calculs à 24 et même 27″.

Entre Beauquêne et Bayonvillers. Horizon	98° 8′ 54″40
Beauquêne et Villers-Bretonneux. Horizon	78° 53′ 28″70
Donc entre Villers-Bretonneux et Bayonvillers. Horizon	19° 15′ 25″70

Je ne prévoyois pas avoir besoin de cet angle, que j'aurois pu observer directement.

BAYONVILLERS.

X I.

LE clocher de Bayonvillers est une flèche octogone sur une tour carrée. L'instrument étoit à la seconde enrayure, élevée de 13^t33 environ au-dessus du sol. Le reste de la flèche est de 5 toises; et $dH = 8\frac{1}{5}$.

Je n'ai pu voir Viguacourt, dont j'aurois eu besoin

pour supprimer Villers-Bretonneux, qu'on ne voit plus
de Beauquêne.

Bayonvillers.

DISTANCES AU ZÉNIT.

Clocher de Mailli.

8   799ᵍ701   99ᵍ9626 = 89° 57′ 58″8   (dans le ciel.)
D. et B. n° 1. 18 août 1793.

Clocher de Beauquêne.

10   1000ᵍ043   100ᵍ0043 = 90° 0′ 14″   (dans le ciel.) D. et B. n° 1.

Clocher de Villers-Bretonneux.

10   999ᵍ200   99ᵍ9200 = 89° 55′ 41″   (dans le ciel.) D. et B. n° 1.

Clocher d'Arvillers.

10   999ᵍ817   99ᵍ9817 = 89° 59′ 1″   (dans le ciel.) D. et B. n° 1.

Clocher de Sourdon.

10   999ᵍ868   99ᵍ9868 = 89° 59′ 17″2 (dans le ciel.) D. et B. n° 1.

ANGLES.

Entre Mailli et Beauquêne.

20   661ᵍ391   33ᵍ06955   = 29° 45′ 45″34

D. n° 1. 18 août, fini à 6ʰ. Beauquêne assez beau, mais un peu éclairé;
Mailli le plus souvent éclairé tout blanc. J'observois seul, et le grand ressort
étoit cassé. On ne peut compter sur cette série.

20   661ᵍ42575   33ᵍ0712875 = 29° 45′ 50″97

D. et B. n° 1. Beauquêne beau; Mailli le plus souvent éclairé, mais plus
facile à observer que la veille; on voyoit mieux la pointe. Le ressort étoit
rétabli.

Bayonvillers.

20 661⁵42425 33⁵⁰712125 = 29° 45' 50"73   D. et B. n° 1.

Milieu des deux dernières séries . . . . .   29° 45' 50"85
$r = 0^t45449$ $y = 204°$ 21' 10"   — 3"65

Centre . . . .   29° 45' 47"20
                                             — 0"07

Horizon . . . .   29° 45' 47"13

On peut ajouter 0"38 à cet angle. (Voyez page suivante.)

Entre Mailli et Villers-Bretonneux.

20   1775⁵765   88⁵78825 = 79° 54' 33"93
$r = 0^t45449$ $y = 154°$ 12' 27"   — 16"01

Centre . . . .   79° 54' 17"92
                                             + 0"11

Horizon . . . .   79° 54' 18"03

D. et B. n° 1. 19 août, 5ʰ — 6ʰ. On peut retrancher 0"38 de cet angle.
(Voyez page suivante.)

Entre Beauquêne et Villers-Bretonneux.

20   1114⁵3365   55⁵716825 = 50° 8' 42"51
D. et B. n° 1. 19 août, 3ʰ 45' — 4ʰ 45'. Beauquêne éclairé obliquement.
20   1114⁵33325   55⁵7166625 = 50° 8' 41"99
D. et B. n° 1. 4ʰ¼ — 5ʰ. Les deux objets beaux.

Milieu . . . .   50° 8' 42"25
$r = 0^t45449$ $y = 154°$ 12' 27   — 12"36

Centre . . . .   50° 8' 29"89
                                             — 0"15

Horizon . . . .   50° 8' 29"74

On peut ajouter 0"38 à cet angle. (Voyez page suivante.)

Nous avons trouvé entre Mailli et Beauquêne, à l'horizon . 29° 45' 47"13
Entre Beauquêne et Villers-Bretonneux . . . . 50° 8' 29"74

Donc entre Mailli et Villers-Bretonneux . . . . 79° 54' 16"87
L'observation directe a donné . . . . 79° 54' 18"03

Différence . . . . 1"16

Pour faire accorder ces angles on peut ajouter 0"38 à chacun des angles partiels, et diminuer de 0"38 l'angle total.

Entre Villers-Bretonneux et Arvillers.

30 · 34'18718 · 113'723933 = 102° 21' 5"54
D. et B. n° 1. 18 août, 0ʰ — 2ʰ. Grand vent, objets assez beaux.

30 · 34'187176 113'72392 = 102° 21' 5"50
D. et B. n° 1. 19 août, 10ʰ ½ — 0ʰ ⅓. Point de vent, objets beaux.

Milieu . . . . 102° 21' 5"52
$r = 0^{\mathrm{t}}35983$ $y = 65° 51' 30''$ — 6"52

Centre . . . . 102° 20' 59"00
                            + 0"12

Horizon . . . . 102° 20' 59"12

On pourroit diminuer cet angle de 1" environ. (Voyez ci-après.)

Entre Villers-Bretonneux et Sourdon.

12 685'367 57'1139167 = 51° 24' 9"09
$r = 0^{\mathrm{t}}45449$ $y = 102° 48' 18''$ + 2"30

Centre . . . . 51° 24' 11"39
                            — 0"08

Horizon . . . . 51° 24' 11"31

D. et B. n° 1. 20 août. Fortes ondulations à Sourdon. Un dérangement à la lunette inférieure a empêché de passer le douzième angle,

Bayonvillers.

1.   8

Entre Sourdon et Arvillers.

$$20 \quad 1132194 \quad 5686097 \; = \; 50° \; 56'\; 55''43$$
$$r = 0^{t}5117 \quad y = 137° \; 50' \; 28'' \qquad -\; 11''98$$

Centre . . . . 50° 56' 43''45

$$+\; 0''01$$

Horizon . . . . 50° 56' 43''46

D. et B. nº 1. 20 août. Beaucoup d'ondulations à Sourdon.

Entre Villers-Bretonneux et Sourdon, à l'horizon . . . 51° 24' 11''31
Entre Sourdon et Arvillers, à l'horizon . . . . . . 50° 56' 43''46

Donc entre Villers-Bretonneux et Arvillers . . . . . 102° 20' 54''77
Observations directes . . . . 102° 20' 59''12

Différence . . . . 4''35

Les observations directes sont de beaucoup préférables, soit par leur nombre, soit par leur bonté; cependant, pour ne pas négliger tout-à-fait les autres, on pourroit retrancher environ 1'' de l'angle total.

VILLERS-BRETONNEUX.

XII.

Le clocher de Villers-Bretonneux est une flèche octogone sur une tour carrée. Le cercle étoit à la première enrayure, élevée de $11^{t}6$ au-dessus du sol. La hauteur de la flèche est de $5^{t}2$; la hauteur totale, $16^{t}8$, et celle du clocher au-dessus de la lunette, ou $dH = 4^{t}5$.

De Beauquêne nous n'avons pu observer Villers-Bretonneux, et cependant de Villers-Bretonneux nous avons très-bien vu Beauquêne au-dessus du bois. Il est vrai qu'il se trouve dans la direction un arbre plus haut que

les autres.

La distance de l'arbre au zénit est de 90° 0′ 12″

La distance du clocher de Beauquêne

au zénit est de . . . . . . : . . . . 89° 58′ 34″

Différence : . . . .   1′ 38″

La distance de Villers-Bretonneux à Beauquêne est de 13260^t. La partie du clocher qui s'élève au-dessus de l'arbre est de 13260^t *tang.* 1′ 38″ $= 6^t 4285$.

Le trou que nous avions fait à Beauquêne pour voir Villers-Bretonneux étoit 6^t plus bas que la pointe du clocher : le rayon visuel venant de Villers-Bretonneux au sommet de l'arbre, et prolongé jusqu'à Beauquêne, arrivoit donc $0^t 4285$ plus bas que le trou. On voyoit donc de Villers-Bretonneux la place où étoit notre cercle à Beauquêne ; réciproquement de Beauquêne nous aurions dû voir la place du cercle à Villers-Bretonneux, c'est-à-dire $4^t 50$ de la flèche, et cependant nous n'avons rien vu. Cet effet est dû probablement à la réfraction.

DISTANCES AU ZÉNIT.

Clocher de Beauquêne.

8    $799^g 789$ $99^g 9736$ $= 89° 58′ 34″$ (dans le ciel.) D. et B. n° 1.

Arbre qui se projette sur le clocher de Beauquêne.

8    $800^g 027$ $100^g 00375$ $= 90° 0′ 12″$ D. et B. n° 1.

Clocher de Mailli

10    $999^g 742$ $99^g 9742$ $= 89° 58′ 36″4$ (dans le ciel.) D. et B. n° 1.

Clocher de Bayonvillers.

10　1000^g252　1008^g0252　= 90° 1′ 21″65 (dans le ciel.) D. et B. n° 1.

Clocher d'Arvillers.

10　1000^g350　1008^g0350　= 90° 1′ 53″4 (dans le ciel.) D. et B. n° 1.

Clocher de Sourdon.

14　1399^g586　99^g97043 = 89° 58′ 24″2 (dans le ciel.) D. et B. n° 1.

Coq de la flèche d'Amiens.

10　999^g999　99^g9999 = 89° 59′ 59″7 (dans le ciel.)

D. n° 1. Le point observé dans les angles des triangles étoit environ 1′ plus bas que le coq : ainsi pour les réductions à l'horizon on ajoutera 1′ à la distance du coq au zénit, et l'on aura 90° 1′.

Faîte de l'église d'Amiens.

10　1002^g140　1008^g2140　= 90° 11′ 33″4 (en terre.)　　D. et B. n° 1.

Clocher de Vignacourt.

10　1000^g522　1008^g0522　= 90° 2′ 49″1 (dans le ciel.) D. et B. n° 1.

Clocher de Lihons.

10　1000^g201　1008^g0201　= 90° 1′ 5″1 (dans le ciel.)

D. n° 1. Le clocher observé en 1740 a été abattu.

La flèche d'Amiens paroissoit sous un angle de 11′ 33″7 à la distance de 8066 $\frac{1}{2}$; ce qui donne 27^t128 pour la hauteur de cette flèche au-dessus de l'église. (Voyez Vignacourt.)

ANGLES.

Entre Bayonvillers et Mailli.

20　1796^g57867　89^g8289333 = 80° 50′ 45″74

D. et B. n° 1. 23 août. Fini à 6^h $\frac{1}{2}$. Le soleil éclairoit les deux clochers.

20   1796ᵍ56075   89ᵍ8280375 = 80° 50′ 42″84

D. et B. n° 1. Fini à 6ʰ ¼. Le soleil éclairoit encore.

30   2694ᵍ8655   89ᵍ82885   = 80° 50′ 45″47

D. et B. n° 1. 9ʰ ¼ — 10ʰ ¾. Point de soleil.

70   6288ᵍ00492   89ᵍ828642 = 80° 50′. 44″8

$r = 0^t 49486$ $y = 147°$ 16′ 36″   — 22″92

Centre . . . . 80° 50′ 21″88

                        — 0″05

Horizon . . . . 80° 50′ 21″83

Il ne paroît pas que le soleil ait nui à l'exactitude de ces observations, puisque la première série s'accorde avec la troisième. Voilà pourquoi j'ai pris le milieu entre les 70 observations.

Entre Mailli et Beauquéne.

20   781ᵍ71725   39ᵍ0858625 = 35° 10′ 38″19

D. et B. n° 1. 26 août, 5ʰ ¼ — 6ʰ ½. Objets éclairés au commencement, béaux à la fin.

20   781ᵍ70925   39ᵍ0854625 = 35° 10′ 36″90

D. et B. n°. 1. 27 août, même heure. Objets beaux, vent incommode.

Milieu . . . . 35° 10′ 37″55

$r = 0^t 44041$ $y = 194°$ 8′ 29   — 3″91

Centre . . . . 35° 10′. 33″64

                        + 0″01

Horizon . . . . 35° 10′ 33″65

Entre Beauquéne et Vignacourt.

20   779ᵍ625   38ᵍ98125 = 35° 4′ 59″25

D. et B. n° 1. 5ʰ ½ — 7ʰ. Les deux objets beaux.

30   1169ᵍ45025   38ᵍ981675 = 35° 5′ 0″63

D. et B. n° 1. 3ʰ ½ — 5ʰ ½. Objets foibles, vent incommode.

Milieu . . . . 35° 4′ 59″94

$r = 0^t 31811$ $y = 162°$ 21′ 25   — 2″87

Centre . . . . 35° 4′ 57″07

                        — 0″20

Horizon . . . . 35° 4′ 56″87

Entre Vignacourt et Amiens.

    20   5356139   26875695   = 24° 4' 52"52
    r = 0ᵗ40333 y = 144° 23' 53"   —   4"85
    Centre . . . .   24° 4' 47"67
                                      —   0"08
    Horizon . . . .   24° 4' 47"59

D. n° 1. 25 août, 4ʰ ¼. Objets beaux.

Entre Amiens et Sourdon.

    20   1667812775   8383563875 = 75° 1' 14"69
D. et B. n° 1. 9ʰ ¼. Ondulations à Sourdon.
    20   1667811275   8383556375 = 75° 1' 12"27
D. et B. n° 1. Midi. Objets assez beaux.

    Milieu . . . .   75° 1' 13"48
    r = 0ᵗ3698 y = 157° 42' 34"   — 10"41
    Centre . . . .   75° 1'   3"07
                                     —   0"05
    Horizon . . . .   75° 1'   3"02

Entre Vignacourt et Sourdon.

    20   22028210   11081105   = 99° 5' 58"02
D. et B. n° 1. 10ʰ ½. Vignacourt embrumé et éclairé ; ondulations à Sourdon.
    20   2202822275   110811114 = 99° 6'   0"85
D. et B. n° 1. 26 août, 4ʰ. Observations beaucoup meilleures ; on voyoit bien
les deux pointes.

    Je suppose . . . .   99° 6'   0"0
    r = 0ᵗ43941 y = 158° 25' 48"   —   9"48
    Centre . . . .   99° 5' 50"52
                                     —   0"07
    Horizon . . . .   99° 5' 50"45

Entre Arvillers et Bayonvillers.

20   1099.20625   54.9603125 $=$ 49° 27′ 51″41
D. et B. n° 1. 11ʰ ½. Ondulations.
14   769.444   54.960314 $=$ 49° 27′ 51″42
D. et B. n° 1. 9ʰ ½. Ondulations.
$r =$ 0.41089 $y =$ 138° 16′ 30″   — 14″98

Centre . . . . 49° 27′ 36″43
                            + 0″02

Horizon . . . . 49° 27′ 36″45

Entre Sourdon et Arvillers.

20   1341.03025 678.0515 $=$ 60° 20′ 46″86
D. et B. n° 1. Arvillers éclairé tout blanc ; on voyoit les girouettes.
30   2011.579 678.052633 $=$ 60° 20′ 50″53
D. et B. n° 1. Grand vent et beaucoup d'ondulations.
20 1341.0505 678.052525 $=$ 60° 20′ 50″18
D. et B. n° 1. Objets beaux ; ni vent ni soleil.
Je m'en tiens à cette dernière série.
$r =$ 0.39403 $y =$ 185° 24′ 26   — 6″49

Centre . . . . 60° 20′ 43″69
                            — 0″07

Horizon . . . . 60° 20′ 43″62

Entre Sourdon et la paroisse de Lihons.

20 2242.243 112.11215 $=$ 100° 54′ 3″37
$r =$ 0.41040 $y =$ 138° 21′ 36   — 13″17

Centre . . . . 100° 53′ 50″20
                            — 0″03

Horizon . . . . 100° 53′ 50″17
D. et B. n° 1. 28 août, 1ʰ. Objets beaux.

Entre Lihons et Mailli.

$$3o \quad 2991\,8581 \qquad 99\,87\,197 = 89° \; 44' \; 51''83$$
$$r = 0\,34559 \quad y = 58° \; 55' \; 3'' \qquad\qquad -\quad 1''o5$$

Centre . . . .   89° 44' 5o''78

$$-\quad o''o2$$

Horizon . . . .   89° 44' 5o''76

D. et B. n° 1   Temps couvert, horizon superbe.

Tours d'horizon.

Entre Bayonvillers et Mailli . . . . . .   8o° 5o' 21''83
Entre Mailli et Beauquêne . . . .   35° 1o' 33''65
Entre Beauquêne et Vignacourt . . . . .   35° 4' 56''87
Entre Vignacourt et Amiens . . . .   24° 4' 47''59
Entre Amiens et Sourdon . . . .   75° 1' 3''o2
Entre Sourdon et Arvillers . . . .   6o° 2o' 43''62
Entre Arvillers et Bayonvillers . . . . .   49° 27' 36''45

Sept angles . . . .   36o° o' 3''o3

Entre Bayonvillers et Mailli . . . . . .   8o° 5o' 21''83
Entre Mailli et Beauquêne . . . .   35° 1o' 33''65
Entre Beauquêne et Vignacourt . . . .   35° 4' 56''87
Entre Vignacourt et Sourdon . . . . . .   99° 5' 5o''45
Entre Sourdon et Arvillers . . . .   6o° 2o' 43''62
Entre Arvillers et Bayonvillers . . . . .   49° 27' 36''45

Six angles . . . .   36o° o' 2''87

Entre Sourdon et Lihons . . . .   1oo° 53' 5o''17
Entre Lihons et Mailli . . . .   89° 44' 5o''76
Entre Mailli et Beauquêne . . . .   35° 1o' 33''65
Entre Beauquêne et Vignacourt . . . .   35° 4' 56''87
Entre Vignacourt et Sourdon . . . . .   99° 5' 5o''45

Cinq angles . . . .   36o° o' 1''9o

ARVILLERS.
XIII.

LE clocher d'Arvillers est une tour presque carrée, surmontée d'une espèce de pyramide en ardoises. Je dis espèce de pyramide, car deux de ses faces seulement sont triangulaires; les deux autres sont des trapèzes : en sorte que le toit a la forme d'un coin dont l'arrête supérieure est moins longue que le côté de la base. A chacune des extrémités est une girouette, et au milieu un coq sur une croix.

Au haut de la tour, et à la naissance du toit, est une galerie ou gouttière où nous nous sommes placés. Le mur d'appui a $0^t 4167$ de hauteur.

Soit $ABCD$ (*fig.* 7.) le contour intérieur du mur d'appui :

$$AB = CD = 3^t 2222; \quad AC = BD = 3^t 26389.$$

Soit ab parallèle à AB. Le centre de l'instrument étoit en O; de sorte que

$$Ox = 0^t 11574; \quad Ax = 0^t 78935.$$

Soit de plus $O\beta$ la direction à Bayonvillers.

L'angle $bO\beta = MO\beta = 3698601 = 332^o\ 38'\ 27''$

$$\text{tang. } MOK = \frac{MK}{MO} = \frac{\frac{1}{2}AC - Ox}{\frac{1}{2}AB - Ax} = \frac{1^t 51620}{0^t 82176} = \text{tang. } 61^o\ 32'\ 40''$$

D'où angle entre Bayonvillers et le centre, ou $\beta OK = 271^o\ 5'\ 47''$

$$OK = \frac{MO}{\sin. OKM} = \frac{MK}{\sin. MOK} = 1^t 72458. = r$$

1.

9

J'ai mesuré directement OK en faisant passer une ficelle par un trou pratiqué dans le toit, et j'ai trouvé $OK = 1^t72222$.

Hauteur de la galerie au-dessus du sol . . 10^t

Hauteur du toit mesurée intérieurement . . 5^t

Hauteur totale . . . . 15^t

$$dH = 4^t25$$

DISTANCES AU ZÉNIT.

Clocher de Bayonvillers.

8   800^s359 $100^s044875$ $= 90°$ $2'$ $25''4$ (dans le ciel.)

D. n° 1: 31 août 1793. Malgré la brume on voyoit assez bien Bayonvillers. La pluie empêche d'aller plus loin.

Clocher de Villers-Bretonneux.

10   1000^s384 100^s0384 $= 90°$ $2'$ $4''4$ (dans le ciel.)   D. n° 1.

Clocher de Coivrel.

10   1000^s003 100^s0003 $= 90°$ $0'$ $9''72$ (dans le ciel.)   D. n° 1.

Clocher de Sourdon.

10   999^s468 99^s9468 $= 89°$ $57'$ $7''6$ (dans le ciel.)   D. n° 1.

Ces trois dernières distances ont été observées le premier septembre 1793, entre dix et onze heures du matin. Le citoyen Bellet caloit le niveau. Ce qui doit s'entendre de toutes les distances au zénit observées entre Dunkerque et Rodez sans exception, à moins que le contraire ne soit dit expressément.

ANGLES.

Entre Bayonvillers et Villers-Bretonneux.

40   125⁵1395   31⁵3284875   = 28° 11′ 44″3

D. puis B. n° 1. 30 août, 2ʰ — 4ʰ ½. Ondulations ; objets presque toujours beaux.

30   939⁵865   31⁵328833   = 28° 11′ 45″4

D. puis B. n° 1. On voit assez bien, mais beaucoup de vent.

Je suppose	28° 11′ 44″5
$r = 1^t7246$ $y = 242°$ 54′ 7″	— 16″44
Centre	28° 11′ 28″06
	─+─ 0″02
Horizon.	28° 11′ 28″08

Entre Villers-Bretonneux et Sourdon.

20   1503⁵33825   75⁵1669125 = 67° 39′ 0″8

D. et B. n° 1. 30 août, 4ʰ ¼ — 6ʰ. Sourdon n'est pas aisé à observer.

20   1503⁵3475   75⁵167375   = 67° 39′ 2″3

D. et B. n° 1. 5ʰ ½ — 6ʰ ½.

Milieu	67° 39′ 1″5
$r = 1^t7246$ $y = 175°$ 15′ 6″	— 40″18
Centre	67° 38′ 21″32
	— 0″15
Horizon	67° 38′ 21″17

Entre Sourdon et Coivrel.

20   1344⁵344   67⁵2172   = 60° 29′ 43″73

D. et B. n° 1. 10ʰ — 11ʰ. Vent incommode ; on voit mal Coivrel.

   20   1344ᵇ33925   6782169625 $=$ 60° 29' 42"96

D. et B. n° 1.   On voit moins mal; le vent est de même.

   20   1344ᵇ34625   6782173125 $=$ 60° 29' 44"09

D. et B. n° 1.   On voit très-bien; le vent est très-fort.

Moyenne . . . . 60° 29' 43"59

$r =$ 1ᵗ7246 $y =$ 114° 45' 22"   — 25"03

Centre . . . . 60° 29' 18"56

                           — 0"05

Horizon . . . . 60° 29' 18"51

SOURDON.

XIV.

LE clocher de Sourdon est dans le genre de celui d'Arvillers; mais il n'y a point de galerie.

La hauteur perpendiculaire de notre échafaud étoit de 9ᵗ26389

La hauteur du toit au-dessus de l'échafaud , 3.41667

Hauteur totale 5.84722

$dH =$ 2.667

DISTANCES AU ZÉNIT.

Clocher d'Arvillers.

10   10018485   10081485 $=$ 90° 8' 1"14   (dans le ciel.)   D. n° 1.

Clocher de Villers-Bretonneux.

10   10018579   10081579 $=$ 90° 8' 31"6   (dans le ciel.)   D. n° 1.

Clocher de Vignacourt.

10   10018553   10081553 = 90° 8′ 23″2   (dans le ciel.)
D. n° 1. Vignacourt pâle et difficile.

Flèche d'Amiens.

10   10018378   10081378 = 90° 7′ 26″5   (en terre.)
D. n° 1. Des arbres se projettent sur la flèche et n'en laissent voir que
5′ 8″ = 16′67. C'est ce qui fait que d'Amiens on ne voit pas Sourdon.
(Voyez *Méridienne vérifiée*.)

Clocher de Noyers.

10   9998618   9989618 = 89° 57′ 56″23   (dans le ciel.)
D. n° 1. 6ʰ ½. 9 septembre. La réfraction du soir a pu diminuer cette
distance.

Clocher de Coivrel.

10   10008874   10080874 = 90° 4′ 43″2 . (dans le ciel.) D. n° 1.

ANGLES.

Entre Arvillers et Villers-Bretonneux.

20   1155897475   57879873 75 = 52° 1′ 7″91
D. et B. n° 1. 6 septembre. Point de de vent; les objets beaux.
20   1155896325   5787981125 = 52° 1′ 5″88
D. et B. n° 1. Objets difficiles d'abord; plus beaux ensuite.

Je suppose . . . . 52° 1′ 7″0
r = 0′6875 y = 184° 45′ 36″   — 11″41

Centre . . . . 52° 0′ 55″59
+ 0″58

Horizon . . . . 52° 0′ 56″17

Entre Villers-Bretonneux et Amiens.

20   987⁵840   49⁵3920 $= 44°\ 27'\ 10''1$

Objets beaux ; mais la lunette inférieure en grande partie couverte par une planche. Au 18 et 20° on ne voyoit plus pour lire. En m'arrêtant au 18°, qui s'accorde mieux avec les précédens, j'aurai

18   889⁵070   49⁵3928 $= 44°\ 27'\ 12''6$

20   987⁵882   49⁵3941 $= 44°\ 27'\ 16''9$

D. et B. n° 1.   Les objets beaux : la planche avoit été coupée.

20   987⁵86525   49⁵3932625 $= 44°\ 27'\ 14''2$

D. et B. n° 1.   Objets beaux, et presque point de soleil.

Milieu des trois séries . . . . $44°\ 27'\ 14''6$

$r = 0⁵76736$ $y = 155°\ 20'\ 8''$ $-\ 11''3$

Centre . . . . $44°\ 27'\ 3''3$

                  $+\ 0''45$

Horizon . . . . $44°\ 27'\ 3''75$

Entre Villers-Bretonneux et Vignacourt.

20   1090⁵48675   54⁵5243325 $= 49°\ 4'\ 18''84$

D. et B. n° 1.   Villers-Bretonneux beau ; Vignacourt mal terminé. Ni vent ni soleil.

20   1090⁵49375   54⁵5246875 $= 49°\ 4'\ 19''99$

D. et B. n° 1.   Un peu de soleil à Villers-Bretonneux ; Vignacourt passable.

Moyenne . . . . $49°\ 4'\ 19''41$

$r = 0⁵66667$ $y = 140°\ 58'\ 17''$ $-\ 7''00$

Centre . . . . $49°\ 4'\ 12''41$

                  $+\ 0''57$

Horizon . . . . $49°\ 4'\ 12''98$

Entre Coivrel et Arvillers.

20   1539ᵍ88875   768ᵍ994375 = 69° 17′ 41″77
D. et B. n° 1. Ni vent ni soleil, horizon pur.

20   1539ᵍ90425   768ᵍ9952125 = 69° 17′ 44″49
D. et B. n° 1. Horizon pur, point de vent, un peu de soleil; mais les ardoises étoient noires.

20   1539ᵍ89375   768ᵍ9946875 = 69° 17′ 42″74
D. et B. n° 1. Un peu de soleil à Coivrel. Il doit faire peu d'effet sur ce clocher. Temps favorable d'ailleurs.

Moyenne . . . . 69° 17′ 43″02
$r = 0ʹ75$ $y = 112°$ 4′ 8″   — 15″56

Centre . . . . 69° 17′ 27″46
                                                + 0″32

Horizon . . . . 69° 17′ 27″78

Entre Noyers et Coivrel.

20   1390ᵍ5213   69ᵍ851065 = 62° 33′ 34″51
D. et B. n° 1. Objets beaux; ni vent ni soleil; horizon pur. Cependant Noyers difficile à observer dans la lunette inférieure, parce qu'il est très-petit, et que la lunette inférieure ne vaut pas l'autre.

20   1390ᵍ820725   69ᵍ85103625 = 62° 33′ 33″57
Même remarque.

Moyenne . . . . 62° 33′ 34″04
$r = 0ʹ75$ $y = 181°$ 21′ 51″   — 13″11

Centre . . . . 62° 33′ 20″93
                                                — 0″28

Horizon . . . . 62° 33′ 20″65

VIGNACOURT.

XV.

LE clocher de Vignacourt est une tour carrée surmontée d'un toit assez semblable à celui d'Arvillers.
Notre instrument étoit sur le plancher, à côté des cloches, vers l'angle qui regarde Villers-Bretonneux.

$ABED$ (*fig.* 8) est le périmètre intérieur du clocher;
O la place du cercle; NPQ la charpente qui portoit
les cloches et empêchoit de voir le centre C.

$$AB = 3^t 78819 \qquad Ox = 0^t 68403$$
$$BE = 3^t 81944 \qquad Oy = 0^t 24305$$

aOb de droite à gauche $= 2828425 = 254^o\ 10'\ 57''$

$$OM = \tfrac{1}{2} BE - Ox = 1^t 22569$$
$$CM = \tfrac{1}{2} AB - Oy = 1^t 65162$$

$COM \ldots\ldots\ldots\ldots\ldots\ldots = 53^o\ 25'\ 12''$

Angle entre Amiens et le centre,
ou $aOC \ldots\ldots\ldots\ldots\ldots = 200^o\ 45'\ 45''$

Entre Amiens et Villers-Bretonneux, $25^o\ 11'\ 15''$

Pour l'angle entre Amiens et Villers-Bretonneux $\ldots\ldots\ldots y = 175^o\ 34'\ 30''$

Entre Villers-Bretonneux et Beau-
quêne $\ldots\ldots\ldots\ldots\ldots\ldots$ $65^o\ 15'\ 35''$

Pour l'angle entre Villers-Breton-
neux et Beauquêne $\ldots\ldots\ldots y = 110^o\ 18'\ 55''$

$$OC = r = 2^t 0567$$

Hauteur du plancher des cloches 9ᵗ58333
Hauteur de la charpente 5ᵗ41667

Hauteur totale 15ᵗ00000

$$dH = 4ᵗ6667$$

Vignacourt.

DISTANCES AU ZÉNIT.

Clocher de Beauquêne.

10   999ᵍ409   999ᵍ409 = 89° 56′ 48″5 (dans le ciel.) D. et B. nᵒ 1.

Clocher de Villers-Bretonneux.

10   1001ᵍ453   1001ᵍ453 = 90° 7′ 50″8 (dans le ciel.) D. et B. nᵒ 1.

Flèche de l'église d'Amiens.

10   1000ᵍ711   1000ᵍ711 = 90° 3′ 50″4 (dans le ciel.) D. et B. nᵒ 1.

Fatte de l'église d'Amiens.

10   1003ᵍ008   1003ᵍ008 = 90° 16′ 14″6 (en terre.)   D. et B. nᵒ 1.

La flèche soustend un angle de 12′ 24″ à la distance de 7735ᵗ.
Elle a donc 27ᵗ90
Par l'observation de Villers-Bretonneux on a trouvé 27ᵗ13

Milieu 27ᵗ515

Clocher de Sourdon.

10   1001ᵍ253   1001ᵍ253 = 90° 6′ 10″ (dans le ciel.) D. et B. nᵒ 1.

ANGLES.

Vignacourt.

Entre Sourdon et Villers-Bretonneux.

20　　707^{g}478　　358^{g}3739　　= 31° 50′ 11″44

D. et B. n° 1. 14 septembre, 4^h $\frac{1}{4}$. Objets noirs d'abord, puis éclairés, sur-tout Villers-Bretonneux.

20　　707^{g}4655　　358^{g}373275　= 31° 50′ 9″41

D. et B. n° 1. Objets assez beaux.

Moyenne	31° 50′ 10″42
$r = 2^t 0567$ $y = 175°$ 34′ 30″	— 12″68
Centre	31° 49′ 57″74
	+ 0″17
Horizon	31° 49′ 57″91

Entre Amiens et Villers-Bretonneux.

20　　559^{g}72125　　276^{g}9860625　= 25° 11′ 14″84

D. et B. n° 1. Objets beaux.

20　　559^{g}72875　　276^{g}9864375　= 25° 11′ 16″06

D. et B. n° 1. Au lieu de la pointe de la flèche, qui n'est pas bien droite, nous avons observé le milieu de la couronne qui est au-dessous de la seconde galerie, environ 9′ plus bas que la pointe. Objets beaux.

$r = 2^t 0567$ $y = 175°$ 34′ 30	— 21″58
Centre	25° 10′ 54″48
	— 0″05
Horizon	25° 10′ 54″43

Entre Villers-Bretonneux et Beauquêne.

20　　1450^{g}225　　728^{g}51125　　= 65° 15′ 36″45　D. et B. n° 1.

20　　1450^{g}219　　728^{g}51095　　= 65° 15′ 35″48

D. et B. n° 1. Objets éclairés au commencement, noirs à la fin; mais Villers-Bretonneux un peu foible.

Moyenne	65° 15′ 35″96
$r = 2^t 0567$ $y = 110°$ 18′ 55	— 45″12
Centre	65° 14′ 50″84
	— 0″79
Horizon	65° 14′ 50″05

AMIENS.

XVI.

J E me suis placé, comme on avoit fait en 1740, dans la seconde galerie de la flèche de Notre-Dame. L'intérieur est embarrassé de charpente. La flèche est octogone, ainsi que les deux galeries.

Le côté extérieur de la seconde galerie est, par un milieu, de . . . . $1^t 45254$

La hauteur de la seconde galerie au-dessus du sol, de . . . . $32^t 1667$

La hauteur du faîte de l'église, de . . . $26^t 1667$

La flèche s'élève au-dessus de l'église de $27^t 5$.

Hauteur totale . . . . $53^t 6667$

Hauteur de la lunette au-dessus du sol . 33^t

$$dH = 20^t 6667$$

La flèche penche vers le chef de l'église, et par conséquent vers l'orient.

Pour trouver la distance au centre et les angles de direction, soit (*fig.* 9) C le centre du clocher ; AB le côté d'un octogone qui a C pour centre, et dont tous les côtés sont parallèles à ceux de la seconde galerie.

AB a été trouvé de . . . . $1^t 21528$

$$\tfrac{1}{2} AB = MB = 0^t 560764$$

Soit D le centre de l'instrument ; $DB = 0^t 420138$

$$\text{Donc } DM = 0^t 140626$$

$$CM = BM. \ tang. \ B = BM. \ tang. \ 67° \ 30' = 1^t 3538$$

$$tang. \ MDC = \frac{CM}{MD} = tang. \ 84° \ 4' \ 11''$$

Soit G Vignacourt; $\quad GDA = 193° \ 4' \ 44''$

Retranchez $MDC = \quad 84° \ 4' \ 11''$

Reste $GDC = y = \overline{109° \ 0' \ 33''}$

$$CD = r = \frac{CM}{sin. \ 84° \ 4' \ 11''} = 1^t 3611.$$

DISTANCES AU ZÉNIT.

Clocher de Villers-Bretonneux.

10　.999ᵍ208　99ᵍ9208 = 89° 55' 43''392　(dans le ciel.)　D. nᵒ 1.

Clocher de Vignacourt.

10　998ᵍ207　99ᵍ8207 = 89° 50' 19''068　(dans le ciel.)
D. nᵒ 1.　Grand vent.

ANGLES.

Entre Villers-Bretonneux et Vignacourt.

20　2905ᵍ6545　145ᵍ282725　= 130° 45' 16''03

D. et B. nᵒ 1. 10 août, vers 2ʰ. Point de soleil; il pleut de temps en temps à Vignacourt.

20　2905ᵍ66925　145ᵍ2834625 = 130° 45' 18''42

D. et B. nᵒ 1. 11 août, 10ʰ ½. Villers - Bretonneux beau; Vignacourt éclairé par intervalles. Ni vent ni ondulations.

20　2905ᵍ66825　145ᵍ2834125 = 130° 45' 18''26.

B. nᵒ 1. 14 août, vers 11ʰ. Vignacourt presque toujours éclairé, sur-tout en commençant.

Moyenne	130° 45' 17''57
$r = 1^t 3611$　$y = 109°$ 0' 33''	— 1' 4''38
Centre	130° 44' 13''19
	+ 1''79
Horizon	130° 44' 14''98

COIVREL.

XVII.

Le clocher de Coivrel, incendié par la foudre il y a quelques années, a été rebâti à la même place. C'est une pyramide quadrangulaire. Notre cercle étoit placé sur la première enrayure. La hauteur totale du clocher est de 9^t8 environ, et $dH = 2^t08333$.

DISTANCES AU ZÉNIT.

Clocher d'Arvillers.

10   1001^g502 100^g1502 $= 90°$ 8′ 6″65   (dans le ciel.)   D. n° 1.

Clocher de Sourdon.

10   1000^g588 100^g0588 $= 90°$ 3′ 10″51   (dans le ciel.)   D. n° 1.

Clocher de Noyers.

10   999^g748 99^g9748 $= 89°$ 58′ 38″35   (dans le ciel.)   D. n° 1.

Tourelle de Clermont.

10   1000^g944 100^g0944 $= 90°$ 5′ 5″9   (dans le ciel.)   D. n° 1.

Clocher de Saint-Christophe.

10   1000^g325 100^g0325 $= 90°$ 1′ 45″3   (dans le ciel.)   D. n° 1.

Signal de Jonquières.

6   600^g638 $100^g106333$ $= 90°$ 5′ 44″4   (dans le ciel.)   D. n° 1.

ANGLES.

Entre Arvillers et Sourdon.

20	1116.06775	55.8033875	=	50° 13′ 22″9755

D. et B. n° 1. 24 septembre, 2ʰ ½. Objets blancs d'abord, noirs à la fin.

30	1674.12825	55.804275	=	50° 13′ 25″851

D. et B. n° 1. 26 septembre, 0ʰ ¼. Objets blancs, sur-tout en commençant.

Les 20 derniers	50° 13′ 23″664
Moyenne entre les deux séries	50° 13′ 24″41
$r = 0^{\iota}77504$ $y = 177°\ 27′\ 54″$	— 10″97
Centre	50° 13′ 13″44
	— 0″04
Horizon	50° 13′ 13″48

Entre Sourdon et Noyers.

20	1270.6815	63.534075	=	57° 10′ 50″4

D. et B. n° 1. 24 septembre, 5ʰ. Objets beaux.

20	1270.68025	63.5340125	=	57° 10′ 50″2

D. et B. n° 1. 27 septembre, 1ʰ ¼. Sourdon éclairé, Noyers beau. Même place que l'angle précédent.

Moyenne	57° 10′ 50″3
$r = 0^{\iota}77504$ $y = 120°\ 17′\ 4″$	— 11″99
Centre	57° 10′ 38″31
	— 0″14
Horizon	57° 10′ 38″17

Entre Clermont et Saint-Christophe.

20   729ᵇ520   368ᵇ4760   = 32° 49′ 42″24

D. et B. nº 1. 25 septembre, 3ʰ ½. Objets assez beaux ; Saint-Christophe éclairé du soleil.

20   729ᵇ514   368ᵇ4757   = 32° 49′ 41″26

27 septembre, 0ʰ ¼.

Moyenne	32° 49′ 41″75
$r =$ 0ᵇ5257 $y =$ 123° 29′ 54″	— 1″49
Centre	32° 49′ 40″26
	— 0″08
Horizon	32° 49′ 40″18

Entre Noyers et Clermont.

20   1385ᵇ871   69ᵇ29355   = 62° 21′ 51″10

D. et B. nº 1. 25 septembre, 0ʰ ¼. Objets un peu foibles en commençant ; ce qui a déterminé à prendre cet angle avec les fils verticaux ╉. A la fin les objets étoient beaux.

22   1524ᵇ4435   69ᵇ292889   = 62° 21′ 48″94

D. et B. nº 1. Même jour, 5ʰ. Fils inclinés ✕ à l'ordinaire ; objets beaux. Le tourillon de Clermont est bien court, ce qui le rend difficile à observer.

Moyenne	62° 21′ 50″02
$r =$ 0ᵇ5257 $y =$ 156° 19′ 36″	— 10″11
Centre	62° 21′ 39″91
	— 0″24
Horizon	62° 21′ 39″67

Entre Clermont et le signal de Jonquières.

20   13995724   6989862   = 62° 59′ 15″29

D. et B. n° 1. 26 septembre, 2ʰ ¼. Le signal très - difficile à voir ; fils verticaux +.

Il ne restoit plus qu'une des trois arrêtes de la pyramide triangulaire qui composoient le signal ; le lendemain il ne restoit plus rien. On ne fera aucun usage de cet angle.

$r = $ 0ᵗ80667 $y = $ 104° 12′ 54″   — 11″13

Centre . . . . 62° 59′   4″16

                              +   0″32

Horizon . . . . 62° 59′   4″48

Entre Clermont et la cheminée du meûnier de Jonquières.

30   21028₁2925   708070975   = 63° 3′ 49″96

D. et B. n° 1. 27 septembre, 4ʰ. La cheminée est très - courte : nous avons observé aux fils verticaux +.

20   14018420   7050710   = 63° 3′ 50″00

Moyenne . . . . 63° 3′ 49″98

$r = $ 0ᵗ80667 $y = $ 104° 8′ 19″   — 11″12

Centre . . . . 63° 3′ 38″86

                              +   0″32

Horizon . . . . 63° 3′ 39″18

Réduction au signal. (Voyez Jonquières.) .   — 4′ 29″34

Angle entre Clermont et le signal de Jonquières, 62° 59′ 9″84

La comparaison de cet angle avec celui qui précède prouve que le débris observé étoit de 0ᵗ29 environ plus près de Clermont que le centre du signal, et cela étoit en effet ainsi, à fort peu près.

NOYERS.

XVIII.

LE clocher de Noyers est une flèche octogone placée au-dessus de la porte d'entrée. Par les observations faites à Clermont et à Coivrel, je m'étois apperçu que ce clocher n'étoit plus à la même place qu'en 1740, et le calcul m'avoit donné 5ᵗ997 pour la distance des centres des deux clochers. On m'a montré à Noyers la place de l'ancien clocher, qui étoit à l'autre bout de la nef, et la distance se trouve en effet de 6ᵗ à très-peu près.

La hauteur totale du clocher est de. 12ᵗ
La lunette de l'instrument étoit élevée au-dessus du sol de 10ᵗ8680

$$dH = 1^{t}320$$

L'ancien clocher étoit plus haut de 2ᵗ5 que le nouveau. Notre échafaud étoit à la seconde enrayure.

DISTANCES AU ZÉNIT.

Clocher de Sourdon.

10   1001ᵍ558   1008ᵍ558   = 90° 8' 24″8
D. et B. nº 1. 6 octobre.

Clocher de Coivrel.

6   600ᵍ988   1008ᵍ646   = 90° 8' 53″3
D. et B. nº 1. 5 octobre au soir. Coivrel se projette sur un arbre.

Tourelle de Clermont.

8   8016505   1008188125

ou 510   1008188875 = 90° 10′ 11″5

D. n° 1.   5 octobre au soir.

ANGLES.

Entre Coivrel et Sourdon.

30   2008900   66896333 = 60° 16′ 1″2

D. et B. n° 1. 8 octobre, $4^h \frac{1}{4}$. En commençant on ne voyoit pas la pointe de Coivrel; elle n'a paru qu'au 14ᵉ angle.

En rejetant 6 angles . . . . 60° 16′ 4″3

Milieu . . . . 60° 16′ 2″75

40   26788545   668963625 = 60° 16′ 2″14

7 octobre, $11^h \frac{1}{2}$.

                                60° 16′ 2″45

$r = 0^t 2636 \quad y = 93° \; 6′ \; 23″$ — 3″02

Centre . . . . 60° 15′ 59″43

                                    + 0″75

Horizon. . . . . 60° 16′ 0″18

Entre Clermont et Coivrel.

40   2664876475   668619118 = 59° 57′ 25″94

D. et B. n° 1. 5 octobre, $2^h \frac{1}{2}$. Coivrel difficile à démêler d'entre les branches de l'arbre. Brume.

$r = 0^t 30253 \quad y = 155° \; 13′ \; 15″$ — 5″54

Centre . . . . 59° 57′ 20″40

20   1332367   668961835 = 59° 57′ 23″45

D. et B. n° 1. 6 octobre, $3^h \frac{1}{2}$. Point de soleil; Coivrel difficile à voir.

$r = 0^t 31941 \quad y = 156° \; 21′ \; 20″$ — 5″84

Centre . . . . 59° 57′ 17″61

20 1332836625 6886183125 = 59° 57′ 23″33

7 octobre, 10ʰ. On voit un peu mieux Coivrel ; pour le bien voir, il faudroit qu'il fût éclairé.

Même place que le précédent . . . . . . — 5″84

Centre . . . . 59° 57′ 17″49

20 1332838425 6886192125 = 59° 57′ 26″25

7 octobre 1793, 4ʰ ¼. Coivrel éclairé en face par le soleil, et bien visible. Clermont éclairé obliquement de manière à augmenter l'angle de 3″17.

— 5″84

Centre . . . . 59° 57′ 20″41

Correction du soleil = $\dfrac{d \sin. 2\frac{1}{2}(x - z)}{D \sin. 1″}$ — 3″17

59° 57′ 17″24

$d = \frac{1}{2}$ diamètre de la tourelle ; x et z sont les azimuts de l'observateur et du soleil sur l'horizon de la tourelle, et D la distance de la tourelle. Cette correction est additive si le soleil et l'objet observé avec Clermont sont du même côté de la tourelle ; elle est soustractive dans le cas contraire. (Voyez le discours préliminaire.)

20 13328364 6886182 = 59° 57′ 22″97

8 octobre, 3ʰ ¼. Coivrel se voyoit bien ; Clermont éclairé obliquement : mais la partie obscure n'étoit pas tout-à-fait invisible, sans quoi la correction du soleil seroit — 4″26 ; ce qui est sûrement trop. Je la réduis à moitié par estime.

$r = $ 0ᵗ30253 $y = $ 155° 13′ 15″   — 5″54

59° 57′ 17″43

— 2″13

59° 57′ 15″30

Il y a quelque apparence que dans la première série Clermont étoit éclairé obliquement ; mais la brume empêchoit de le distinguer. La correction solaire seroit — 4″6, et l'angle corrigé seroit 59° 57′ 15″8.

Je suppose qu'il doit être . . . . 59° 57′ 16″3

+ 0″90

Horizon . . . . 59° 57′ 17″20

Pour vérifier les angles précédens, que la difficulté de voir Coivrel rend un peu incertains, j'ai observé l'angle suivant:

Entre Clermont et Sourdon.

20. 267186621 .133658105 $=$ 120° 13′ 22″6

D. et B. n° 1. 6 octobre, $2^h \frac{3}{4}$.

$r = 0{,}27324 \quad y = 101° 11′ 30″ \qquad - 8″61$

Centre . . . . 120° 13′ 13″99

$\qquad\qquad\qquad\qquad\qquad\qquad + 2″57$

Horizon . . . . 120° 13′ 16″56

Entre Coivrel et Sourdon, à l'horizon . . 60° 16′ 0″18

Donc entre Clermont et Coivrel . . . . 59° 57′ 16″38

Observation directe . . . . 59° 57′ 17″20

Différence . . . . 0″82

On pourroit donc diminuer de 0″82 l'angle entre Clermont et Coivrel ; peut-être même la réduction doit être plus forte. En effet, le 25ᵉ triangle nous a forcés d'ajouter 0″6 à l'angle entre Coivrel et Sourdon. En recommençant le calcul ci-dessus avec l'angle augmenté de 0″6, on trouveroit 1″42 à retrancher de l'angle observé entre Clermont et Coivrel. Dans cette incertitude je suppose 59° 57′ 16″0 en nombre rond.

CLERMONT.

XIX.

LA flèche observée en 1740 a été incendiée ; il ne reste que la tour carrée. A l'un des angles est une tourelle qui renferme l'escalier. Elle est cylindrique et se termine en cône tronqué. Elle nous a servi de signal. Elle s'élève de $1^t 833$ au-dessus de la tour, et de $1^t 417$ au-dessus de ce qui reste de la balustrade.

Le cercle n° 1 étoit placé à l'un des angles de la

tour. La distance du centre à celui de la tourelle étoit de 2ᵗ01736 $= r$.

L'angle entre Noyers et le milieu de la tourelle a été trouvé de 41° 24′ par un milieu entre treize mesures.

Le cercle n° 4 a été placé un peu plus près de la tourelle. On à trouvé $r' = $ 1ᵗ3611, et l'angle entre Noyers et le centre 33° 18′ 0″.

DISTANCES AU ZÉNIT.

Clocher de Noyers.

10   999ᵍ7805   99ᵍ97805   = 89° 58′ 48″9   D. et B. n° 1.

Clocher que nous avions d'abord pris pour Coivrel.

10   1000ᵍ6647   100ᵍ06647   = 90° 3′ 29″6   D. et B. n° 1.

Clocher de Coivrel.

10   1000ᵍ730   100ᵍ0730   = 90° 3′ 56″5   F. et B. n° 1.

Signal de Jonquières.

6   600ᵍ579   100ᵍ0965   = 90° 5′ 12″66   (en terre.)
F. et B. n° 1. La pluie a interrompu.
4   400ᵍ385   100ᵍ09625   = 90° 5′ 12″0
6   600ᵍ583   100ᵍ097167   = 90° 5′ 14″8
Vent très-violent.

Clocher de Saint-Christophe.

10   998ᵍ9225   99ᵍ89225   = 89° 54′ 10″9 (dans le ciel.) D. et B. n° 1.

Clocher de Dammartin.

10   1000ᵍ9095   100ᵍ09095   = 90° 4′ 54″7 (dans le ciel.) D. et B. n° 1.

Clocher de Saint-Martin du Tertre.

10   9998807   9989807 $=$ 89° 58' 57"5   (dans le ciel.) D. et B. n° 1.

ANGLES.

Entre Coivrel et Noyers.

20   12818828   6480914 $=$ 57° 40' 56"14   D. n° 1.
$r =$ 2'0174 $y =$ 41° 24' $+$ 12"72
Centre . . . .   57° 41'   8"86
20   12818²82625   6480913125 $=$ 57° 40' 55"85   F. n° 4.
$r =$ 1'36111 $y =$ 33° 18' $+$ 11"65
Centre . . . .   57° 41'   7"50
Milieu . . . .   57° 41'   8"18
                    $-$ 0"16
Horizon . . . .   57° 41'   8"02

Entre le signal de Jonquières et Coivrel.

30   19518805   6580526833 $=$ 58° 32' 50"694.
D. n° 1. Vent très-violent qui agitoit l'instrument et rendoit l'observation et la lecture très-difficiles.
$r =$ 2'0174 $y =$ 99° 4' 56" $-$ 23"22
Centre . . . .   58° 32' 27"47
                    $+$ 0"20
Horizon . . . .   58° 32' 27"67

Entre Saint-Christophe et le signal de Jonquières.

20   10968²13325   5488066625 $=$ 49° 19' 33"59   D. n° 1.
$r =$ 2'1074 $y =$ 157° 37' 47" $-$ 33"31
Centre . . . .   49° 19'   0"28
                    $-$ 1"17
Horizon . . . .   49° 18' 59"11

Entre Dammartin et le signal de Jonquières.

20   1465.8928   7382964 $= 65°$ 58' 0"336   D. n° 1.
$r = 2^t$01736 $y = 157°$ 37' 47"   — 27"233

Centre . . . .   65° 57' 33"10
                                        + 0"29

Horizon . . . .   65° 57' 33"39

Entre Saint-Martin du Tertre et Saint-Christophe.

20   1214.88495   60.8742475 $= 54°$ 40' 5"62   D. n° 1.
$r = 2^t$01736 $y = 206°$ 57' 21   — 6"57

Centre . . . .   54° 39' 59"05

20   1214.885575   60.87427875 $= 54°$ 40' 6"63   F. n° 4.
$r = 1^t$36111 $y = 198°$ 51' 21"   — 7"71

Centre . . . .   54° 39' 58"92

Milieu des deux séries . . . .   54° 39' 58"97
                                                — 0"08

Horizon. . . . .   54° 39' 58"89

Entre Saint-Martin du Tertre et Dammartin.

20   845.803725   4282518625 $= 38°$ 1' 36"03   D. n° 1.
$r = 2^t$01736 $y = 223°$ 35' 47"   — 12"64

Centre . . . .   38° 1' 23"39

10   4228.5075   4282575 $= 38°$ 1' 32"43

F. n°. 4. La nuit empêche d'aller plus loin.
                                        — 9"44

Centre . . . .   38° 1' 22"99
Milieu. . . . .   38° 1' 23"19
                                        — 0"40

Horizon . . . .   38° 1' 22"79

SIGNAL DE JONQUIÈRES.

X X.

EN 1740 on avoit pris pour signal le moulin ; mais en 1792 il n'offroit aucun point qu'on pût observer avec sûreté. Le centre de mon signal étoit éloigné de 7 toises de celui du moulin, et cette distance faisoit avec Dammartin un angle de 251° 7′ 5″.

Ce signal étoit une pyramide triangulaire de 3 toises de haut : ainsi $dH = 2^t25$. Les trois faces étoient couvertes de paille. J'avois fait enfoncer un pieu au centre, et je l'avois recouvert de terre. Quinze mois après, je l'ai retrouvé. —————————

Le cercle n° 1 étoit au centre du signal ; le cercle n° 4 en étoit éloigné d'une toise, et cette distance faisoit avec Dammartin un angle de 133° 41′ 36″

Lorsque je vins, en 1793, à Coivrel pour observer ce signal, il avoit été détruit par les vents ; il n'en restoit qu'un des trois arbres qui le composoient, et il fut arraché le jour même que nous l'observâmes. Il étoit très-difficile à voir, et d'ailleurs le vent qui avoit abattu les deux autres l'avoit probablement dérangé. Ne pouvant faire aucun fond sur une observation si incertaine, je pris le parti d'observer la cheminée du meûnier. Il faut réduire au signal l'observation de la cheminée. Soit C (*fig.* 10) le milieu de la cheminée ; S le centre du signal. Je fis planter en P un piquet. SP fut trouvé de 7^t3333.

Angle PSC.

8   5108338   63879225 $=$ 57° 24' 47"

Angle CPS.

10   10786219   10786219 $=$ 96° 51' 35"

Angle KSC.

6   7928483   13280805 $=$ 118° 52' 21"

d'où l'on conclut $CS = 16^t 771$.

Soit SL la direction à Coivrel : $LSC = 60°$ 23' 57". Ainsi SC vu de Coivrel paroissoit sous un angle de 4' 29"34 qu'il faut retrancher de l'angle entre Clermont et la cheminée du meûnier.

DISTANCES AU ZÉNIT.

Clocher de Coivrel.

10   10008616   10080616 $=$ 90° 3' 19"6 (dans le ciel.)
D. et B. n° 1.   Septembre 1793.

Tourelle de Clermont.

10   100088175   100808175 $=$ 90° 4' 24"9 (en terre.)
D. et B. n° 1.   22 juillet 1792.   Difficile à voir.

Clocher de Saint-Christophe.

10   998857125   998857125 $=$ 89° 52' 17"1 (dans le ciel.) D. et B. n° 1.

Clocher de Saint-Martin du Tertre.

10   10008622   10080622 $=$ 90° 3' 21"5 (dans le ciel.) D. et B. n° 1.

Clocher de Dammartin.

10   1000868975   1008068975 — 90° 3' 43"5 (dans le ciel.) D. et B. n° 1.

1.   12

A N G L E S.

Entre Coivrel et Clermont.

18   1169⁵4695   64⁵97052778 = 58° 28′ 24″51
D. et B. n° 1. 27 septembre 1793 , 4ʰ ½.

$$+ \ 0''14$$

Horizon . . . .   58° 28′ 24″65

Entre Coivrel et Saint-Christophe.

20   2479⁵191   123⁵95955 = 111° 33″ 48″94
D. et B. n° 1. 27 septembre 1793 , 3 à 4ʰ.

$$- \ 0''24$$

Horizon . . . .   111° 33′ 48″70

Entre Clermont et Saint-Christophe.

20   1179⁵88025   58⁵9940125 = 53° 5′ 40″6   F. n° 4.
r = 1ᵗ y = 161° 21′ 46″   — 17″27

Centre . . . .   53° 5′ 23″33
20   1179⁵7985   58⁵989925 = 53° 5′ 27″36 D. n° 1.
Je m'en tiens à cette série , beaucoup meilleure que la précédente.

$$- \ 1''26$$

Horizon . . . .   53° 5′ 26″10

Entre Clermont et Dammartin.

16   1435⁵7385   89⁵73365 = 80° 45′ 37″05
D. n° 1. Vent horrible, objets presque invisibles. Nous observions tous deux
en même temps.
   12   1076⁵832   89⁵736 = 80° 45′ 44″64
F. n° 4. Nous n'avons pas repris cet angle qui est inutile.
r = 1ᵗ y = 133° 41′ 36″   — 17″70

Centre . . . .   80° 45′ 26″94
Moyenne . . . .   80° 45′ 32″00

$$+ \ 0''25$$

Horizon . . . .   80° 45′ 32″25

Entre Saint-Martin du Tertre et Dammartin.

20 805°84325   40°2921625 = 36° 15′ 46″61

D. n° 1. Les deux objets se voient très-bien.

14 564°13375   40°295268 = 36° 15′ 56″67

F. n° 4. Cet angle est inutile comme le précédent.

$r = 1^t$ $y = 133°$ 41′ 36″   — 6″01

Centre . . . .   36° 15′ 50″66

Je suppose . . . .   36° 15′ 48″5

                                    + 0″07

Horizon . . . .   36° 15′ 48″57

Entre Clermont et Saint-Martin du Tertre.

20   988°8525   49°442625 = 44° 29′ 54″10

F. n° 4. Cet angle est encore inutile.

$r = 1^t$ $y = 169°$ 57′ 32″   — 11″66

Centre . . . .   44° 29′ 42″44

                                    + 0″10

Horizon . . . .   44° 29′ 42″54

Entre Clermont et Saint-Martin, à l'horizon . . . .   44° 29′ 42″54
Entre Saint-Martin et Dammartin. . . .   36° 15′ 48″57

Donc entre Clermont et Dammartin . . . .   180° 45′ 31″11
Observation directe ci-dessus . . . . . .   80° 45′ 32″25

Différence . . . .   1″14

SAINT-CHRISTOPHE.

XXI.

LE clocher de Saint-Christophe a été rebâti depuis l'opération de 1740. Il est beaucoup moins haut, mais à la même place que l'ancien. Il s'élève de 5^t17 environ au-dessus du faîte de l'église ; et $dH = 3^t8056$.

Ce clocher est un hexagone surmonté d'une pointe terminée par une boule.

DISTANCES AU ZÉNIT.

Clocher de Coivrel.

10   100z8364   100B2364 $= 90°$ 12′ 45″9   (dans le ciel.)

D. et F. n° 1. Je ne suis pas sûr d'avoir observé la pointe.

Tourelle de Clermont.

10   100z8501   100B2501 $= 90°$ 13′ 30″3   (en terre.)

D. et F. n° 1. Clermont ne se voyoit que foiblement et par intervalles.

Signal de Jonquières.

10   100z8553   100B2553 $= 90°$ 13′ 47″2   (en terre.)

D. et F. n° 1. Le signal a paru alternativement éclairé et obscur. Il paroît beaucoup plus gros quand il est éclairé. Il en est de même de la tourelle de Clermont.

Clocher de Saint-Martin du Tertre.

10   100B8498   100B0498 $= 90°$ 2′ 41″35   (dans le ciel.)

D. et F. n° 1. Fortement éclairé du soleil. On ne voit pas la pointe avec précision.

Clocher de Dammartin.

10　1001^{s}127　1008^{s}127　$= 90°$　6′ 5″1　(dans le ciel.)

D. et F. n° 1. Dammartin se voit assez bien.

A N G L E S.

Entre Coivrel et Clermont.

20　873^{s}53325　436766625 $= 39°$ 18′ 32″39.

D. n° 1. Coivrel se confond avec les arbres qui le joignent : on ne peut l'observer en ce moment. On ne fera aucun usage de cette série.

12　524^{s}2005　436683375　$= 39°$ 18′ 54^{s}135

F. n° 1. Coivrel est séparé des arbres ; mais il n'est pas trop clair. Cet angle est inutile.

$+$ 1″076

Horizon . . . . 39° 18′ 55″211

Entre Jonquières et Clermont.

20　1724^{s}27375　86^{s}2136875 $= 77°$ 35′ 32″35　D. n° 1.

20　1724^{s}28875　86^{s}2144375 $= 77°$ 35′ 34″78

F. n° 1. Les deux objets se voyoient mal assez souvent.

Moyenne. . . . . 77° 35′ 33″57

$+$ 2″62

Horizon . . . . 77° 35′ 36″19

Entre Clermont et Saint-Martin du Tertre.

20　1949^{s}44125　97^{s}4720625 $= 87°$ 43′ 29″48

D. n° 1. 3 août 1792, matin. Clermont éclairé et pâle.

20　1949^{s}437　97^{s}47185　$= 87°$ 43′ 28″79

F. n° 1. Le soir et noir. Quelquefois difficile à voir.

Moyenne. . . . . 87° 43′ 29″14

$+$ 0″55

Horizon . . . . 87° 43′ 29″69

St.-Christophe.

Entre Saint-Martin du Tertre et Dammartin.

20	1391,47525	698573,7625	= 62^b 36′ 58″99	D. n^b 1.
20	1391,4815	698574,075	= 62^b 37′ 0″00	F. n° 4.
18	1252,83185	6985,7325	= 62° 36′ 57″33	D. n° 1.

Moyenne . . . . 62° 36′ 58″77

0″13

Horizon . . . = ... 62° 36′ 58″90

St. -Martin du
Tertre.

SAINT-MARTIN DU TERTRE.

XXII.

Le clocher de Saint-Martin du Tertre a été rebâti
en 1745, c'est-à-dire environ cinq ans après les opérations de la *Méridienne vérifiée.* Déja cependant il me-
nace ruine. Il n'est pas à la même place que l'ancien
clocher. $dH = 3,5$.

La charpente est dans le plus mauvais état, et nous
ne pouvions faire le moindre mouvement sur notre
échafaud sans faire tout trembler. Cette station d'ailleurs a été très-rude par les vents impétueux et les pluies
continuelles.

DISTANCES AU ZÉNIT.

Tourelle de Clermont.

5   500,8810   1008,162

Correction du niveau   0,61   } 1008,262 = 90° 14′ 9″
(dans le ciel.) F. n° 1.

Clocher de Saint-Christophe.

5    $500^{g}124$ $100^{g}0248$ } $100^{g}1248 = 90^\circ\ 6'\ 44''$
$\qquad\qquad\quad + 0^{g}1$

(dans le ciel.) D. n° 1. Il n'étoit pas possible de prendre ces deux distances au zénit par les angles doubles, comme à l'ordinaire : la direction étoit trop oblique à l'ouverture par laquelle nous observions. La manière dont on a pris ces angles exige une correction dont on verra la détermination ci-après. (Voyez Dammartin et Brie.)

Clocher de Dammartin.

10    $1001^{g}209$ $100^{g}1209 = 90^\circ\ 6'\ 31''72$ (dans le ciel.)

D. n° 1. Le vent, les nuages et le soleil ont nui à ces angles.

Dôme du Panthéon.

10    $1002^{g}812$ $100^{g}2812 = 90^\circ\ 15'\ 11''$ (dans le ciel.) F. n° 1.

ANGLES.

Entre Saint-Christophe et Clermont.

20    $835^{g}8225$ $41^{g}791125 = 37^\circ\ 36'\ 43''24$

D. n° 1. Clermont tantôt blanc, tantôt noir ; le plus souvent difficile à observer.

20    $835^{g}1975$ $41^{g}7999875 = 37^\circ\ 36'\ 42''80$

F. n° 1. Clermont éclairé et dichotome.

Moyenne . . . . 37° 36' 43"02
$r = 0^{g}44444$ $y = 208^\circ\ 51'\ 37''$ . . . . 3"75
Centre . . . . 37° 36' 39"27
Correction du soleil (Voyez p. 83.) . . . — 2"93
Angle corrigé . . . . 37° 36' 36"34

20    $835^{g}80375$ $41^{g}7901875 = 37^\circ\ 36'\ 40''21$

F. n° 1. Clermont éclairé en face ; ce qui rend nulle la correction du soleil.

$r = 0^{g}45139$ $y = 207^\circ\ 9'\ 11''$ — 3"89
Centre . . . . 37° 36' 36"32
(. . . . .) 0"02
Horizon . . . . 37° 36' 36"30

Entre Dammartin et Saint-Christophe.

$$20 \quad 12518820 \quad 6285910 \quad = 56° \ 19' \ 54''84$$
$$r = 0{,}436555 \quad y = 291° \ 39' \ 24'' \quad + \ 5''04$$

Centre . . . . 56° 19' 59''92

$$24 \quad 150281765 \quad 6285906041 = 56° \ 19' \ 53''56$$
$$r = 0{,}430555 \quad y = 289° \ 5' \ 20'' \quad + \ 4''85$$

Centre . . . . 56° 19' 58''41

D, n° 1. 15 et 16 septembre 1792. Ces deux séries me paroissoient bonnes ; elles marchent avec beaucoup de régularité : il est pourtant très - probable qu'elles sont mauvaises, et cela provient sans doute de la mobilité de l'échafaud. Le mouvement que je faisois pour porter l'œil d'une lunette à l'autre se communiquoit à l'instrument et altéroit l'angle.

Moyenne . . . . 56° 19' 59''17

$$20 \quad 12518891 \quad 6285 9455 \quad = 56° \ 20' \ 6''34$$

F. n° 1. Cet angle ne s'accordant pas du tout avec le mien, le citoyen le Français l'a recommencé.

$$20 \quad 12518879 \quad 6285 9385 \quad = 56° \ 20' \ 4''07$$

F. n° 1. On voyoit mieux que dans la série précédente.

. . . . 56° 20' 5''20

$$r = 0{,}44444 \quad y = 288° \ 44' \ 29'' \quad + \ 4''97$$

Centre . . . . 56° 20' 10''17

Pour savoir si la différence entre ces deux séries et les deux miennes provenoit en effet de la mobilité du plancher, j'ai fait prendre le même angle par les citoyens le Français et Bellet réunis.

— *Cinquième série.*

$$24 \quad 150282243 \quad 6285934583 = 56° \ 20' \ 2''8$$

F. et B. n° 1. Cette dernière série paroît devoir mériter la préférence. Je n'y ai pas pris de part moi-même. La taille du citoyen le Français se prêtoit mieux à l'espace que nous avions, et lui permettoit de faire porter le poids de son corps sur les auvents du clocher. Aussi les deux séries qu'il a observées s'accordent très-passablement avec la dernière, dans laquelle les deux observateurs ont toujours conservé la même position.

St. - Martin du
Tertre.

$$r = 0^t5 \qquad y = 296^\circ \; 3' \, 50'' \qquad \qquad + \quad 6''2$$

Centre	56° 20' 9"0
	+ 0"41
Horizon	56° 20' 9"41

Entre le Panthéon et Dammartin.

36	30418629	84848969	= 76° 2' 26"6	D. puis B.
18	15208817	84848986	= 76° 2' 27"06	F. nº 1.
			76° 2' 26"83	
$r = 0^t21181$	$y = 6^\circ \; 56' \; 53''$		+ 2"48	
			76° 2' 29"31	
20	16898792	8484896	= 76° 2' 26"30	D. nº 1.
$r = 0^t37153$	$y = 10^\circ \; 51' \; 10''$		+ 3"98	
			76° 2' 30"28	

Première série	76° 2' 29"08
Seconde série	76° 2' 29"54
Moyenne	76° 2' 29"63
	+ 1"20
Horizon	76° 2' 30"83

DAMMARTIN.

Dammartin.

XXIII.

JE me suis placé, comme on avoit fait en 1740, dans le clocher de la Collégiale. J'avois été prévenu qu'il

1. 13

alloit bientôt être abattu, et en effet il l'a été quelques mois après; c'est ce qui m'a déterminé à commencer l'opération par les stations environnantes, au lieu d'aller directement à Dunkerque.

Notre échafaud étoit un peu au-dessous de la place des cloches. Les ouvertures du clocher étoient fort étroites; ce qui nous a fort gêné, soit pour les distances au zénit, soit pour chercher les points d'où l'on pût voir deux objets à la fois. Nous avions pour l'instrument un échafaud indépendant de celui qui portoit l'observateur : cependant l'instrument éprouvoit une agitation continuelle quand on étoit obligé de toucher aux vis du pied. Ce tremblement étoit incommode, sur-tout pour les distances au zénit. $dH = 5^t5556$.

DISTANCES AU ZÉNIT.

Clocher de Saint-Christophe.

10　　100085i8　　100805i8 $= 90^o$ 2′ 47″8 (dans le ciel.)

D. et B. n° 1. 8 août 1792. La situation gênée de l'observateur augmentoit encore l'inconvénient qui résultoit du peu de solidité.

Clocher de Saint-Martin du Tertre.

10　　10008291　　10080291 $= 90^o$ 1′ 34″3 (dans le ciel.) D. et B. n° 1.

Tourelle de Clermont.

Cette distance ne pouvoit se prendre par les angles doubles, à cause du peu de largeur de l'ouverture et de l'obliquité de la direction. Dans ce cas je mets les

Dammartin.

deux lunettes sur zéro et sur l'objet à observer. Alors je cale le niveau par la vis du tambour. Par cette opération les deux lunettes s'écartent de l'objet que j'observe, et pour y ramener la supérieure je suis obligé de lui donner un mouvement vertical. De cette manière je trouve une première distance qui dans l'angle présent est de 100ᵍ119.

Je donne un mouvement pareil à la lunette inférieure, et la ramène à coïncider avec la supérieure sur la pointe du signal; et recommençant des opérations pareilles à celles que j'ai faites quand les deux lunettes étoient au point zéro du limbe, je trouve pour la distance double 200ᵍ238 : ainsi la distance est 100ᵍ119. Cette mesure seroit bonne si le niveau que porte la lunette inférieure étoit parallèle à l'axe optique de cette lunette. Nous verrons ci-après que les distances prises de cette manière sont trop foibles de 0ᵍ1. Ainsi la distance corrigée est

$$100ᵍ119 = 90° 12' 0'' \text{ (dans le ciel.) D. et B. n° 1.}$$

Signal de Jonquières.

$$12 \quad 120ᵍ740 \quad 100ᵍ283 = 90° 12' 20'' \text{ (dans le ciel.)}$$
F. et B. n° 1. Le signal est difficile à voir.

Dôme des Invalides.

$$3 \quad 300ᵍ452 \quad 100ᵍ5067\} \quad 100ᵍ507 = 90° 13' 33''$$
Correction du niveau 0.1

D. et B n° 1. Observations douteuses.

$$3 \quad 300ᵍ486 \quad 100ᵍ62\} \quad 100ᵍ62 = 90° 14' 9''$$
$$+ 0.1$$

F. et B. n° 1. On voit très-bien les Invalides.

Dôme du Panthéon.

$$4 \quad 4008598 \quad \left.\begin{matrix} 10081495 \\ + \ 0{,}1 \end{matrix}\right\} \ 10082495 = 90° \ 13' \ 28'' \text{ (en terre.) D. et B. n}° \ 1.$$

Pavillon de Bellassise.

$$10 \quad 10018898 \quad 10081898 \ = 90° \ 10' \ 15'' \quad \text{(dans le ciel.) D. et B. n}° \ 1.$$

ANGLES.

Entre Saint-Christophe et Saint-Martin du Tertre.

$$20 \quad 1356868675 \quad 678834325 = 61° \ 3' \ 3''2 \qquad \text{D. n}° \ 1.$$
$$r = 0^t5139 \quad y = 156° \ 24' \ 53'' \qquad - \ 8''58$$

Centre . . . . $\quad 61° \ 2' \ 54''62$

$$14 \quad 9498678 \quad 678834143 = 61° \ 3' \ 2''62 \quad \text{F. n}° \ 1.$$
$$r = 0^t5139 \quad y = 154° \ 56' \ 55'' \qquad - \ 8''59$$

Centre . . . . $\quad 61° \ 2' \ 54''03$

Moyenne . . . . $\quad 61° \ 2' \ 54''32$
$$+ \ 0''05$$

Horizon . . . . $\quad 61° \ 2' \ 54''37$

Entre Clermont et Saint-Martin du Tertre.

$$12 \quad 6408475 \quad 538370625 \ = 48° \ 2' \ 0''825$$

D. n° 1. Clermont difficile à voir ; la nuit empêche de continuer.
$$r = 0^t463 \quad y = 141° \ 29' \ 50'' \qquad - \ 5''34$$

Centre . . . . $\quad 48° \ 1' \ 55''48$

$$20 \quad 106784{,}075 \quad 538370487\overline{5} = 48° \ 2' \ 0''38 \quad \text{B. n}° \ 4.$$
$$20 \quad 106784105 \quad 538370525 \ = 48° \ 2' \ 0''50 \quad \text{F. n}° \ 4.$$
$$r = 0^t4653 \quad y = 136° \ 41' \ 9'' \qquad - \ 5''45$$

Milieu entre les deux dernières . . . . . $\quad 48° \ 1' \ 54''99$

Milieu entre les trois . . . . $\quad 48° \ 1' \ 55''15$
$$- \ 0''71$$

Horizon . . . . $\quad 48° \ 1' \ 54''24$

Entre Jonquières et Clermont.

18   665ᴮ6655   36ᴮ9814166 $=$ 33° 16′ 59″79

F. nᵒ 1.   Clermont se voit difficilement.

$r = $ 0ᵗ74306 $y = $ 182° 9′ 36″   — 4″3o

Centre . . . .   33° 16′ 55″49

20   739ᴮ637   36ᴮ98175 $=$ 33° 17′ 0″87

B. nᵒ 4.   Clermont très-foible.

Cet angle a été pris avec les fils verticaux +, parce que la tourelle de Clermont, vue de si loin, est trop courte pour être observée autrement. Cet angle, qui est inutile, m'a toujours paru trop incertain, et je ne l'ai point observé.

$r = $ 0ᵗ75 $y = $ 181° 52′ 52″   — 4″34

Centre . . . .   33° 16′ 56″53

Moyenne . . . .   33° 16′ 56″01

+ 0″77

Horizon . . . .   33° 16′ 56″78

Entre Jonquières et Saint-Martin du Tertre.

20   1807ᴮ02825   90ᴮ3514125 $=$ 81° 18′ 58″56   D. nᵒ 1.

$r = $ 0ᵗ51389 $y = $ 147° 39′ 14″   — 8″49

Centre . . . .   81° 18′ 50″07

22   1987ᴮ760   90ᴮ3527273 $=$ 81° 19′ 2″84

B. nᵒ 1.   Fils verticaux +. Le citoyen Bellet n'étoit pas content de cette série.

$r = $ 0ᵗ51319 $y = $ 149° 5′ 6″   — 8″40

Centre . . . .   81° 18′ 54″40

14   1264ᴮ936   90ᴮ352571 $=$ 81° 19′ 2″33

F. nᵒ 1.   Jonquières difficile à voir.

$r = $ 0ᵗ51389 $y = $ 146° 34′ 23″   — 8″55

Centre . . . .   81° 18′ 53″78

20   1807ᵍ8045   90ᵍ35225   = 81° 19′ 1″3

F. n° 1. Le signal de Jonquières n'étoit pas assez grand pour être vu de Dammartin ni de Saint-Martin du Tertre. Cet angle est inutile.

— 8″55

Centre . . . . 81° 18′ 52″75

Cette dernière série tient le milieu entre les quatre. Deux autres qui ont été supprimées auroient donné pour milieu entres les six 81° 18′ 51″5.

Entre Saint-Martin du Tertre et les Invalides.

20   1186ᵍ32975   59ᵍ3164875 = 53° 23′ 5″42

D. n° 1. Le dôme se voyoit foiblement.

$r = 1^t$ $y = 173° 54′ 28″$ — 12″81

Centre . . . . 53° 22′ 52″62

30   1779ᵍ47675   59ᵍ3158917 = 53° 23′ 3″49

F. n° 4. Cette série a été souvent interrompue par le mauvais temps.

$r = 1^t04167$ $y = 172° 24′ 8″$ — 13″50

Centre . . . . 53° 22′ 49″99

Moyenne . . . . 53° 21′ 51″29

— 1″06

Horizon . . . . 53° 21′ 50″23

Entre les Invalides et Bellassise.

30   2127ᵍ53375   70ᵍ91783   = 63° 49′ 33″77

D. n° 1. L'observation de cette série a duré plus de 8ʰ. Les Invalides étoient difficiles à voir, et souvent invisibles.

$r = 0^t81944$ $y = 105° 53′ 22″$ — 10″27

Centre . . . . 63° 49′ 23″50

20   1418ᵍ38175   70ᵍ9190875 = 63° 49′ 37″84   F. n° 1.

$r = 0^t81944$ $y = 104° 24′ 3″$ — 10″11

Centre . . . . 63° 49′ 27″73

10   709ᵗ182   709182 $= 63°\ 49'\ 34''97$ B. n° 1.
                                        $-\ 10''11$

Centre . . . . $63°\ 49'\ 24''86$

Moyenne entre les 60 observations . . . . $63°\ 49'\ 25''14$
                                                   $+\ 1''52$

Horizon . . . . $63°\ 49'\ 26''66$

Entre Saint-Martin du Tertre et le Panthéon.

46   2930ᵗ832   63ᵗ7137 $= 57°\ 20'\ 32''51$

D. puis F. n° 1. Cette série a été faite en deux jours ; les 14 premiers angles avoient duré 7ʰ.

En rejetant les 24 premiers et les 2 derniers . $57°\ 20\ 34''49$
En rejetant les 14 premiers et les 2 derniers . $57°\ 20'\ 33''07$

Je suppose . . . . $57°\ 20'\ 33''36$
$r = 1ᵗ06944\quad y = 167°\ 28'\ 19''$ $-\ 14''77$

Centre . . . . $57°\ 20'\ 18''59$
                                      $-\ 0''60$

Horizon . . . . $57°\ 20'\ 17''99$

Entre le Panthéon et Bellassise.

40   2660ᵗ88625   66ᵗ52215625 $= 59°\ 52'\ 11''79$

D. puis F. n° 1. J'ai passé une journée entière à prendre les 20 premiers angles. Le citoyen le Français a pris les 20 suivans le lendemain en moins de deux heures. On voyoit beaucoup mieux. On pourroit s'en tenir aux 20 derniers.

Les 20 derniers seuls . . . . $59°\ 52'\ 10''63$

Je suppose . . . . $59°\ 52'\ 11''2$
$r = 0ᵗ81944\quad y = 104°\ 24'\ 11''$ $-\ 9''39$

Centre . . . . $59°\ 52'\ 1''81$
                                      $+\ 1''34$

Horizon . . . . $59°\ 52'\ 3''15$

PANTHÉON FRANÇAIS.

XXIV.

Nous avions pris pour point de mire la calotte de la lanterne qui terminoit alors le dôme du Panthéon. Quand nous sommes revenus l'hiver à Paris, pour y faire les observations, le haut de la lanterne étoit abattu. Nous nous sommes placés dans la partie inférieure qui subsistoit encore, et la lunette de l'instrument étoit élevée de 1^t431 au-dessus de la dernière marche de l'escalier. D'après les plans qui m'ont été communiqués par le citoyen Rondelet, la calotte s'élevoit de 4^t85 au-dessus de la dernière marche. Il y avoit en outre l'épaisseur de la calotte, qu'on peut estimer 0^t17. Ainsi $dH = 3^t5$.

DISTANCES AU ZÉNIT.

Clocher de Saint-Martin du Tertre.

10   999^g358 99^g9358 $= 89° 56' 32''$ D. et B. n° 1.
11 février 1793.

Clocher de Dammartin.

8   800^g100 100^g0125 $= 90° 0' 40''5$ D. et B. n° 1.

Pavillon de Bellassise.

6   600^g498 100^g083 $= 90° 4' 28''9$ F. et B. n° 1.

Clocher de Brie.

8   800^g852 100^g1065 $= 90° 5' 45''$ D. et B. n° 1.

Signal de Montlhéri.

4   400ᵗ276   100ᵗ069   = 90° 3′ 43″6

D. et B n° 1.   10 février au soir.

Clocher de Torfou.

14   1401ᵗ181   100ᵗ084357 = 90° 4′ 33″3   D. et B n° 1.

La même.

14   1401ᵗ212   100ᵗ08657   = 90° 4′ 40″5

D. et B n° 1. 9 mars. Beau temps ; mais un peu de brume et d'ondulations.

Signal de l'observatoire.

10   1023ᵗ622   102ᵗ3622   = 92° 7′ 33″5

D. et B n° 1. J'ai observé la partie du signal qui est à la hauteur du toit de tuiles qui étoit alors sur la terrasse au-dessus de l'escalier, et qui s'élevoit d'environ une toise et demie.

Dôme des Invalides.

8   800ᵗ050   100ᵗ00625   = 90° 0′ 20″25 D. n° 1.

J'ai observé une croix qui n'existe plus.

Tour de Croy.

8   797ᵗ582   99ᵗ69775   = 89° 43′ 40″71

D. et B n° 1. Cette distance est celle du point que j'ai observé avec les Invalides. (Voyez ci-après.)

Sommet de la tour de Croy.

8   797ᵗ308   99ᵗ6635   = 89° 41′ 49″74   D. et B n° 1.

Observatoire de la rue de Paradis.

6   617ᵗ730   102ᵗ955   = 92° 39′ 34″2

D. et B n° 1. J'ai observé le sommet du toit tournant.

Pyramide de Montmartre.

8　　80ᵍ1874　100ᵍ23425　= 90° 12′ 38″97

Belvédère Flécheux à Montmartre.

8　　799ᵍ900　99ᵍ9875　= 89° 59′ 19″5

ANGLES.

Entre Dammartin et Saint-Martin du Tertre.

20　1036ᵍ0005　51ᵍ800025　= 46° 37′ 12″08

D. n° 1. 11 février 1793. Un peu de brume empêchoit quelquefois de distinguer les pointes des clochers.

20　1035ᵍ99725　51ᵍ7998625　= 46° 37′ 11″55

F. n° 1. 25 février 1793. Brouillard à Saint-Martin ; Dammartin superbe.

Milieu . . . . 46° 37′ 11″82

　　　　　　　　　　　　　　— 0″13

Horizon . . . . 46° 37′ 11″69

Entre Bellassise et Dammartin.

20　1073ᵍ20125　53ᵍ6600625　= 48° 17′ 38″67

D. n° 1. Le soleil éclairoit Bellassise ; je ne voyois pas le toit, et en me dirigeant sur la partie blanche j'ai dû trouver l'angle trop grand.

8　　429ᵍ275　53ᵍ659375　= 48° 17′ 36″37

D. n° 1. La pluie empêche de continuer.

18　965ᵍ86975　53ᵍ65943　= 48° 17′ 36″55

D. n° 1. La pointe du pavillon noire, et tranche bien avec le fond du ciel. Un peu de brume à Dammartin, qui se voit pourtant assez bien.

20　1073ᵍ16425　53ᵍ6582125　= 48° 17′ 32″9

F. n° 1. On voyoit mieux Bellassise vers la fin de la série que dans le commencement ; cependant c'est toujours un objet difficile à observer.

20   1073ˢ15975   53ˢ6584875 = 48° 17' 33"50   B. n° 1.

Moyenne . . . .   48° 17' 35"53

—   0"09

Horizon . . . .   48° 17' 35"44

Au lieu de prendre la moyenne entre les 5 séries, je pense qu'on feroit mieux de s'en tenir à la troisième. Alors l'angle seroit plus grand de 1".

Entre Brie et Bellassise.

20   82268365   41614182 5 = 37° 1' 39"52   D. n° 1.

10   4118425   4181425   = 37° 1' 41"7

F. n° 1. Après le dixième on ne voyoit plus.

14   57589975   418142679 = 37° 1' 42"28

F. n° 1. On voyoit un peu mieux; mais Bellassise est toujours difficile à observer.

44   18108 2590   41814225   = 37° 1' 40"89

+   0"15

Horizon . . . .   37° 1' 41"04

Entre le signal de Montlhéri et Brie.

20   136086675   68803337 5 = 61° 13' 48"13.

D. n° 1. 10 février 1793. Le signal a été dérangé par le vent; il penche du côté de Brie. Dix jours après ces observations, on a visité le signal pour le faire redresser et lui donner plus de solidité. Il penchoit alors de manière à diminuer l'angle entre Montlhéri et Brie de .   3"5

Ainsi l'angle corrigé seroit de . . . : . . . . 61° 13' 51"63

Mais il vaut mieux rejeter cette série, car rien n'assure que le signal ait toujours penché de la même quantité.

30.   20408 9965   68803320   = 61° 13' 47"57

D. n° 1. 28 février. Le signal étoit solidement rétabli.

20   136086825   68803412 5 = 61° 13' 50"56

F. n° 1. Objets superbes.

20   13608662   68803310   = 61° 13' 47"24   B. n° 1.

Moyenne entre les trois dernières séries .   61° 13' 48"4

+   0"20

Horizon . . . .   61° 13' 48"6

Panthéon.

Entre les Invalides et la tour de Croy, près Châtillon.

20	1549g141	77g45705	= 69° 42′ 40″842	D. n° 1.
20	1549g1625	77g458125	= 69° 42′ 44″325	F. n° 1.
			— 1″17	
Horizon			69° 42′ 43″15	

Le propriétaire de la tour avoit fait ôter le signal que j'y avois placé avec sa permission. J'ai observé la fenêtre du milieu, qui n'est pas tout-à-fait dans la direction du centre. J'ai engagé le citoyen le Français à observer successivement les deux pans de la tour, et je m'en tiens à ce qu'il a trouvé.

Entre le signal de l'observatoire et le dôme des Invalides.

10	872g41675	87g241675	= 78° 31′ 3″03
			— 0″06
Horizon			78° 31′ 2″97

Le signal de l'observatoire étoit sur le puits, c'est-à-dire sur la méridienne même à 10t environ de la face méridionale.

Entre Dammartin et le belvedère Flécheux.

20	1089g214	54g4607	= 49° 0′ 52″7	D. et B. n° 1.
Réduction à l'horizon			0″0	

Entre l'observatoire rue de Paradis et la pyramide de Montmartre.

16	674g851	42g1781875	= 37° 57′ 37″3
			— 3′ 49″8
Horizon			37° 53′ 47″5

Pour observer le toit tournant de mon observatoire, qui étoit très-difficile à reconnoître parmi les maisons sur lesquelles il se projettoit, j'y avois fait mettre un linge blanc; mais il n'avoit pas été placé aussi exactement que j'aurois voulu, et j'ai vu, en rentrant après l'observation de l'angle ci-dessus,

que la partie observée étoit un peu à droite du centre, et qu'ainsi l'angle
est un peu trop fort peut-être de 3 à 4″; ce qui tient à deux centimètres
de distance à l'axe du toit tournant. La même erreur doit avoir lieu dans
l'angle suivant.

Entre le même observatoire et le belvedère Flécheux.

$$12 \quad 4245121 \quad 3553434177 \; = \; 31° \; 48' \; 32''67$$
$$- \quad 6' \quad 2''8$$
$$\text{Horizon} \ldots \ldots \ldots \ldots \quad 31° \; 42' \; 29''87$$

Supplément à la station du Panthéon.

L'objet des observations suivantes a été de joindre
aux triangles de la méridienne mon observatoire de la
rue de Paradis au Marais, dans lequel j'ai observé avec
soin la hauteur du pôle et les azimuths.

Depuis ma première station au Panthéon le dôme a
éprouvé quelques changemens. On a supprimé les trois
dernières marches du dernier escalier, dont la hauteur
est ainsi diminuée de 0ᵗ25. La hauteur de la lunette
étoit autrefois de 1ᵗ43056 au-dessus de la quarantième
et dernière marche, c'est-à-dire 1ᵗ68056 au-dessus de la
trente-septième, qui est maintenant la dernière. Dans
la nouvelle station la lunette n'étoit élevée que de
0ᵗ76389 au-dessus de la trente-septième marche, c'est-
à dire 0ᵗ91667 moins que la première fois.

Pour trouver *dH* j'ai mesuré la hauteur intérieure de
l'espèce de lanterne qui est au haut du Panthéon, et
dans laquelle nous avons observé. Elle est de 1ᵗ61111;
à quoi ajoutant l'épaisseur de la calotte 0ᵗ5278, on a

1^t76389 ; d'où retranchant 0^t76389, hauteur de l'ins-trument, il reste enfin $dH = 1^t00$.

Autrefois la surface extérieure de la calotte s'élevoit de 5^t02 au-dessus de la quarantième marche, ou de 5^t27 au-dessus de la trente-septième ; aujourd'hui elle ne s'élève plus que de 1^t76. La hauteur du Panthéon est donc diminuée de 3^t51.

Au point supérieur de la calotte est planté un bonnet de la liberté dont la tige a servi de point de mire dans les observations faites rue de Paradis et à Montmartre. Une poutre horizontale, appuyée sur les fenêtres de la lanterne, soutient cette tige et empêche aujourd'hui d'observer au centre de la lanterne ; et d'ailleurs le peu de largeur des fenêtres suffiroit seule pour forcer à prendre une position nouvelle pour chaque angle qu'on auroit à mesurer, au lieu que dans l'ancienne station tout a été observé au centre.

DISTANCE AU ZÉNIT.

Nouveau signal de la tour de Croy à Châtillon.

10   996^s238 $99^s6238 = 89°\ 39'\ 41''1$ (dans le ciel.) T. n° 4.

Cette observation, et toutes celles qui sont marquées d'un T, sont du citoyen Tranchot.

ANGLES.

Entre les Invalides et le signal de Croy.

20   1549^s364 77^s4682 $= 69°\ 43'\ 16''97$ D. et B. n° 4.

$r = 0^t4336$ $y = 118°\ 43'\ 17''$ $= 29''86$

Centre . . . . $69°\ 42'\ 47''11$

Panthéon.

| | 20 | 15498391 | 77846955 | = 69° 43′ 21″34 |
| D et B. | $r = $ 1ᵗ4314 | $y = $ 118° 53′ 36″ | | — 29″95 |

Centre . . . . 69° 42′ 51″39

Milieu entre les deux séries . . . . 69° 42′ 49″25

— 1″37

Horizon . . . . 69° 42′ 47″88

Entre la pyramide de Montmartre et les Invalides.

20 132388805 668194025 = 59° 34′ 28″64

Même place que le précédent . . . . — 24″90

Centre . . . . 59° 34′ 3″74

— 0″79

Horizon . . . . 59° 34′ 2″95

Entre la tour de Croy et les Invalides . . . 69° 42′ 47″88

Donc entre la pyramide et la tour de Croy . 129° 16′ 50″83

Entre l'observatoire rue de Paradis et la pyramide de Montmartre.

20 84388225 428191125 = 37° 58′ 19″245

$r = $ 0ᵗ38399 $y = $ 242° 34′ 5″ — 58″71

Centre . . . . 37° 57′ 20″53

— 3′ 43″72

Horizon . . . . 37° 53′ 36″81

En 1793 j'avois trouvé . . . . 37° 53′ 47″5

Milieu . . . . 37° 53′ 42″1

Je ne pouvois, dans l'une ni dans l'autre série, viser au milieu de mon toit tournant qu'à deux décimètres près, et cette erreur en pouvoit produire une de 5″ dans l'angle. J'avois déja reconnu en 1793 que mon angle étoit trop grand de 4″ environ. En faisant cette correction on se rapprocheroit beaucoup du milieu des deux séries, auquel je m'arrête. Cet angle, au reste, ne doit servir qu'à déterminer la position de mon observatoire, et deux décimètres d'erreur dans cette position ne sont d'aucune conséquence.

Pour réduire à l'horizon ce dernier angle, on a diminué les deux distances au zénit observées en 1793, en leur appliquant l'équation $-\dfrac{0^{t}91667\ P}{D\ sin.\ 1''}$, D étant 884^{t} pour mon observatoire, et 1780 pour la pyramide; et enfin 0^{t}91667 la différence de hauteur de la lunette dans les deux stations de 1793 et de l'an 7.

PYRAMIDE DE MONTMARTRE.

X X V.

LE cercle étoit placé en avant de la pyramide, sur le massif de pierres qui lui sert de base.

Le socle de la pyramide a 0^{t}58333 de côté.

Entre le Panthéon et l'une des arrêtes de la face sud de la pyramide . . . . 156ᵍ055 $=$ 140° 26′ 58″2

Entre le Panthéon et l'au-tre arrête de la même face, 236ᵍ285 $=$ 212° 29′ 23″4

Distance du centre du cercle à la première arrête . . . . $=$ 0^{t}45678 $=$ r'

Distance à la seconde arrête . . . $=$ 0^{t}51837 $=$ r''

D'où r $=$ 0^{t}68129.

DISTANCES AU ZÉNIT.

Panthéon.

10   9975238   9957238 = 89° 45′ 5″1   (dans le ciel.) D. et B. n° 4.

Observatoire de la rue de Paradis.

10   10105947   10150947 = 90° 59′ 6″8   (en terre.)   D. et B. n° 4.

Dôme des Invalides.

10   9975120   9957120 = 89° 44′ 26″9   D. et B. n° 1.
La boule se projette sur un arbre.

ANGLES.

Entre le Panthéon et l'observatoire de la rue de Paradis.

30   5935611   1957870333 = 17° 48′ 29″99 D. et B. n° 4.
$r = 0^t68129$ $y = 122° 38′ 12″$ — 25″2
Réduction à l'horizon . . . . . .   — 2′ 31″3
                                    ____
Au centre et à l'horizon . . .   17° 45′ 33″5

La petitesse de cet angle ne permettant pas de l'observer à deux, j'ai pris seul les 20 premiers angles ; le citoyen Bellet a continué jusqu'au 30°, et nous ne différons que de 0″1.

Entre les Invalides et le Panthéon.

20   7695054   3885427 = 34° 36′ 26″75
$r = 0^t68129$ $y = 175° 56′ 42″$ — 38″68
                                    ____
Centre . . . .   34° 35′ 48″07
                                    + 1″26
                                    ____
Horizon . . . .   34° 35′ 49″33

OBSERVATOIRE DE LA RUE DE PARADIS.

XXVI.

LES observations ont été faites sur la terrasse de mon observatoire. L'axe du toit tournant a été considéré comme le centre de la station, et le sommet du cône tronqué a été pris pour point de mire. $dH = 0$.

DISTANCES AU ZÉNIT.

Sommet de la calotte du Panthéon.

6   582^s303 97^s0505 = 87° 20' 43″6   (dans le ciel.) D. et B. n° 1.

Pyramide de Montmartre.

·6 593^s207 98^s867 = 88° 58' 49″08 (en terre.)   D. et B. n° 1.

Belvedère Flécheux.

6   590^s376 98^s3960 = 88° 33' 23″04 (dans le ciel.) D. et B. n° 1.

Clocher Saint-Laurent.

10   991^s607 99^s1607 = 89° 14' 40″67 (dans le ciel.) D. et B. n° 1.

Clocher Sainte-Marguerite.

10   996^s124 99^s6124 = 89° 39' 4″18 (dans le ciel.) D. et B. n° 1.

ANGLES.

Entre la pyramide de Montmartre et le Panthéon.

Observatoire
de la
rue de Paradis.

```
20   2760ᵇ100      138ᵇ0505     = 124° 12' 16"2  D. et B. n° 1.
Réduction à l'horizon. . . . . . .      + . 6' 19"32
r = 0ᵗ689814  y = 341° 15' 11"          + 2'  8"7
                                        ─────────────
                                        124° 20' 44"2

20   2760ᵇ41875  138ᵇ0209375 = 124° 13' . 7"83 D. et B. n° 1.
                                        + 6' 19"32
r = 0ᵗ83333  y =  0° 16' 59"            + 1' 18"31
                                        ─────────────
                                        124° 20' 45"46
                                        ─────────────
Milieu . . . . . . . . . . . .          124° 20' 44"8
```

Entre le Belvedère Flécheux et le Panthéon.

```
12    1758ᵇ359      146ᵇ52992 = 131° 52' 36"94
                                        + 9' 42"0
                                        ─────────────
Horizon . . . . . . . . . . .   132°  2' 18"94
r = 0ᵗ708333  y = 110° 38' 50"  — 3' 54"67
                                        ─────────────
Centre . . . . . . . . . . . .  131° 58' 24"27
```

Quand les corrections sont aussi considérables, il est plus exact de commencer par réduire au plan de l'horizon, car c'est dans ce plan que doit se calculer la réduction au centre.

Entre le clocher de Saint-Laurent et la pyramide de Montmartre.

```
20  632ᵇ19275   31ᵇ6096375  = 28ᵉ 26' 55"2255 D. B. n° 1.
20  632ᵇ21475   31ᵇ6107375  = 28° 26' 58"79
Milieu . . . . . . . . . .     28° 26' 57"0
r = 0ᵗ83333  y = 124° 49' 7"       + 10"06
Réduction à l'horizon . . . .      + 8"23
                                   ────────────
Centre et horizon . . . . . .  28° 27' 15"29
```

Entre les clochers de Sainte-Marguerite et de Saint-Laurent.

$$20 \quad 2473^g73675 \quad 123^g6868375 = 111° 19' \ 5''35$$
$$r = 0^t8333 \quad y = 153° 16' 2'' \qquad - \ 4' \ 23''88$$

Centre. . . . . 111° 14' 41''47

$$20 \quad 2474^g121 \quad 123^g70605 = 111° 20' \ 7''6$$
$$r = 0^t902777 \quad y = 108° 17' 36'' \qquad - \ 5' \ 25''4$$

Centre. . . . . 111° 14' 42''2
Milieu entre les deux séries. . . . . . . 111° 14' 41''9
$$+ \ 26''3$$
Horizon . . . . 111° 15' 8''2

Entre le Panthéon et Sainte-Marguerite.

$$20 \quad 2130^g52975 \quad 106^g5264875 = 95° 52' 25''82$$
$$+ \ 1' \ 21''83$$
$$r = 0^t83333 \quad y = 264' 14''33 \qquad + \ 2' \ 59''51$$

Centre et horizon . . . . 95° 56' 47''16

$$20 \quad 2131^g7815 \quad 106^g589075 = 95° 55' 48''60$$
$$+ \ 1' \ 21''83$$
$$r = 0^t902777 \quad y = 219° 37' 44'' \qquad - \ 26''49$$

Centre et horizon . . . . 95° 56' 43''94
Milieu des deux séries. . . . . 95° 56' 45''55

Tour de l'horizon.

Entre le Panthéon et Sainte-Marguerite . . . 95° 56' 45''55 + 1''6
Entre Sainte-Marguerite et Saint-Laurent. . . 111° 15' 8''2 + 0''3
Entre Saint-Laurent et la pyramide . . . . . 28° 27' 15''29 + 1''8
Entre la pyramide et le Panthéon . . . . . . 124° 20' 44''8 + 0''86
Milieu entre toutes les observations . . . 359° 59' 53''84 + 4''56
$$+ \ 4''56$$
En prenant les angles les plus forts . . . 359° 59' 58''40

La petite incertitude de ces angles vient de la grandeur des réductions. Quand les objets sont aussi près, la moindre erreur sur la distance au centre produit aussitôt plusieurs secondes d'incertitude sur la réduction. C'est pour cela que la plupart de ces angles ont été observés de deux places différentes, dans l'espérance d'obtenir quelque compensation dans les erreurs.

Observatoire
de la
rue de Paradis.

Je suppose entre le Panthéon et Sainte-Marguerite . . .   95° 56′ 48″
Entre Sainte-Marguerite et Saint-Laurent . . . .   111° 15′ 9″
Entre Saint-Laurent et la pyramide . . . .   28° 27′ 17″
Entre la pyramide et le Panthéon . . . .   124° 20′ 46″
                                                   ____
                                                   360° 0′ 0″

PAVILLON DE BELLASSISE.

Bellassise.

XXVII.

La résistance invincible que j'éprouvai de la part des habitans de Montjai, lorsque je voulus placer un signal sur les débris de leur tour, comme on avoit fait en 1670 et en 1740, et l'impossibilité de voir cette tour du dôme des Invalides, que je voulois alors employer au lieu du Panthéon, me déterminèrent à choisir le pavillon du milieu du château de Bellassise.

Nous nous sommes placés dans l'étage supérieur de ce pavillon, dont la charpente est faite avec beaucoup de soin et de régularité.

Le pavillon est une pyramide quadrangulàire tronquée, dont la base supérieure a une toise de côté. J'aurois bien desiré placer un signal sur ce pavillon; mais ce que je venois d'éprouver à Montjai m'avoit fait sentir la nécessité de cacher mes opérations. Tous mes soins n'ont pu empêcher qu'on ne m'ait trouvé à

Bellassise à l'instant où je finissois mes observations, et qu'on ne m'ait emmené à Lagni, où j'ai été un jour en état d'arrestation. C'étoit le 4 septembre 1792. Le mois suivant je suis revenu à Bellassise pour substituer le Panthéon aux Invalides. $dH = 3^t1667$.

DISTANCES AU ZÉNIT.

Clocher de Dammartin.

14   1399ᵍ665   99ᵍ9760   = 89° 58' 42"0   (dans le ciel.) D. n° 1.
$+ 27''8$

Dôme du Pantheon.

10   1001ᵍ400   100ᵍ140   = 90° 7' 33"6   (en terre.)   F. n° 1.
$+ 24''0$

Clocher de Brie.

14   1401ᵍ587   100ᵍ11333 = 90° 6' 7"0   (dans le ciel.)
$+ 39''7$

D. n° 1. Beaucoup d'ondulations ; pointe difficile à observer.

Ces trois distances ont été observées dans un grenier au-dessous du pavillon, 1'833 plus bas que l'endroit où les autres observations ont été faites. Ainsi ces trois distances sont trop foibles ; et pour les réduire au pavillon il faut les augmenter, la première de 27"8, la seconde de 24"0, et la troisième de 39"7.

Dôme des Invalides.

10   1002ᵍ023   100ᵍ2023   = 90° 10' 55"45 (en terre.)
F. n° 1. Observée dans le pavillon.

ANGLES.

Entre Dammartin et le Panthéon.

20   1596ᵍ5675   79ᵍ828375   = 71° 50' 43"94
D. n° 1. 9 octobre 1792 et le 11 matin. Temps affreux, mauvaises observations.

24   1915ᵍ910   79ᵍ8295833 = 71° 50′ 47″85

F. n° 1.   12 et 13 octobre.

20   1596ᵍ5925   79ᵍ829625 = 71° 50′ 47″98   D. n° 1.

Milieu des deux dernières séries . . . . .   71° 50′ 47″91
$r = $ 1ᵗ7396 $y = $ 186° 12′ 13″   — 23″35

Centre . . . .   71° 50′ 24″56
                                     — 0″31

Horizon . . . .   71° 50′ 24″25

Entre le Panthéon et Brie.

20   1274ᵍ65875   63ᵍ7329375 = 57° 21′ 34″72

D. n° 1.   On voyoit très-foiblement le Panthéon.

30   1911ᵍ961   63ᵍ732371 = 57° 21′ 32″69

F. n° 1.   On ne voyoit pas très-bien le Panthéon.

20   1274ᵍ626   63ᵍ7313   = 57° 21′ 29″41

F. n° 1.   On voit bien les deux objets.

20   1274ᵍ68175   63ᵍ7340875 = 57° 21′ 38″44

D. n° 1.   On ne voit plus si bien, mais on peut observer.

20   1274ᵍ63375   63ᵍ7316875 = 57° 21′ 30″67   F. n° 1.
10   637ᵍ36275   63ᵍ736275 = 57° 21′ 47″49   B. n° 1.
20   1274ᵍ640   63ᵍ7320   = 57° 21′ 31″68   D. et B. n° 1.

140   8922ᵍ56400   63ᵍ7326   = 57° 21′ 33″624
$r = $ 1ᵗ7396 $y = $ 128° 50′ 58″   — 31″824

Centre . . . .   57° 21′ 1″80
                                     + 0″52

Horizon . . . .   57° 21′ 2″32

Il y a apparence qu'on n'a pas toujours observé les mêmes points des deux objets. Nous avons cru aussi que la mobilité du plancher avoit pu contribuer aux différences étranges que présentent ces différentes séries, et la dernière a été faite par deux observateurs immobiles et assis pendant toute l'opération.

En général les flèches aigües, comme celle de Brie, nous ont fort exercés.

Entre Dammartin et Brie.

```
30   4306ˢ87575   143ˢ562525  = 129° 12′ 22″58   D. n° 1.
14   2009ˢ87925   143ˢ5628035 = 129° 12′ 23″48   F. n° 1.
```

Moyenne . . . . 129° 12′ 23″03

$r = 1ˢ6944$ $y = 129° 50′ 0″$ — 53″99

Centre . . . . 129° 11′ 29″04

            + 0″19

Horizon . . . . 129° 11′ 29″23

```
40   5742ˢ51575   143ˢ562894  = 129° 12′ 23″78   F. puis D. n° 1.
20   2871ˢ2525    143ˢ562625  = 129° 12′ 22″90   D. et B. n° 1.
```

Moyenne . . . . 129° 12′ 23″34

$r = 1ˢ7396$ $y = 128° 50′ 38″$ — 55″55

Centre . . . . 129° 11′ 27″79

            + 0″19

Horizon . . . . 129° 11′ 27″98

Par un milieu à l'horizon . . . . 129° 11′ 28″6

Par les observations que je préfère . . . 129° 11′ 28″0

Entre les Invalides et Brie.

```
20   1304ˢ28125   65ˢ2140625 = 58° 41′ 33″56
```
D. n° 1. On voit foiblement les Invalides.
```
20   1304ˢ296     65ˢ2148    = 58° 41′ 35″95
```
F. n° 1. On voit foiblement les Invalides.
```
8   521ˢ709       65ˢ213825  = 58° 41′ 32″79
```
F. n° 1. Les Invalides toujours foibles.

```
48   3130ˢ28625   65ˢ214298  = 58° 41′ 34″32
```

$r = 1ˢ6944$ $y = 129° 50′ 0″$ — 31″24

Centre . . . . 58° 41′ 3″08

            — 0″35

Horizon . . . . 58° 41′ 2″73

Entre Dammartin et les Invalides.

38   2977ᵗ2071   78ᵍ34755 = 70° 30' 46"06

D. n° 1. Les deux objets sont très-beaux.

20   1566ᵗ972   78ᵍ3486, = 70° 30' 49"46 F. n° 1.

Moyenne . . . . 70° 30' 47"76

$r = $ 1ᵗ6944 . $y = $ 188° 31' 34"   — 22"68

Centre . . . . 70° 30' 25"08

                  — 0"54

Horizon . . . . 70° 30' 24"54, ou 22"84, si je m'en tiens à mon observation.

Entre les Invalides et Brie, à l'horizon . 58° 41' 2"73
Entre Dammartin et les Invalides . . . . 70° 30' 24"54

Donc entre Dammartin et Brie . . . . . 129° 11' 27"27, ou 25"77
    Observation directe . . . . 129° 11' 28"0

Entre Dammartin et le Panthéon . . . . 71° 50' 24"25
Entre le Panthéon et Brie . . . . 57° 21' 2"32

Donc entre Dammartin et Brie . . . . . 129° 11' 26"57
    Observation directe . . . . . . 129° 11' 28"0

B R I E.

X X V I I I.

LE clocher de Brie est une belle tour carrée terminée par une pyramide octogone de 10ᵗ de hauteur. Cette pyramide a été bâtie à la place de la lanterne qui a servi en 1740. Nous nous sommes établis sur la troisième enrayure. $dH = $ 6ᵗ6667.

On monte à la pyramide par un escalier de 166 marches.

N'ayant pu obtenir à temps les signaux de Malvoisine, Montlhéri et Châtillon, j'ai observé les différens points de ces objets qui m'ont paru les plus propres à être réduits aux signaux; me réservant d'observer ces angles plus exactement quand je reviendrois à Brie pour lier aux triangles principaux la base qu'on se proposoit alors de mesurer entre Villejuif et Juvisi. Nous avons trouvé depuis plus commode de placer la base sur le chemin de Melun, et différens obstacles m'ont long-temps empêché de retourner à Brie. Cette station a été enfin terminée en frimaire an 6.

DISTANCES AU ZÉNIT.

Panthéon français.

14   1400ᵍ970   1050693 $= 90°$ 3′ 45″   (dans le ciel.) F. et B. n° 1.

Bellassise.

10   999ᵍ703   99ᵍ9703 $= 89°$ 58′ 24″   (dans le ciel.) F. et B. n° 1.

La même par des angles simples.

Cinq observations	399ᵍ305		
Supplément à 400	0ᵍ695		
Cinquième ou hauteur simple	0ᵍ139		
Complément ou distance au zénit . . .	99ᵍ861	$= 89°$ 52′ 29″64	
Par les angles doubles	99ᵍ9703	$= 89°$ 58′ 23″77	
Correction du niveau	$+$ 0ᵍ1093	$= + $ 5′ 54″13	

Ces observations prouvent que les distances au zénit prises par les angles simples sont trop foibles de 0ᵍ1093, ou que l'axe optique de la lunette inférieure du cercle n° 1 fait un angle de 5′ 54″ au-dessus de l'horizon quand le niveau est calé. Ainsi les distances au zénit qu'on a prises en supposant l'axe de la lunette parallèle à celui du niveau, ont besoin d'être augmentées de cette quantité.

La ruine la plus haute de la tour de Montlhéri.

10   999ᵍ990   998ᵍ999 $=$ 89° 59′ 57″ (dans le ciel.) F. et B.

Par les angles simples.

Trois observations 399ᵍ706
Supplément ou triple hauteur 0ᵍ294
Hauteur simple 0ᵍ098
Complément ou distance au zénit 999ᵍ902
Par les angles doubles 999ᵍ999

Correction du niveau . . . . $+$ 0ᵍ097

Corniche de la tour de Montlhéri.

10   1000ᵍ298   1008ᵒ298 $=$ 90° 1′ 36″6   D. et B. n° 4.

Tour de Croy à Châtillon.

10   999ᵍ912   999ᵍ912 $=$ 89° 59′ 31″5   (dans le ciel.)
F. et B. n° 1.

La même par les angles simples.

6   399ᵍ355
Supplément .   0ᵍ645   0ᵍ1075
Complément 999ᵍ8925
Ci-dessus 999ᵍ9912

Correction du niveau $+$ 0ᵍ0987

Pavillon attenant à la tour de Croy.

10   1000ᵍ000   1008ᵒ000 $=$ 90° 0′ 0″
F. et B. n° 1.   On ne voyoit pas le toit de ce pavillon.

La même distance par les angles simples a donné pour correction du niveau . . . . $+$ 0^{s}095

La tour avoit donné . . . . $+$ 0^{s}0987

La ruine de Montlhéri . . . . $+$ 0^{s}0970

Bellassise . . . . $+$ 0^{s}1093

Milieu . . . . $+$ 0^{s}10025 $=$ 5′ 24″8

C'est d'après ces observations qu'on a corrigé les distances au zénit observées à Dammartin par des angles simples.

Cheminée à l'extrémité de Malvoisine.

10   1000^{s}154   100^{s}0154 $=$ 90° 0′ 50″ (dans le ciel.) D. et B. n° 1.

Moulin de Fontenai.

10   999^{s}993   99^{s}9993 $=$ 89° 59′ 58″   D. et B. n° 1.

ANGLES.

Entre Bellassise et le Panthéon.

30   2854^{s}042   95^{s}134733 $=$ 85° 37′ 16″54   D. n° 1.

$r =$ 0^{t}336875 $y =$ 241° 17′ 14″ $+$ 0″59

Centre . . . . 85° 37′ 17″13

20   1902^{s}6915   95^{s}134575 $=$ 85° 37′ 16″02   F. n° 4.

$r =$ 0^{t}33801 $y =$ 241° 39′ 7″ $+$ 0″65

Centre . . . . 85° 37′ 16″67

30   2854^{s}0705   95^{s}135683 $=$ 85° 37′ 19″6

F. n° 4.   Fils verticaux $+$.

$r =$ 0^{t}28403 $y =$ 231° 24′ 26″ $-$ 0″76

85° 37′ 18″84

Brie.

12 . . . . 95ᵍ1360
14 . . . . 95ᵍ1357
10 . . . . 95ᵍ1360
24 . . . . . . 95ᵍ13544
____

Moyenne . . . . 95ᵍ135785 = 85° 37′ 19″94

B. n° 1. Cet angle a paru plus grand lorsque Bellassise étoit éclairé du soleil.

24   22838240   95ᵍ1350   = 85° 37′ 17″4
                              ＋ 0″6
____

Centre . . . . 85° 37′ 18″0

B. n° 1. Fils inclinés ✕.

10   951ᵍ355   .   95ᵍ1355 . = 85° 37′ 19″02
                              — 0″76
____

Centre . . . . 85° 37′ 18″26

B. n° 1. Fils verticaux ✚.

Première série . . . . 85° 37′ 17″13
Seconde série . . . . 85° 37′ 16″67
Troisième série . . . . 85° 37′ 18″84
Quatre suivantes . . . . 85° 37′ 19″94
Huitième série . . . . 85° 37′ 18″00
____

Moyenne . . . . 85° 37′ 18″14
                              — 0″11
____

Horizon . . . . 85° 37′ 18″03

Suite de la station de Brie. Frimaire an 6.

Les trous que nous avons faits au clocher ne suffisoient pas pour prendre les distances au zénit à la manière ordinaire, qui exige environ une ouverture de 0ᵗ167. Par cinq observations d'angles simples mesurés à la suite les uns des autres, j'ai trouvé que la distance au zénit, pour le signal de Montlhéri, surpassoit de 3′ 1″44 celle de la plus haute ruine de la tour, et pour le signal de Malvoisine elle étoit de 47″3 moindre que celle de la cheminée à l'extrêmité du bâtiment. On aura donc les quantités suivantes.

DISTANCES AU ZÉNIT.

Signal de Montlhéri. . . . . 90° 2′ 58″4
Signal de Malvoisine . . . . 90° 0′ 2″7

ANGLES.

Entre le Panthéon et le signal de Montlhéri.

　　30　　186ᵇ142　　6aᵇ0720667　　= 55° 51′ 53″696

D. et B. n° 1. Frimaire an 6. Point de soleil.

　　30　　186ᵇ212　　6aᵇ073733　　= 55° 51′ 58″885

D. et B. n° 1. Signal de Montlhéri éclairé.

　Nous n'étions pas d'accord sur la manière d'observer. J'ai fait seul la série suivante.

　　30　　186ᵇ160　　6aᵇ0720　　= 55° 51′ 53″28

D. n° 1. Peu ou point de soleil.

　　30　　186ᵇ194　　6aᵇ073133　　= 55° 51′ 56″45　B. seul.
　　40　　248ᵇ89525　6aᵇ07238125　= 55° 51′ 54″515　D. seul.
Objets foibles; point de soleil.

　　4　　248ᵇ290　　6aᵇ0725　　= 55° 51′ 54″9　　B. n° 1.
　　12　　744ᵇ870　　6aᵇ0725　　= 55° 51′ 54″9　　B. n° 1.
　　20　　1241ᵇ442　6aᵇ0721　　= 55° 51′ 53″6　　B. n° 1.
Objets foibles; point de soleil.

　　10　　620ᵇ734　　6aᵇ0734　　= 55° 51′ 57″816　B. n° 1.
Signal éclairé. Angle trop fort.

　　20　　1241ᵇ466　6aᵇ0733　　= 55° 51′ 57″492　B. n° 1.
Signal éclairé.

　　Milieu entre les 222 angles . . 55° 51′ 55″476

Séries sans soleil.

Première . . . . 3o   55° 51′ 53″476 D. et B. n° 1.
Seconde . . . . 3o   55° 51′ 53″28   D. n° 1.
Troisième 20   55° 51′ 53″6   B. n° 1.

80   55° 51′ 53″4

r = 0ᵗ34302 y = 186° 17′ 56″   — 4″11

Centre . . . . 55° 51′ 49″29

+ 0″11

Horizon . . . . 55° 51′ 49″40

Entre les signaux de Montlhéri et Malvoisine.

20   9008990   4580495   = 40° 32′ 40″38

D. et B. n° 1. Point de soleil.

20   901800375   4580501875 = 40° 32′ 42″648 D. et B. n° 1.

Milieu . . . . 40° 32′ 41″514
r = 0ᵗ3566 y = 185° 48′ 10″   — 3″461

Centre . . . . 40° 32′ 38″053

— 0″096

Horizon . . . . 40° 32′ 37″957

SIGNAL DE MONTLHÉRI.

XXIX.

LA tour de Montlhéri est en ruines et ne présente aucun point que l'on puisse observer bien sûrement. En 1740 on a visé au milieu de la tour; mais cette tour est accompagnée d'une tourelle dans laquelle étoit l'escalier, et cette tourelle, qui est placée du côté de Paris, fait que le centre apparent, vu de Brie, est à droite du centre véritable. Ainsi il y a quelque apparence que les angles à Brie, entre Montlhéri et l'Observatoire, entre Montlhéri et Montmartre, sont trop petits, et que l'angle entre Malvoisine et Montlhéri est trop grand de la même quantité. Pour éviter cet inconvénient j'ai placé un signal sur le mur qui joint la tour. Ce signal est une pyramide tronquée, dont l'axe est à quelques pouces en avant du mur, à la distance de 3^t5 de l'angle curviligne formé par le mur et la tour. Je m'étois d'abord contenté d'y placer un tronc d'arbre : il fut renversé et mis en pièces le lendemain. Le procureur de la commune en fit replacer un autre aux frais du délinquant; mais ce nouvel arbre étoit trop petit, et je ne pus l'appercevoir de Brie. Je fus obligé d'aller à Montlhéri pour commander le signal actuel. Il ne put être achevé assez tôt. Pour y suppléer, j'avais essayé à Brie d'observer divers points de la tour : mais, outre l'incertitude de ces observations, j'ai éprouvé d'assez grandes difficultés pour réduire au signal les angles observés; en sorte que toute cette partie a été recommencée en l'an 6, à mon retour de Rodez.

Les deux cercles ont été placés pendant toute la station aux deux mêmes endroits, et les quantités r sont par conséquent constantes. Quant aux angles y, il a suffi d'en observer un seul pour en conclure tous les autres.

Ainsi pour le cercle n° 1 :
Pour Brie et le Panthéon . . . $y =$ 151° 26′ 25″   Montlhéri.
62° 55′ 26″

Pour Malvoisine et Brie . . . . . $y =$ 214° 21′ 51″
65° 19′ 32″

Pour Torfou et Malvoisine . . . $y =$ 279° 41′ 23″
74° 39′ 31″

Pour Brie et la tour de Croy . $y =$ 139° 42′ 20″
$r =$ 3ᵗ60185.

Pour le cercle n° 4 :
Pour Brie et le Panthéon . . . $y =$ 75° 12′ 56″
62° 54′ 48″

Pour Malvoisine et Brie . . . . $y =$ 138° 7′ 44″
65° 19′ 54″

Pour Torfou et Malvoisine . . . $y =$ 203° 27′ 38″
74° 38′ 39″

Pour Brie et la tour de Croy . $y =$ 63° 29′ 5″
$r =$ 3ᵗ68055. $dH =$ 3ᵗ.

DISTANCES AU ZÉNIT.

Haut de la lanterne du Panthéon.

10 1000ᵐ978 . 100ᵐ0978 = 90° 5′ 16″9 (dans le ciel.) F. et B. n° 4.

Clocher de Brie.

10 1001ᵐ270 100ᵐ127 = 90° 6′ 51″5 (dans le ciel.)
F. et B. n° 4. Le clocher finit par une pointe si déliée qu'il est difficile d'observer toujours le même point.

Signal de Malvoisine.

10　999ᵍ850　99ᵍ985　= 89° 59' 11"4

F. n° 4. Ce premier signal n'étoit autre chose que la cheminée méridionale de Malvoisine, que j'avois fait hausser de 1ᵗ33.

Clocher de Torfou.

10　998ᵍ820　99ᵍ882　= 89° 53' 37"7　(dans le ciel.)　F. et B. n° 4.

Signal de la tour de Croy.

10　999ᵍ039　99ᵍ9039　= 89° 54' 48"6　(dans le ciel.)

D. et B. n° 1. J'ai observé le haut du signal.

Clocher de Saint-Yon.

8　798ᵍ870　99ᵍ85875 = 89° 52' 22"3　(dans le ciel.)

ANGLES.

Entre Brie et le Panthéon.

20　1398ᵍ304　69ᵍ9152　= 62° 55' 25"25　D. n° 1.

r = 3ᵗ60185　y = 151° 26' 25"　—　1' 0"71

Centre . . . . 62° 54' 24"54

20　2398ᵍ073　69ᵍ90365　= 62° 54' 47"93　F. n° 4.

r = 3ᵗ68055　y = 75° 12' 56"　—　20"65

Centre . . . . 62° 54' 27"28

20　1398ᵍ32075　69ᵍ9160375　= 62° 55' 27"96　F. n° 1.

—　1' 0"71

Centre . . . . 62° 54' 27"25

Moyenne . . . . 62° 54' 26"36

+ 0"36

Horizon . . . . 62° 54' 26"72

Entre Malvoisine et Brie.

22 1596884375 728583804 = 65° 19′ 31″52   D. n° 1.
r = 3ᵗ60185 y = 214° 21′ 51″   — 50″73
Centre . . . . 65° 18′ 40″79

20 1451881575 7285907875 = 65° 19′ 54″15
F. n° 4. Les deux objets par fois difficiles à voir.
r = 3ᵗ68055 y = 138° 7′ 44″   — 1′ 12″81
Centre . . . . 65° 18′ 41″34
Moyenne . . . . 65° 18′ 41″06
                                    — 0″29
Horizon . . . . 65° 18′ 40″77

Entre Torfou et Malvoisine.

30 1838857625 618285675 = 55° 9′ 25″59
D. et F. n° 1. Les 8 premiers angles sont du citoyen le Français, et donneroient encore 2″ de moins que les 30.
r = 3ᵗ60185 y = 279° 41′ 23″   + 31″90
Centre . . . . 55° 9′ 57″49

28 1717805575 6183235 = 55° 11′ 28″14   F. n°. 4.
r = 3ᵗ68055 y = 203° 27′ 38″   — 1′ 25″64
Centre . . . . 55° 10′ 2″50

40 24518443 618286075 = 55° 9′ 26″88
D. puis B. enfin F. n° 1. J'attribue la différence entre ces séries à la
manière dont Malvoisine étoit éclairé. Il paroît, par les deux autres angles
du triangle, que la seconde série est la meilleure, quoique dans la dernière
les trois observateurs soient bien d'accord.
                                    + 31″90
Centre . . . . 55° 9′ 58″78
Moyenne . . . . 55° 9′ 59″6
                                    — 0″12
Horizon . . . . 55° 9′ 59″48

Entre Saint-Yon et Torfou.

20   43681855   218809275 $= 19° 37' 42''05$

B. nᵒ 4.   Cet angle a été pris seulement pour déterminer la position du clocher de Saint-Yon, qui paraît inexacte dans la *Méridienne* vérifiée.

$r = 3^t68055$ $y = 258° 44' 30''$ — .19''11

Centre . . . .   19° 37' 22''94

                              + 0''15
____

Horizon . . . .   19° 37' 23''09

Entre Brie et le signal de la Tour de Croy.

10 . 82985535   82895535 $= 74° 39' 35''334$

D. nᵒ 1.   J'ai observé le bas du signal qui étoit une poutre verticale.

$r = 3^t60185$ $y = 139° 42' 20''$ — 1' 24''28
____

Centre . . . .   74° 38' 11''05

30   24888625   82895416₇ $= 74° 39' 31''5$

D. nᵒ 1.   J'ai observé le haut du signal. On voyoit assez mal en commençant.

                              — 1' 24''28
____

Centre . . . .   74° 38' 7''22

20 . 165905275 . 82895263₇5 $= 74° 39' 26''55$

F. nᵒ 1.   On n'appercevoit que le haut du signal, et assez mal.

                              — 1' 24''28
____

Centre . . . .   74° 38' 2''27

30   248814525   82893817₅ $= 74° 38' 39''69$

$r = 3^t68055$ $y = 63° 29' 5''$ — 35''25
____

Centre . . . .   74° 38' 4''44

Milieu entre les 90 observations . . . .   74° 38' 5''62

                              — 0''82
____

Horizon . . . .   74° 38' 4''8

Supplément à la station de Montlhéri.

Cette station, restée incomplète en 1792, a été achevée en ventose an 6. Le signal venoit d'être abattu et emporté par des voisins; on en a retrouvé chez eux des fragmens, et entre autres le carré qui servoit de base : on l'a replacé sur des supports pareils, et enfoncés dans les mêmes trous du mur. Cette fois, pour observer, on s'est tenu sur ce mur même. Et $dH = 1^t 833$.

DISTANCES AU ZÉNIT.

Panthéon français.

10 10018065....10081065 $= 90°$ 5′ 45″06 (dans le ciel.)
T. et B. n° 1. 3ʰ.

En 1792 cette distance étoit de .... 90° 5′ 16″9

Le Panthéon étoit alors plus élevé de 3ᵗ5. (Voyez p. 110), et l'instrument étoit plus bas de 1ᵗ2. (Voyez p. 129).

Signal de Lieursaint.

4 . 4008805 10082025 $= 90°$ 10′ 52″0
T. et B. n° 1. Midi. Le grand vent ne permet pas de continuer.

La même.

10 10018804 10081804 $= 90°$ 9′ 44″0 (la pointe dans le ciel.)
D. et B. n° 1. Vent par intervalles.

ANGLES.

Entre Brie et le Panthéon.

30   2096$991   69$899700 = 62° 54′ 35″028
T. et B.! n° 1. 5 ventose. Objets bien visibles ; Brie quelquefois trop éclairé.

50   3494$9615   69$89923   = 62° 54′ 33″505
D. et B. n° 1. Brie beau et point éclairé ; Panthéon un peu incertain.

Milieu entre les 80 observations   62° 54′ 34″076
$r = 1^t1389$ $y = 195°$ 30′ 25″   — 12″489

                                              62° 54′ 21″587
En 1792 j'avois trouvé . . . .   62° 54′ 24″5

Milieu . . . .   62° 54′ 23″043
                                                + 0″357

Horizon . . . .   62° 54′ 23″400

Deux autres séries rapportées précédemment donneroient plus encore, et je crois devoir porter cet angle à 62° 54′ 23″5

Entre les signaux de Torfou et de Malvoisine.

20   122$80255   61$301275 = 55° 10′ 16″131
B. et T. n° 1. 5 ventose, 10ʰ ½. Vent, sur-tout depuis le 14° angle.

$r = 0^t70199$ $y = 135°$ 7′ 33″   — 15″704

Centre . . . .   55° 10′ 0″427
                                                — 0″12

Horizon . . . .   55° 10′ 0″307

Quatre anciennes séries donneroient un peu moins ; mais l'une d'entre elles donneroit 2″ de plus, et il paroît par les deux autres angles du triangle que c'est celle qu'on doit préférer.

Entre les signaux de Malvoisine et Lieursaint.

Montlhéri.

 20 1101861975 5580809875 = 49° 34′ 22″3995

B. et T. n° 1, 5 ventose. Beaux objets ; grand vent.

 40 2203822775 5580819375 = 49° 34′ 25″4775

D. B. et T. n° 1. Série préférable à la précédente.

Le milieu entre les 60 feroit . . . 49° 34′ 24″4515
Mais je m'en tiens à la seconde série.
r = 0ᵗ70197 y = 85.33.8 — 1″947

Centre . . . . 49° 34′ 23″53
          — 0″91

Horizon . . . . 49° 34′ 22″62

MALVOISINE.

Malvoisine.

XXX.

Le signal de Malvoisine est la cheminée méridionale
qui a servi en 1740. Je l'ai fait hausser d'environ 1ᵗ33,
pour qu'on la vît au-dessus des arbres qui entourent la
ferme. J'ai fait placer un fil à plomb dans le milieu de
la cheminée, et je l'observois par un trou fait au mur
pour prendre la distance au centre et l'angle de direction *y*. Notre échafaud étoit au-dessous du toit de l'escalier, 0ᵗ25 plus bas que le haut de la porte du grenier
qui est au-dessus du logement du fermier. J'ai trouvé,
par la comparaison de mes observations à celle de Picart,
que l'ancien pavillon devoit être au-dessus du grenier
dont je viens de parler.

Élévation du haut de la cheminée au-dessus de l'instrument, ou $dH = 4^t875$.

La cheminée de Malvoisine étoit difficile à voir quand elle étoit foiblement éclairée du soleil, sa couleur se confondoit alors avec le fond du ciel. Je l'avois bien pressenti ; mais, après ce qui venoit de m'arriver à Montjai et à Bellassise, il auroit été imprudent de faire placer un autre signal.

On ne voit plus Mespui de Malvoisine ; j'ai remplacé ce clocher par celui de Forêt-Sainte-Croix.

DISTANCES AU ZÉNIT.

Clocher de Brie.

$$10 \quad 1001^g500 \quad 1006^g500 = 90°\ 8'\ 6''0 \quad \text{(dans le ciel.)}$$
$$+\ 37''5$$
$$\overline{\qquad\qquad}$$
$$90°\ 8'\ 43''5$$

D. n° 4. J'ai pris cette distance par une fenêtre de la chambre dont la cheminée a servi de signal. Le plancher de la chambre étoit 2^t9722 au-dessous de l'instrument d'en haut. La différence de hauteur entre les deux instrumens étoit 2^t25 : ainsi il faut augmenter de $37''5$ la distance observée.

Signal de Montlhéri.

$$5 \quad 399^g780 \quad 99^g956 \qquad\qquad\qquad \text{(en terre.)}$$
$$\text{Correction du niveau . .}\quad 0^g8525$$
$$\overline{\qquad\qquad}$$
$$100^g04125 = 90°\ 2'\ 14''0$$

Le haut de la tour de Montlhéri est dans le ciel.

Clocher de Torfou.

Malvoisine.

10   999ᵍ990   99ᵍ999   = 89° 59' 56"76   (dans le ciel.)

Par les angles simples . . . 99ᵍ91375

Correction du niveau . .   0ᵍ08525 = 0° 4' 36"0

A Brie nous avions trouvé la correction du niveau + 0ᵍ10025 = 5' 24" 8 ;
elle a pu varier dans le transport.

Clocher de Forêt-Sainte-Croix.

10   100ᵍ0688   100ᵍ0688   = 90° 3' 43"0   (dans le ciel.)

Réduction . . . .   + 45"2

90° 4' 28"0

J'ai observé dans le corridor qui mène à la chambre dont il est parlé à
la distance de Brie au zénit.

Clocher de Chapelle-l'Égalité (ci-devant la Reine.)

5   399ᵍ82   99ᵍ964   (dans le ciel.)

Correction du niveau . . ,   0ᵍ8525

100ᵍ04925 = 90° 2' 40"0

Porte de la maison de madame Lelong, à Bruyères.

6   601ᵍ615   100ᵍ26917   = 90° 14' 32"0   (en terre.)

J'ai observé le haut de la porte qui paroissoit comme une tache noire sur
une surface blanche.

Cette porte est celle du milieu de la façade sur le jardin.

ANGLES.

Entre Brie et le signal de Montlhéri.

$$24 \quad 1977^{g}137 \quad 82^{g}380708 \ = \ 74° \ 8' \ 33''49$$

D. puis F. n°. 1. Dans les quatre derniers angles, on avoit beaucoup de peine à voir le signal de Montlhéri.

Les 20 premiers donnent . . . . 74° 8' 32''53

$$20 \quad 1647^{g}60375 \quad 82^{g}3801875 \ = \ 74° \ 8' \ 31''81$$

F. n°. 1. Fils verticaux +.

Milieu entre 40 observations . . 74° 8' 32''17

$r = 1^{t}013889 \quad y = 243° \ 43' \ 12''$ + 9''84

Centre . . . . 74° 8' 42''01

        + 0''24

Horizon . . . . 74° 8' 42''35

Entre les signaux de Montlhéri et Torfou.

$$20 \quad 974^{g}9285 \quad 48^{g}746425 \ = \ 43° \ 52' \ 18''42 \quad \text{D. n° 1.}$$

$r = 1^{t}17708 \quad y = 191° \ 23' \ 40''$ — 16''02

Centre . . . . 43° 52' 2''40

        — 0''09

Horizon . . . . 43° 52' 2''31

Entre Torfou et Forêt-Sainte-Croix.

$$42 \quad 2491^{g}055 \quad 59^{g}310833 \ = \ 53° \ 22' \ 47''10 \quad \text{D. puis F. n° 1.}$$

$r = 1^{t}1944 \quad y = 138° \ 33' \ 31''$ — 22''76

Centre . . . . 53° 22' 24''34

        — 0''09

Horizon . . . . 53° 22' 24''25

Entre Forêt-Sainte-Croix et Chapelle-l'Égalité.

40   3,149837725   785,7344312 = 70° 51' 39"56

D. n° 1 les 20 premiers angles, et F. n° 1 les 20 derniers.

$r = 1^t$20486 $y = 65°$ 43' 31"   — 1"31

Centre . . . .   70° 51' 38"25

                                         + 0"15

Horizon . . . .   70° 51' 38"40

Entre Bruyères (milieu de la porte de la maison de madame Lelong) et Torfou.

14   330866425   23861,8785 = 21° 15' 24"86

D. n° 1.   Cet angle doit être trop petit de 1" environ.

$r = 1^t$40375 $y = 191°$ 0' 25"   — 8"73

Centre . . . .   21° 15' 16"13

                                         — 4"67

Horizon . . . .   21° 15' 11"46

Supplément à la station de Malvoisine.

Les raisons qui m'avoient empêché en 1792 de placer un signal sur la cheminée de Malvoisine, ne subsistant plus en l'an 6, j'y fis placer une pyramide de 0^t5 de base sur 1^t5 de hauteur, et je fis faire un échafaud tout auprès et sur le faîte de la maison. Ce signal étoit noirci. Il y avoit une ouverture pour mesurer la distance au centre et l'angle de direction. $dH = 1^t$04167.

DISTANCES AU ZÉNIT.

Signal de Melun.

10   1003^{g}1090   1003109 = 90° 16′ 47″316   (en terre.)

D. n° 1.   29 pluviose, 0^h ½.   Le signal se voit passablement.

Signal de Montlhéri.

10   1001^{g}297   1001297 = 90° 7′ 0″228   (en terre.)

D. n° 1.   1^h.   Signal assez beau.

Signal de Lieursaint.

10   1002^{g}590   1002590 = 90° 13′ 59″16   (en terre.)

D. n° 1.   1^h ¼.

ANGLES.

Entre les signaux de Melun et Montlhéri.

20   2609^{g}09275   1304546475 = 117° 24′ 33″06

D. et B. n° 1.   29 pluviose, fini à 2^h.   On voyoit bien Melun, passablement Montlhéri. Réduction à l'horizon . . . .   + 3″82

Entre les signaux de Melun et Lieursaint.

20   902^{g}60075   451300375 = 40° 37′ 1″32

D. et B. n° 1.   3^h.   Objets très-beaux d'abord ; foibles depuis le treizième angle jusqu'à la fin. On a été obligé de suspendre entre le treizième et le quatorzième.

20   902^{g}587   45112935 = 40° 36′ 59″09

Objets superbes ; vent excessivement incommode, sur-tout depuis le quinzième angle.

Les 14 premiers donnent . . . .   40° 37′ 1″89

20   902^{g}6025   451130125 = 40° 37′ 1″6

Milieu entre les 3 séries en rejetant 6 angles   40° 37′ 1″6

r = 0′53064 y = 108° 23′ 16″   — 6″204

Centre . . . .   40° 36′ 55″396

                                                                        + 1″41

Horizon . . . .   40° 36′ 56″806

Entre les signaux de Lieursaint et Montlhéri.

Malvoisine.

$$20 \quad 1706^g523 \quad 85^g32615 \quad = 76° \ 47' \ 36''726$$

D. et B. n° 1. 29 pluviose, 4^h. Lieursaint souvent foible ; Montlhéri bien visible, excepté aux deux derniers angles.

$$20 \quad 1706^g51975 \quad 85^g3259875 = 76° \ 47' \ 36''1995$$

D. et B. n° 1. 30 pluviose. Horizon pur, objets superbes ; mais grand vent.

$$20 \quad 1706^g514 \quad 85^g3257 \quad = 76° \ 47' \ 35''268$$

D. et B. n° 1. Premier ventose. Objets bien visibles.

Milieu. . . . . 76° 47' 36''065

$r = 0^t53064 \quad y = 31° \ 35' \ 40''$ +   5''958

Centre . . . . 76° 47' 42''023

   +   1''260

Horizon . . . . 76° 47' 43''283

Entre les signaux de Montlhéri et de Torfou.

$$20 \quad 974^g730 \quad 48^g7365 \quad = 43^g \ 51' \ 46''26$$

B. et T. n° 1. Premier ventose.

$r = 0^t83029 \quad y = 336° \ 59' \ 37''$ + 15''984

Centre . . . . 43° 52' 2''244

   —   0''09

Horizon . . . . 43° 52' 2''154

En 1792 . . . . 43° 52' 2''31

Milieu . . . . 43° 52' 2''23

SIGNAL DE MELUN.

XXXI.

Terme austral de la base.

La base s'étend de Melun à Lieursaint, le long de la grande route. Le terme austral est à la réunion de cette route à celle de Brie. Il est marqué par un massif de pierres de taille, solidement et régulièrement construit, et fondé sur le roc. La dernière assise est une pierre de 0ᵗ67 de côté, encadrée dans une bordure qui s'élève de 0ᵗo83 plus haut, et qui a aussi intérieurement 0ᵗ67 de côté.

Le fil à plomb, abaissé du sommet du signal, ne tomboit pas exactement au centre du cadre ; mais à 0ᵗ25463 de la partie intérieure de la bordure du côté de Melun, et à 0ᵗ26620 de la partie intérieure de la bordure, côté gauche quand on regarde Melun.

Autour du point marqué sur la pierre par la pointe du fil à plomb, on a tracé un cercle ; et creusant dans la pierre un trou cylindrique, on y a enfoncé et scellé en plomb un cylindre de cuivre de telle sorte que la base supérieure fût concentrique au cercle tracé sur la pierre. Sur cette base on a décrit plusieurs cercles dont le centre commun est en même temps le pied de la perpendiculaire ou du fil à plomb, et le terme austral de la base de Melun.

Le cylindre a été recouvert d'une pierre creusée en
calote sphérique, au-dessus de laquelle on a fait provisoirement en ciment une petite pyramide fort écrasée,
qui ne s'élevoit que de quelques pouces au-dessus du
terrain.

Le signal étoit une pyramide quadrangulaire dont
l'étage supérieur étoit fermé de planches, et a servi
d'observatoire. Le plancher étoit un carré d'une toise,
et il étoit élevé de 10ᵗ25 au-dessus du sol. Le reste avoit
2ᵗ95833; la hauteur totale étoit donc 13ᵗ20833. La lunette étoit à 11ᵗ du sol, et $dH = 2^t20833$.

Au terme boréal près de Lieursaint on avoit construit
une pyramide pareille, et cependant, malgré cette hauteur, pour les voir l'une de l'autre, il a fallu élaguer
plus de 500 arbres de la route.

Les deux signaux étoient sur l'acôtement à droite de
la chaussée quand on va de Melun à Lieursaint.

DISTANCES AU ZÉNIT.

Signal de Lieursaint.

10   999ˢ280   99ˢ9280 = 89° 56' 6″72   (dans le ciel.) D. et B. n° 1.

Signal de Malvoisine.

10   998ˢ006   .99ˢ8006 = 89° 48' 9″14   (dans le ciel.)

D. et B. n° 1. 18 pluviose, de 4ʰ à 4ʰ ½. Signaux bien visibles ; mais
vent incommode.

ANGLES.

Entre les signaux de Lieursaint et Malvoisine.

40. 2852525051 7058062625 = 63° 43′ 32″28

D. et B. n° 1. De 2ʰ ½ à 3ʰ ¼. Le signal de Lieursaint n'a commencé à se voir passablement qu'au dixième angle ; à la fin, il étoit superbe. Celui de Malvoisine a toujours été beau. Vent incommode, en ce qu'il fait balancer notre observatoire. Il faut rejeter les 10 premiers angles ; alors on aura par les 30 derniers . . . . 63° 43′ 33″53

De 10 à 30 on auroit . . . . 63° 43′ 33″22

40. 2832527350 7058068375. = 63° 43′ 34″15

D. et B. jusqu'à 20 ; B. et T. jusqu'à 30 ; T. et D. jusqu'à 40. Moins de vent, signaux superbes.

Par les 80 . . . . 63° 43′ 33″2
Par les 20 premiers de la 2ᵉ série . . . . 63° 43′ 33″55
Par les 30 de la 1ʳᵉ et les 40 de la 2ᵉ . . . 63° 43′ 33″85
$$\underline{+ \quad 0″23}$$
Horizon . . . . 63° 43′ 34″08

SIGNAL DE LIEURSAINT.

XXXII.

Terme boréal de la base.

LE signal de Lieursaint étoit tout semblable à celui de Melun.

Hauteur du plancher de l'observatoire . . . 9ᵗ9167
Partie supérieure 2ᵗ9583
$$\overline{}$$
Hauteur totale 12ᵗ8750
Hauteur de la lunette 10ᵗ6667
$$dH = \overline{2ᵗ2083}$$

Le massif n'avoit pas tout-à-fait les mêmes dimensions que celui de Melun.

Dans le sens de la base il avoit intérieurement . . . . o^t61574

Dans le sens perpendiculaire . . . . o^t59027

La hauteur du bord ou du cadre . . . . o^t11111

Le fil à plomb ne tomboit pas exactement au milieu.

La distance au bord intérieur vers Melun étoit . . . . o^t26158

La distance au bord intérieur vers Malvoisine étoit . . . . o^t27894

Pour marquer et conserver le terme boréal de la base on a pris les mêmes précautions qu'à Melun.

DISTANCES AU ZÉNIT.

Signal de Melun.

10 1001^s150 100^s1150 = 90° 6′ 12″6 (en terre.) D. et B. n° 1.

Signal de Malvoisine.

10 998^s468 99^s8468 = 89° 51′ 43″63 (dans le ciel.) D. et B. n° 1.

Signal de Montlhéri.

10 999^s630 99^s9630 = 89° 58′ 0″12 (en terre.) D. et B. n° 1.

Le signal se projette sur le pied de la tour, de laquelle il se distingue très-bien, par la précaution qu'on a prise de blanchir le signal et de noircir la tour.

Arc du vertical entre le signal de Malvoisine et le point opposé de l'horizon . . . . 199^s855

1.   19

Lieursaint.

Arc du vertical entre le signal de Montlhéri et le point opposé de l'horizon 199ᵇ8960

Ces deux dernières observations ont eu lieu pour savoir si de Malvoisine et Montlhéri le signal de Lieursaint se verroit dans le ciel ou en terre. Il étoit prouvé par la première que de Malvoisine il se verroit en terre, et par la seconde il y avoit tout lieu de croire que de Montlhéri la pointe du signal se verroit dans le ciel. C'est ce que l'événement a vérifié. (Voyez pages 133 et 140.)

ANGLES.

Entre le signal de Montlhéri et celui de Malvoisine.

20   1191ᵇ80225 598ᵇ901125. = 53° 37' 51"965
D. et B. nᵒ 1.   23 pluviose.   Les deux signaux se voient très-bien.

40   2383ᵇ6445 598ᵇ911125 = 53° 37' 55"2
D. et B. nᵒ 1.   24 pluviose.   Les signaux bien visibles; temps calme, horizon pur. Après cette série on a touché à l'objectif de la lunette inférieure, parce qu'il y avoit un peu de parallaxe dans les fils.

20   1191ᵇ8395 598ᵇ591975 = 53° 37' 57"999
D. et B. nᵒ 1.   25 pluviose.   Horizon un peu embrumé. Malvoisine se voit bien, mais Montlhéri est un peu foible.

Milieu entre les deux séries des 23 et 25   53° 37' 54"98
Milieu entre les 80 angles . . . .   53° 57' 55"093
                                          — 0"097

Horizon . . . .   53° 57' 54"996

Entre les signaux de Malvoisine et de Melun.

30   2521ᵇ97775 848ᵇ065925 = 75° 39' 33"597
D. et B. nᵒ 1.   23 pluviose.   Le signal de Melun foible et difficile à observer.

40   3362ᵇ86045 848ᵇ0651125. = 75° 39' 30"9645.
D. et B. nᵒ 1.   24 pluviose, 2ʰ — 4ʰ.   Le signal de Malvoisine se voyoit parfaitement; celui de Melun beaucoup mieux que le 23. Il se projette sur

un arbre éloigné avec lequel on a pu le confondre le 23. Le citoyen Burckhardt
a continué cette série avec le citoyen Bellet, jusqu'à cinquante angles, qui
ont donné 75° 39′ 31″7.

20 1681ᵉ3015 84ᵉ065075 = 75° 39′ 30″843.

Horizon un peu embrumé ; le signal de Melun se voit foiblement.
Milieu des 100 angles . . . . 75° 39′ 32″0985
Milieu des deux dernières séries . . . . . 75° 39′ 30″9
Je m'en tiens à la série du 24 . . . . . . 75° 39′30″96
                                             — 1″15
                                         ————————————
Horizon . . . . 75° 39′ 29″81

BRUYÈRES.

XXXIII.

Maison de madame Lelong, porte du jardin.

J'AI fait cette station pour joindre aux triangles de la
méridienne une maison dans laquelle j'ai fait plusieurs
observations astronomiques, et où, depuis, j'ai fait
construire un petit observatoire.

DISTANCES AU ZÉNIT.

Chéminée de Malvoisine.

10 998ᵉ615 99ᵉ8615 = 89° 52′ 31″ (dans le ciel.) D. n° 4.

Clocher de Torfou.

10 994ᵉ277 99ᵉ4277 = 89° 29′ 6″ (dans le ciel.)
Il pleuvoit pendant ces observations.

Pointe du signal de Torfou.

10 993ᵉ783 99ᵉ3783 = 89° 26′ 26″ D. n° 4.

ANGLES.

Entre le signal de Torfou et la cheminée de Malvoisine.

22　107¹ᵍ49725.　48ᵍ70441　= 43° 50′ 2″29

D. n° 4. J'ai observé le bas du signal ; Bellet en a ensuite observé la pointe, et il a trouvé l'angle plus grand de 8″ : mais ce signal n'est pas parfaitement vertical. Cependant je crois qu'on peut ajouter 2″ à l'angle que j'ai observé, pour me rapprocher du sien.

$r = 0^t 23611$　$y = 198°$　4′ 52″　　— 9″6

Centre . . . . 43° 49′ 52″69

　　　　　　　　　　　　　　　　　— 3″37

Horizon . . . . 43° 49′ 49″32

　　　　　　　　　　ou　43° 49′ 51″0

TORFOU.

XXXIV.

LE clocher de Torfou, qui se termine par un toit semblable à celui d'une maison ordinaire, n'offre aucun point que l'on puisse observer. J'y ai fait planter solidement une poutre verticale de $0^t 11111$ d'écarrissage, qui nous a servi de signal. Elle étoit attachée intérieurement à $0^t 17$ de distance du pignon qui regarde Montlhéri. Au pied de la poutre j'ai fait suspendre un fil à plomb pour indiquer le centre auquel il falloit réduire les angles observés. Ce centre n'étoit pas au milieu de la largeur du clocher, mais environ un $0^t 17$ à droite quand on regarde Montlhéri.

J'ai constamment observé la partie du signal voisine du faîte du clocher, parce que la poutre n'étoit pas parfaitement verticale.

Toutes nos observations ont été faites sur le plancher au-dessous des cloches, excepté celles de Mespui qu'on ne pouvoit apercevoir que par une fenêtre qui est dans un des pignons, à la hauteur de la partie inférieure du toit. $dH = 3^t8333$.

On monte au plancher où étoit notre instrument par un escalier de 80 marches fort hautes. Ainsi la hauteur totale doit être de 13^t5 environ.

DISTANCES AU ZÉNIT.

Signal de Montlhéri.

10 1001ᵍ450 100ᵍ1450 $= 90°$ 7′ 50″ (en terre.) F. et B. n° 4.

Signal de Malvoisine.

10 1000ᵍ640 100ᵍ064 $= 90°$ 3′ 27″4 (dans le ciel.) F. et B. n° 4.

Clocher de Chapelle.

10 1001ᵍ609 100ᵍ1609 $= 90°$ 8′ 41″3 (dans le ciel.) F. et B. n° 4.

Lanterne du Panthéon.

10 1001ᵍ930 100ᵍ1930 $= 90°$ 10′ 25″3 (dans le ciel.) F. et B. n° 4.

Porte de la maison de Bruyères.

10 1005ᵍ440 100ᵍ544 $= 90°$ 29′ 22″6 (en terre.) D. et B. n° 4.

Clocher de Mespui.

6 600ᵍ790 100ᵍ1317 $= 90°$. 7′ . 6″7 (dans le ciel.) D. et B. n° 4.

Clocher de Forêt.

8 800⁸841 100⁸10501 = 90° 5′ 40″ (dans le ciel.)

Clocher de Saint-Yon.

5 399⁸213 99⁸8426
Correct. du niv. + 0⁸0853
____
99⁸9279 = 89° 56′ 6″4

ANGLES.

Entre Malvoisine et le signal de Montlhéri.

40 3597⁸735 89⁸943375 = 80° 56′ 56″53
D. les 20 premiers, F. les 20 derniers.
Les 20 derniers seuls donnent . . . . . 80° 56′ 57″79
$r = 1^t625$ $y = 342°$ 0′ 40″5   + 57″25
____
Centre . . . . 80° 57′ 55″04
+ 0″38
____
Horizon . . . . 80° 57′ 55″42

Entre Malvoisine et Bruyères.

20 2553⁸34325 127⁸6671625 = 114° 54′ 1″6
D. n° 1. Par la manière dont j'ai observé cet angle, il doit être un peu trop petit, peut-être, de 1 ou 2″.
$r = 1^t42477$ $y = 352°$ 15′ 49″   + 48″42
____
Centre . . . . 114° 54′ 50″02
+ 5″50
____
Horizon . . . . 114° 54′ 55″52

Entre Malvoisine et le Panthéon.

$$20 \quad 1849^{g}02975 \quad 92^{g}84514875 = 83° \; 12' \; 22''82$$
$$r = 1^{t}534722 \quad y = 347° \; 48' \; 34''2 \qquad + 44''27$$

Centre . . . . 83° 13' 7''09
                                  + 0''50

Horizon . . . . 83° 13' 7''59

Entre Chapelle et Malvoisine.

$$40 \quad 1593^{g}46625 \quad 39^{g}83665625 = 35° \; 51' \; 10''77$$
D. les 20 premiers, F. les suivans, n° 4.
$$r = 0^{t}8333 \quad y = 144° \; 41' \; 2''4 \qquad — 13''59$$

Centre . . . . 35° 50' 57''18
                                  — 0''11

Horizon . . . . 35° 50' 57''07

Entre Forêt et Malvoisine.

$$40 \quad 3627^{g}4225 \quad 90^{g}68555 = 81° \; 37' \; 1''18$$
D. les 20 premiers, F. les suivans. Grand froid.
$$r = 1^{t}78125 \quad y = 56° \; 28' \; 43'' \qquad — 12''23$$

Centre . . . . 81° 36' 48''95
                                  + 0''28

Horizon . . . . 81° 36' 49''23

Entre Montlhéri et Saint-Yon.

$$20 \quad 1295^{g}7175 \quad 64^{g}785875 = 58° \; 18'26''23 \quad \text{B. n}° \; 4.$$
$$r = 1^{t}1875 \quad y = 261° \; 43' \; 36'' \qquad + 1' \; 28''24$$

Centre . . . . 58° 19' 54''47
                                  — 0''91

Horizon . . . . 58° 19' 53''56

FORÊT-SAINTE-CROIX (près d'Étampes.)

XXXV.

POUR remplacer Mespui, que je n'ai pu voir de Malvoisine, j'ai pris Forêt, à une lieue de Mespui et deux d'Étampes. Ce clocher est terminé par une pyramide quadrangulaire trop écrasée pour y placer un nstrument. Je me suis placé au-dessous des cloches. La lunette du cercle étoit à la hauteur du faîte de l'église. $dH = 2^{t}25$.

J'avois fait construire un échafaud pour l'o bservateur et un autre pour l'instrument.

DISTANCES AU ZÉNIT.

Clocher de Chapelle.

10   1000^{g}8839   100^{g}0839 $= 90°$ 4' 32"   D. et B. n° 1.

La même par les angles simples.

5   0^{g}120   100^{g}0240

Par les angles doubles . . .   100^{g}0839
___

Correction du niveau . . . $+$ 0^{g}0599

Il paroît que les voyages changent sensiblement la correction du niveau.

Cheminée de Malvoisine.

5   399^{g}772   99^{g}9544

Correction du niveau . . . $+$ 0^{g}0600
___

100^{g}0144 $= 90°$ 0' 46"   D. et B. n° 1.

Clocher de Torfou.

$$5 \qquad 399^g537 \qquad 99^g9074$$
$$0^g060$$
$$99^g9674 \; = \; 89° \; 58' \; 14''$$

Bas de la flèche de Pithiviers.

$$5. \qquad 0^g085 \qquad 100^g017$$

Correction du niveau . . . $+ \; 0^g060$

$$100^g077 \; = \; 90° \; 4' \; 9''5$$

Tour de Méréville.

$$4 \qquad 399^g528 \qquad 0^g1180$$
$$99^g8820$$

Correction du niveau . . . $+ \; 0^g060$

$$99^g942 \; = \; 89° \; 56' \; 52''$$

ANGLES.

Entre Malvoisine et Torfou.

$$36 \quad 180^g550 \cdot 50^g0152889 \; = \; 45° \; 0' \; 49''54$$

D. jusqu'à 20, F. les 16 autres, n° 1.

Je m'en tiens aux 20 premiers qui donnent. $45° \; 0' \; 50''75$

$$r = 0'48264 \quad y = 100° \; 7' \; 30'' \qquad - \; 6''21$$

Centre . . . . $45° \; 0' \; 44''54$

$$- \; 0''05$$

Horizon . . . . $45° \; 0' \; 44''49$

Entre Chapelle et Malvoisine.

24   1674ᵍ3985   69ᵍ76660 $= 62° 47' 23''78$

D. n° 4.   Chapelle très-foible et Malvoisine presque invisible. Je rejette cette série. Je voyois les fils doubles dans la lunette inférieure.

$r = 0^t378472$ $y = 124° 31' 5''$ — 7''00

Centre . . . .   62° 47' 16''78

20   1395ᵍ4215 .   69ᵍ771075 $= 62° 47' 38''28$ D. n° 1.
$r = 0^t43287$ $y = 126° 14' 2''$ ' — 8''05

Centre . . . .   62° 47' 30''23

20   1395ᵍ42025   69ᵍ7710125 $= 62° 47' 38''28$ F. n° 1.
$r = 0^t43055$ $y = 130° 14' 4''$ — 8''09

Centre . . . .   62° 47' 30''19

Milieu entre les deux dernières . ⟨ . . .   62° 47' 30''21

                                     — 0''04

Horizon . . . .   62° 47' 30''17

Entre le bas de la flèche de Pithiviers et Chapelle.

20   1524ᵍ4510   76ᵍ22255 $= 68° 36' 1''06$

D. n° 4.   Je pourrois rejeter cette série par les raisons rapportées ci-dessus.
$r = 0^t378472$ $y = 187° 18' 29''$ — 5''55

Centre . . . .   68° 35' 55''51

20   1524ᵍ470   76ᵍ2235 $= 68° 36' 4''14$ F. n° 1.
$r = 0^t381944$ $y = 187° 30' 51''$ ' — 5''60

Centre . . . .   68° 35' 58''54

20   1524ᵍ4875   76ᵍ2240375 $= 68° 36' 5''88$ D. n° 1.

                                     — 5''60

Centre . . . .   68° 36' 0''28

20 1524848425 7652242125 = 68° 36′ 6″45 F. n° 1.

$r =$ 0ᵗ368056 $y =$ 186° 58′ 24″ — 5″42

Centre . . . . 68° 36′ 1″03

Par les trois dernières séries . . . . . . 68° 35′ 59″95
Milieu entre les quatre . . . . 68° 35′ 58″88

+ 0″22

Horizon . . . . 68° 35′ 59″10

Quoique la flèche de Pithiviers soit d'un assez petit diamètre relativement à sa hauteur, la partie que nous avons observée étoit trop grosse pour espérer beaucoup d'accord entre les différentes séries. Nous n'avons pas observé le haut, parce que la flèche, à partir de la lanterne qui en occupe le milieu, prend une inclinaison très-sensible. Aux autres stations nous avons observé la lanterne ; mais en arrivant à Forêt nous ne la connoissions pas, et le temps n'étoit pas assez clair pour l'apercevoir en commençant.

Entre la tour de Méréville et Pithiviers.

20 1270890725 6385453625 = 57° 11′ 26″97
$r =$ 0ᵗ45833 $y =$ 233° 43′ 48″ — 8″04
Centre . . . . 57° 11′ 18″93

— 0″42

Horizon . . . . 57° 11′ 18″51

CHAPELLE-L'ÉGALITÉ,

(ci-devant Chapelle-la-Reine).

XXXVI.

CE clocher est une tour carrée surmontée d'une pyramide quadrangulaire. Nous étions placés auprès des cloches, 11ᵗ8333 au-dessus du sol, et 7ᵗ au-dessous de la pointe de la pyramide. Ainsi $dH =$ 7ᵗ.

DISTANCES AU ZÉNIT.

Premier signal de Malvoisine.

8   800°388   1005°485 $= 90°$ 2' 37"1

F. n° 1. 27 décembre 1792.

Clocher de Forêt.

4   1005°810 $= 90°$ 4' 22"4

F. n° 1. Le mauvais temps n'a pas permis d'en prendre davantage.

Clocher de Pithiviers.

6   600°503   1005°838 $= 90°$ 4' 32"

On ne voyoit pas Pithiviers. J'ai observé un gros arbre dont le sommet est à la hauteur du bas de la flèche. L'horizon étoit fort embrumé.

Bas de la flèche.

6   600°513   1005°855 $= 90°$ 4' 37"

Cette fois je voyois la flèche.

Lanterne de Pithiviers.

6   600°060   1005°010 $= 90°$ 0' 32" (dans le ciel.)

19 frimaire an 2. Brouillard épais.

La même.

10   1000°627   1005°627 $= 90°$ 3' 23"1

20 frimaire, 11ʰ ¼. Horizon superbe. La différence entre ces deux distances tient au changement de la réfraction.

La même.

10   1000°268   1005°268 $= 90°$ 1' 26"8

20 frimaire, 3ʰ ¼. Horizon encore assez beau ; nuages et un peu de pluie. La réfraction varie considérablement.

Bas de la flèche.

10   1000⁵747   100⁵0747 $= 90°\ 4'\ 2''0$

En 1792, j'avois trouvé 30″ à 35″ de plus; mais la réfraction, dans une saison si avancée, est bien variable.

Clocher de Boiscommun.

10   1000⁵740   100⁵074 $= 90°\ 4'\ 0''0$

D. n° 1. On ne voyoit pas le clocher de Boiscommun, qui ne se montre que le soir, quand la réfraction augmente. J'ai observé l'horizon.

Clocher de Bromeille.

10   999⁵705   99⁵9705 $= 89°\ 58'\ 24''0$ D. n° 1.

ANGLES.

Entre Malvoisine et Forêt.

20   1030⁵0625   51⁵503125 $= 46°\ 21'\ 10''13$

D. n° 1. Grand vent et pluie par intervalles. J'ai été quatre heures à observer cette série.

$r = 1^t27778$ $y = 157°\ 23'\ 31''$ $-\ 15''93$

Centre . . . . $46°\ 20'\ 54''20$

14   721⁵03575   51⁵5025536 $= 46°\ 21'\ 8''27$

F. n° 4. Le mauvais temps n'a pas permis d'en prendre davantage.

$r = 1^t27778$ $y = 157°\ 10'\ 40''$ $-\ 15''91$

Centre . . . . $46°\ 20'\ 52''30$

Moyenne . . . . $46°\ 20'\ 53''28$

                              $+\ 0''04$

Horizon . . . . $46°\ 20'\ 53''32$

Entre Forêt et Pithiviers.

5o   2838ᵇ23825   56ᵇ764765 $= 51° 5' 17''84$

D. puis F. puis D. n° 1.   6 janvier 1793. Les 20 premiers angles ne sont pas si sûrs que les autres. Les 3o derniers donnent

56ᵇ7642167 $= 51° 5' 16''06$

Je suppose . . . . $51° 5' 16''95$
$r = 0^{t}47222$ $y = 221° 5' 9''$ — 2''8o

Centre . . . . $51° 5' 14''15$
+ 0''12

Horizon . . . . $51° 5' 14''27$

Entre Pithiviers et Boiscommun.

14   497ᵇ56775   35ᵇ54055357 $= 31° 59' 11''39$

F. n° 1.   31 décembre 1792.   Fils verticaux +.

10   355ᵇ399   35ᵇ5399 $= 31° 59' 9''3$

D. n° 1.   Fils inclinés ×.

Moyenne . . . . $31° 59' 10''35$

Boiscommun ne paroissoit qu'après le coucher du soleil. On n'avoit que très-peu de temps pour l'observer : on ne le voyoit que comme un trait délié et presque imperceptible. Il y a toute apparence qu'on n'observoit que l'un des côtés, et qu'on ne visoit pas au centre,

L'année suivante je fis couvrir d'une toile brune la lanterne de Boiscommun, qui est toute à jour. Par ce moyen je l'ai vue beaucoup mieux, et un peu plus long-temps ; mais jamais avant le coucher du soleil. Pour le gros du clocher il a toujours été invisible. Dans les deux séries précédentes nous avions observé le bas de la flèche de Pithiviers, parce que nous pensions alors que nous nous placerions à Pithiviers dans le bas de la flèche ; mais nous y avons fait nos observations dans la lanterne.

En conséquence je suis revenu à Chapelle en décembre 1793, et j'ai pris l'angle entre la lanterne de Pithiviers et celle de Boiscommun. L'observation, quoique plus aisée et plus sûre que celles de l'année précédente, avoit encore ses difficultés. On n'avoit que très-peu de temps, parce que le crépuscule étoit très-court, et la saison étoit très-rigoureuse.

Comme je n'avois cette fois rien à faire le jour, j'ai employé mon loisir à examiner s'il y avoit quelque différence à observer le bas de la flèche de Pithiviers où la lanterne; je n'en ai trouvé aucune. En effet, il n'y a que la partie supérieure à la lanterne qui soit inclinée.

Entre la lanterne de Pithiviers et celle de Boiscommun.

14   497ᵍ53625   35ᵍ53833 $= 31° 59' 4''2$

D. et B. n° 1.   6 décembre 1793, ou 15 frimaire an 2.

On feroit peut-être mieux de s'en tenir à la seconde série qui a été observée avec moins de précipitation.

16   568ᵍ60325   35ᵍ537703 $= 31° 59' 2''16$

D. et B. n° 1.   18 frimaire an 2.

Moyenne . . . . $31° 59' 3''19$

$r = 1ᵗ26389,\ y = 164° 52' 38''$ — 9''17

Centre . . . . $31° 58' 54''02$

— 0''10

Horizon . . . . $31° 58' 53''32$

Entre Pithiviers et Bromeille.

20   789ᵍ66725   39ᵍ48336 $= 35° 32' 6''09$

D. n° 1.   28 décembre 1792.   Le clocher de Bromeille est terminé par un toit semblable à celui de Torfou. J'ai observé la pointe du pignon qui regarde Pithiviers.

$$8 \quad 315^{g}86925 \quad 39^{g}48365625 = 35° \; 32' \; 7''o5 \quad \text{F. n° 1.}$$

Je suppose . . . .   35° 32' 6"3

$r = 1^{t}20833 \quad y = 159° \; 53' \; 38''$ — 28"17

Centre . . . .   35° 31' 38"13

        — 0"44

Horizon . . . .   35° 31' 37"69

PITHIVIERS.

XXXVII.

Nous étions placés pour observer dans la lanterne au milieu de la flèche, sous la cloche de l'horloge ; la lunette étoit élevée de 23^t3333 au-dessus du sol. Le point de mire étoit le même que le point de centre, et $dH = 0$.

DISTANCES AU ZÉNIT.

Clocher de Boiscommun.

$$8 \quad 800^{g}147 \quad 100^{g}018375 = 90° \; 0' \; 59''5 \quad \text{(dans le ciel.)}$$
D. et B. n° 1.   Vent impétueux et froid.

Clocher de Bromeille.

$$6 \quad 600^{g}391 \quad 100^{g}065167 = 90° \; 3' \; 31''1 \qquad \text{D. n° 1.}$$

Clocher de Chapelle.

$$6 \quad 600^{g}716 \quad 100^{g}11923 = 90° \; 6' \; 26''6 \quad \text{(dans le ciel.)} \quad \text{B. n° 1.}$$

Clocher de Forêt.

6 600^{g}721 100^{g}120167 = 90° 36' 29"3 (dans le ciel): B. n° 1.

Tour de Méréville.

2 200^{g}150 100^{g}075 = 90° 4' 3" B. n°. 1.

Signal du Haut de Châtillon.

4 399^{g}800 99^{g}950 = 89° 57' 18" (dans le ciel.) D. et B. n° 1.
Thermomètre — 0^{d}8.

Flèche d'Orléans.

6 600^{g}677 100^{g}112833 = 90° 6' 5"6 (dans le ciel:) D. et B. n° 1.
25 brumaire an 2. La flèche paroissoit courte, ainsi je n'en ai pas observé
la pointe.

Clocher de Neuville (lanterne de l'horloge.)

8 800^{g}438 100^{g}05475 = 90° 2' 57"4 (dans le ciel.) D. et B. n° 1.

Flèche de Neuville.

8 800^{g}828 100^{g}1035 = 90° 5' 35"3 (dans le ciel.) D. et B. n° 1.

ANGLES.

Entre Chapelle et Forêt.

20 1340^{g}32625 675^{g}63125 = 60° 18' 52"27 B. n° 1.
20 1340^{g}3005 675^{g}15025 = 60° 18' 48"68

D. et B. n° 1. On voyoit mieux, et comme l'angle a été pris à deux observateurs, on n'avoit rien à craindre de la mobilité du plancher. Je m'en
tiens à cette seconde série.

$$r = 0^g04167 \quad y = 240° 19' \qquad — 0"52$$

Centre . . . . 60°. 18' 48"16.
$$+ 0"43$$
Horizon . . . . 60°. 18' 48"59.

Entre Boiscommun et Bromeille.

I 20　13778692　6888846　$= 61°$ 59' 46"10

B. n° 1. Cet angle doit être un peu trop petit, parce qu'au lieu de viser au pignon observé de Boïscommun, et qui se présente presque de face à Pithiviers, on a visé au milieu du clocher. L'erreur, au reste, doit être fort légère : on peut ajouter 1 ou 2" à l'angle observé.

$r = 0'06944$　$y = 0$　　　　　　＋　1"4

Centre . . . . 61° 59' 47"5

　　　　　　　　　　　　　　　　— 0"2

Horizon . . . . 61° 59' 47"48

Entre Boiscommun et Chapelle.

24　2451816075　10281316979 $=$ 91° 55' 6"70

B. n° 1. 1 brumaire. Vent impétueux ; Chapelle pâle, Boiscommun beau.

20　20488622　10281311　$=$ 91° 55' 4"76

D. et B. n° 1. Je m'arrête à cette série par les raisons exposées ci-dessus.

$r = 0'06944$　$y = 330°$ 4' 43"　　＋　1"87

Centre . . . . 91° 55' 6"63

　　　　　　　　　　　　　　　　＋　0"12

Horizon . . . . 91° 55' 6"75

Entre Boiscommun et Chapelle . . . . . 91° 55' 6"75
Entre Boiscommun et Bromeille. . . . . 61° 59' 47"48
Donc entre Chapelle et Bromeille . . . . 29° 55' 19"00

Entre le signal de Châtillon et Boiscommun.

20　70885845　35842g225 $=$ 31° 53' 10"69

D. et B. n° 1. 21 nivose an 2. Boiscommun un peu embrumé, visible cependant. Le signal se voit mieux. Vent froid et piquant.

$r = 0'6667$　$y = 158°$ 11' 45"　　　— 8"84

Centre . . . . 31° 53' 1"85

　　　　　　　　　　　　　　　　— 0"21

Horizon . . . . 31° 53' 1"64

Entre Orléans et Boiscommun.

20   162183215   818066075 = 72° 57′ 34″08

D. et B. n° 1. 24 brumaire. Orléans très-foible : la flèche paroît fort longue.

20   162183120   8180656 = 72° 57′ 32″54

D. et B. n° 1. Horizon très-pur ; vent horrible. La flèche paroissoit plus courte.

Moyenne	72° 57′ 33″31
$r = 0^t05556$ $y = 324°$	+ 0″68
Centre	72° 57′ 33″99
	+ 0″01
Horizon	72° 57′ 34″0

Entre Neuville et Boiscommun.

20   187987665   938988325 = 84° 35′ 22″17

3 brumaire, $4^h \frac{1}{2}$.

20   187987495   938987475 = 84° 35′ 19″42

5 brumaire. Vent très-violent.

	84° 35′ 20″8
$r = 0^t04167$ $y = 50° 25′$	— 0″1
Centre	84° 35′ 20″7
	+ 0″03
Horizon	84° 35′ 20″73

On peut comparer cet angle avec la somme des deux suivans observés vers 1740, et rapportés dans le livre de la *Méridienne vérifiée.*

Entre Neuville et la Courdieu	page 208.	39° 20′ 15″
Entre la Courdieu et Boiscommun .	page 207.	45° 15′ 4″
Donc entre Neuville et Boiscommun		84° 35′ 19″

Entre la flèche de Neuville et Boiscommun.

20   1878^{g}243   93^{g}91215   = 84° 31′ 15″37

5 brumaire. Horizon très-pur ; objets très-beaux ; vent impétueux et très-incommode.

24   2253^{g}8985   93^{g}9124375 = 84° 31′ 16″30

6 brumaire. Vent violent.

La flèche et le clocher de l'horloge observés ci-dessus sont de la même église.

Moyenne . . . . 84° 31′ 15″83
— 0″10

Centre . . . . 84° 31′ 15″73
+ 0″08

Horizon . . . . 84° 31′ 15″81

Entre Forêt et Méréville.

10   3408^{g}175   348^{g}08175 = 30° 40′ 24″87
$r = $ 0^{t}59722 $y = $ 149° 19′ 35″   — 4″39

Centre . . . . 30° 40′ 20″48
— 0″75

Horizon . . . . 30° 40′ 19″73

BOISCOMMUN.

XXXVIII.

Nous étions, comme en 1740, dans la lanterne de l'horloge. La lunette étoit élevée de 18^t au-dessus du sol. Il restoit environ 1^{t}8333 au-dessus de la lunette.

Ainsi $dH = $ 1^{t}8333.

Le bedeau de Boiscommun, qui avoit été témoin de

l'opération de 1740, nous à dit qu'on avoit monté le
quart de cercle en dehors, en mettant des rouleaux sous
la boîte, afin qu'elle glissât plus aisément sur les ardoises.
En effet la trappe, par laquelle on entre dans la lanterne, s'est trouvée juste de la grandeur nécessaire pour
laisser passer notre cercle qui étoit moitié plus petit que
le quart de cercle de 1740.

La lanterne est carrée, et elle a une toise environ de
côté. Les huit soutiens de la partie supérieure nous ont
empêché d'observer tout du centre.

DISTANCES AU ZÉNIT.

Clocher de Chapelle.

6   600g984   100g1640   = 90° 8' 51"4 D. et B· n° 1.

Quand j'ai mesuré cette distance, le clocher se voyoit passablement bien ;
on distinguoit la tour carrée et la pyramide qui la termine. La pluie survint,
et je ne pus passer le sixième angle. Deux jours après, le clocher de Chapelle,
vu dans le brouillard, me parut singulièrement amplifié. A l'ordinaire il paroît
moitié plus petit qu'un arbre qui se voit en même temps dans la lunette ;
ce jour-là il paroissoit un tiers plus grand, et gros à proportion. Frappé de
ce changement, je fis les observations suivantes, à la fin desquelles le clocher
paroissoit déja diminuer un peu.

10   100g197   100g1197   = 90° 6' 27"8
Ci-dessus . . . .   90° 8' 51"4
Différence . . . .   2' 23"6

1 brumaire, 10 $^{\mathrm{h}} \frac{1}{2}$.

Lanterne de Pithiviers.

4   400g410   100g1025   = 90° 5' 32"1

Signal de Châtillon.

10   999g389   99g9389   = 89° 56' 42"04

1 nivose. Bar. 27p 1'5. Therm. + 0.04 = + 3d2.

10   999^{g}419   99^{g}9419 $= 89° 56' 51''75$

7 nivose. Bar. 27^p 6^{l}7. Therm. $+ 0.05 = + 4^d$o.

Clocher de Châteauneuf.

10   1001^{g}202   100^{g}1202 $= 90° 6' 29''4$

24 frimaire, 10^h $\frac{1}{2}$. Bar. 27^p 3^{l}3. Therm. $+ 0.0933 = 5^d$6.

Châteauneuf un peu éclairé ; horizon médiocrement beau. On se servira de cette distance pour la réduction à l'hoŕizon.

Coq de Châteauneuf.

10   1001^{g}118   100^{g}1118 $= 90° 6' 2''2$

24 frimaire, 12^h $\frac{1}{4}$. Bar. 27^p 1^{l}9. Therm. 0.099 $= 7^d$92. A 1^h $\frac{1}{4}$ la distance étoit encore la même. Bar, 27^p 1^{l}o. Therm. 0.065 $= 1^d$32.

10   1001^{g}073   100^{g}1073 $= 90° 5' 47''65$

A 2^h $\frac{1}{4}$. Bar. 27^p o^{l}5. Therm. 0.155 $= + 9^d$2. D. et B. n° 1.

Le baromètre et le thermomètre étoient placés environ 1^{t}8 au-dessous de la lunette.

Après ces observations je suis resté pendant une demi-heure à la lunette, pour voir si la réfraction ne changeroit pas la distance : je n'ai pas vu la moindre variation. Horizon très-pur, point de soleil.

10   1001^{g}110   100^{g}1110 $= 90° 5' 59''64$

25 frimaire, 3^h $\frac{1}{4}$. Bar. 27^p 4^l. Therm. $+ 0.11 = 8^d$8. Temps pluvieux ; horizon assez beau.

10   1001^{g}074   100^{g}1074 $= 90° 5' 47''98$

27 frimaire, 4^h 10'. Bar. 27^p 9^{l}5. Therm. $+ 0.085 = + 6^d$8. Horizon moins beau ; on voyoit pourtant bien.

10   1001^{g}068   100^{g}1068 $= 90° 5' 46''o$

28 frimaire, 4^h 10'. Bar. 27^{p}5. Therm. $+ 0.088 = + 7^d$o4.

10   1001^{g}099   100^{g}1099 $= 90° 5' 56''1$

29 frimaire, 3^h 45'. Bar. 27^p 4^{l}5. Therm. $+ 0.08 = + 6^d$4. Horizon superbe.

10   1001^{g}13o   100^{g}113 $= 90° 6' 6''1$

3o frimaire, 3^h $\frac{1}{2}$. Bar. 27^p 3^l. Therm. $+ 0.067 = 5^d$36. Brouillard humide.

10   1001ᵇ049   1008ᵇ1049 $= 90°$ 5' 39"9

1 nivose. Bar. 27ᵖ 1¹5. Therm. + 0,04 = + 3ᵈ2. Horizon passable.

— 10 1001ᵇ000   1008ᵇ100 $= 90°$ 5' 24"

2 nivose. Bar. 26ᵖ 1¹o. Therm. + 0,1 = + 8ᵈo. Bel horizon.

Nota. Dans ces observations de thermomètre je prends pour unité l'intervalle entre la glace et l'eau bouillante. En multipliant les décimales par 80, on aura les dégrés des thermomètres ordinaires.

Faîte de l'église.

10   1001ᵇ682   1008ᵇ1682 $= 90°$ 9' 4"97

30 frimaire, 3ʰ ¹⁄₂. Bar. 27ᵖ 3¹. Therm. + 0,045 = 3ᵈ6. Brouillard humide.

8   801ᵇ262   1008ᵇ15775 $= 90°$ 8' 31"11

1 nivose, 4ʰ ¹⁄₄. Bar. 27ᵖ 1¹5. Therm. + 0,03 = + 2ᵈ4.

Clocher de Saint-Germain de Sulli.

10   1001ᵇ465   1008ᵇ1465 $= 90°$ 7' 54"66

Grande flèche dont la pointe est difficile à saisir.

1001ᵇ500 Bas de la flèche.

Partie visible .   08ᵇ035   . 080035   = 1' 53"4

Clocher de Lorris.

6   600ᵇ650   1008ᵇ108333 $= 90°$ 5' 51"

Bar. 27ᵖ 5¹1. Therm. + 0,69 = 7ᵈ2.

ANGLES.

Entre Chapelle et Pithiviers.

20   1246ᵇ652   628ᵇ3326 $= 56°$ 5' 57"62

D. et B. n° 1. 30 brumaire, à midi. Objets foibles, horizon embrumé.

20   1246ᵇ654   628ᵇ3327 $= 56°$ 5' 57"95

D. et B. n° 1. 3ʰ ¹⁄₂. On voyoit plus mal encore.

30   18708018   62833375 . = 56° 6′ 1″35

D. et B. n° 1.   2 frimaire.   On voyoit mieux. Pithiviers éclairé obliquément.
L'anglé est peut-être trop fort.

20   12468667   62833350 = 56° 6′ 0″54

Objets peu distincts, mais point de soleil. Cette dernière série est peut-
être la plus sûre.

Moyenne	56° 5′ 59″4
Je suppose	56° 6′ 0″0
$r = 0^{t}08333$ $y = 303° 54′$	+ 1″55
Centre	56° 6′. 1″55
	+ 0″39
Horizon	56° 6′ 1″94

Entre Pithiviers et le signal de Châtillon.

20   1167880775   5883903875 = 52° 33′ 4″86

D. et B. n° 1.   2 nivose, 2ʰ ¼.   Objets beaux, mais un peu éclairés.

24   1401836875   5883909646 = 52° 33′ 6″72

3. nivose, 3ʰ.

30   175187115   58°3903833 = 52° 33′ 4″84

Pithiviers embrumé et par fois éclairé du soleil.

Moyenne	52° 33′ 5″47
$r = 0^{t}06944$ $y = 210°$	— 0″08
Centre	52° 33′ 5″39
	— 0″66
Horizon	52° 33′ 4″73

Entre le signal de Châtillon et Châteauneuf.

20   138984645   698473225 = 62° 31′ 33″25

D. et B. n° 1.   2 nivose, 3ʰ ¼.   Objets beaux.

$r = 0^{t}125$ $y = 167° 28′$ — 4″52

Centre . . . . 62° 31′ 28″73

22   1528,408   69,4730909 $=$ 62° 31′ 32″81

D. et B. n° 1. 3 nivose, 4^h.

$r = 0^t 069444$ $y = 147° 28′$ — 2″12

Centre . . . . 62° 31′ 30″69

20   1389,4635   69,473175 $=$ 62° 31′ 33″09

7 nivose, 3^h ½. Temps brumeux ; Châteauneuf difficile à voir.

$r = 0^t 06944$ $y = 142° 22′$ — 1″98

Centre . . . . 62° 31′ 31″11

Moyenne . . . . 62° 31′ 30″18

                     — 0″55

Horizon . . . . 62° 31′ 29″63

Entre Pithiviers et Châteauneuf.

20   2557,29225   1278,646125 $=$ 115° 4′ 41″34

D. et B. n° 1. 24 frimaire, midi! Horizon superbe ; peu ou point de soleil.

20   2557,2775   1278,63875 $=$ 115° 4′ 38″96

3^h. Bel horizon ; point de soleil.

Moyenne . . . . 115° 4′ 40″15

$r = 0^t 08333$ $y = 122° 27′ 40″$ — 2″81

Centre . . . . 115° 4′ 37″34

                     + 0″84

Horizon . . . . 115° 4′ 38″18

Entre Pithiviers et Châtillon, à l'horizon . . . . 52° 33′ 4″73

Entre Châtillon et Châteauneuf . . . . 62° 31′ 29″63

Donc entre Pithiviers et Châteauneuf . . . . 115° 4′ 34″36

Observation directe . . . . 115° 4′ 38″18

Différence . . . . 3″82

La différence vient probablement de la difficulté qu'il y a à observer la lanterne de Pithiviers.

Entre Châteauneuf et Lorris.

20   1402851075   708125375 = 63° 6' 46"2

D. et B. n° 1. 28. frimaire, 3ʰ ¼. Bel horizon ; grand vent.

$r = 0^{t}0125$ $y = 281° 53' 7''$ + 3"24

Centre . . . . 63° 6' 49"44

                                    + 0"37

Horizon . . . . 63° 6' 49"81

On peut observer les trois angles du triangle entre Boiscommun, Châteauneuf et Lorris,, quoique en 1740 on ait conclu l'angle à Lorris. Il est vrai que la trappe de la lanterne est si étroite que nous n'aurions pu y faire entrer que le plus petit de nos deux cercles.

Entre Saint-Germain de Sulli et Lorris.

20   731887625   3655938125 = 32ˢ 56' 3"95

29 frimaire, 3ʰ. Nous avons pris ces angles lorsque je cherchois à me dispenser du signal de Châtillon.

$r = 0^{t}0555$ $y = 297°$ + 0"65

Centre . . . . 32° 56' 4"6

HAUT DE CHATILLON.

XXXIX.

L'IMPOSSIBILITÉ absolue d'observer de Pithiviers et Boiscommun le clocher de la Courdieu, employé en 1740, et couvert aujourd'hui par des arbres très-élevés, m'a forcé de chercher un point assez haut pour être aperçu à la fois de Pithiviers, Boiscommun, Châteauneuf et Orléans, malgré les arbres de la forêt. Je n'ai pu trouver aucun clocher qui réunît ces conditions. On m'avoit d'abord indiqué le Haut de Châtillon, mais il est tout couvert de chênes fort élevés, et il falloit y construire un signal fort dispendieux, qui, dans les circonstances où nous étions, devoit répandre l'alarme dans les environs. Ces considérations, et quelques autres aussi puissantes, me portèrent à essayer s'il ne seroit pas possible de former une autre suite de triangles en abandonnant la station d'Orléans. Je visitai d'abord le Haut du Turc où l'on avoit observé en 1740 ; il présentoit encore plus de difficulté que celui de Châtillon. Je trouvai ensuite qu'on pouvoit faire un beau triangle entre Chapelle, Montargis et Boiscommun ; un autre entre Montargis, Boiscommun et Lorris ; un troisième entre Boiscommun, Lorris et Châteauneuf, et un quatrième enfin entre Boiscommun, Châteauneuf et Saint-Germain de Sulli-sur-Loire. Pour achever, il auroit fallu que de Sulli on pût voir le clocher de Vouzon. Je n'ai pu l'apercevoir ; il est vrai que l'horizon n'étoit pas bien clair, mais une montagne voisine m'a fait perdre tout espoir. Je fus donc contraint de revenir à Châtillon. Je fis construire un signal de 10^t667 de hauteur. Le quatrième étage, où étoit notre cercle, étoit un carré de 1^t08 de côté. Le signal se terminoit par une pyramide quadrangulaire dont les faces étoient couvertes de planches. La lunette étoit à 8^t50 de terre, et conséquemment $dH = 2^t167$.

Au Haut de Châtillon est une petite ferme et un champ cultivé, tout le reste est couvert d'arbres. Le long de ce champ passe le chemin de Pithiviers à Châteauneuf. Le signal étoit entre ce chemin et la lisière du bois. Ce chemin est traversé par un sentier qui mène à la ferme. Du sentier jusqu'à l'endroit du chemin où répondoit le centre de notre signal, j'ai compté 53 pas; et de cet endroit à celui où finit le champ, et où l'on rentre dans le bois, j'en ai compté $52\frac{1}{2}$.

Au milieu de la base on avoit enfoncé un piquet. Le fil à plomb abaissé du sommet tomboit $0^{t}056$ plus loin, un peu à gauche de la direction à Châteauneuf; j'y ai fait enfoncer un second piquet.

Cette station fut commencée le 12 nivose an 2; elle fut très-pénible. J'y reçus l'avis d'un arrêté du comité de salut public, qui m'ordonnoit d'interrompre mes opérations. Je pris sur moi de les continuer jusqu'aux clochers de Châteauneuf et d'Orléans, afin qu'on pût les reprendre, quand on le jugeroit à propos, à ces deux points qu'on étoit sûr de retrouver en tout temps.

DISTANCES AU ZÉNIT.

Clocher de Boiscommun.

6　$600^{g}433$　$100^{g}072167 = 90°\ 3'\ 53''8$　(dans le ciel.) D. et B. n° 1.
12 nivose, $1^{h}\frac{1}{2}$. Therm. $- 0.01 = - 0^{d}8$.

Lanterne de Pithiviers.

8　$801^{g}164$　$100^{g}1455 = 90°\ 7'\ 51''4$　(dans le ciel.) D. et B. n° 1.
12 nivose, $1^{h}\frac{1}{4}$. On voit difficilement.

Tours d'Orléans.

8　$800^{g}877$　$100^{g}109625 = 90°\ 5'\ 55''2$　(dans le ciel.) D. et B. n° 1.
12 nivose, 1^{h}. Therm. $+ 0.04 = + 0^{d}32$.

Flèche d'Orléans.

10   10008861   10080861   = 90° 4' 38"96   (dans le ciel.) D. et B. n° 1.
17 nivose.   Therm. — 0,04 = — 0ᵈ32.

Faîte de l'église.

10   10018740   1008174   = 90° 9' 23"76   (dans le ciel.)

Longueur de la flèche = *tang.* 4' 44"80 ✕ 15617ᵗ = 21ᵗ663.
17 nivose.   Therm. — 0,04 = — 0ᵈ32.

Clocher de Châteauneuf.

6   6008798   1008133   = 90° 7' 10"9   (dans le ciel.)
15 nivose, 1ʰ ¼.   Therm. + 0ᵈ01. D. et B. n° 1.

ANGLES.

Entre Boiscommun et Pithiviers.

20   2123863425   1068181725 = 95° 33' 48"71
D. et B. n° 1. Midi. Un peu de brume ; Pithiviers éclairé, mais en face.

16   1698887733   1068179833 = 95° 35' 42"66
Même jour, 3 ʰ ¼. Un peu de vent ; Pithiviers éclairé obliquement, et très-difficile à observer.

Je ne réponds pas tout-à-fait de la correction : cette série est très-incertaine.

Correction du soleil, environ   + 10"05

Angle corrigé . . . .   95° 35' 53"71

20   2123864445   1068182225 = 95° 33' 50"41
15 nivose.   Objets beaux ; point de soleil. On peut s'en tenir à cette série.

Moyenne . . . .   95° 33' 50"77
            + 10"60

Horizon . . . .   95° 33' 51"37

Entre Châteauneuf et Boiscommun.

$$20 \quad 2066^{\text{s}}75366 \quad 103^{\text{s}}3376833 = 93° \; 0' \; 14''1$$

En s'arrêtant au 18ᵉ angle . . .   93° 0' 15''48

Grand vent qui agitoit le signal et l'instrument. Horizon très-pur. Le 20ᵉ
angle est moins sûr que les autres.

$$20 \quad 2066^{\text{s}}769 \quad 103^{\text{s}}33845 \quad = 93° \; 0' \; 16''58 \quad \text{D. et B. n}° \; 1.$$

Moyenne . . . .   93° 0' 16''03

                        + 0''53

Horizon . . . .   93° 0' 16''56

Entre la flèche d'Orléans et Châteauneuf.

$$20 \quad 1121^{\text{s}}54525 \quad 56^{\text{s}}0772625 = 50° \; 28' \; 10''33$$

Orléans foible, Châteauneuf beau.

$$40 \quad 2243^{\text{s}}033667 \quad 56^{\text{s}}07584144 = 50° \; 28' \; 5''73$$

Horizon très-pur ; point de soleil. Orléans se voit beaucoup mieux.

Les 30 premiers donnent . . . .   50° 28' 6''03

Les 20 derniers . . . .   50° 28' 6''40

Milieu entre les 60 angles . . .   50° 28' 7''26

$r = 0,100694 \quad y = 70° \; 4' \; 59''$ — 0''74

Centre . . . .   50° 28' 6''52

                        + 0''19

Horizon . . . .   50° 28' 6''71

CHATEAUNEUF.

XL.

L A lanterne qui termine le clocher de Châteauneuf
étoit trop embarrassée pour y placer notre cercle. J'ai
fait construire un échafaud sur la partie supérieure du

béfroi, et j'y ai fait tomber un fil à plomb du centre de
la lanterne.

La lunette étoit au-dessus du sol de 13^t333

De là jusqu'à la cloche qui est dans
la lanterne . . . . $5^t166 = dH$.

DISTANCES AU ZÉNIT.

Clocher de Boiscommun.

6   600^g064 $100^g010667 = 90°$ $0'$ $34''56$ (dans le ciel.)

30 nivose an 2, $2^h\frac{1}{2}$.

Signal de Châtillon.

6   599^g723 $99^g953833 = 89°$ $57'$ $30''4$ (dans le ciel.)

Tours d'Orléans.

6   599^g878 $99^g979667 = 89^b$ $58'$ $54''1$ (dans le ciel.)

La flèche se projettoit sur les tours, et il n'étoit pas souvent facile de la distinguer. La boule qui termine cette flèche s'élève au-dessus des tours.

Clocher de Vouzon.

6   600^g269 $100^g044833 = 90°$ $2'$ $25''3$

11 frimaire an 4. On ne voit guère que la pyramide d'ardoises de ce clocher.

ANGLES.

Entre Boiscommun et le signal de Châtillon.

40   108^g8637 $27^g190925 = 24°$ $28'$ $18''6$

D. puis B. n° 1. Objets foibles en commençant. On les a vus de mieux en mieux depuis le 10e angle jusqu'au 40e.

$r = 1^g66898$ $y = 213°$

$\underline{\qquad -6''74}$

Centre . . . . $24°$ $28'$ $11''86$

$\underline{\qquad -0''19}$

Horizon . . . . $24°$ $28'$ $11''67$

Ou mieux . . . . $24°$ $28'$ $12''3$

Les 30 derniers angles donnent $0''6$ de plus que les 40.

Entre le signal de Châtillon et la flèche d'Orléans.

20   1946^{s}52975   97^{s}3264875 = 87° 35' 37"8

30 nivose an 3. Bel horizon ; mais il est difficile de distinguer la flèche d'avec les tours, qui ont beaucoup de parties en relief.

Entre le signal de Châtillon et la boule de la flèche d'Orléans.

30   2919^{s}850   97^{s}32833   = 87° 35' 43"8

D. et B. n° 1.   1 pluviose an 2.   Orléans très-difficile à voir.

20   1946^{s}5505   97^{s}327525   = 87° 35' 41"2

Orléans éclairé obliquement, ainsi que dans la série précédente.

Moyenne . . . .   87° 35' 42"5

$r = 1^s30555$, $y = 144°$ 13' 43"   — 33"33

Centre . . . .   87° 35' 9"17

  + 0"06

Horizon . . . .   87° 35' 9"23

Entre Orléans et Vouzon.

20   1640^{s}099   82^{s}00495   = 73° 48' 16"04

11 frimaire an 4. Bellet visoit à Orléans et moi à Vouzon. Il étoit incommode de changer de place.

20   1640^{s}13025   82^{s}0065125 = 73° 48' 21"1

Je visois à Orléans, Bellet à Vouzon.

20   1640^{s}11375   82^{s}0056875 = 73° 48' 18"43

Bellet visoit à Orléans.

Nous n'étions pas d'accord sur la manière d'observer Orléans. Je m'en tiens à la seconde série, dans laquelle je visois à Orléans, qui d'ailleurs se voyoit mieux pendant que je l'observois.

$r = 0^s368$96 $y = 130°$ 9' 9"   — 6"74

Centre . . . .   73° 48' 14"36

  — 0"08

Horizon . . . .   73° 48' 14"28

ORLÉANS

Flèche de l'église Sainte-Croix; premier étage.

Hauteur du faîte de l'église . . . . 23^t
Longueur de la flèche . . . . 21^{t}6667

Hauteur de la boule . . . . 44^{t}6667
$dH = $ 19^{t}5

La flèche est un octogone dont le diamètre est de 5^t à la base; il est assez difficile d'en déterminer le centre avec précision. J'ai fait tout le tour de l'église pour examiner si la flèche penchoit de quelque côté. Je n'y ai remarqué aucune inclinaison; cependant, comme elle a près de 22^t de hauteur, il n'est pas probable qu'elle soit bien exactement droite. La boule qui la termine est un peu trop grosse pour être un signal bien sûr. Elle portoit autrefois une croix qui auroit été plus commode à observer; on l'avoit remplacée par un gros bonnet rouge, porté par une tige qui avoit une inclinaison très-sensible.

Je n'ai pu voir Boiscommun et Pithiviers ni de la première, ni de la seconde galerie; la troisième étoit embarrassée par les échafauds qui avoient servi à monter le bonnet rouge, et je n'aurois pu y placer mon cercle.

Cette station, commencée en brumaire an 2, n'a été

continuée qu'en frimaire an 4, pour la raison rapportée
à l'article de Châtillon.

DISTANCES AU ZÉNIT.

Clocher de Châteauneuf.

10   1000⁵887   100⁵0887 = 90°   4' 47"4 (dans le ciel.) D. et B. n°. 1.

Signal de Châtillon.

2   200⁵125   100⁵0625 = 90°   3' 22"5
D. et B. n°. 1. 3 pluviose. Au coucher du soleil : il se pourroit, par cette
raison, que la distance fût trop foible de 2' environ.

Clocher de Chaumont.

12   120⁵176   100⁵098 = 90°   5' 17"5   (dans le ciel.)
D. et B. n°. 1. 8 frimaire, 4ʰ. Cette distance pourroit être trop foible.
2   200⁵240   100⁵120 = 90°   5' 26"8
24 messidor an 4. La pluie empêche de continuer.

Clocher de Vouzon.

10   1000⁵969   100⁵0969 = 90°   5' 14" (dans le ciel.) D. et B. n°. 1.

Clocher de la Courdieu.

10   100⁵021   100⁵1021 = 90°   5' 31"
Flèche très-aiguë, qui paroît plus ou moins longue, selon qu'elle est éclairée.

ANGLES.

Entre Châteauneuf et le signal de Châtillon.

16   745⁵7915   468⁵193125 = 41° 57'   2"66
3 pluviose an 2, 4ʰ ¼. Horizon superbe. La nuit n'a pas permis d'aller
plus loin. Le 16ᵉ angle est même douteux ; on peut s'arrêter au 14ᵉ.

Le temps s'est mis à la pluie. Je n'ai pu reprendre cet angle : un arrêté du comité de salut public me rappeloit à Paris depuis un mois ; je ne pouvois plus long-temps différer d'obéir.

Les 14 premiers donnent . . . . 41° 57' 3"59
$r = 1^\iota 7604$, $\gamma = 156°$ 6' 18"   — 18"75
Centre . . . . 41° 56' 44"84
                                  + 10"10
Horizon . . . . 41° 56' 44"94

Entre Châteauneuf et la Courdieu.

24 s1034 s00675   43 s0836 145 = 38° 46' 30"9
D. et B. n° 1. Horizon un peu embrumé.
20   861 s681   43 s08405 = 38° 46' 32"3
D. et B. n° 1. La Courdieu peu visible.
Moyenne . . . . 38° 46' 31"6
$r = 1^\iota 7581$ $\gamma = 159°$ 3' 2"   — 19"51
Centre . . . . 38° 46' 12"09
                                  + 0"16
Horizon . . . . 38° 46' 12"25

En 1740 on a trouvé 1"25 de plus. La flèche n'étoit plus la même : l'ancienne avoit été enlevée par un ouragan.

Entre Vouzon et Châteauneuf.

20   1299 s02025   64 s95 0125 = 58° 27' 21"28
D. et B n° 1. Horizon un peu embrumé.
20   1299 s0105   64 s9 0525 = 58° 27' 19"70
D. et B. n° 1. On voit mieux. On pourroit s'en tenir à la seconde série, ou supposer 58° 27' 20"0.
Moyenne . . . . 58° 27' 20"5
$r = 0^\iota 3333$ $\gamma = 325°$ 38' 49"   + 5"01
Centre . . . . 58° 27' 25"51
                                  + 0"24
Horizon . . . . 58° 27' 25"75

Entre Chaumont et Vouzon.

$$22 \quad 540^{g}91275 \quad 24^{g}5869432 = 22^{o} \ 7' \ 41''7$$

D. et B. n° 1. Un peu de brume; on voyoit pourtant assez bien.

$$20 \quad 491^{g}732 \quad 24^{g}5866 = 22^{o} \ 7' \ 40''58$$

D. n° 1. Chaumont quelquefois foible, d'autrefois noir, et d'autres blanc.

Le citoyen Bellet, ayant continué la série précédente jusqu'à 36 angles, a trouvé pour résultat général de ses observations, jointes aux miennes :

$$36 \quad 885^{g}37 \quad 24^{g}587138 = 22^{o} \ 7' \ 42''33$$

Milieu entre toutes les observations . . . 22° $7'$ $42''0$

$$r = 1'7708 \quad y = 1168^{t} \ 0' \ 52'' \qquad = 6'20$$

Centre . . . . 22° $7'$ $35''8$

$$+ \ 0''1$$

Horizon . . . . 22° $7'$ $35''9$

VOUZON.

XLII.

L E clocher de Vouzon est une tour presque carrée, surmontée d'une pyramide quadrangulaire en ardoises. Nous avons observé partie à l'étage des cloches, et partie sur la première enrayure, c'est-à-dire sur la base de la pyramide. Pour la première position $dH = 7^{t}8333$, et pour la seconde $dH = 4^{t}167$. La hauteur totale du clocher $18^{t}167$.

A la première enrayure je réduisois les angles au milieu de la poutre verticale qui renferme l'axe de la pyramide.

A l'étage des cloches qui est embarrassé de charpente,

je déterminois ma position relativement au centre par des perpendiculaires Op et On (*fig.* 11) abaissées du centre de l'instrument sur les murs BC et CD. Les côtés AD et BC étoient de 3ᵗ2083 ; AB et CD de 3ᵗ9833. La ligne pOq parallèle à CD fesoit, avec la direction à Orléans, un angle $pOa = Oab = 73° 55' 4''$.

On avoit $tang.\ mOK = \dfrac{Km}{mO} = \dfrac{\frac{1}{2}BC - On}{\frac{1}{2}CD - Op}$;

$$OK = mO\ sec.\ mOK$$
$$= KM\ cosec.\ mOK = r.$$

DISTANCES AU ZÉNIT.

Clocher de Châteauneuf.

10   1001ᵍ050   1008105 $= 90°\ 5'\ 40''$ (dans le ciel.)

D. et B. nᵒ. 1.   24 brumaire an 4.   Tantôt noir, tantôt éclairé, et alors difficile.

Flèche d'Orléans.

10   1000ᵍ484   1080484 $= 90°\ 2'\ 36''8$ (dans le ciel.)

D. et B. nᵒ. 1.   On voit la flèche toute entière, bien séparée des tours. Dans les dernières observations on voyoit bien la boule.

Clocher de Chaumont.

10   999ᵍ569   999569 $= 89°\ 57'\ 40''4$

D. et B. nᵒ. 1.   On voit le clocher tout entier dans le ciel. J'ai pris le haut de la flèche au pied du support de la girouette.

Les trois distances précédentes ont été observées à l'étage des cloches.

Clocher de Soême.

10   1001ᵍ242   1081242 $= 90°\ 6'\ 42''4$ (en terre.) D. et B. nᵒ. 1.

Soême étoit très-foible : j'ai observé un arbre voisin, et qui a même hauteur à peu près. On peut supposer 90° 6' 50'', ou, si l'on veut, 90° 7' pour Soême.

Même distance, angles simples.

5   0ᵍ299   100ᵍ0598   D. et B. nº 1.

Correction du niveau   0ᵍ0644 = 0° 3' 28"7

Signal d'Ennordre.

5   0ᵍ13r   100ᵍ0262   (en terre.)

Correction du niveau + 0ᵍ0644

100ᵍ0906 = 90° 4' 53"5

Le signal étoit si foible que j'ai observé un arbre voisin.

Clocher de Sainte-Montaine.

4   0ᵍ053   100ᵍ01325   (en terre.)   D. et B. nº. 1.

Correction du niveau + 0ᵍ0644

100ᵍ07765 = 90° 4' 11"6

Signal d'Oison.

4   399ᵍ660   99ᵍ9150   D. et B. nº. 1.

Correction du niveau + 0ᵍ644

99ᵍ9794 = 89° 58' 53"3

Ces cinq distances ont été prises en haut à la base de la pyramide ; les quatre dernières ont été observées par des angles simples, à cause de l'obliquité de la direction ; car, pour observer des angles doubles, il faut une ouverture = 0ᵍ1389 *sécante obliquité*, à moins de changer l'instrument de place toutes les fois qu'on le retourne ; ce qui nous est arrivé quelquefois, mais n'est pas toujours possible.

ANGLES.

Entre Châteauneuf et Orléans.

20   100ᵍ6945   53ᵍ04725 = 47° 44' 33"09

D. et B. nº 1. 24 brumaire, 1ʳᵉ ¼. Châteauneuf d'abord difficile, puis tout noir et bon à observer.

20   1060ᵍ94275   53ᵍ0471375 = 47° 44′ 32″73

Châteauneuf et Orléans éclairés du soleil, mais peu obliquement. On voyoit par fois la boule dorée d'Orléans : alors c'est elle qu'on a observée.

Moyenne . . . .   47° 44′ 32″91

r et y ont été déterminés par les distances perpendiculaires aux deux murs voisins. (Voyez *fig.* 11.) On avoit pour la première série $On = $ 0ᵗ65278 et $Op = $ 0ᵗ96180, d'où $r = $ 1ᵗ1142, $y = $ 195° 16′ 44″, et la réduction au centre — 10″879. Pour la seconde série on avoit $On = $ 0ᵗ63194, $Op = $ 0ᵗ96527, d'où $r = $ 1ᵗ1303, $y = $ 194° 34′ 42″, et la réduction — 11″118.

Ainsi par un milieu, réduction .   — 11″00

Centre . . . .   47° 44′ 21″91
                                 — 0″03

Horizon . . . .   47° 44′ 21″94

Entre Orléans et Chaumont.

20   1947ᵍ957   97ᵍ39785   = 87° 39′ 29″03

D. et B. nᵒ 1.   24 brumaire.   Orléans foible en commençant ; mais ensuite objets beaux et point de soleil. $On = $ 0ᵗ66667, $Op = $ 0ᵗ76389.

Ainsi $r = $ 1ᵗ21815 $y = $ 115° 56′ 28″   — 42″51

Centre . . . .   87° 38′ 46″52

20   1947ᵍ91475   97ᵍ3957375 = 87° 39′ 22″19

25 brumaire.   Orléans et Chaumont éclairés du soleil ; mais de la même manière. Le cercle placé comme à la seconde des deux séries de l'angle précédent.

Ainsi $r = $ 1ᵗ1303 $y = $ 106° 55′ 20″   — 39″38

                                 87° 38′ 42″81

Moyenne . . . .   87° 38′ 44″66
                                 — 0″11

Horizon . . . .   87° 38′ 44″55

La réduction au centre est ici d'environ 6″ pour 0ᵗ17 de distance au centre, et l'on n'est pas sûr de cette distance là 0ᵗ04 ou 0ᵗ05 près : ainsi cet angle pourroit être trop fort ou trop foible de quelques secondes ; mais peu importe, le sinus ne variera pas sensiblement.

Entre Chaumont et Soême.

20　2104٬1855　105٬209275　= 94° 41' 18"041

D. et B. n° 1., 27 brumaire, 1ʰ. Chaumont très-beau, Soême beaucoup moins. Grand vent qui agite l'instrument.

20　2104٬179　105٬20895　= 94° 41' 16"998

30 brumaire, 1ʰ. Soême un peu foible, Chaumont superbe. On pourroit s'en tenir à la seconde série, et retrancher par conséquent 0"5 des angles réduits.

Cet angle a été pris en haut, sur la base de la pyramide.

Milieu	94° 41' 17"5
$r = 1٬60823$　$y = 115° 3' 28"$	— 51"88
Centre	94° 40' 25"62
	— 0"21
Horizon	94° 40' 25"41

Entre Soême et le signal d'Ennordre.

14　3018548　218539143　= 19° 23' 6"8

D. et B. n° 1. 29 brumaire, midi. On n'a pu aller plus loin. Cet angle est fort douteux, mais il est inutile.

Cet angle a été observé en haut.

$r = 1٬4464$　$y = 122° 41' 36"$	+ 1"25
Centre	19° 23' 8"05
	— 0"02
Horizon	19° 23' 8"03

Entre Soême et Sainte-Montaine.

20　5568٬9225　278844615٬25　= 25° 3' 36"54

D. n° 1. 27 brumaire, 2ʰ ¼. Sainte-Montaine foible en commençant. Bellet a continué jusqu'à 30; et l'angle a sensiblement augmenté, comme on voit ci-après. Sainte-Montaine étoit toujours foible, et le vent étoit augmenté. Je crois que je ferois mieux de m'en tenir à mes observations et de diminuer de 2″34 les angles réduits. L'erreur du triangle seroit considérablement diminuée.

Cet angle a été observé en haut.

Vouzon.

30 885ᵇ360   27ᵇ84533   = 25° 3′ 38″88

$r =$ 1ᵗ4297 $y =$ .22° 46′ 59″   + 10″15

Centre . . . .   25° 3′ 49″03

+ 0″02

Horizon . . . .   25° 3′ 49″05

Entre Soême et le signal d'Oison.

20   908ᵇ503   45ᵇ42515   = 40° 52′ 57″486

Soême éclairé obliquement, pâle et difficile. Oison le plus souvent éclairé, quelquefois noir, et alors presque invisible. Angle très - douteux et devenu inutile : il a été observé en haut.

$r =$ 0ᵗ91998 $y =$ 17° 51′ 43″   + 10″96

Centre . . . .   40° 53′ 8″45

— 0″67

Horizon . . . .   40° 53′ 7″78

Entre le signal d'Oison et Châteauneuf.

12, 1187ᵇ414   98ᵇ9511667 = 89° 3′ 21″78

D. et B. n° 1. 25 brumaire. Le signal quelquefois brillant et facile, quelquefois très-foible, et enfin invisible.

20   1979ᵇ0215   98ᵇ951075   = 89° 30′ 21″48

D. et B. n° 1. 26 brumaire, 3ʰ ½. Cet angle a été pris en bas : il est devenu inutile. $On =$ 0ᵗ67361 ; $Op =$ 1ᵗ65972.

Moyenne . . . .   89° 3′ 21″63

$r =$ .0ᵗ93802 $y =$ 204° 25′ 45″   — 2″96

Centre . . . .   89° 3′ 18″67

— 0″11

Horizon . . . .   89° 3′ 18″56

Tour de l'horizon.

Entre Châteauneuf et Orléans	47° 44′ 21″94
Entre Oison et Châteauneuf	89° 3′ 18″56
Entre Soême et Oison	40° 53′ 7″78
Entre Chaumont et Soême	94° 40′ 25″41
Entre Orléans et Chaumont.	87° 38′ 44″55
	359° 59′ 58″24
Erreur	1″76

CHAUMONT.

XLIII.

L E clocher de Chaumont est une tour presque carrée, surmontée d'un toit semblable à celui d'Arvillers. Ce toit renferme une pyramide hexagonale irrégulière, mais symmétrique, qui se termine par une lanterne de même forme, et toute à jour : elle est immédiatement au-dessus du faîte du toit. C'est là sans doute qu'on a observé en 1740, et mon intention étoit d'en faire de même; mais, pendant tout le temps de cette station, il a souflé un vent froid et impétueux qui nous a forcés de chercher un abri dans la tour, à l'étage des cloches. Autant que nous avons pu voir, l'axe de la pyramide est le même que celui de la tour, et j'ai réduit les angles observés, au centre du quadrilatère formé par les quatre murs; j'ai déterminé la position du cercle par rapport à ce centre, en menant des perpendiculaires aux murs voisins.

La lanterne porte une flèche assez haute, et qui paroît assez droite; je n'ai pu en mesurer directement la hauteur, que j'ai estimée de 6 à 7^t. Je me proposois de la déterminer comme j'ai fait pour les flèches d'Amiens et d'Orléans, par des distances au zénit prises dans les stations voisines : le temps n'étoit pas assez clair pour reconnoître la place de la lanterne; je n'ai pu l'observer que de Soême. Cette observation, comparée à celles que j'ai faites à Orléans et Vouzon du sommet de la flèche, donne 5 à 6^t pour la hauteur de la flèche au-dessus de la lanterne. Ainsi l'on peut porter à 22^t la hauteur totale du clocher au-dessus du sol; car le bas de la lanterne est élevé de 15^{t}4. L'étage des cloches est moins haut de 7^{t}4. Ainsi $dH = 14^t$ environ.

Le mur qui regarde Orléans, ou AD (*fig.* 12), a de largeur intérieurement . . . . 2^{t}7222

Le mur opposé BC a . . . . 2^{t}75.

Le mur qui regarde Vouzon ou AB a de largeur . . . . 2^{t}9583

Le mur opposé CD . . . . 2^{t}9444

J'ai supposé par un milieu $AD = BC = $ 2^{t}7361

$$AB = CD = 2^t9514$$

L'angle $VOq = BVO = 75^{\circ}\ 19'\ 37''$.

Cet angle, avec les distances Op, On, aux deux murs, sert à calculer la ligne $OK = r$ et les angles y qu'elle fait avec les directions à Soême, Vouzon et Orléans, ainsi qu'il a été dit page 181.

DISTANCES AU ZÉNIT.

Clocher de Vouzon.

10   999g250   99g9250   = 89° 55′ 57″   (dans le ciel.)

D. et B. n° 1.   On voit le clocher presque jusqu'au pied. On distingue la tourelle de l'escalier, le coq et son support. Beaucoup de vent.

La même par les angles simples.

5   399g288   99g8576

Correction du niveau . . . . + 0g0674 = 0° 3′ 38″4

Flèche d'Orléans.

10   1000g478   100g0478 = 90° 2′ 34″9

D. n° 1.   On voit la flèche en entier, dans le ciel, et bien séparée des tours. On ne distinguoit pas la boule : le point observé est un peu plus élevé que les tours. Beaucoup de vent.

Clocher de Soême.

3   0g078   100g026

Correction du niveau . . . . + 0g0674

100g0934 = 90° 5′ 2″6 (en terre.)

D. n° 1.   On voit une bonne partie du clocher, mais point l'église. Beaucoup de vent ; pointe très-difficile à observer.

ANGLES.

Entre Vouzon et Orléans.

20 1560g589   78g02945   = 70° 13′ 35″42

3 frimaire, 2h ½.   Orléans beau, Vouzon superbe ; mais grand vent qui agite l'instrument.

20 1560858675   7866293375 = 70° 13′ 35″65

Moyenne . . . .   70° 13′ 35″24
Distance au mur qui regarde Soême, ou *Op* (*fig.* 12.) . . .   1ᵗ1944
Distance au mur opposé à celui qui regarde Vouzon, ou *On* . .   0ᵗ7153
        r = 0ᵗ71079   *y* = 298° 24′ 32″   + 11″28

Centre . . . .   70° 13′ 46″52
                                        — 0″26
                                    ─────────────
Horizon . . . .   70° 13′ 46″26

Entre Soême et Vouzon.

    20   12968000   6468000 = 58° 19′ 12″0
D. et B. nº 1. 3 frimaire, 0ʰ ½. Objets très-beaux ; point de soleil ; beaucoup de vent : mais nous étions à l'abri.
    20   129589915   6487995750 = 58° 19′ 10″6
D. et B. nº 1. 5 frimaire. Vouzon beau, Soême passable ; point de soleil.

Moyenne . . . .   58° 19′ 11″3
Distance au mur qui regarde Soême 0ᵗ4028
Distance au mur opposé à celui qui regarde Vouzon 0ᵗ4722
        r = 1ᵗ3977   *y* = 35° 27′ 57″   — 5″78

Centre . . . .   58° 19′ 5″52
                                  — 0″63
                              ─────────────
Horizon . . . .   58° 19′ 4″89

S O Ê M E.

X L I V.

LE clocher de Soême est une flèche octogone, étroite et longue. Nous nous sommes placés à la seconde enrayure, à 10ᵗ2 au-dessus du sol de l'église ; la flèche s'élève encore de 6ᵗ8 au-dessus de la seconde enrayure. Ainsi la hauteur totale est de 17ᵗ. Et $dH = 6^t,1111$.

La seconde enrayure étoit embarrassée de charpente, et nous y étions fort gênés. Des bois voisins nous ont empêchés de voir le signal d'Oison, quoique du signal on vît la plus grande partie du clocher.

DISTANCES AU ZÉNIT.

Signal d'Ennordre.

8   798ᵍ690 99ᵍ83625 = 89ᵍ 51' 9″5 (en terre.)

D. et B. n° 1. 12 brumaire. Grand vent; position incommode.

Même distance.

5 398ᵍ852 99ᵍ7704

Correction du niveau . + 0ᵍ06585

Clocher de Vouzon.

5 399ᵍ780 99ᵍ956

Correction du niveau . + 0ᵍ06585

100ᵍ02185 = 90° 1' 10″8

D. et B. n° 1. On ne voit que la partie supérieure du clocher.

Clocher de Chaumont.

3 399ᵍ990 99ᵍ99667

+ 0ᵍ06585

100ᵍ06252 = 90° 3' 22″6 (dans le ciel.)

D. et B. n° 1. Cette distance est celle du point observé dans les angles horizontaux, c'est-à-dire, de la lanterne.

Signal de Méri.

$$5 \quad 398^g 297 \quad 99^g 6594$$
$$+\ 0^g 06585$$
$$99^g 72525 = 89°\ 45'\, .\ 9''8 \quad \text{(dans le ciel.)}$$

D. et B. n° 1. On voit le signal en entier.

Clocher de Sainte-Montaine.

$$5 \quad 399^g 127 \quad 99^g 8254$$
$$+\ 0^g 06585$$
$$99^g 89125 = 89°\ 54'\ 7''6$$

D. et B. n° 1. On voit le clocher tout entier.

Tour d'Aubigni.

$$5 \quad 0^g 0 \quad 99^g 7592$$
$$+\ 0^g 06585$$
$$99^g 82505 = 89°\ 52'\ 33''2 \quad \text{(dans le ciel.)}$$

D. et B. n° 1. C'est la tour observée en 1740. La même église avoit aussi une flèche qui ne subsiste plus.

ANGLES.

Entre Vouzon et Chaumont.

20     $600^g 20625$ $308^g 0103125 = 27°\ 0'\ 33''41$

D. n° 1. 13 brumaire, 1^h. Objets fort beaux ; point de soleil, horizon pur.

20     $600^g 21675$ $308^g 0198375 = 27°\ 0'\ 35''11 =$

B. n° 1. $2^h \frac{1}{2}$. On pourroit s'en tenir à la première série, et diminuer de 0''85 les angles réduits.

Moyenne . . . . 27° 0' 34''26

$r = 0^g 34491$ $y = 67°\ 23'\ 28''$ $+\ 1''27$

Centre . . . . 27° 0' 35''53

$-\ 0''07$

Horizon . . . . 27° 0' 35''46

Entre les signaux de Méri. et d'Ennordre.

20   780ͭ53675   395ͦ0268375 = 35° 7′ 26″95

D. et B. n° 1.   11 brumaire, 2ʰ ¼ — 5ʰ. Mauvais temps. Nous n'avons pas repris cet angle, qui n'est pas nécessaire. (¹)

$r = 0^t40046$ $y = 209° 31′ 20″$ — 0″82

Centre . . . . 35° . 7′ 26″13
                                 + 0″32

Horizon . . . . 35° 7′ 26″45

Entre le signal d'Ennordre et Vouzon.

20   287ͭ807875   143ͭ6539375 = 129° 17′ 18″76

Ou bien, en rejetant une mauvaise observ. 129° 17′ 19″78

11 brumaire, 1ʰ. Au commencement Vouzon étoit difficile et Ennordre éclairé obliquement.

20   287ͭ809175   143ͭ6545875 = 129° 17′ 20″86

15 brumaire. Vouzon foible, Ennordre éclairé obliquement ; mais on s'est dirigé, autant qu'on a pu, sur l'arrête qui séparoit la partie obscure de la partie éclairée.

20   287ͭ811775   143ͭ6558875 = 129° 17′ 25″08

16 brumaire, 2ʰ. Vouzon foible et pâle. On visoit à la partie éclairée d'Ennordre : ainsi cet angle est trop grand et a besoin d'une réduction de 4″18. (Voyez page suivante.) Il sera donc de 129° 17′ 20″9

Par un milieu, je le suppose de . . . . . . 129° 17′ 20″0
                                       129° 17′ 20″

$r = 0^t400463$ $y = 80° 14′ 1″$ — 12″37

Centre . . . . 129° 17′ 7″63
                                 + 0″32

Horizon . . . . 129° 17′ 7″95

Cet angle n'a été pris que pour vérifier les deux suivans ; mais il n'est pas assez sûr. Si Vouzon étoit aussi éclairé, comme il est très-probable, cet angle doit être trop petit. . . . .

Entre le signal d'Ennordre et Sainte-Montaine.

20   768ᵉ519   38ᵉ42595   = 34° 35′ 0″08

D. et B. n° 1. 13 brumaire, 11ʰ ½. Signal d'Ennordre éclairé obliquement.
On se dirigeoit, autant qu'on pouvoit, au milieu de la partie blanche et de la
noire; mais ce milieu n'est pas le milieu du signal.

$$\text{Correction} = \frac{0^t0914 \; sin. \; 65° \; 41′ \; 30″}{7491^t \; sin. \; 1″} \qquad - \quad 2″29$$

$$34° \; 34′ \; 57″79$$

20   768ᵉ50475   38ᵉ4252375 = 34° 34′ 57″77

14 brumaire. Ennordre éclairé obliquement. On visoit à la partie supérieure
du signal.

En rejetant un mauvais angle . . . . 34° 35′ 2″94

$$\text{Correction} = - \; 2″29 - \frac{0^t1667 \; sin. \; 24° \; 18′}{7491 \; sin. \; 1″} \qquad - \quad 4″18$$

$$34° \; 34′ \; 58″76$$

20   768ᵉ56875   38ᵉ4284375 = 34° 35′ 8″14

D. et B n° 1. 16 brumaire, 1ʰ. On visoit à la partie éclairée d'Ennordre
vers le milieu de la hauteur. Sainte-Montaine éclairée de côté.

Correction = 2.355 × 4″18 . . . . — 9″8

Les corrections augmentent selon que le point observé est plus bas, et par
conséquent plus loin de l'axe du signal.

$$34° \; 34′ \; 58″34$$

Moyenne . . . . 34° 34′ 58″30
r = 0ᵗ400463 y = 174° 56′ 21″   — 6″71

Centre . . . . 34° 34′ 51″59
                                   + 0″43

Horizon . . . . 34° 34′ 52″02

Entre Sainte-Montaine et Vouzon.

20   2104ᵍ59775   105ᵍ2298875 = 94° 42' 24″83
D. et B n° 1.   12 brumaire, 1ʰ.   Vent très-incommode.
20   2104ᵍ6165   105ᵍ230825 = 94° 42' 27″87
D. et B. n° 1.   15 brumaire, midi. Sainte-Montaine éclairée obliquement.
20   2104ᵍ610   105ᵍ2305 = 94° 42' 26″82
D. et B. n° 1.   16 brumaire. Vouzon un peu foible.

Il y a beaucoup d'apparence que la première série est encore la meilleure.

Moyenne . . . . 94° 42' 26″51
r = 0ᵗ400463 y = 80° 14' 1″   —   5″67
____
Centre . . . . 94° 42' 20″84
      —   0″15
____
Horizon . . . . 94° 42' 20″69

Entre Ennordre et Sainte-Montaine, horizon . . . . . 34° 34' 52″02
Entre Sainte-Montaine et Vouzon . . . . 94° 42' 20″69
Donc entre Ennordre et Vouzon . . . . 129° 17' 12″71
Observation directe . . . . 129° 17' 7″95

Je ne sais à quoi attribuer cette différence, à moins que ce ne soit aux phases du clocher de Sainte-Montaine. Il paroît que les deux angles particls sont trop grands, sur-tout le second.

Entre Aubigni et Vouzon.

20   2303ᵍ24975   115ᵍ1624875 = 103° 38' 46″46
D. et B. n° 1.   13 brumaire, 2ʰ.
20   2303ᵍ2505   115ᵍ162525 = 103° 38' 46″58
D. et B. n° 1.   15. brumaire, 3ʰ.

Moyenne . . . . 103° 38' 46″52
r = 0ᵗ400463 y = 80° 14'   —   7″49
____
Centre . . . . 103° 38' 39″03
      —   0″05
____
Horizon . . . . 103° 38' 38″98

SIGNAL D'OISON.

Oison.

XLV.

LE signal d'Oison étoit une pyramide tronquée, de 3ᵗ66 de hauteur, et de 1ᵗ43 de base. Deux faces seulement étoient couvertes de planches ; l'une regardoit Châteauneuf, l'autre Soême. La diagonale s'alignoit presque à Vouzon.

Le signal étoit dans une plaine inculte du territoire d'Oison, à droite du chemin d'Aubigni à Concressaut. Cette plaine s'appelle les bruyères d'Helvessans. Il étoit, à quelques toises près, au même endroit qu'en 1740.

De ce signal on ne voit plus Salbris dont la flèche n'existe plus. On voit très-bien celle de Soême, et j'avois espéré que de Soême je verrois le signal d'Oison. Je n'ai pu l'apercevoir, et la station d'Oison est devenue inutile.

DISTANCES AU ZÉNIT.

Clocher de Châteauneuf.

10   100ᵍ8388   100ᵍ3388   = 90° 18′ 17″7 (dans le ciel.) · D. n° 1.
14 fructidor, 2ʰ.   Objet très-foible.

Clocher de Vouzon.

10   100ᵍ8227   100ᵍ3227   = 90° 17′ 25″5 (dans le ciel.) · D. n° 1.

Clocher de Soême.

10   100ᵍ8564 _ 100ᵍ3564   = 90° 19′ 14″7 (dans le ciel.) · D. n° 1.
Pointe très-fine et difficile. Grand vent.

Ces distances ont été prises dans un temps très-obscur, et elles ne peuvent être d'une grande précision. L'erreur ne doit pas cependant être d'une minute. Les deux premières diffèrent de 8 à 9′ de celles qui ont été observées en 1740. Pour lever tout soupçon, j'ai engagé le citoyen Bellet à les observer. Voici ce qu'il a trouvé.

Clocher de Châteauneuf.

4   40ᵗ8345   100ᵗ33625 = 90° 18′ 9″5
Méridienne-vérifiée, p. xxx   90° 8′ 0″0

Clocher de Vouzon.

4   40ᵗ8251   100ᵗ31275 = 90° 16′ 53″3
Méridienne vérifiée, p. xxx 90° 9′ 0″0

Clocher de Soême.

4   40ᵗ8432   100ᵗ3580 = 90° 19′ 19″3

Tour d'Aubigni.

6   60ᵗ905   100ᵗ3175 = 90° 17′ 8″7   Plessis, n°. 1.

ANGLES.

Entre Châteauneuf et Vouzon.

20   769ᵗ5065   38ᵗ475325 = 34° 37′ 40″05

Grand vent. Les objets qui étoient beaux en commençant, se sont obscurcis, et à la fin ils étoient à peine visibles.

En rejetant 4 angles douteux . . . . 34° 37′ 42″34

30   1154ᵗ286   38ᵗ4762 = 34° 37′ 42″88

Moyenne . . . . 34° 37′ 42″62
                          + 1″67

Horizon . . . . 34° 37′ 44″29

Entre Vouzon et Soême.

20   751880673   3785903365 = 33° 49' 52"69
D. et B. n° 1. 14 fructidor. Objets foibles et difficiles.

20   7518779   37858895   = 33° 49' 48"20
15 fructidor. Objets presque invisibles.

20   751880325   3785901625 = 33° 49' 52"13
15 fructidor. On voit un peu mieux.

20   751878575   3785892875 = 33° 49' 49"29
16 fructidor. Soême éclairé obliquement.

Moyenne . . . .   33° 49' 50"56
                                  +   1"66

Horizon . . . .   33° 49' 52"22

Entre Châteauneuf et Soême.

30   2281895625   76806520833 = 68° 27' 31"27
16 fructidor. Objets bien visibles, mais Soême éclairé obliquement.
                                  +   4"17

Horizon . . . .   68° 27' 35"44

Entre Châteauneuf et Vouzon, à l'horizon . . . .   34° 37' 44"29
Entre Vouzon et Soême . . . .   33° 49' 52"22

Donc entre Châteauneuf et Soême . . . .   68° 27' 36"51
Observation directe . . . .   68° 27' 35"44

Différence . . . .   1"07

Entre Vouzon et Aubigni.

20   6508514   32852507   = 29° 16' 21"23 Plessis, n° 1.
                                  +   1"31

Horizon . . . .   29° 16' 22"54

SAINTE-MONTAINE.

XLVI.

L E clocher de Sainte-Montaine est une petite flèche octogone. On ne peut y monter plus haut que la première enrayure, qui est à $7^t 83$ du sol de l'église. La hauteur totale au-dessus du pavé de l'église $13^t 167$.

$$dH = 4^t 5.$$

Ce clocher est si étroit et si embarrassé, que nous y étions dans une situation fort gênante pour observer.

DISTANCES AU ZÉNIT.

Clocher de Vouzon.

3    $0^g 30$ $100^g 04333$

        $+\ 0^g 06585$

        $\overline{100^g 10918}$ $= 90°\ 5'\ 53''7$

D. et B. n° 1. 18 brumaire. On voit le clocher et le faîte de l'église.

Clocher de Soême.

3. $0^g 199$ $100^g 06633$

        $+\ 0^g 06585$

        $\overline{100^g 13218}$ $= 90°\ 7'\ 8''3$ D. et B. n° 1.

Signal d'Ennordre.

3 $399^g 325$ $99^g 7750$

        $+\ 0^g 06585$

        $\overline{99^g 84085}$ $= 89°\ 51'\ 24''4$ (en terre.)

D. et B. n° 1.

ANGLES.

Entre Vouzon et Soéme.

```
 ̈ 20   1338ᵇ49825   66ᵇ9249125 = 60ᵉ 13' 56"72
D. et B. nº 1.   Objets beaux, horizon pur, point de soleil.
   20   1338ᵇ50225   66ᵇ9251125 = 60° 13' 57"36
```

Moyenne . . . . 60° 13' 57"04
$r = 0ᵗ331147$ $y = 187° 50' 45″$ — 3"07

Centre . . . . 60° 13' 53"97
                                              + 0"43

Horizon . . . . 60° 13' 54"40

Entre Soéme et le signal d'Ennordre.

```
 30   3197ᵇ25125   106ᵇ575041667 = 95° 55'  3"13
```
19 brumaire, 0ʰ ¼. Objets beaux ; on distinguoit parfaitement toutes les parties du signal.

$r = 0ᵗ18055$ $y = 59° 47'$ — 4"85

Centre . . . . 95° 54' 58"28
                                              — 0"97

Horizon . . . . 95° 54' 57"31

SIGNAL D'ENNORDRE.

XLVII.

LE signal d'Ennordre étoit une pyramide tronquée de 1ᵗ5 de base, et de 4ᵗ de hauteur. Trois de ses faces étoient couvertes de planches ; l'une regardoit Vouzon,

Ennordre.

l'autre Morogues, et la troisième étoit vue obliquement de Soême et de Méri.

Pour retrouver la place du signal, prenez à droite, en sortant d'Ennordre, le chemin de Nançai; suivez-le jusqu'à une borne d'un pied de hauteur qui se trouve dans le chemin même. Arrivé à la borne, faites 53 pas parallèlement à la lisière du chemin; alors sur une direction perpendiculaire à la première, faites à gauche 117 pas, et vous serez au centre du signal. Il étoit dans une pièce de terre cultivée.

Le pilier de bois, dont il est parlé dans la *Méridienne vérifiée*, page xxx, a été abattu il y a quelques années, mais le pied du poteau est encore en terre. Je l'ai fait recouvrir de terre et de cailloux qui serviront à le retrouver. J'aurois voulu pouvoir y planter mon signal, mais on n'y voyoit pas les objets dont j'avois besoin.

DISTANCES AU ZÉNIT.

Sainte-Montaine.

10   10015070   1005107 $=$ 90° 5′ 46″7   (dans le ciel.)
D. et B. n° 1.   4 vendémiaire, 3^h $\frac{3}{4}$.

Clocher de Vouzon.

10   10015932   1005192 $=$ 90° 10′ 25″97   (dans le ciel.)
D. et B. n° 1.   3^h $\frac{1}{2}$.

Clocher de Soême.

10   10025164   1005164 $=$ 90° 11′ 41″1   (dans le ciel.)
D. et B. n° 1.   3^h $\frac{1}{4}$.

Signal de Méri.

10.   99⁵⁶140   99⁵⁶140 $= 89° 39' 25''6$ (dans le ciel.)

D. et B. nº 1. 5 vendémiaire, 6ʰ. Trop foible probablement de quelques secondes, à cause de la réfraction terrestre qui alloit en augmentant pendant le cours de cette série. Les deux premiers angles donneroient 16'' de plus.

Signal de Morogues.

10   99⁵⁵049   99⁵⁵049 $= 89° 33' 15''9$ (dans le ciel.)

D. et B. nº 1. 4ʰ ½.

ANGLES.

Entre Sainte-Montaine et Soême.

20   1100⁵04275 55⁵0021³575 $= 49° 30' 6''93$

D. et B. nº 1. 3 vendémiaire, 3ʰ ½. On voit bien les deux clochers, qui sont très-aigus ; mais ondulations excessives. Ces ondulations n'étoient pas toujours très-rapides ; elles portoient quelquefois la pointe du clocher d'un côté ou d'un autre, et l'y retenoient près d'une minute de temps.

20   1100⁵05975 55⁵0029875 $= 49° 30' 9''68$

D. et B. nº 1. 5 vendémiaire, 3ʰ. Ondulations excessives.

Moyenne . . . .   49° 30' 8''80

+ 0''30

Horizon . . . .   49° 30' 9''1

Entre Vouzon et Soême.

20   696⁵2025   34⁵810125 $= 31° 19' 44''80$

D. et B nº 1. 3 vendémiaire, 4ʰ ¼. Moins d'ondulations.

30   1044⁵32975 34⁵8109917 $= 31° 19' 47''61$

D. et B nº 1. Ondulations, grand vent. On voyoit mal Vouzon en commençant. Je rejette les 10 premiers angles.

Les 20 derniers . . . .   31° 19' 45''49

Milieu entre les 40 . . . . . .   31° 19' 45''15

+ 0''59

Horizon . . . .   31° 19' 45''74

Entre Soéme et le signal de Méri.

    10 120ᵉ8327   120ᵉ33327   = 108° 17′ 57″95

D. et B. n° 1. 3 vendémiaire ; 5ʰ ¼. On voyoit mal Méri.

    20 2406ᵉ637   120ᵉ33185   = 108° 17′ 55″19

D. et B. n° 1. 4 vendémiaire ; 5ʰ ¾.

    20 2406ᵉ63625 120ᵉ3318125 = 108° 17′ 55″07 D. et B. n° 1.

Milieu entre les 40 derniers . . . 108° 17′ 55″13

                                — 2″79

Horizon . . . . 108° 17′ 52″34

En employant la première série on ajouteroit 0″6 à l'angle.

Entre les signaux de Méri et Morogues.

    20   105ᵉ8170   52ᵉ6585   = 47° 23′ 33″54

D. et B. n° 1. 3 vendémiaire ; 5ʰ.

    16   842ᵉ538   52ᵉ658625 = 47° 23′ 33″94

D. et B. n° 1. 4 vendémiaire, 5ʰ.

Moyenne . . . . 47° 23′ 33″74

                                  + 3″90

Horizon . . . . 47° 23′ 37″64

SIGNAL DE MÉRI.

XLVIII.

LE signal de Méri-ès-bois étoit pareil à celui d'Ennordre. On ne put trouver assez de planches pour le couvrir en entier. On n'en mit qu'à la face qui regardoit Ennordre et Vouzon : on devoit couvrir le reste en paille. L'ouvrier manqua de parole, et j'observai le signal tel qu'il étoit. Je n'ai pu le placer au même endroit qu'en 1740, une touffe d'arbres empêchoit de voir Bourges.

La distance du nouveau signal à l'ancien étoit de 72^{t}3, et elle faisoit à gauche de Bourges un angle de 47° 34'. L'ancien étoit un poteau établi sur des fondemens en maçonnerie ; il a été renversé à la révolution comme signe de féodalité, en même-temps que celui d'Ennordre. J'en ai retrouvé les fondemens, et j'y ai fait placer au même point un poteau qui s'élève de quelques pouces seulement au-dessus du terrain.

Du signal on ne voit plus Michavant masqué par des arbres, ni Salbris, depuis qu'il n'a plus sa belle flèche qui a été brulée par le tonnerre.

DISTANCES AU ZÉNIT.

Signal d'Ennordre.

10   1004⁸066   100⁸4066   = 90° 21' 57″4   (en terre.)
D. et B. n° 1. 6 vendémiaire, 3^{h} ¼.

Clocher de Vouzon.

10   1003⁸190   100⁸3190   = 90° 17' 13″6   (dans le ciel.)
D. et B. n° 1. Second jour complémentaire, 5^{h} ¾.

Clocher de Soême.

10   1004⁸145   100⁸4145   = 90° 22' 23″0   (en terre.)
D. et B. n° 1. 4^{h} 10'.

Clocher de Chaumont.

4   4018⁸379   100⁸34475 = 90° 18' 37″0 (dans le ciel.) D. et B. n° 1.

Tour de Bourges.

10　100ᵴ2468　100ᵴ2468 = 90° 13' 19″6 . (dans le ciel.)
D. et B. n° 1. 2ʰ ¼. Beaucoup d'ondulations.

Signal de Morogues.

10　995ᵴ589　995ᵴ589 = 89° 36' 10″8 (dans le ciel.)
D. et B. n° 1. 2ʰ 25'.

A N G L E S.

Entre le signal d'Ennordre et Soême.

20　812ᵴ8225　40ᵴ641125 = 36° 34' 37″25
$$+ \quad 2″84$$
Horizon . . . . 36° 34' 40″09
D. et B. n° 1. 6 vendémiaire, 2ʰ ⅓. Temps couvert, objets foibles.

Entre le tourillon du Pélican de Bourges et le signal de Morogues.

20　1731ᵴ66425　86ᵴ5832125 = 77° 55' 29″55
Objets bien visibles ; fortes ondulations.
20　1731ᵴ66725　86ᵴ5833625 = 77° 55' 30″09
Il n'y a plus d'ondulations. Le signal par fois foible et par fois très-éclairé.
Moyenne . . . . 77° 55' 29″82
$$- \quad 7″04$$
Horizon . . . . 77° 55' 22″78

Entre les signaux de Morogues et d'Ennordre.

20　2215ᵴ64725　110ᵴ7823625 = 99° 42' 14″85
D. et B. n° 1. Point de soleil ni d'ondulations : on voit bien.
20　2215ᵴ6445　110ᵴ782225 = 99° 42' 14″41
D. et B. n° 1. Objets un peu foibles.
Moyenne . . . . 99° 42' 14″63
$$- \quad 7″67$$
Horizon . . . . 99° 42' 6″96

SIGNAL DE MOROGUES.

XLIX.

Le signal de Morogues étoit semblable à celui d'Ennordre. Il avoit 4ᵗ33 de haut, et 1ᵗ33 de base. Il étoit placé sur le chemin d'Henrichemont à la Charité, au-dessus du village de la Borne, en un lieu qu'on nous a dit s'appeler la Potence, et qui est le plus haut de la montagne. Cette montagne s'appelle aussi dans le pays montagne d'Auüi. D'après la carte de Cassini, je crois qu'au lieu de Auüi il faut dire Chautué.

$dH = $ 1ᵗ42 pour la première distance au zénit ; et $dH = $ 3ᵗ58 pour les autres.

DISTANCES AU ZÉNIT.

Signal d'Ennordre.

10   10068791   10086791 $=$ 90° 36′ 40″3   (en terre.)   D. et B. n° 1.
9 vendémiaire an 4, 4ʰ.

Clocher de Vouzon.

4   402ᵍ050   10085125 $=$ 90° 27′ 40″5   (dans le ciel.)   D. et B. n° 1.

Clocher de Chaumont.

6   603ᵍ093   10085155 $=$ 90° 27′ 50″3   (dans le ciel.)   D. et B. n° 1.

Clocher de Soüme.

6   603ᵍ186   10085310 $=$ 90° 28′ 40″4   (dans le ciel.)   D. et B. n° 1.

Signal de Méri.

10　1005g570　10085570　= 90° 30′　4″7　(dans le ciel.)　D. et B. n° 1.
Horizon très-embrumé ; le signal est très-pâle.

Clocher de Vasselai.

4　403g048　10087620　= 90° 41′　8″9　(en terre.)　D. et B. n° 1.

Clocher des Ais-Dam-Gillon.

4　405g757　101843925 = 91° 17′ 43″2　(en terre.)　D. et B. n° 1.

Tourillon de Bourges.

10　1005g927　10085927　= 90° 32′　0″3　(en terre.)　D. et B. n° 1.
Horizon très-embrumé. On ne distinguoit pas le Pélican.

Tour de Dun-sur-Auron.

10　1004g941　10084941　= 90° 26′ 40″9　(en terre.)　D. et B. n° 1.

ANGLES.

Entre les signaux d'Ennordre et de Méri.

8　292g473　36g559125　= 32° 54′ 11″56
40　1462g360　36g559　　= 32° 54′ 11″16
　　　　　　　　　　　　　　+　5″11
Horizon . . . .　32° 54′ 16″27

D. et B. n° 1. Nous étions, pour observer, dans une position excessivement
gênante. De terre on ne voyoit pas Ennordre. J'avois fait construire un échafaud à moitié de la hauteur du signal ; nous y étions assis sur les planches
qui portoient l'instrument, et nous avions peine à voir et à observer. Plusieurs fois nos lunettes s'étoient dérangées. Enfin j'ai fait venir quelques bottes
de paille pour nous élever, et nous avons pris les quarante angles de la
dernière série.

Entre Vouzon et Bourges.

10   1061ʙ860   1068ʟ860   = 95° 34′ 2″6
                                    + 17″0
                                 ———————
Horizon . . . .   95° 34′ 19″6

D. et B. n° 1. Horizon très-embrumé ; Vouzon difficile à voir. Cet angle est inutile, ainsi que les deux suivans.

Entre Chaumont et le signal de Méri.

10   3048ʟ815   3084ʟ815   = 27° 25′ 49″2
                                     + 3″6
                                 ———————
Horizon . . . . :   27° 25′ 52″8

Entre Soême et le signal de Méri.

10   303ʟ1845   3083ʟ1845 = 27° 17′ 11″8

Entre le signal de Méri et Bourges.

20   13035ʟ42325   6581711625 = 58° 39′ 14″57

Le soleil éclaire le toit de la tour, et la pointe du tourillon est invisible jusqu'au dixième angle.

20   1303543675   6581718375 = 58° 39′ 16″75

Le toit n'est plus éclairé ; la pointe est toujours difficile à voir.

20   13035ʟ4425   6581721ʟ75 = 58° 39′ 17″85

Moyenne . . . .   58° 39′ 16″39
                                    + 9″41
                                 ———————
Horizon . . . .   58° 39′ 25″80

Correction pour le pilier qui accompagne le
tourillon . . . .   — 4″9
                                 ———————
Angle corrigé . . . .   58° 39′ 20″9

Les 10 derniers angles de la première série,
les seuls dans lesquels on ait bien vu la pointe,
donnent . . . .   58° 39′ 12″82
                                    + 9″41
                                 ———————
Horizon . . . .   58° 39′ 22″23

Cet angle est très-douteux ; l'horizon a toujours été fort embrumé du côté de Bourges, qui se projette en terre. Il y a grande apparence que cet angle a besoin d'une correction, parce que le tourillon est accompagné d'un pilier surmonté d'une roue. Dans la brume, lorsqu'on ne pouvoit distinguer la pointe, on devoit observer l'ensemble du tourillon et de la roue, et l'angle en étoit augmenté; mais, quand on distinguoit la pointe, on n'étoit pas exposé à cette erreur. Il paroît donc qu'il faut s'en tenir aux 10 angles dans lesquels on a vu la pointe; ou, si l'on veut employer les 60 angles, il en faudra corriger 50, c'est-à-dire les $\frac{5}{6}$ de la somme de la réduction due au pilier; ce qui revient à prendre les $\frac{5}{6}$, de la correction — 4″9, qui se réduira à 4″08. Quelque soit le parti que l'on prenne, on aura, comme l'on voit, à très-peu près la même chose.

Entre Bourges et Dun.

```
        20    746ᵇ754     37ᵇ3377     = 33° 36′ 14″15
D. et B. n° 1.  28 fructidor, 1ʰ ½.  Objets foibles.
        20    746ᵇ76625   37ᵇ3383125  = 33° 36′ 16″13
D. et B. n° 1.  29 fructidor.  Objets presque invisibles.
```

Moyenne . . . . 33° 36′ 15″14
             + 4″13

Horizon . . . . 33° 36′ 19″27

Il vaut mieux s'en tenir à la première série, c'est-à-dire diminuer les angles de 1″.

Entre le signal de Méri et Dun.

```
        20   2050ᵇ18475  102ᵇ5092375  = 92° 15′ 29″93
D. et B. n° 1.  30 fructidor, 3ʰ ½.
```

             + 14″57

Horizon . . . . : 92° 15′ 44″50

Cet angle a été mesuré pour servir de preuve aux deux précédens. Il pourroit faire croire que les corrections que j'ai appliquées aux deux angles partiels, sont inutiles; mais il n'a été observé qu'un jour, et les circonstances n'étoient pas assez favorables pour fournir rien de bien décisif. D'ailleurs il peut aussi avoir besoin d'une réduction à cause de la lucarne qui renferme la cloche de l'horloge de Dun, et qui doit avoir augmenté l'angle. (Voyez Dun.)

Entre Méri et Bourges, à l'horizon . . . . 58° 39' 22"23

Entre Bourges et Dun . . . . 33° 36' 18"27

Donc entre Méri et Dun . . . . 92° 15' 40"50

Observation directe . . . . 92° 15' 44"5
____

Différence . . . . 4"0

La réduction indiquée page précédente, ne peut aller qu'à 2".

Morogues.

Entre Méri et le clocher de Vasselai.

10   48¹⁶081   48⁵¹081 $=$ 43° 17' 50"2

Vasselai très-difficile à voir.

+ 7"43
____

Horizon . . . . 43° 17' 57"63

Cet angle et les deux suivans n'ont été pris que pour connoître la distance de Bourges à Vasselai, nécessaire pour quelques réductions.

Entre Méri et Bourges, à l'horizon . . . . 58° 39' 22"23

Entre Méri et Vasselai . . . . 43° 17' 57"63
____

Donc entre Vasselai et Bourges . . . . 15° 21' 24"6

Entre Méri et les Ais-Dam-Gillon.

10   799⁵623   79⁵9623 $=$ 71° 57' 57"85

Beaucoup de vent; le clocher des Ais très-foible.

+ 23"22
____

Horizon . . . . 71° 58' 21"07

Entre Méri et Bourges, à l'horizon . . . . 58° 39' 22"23

Entre Méri et les Ais . . . . 71° 58' 21"07
____

Donc entre les Ais et Bourges . . . . 13° 18' 58"84

L'angle suivant a été observé dans le clocher des Ais-Dam-Gillon.

Entre Vasselai et Bourges.

4   117⁵294   29⁵3235 $=$ 26° 23' 28"1

$r =$ 0ᵗ9444 $y =$ 191° 42'   — 12"0
____

Aux Ais, entre Vasselai et Bourges . . 26° 23' 16"0

Cet angle ne sert encore que pour la distance de Bourges à Vasselai.

BOURGES.

L.

L A tour de Saint-Étienne de Bourges a 33^t de hauteur, sans compter la balustrade qui a o^{t}542. Le Pélican
qui est au-dessus du tourillon de l'horloge, et que j'ai
pris pour point de mire, comme en 1740, s'élève de
3^{t}167 au-dessus de la balustrade, et de 3^t environ au-
dessus de la lunette. Ainsi $dH = 3^t$.

Les piliers qui soutiennent la tourelle du Pélican, et la
pyramide quadrangulaire qui forme le toit de la tour,
ont empêché d'observer au centre. Cette pyramide a
pour base un carré dont le côté est à très-peu près de 5^t.
La diagonale a donc 7^t, et la demi-diagonale 3^{t}5. Le
centre de la tourelle, auquel on a réduit tous les angles,
tombe à o^{t}o625 de l'extrémité de cette diagonale; ainsi
de l'axe de la pyramide à l'axe de la tourelle il y a 3^{t}4375.
Du sommet de la pyramide à l'axe de la tourelle, nous
avons trouvé, par une mesure effective, 3^{t}444; ce qui
s'accorde fort bien avec les mesures et les calculs ci-
dessus. L'axe de la pyramide est dans le milieu de la
tour : on lit pourtant, dans la *Méridienne vérifiée*,
page LXIV, que la distance du milieu de la tour au
centre de la tourelle est de 17 pieds ou 2^{t}833 ; l'erreur
est au moins de o^{t}6.

Par plusieurs angles mesurés à l'extrémité des deux
diagonales de la pyramide ou du toit, nous avons trouvé

que l'une des diagonales est sensiblement dans la direction de la tour d'Issoudun. Il s'ensuit de là que l'angle
au centre de la tour, entre l'axe de la tourelle du Pélican et la tour d'Issoudun, est de 90°. Par les angles mesurés au centre de la tourelle, nous avons trouvé, entre
Issoudun et l'axe du toit, 90° 5'. Ainsi l'angle au centre
de la tour, entre la tourelle et la tour d'Issoudun, doit
être, à quelques secondes près, de 89° 55', au lieu de 90°
que nous avons trouvé ci-dessus. Dans la *Méridienne
vérifiée* on trouve que cet angle est de 131°, c'est 41°
de trop. Ainsi l'on paroît s'être trompé en 1740 sur les
deux élémens de la seconde réduction que l'on a faite à
l'azimut observé d'Issoudun.

DISTANCES AU ZÉNIT.

Clocher des Ais-Dam-Gillon.

6   600ᵍ279   100ᵍ0465   = 90° 2' 30"
D. et B. n° 1. 20 messidor an 4.

Signal de Morogues.

10   995ᵍ962   99ᵍ5962   = 89° 38' 11"8   (dans le ciel.)
D. et B. n° 1. 14 vendémiaire.

Signal de Méri.

10   999ᵍ089   99ᵍ9089   = 89° 55' 4"8   (dans le ciel.)
D. et B. n° 1.

Clocher de Vasselai.

10   1001ᵍ970   100ᵍ1970   = 90° 10' 38"   (en terre.)
20 messidor, 7ʰ ¼. Bar. 27ᵖ 7ˡ5. Therm. + 0.23 = 18ᵈ4.

La même.

16　16038110　1008194375 = 90° 10′ 29″8

D. et B. n⁰ 1. 21 messidor.　Bar. 27ᵖ 7ˡ2.　Therm. + 0.182 = 12ᵈ96.

La même.

12　12028378　1008198167 = 90° 10′ 42″9

Moyenne . . . . 90° 10′ 37″

D. et B. n⁰ 1. 23 messidor. La pointe est déliée et difficile à saisir. On ne voyoit pas toujours le coq : alors j'en estimois la place comme je pouvois.

Tour d'Issoudun.

10　10028250　1008250 = 90° 12′ 2″5

D. et B. n⁰ 1. On ne la voit pas toujours.

Clocher de Chézal-Benoît.

10　10018530　1008530 = 90° 8′ 15″7　(dans le ciel.)

D. et B. n⁰ 1. Horizon embrumé ; pointe difficile.

Tour de l'horloge de Dun.

10　10018158　1008158 = 90° 6′ 15″8　(en terre.)

Autre clocher de Dun.

8　8018058　10083225 = 90° 7′ 8″5　(en terre.)

D. et B. n⁰ 1. 18 messidor.

Signal de Morlac.

10　10018216　1008216 = 90° 6′ 27″8　(en terre.)

D. et B. n⁰ 1. Ne voyant pas le signal qui est sur l'église, on a observé le faîte de l'église. On peut retrancher environ 32″ pour le faîte du signal.

ANGLES.

Entre le clocher des Ais et celui de Vasselai.

10   560ᵍ904   56ᵍ0904   = 50° 28' 52"9
r = 1ᵗ61111   y = 73° 0' 29"   — 44"5

Centre . . . .   50° 28' 8"4
                                      — 0"2
Horizon . . . .   50° 28' 8"2

Entre les signaux de Morogues et de Méri.

30   1447ᵍ47225   48ᵍ249075   = 43° 25' 27"0 .

D. et B. n° 1. 14 vendémiaire. Méri facile à observer : Morogues l'étoit
aussi quand il étoit éclairé ; mais, quand il ne l'étoit plus, on ne voyoit que
la partie inférieure.

20   964ᵍ9995   48ᵍ249975   = 43° 25' 29"9

D. et B. n° 1. Objets beaux ; Morogues éclairé.

16   772ᵍ01075   48ᵍ250671875   = 43° 25' 32"2

D. et B. n° 4. Les deux signaux foibles.

20   964ᵍ97475   48ᵍ2487375   = 43° 25' 25"9

D. et B. n° 4. Morogues éclairé pendant les deux premiers angles ; le reste
du temps on l'a vu noir, ce qui n'étoit pas encore arrivé. Il paroît que l'angle
diminue quand Morogues n'est plus éclairé.

20   964ᵍ98025   48ᵍ2490125   = 43° 25' 26"8

D. et B. n° 4. Morogues éclairé pendant quatre angles ; noir pour les autres.
Il paroît constant que l'angle diminue quand Morogues est noir.

En rejetant les 4 angles éclairés . . . . .   43° 25' 24"9

Moyenne entre toutes les observations . .   43° 25' 28"4
Milieu des deux derniers jours . . . . .   43° 25' 26"3
Deux derniers jours, en rejetant 6 angles
éclairés . . . .   43° 25' 24"86
        r = 1ᵗ72917   y = 73° 47' 22"   — 5"38
Centre . . . .   43° 25' 19"48
                                            — 1"87
Horizon . . . .   43° 25' 17"61

Entre Vasselai et la tour d'Issoudun.

$$20 \quad 2454\text{,}850 \quad 1226\text{,}7425 \ = \ 110° \ 28' \ 5''7 \quad \text{D. et B. n}° \ 1.$$
$$r = 1\text{,}229167 \quad y = 323° \ 26' \ 23'' \quad - \ 27''35$$

Centre . . . . 110° 27' 38''35
           + 3''24

Horizon . . . . 110° 27' 41''59

Entre Issoudun et Dun.

$$20 \quad 2116\text{,}683 \quad 1058\text{,}83415 \ = \ 95° \ 15' \ 2''65 \quad \text{D. et B. n}° \ 1.$$
$$r = 2\text{,}28472 \quad y = 121° \ 54' \ 40'' \quad - \ 46''52$$

Centre . . . . 95° 14' 16''13
           + 1''45

Horizon . . . . 95° 14' 17''58

Entre Vasselai et Issoudun, à l'horizon . . . . 110° 27' 41''59
Entre Issoudun et Dun . . . . 95° 14' 17''58

Donc entre Vasselai et Dun . . . . 205° 41' 59''17

Entre Vasselai et Chézal-Benoît.

$$20 \quad 3060\text{,}062 \quad 1536\text{,}0031 \quad\ = 137° \ 42' \ 10''0 \quad \text{D. et B. n}° \ 1.$$
$$20 \quad 3060\text{,}05475 \quad 1536\text{,}0027375 = 137° \ 42' \ 8''87$$

Moyenne . . . . 137° 42' 9''43
$$r = 1\text{,}22917 \quad y = 185° \ 44' \ 14'' \qquad - \ 33''77$$

Centre . . . . 137° 41' 35''66
           + 3''99

Horizon . . . . 137° 41' 39''65

Entre Chézal et Dun.

$$10 \quad 7558698 \qquad 7585698 \qquad = 68° \quad 0' \; 46''15 \quad \text{D. et B. n° 1.}$$
$$20 \quad 151184975 \quad 7585724875 = 68° \quad 0' \; 54''87$$
$$20 \quad 151184925 \quad 7585724625 = 68° \quad 0' \; 54''78$$
$$\overline{ 68° \quad 0' \; 54''82}$$

$r = 2^{\scriptstyle\text{t}}28472 \quad y = 121° \; 54' \; 40'' \qquad — \; 34''83$

Centre . . . .   68°   0'   19''99
                                     +   0''58

Horizon . . . .   68°   0'   20''57

Entre Vasselai et Chézal, à l'horizon . . . . 137° 41' 39''65
Entre Chézal et Dun . . . . 68° 0' 20''57
Donc entre Vasselai et Dun . . . . 205° 42' 0''22
      Ci-dessus, par Issoudun . . . . 205° 41' 59''17
      Milieu . . . . 205° 41' 59''7

Entre Dun et le signal de Morogues.

$$20 \quad 245487 90 75 \quad 12287395375 = 110° \; 27' \; 56''10$$

D. et B. n° 1. . Dun constamment beau; le signal par intervalles.

$$20 \quad 245487 9675 \quad 12287398375 = 110° \; 27' \; 57''07$$

Dun constamment beau; le signal un peu obscur : cependant on en voit la
pointe.

$$18 \quad 220983 10 \quad 12287 3944 \quad = 110° \; 27' \; 55''8 \quad \text{D. et B. n° 4.}$$

Moyenne . . . . 110° 27' 56''32
$r = 1^{\scriptstyle\text{t}}7292 \quad y = 117° \; 12' \; 52'' \qquad — \; 42''82$
Centre . . . . 110° 27' 13''50
                                   —   0''86
Horizon . . . . 110° 27' 12''64

Entre Dun et Morogues, à l'horizon . . . . 110° 27' 12''64
Entre Vasselai et Dun . . . . 205° 41' 59''7
Donc entre Vasselai et Morogues . . . . 316° 9' 12''34
Ou entre Morogues et Vasselai . . . . 43° 50' 47''66

Entre Morlac et Dun.

| 10 | 449^{g}611 | 44^{g}9611 | $= 40° 27' 53''96$ |
| 20 | 899^{g}221 | 44^{g}96105 | $= 40° 27' 53''8$ |

B. nᵒ 1. 9 et 10 fructidor an 4. Le signal étoit trop difficile à voir ; je n'ai pris aucune part à l'observation.

| 30 | 1348^{g}8365 | 44^{g}961217 | $= 40° 27' 54''34$ |

D. nᵒ 1. On voyoit un peu moins mal.

| 18 | 809^{g}290 | 44^{g}960555 | $= 40° 27' 52''2$ |

B. nᵒ 1. 4^h. On voyoit mieux. Le signal a paru alternativement noir et blanc : or, quand il étoit blanc, l'angle devoit être trop grand, parce que le soleil, à 4^h, est à droite de Morlac. On pourroit donc croire que l'angle donné par la dernière série est trop grand, et à plus forte raison ceux des séries précédentes où Morlac étoit presque invisible. Dans l'incertitude, je réduis l'angle à 40° 27' 53''0, ce qui est encore trop.

Milieu entre tous les angles . .	40° 27' 53''66
Je suppose	40° 27' 53''0
$r = 2^t55903$　$y = 124° 20' 25''$	— 26''58
Centre	40° 27' 26''42
	+ 0''24
Horizon	40° 27' 26''66

DUN-SUR-AURON.

L I.

Tour de l'horloge.

LA tour de l'horloge de Dun est composée d'une pyramide tronquée, d'une lanterne percée de huit ouvertures, et enfin d'une pyramide dans laquelle est le timbre de l'horloge. Nous avons observé dans la lanterne.

La lunette étoit élevée de 17^t5 au-dessus du sol; et *dH*, ou ce qui restoit de la tour au-dessus de la lunette, étoit de 2^t5 environ.

La pyramide du timbre est percée de quatre lucarnes, dont l'une est plus grande que les trois autres. Son toit a une saillie de 0^t417 environ sur la face inclinée de la pyramide. Cette saillie étoit sensible de Bourges, où elle rendoit les observations plus difficiles. Elle a dû rendre un peu trop grands les angles observés à Morogues, où la brume empêchoit de distinguer les parties de la tour, et ne permettoit d'observer que l'ensemble.

DISTANCES AU ZENIT.

Signal de Morogues.

8   798^s750 99^s84375 $= 89°$ 51′ 34″   (dans le ciel.)   D. et B. n° 1.
23 vendémiaire an 4. Le signal étoit bien foible.

Tourillon de Bourges.

10   1000^s628 100^s0628 $= 90°$ 3′ 23″   (dans le ciel.)   D. et B. n° 1.
Bourges se voit très-bien ; mais la mobilité du plancher a pu nuire à ces observations.

Signal de Morlac.

10   1000^s256 100^s0256 $= 90°$ 1′ 22″9   (dans le ciel.)   D. et B. n° 1.
14 fructidor an 5. La pluie a souvent interrompu ces observations.

Belvédère Béthune-Charost.

10   996^s295 99^s6295 $= 89°$ 40′ 0″   (dans le ciel.)   D. et B. n° 1.
15 fructidor, 2^h.

1.   28

ANGLES.

Entre le signal de Morogues et Bourges.

20   798̑756   398̑9378   = 35° 56' 38"47

D. et B. n° 1. 23 vendémiaire, 3ʰ. Bourges beau ; le signal éclairé ou foible ; échafaud extrêmement mobile. Nous sommes entourés de curieux qui font sans cesse remuer l'instrument.

20   798̑87265   398̑936275   = 35° 56' 33"5

24 vendémiaire. L'échafaud est solide, et nous sommes seuls. Objets beaux jusqu'au 18ᵉ angle, où le signal a commencé à être foible, parce qu'il n'étoit plus éclairé du soleil.

$$
\begin{array}{lr}
\text{En s'arrêtant au 18}^e\ldots\ldots & 35^\circ\ 56'\ 33''18 \\
r = 0'28472 \quad y = 262^\circ\ 43'\ 41'' & + \quad 2''12 \\
\hline
\text{Centre} \ldots\ldots\ldots\ldots & 35^\circ\ 56'\ 35''30 \\
& - \quad 1''81 \\
\hline
\text{Horizon} \ldots\ldots\ldots\ldots & 35^\circ\ 56'\ 33''49
\end{array}
$$

Entre Bourges et Morlac.

20   226̑83815   113̑81̑9075   = 101° 48' 25"8

D. et B. n° 1. 14 fructidor. Bourges superbe ; le signal foible et difficile.

20   226̑838625   113̑81̑93125   = 101° 48' 26"57

D. et B. n° 1. 15 fructidor. Objets beaux, et point de soleil.

$$
\begin{array}{lr}
\text{Moyenne} \ldots\ldots\ldots\ldots & 101^\circ\ 48'\ 26''18 \\
r = 0'37847 \quad y = 132^\circ\ 25'\ 11'' & - \quad 8''95 \\
\hline
\text{Centre} \ldots\ldots\ldots\ldots & 101^\circ\ 48'\ 17''23 \\
& + \quad 0''11 \\
\hline
\text{Horizon} \ldots\ldots\ldots\ldots & 101^\circ\ 48'\ 17''34
\end{array}
$$

Entre Morlac et le belvédère Béthune-Charost.   Dun.

16   734ᵍ046   45ᵍ8778₇5 $= 41°\ 17'\ 24''31$
D. et B. nº 1.   14 fructidor.   Le signal foible : pluie.

20   917ᵍ55275 · 45ᵍ8776375 $= 41°\ 17'\ 23''5$
D. et B. nº 1.   15 fructidor.   Objets beaux, et point de soleil.
                                    $41°\ 17'\ 23''8$
$r = 0^t319444$ $y = 95°\ 22'\ 23''$ $-\ 4''67$
Centre . . . . $41°\ 17'\ 19''13$
                                        $-\ 4''74$
Horizon . . . . $41°\ 17'\ 14''39$

M O R L A C.

L I I.

L ᴇ clocher de Morlac, qui a servi en 1740, a été ▅▅▅
rasé à la hauteur du faîte de l'église, il y a quelques   Morlac.
années, comme beaucoup d'autres : il étoit fort difficile
à remplacer. Sur la base carrée qui portoit autrefois la
flèche, j'ai fait construire une pyramide en charpente
et en planches; elle s'élevoit de 3ᵗ au-dessus du toit de
l'église.

La hauteur de la lunette au-dessus du sol étoit de
6ᵗ833; et $dH = 3^t$.

D I S T A N C E S   A U   Z É N I T.

Tour de Bourges.

4   400ᵍ742   100ᵍ1855 $= 90°\ 10'\ 1''$ (en terre.)   D. et B. nº 1.
La nuit empêche d'aller plus loin.

10   1001ᵍ991   1006ₗ991 = 90° 10′ 45″

Ces distances sont plus sûres que les précédentes. Le soleil n'étoit pas encore couché ; la réfraction terrestre étoit moindre.

Tour de Dun.

10   1001ᵍ818   1006ₗ818 = 90° 9′ 49″ (dans le ciel.) D. et B. n° 1.

Belvédère Béthune-Charost.

10   998ᵍ089   998ₗ089 = 89° 49′ 40″8 (dans le ciel.) D. et B. n° 1.
Midi. Le belvédère tout blanc et difficile à observer. Ondulations.

Signal de Saint-Saturnin.

10   996ᵍ486   996ₗ486 = 89° 41′ 1″5 (en terre.)   D. et B. n° 1.
En 1740 on a trouvé 89° 51′ ; c'est peut-être une faute d'impression.

Signal de Cullan.

10   996ᵍ561   996ₗ561 = 89° 41′ 25″8 (dans le ciel.) D. et B. n° 1.
0ʰ½. Le signal est très-beau.

ANGLES.

Entre Dun et Bourges.

10   419ᵍ328   418ₗ328   = 37° 44′ 22″27

D. et B. n° 1. 20 fructidor, à la fin du jour. Bourges difficile à observer ; cependant on voyoit les deux tourelles.

10   419ᵍ330   418ₗ330   = 37° 44′ 22″90

D. et B. n° 1. 21 fructidor, comme le 20.

20   838ᵍ670   418ₗ335   = 37° 44′ 24″5

D. et B. n° 1. 22 fructidor, 5ʰ. On voit un peu mieux.

$$37° 44′ 23″22$$

$r = 0ᵗ59722 \quad y = 153° 10′ 16″$ — 4″32

Centre . . . . 37° 44′ 18″90

$+ 0″63$

Horizon . . . . 37° 44′ 19″53

Entre le belvédère et Dun.

30   1178ᵍ71825   39ᵍ290608 $=$ 35° 21′ 41″57

22 fructidor, 11ʰ. Brume. Dun passable ; le belvédère difficile : alternativement éclairé et obscur. L'angle peut-être un peu trop grand.

30   1178ᵍ72775   39ᵍ290915 $=$ 35° 21′ 42″56

22 fructidor. Objets beaux.

	35° 21′ 42″06
$r = 0ᵍ69444 \quad y = 199° 51′ 42″$	— 8″96
Centre	35° 21′ 33″10
	— 5″46
Horizon	35° 21′ 27″64

Entre le signal de Cullan et le belvédère.

20   1646ᵍ69975   82ᵍ3349875 $=$ 74° 6′ 5″36

D. et B. nº 1. Signal superbe ; le belvédère éclairé par le bas ; toit presque invisible. Un arbre cache partie du bas.

20   1646ᵍ741   82ᵍ33705 $=$ 74° 6′ 12″0

D. nº 1. 11ʰ ½. Cullan beau ; le belvédère éclairé de côté ; très-blanc.

30   2469ᵍ92725   82ᵍ330908 $=$ 74° 5′ 52″14

D. nº 1. 4ʰ. Objets beaux ; le belvédère noir et visible.

20   1646ᵍ6465   82ᵍ332375 $=$ 74° 5′ 56″89

D. nº 1. Midi. Objets foibles d'abord, puis plus beaux.

30   2470ᵍ022   82ᵍ33406 $=$ 74° 6′ 2″35

D. et B. nº 1. 5ʰ. Objets foibles en commençant, puis plus beaux.

20   1646ᵍ72475   82ᵍ33622 $=$ 74° 6′ 9″35

D. et B. nº 1. 11ʰ. Le belvédère foible, mal terminé, blanc ; ondulations.

30   2470ᵍ02925   82ᵍ3343o833 $=$ 74° 6′ 3″64

D. et B. nº 1. Objets beaux ; le belvédère noir et visible.

170 1399ᵍ87905 82ᵍ33406	$=$ 74° 6′ 2″35
$r = 0ᵍ59027 \quad y = 134° 43′ 2″$	— 14″97
Centre	74° 5′ 47″38
	+ 2″37
Horizon	74° 5′ 49″75

De toutes ces séries les seules qui méritent quelque confiance sont la septième et la cinquième. Celle-ci tient le milieu entre toutes les autres; mais la septième paroît préférable. La troisième auroit dû être bonne; mais j'étois seul, et l'échafaud n'étoit pas assez solide. Voyez d'ailleurs l'avertissement en tête de la station suivante.

Entre les signaux de Saint-Saturnin et Cullan.

$$20 \quad 832^{\mathrm{s}}76225 \quad 41^{\mathrm{s}}638 11 \ = 37° \ 28' \ 27''48$$

D. et B. n° 1. $0^h \tfrac{1}{2}$. Cullan superbe, Saint-Saturnin foible.

$$20 \quad 832^{\mathrm{s}}76275 \quad 41^{\mathrm{s}}6383 75 = 37° \ 28' \ 28''33$$

D. et B. n° 1. $3^h \tfrac{1}{2}$. De même.

Moyenne	37° 28′ 27″90
$r = 0^{\mathrm{t}}59027 \quad y = 208° \ 49' \ 5''$	— 2″65
Centre	37° 28′ 25″25
	+ 2″08
Horizon	37° 28′ 27″33

BELVEDÈRE BÉTHUNE - CHAROST.

L I I I.

A u signal des Praux j'ai substitué le belvédère que le citoyen Béthune - Charost a fait construire en 1765 à trois quarts de lieue au sud-est de Saint-Amand, et à 100 toises du signal.

Le belvédère est un salon octogone dont le toit est une pyramide aussi octogone. Autour de la pyramide est une galerie de $0^{\mathrm{t}}375$ de largeur, avec une grille à hauteur d'appui.

La base du toit est un octogone dont le côté est de $1^{\mathrm{t}}7778$,

L'apothème de cette base est de (0ᵗ8889) *cotang.* 22° ½
= 2ᵗ1458.

Le centre de l'instrument étoit sur le prolongement
de l'apothème, 0ᵗ2847 vers le couchant. Ainsi la distance du cercle à l'axe de la pyramide = 2ᵗ43056 = *r*.

L'angle entre le signal de Cullan et l'axe de la pyramide étoit de 116ᵍ955 = 105° 15′ 4″.

La hauteur estimée de la pyramide est de . . 3ᵗ3333

$$dH = 2^t5833$$

La hauteur de la galerie au-dessus du sol . . 3ᵗo833
____

Hauteur totale 6ᵗ4167

Le belvédère, vu de Dun, étoit un signal bien beau
et bien facile à observer; mais à Morlac il nous a beaucoup exercés par les différentes manières dont il étoit
éclairé. Lorsqu'il étoit éclairé obliquement, et qu'on
ne voyoit pas le sommet de la pyramide, l'erreur étoit
d'autant plus considérable, que l'on voyoit une partie
moindre du toit, et que le soleil étoit plus près de midi.
Ainsi, en supposant qu'on ne vît que les trois quarts de
la hauteur du toit, l'erreur, à Morlac, devoit être
11″ *sin. B*, *B* étant l'angle au belvédère entre Morlac
et le vertical du soleil. Cette remarque explique le peu
d'accord entre les angles observés à Morlac entre Cullan
et le belvédère; mais il est difficile de corriger ces angles,
parce qu'on ne sait quelle étoit la partie visible du toit,
et qu'il ne paroissoit pas toujours de la même longueur.
Voilà pourquoi je m'en suis tenu à la dernière série,

observée à deux observateurs, le soir, le toit étant tout noir et bien visible.

DISTANCES AU ZÉNIT.

Dun, tour de l'horloge.

10   1004ᵍ727   100ᵍ4727 = 90° 25′ 31″6   D. et B. n° 1.

27 fructidor an 4. La partie supérieure de la tour se projette sur des arbres; mais la pointe s'élève par-dessus.

Signal de Morlac.

10   1003ᵍ131   100ᵍ3131 = 90° 16′ 54″4 (en terre.)   D. et B. n° 1.

Signal de Cullan.

10   999ᵍ380   99ᵍ938 = 89° 56′ 39″   D. et B. n° 1.

En terre, mais bien visible.

ANGLES.

Entre Dun et Morlac.

20   2297ᵍ22075   114ᵍ8610375 = 103° 22′ 29″76

D. et B. n° 1. Les deux objets assez beaux.

22   2526ᵍ91425   114ᵍ85973 = 103° 22′ 25″53

D. et B. n° 1. Objets passables; Dun éclairé obliquement. Il est arrivé quelque dérangement au dix-septième angle.

En rejetant le 17ᵉ et le 18ᵉ . . . . 103° 22′ 30″33

Moyenne entre les 40 angles . . . . . . 103° 22′ 30″04

$r = 2^t 43056$ $y = 160°$ 40′ 33″   — 1′ 17″70

Centre . . . . 103° 21′ 12″34

+ 9″57

Horizon . . . . 103° 21′ 21″91

On peut diminuer cet angle de 0″30. (Voyez l'angle entre Dun et Cullan.)

Entre les signaux de Morlac et de Cullan.

        20   1231865975   6185829875 = 55° 25′ 28″88

D. et B. n° 1.   29 fructidor 2ʰ.   Objets passables. Morlac éclairé obliquement; mais on voit la partie obscure assez bien.

        20   12318662   6185831 = 55° 25′ 29″24

D. et B. n° 1.   Même jour, 4ʰ ¼.   Objets comme ci-dessus.

        Moyenne . . . .   55° 25′ 29″06
        $r = 2^t43056$ $y = 105°\ 15′\ 4″$ — 23″50

        Centre . . . .   55° 25′ 5″56
                                                   — 2″95

        Horizon . . . .   55° 25′ 2″61

On peut diminuer cet angle de 0″30.

Entre Dun et le signal de Cullan.

        20   3528884375   17684421875 = 158° 47′ 52″69

D. et B. n° 1.   27 fructidor.

        30   5293827875   176844262 5 = 158° 47′ 54″11

D. et B. n° 1.   28 fructidor.

        50   882281225   176844245 = 158° 47′ 53″5
        $r = 2^t43056$ $y = 105°\ 15′\ 4″$ — 1′ 40″64

        Centre . . . .   158° 46′ 12″86
                                                   + 10″77

        Horizon . . . .   158° 46′ 23″63
Entre Dun et Morlac . . . .   103° 21′ 21″91
Entre Morlac et Cullan . . . .   55° 25′ 2″61

Donc entre Dun et Cullan . . . .   158° 46′ 24″52
Observation directe . . . .   158° 46′ 23″63

Différence . . . .   0″89

Pour faire accorder ces trois angles, il faut diminuer de 0″30 chacun des
deux angles partiels, et augmenter d'autant l'angle total.

SIGNAL DE CULLAN.

LIV.

Ce signal étoit placé presqu'au même endroit que celui de 1740, sur-la-montagne de Ripolle, qu'on nomme aussi Puy-de-Vesdun. C'étoit une pyramide quadrangulaire dont la base avoit 1ᵗ333 de côté. La hauteur étoit de 3ᵗ333. Les quatre faces étoient couvertes de paille, depuis le sommet jusqu'à 1ᵗ de terre. A 2ᵗ du centre du signal, vers l'ouest, en tirant un peu au nord, on trouvoit un trou rond, garni circulairement de pierres, qui ne paroissent pas avoir été arrangées ainsi sans dessein. J'ai tout lieu de croire que c'étoit la place du signal de 1740. $dH = 2^t5833$.

Du signal de Cullan on voyoit Bourges dans le ciel. On distinguoit parfaitement le tourillon du Pélican, l'escalier et l'autre tour.

DISTANCES AU ZÉNIT.

Signal de Morlac.

10   1004₅815, 100₅4815 = 90°. 26′ 0″ . (en terre.)   D. et B. n°. 1.
2ᵉ jour complémentaire, 0ʰ. Bien visible ; éclairé en face. Ondulations qui empêchent de bien saisir la pointe.

Belvédère.

10   1002₅341   100₅2341 = 90° 12′ 38″5 (dans le ciel.) D. et B. n° 1.
3ʰ. Très-foible : le toit paroît très-court.

Signal de Saint-Saturnin.

10   998ᵍ424   998ᵍ424 = 89ᵈ 51′ 29″4 (dans le ciel.) D. et B. n° 1.
0ʰ ¼. Vent et fortes ondulations.

Signal de Laage.

10   995ᵍ674 — 995ᵍ674 = 89° 36′ 38″4 (dans le ciel.) D. et B. n° 1.
3ʰ ¼. On voit la montagne bien détachée, et la principale roche paroît à côté du signal. —

Clocher d'Arpheuille.

10.   999ᵍ140   995ᵍ140 = 89° 55′ 21″4
4ᵉ jour complémentaire, 4ʰ. Cette distance est véritablement celle d'un arbre qui se projette sur le clocher. Le clocher s'élève au-dessus de l'arbre de l'épaisseur du fil : ainsi pour le clocher on peut supposer 89ᵈ 55′ 15″.

A N G L E S.

Entre le belvédère et Morlac.

20   112ᵍ882   56ᵍ0941   = 50° 29′ 4″88
D. et B. n° 1. 2ᵉ jour complémentaire, 4ʰ. Morlac foible-d'abord, puis bien visible et toujours noir ; le belvédère éclairé par le bas ; le toit noir, mais très-court.

20   112ᵍ92825   56ᵍ0964125 = 50° 29′ 12″35
D. et B. n° 1. 4ᵉ jour, 0ʰ ¼. Morlac foible quelquefois, le plus souvent éclairé et très-beau. Le belvédère bien visible ; cependant le toit très-court.

20   112ᵍ9245   56ᵍ096225 = 50° 29′ 11″77
D. et B. n° 1. Le belvédère se voyoit parfaitement ; Morlac moins bien. Point de soleil.

Milieu entre les trois séries . .   50° 29′ 9″67
                                          + 1″43
Horizon. . . . .   50° 29′ 11″10

Entre Morlac et Saint-Saturnin.

20   2058ᵇ0185   102ᵇ900925   = 92° 36′ 38″997

D. et B. nº 1. 2ᵉ jour complémentaire, 1ʰ ¼. Morlac éclairé presque en face ; Saturnin noir. Ondulations.

20   2058ᵇ01575   102ᵇ9007875   = 92° 36′ 38″55

3ᵉ jour complémentaire, midi. Même remarque.

Moyenne . . . . 92° 36′ 38″73
— 3″583

Horizon . . . . 92° 36′ 35″19

Entre les signaux de Saint-Saturnin et Laage.

20   1339ᵇ32525   66ᵇ9662625   = 60° 16′ 9″69

3ᵉ jour complémentaire, 1ʰ ¼. Ondulations à Saint-Saturnin ; Laage éclairé obliquement.

30   2008ᵇ9485   66ᵇ96495   = 60° 16′ 6″44

3ʰ. Moins d'ondulations ; Laage à peu près de même.

20   1339ᵇ3151   66ᵇ965775   = 60° 16′ 9″11

D. et B. nº 1. Horizon très-pur ; un peu de vent.

70   4687ᵇ59p35   66ᵇ96557643   = 60° 16′ 8″47
+ 0″97

Horizon . . . . 60° 16′ 9″44

Entre le signal de Laage et le clocher d'Arpheuille.

10   370ᵇ016   37ᵇ0016   = 33° 18′ 5″18

D. et B. nº 1. — 2ᵉ jour complémentaire, 4ʰ ½.

4   148ᵇ005   37ᵇ00125   = 33° 18′ 4″05

D. et B. nº 1. — 3ᵉ jour complémentaire. Nous n'avons pu en prendre davantage. Arpheuille est en terre, à côté d'un gros arbre. Il se voit rarement.

18   666ᵍ04475   37ᵍ002486 $=$ 33° 18′ 8″05

D. et B. n° 1.   1 vendémiaire, midi.   Horizon pur ; un peu de vent. L'arbre voisin du clocher gêne beaucoup.

20   740ᵍ05375   37ᵍ0026875 $=$ 33° 18′ 8″7

Même remarque.

Les 52 angles . . . . 37ᵍ002298 $=$ 33° 18′ 7″45
                                           $-$ 4″00

Horizon . . . . 33° 18′ 3″45

SIGNAL DE SAINT-SATURNIN.

L V.

L E signal de Saint-Saturnin étoit semblable à celui de Cullan, à l'exception qu'il n'avoit que 0ᵗ8333 de base, et 3ᵗ de hauteur. Je n'ai pu le placer au même endroit qu'en 1740, à cause de quelques arbres plantés depuis, et qui bornoient la vue.

Le signal étoit dans la *Brande-Charbonnet*, vis-à-vis le clos nommé le *grand Pâtureau-Charbonnet*, à droite, et sur le bord du chemin de Saint-Saturnin à Boussac, un peu plus loin que l'endroit où ce chemin est traversé par celui de Cullan à la Châtre.

L'une des faces du signal étoit tournée vers Cullan, à très-peu-près. $dH = $ 2ᵗ25.

DISTANCES AU ZÉNIT.

Signal de Morlac.

10   1005ᵍ363   100ᵍ5363 $=$ 90° 28′ 57″6   (en terre.)

D. et B. n° 1.   2 vendémiaire an 5, 11ʰ ¼.

Signal de Cullan.

10   1002ᵍ616   1002ᵍ616 = 90° 14′ 7″6   (dans le ciel.)
D. et B. n° 1.   Fortes ondulations.

Signal de Laage.

10   996ᵍ332   996ᵍ332 = 89° 40′ 11″6   (dans le ciel.)
D. et B. n° 1.   Fortes ondulations.

ANGLES.

Entre les signaux de Cullan et Morlac.

22   1220ᵍ16175   55ᵍ46189   = 49° 54′ 56″5
D. et B n° 1.   2 vendémiaire, 0ʰ ½.   Objets très-difficiles à voir.

20   1109ᵍ25075   55ᵍ4625375 = 49° 54′ 58″6
D. et B. n° 1.   2 vendémiaire, 3ʰ ½.   Beaucoup d'ondulations. Cullan beau; Morlac éclairé obliquement, ce qui doit avoir augmenté l'angle.

16   887ᵍ385   55ᵍ4615625 = 49° 54′ 55″46
D. et B. n° 1.   2 vendémiaire, 5ʰ.   Cullan bien visible; Morlac éclairé obliquement : mais on voit la partie noire.

20   1109ᵍ2425   55ᵍ462125   = 49° 54′ 57″28
3 vendémiaire, 4ʰ.   Cullan beau; Morlac difficile sur la fin.

Milieu entre les 4 séries . . .   49° 54′ 56″96
La troisième série est celle qui mérite plus
de confiance. Pour m'en rapprocher je suppose   49° 54′ 56″0
+ 1″69

Horizon . . . .   49° 54′ 57″69

Entre les signaux de Laage et de Cullan.

20   1796ᵍ8735   898ᵍ43675   = 80° 51′ 33″51
D. et B. n° 1.   2 vendémiaire, 2ʰ.   Ondulations par intervalles. Cullan éclairé en face; Laage obliquement.

20 17968895   89844475 = 80° 51′ 36″08

D. et B. n° 1. 2 vendémiaire, 4^h ½. Moins d'ondulations.

20 1796888   898444 = 80° 51′ 35″86

D. et B. n° 1. 3 vendémiaire, midi.

Milieu entre les 3 séries . . ─ 80° 51′ 35″15

— 5″78

Horizon . . . . 80° 51′ 29″37

SIGNAL DE LAAGE.

L V I.

Le signal de Laage-Bartillat, autrefois Laage-Chevalier, étoit pareil aux précédens : il avoit 1^t33 de base, et environ 3^t33 de hauteur. Il étoit placé, comme en 1740, sur la montagne nommée Pierre-Giraut. Du centre du signal jusqu'au milieu de la roche la plus remarquable de la montagne la distance étoit de 9^t67. Cette roche est composée de plusieurs morceaux : j'y ai planté un bâton. L'angle entre ce bâton et Sermur étoit de 13° 20′ de droite à gauche.

L'une des diagonales du signal s'alignoit sensiblement à Sermur. $dH = 2^t5833$.

DISTANCES AU ZÉNIT.

Signal de Cullan.

10 1006095 10066095 = 90° 32′ 54″8 (dans le ciel.) D. et B. n° 1. 7 vendémiaire.

Signal de Saint-Saturnin.

10 1005200 10055200 = 90° 28′ 4″8 (dans le ciel.) D. et B. n° 1. Pointe fine difficile à observer.

Laage.

Clocher d'Arpheuille.

10   1001ᵇ632   100ᵇ1632   = 90° 8' 48″8 (en terre.)   D. et B. n° 1.
8 vendémiaire, 4ʰ.

Signal d'Orgnat.

12   1201ᵇ730   100ᵇ144,67 = 90° 7' 47″7 (en terre.)   D. et B. n° 1.
La tour paroît de même hauteur que le signal.

Tour de Sermur.

10   998ᵇ842   99ᵇ8842   = 89° 53' 44″8 (dans le ciel.) D. et B. n° 1.

Clocher de Toulx-Sainte-Croix.

10   996ᵇ070   99ᵇ6070   = 89° 38' 46″7 (dans le ciel.) D. et B. n° 1.
Pointe très-fine : le soleil se couchoit.

Clocher d'Évaux.

10   1003ᵇ188   100ᵇ3188   = 90° 17' 12″9 (en terre.)   D. et B. n° 1.
On ne voyoit pas bien la pointe.

ANGLES.

Entre les signaux de Cullan et Saint-Saturnin.

20   863ᵇ81,525   43ᵇ1907,625 = 38° 52' 18″07

D. et B n° 1. 7 vendémiaire, 4ʰ. Objets très-beaux ; un peu de vent.

24   1036ᵇ60,825   43ᵇ19201 = 38° 52' 22″11

D. et B. n° 1. Vent excessivement incommode et qui agite l'instrument. La première série est préférable, et je m'y tiens. En rejetant 4 angles mauvais, on auroit 38° 52' 20″66.

$$+\ 5″44$$
$$\overline{38°\ 52'\ 23″51}$$

Horizon . . . . 38° 52' 23″51

Entre Arpheuille et Cullan.

20   2553ᵍ61925   127ᵍ6809625 $=$ 114° 54' 46"3

D. et B. nº 1. Arpheuille éclairé de côté; ce qui doit avoir augmenté l'angle. Cullan fort beau.

20   2553ᵍ610 ......127ᵍ68055 $=$ 114° 54' 44"98

D. et B. nº 1. Arpheuille foible; Cullan très - beau. Point de soleil. On peut s'en tenir à cette série.

$$+\ 10"31$$

Horizon . . . . 114° 54' 55"29

Entre Sermur et Arpheuille.

20   1251ᵍ6995   62ᵍ584975 $=$ 56° 19' 35"32

D. et B. nº 1. 8 vendémiaire. Ondulations à Sermur; Arpheuille éclairé de côté. Il est vrai qu'on voyoit la pointe.

20   1251ᵍ68875   62ᵍ5844375 $=$ 56° 19' 33"6

D. et B. nº 1. 9 vendémiaire. Objets foibles; beaucoup de vent.

Moyenne . . . . 56° 19' 34"46

$$-\ 1"79$$

Horizon. . . . . 56° 19' 32"67

Entre le signal d'Orgnat et Sermur.

20   953ᵍ23825   47ᵍ6619125 $=$ 42° 53' 44"6

D. et B. nº 1. 8 vendémiaire, 11ʰ. Orgnat difficile à voir; ondulations à Sermur.

20   953ᵍ23325   47ᵍ6616625 $=$ 42° 53' 43"78

9 vendémiaire, 3ʰ. Objets foibles; un peu de vent.

Moyenne . . . . 42° 53' 44"19

$$-\ 2"14$$

Horizon . . . . 42° 53' 42"05

Entre le signal d'Orgnat et le clocher d'Évaux:

       20 .1360᠋22925 68᠋0114625 = 61° 12° 37″07,
D. et B. n° 1. 8 vendémiaire. Objets foibles, et par fois invisibles.
       20 1360᠋2375 68᠋011875 = 61° 12′ 38″5
D. et B. n° 1. On voit mieux; grand vent.

    Moyenne . . . . 61° 12′ 37″78
                         + 0″95
    Horizon . . . . 61° 12′ 38″73

Entre Toulx-Sainte-Croix et Sermur.

       20 1590᠋68375 79᠋9841875 = 71° 59′ 8″77
D. et B. n° 1. Toulx très-beau, Sermur foible; beaucoup de vent.
                         + 1″06.
    Horizon . . . . 71° 59′ 9″83

CLOCHER D'ARPHEUILLE.

L V I I.

LE clocher d'Arpheuille est une flèche octogone sur une pyramide quadrangulaire tronquée; il a été rebâti depuis l'opération de 1740, à la même place que l'ancien, mais plus étroit. Il est tout couvert en bardeaux, ce qui le fait paroître très-blanc, pour peu qu'il soit éclairé du soleil. Notre échafaud étoit au-dessous de la cloche, à la base de la pyramide tronquée, 5ᵗ4 au-dessus du sol. La hauteur du reste du clocher a été estimée de 5ᵗ8. Ainsi $dH = 5^t$ environ.

Pour observer le signal de Cullan il a fallu élaguer

un arbre voisin du clocher, et qui, quand nous étions
à Cullan, ne laissoit voir que partie de la flèche, et
rendoit l'observation assez difficile.

Arpheuille.

DISTANCES AU ZÉNIT.

Signal de Cullan.

10   1004ᵍ218   1008421́8 = 90° 22' 47"   (dans le ciel.)

D. et B. n° 1.   14 vendémiaire an 5. Le signal étoit foible, et cette distance est peut-être trop forte de quelques secondes.

Signal de Laage.

8   800ᵍ116   1008ᵒ0145 = 90° 0' 47"

D. et B. n° 1. On voit le signal entier dans le ciel, ainsi que les prin-
cipales roches.

Tour de Sermur.

10   ˙997ᵍ341   998₇341 = 89° 45' 38"5

D. et B. n° 1. On voit la tour toute entière dans le ciel, et l'on distingue
parfaitement les deux ruines qui restent seules de l'étage supérieur; l'une
exactement à un des angles de la tour, l'autre vers l'angle opposé.

ANGLES.

Entre les signaux de Cullan et de Laage.

20   706ᵍ40375   35ᵍ3201875   = 31° 47' 17"4

13 vendémiaire, 2ʰ. Cullan foible, Laage beau.

10   353ᵍ199   35ᵍ3199   = 31° 47' 16"48

13 vendémiaire, 4ʰ ½. Cullan foible, Laage beau.

30	1059ᵍ60275	35ᵍ32009167 =	31° 47' 17"09
r = 0ᵗ45925 y = 155° 5' 31"			— 3"56
Centre			31° 47' 13"53
			— 6"70
Horizon			31° 47' 6"83

Entre le signal de Laage et la tour de Sermur.

<pre>
    20   187059355   935546775 = 84° 11' 31"55
D. et B. n° 1.   13 vendémiaire, 3ʰ ½.   Objets passables.

    29   187059924   935462   = 84° 11' 29"69
                                     ─────────────────
    Moyenne . . . .   84° 11' 30"62
    r = 0ᵗ60517 y = 79° 9' 19"   —   4"40
                                     ─────────────────
    Centre . . . .   84° 11' 26"22
                                          —   0"37
                                     ─────────────────
    Horizon . . . .   84° 11' 25"85
</pre>

TOUR DE SERMUR.

LVIII.

LA tour de Sermur est en ruines : l'hiver de l'an 4
a fait tomber la partie supérieure. Les décombres em-
plissent l'intérieur de la tour et couvrent le sommet
de la montagne, qui est fort escarpée : en sorte qu'il
étoit également difficile de placer un signal à l'extérieur
ou sur la tour, dans laquelle on ne peut entrer que
par une fenêtre qui est à 2ᵗ5 de hauteur. Heureusement
il est resté à l'un des angles, celui qui regarde le plus
directement Arpheuille, un parallélépipède de 3ᵗ3 pieds
de hauteur, dont on voit la coupe horizontale *rstu*
(*fig.* 14). Les deux faces extérieures *ru*, *rs*, sont entières et bien unies ; celles qui regardent l'intérieur
de la tour sont un peu dégradées vers le milieu de la

hauteur. La surface supérieure du parallélépipède forme
un carré de 0ᵗ667 de côté. Vers l'angle opposé de la tour
il reste une partie de mur moins haute et moins régulière.

J'ai pris pour signal le parallélépipède, et j'ai placé
l'instrument en O à quelque distance de l'angle qui est
commun à la tour et au parallélépipède, en un point d'où
l'on apercevoit tous les objets qu'il falloit observer.

Dans l'axe du parallélépipède est donc en K le centre
de la station, et c'est à cet axe qu'il falloit réduire les
angles observés. On ne pouvoit prendre directement
ni la distance de l'instrument à cet axe, ni l'angle que
faisoit cette distance avec les objets observés. Pour y
suppléer, voici ce qu'on a fait.

Au haut du parallélépipède étoit un rebord composé
de trois créneaux à chacune des deux faces extérieures;
ces créneaux paroissoient d'en bas également espacés.

En bornoyant au créneau du milieu avec un fil à
plomb, on a marqué un point A sur le mur de la tour,
à la hauteur de l'instrument; puis, par une opération
semblable, on a marqué sur le mur contigu de la tour
un point B à pareille hauteur.

La distance du point A à l'angle de la tour, ou Ar,
s'est trouvée de 0ᵗ34722

La distance du point B au même angle,
Br, s'est trouvée de 0ᵗ36121

La distance du centre de l'instrument au
point A ou Oa étoit de 1ᵗ61805

La distance du centre de l'instrument au
point B où Ob étoit de 1ᵗ47916

L'angle entre Arpheuille et le point A étoit de
130°222 $=$ 117° 11′ 59″.

L'angle entre Arpheuille et le point B étoit de
150°583 $=$ 135° 31′ 29″.

D'où l'on conclut l'angle entre Arpheuille et le centre de la station 128° 29′; et la distance du centre de l'instrument au centre de la station $1^t76855 = r$.

Cette distance r est constante pour tous les angles observés.

Quant à l'angle que fait la direction au centre avec un objet quelconque, il est bien facile de le déterminer en retranchant de 128° 29′ l'angle entre Arpheuille et l'objet en question. Dans la *fig.* 14 R est Arpheuille, L Laage, T Toulx, Q Orgnat, F la Fagitière, et M Mendren ; C est le centre de la tour.

La tour, quand elle étoit entière, avoit par-tout la même hauteur que le parallélépipède qui nous a servi de signal, et cette hauteur est de 7^t5, sans compter la plinthe qui s'élève de 0^t2 à 0^t5 au-dessus de la crête de la montagne.

La station de Sermur a été commencée en brumaire an 5. L'impossibilité de voir Herment nous a empêchés de la terminer cette fois.

Nous y sommes revenus au mois de prairial suivant, après avoir substitué le signal des Bordes à celui de Mendren, qui étoit trop près de la Fagitière. Pour observer ce nouveau signal, il a fallu transporter le cercle de l'autre côté de la tour ; et pour voir Herment il a fallu construire un échafaud au haut de la tour. Sur cet échafaud la lunette étoit élevée de 3ᵗ67 au-dessus du terrain où le cercle avoit été placé dans les autres observations, et 3ᵗ833 au-dessous du sommet de la ruine qui a servi de signal.

La saison rigoureuse pendant laquelle cette station a commencé n'a pas permis de s'établir d'abord au haut de la tour, ni d'y placer un signal. Entourés de ruines, le vent pouvoit à chaque instant les faire tomber sur nous; et en effet l'hiver suivant a renversé le parallélépipède qui nous a servi de signal, et qu'il nous avoit paru trop dangereux de faire démolir. Il n'étoit pas même très-sûr d'observer trop près du mur; et le premier jour, pendant que nous faisions nos préparatifs, une pierre pesant au moins un kilogramme tomba entre notre cercle et nous de 7ᵗ5 de hauteur, et nous força à changer de position, en sorte que nous avons été réduits à faire, non ce qu'il y auroit eu de mieux, mais ce que nous avons jugé le moins mauvais.

La tour n'est pas exactement carrée; le côté qui regarde Herment a de largeur 3ᵗ64583

Le côté qui regarde Laage 3ᵗ28819

DISTANCES AU ZÉNIT.

Signal de Laage.

10 1004₅218 10084218 = 90°.22' 46″6 (dans le ciel.)
D. et B. nᵒ 1. 7 brumaire. Grand vent.

Clocher d'Arpheuille.

10 1005g075 1005g075 = 90° 27′ 4″3   (dans le ciel.)

D. et B. n° 12. Un peu de vent.

Signal d'Orgnat.

10 1005g187 1005g187 = 90° 28′ 0″6   (en terre.)

D. et B. n°. 1. Le sommet à l'horizon ; grand vent.

Signal de Mendren.

10 998g205 998g205 = 89° 50′ 18″4   (dans le ciel.)

D. et B. n° 1. 13 brumaire.

Puy de Dôme.

10 992g062 992g062 = 89° 17′ 8″1   (dans le ciel.)

D. et B. n° 1. 8 brumaire. J'ai observé le point le plus haut. Un peu d'ondulations.

La même distance.

10 992g316 992g316 = 89° 18′ 30″4

D. et B. n° 1. 11 prairial, 4ʰ ½. Vent incommode.

La même.

10 992g320 992g320 = 89° 18′ 31″68

D. et B. n° 1. 14 prairial, 4ʰ ½. Même vent. Il paroît qu'en brumaire la réfraction plus forte élevoit la montagne.

La plus haute pointe du Mont-d'Or.

6 593g971 98g9951 = 89° 5′ 44″12

D. et B. n°. 1. 14 prairial, 4ʰ. Même vent. Après le sixième angle les nuages ont couvert le Mont-d'Or.

Signal des Bordes.

10   999ᵍ755 : 99ᵍ9755 = 89° 58' 40"62 (dans le ciel.)
D. et B. n° 1. 11 prairial, 2ʰ Vent incommode.

Signal de la Fagitière.

10   997ᵍ990 : 99ᵍ7990 = 89° 49' 8"76 (dans le ciel.)
D. et B. n° 1. 2ʰ ½. Même vent.

Toutes ces distances ont été observées au pied de la tour. $dH = 6^t67$.
La suivante a été mesurée au haut de la tour; et $dH = 3^t833$.

Clocher d'Herment.

10   998ᵍ952 : 99ᵍ8952 = 89° 54' 20"448 (en terre.)
D. et B. n° 1. 13 prairial. Moins de vent.

ANGLES.

Entre Arpheuille et le signal de Laage.

20   877ᵍ40975 : 43ᵍ8704875 = 39° 29' 0"38
D. et B. n° 1. Objets foibles.

20   877ᵍ410 : 43ᵍ8705 = 39° 29' 0"42
D. et B. n° 1. Arpheuille passable, Laage un peu foible.

Moyenne . . . . 39° 29' 0"40
$r = 1^t76855$ $y = 89° 0'$ — 1"13

Centre . . . . 39° 28' 59"27
                     + 3"67

Horizon . . . . 39° 29' 2"94

Entre les signaux de Laage et d'Orgnat.

16 897^{8}106 56^{s}069125 = 50° 27' 43"965

B. n° 1. Laage très-visible, Orgnat foible; point de soleil.

16 897^{8}125 56^{s}07015625 = 50° 27' 47"3

B. n° 1. J'ai trouvé les objets trop foibles pour prendre part à l'observation. Vent froid et incommode. Les fils de la lunette étoient relâchés et courbes.

20 112^{s}398 56^{s}0699 = 50° 27' 46"476

D. et B. n° 1. 18 brumaire, 10^h $\frac{1}{2}$. Laage éclairé de côté et foible; Orgnat éclairé, plein et beau.

Réduction du soleil. (Voyez ci-après.) . — 2"65

Angle corrigé	50° 27' 43"83
$r = 1^s 76855$ $y = 38°\ 32'\ 16''$	+ 1"53

Centre	50° 27' 45"36
	+ 5"09

Horizon	50° 27' 50"45

Cet angle doit être trop grand. Si l'on a visé à la pointe du signal, la réduction doit être $-\dfrac{0^s 08333\ \textit{sin.}\ 45°}{20571^s\ \textit{sin.}\ 1''} = -0''6$; si l'on a visé au bas, elle doit être $-\dfrac{0^s 6667\ \textit{sin.}\ 45°}{20571\ \textit{sin.}\ 1''} = -4''70$.

Par un milieu je suppose — 2"65, parce qu'on se dirigeoit sur la totalité du signal, dont la longueur n'étoit que de 22", supposé qu'on l'ait vu tout entier.

Par cette réduction la troisième série s'accorde parfaitement avec la première, qui a été observée par un temps couvert.

Le signal d'Orgnat n'exige point de correction, parce que la face éclairée étoit tournée directement vers l'observateur; au lieu que la face éclairée de Laage faisoit un angle de 135° avec le rayon visuel.

Entre les signaux d'Orgnat et de Mendren.

20 . 1944836375   9782181875 = 87° 29' 46"93

D. et B. n° 1. Orgnat beau, Mendren un peu foible. Ce signal est fort délié et se place très-bien entre les fils.

En s'arrêtant au 18° angle on auroit 1"73 de plus.

$r = $ 1ᵗ76855 $y = $ 311° 2' 28"   + 35"55

Centre. . . . .   87° 30' 22"48

                                   — . 5"08

Horizon. . . . .   87° 30' 17"40

Entre les signaux d'Orgnat et des Bordes.

34   2347ᵗ690   6980497 = 62° 8' 41"028

Orgnat étoit si foible que je n'ai pas voulu l'observer. Je visois au signal des Bordes, et Bellet à celui d'Orgnat.

30   2071847975   6980492ᵗ67 = 62°. 8' 39"624

D. et B. n° 1. Les deux signaux noirs.

Milieu. . . . .   62° 8' 40"326

$r = $ 4ᵗ283 $y = $ 191° 13' 32"   — 48"098

Centre. (Voyez page 244.) . . .   62° 7' 52"228

                                   — 4"142

Horizon . . . .   62° 7' 48"086

Entre les signaux des Bordes et de la Fagitière.

20   7508538   3785269 = 33° 46' 27"156

D. et B. n° 1. 1ʰ. Vent incommode.

20   7508543   3785271ᵗ5 = 33° 46' 27"966

D. et B. n° 1. 5ʰ. . . . .

Milieu . . . .   33° 46' 27"511

$r = $ 4ᵗ283 $y = $ 157° 27' 5"   — 34"611

Centre . . . .   33° 45' 52"900

                                   — 1"097

Horizon . . . .   33° 45' 51"803

Le point O, dans la *fig.* 15, représente la position de l'instrument par rapport à la tour ; OF est la direction à la Fagitière, OR la direction aux Bordes ; A et B sont les angles de la tour, et le centre du signal étoit en K.

$$OA = 2^t13194 ;$$
$$OB = 1^t40972 ;$$

la perpendiculaire $Om = 0^t6578$ environ.

$$FOA = 120845 = 108^\circ\ 24'\ 18''.$$

D'après ces mesures et celles qui ont été rapportées précédemment, on peut calculer $r = OK$, et $y = FOK$ et ROK pour les deux angles ci-dessus.

Entre le signal de la Fagitière et le clocher d'Herment.

50	2894.8656	57.889312	$= 52^\circ\ 6'\ 13''71$
$r = 2^t3428$	$y = 119^\circ\ 33'\ 14''$		$-\ 25''697$
Centre			$52^\circ\ 5'\ 48''013$)
			$+\ 6''355$
Horizon			$52^\circ\ 5'\ 48''368$

Cet angle a été observé au haut de la tour et à l'intérieur.

Distance Oa de l'instrument à l'angle inté-rieur de la tour, près du signal (*fig.* 16) ... 1^t9444

Distance Oc de l'instrument à l'angle inté-rieur opposé à celui du signal . . . . 1^t8889

Largeur intérieure de la tour du côté d'Ar-pheuille et du côté de la Fagitière, ou $ab = cd$ 1^t91667

Largeur intérieure de la tour du côté d'Her-ment et du côté d'Orgnat, ou $ad = bc$ ... 2^t2847

C'est d'après ces mesures et celles qui sont rapportées
plus haut qu'on a calculé x et y.

Le centre étoit en K: $abcd$ est le périmètre intérieur de la tour; le quadrilatère $rsau$ est la coupe
horizontale du parallélépipède, dont les côtés ur, rs,
étoient l'épaisseur des murs.

Entre Toulx-Sainte-Croix et le signal d'Orgnat.

$$\tfrac{1}{10}\ \ 3228280\quad 3282280 = 29^{\circ}\ 0'\ 18''72$$

B. n° 1. Cet angle a été observé au pied de la tour.

$$r = 1{,}76855 \qquad y = 38^{\circ}\ 32'\ 16'' \qquad \overline{}\ 1''0$$

Centre . . . . $29^{\circ}\ 0'\ 17''72$

$$\overline{}\ 1''0$$

Horizon . . . . $29^{\circ}\ 0'\ 16''72$

SIGNAL D'ORGNAT.

LIX.

LE signal d'Orgnat étoit semblable aux précédens.
Je l'ai placé à 3ᵗ042 du bord de la tour, de manière
que de toutes les stations environnantes il en parût
séparé. Je ne songeai point alors à Évaux. Là il paroissoit projetté sur la tour, ce qui le rendoit impossible à observer. Il auroit été mieux sur la tour même,
et c'étoit ma première idée; plusieurs raisons m'ont
forcé d'y renoncer.

L'une des diagonales du signal se dirigeoit sensiblement sur Évaux.

J'ai donné à ce signal le nom d'Orgnat, comme en 1740 ; cependant il est sur le territoire de Villemonteix, ainsi que la tour qui dans le canton se nomme tour ou moulin de Villemonteix. Orgnat et Villemonteix sont très-voisins, et situés l'un et l'autre à trois quarts de lieue à l'ouest de Chénerailles.

Lorsque je fis planter ce signal il me fut impossible de découvrir l'arbre et la chapelle de Saint-Michel. Réciproquement de Saint-Michel je n'ai pu découvrir Orgnat. J'ai donc renoncé à Saint-Michel ; d'autant plus volontiers que l'arbre qui a servi en 1740 m'a paru, du moins quant à présent, faire un assez mauvais signal. Il auroit fallu abattre cet arbre et treize autres qu'on a depuis plantés autour, afin de mettre à découvert la chapelle, dont le clocher, quoique petit, eût été plus commode à observer. J'ai depuis aperçu l'arbre de Saint-Michel : il faut pour cela un horizon très-clair ; des arbres voisins le cachent quand on est au centre du signal, et l'on ne pourroit l'observer avec Sermur qu'en s'éloignant de plusieurs toises, tant du signal que de la tour.

La hauteur du signal est de 4^t, ainsi que celle de la tour. Ainsi $dH = 3^t,25$.

Le demi-diamètre de la tour est de .... $1^t,9306$

Distance du centre du signal et le bord voisin de la tour. . . . . $3^t,0417$

Distance au centre de la tour . . . . $4^t,9723$

Angle entre le clocher d'Évaux et l'un
des pans de la tour. . . . . 148° 11′ 20″

Angle entre le clocher d'Évaux et le
second pan de la tour. . . . . 193° 48″ 35″

Le second pan de la tour est le montant de la porte
que l'on a à la droite quand on regarde Saint-Michel
de dessous la porte.

Ces indications feroient retrouver la place du signal,
et serviroient à réduire mes observations au centre de
la tour, pour les comparer aux anciennes observations.

La tour a été autrefois celle d'un moulin à vent. Il
ne reste que le mur circulaire. Il peut durer long-temps,
si l'on n'en hâte la ruine pour avoir les pierres.

DISTANCES AU ZÉNIT.

Tour de Sermur.

10   99⁸⁶576   99⁸⁶576 = 89° 41′ 30″6   (dans le ciel.)
D. et B. n° 1. 25 brumaire an 5, 3ʰ.

Signal de Laâge.

10   100⁸⁰963   100⁸⁰963 = 90° 5′ 12″0   (dans le ciel.)
D. et B. n° 1. 0ʰ $\frac{1}{2}$.

Signal de Mendren.

10   99⁸⁶437   99⁸⁶437 = 89° 40′ 46″   (dans le ciel.)
D. et B. n° 1. 2ʰ. Un peu foible.

Clocher d'Évaux.

10   100⁸²589   100⁸²589 = 90° 13′ 58″8   (en terre.)
D. et B. n° 1. 2ʰ $\frac{1}{4}$. La pointe étoit peu visible.

Clocher de Toulx-Sainte-Croix.

10   997⁵080   997⁵080 = 89° 44′ 13″9   (dans le ciel.)

D. et B. n° 2. Pointe très-aiguë.

Arbre de Saint-Michel.

6   598⁵251   997⁵085 = 89° 44′ 15″5   (dans le ciel.)

D. et B. n° 1. 3ʰ ½.

Signal des Bordes.

10   995⁵610   995⁵610 = 89° 36′ 17″64   (dans le ciel.)

20 prairial, vers 6ʰ ; après la pluie.

ANGLES.

Entre Sermur et Laage.

20   192⁵⁴005   96⁵270025 = 86° 38′ 34″88

D. et B. n° 1. Horizon pur ; ni vent ni soleil.

20   192⁵⁴025   96⁵270125 = 86° 38′ 35″20

Même remarque.

20   192⁵³800   96⁵2690 = 86° 38′ 31″55

D. et B. n° 1. Laage éclairé plein et en face jusqu'au 3ᵉ angle, noir et beau le reste du temps ; Sermur superbe.

Moyenne . . . . 86° 38′ 33″88

— 1″90

Horizon . . . . 86° 38′ 31″98

Je n'ai pas la-moindre raison de préférence pour aucune de ces trois séries. Je prends la moyenne.

Entre le signal de Mendren et la tour de Sermur.

20   1036⁵2955   51⁸814775 = 46° 37′ 59″87

D. et B. n° 1. 24 brumaire, 1ʰ ½. Horizon très-pur ; malgré cela le signal est presque imperceptible.

20   1036ˢ27675   51ˢ81385   = 46° 37' 56"87

D. et B. n° 1. On voyoit Mendren un peu mieux; il étoit encore bien foible. Sermur superbe.

Moyenne	46° 37' 58"37
$r = 0ˢ18750$ $y = 273° 34' 19"$	+ 1"49
Centre	46° 37' 59"86
	+ 2"66
Horizon	46° 38' 2"52

Entre Évaux et le signal de Laage.

20   844ˢ692   42ˢ2346   = 38° 0' 40"1

D. et B. n° 1. 25 brumaire, 2ʰ. Laage tantôt noir et tantôt blanc; Évaux assez bien.

20   844ˢ70625   42ˢ0353125 = 38° 0' 42"41

D. et B. n° 1. Laage foible, puis noir et plus beau. Évaux passable; la pointe un peu obscure.

Moyenne	38° 0' 41"25
$r = 0ˢ08333$ $y = 160° 59' 40"$	— 0"75
Centre	38° 0' 40"50
	— 0"40
Horizon	38° 0' 40"10

Entre le signal des Bordes et celui de Sermur.

50   3279ˢ2775   65ˢ58555 = 59° 1' 37"18

+ 4"174

Horizon	59° 1' 41"354

D. et B. n° 1. 20 prairial, de 3ʰ ½ à 5ʰ ½. Pendant les 10 premières observations Sermur foible et obscur, bien visible ensuite jusqu'à la fin. Le signal des Bordes généralement beau; mais sur la fin alternativement blanc et noir. En rejetant les premières et les dernières observations, l'angle reste toujours le même.

1.

Entre Sermur et Toulx-Sainte-Croix.

30   360487635   120s1587833 = 108° 8′ 34″458
En rejetant les 10 premiers . . 108° 8′ 31″11
D. et B. n° 1.   Objets fort beaux, vent très-incommode.

CLOCHER D'ÉVAUX.

L X.

CE clocher est celui de la ci-devant abbaye.

L'observatoire où j'ai déterminé là hauteur du pôle étoit sur la porte de la ville, du côté de Chambon.

De la fenêtre du clocher je voyois mon observatoire et le cercle qui servoit aux observations d'étoiles pour le pendule; et du centre du clocher au centre de ce cercle la distance, mesurée sur le pavé de la rue, s'est trouvée de 29^{t}833.

La lunette de ce cercle dans l'observatoire étoit de 4^{t}166 au-dessus du pavé, et la hauteur de la boule du clocher au-dessus du même pavé étoit de 4^{t}166 + 29^{t}833 *cotang.* 60° 26′ 44″ = 4^{t}166 + 16^{t}916 = 21^{t}08

La lunette au clocher étoit élevée de . . . . 10^{t}67

Ainsi dH = 10^{t}41

DISTANCES AU ZÉNIT.

Signal de Laage.

. 10 . 997s690 99s7690 = 89° 47′ 31″6   (dans le ciel.)
D. et B. n° 4.   On distingue les roches.

Tour d'Orgnat.

10   9998172   9989172 $= 89°\ 55'\ 32''3$

D. et B. n° 1. En terre, mais bien visible.

ANGLE.

Entre le signal de Laage et la tour d'Orgnat.

20   17958237   89876185 $= 80°\ 47'\ 8''4$

$r = 1^t5139$ $y = 150°\ 5'\ 33''$ $— 35''45$

Centre . . . . $80°\ 46'\ 32''95$

Réduction au signal $= \dfrac{4^t9722\ sin.\ 171°}{14124\ sin.\ 1''}$ $+ 11''36$

Entre les signaux de Laage et d'Orgnat . $80°\ 46'\ 44''31$

$+ 0''75$

Horizon . . . . $80°\ 46'\ 45''06$

On ne voit pas le signal qui se projette sur la tour. Pour la correction qu'il faut en conséquence faire à l'angle observé, voyez à la station d'Orgnat la position du signal par rapport au centre de la tour.

SIGNAL DES BORDES.

LXI.

Ce signal, semblable à tous les précédens depuis Cullan et Saint-Saturnin, étoit au plus haut point de la montagne des Bordes, commune de Saint-Quentin, à deux petites lieues de Felletin, sur une espèce de tertre, dans l'angle formé par un bourlet de terre recouvert de pierres, qui fait la séparation de deux champs.

Avant de trouver la place de ce signal, j'en avois provisoirement placé un sur la montagne qui est auprès de Mendren, quelques pas à gauche du chemin de Felletin à Courtine. Ce signal provisoire, observé à Orgnat et Sermur, est devenu inutile. $dH = 3^t$.

DISTANCES AU ZÉNIT.

Signal d'Orgnat.

10　10068378　10086378 = 90° 34' 25"42　(en terre.)

D. et B. n° 1. 23 prairial, $4^h\frac{1}{2}$. Bien visible.

Tour de Sermur.

10　10028138. 10082138 = 90° 11' 32"7　(dans le ciel.)

D. et B. n° 1. 5ʰ. Les deux ruines se confondent ; mais celle que j'ai prise pour signal a le double de l'autre en hauteur.

Signal de la Fagitière.

10　9978150　9987150 = 89° 44' 36"6　(dans le ciel.)

D. et B. n° 1. $5^h\frac{1}{2}$.

ANGLES.

Entre les signaux de Sermur et d'Orgnat.

20　1307859575　6583797875 = 58° 50' 30"51153

Sermur passable ; Orgnat foible d'abord, puis passable.

20　13078600　6583800　= 58° 50' 31"2

Objets assez beaux ; point de soleil.

Milieu . . . . 58° 50' 30"856

+ 1"127
____

Horizon . . . . 58° 50' 31"983

On feroit peut-être mieux de s'en tenir à la seconde série.

Entre les signaux de la Fagitière et de Sermur.

20   1779^{s}10075   8889550375 = 80° 3' 34"32

Objets beaux ; point de soleil.

40   35588174   8889$5435 = 80° 3' 32"09

Objets foibles ; soleil, vent et ondulations.

— 3"704

Horizon. . . . . 80° 3' 30"616

Je m'en tiens à la première série.

SIGNAL DE LA FAGITIÈRE.

L X I I.

CE signal, semblable aux précédens, étoit placé, comme en 1700 et 1740, sur une montagne auprès de Soudé, commune du Truc, à peu de distance à la gauche du chemin de Felletin à la Courtine. La montagne est plus connue dans le canton sous le nom de la Maïade que sous celui de la Fagitière. Je n'ai pu retrouver qu'après les observations la place des anciens signaux, parce que le champ avoit été labouré il y a environ treize ans, après un repos de plus de cent années. Par la comparaison des observations de 1740 avec les miennes, j'ai trouvé que pour arriver du nouveau signal à l'ancien il falloit avancer de 22^t sur une ligne qui faisoit un angle de 8° à gauche d'Herment. Là j'ai trouvé éparses quelques pierres qui avoient servi à fixer les anciens signaux, au rapport de deux habitans de Soudé, qui m'assurèrent qu'il y avoit autrefois à cette place un trou dans lequel on avoit planté un grand arbre il y a vingt-deux ans, apparemment pour la carte de France. $dH = 3^{t}$.

DISTANCES AU ZÉNIT.

Signal de Sermur.

10   1004^{s}117   10054117 $=$ 90° 22' 13"9   (dans le ciel.)

D. et B. n° 1. 26 prairial, 3ʰ. Sermur beau; vent assez fort.

Signal des Bordes.

10   1003^{s}793   10053793 $=$ 90° 20' 28"9   (dans le ciel.)

D. et B. n° 1. 4ʰ. La pluie a forcé d'interrompre au 4ᵉ angle.

Clocher d'Herment.

10   1002^{s}162   10052162 $=$ 90° 11' 40"5   (en terre.)

4ʰ ½. Du 4ᵉ au 8ᵉ angle le clocher se voyoit mal, parce qu'il n'étoit pas éclairé du soleil.

Signal de Meimac.

10   998^{s}002   99880002 $=$ 89° 49' 12"6   (dans le ciel.)

D. et B. n° 1. 3ʰ ½. Il pleuvoit pendant les observations.

Signal de Bort.

10   1002^{s}048   10052048 $=$ 90° 11' 3"15   (en terre.)

D. et B. n° 1. 4ʰ ½. Objet foible; tantôt noir, tantôt blanc.

De la Fagitière on voit Toulx-Sainte-Croix et le signal de Puy-Violan.

ANGLES.

Entre les signaux de Sermur et des Bordes.

20   1470^{s}570   7385285 $=$ 66° 10' 32"34

$+$ 5"152

Horizon . . . .   66° 10' 37"492

D. et B. n° 1. 26 prairial. La pluie a forcé d'interrompre après le 13ᵉ angle, et depuis ce moment les objets ont été foibles. En s'arrêtant au 12ᵉ angle on auroit 0"9 de plus.

Entre le clocher d'Herment et le signal de Sermur.

La Fagitière.

12   784 81625   658 346875   = 58° 48' 43"875

D. et B. n° 1. 28, 5ʰ. Sermur foible ; Herment éclairé presque en face. La pluie a empêché de continuer.

Même angle.

40   2613 889325   658 34733125   = 58° 48' 45"35

Le 29, de 2ʰ à 4ʰ. Ondulations assez fortes. Sermur foible quelquefois, le plus souvent passable ; Herment éclairé : mais en réunissant les deux séries l'erreur doit se compenser.

Les 52   3398 805575   658 347225   = 58° 48' 45"008

+ 1"948

Horizon . . . . 58° 48' 46"956

Entre le signal de Bort et le clocher d'Herment.

20   1541 80115   778 050575   = 69° 20' 43"863

D. et B. n° 1. 29, 5ʰ ½. Herment éclairé.

Même angle.

40   3082 807975   778 06199375   = 69° 20' 48"46

D. et B. n° 1. Le 30, de 4ʰ 50' à 6ʰ ¼. Bort et Herment éclairés.

20   1541 803125   778 0515625   = 69° 20' 47"065

Même remarque. Je regarde cette troisième série comme la meilleure.

Les 80   6164 81225   778 05153125   = 69° 20' 46"960

+ 1"554

Horizon . . . . 69° 20' 48"514

Entre les signaux de Meimac et de Bort.

20   1110 835725   558 5178625   = 49° 57' 57"87

D. et B. n° 1. 29, 6ʰ ¼. Meimac noir et superbe ; Bort éclairé.

Même angle.

20   1110 8306   558 5153   = 49° 57' 49"372

Le 30, vers 6ʰ ¼. Même remarque. Je ne conçois pas pourquoi cette série diffère tant de la précédente.

Même angle.

$$20 \quad 11108333 \quad 55851665 = 49° \; 57' \; 53''946$$

D. et B. no 1.   1 messidor, vers $5^h \frac{1}{2}$.   Meimac noir; Bort éclairé les trois quarts du temps.

$$\text{Les } 60 \quad 3330899625 \quad 55851660417 = 49^b \; 57' \; 53''7975$$
$$40 \quad \dots \dots \dots \dots \quad 49° \; 57' \; 55''91 \text{, en rejetant la}$$
seconde série.

$$- 4''47$$

Horizon . . . . $49^b \; 57' \; 51''44$

CLOCHER D'HERMENT.

LXIII.

LE clocher d'Herment étoit une pyramide octogone tronquée de 3^t333 de base, sur 3^t67 environ de hauteur, terminée par une lanterne où l'on a observé en 1700 et 1740. La lanterne n'existe plus, et il ne restoit que la charpente de la pyramide. Je l'ai fait couvrir de paille dans une longueur de 2^t environ, à partir du sommet; et du côté qui regarde Sermur je l'ai fait couvrir d'un drap blanc qui descendoit un peu plus bas. La tour en pierres qui porte la pyramide a 9^t33 de hauteur au-dessus du pavé de l'église. Cette tour est à gauche du portail, en entrant.

Il y a à Herment une tour carrée plus haute et mieux située; il n'en reste que les murs. Le milieu du clocher est embarrassé d'une poutre verticale qui a empêché de se placer au centre. $dH = 3^t$.

DISTANCES AU ZÉNIT.

Tour de Sermur.

10   10038078   10083078 = 90° 16′ 37″3

D. et B. n° 1. 4 messidor; 3^h. Grand vent. Les deux ruines sont dans le ciel, le bas de la tour en terre; on n'en voit même qu'une partie.

En rejetant deux mauvais angles . . . . .   90° 16′ 31″8

Signal de la Fagitière.

10   9998669   9989669 = 89° 58′ 12″8   (dans le ciel.)

D. et B. n° 1. 3^h ½. Même vent.

Puy de Bort.

10   10018398   10081398 = 90° 7′ 32″952 (dans le ciel.)

D. et B. n° 1. 5 messidor, 6^h. Beaucoup de vent.

Le signal n'étoit pas visible : j'ai observé le haut de la montagne. Il faut retrancher de la distance observée l'angle sous-tendu par le signal, c'est-à-dire 39″9.

ANGLES.

Entre les signaux de Sermur et de la Fagitière.

40   3070884175   76877104375 = 69° 5′ 38″182

r = 0^{t}4956 y = 152^b 55′ 40″   —   8″575

Centre . . . .   69° 5′ 29″607

                                  —   1″474

Horizon . . . .   69° 5′ 28″233

D. et B. n° 1. 4 messidor, de 3^h ½ à 5^h. Horizon superbe; objets bien visibles. Point de soleil; vent incommode.

Entre les signaux de la Fagitière et de Bort.

$$4o \quad 3347^s2535 \quad 83^s68_13375 = 75° \; 18' \; 47''535$$
$$r = 0^t4956 \quad y = 77° \; 36' \; 52'' \qquad\qquad — \quad 1''188$$

Centre . . . . $\overline{75° \; 18' \; 46''347}$

$$— \quad 0''348$$

Horizon . . . . : $\overline{75° \; 18' \; 45''999}$

D. et B. nᵉ 1. 5 messidor, de 3ʰ à 5ʰ. La Fagitière très-beau ; Bort un peu foible par fois : mais point de soleil.

En mesurant l'angle entre Sermur et le Puy-de-Dôme je me suis assuré que le signal de 1740 étoit, à très-peu près, au plus haut de la montagne. Ainsi la distance de Sermur au Puy-de-Dôme, prise dans la *Méridienne vérifiée*, pourra servir à calculer la hauteur du Puy-de-Dôme au-dessus de la mer, au moyen des distances au zénit observées à Sermur.

SIGNAL DU PUY-DE-BORT.

LXIV.

CE signal, semblable aux précédens, étoit placé au sommet de Mont-Chagni, qui est la partie la plus élevée du Puy-de Bort. Le centre étoit à 2ᵗ d'un trou où étoit placé le signal de 1700. 0ᵗ667 en avant de ce trou, dans la direction de Meimac à peu près, on voit deux pierres entre lesquelles étoit probablement le signal de 1740. La distance du nouveau signal au milieu entre les deux pierres étoit de 1ᵗ2222, et cette distance faisoit un angle de 298° à gauche d'Herment. $dH = 3^t$.

DISTANCES AU ZÉNIT.

Clocher d'Herment.

10   10025014   10052014 $= 90°$ 10′ 52″5   (dans le ciel.)
D. et B. n° 1. 8 messidor, 4ʰ. Bien visible ; vent incommode.

Signal de la Fagitière.

10   10015205   10051205 $= 90°$ 6′ 30″4   (dans le ciel.)
D. et B. n° 1. 4ʰ ½. Le signal étoit foible. Même vent.

Signal de Meimac.

10   9985948   9958948 $= 89°$ 54′ 19″15   (dans le ciel.)
D. et B. n° 1. 10 messidor, 4ʰ. On voit le tas de pierres.

Signal d'Aubassin.

10   10045114   10054114 $= 90°$ 22′ 12″9   (dans le ciel.)
D. et B. n° 1. 8 messidor, 5ʰ. On voit bien la roche. Bien visible, mais grand vent.

Signal de Puy-Violan.

10.   9865388   9856388 $= 88°$ 46′ 29″712 (dans le ciel.)
D. et B. n° 1. 5ʰ ½. Même vent ; pointe difficile à saisir.

La plus haute pointe du Mont-d'Or.

10   9805522   9850522 $= 88°$ 14′ 49″13   (dans le ciel.)
D. et B. n° 1. 6ʰ. Objet facile à observer ; mais toujours un peu de vent.

L'angle entre le signal de Puy-Violan et la plus haute pointe du Mont-d'Or étoit de 10951 1 $= 98°$ 11′ 56″ : il étoit de 98° 13′ en 1740 ; ce qui prouve que le signal de 1740 étoit au sommet du Mont-d'Or.

ANGLES.

Entre le clocher d'Herment et le signal de la Fagitière.

$$40 \quad 1560^{s}72725 \quad 39^{g}26818125 = 35^{\circ}\ 20'\ 28''91$$
$$+ \quad 0''161$$
$$\text{Horizon} \dots\dots\dots\dots \quad 35^{\circ}\ 20'\ 29''071$$

D. et B. n° 1. 8 messidor, vers 4^h. Au commencement Herment foible et mal terminé ; la Fagitière beau. Vers le milieu les deux objets passables ; vers la fin la Fagitière foible, Herment assez beau ; un peu de vent.

Entre les signaux de la Fagitière et de Meimac.

$$20 \quad 687^{s}49075 \quad 34^{g}3745375 = 30^{\circ}\ 56'\ 13''5$$

D. et B. n° 1. 10 messidor, 4^h $\frac{1}{2}$. Objets fort passables.

$$r = 0^{t}2138 \quad y = 149^{\circ}\ 3'\ 50'' \qquad - \quad 1''067$$
$$\text{Centre} \dots\dots\dots\dots \quad 30^{\circ}\ 56'\ 12''433$$

$$30 \quad 1031^{s}200 \quad 34^{g}873333 = 30^{\circ}\ 56'\ 9''6 \text{ au centre.}$$

13 messidor, 3^h $\frac{1}{4}$. Meimac passable ; la Fagitière toujours foible et pâle, parce qu'il étoit éclairé du soleil : par fois presque invisible. Je m'en tiens à la première série.

$$- \quad 2''311$$
$$\text{Horizon} \dots\dots\dots\dots \quad 30^{\circ}\ 56'\ 10''122$$

Entre les signaux de Meimac et d'Aubassin.

$$20 \quad 1780^{s}013 \quad 89^{g}00065 = 80^{\circ}\ 6'\ 2''106$$

D. et B. n° 1. 10 messidor, 5^h $\frac{1}{2}$. Objets bien visibles ; point de soleil.

Même angle.

$$20 \quad 1780^{s}01375 \quad 89^{g}0006875 = 80^{\circ}\ 6'\ 2''228$$

D. et B. n° 1. 13 messidor, 2^h $\frac{1}{4}$. Meimac assez beau d'abord ; foible aux derniers angles. Aubassin assez beau. Un peu d'ondulations.

$$\text{Milieu} \dots\dots\dots\dots \quad 80^{\circ}\ 6'\ 2''167$$
$$- \quad 3''042$$
$$\text{Horizon} \dots\dots\dots\dots \quad 80^{\circ}\ 5'\ 59''125$$

Entre les signaux d'Aubassin et de Puy-Violan.

          3o   2169^{g}400   728,13333 = 65° 4' 55"2

D. et B. n° 1. 13 messidor, de 0^h à 1^h 20'. Violan un peu foible ; Aubassin assez beau. Ondulations.

          40   2892^{g}577   728,14425 = 65° 4' 58"74

D. et B. n° 1. Aubassin beau, Violan foible ; point d'ondulations. Dans les deux séries Violan étoit éclairé du soleil.

     Les 70   5061^{g}977   728,13957 = 65° 4' 57"231
                                            — 55"312
                                        ____
     Horizon . . . . 65° 4' 1"919

SIGNAL DE MEIMAC.

L X V.

LE signal de Meimac, semblable aux précédens, étoit placé, comme en 1740, sur le sommet du mont Besson, à une bonne heure et demie de chemin de Meimac.

Sur le haut de la montagne on voit une pyramide de pierres au sommet de laquelle on a planté un arbre il y a environ vingt ans, sans doute pour la carte de France.

Le centre du nouveau signal étoit à 5^{t}67 de celui de la pyramide, et cette distance faisoit à gauche de Bort un angle de 217° 10' $\frac{1}{2}$.

Les habitans des environs de Meimac et de Bort vouloient abattre ces deux signaux, qu'ils regardoient comme la cause des pluies continuelles qui tomboient depuis deux mois. Les administrations de cantons ont été obligées de faire plusieurs proclamations pour les préserver. $dH = 3^t$.

DISTANCES AU ZÉNIT.

Signal de la Fagitière.

10　1003^s416　1003416 = 90° 18′ 26″8　(dans le ciel.)
D. et B. n° 1. 15 messidor, $1^h \frac{1}{2}$. La Fagitière, pâle et foible; fortes ondulations; beaucoup de vent.

La même.

10　1003^s484　1003484 = 90° 18′ 48″8
D. et B. n° 1. 17, $0^h \frac{1}{2}$. Vent et ondulations.
Je suppose . . . . 90° 18′ 40″0

Signal de Bort.

14　1404^s908　10035057 = 90° 18′ 55″8　(en terre.)
15, 7^h. Bort très - difficile à voir; il disparoissoit même totalement par intervalles.

La même.

10　1003^s541　1003541 = 90° 19′ 7″3
D. et B. n° 1. 17, 2^h. Bort éclairé, mais foible.
Je suppose . . . . 90° 19′ 2″0

Signal d'Aubassin.

10　1005^s796　10055796 = 90° 31′ 17″9　(en terre.)
D. et B. n° 1, Aubassin foible; grand vent.

La même.

10　1005^s707　10055707 = 90° 30′ 49″1
17, 1^h. Vent; point d'ondulations.
On peut supposer . . . . . 90° 31′ 0″0

ANGLES.

Entre les signaux de Bort et de la Fagitière.

24   2642ˢ60275 . 110ˢ108448   = 99° 5' 51"37

D. et B. n° 1. 15 messidor, de 4ʰ à 6ʰ ½. La Fagitière bien visible ; Bort blanc et bien visible jusqu'au 14ᵉ angle : depuis il ne s'est montré que par intervalles. Vent assez fort.

Les 14 premiers . . . . 54"78
Les 20 premiers . . . . 52"11

30   3303ˢ238   110ˢ1079333 = 99° 5' 49"70

La Fagitière passable ; Bort éclairé. Du 10° au 20° très-difficile à voir.

En rejetant les 10 du milieu . . 51."34

20   2202ˢ183   110ˢ10915 = 99° 5' 53"646

D. et B. n° 1. 17, 3ʰ ½. Objets passables ; Bort éclairé ; vent assez fort ; ondulations à la Fagitière.

Je suppose . . . . 99° 5' 52"12
                                      + 7"33
                                      ‾‾‾‾‾‾‾‾‾
Horizon . . . . 99° 5' 59"45

Entre les signaux d'Aubassin et de Bort.

10   578ˢ803   57ˢ8803

Un dérangement dans les lunettes force à recommencer.

30   1736ˢ39425   57ˢ87980833 = 52° 5' 30"562

D. et B. n° 1. De 5 à 7ʰ. Bort éclairé presque en face ; Aubassin éclairé obliquement.

Les 40   2315ˢ19725   57ˢ87993125 = 52° 5' 30"977
24   1389ˢ140   57ˢ880833   = 52° 5' 33"90
                                      ‾‾‾‾‾‾‾‾‾
Les 64 réunis . . . . 52° 5' 32"073
                                      + 4"098
                                      ‾‾‾‾‾‾‾‾‾
Horizon . . . . 52° 5' 36"171

SIGNAL DU PUY-D'AUBASSIN.

LXVI.

C'est le même qui est désigné par le nom d'Ovassins dans les opérations de 1700 et 1740. Dans le canton on écrit et l'on prononce Aubassin.

Ce signal, semblable aux précédens, étoit placé à peu près au point le plus haut de la montagne, entre deux amas de roches; les unes grises, les autres blanches. Il étoit plus près des roches blanches. $dH = 3^t$.

Au centre du signal j'ai fait enfoncer en terre un pieu de 0^{t}167 de longueur et de 0^{t}03 d'écarrissage.

Angle entre le signal de Meimac et l'une des diagonales du signal d'Aubassin . . 79^{g}322 = 71° 23′ 23″.

DISTANCES AU ZÉNIT.

Signal de Meimac.

10   997^{g}737   99^{g}7737 = 89° 47′ 46″8   (dans le ciel.)
D. et B. n° 1. 6 thermidor, 5^h ½. Le signal un peu foible; beaucoup de vent.

Signal de Bort.

10   998^{g}504   99^{g}8504 = 89° 51′ 55″3   (en terre.)
D. et B. n° 1. 5^h. Objet foible, blanc et noir; même vent.

Signal de Violan.

10   985^{g}560   98^{g}5560 = 88° 42′ 1″4   (dans le ciel.)
D. et B. n° 1. 4^h. Bien visible; mais beaucoup de vent.

Signal de la Bastide.

10 . 10005348. 10050348 = 90° 1′ 52″75 (dans le ciel.)
D. et B. n° 1. 4ʰ ½. Bien visible; même vent.

ANGLES.

Entre les signaux de Bort et de Meimac.

20 10625368 5351184 = 47° 48′ 23″6
D. et B. n° 1. 6 thermidor, 6ʰ. Objets foibles, sur-tout vers la fin; Bort noir et blanc.

20 1062544025 5351220125 = 47° 48′ 35″3
D. et B. n° 1. 7 thermidor, 4ʰ ½. Les deux objets éclairés obliquement; point de vent.

20 10625391 53511955 = 47° 48′ 27″3
D. n° 1. 7 thermidor, 5ʰ ¼. Objets moins éclairés et très-passables; ni vent ni ondulations.

10 53155186 5351186 = 47° 48′ 24″3
B. n° 1. Au coucher du soleil. Objets très-foibles.

20 10625411 53512055 = 47° 48′ 30″6
B. n° 1. 8 thermidor, 6ʰ. Bort difficile à voir.

Les 90 4780579625 53511995833 = 47° 48′ 28″665
+ 0″655

Horizon . . . . 47° 48′ 29″32

Je crois que l'on feroit mieux de s'en tenir à la troisième série, qui me paroît la meilleure. L'angle seroit plus foible de 1″33.

Entre les signaux de Violan et de Bort.

20 1194570675 5957353385 = 53° 45′ 42″5
D. et B. n° 1. 6 thermidor, 2ʰ ½. Objets foibles, beaucoup de vent; Bort éclairé.

30 17925002 5957334 = 53° 45′ 36″2
D. et B. n° 1. 7 thermidor, 2ʰ ½. Point de vent. Bort éclairé tout blanc;

1. 34

Violan plus visible, à mon avis : mais Bellet en jugeoit autrement. Un peu d'ondulations par intervalles à Violan.

20　1194ˢ7105　59ˢ735525　= 53° 45' 43"1

D. et B. n° 1.　8 thermidor, 2ʰ ½.　Violan très-foible ; Bort éclairé.

20　1194ˢ680　59ˢ7340　= 53° 45' 38"2

D. n° 1.　8 thermidor, 4ʰ.　On voyoit mieux Violan.

Les 90　5376ˢ09925　59ˢ734439　= 53° 45' 39"58

— 25"67
____

Horizon . . . . 53° 45' 13"91

On feroit peut-être mieux de préférer la dernière série.

Entre les signaux de la Bastide et de Violan.

20　1850ˢ177　92ˢ50885　= 83° 15' 28"7

D. et B. n° 1.　6 thermidor, 3ʰ ½.　Objets fort passables, mais beaucoup de vent.

30　2775ˢ328　92ˢ510733　= 83° 15' 34"8

D. et B. n° 1.　7 thermidor, 3ʰ ½.　Objets visibles, éclairés ; point de vent. Un peu d'ondulations à la Bastide. On remarque une augmentation très-sensible après le 18ᵉ angle, qui donnoit 83ˢ 15' 31"9.

20　1850ˢ18625　92ˢ5093125　= 83° 15' 30"2

D. et B. n° 1.　8 thermidor, midi.　Objets passables ; un peu d'ondulations.

Les 70　6475ˢ68525　92ˢ5097894　= 83° 15' 31"72

— 8"83
____

Horizon . . . . 83° 15' 22"89.

SIGNAL DU PUY-VIOLAN.

LXVII.

J'ÉCRIS Violan comme les auteurs de la *Méridienne vérifiée*, et non pas Violent, comme le livre de la grandeur et la figure de la terre, et les cartes de Cassini.

Le président de l'administration de Salers m'a assuré
que le nom véritable est bien Violan.

Le signal de Violan étoit une pyramide composée de
quatre arbres, de 3^{t}667 de hauteur au-dessus du sol.
La base n'avoit que o^{t}333 de côté. Les roches n'ont
pas permis de donner à ce signal une base de 1^{t}333,
comme à l'ordinaire. La moitié supérieure étoit couverte de paille ; la moitié inférieure étoit restée à jour,
quoique j'eusse ordonné de la couvrir comme le reste.
C'est ce qui a rendu ce signal si difficile à apercevoir
des stations de Bort, Aubassin et la Bastide, qui ont
été faites avant celles de Violan. En partant pour Montsalvy, j'ai fait remplir le vide.

Le signal étoit placé à la partie la plus haute de
la montagne, à l'extrémité qui regarde Aubassin. A
une toise du centre, et sur le prolongement de la direction à Aubassin, c'est-à-dire plus loin d'Aubassin,
on remarque une motte de terre autour de laquelle sont
trois trous : je soupçonne que c'est la place du signal
de 1740.

Dans l'impossibilité de placer l'instrument au centre,
je l'en ai approché autant qu'il a été possible. Du point
où je l'ai mis on voyoit tous les signaux que j'avois
à observer.

Distance du centre du cercle à l'axe du signal, ou
$r =$ o^{t}48783.

Angle entre le signal d'Aubassin et le centre du
signal $= 329^o\ 55'\ 11''$. . . . $dH = 3^t$.

Violan.

DISTANCES AU ZÉNIT.

Signal de Bort.

10 10158898 10185898 $=$ 91° 25′ 51″ (en terre.)
D. et B. n° 1. 11 thermidor, 4ʰ ½. Objet foible.

Signal d'Aubassin.

10 10178177 10187177 $=$ 91° 32′ 45″3 (en terre.)
D. et B. n° 1. Le 11, 2ʰ. Objet foible ; beaucoup de vent.

Signal de la Bastide.

10 10128438 10182438 $=$ 91° 7′ 9″9 (en terre.)
D. et B. n° 1. Le 12, 4ʰ. Objet foible ; beaucoup de vent.

Signal de Montsalvy.

10 10128304 10182304 $=$ 91° 6′ 26″5 (en terre.)
D. et B. n° 1. Le 11, 3ʰ ¼. Objet foible ; le vent un peu diminué.

Puy-Mary.

10 9838518 9883518 $=$ 89° 30′ 59″8 (dans le ciel.)
D. et B. n° 1. Objet bien visible ; vent incommode.

ANGLES.

Entre les signaux de Bort et d'Aubassin.

30 203885425 6789514167 $=$ 61° 9′ 22″6
20 derniers 135950205 6789510025 $=$ 61° 9′ 21″32
$r = 0{,}48783$ $y = 329°$ 55′ 11″ $+$ 5″95
Centre . . . . 61° 9′ 27″27
                        $+$ 1′ 21″89
Horizon . . . . 61° 10′ 49″16
D. et B. n° 1. 16 thermidor, vers 11ʰ ½. Bort a toujours été éclairé

Aubassin l'étoit aux 10 premières observations, de manière à augmenter l'angle.
Aux vingt dernières Aubassin étoit noir.

Violan.

Entre les signaux d'Aubassin et de la Bastide.

$$4 \quad 227^{s}370 \quad 56^{s}8425 \quad = 51° \; 9' \; 29''7$$

D. et B n° 1. Observations incertaines ; il n'a pas été possible de continuer.

$$14 \quad 795^{s}812 \quad 56^{s}84370 \quad = 51° \; 9' \; 33''6$$

D. et B. n° 1. Objets très-foibles. Le signal de la Bastide se projette sur un arbre, duquel il est difficile de le distinguer quand il n'est pas éclairé.

$$20 \quad 1136^{s}836 \quad 56^{s}8418 \quad = 51° \; 9' \; 27''4$$

Aubassin passable ; la Bastide foible ; grand vent. Bellet, qui a observé seul cette série, n'y avoit aucune confiance, et ne me l'a communiquée qu'au bout de deux jours.

$$20 \quad 1136^{s}850 \quad 56^{s}8425 \quad = 51° \; 9' \; 29''7$$

D. et B. n° 1. Le 19, de 6 à 7^h du matin. Les deux signaux éclairés du soleil et assez visibles.

$$16 \quad 909^{s}469 \quad 56^{s}84181 25 \quad = 51° \; 9' \; 27''5$$

B. n° 1. Le 20, à 8^h. Aubassin passable ; la Bastide foible. Les deux objets éclairés du soleil.

$$36 \quad 2046^{s}319 \quad 56^{s}84219455 = 51° \; 9' \; 28''59$$
$$r = 0^{s}48783 \quad y = 278° \; 45' \; 41'' \qquad + \; 1''15$$

Centre . . . . $51° \; 9' \; 29''74$
$+ \; 47''45$

Horizon . . . . $51° \; 10' \; 17''19$

Correction du signal d'Aubassin . . . . $— \; 3''47$
Correction du signal de la Bastide . . . $— \; 2''41$

Angle corrigé . . . . $51° \; 10' \; 11''31$

Cet angle a besoin de corrections pour la manière oblique dont les deux signaux étoient éclairés. Le rayon visuel dirigé au milieu de la face visible ne passoit point par l'axe du signal.

Soit $ABCD$ (*fig*. 17), le périmètre du signal d'Aubassin, OV la direction à Violan. De Violan on observoit le milieu m de la face éclairée AB, tandis que pour viser au centre il eût fallu observer le point x.

Il s'ensuit que l'angle observé est trop grand d'une quantité égale à l'angle $mVx = \dfrac{mx\ sin.\ Oxm}{18283\ sin.\ 1''} = 3''469$; car il résulte des observations faites à Aubassin, que $BOx = 7° 3'$. D'ailleurs $OBx = 45°$: donc $Oxm = 52° 3'$. De plus $mx = Bm - Bx = 0^t5 - \dfrac{0^t5}{sin.\ 45°} . \dfrac{sin.\ 7° 3'}{sin.\ 52° 3'}$ $= 0^t5 - 0^t11006 = 0.38994$.

Soit maintenant $acde$ (*fig*. 17) le signal de la Bastide, bV la direction à Violan. On voit par les observations faites à la Bastide que $abV = 18° 35'$; mais $bam' = 45°$: donc $bym' = 63° 35'$; $ay = \dfrac{ab\ sin.\ abV}{sin.\ y} = \dfrac{am'}{sin.\ 45°} . \dfrac{sin.\ 18° 35'}{sin.\ 63° 35'} = \dfrac{0^t6667}{sin.\ 45°} . \dfrac{sin.\ 18° 35'}{sin.\ 63° 35'}$ $= 0^t3355$. Ainsi $m'y = am' - ay = 0^t3312$, et $m'Vy = \dfrac{m'y\ sin.\ y}{25423\ sin.\ 1''} = 2''41$. C'est la quantité dont l'angle observé est trop grand, en raison de ce qu'on a observé le point m' au lieu du point y qui est dans la direction du centre.

Bm et am' sont chacun la moitié du côté de la base du signal; car les deux signaux étant fort éloignés, et se projettant sur d'autres objets terrestres, ils étoient foibles et difficiles à observer, et l'on étoit forcé de se diriger principalement sur la partie inférieure, qui est la plus large.

Violan.

Entre les signaux de la Bastide et de Montsalvy.

     8   3588366   44879575   = 40° 18′ 58″23

D. et B. n° 1. 14 thermidor, midi. Objets foibles; beaucoup de vent.

    20   895892425 44879621125 = 40° 18′ 59″73

D. et B. n° 1. Le 16, 2ʰ ½. Objets foibles; point de soleil.

    10   4478942   4487942   = 40° 18′ 53″21

B. n° 1. Le 19, vers 3ʰ. Montsalvy passable, la Bastide foible; beaucoup de vent.

  Les 38 1703823225 44879558553 = 40° 18′ 57″7

  $r = 0^t48783$ $y = 238°\ 26′\ 42″$ — 0″34

Centre . . . . 40° 18′ 57″36

                               + 28″59

Horizon . . . . 40° 19′ 25″95

Entre les signaux d'Aubassin et de Montsalvy.

    20   2032853g   101862695 = 91° 27′ 51″32

  $r = 0^t48783$ $y = 238°\ 26′\ 42″$ + 0″80

Centre . . . . 91° 27′ 52″12

                                 + 1′ 50″48

Horizon . . . . 91° 29′ 42″60

D. et B. n° 1. 18 thermidor, 5ʰ. Aubassin bien visible, Montsalvy très-foible; tous deux noirs.

Entre Aubassin et la Bastide, horizon . . 51° 10′ 11″31
Entre la Bastide et Montsalvy, horizon . 40° 19′ 25″95

Donc entre Aubassin et Montsalvy . . . 91° 29′ 37″26
Observation directe . . . . 91° 29′ 42″6

Différence . . . .   5″34

Cette différence paroîtroit prouver que j'ai eu tort de corriger l'angle entre Aubassin et la Bastide, pour la manière oblique dont les signaux étoient éclairés du soleil; mais cette correction me paroît démontrée. D'ailleurs il est possible d'expliquer autrement cette différence. D'abord, dans l'observation de l'angle entre Aubassin et Montsalvy, ce dernier signal étoit très-foible; ce qui rend l'observation un peu douteuse : elle pourroit bien, pour cette raison avoir donné un angle trop fort de 2″. Le soir approchoit. Supposons que la réfraction terrestre augmentant, ait élevé les signaux chacun d'une minute, l'angle réduit à l'horizon diminuera de 2″8. Les angles partiels ont une moindre réduction à l'horizon; ils dépendent beaucoup moins de l'exactitude des distances au zénit. Les observations sont plus nombreuses.

SIGNAL DE LA BASTIDE.

LXVIII.

LE clocher de la Bastide, dont le toit n'est que symmétrique et non régulier, et qui ne s'élève que de 2^t5 au-dessus de l'église, fait en lui-même un assez mauvais signal; il est de plus assez difficile à démêler parmi les arbres qui l'avoisinent.

En 1740 on n'avoit pu observer toujours le milieu de ce clocher; on avoit été réduit à observer quelquefois le pan occidental, c'est-à-dire la façade de l'église, et quelquefois l'extrémité orientale du bâtiment, parce que le clocher ne pouvoit se distinguer des objets environnans.

Pour n'être pas obligé d'observer ainsi différens points successivement, ce qui auroit nécessité des réductions incertaines, il auroit fallu placer un signal sur le haut du clocher, et s'y échafauder; ce qui présentoit plus d'un inconvénient.

J'ai trouvé beaucoup plus simple de placer un signal

au bout d'une plaine qui est à l'ouest de l'église, et
qui s'abaisse insensiblement. C'est dans cette plaine que
se tiennent chaque année plusieurs foires considérables.

On verra par les observations que le signal étoit à
133^t du milieu du clocher, et que le sol y étoit de 7^{t}4
plus bas que le sommet du clocher. J'ai fait plusieurs
tentatives pour me placer plus haut et plus près; elles
ont été inutiles. En m'écartant de l'endroit que j'ai
choisi, je perdois de vue Aubassin ou Montsalvy. A
l'est de l'église le terrain étoit plus élevé; mais le signal
se seroit projetté sur les édifices ou sur des arbres
voisins.

Le signal étoit une pyramide de 5^t de hauteur; la
base avoit 1^{t}417 de côté. L'une des diagonales faisoit à
droite d'Aubassin un angle de 27°. $dH = 4^t 250.$

La Bastide.

DISTANCES AU ZENIT.

Signal d'Aubassin.

10   1002^{s}698   1005^{s}2698. $= 90°$ 14′ 34″15   (en terre.)
23 messidor, 6^h. Bien visible.

La même.

10   1002^{s}790   1005^{s}2790 $= 90°$ 15′ 3″96
Le 30, 4^h ½.

Puy-Violan.

10   991^{s}663   995^{s}1663 $= 89°$ 14′ 58″8   (dans le ciel.)
Le 23, 6^h ½. On ne voyoit pas le signal.

La même.

10   991^{s}692   995^{s}1692 $= 89°$ 15′ 8″2
1 thermidor, 5^h. J'ai observé le point le plus haut de la montagne.

Signal de Montsalvy.

.10   1000ᵍ159   100ᵍ0159 = 90° 0′ 51″516   (en terre.)

23 messidor, 7ʰ ¼. Éclairé d'abord, puis noir.

La même.

10   1000ᵍ410   100ᵍ0410 = 90° 2′ 12″8

24 messidor, 1ʰ. J'étois seul à prendre cette distance.—

La même.

10   1000ᵍ314   100ᵍ0314 = 90° 1′ 41″7

30 messidor, 5ʰ. Montsalvy foible ; il disparoît de temps en temps. Bellet étoit au niveau ; ce qu'il faut sousentendre toutes les fois que le contraire n'est pas dit expressément.

J'ai répété ces distances, qui varient à différentes heures du jour par les changemens de la réfraction terrestre, pour avoir plus exactement la réduction à l'horizon pour les angles entre Violan et les deux autres signaux.

Clocher de la chapelle Saint-Jean, près de Rieupeiroux.

10   1002ᵍ079   100ᵍ2079 = 90° 11′ 13″6   (dans le ciel.)

23 messidor, 7ʰ du soir. Éclairé du soleil.

Plomb du Cantal.

10   990ᵍ308   99ᵍ0308 = 89° 7′ 39″8   (dans le ciel.)

24 messidor, 3ʰ ¼. Objet bien facile ; ni vent ni ondulations. J'étois seul. Le Cantal est 11ᵍ85 à gauche de Rieupeiroux.

Col de Cabre.

10   991ᵍ540   99ᵍ1540 = 89° 14′ 18″96   (dans le ciel.)

124ᵍ26 à gauche de Rieupeiroux.

Grosse montagne entre le col de Cabre et Violan.

10   990ᵍ095   99ᵍ0095 = 89° 6′ 30″8   (dans le ciel.)

129ᵍ27 à gauche de Rieupeiroux. Il paroît que c'est la grosse montagne dont il est question dans le livre de la *Méridienne vérifiée*, p. 230.

Seuil de la chapelle Saint-Laurent, près de Saint-Mamet.

La Bastide.

10   100ᵗ5285   100ᵗ51285 = 90° 6' 56"   (en terre.)

Le huitième angle ne donnoit que 90° 6' 45" : il paroît qu'il est arrivé quelque dérangement au neuvième angle. Les huit premiers étoient bien d'accord.

Clocher de la Bastide.

8   774ᵗ5250   96ᵗ78125 = 87° 6' 11"25

Arcs du vertical.

Entre le clocher de Saint-Jean de Rieupeiroux et le point opposé de l'horizon 200ᵗ470

Entre le signal d'Aubassin et le point opposé de l'horizon . . 200ᵗ775

Entre Puy-Violan et le point opposé de l'horizon 199ᵗ910

Entre le signal de Montsalvy et le point opposé de l'horizon . 200ᵗ775

Ces observations ont été faites pour reconnoître de quelles stations le signal de la Bastide se verroit dans le ciel. Elles prouvent que Violan est la seule de laquelle on dût le voir projetté en terre : l'expérience l'a prouvé.

ANGLES.

Entre les deux arrêtes de la façade du clocher.

6   8ᵗ930   1ᵗ48833 = 1° 20' 22"2

Le clocher se présentoit un peu obliquement. Pour le voir en face et bien directement, il falloit avancer de 14ᵗ à droite. La largeur de la façade est de 3ᵗ1389. Le toit déborde de chaque côté, et sa base a 3ᵗ5. Il est à remarquer que ce clocher n'est pas exactement au-dessus de la porte d'entrée.

Entre les clochers de Saint-Jean de Rieupeiroux et de Montsalvy.

6   373ᵗ950   62ᵗ3250 = 56° 5' 33"0

Entre les clochers de Saint - Jean de Rieupeiroux et de la Bastide.

6　　541᭘808　　90᭘30133　　= 81° 16′ 16″3

J'ai observé ces deux angles pour déterminer la position du signal par rapport au clocher de la Bastide. Ces deux angles, et le triangle observé en 1740 entre les clochers de la Bastide, de Montsalvy et de Saint-Jean de Rieupeiroux, donnent pour la distance entre le signal et le clocher 133ᵗ, et cette distance faisoit au centre du clocher un angle de 154° 39′ 23″ à droite du clocher de Montsalvy.

Entre les signaux de Violan et d'Aubassin.

20　101᭘00075　50᭘6500375 = 45° 35′　6″121

　　　　　　　　　　　　　　　　　— 35″721

Horizon . . . . 45° 34′ 30″4

Angle corrigé . . . . 45° 34′ 29″7

D. et B. n° 1. Le 28, 7ʰ. Aubassin assez beau ; Violan très-foible. On n'a pu commencer plutôt, ni en faire davantage.

Je retranche 0″7 de cet angle, par la raison qu'on va voir.

Entre les signaux de Montsalvy et de Violan.

10　　72᭘663　　72᭘5663　　= 65° 18′ 34″8

D. n° 1. De 4ʰ ½ à 7ʰ ¼. Les deux objets éclairés et presque invisibles.

20　　145᭘286　　72᭘5643　　= 65° 18′ 28″33

D. et B. n° 1. Le 26, 11ʰ. Montsalvy très-passable ; point éclairé, si ce n'est un peu vers la fin : Violan presque invisible. Le 20ᵉ angle est fort incertain. Je m'en tiens aux 18 premiers de la seconde série, et je rejette totalement la première.

Les 18 premiers　72᭘564555 = 65° 18′ 29″16

　　　　　　　　　　　　　　— 9″95

Horizon . . . . 65° 18′ 19″21

　　　　　　　　　　　　　　— 0″7

Angle corrigé . . . . 65° 18′ 18″51

Je retranche 0″7 de cet angle, par la raison qu'on va voir.

Entre les signaux de Montsalvy et d'Aubassin.

40   4927ᵇ9755   12᷉ᵇ1993᷉075 = 110° 52′ 46″02

D. et B. nᵒ 1. 27 messidor, de 4 à 6ʰ. Aubassin noir et facile; Montsalvy noir d'abord, ensuite plus ou moins blanc, et souvent foible.

18   2217ᵇ58425   123ᵇ199125 = 110° 52′ 45″16

D. et B. nᵒ 1. Le 29, 5ʰ ¼. Aubassin très-passable; Montsalvy foible sur la fin : point de soleil.

Les 58   7145ᵇ5595   123ᵇ1993017 = 110° 52′ 45″74

                                + 1″39

Horizon . . . . 110° 52′ 47″13

Entre Violan et Aubassin, horizon . . . . 45° 34′ 30″4
Entre Montsalvy et Violan, horizon . . . . 65° 18′ 19″2

Donc entre Montsalvy et Aubassin, horizon . . . . . . 110° 52′ 49″6
      Observation directe . . . . 110° 52′ 47″1

Différence . . . . 2″5

Les observations de l'angle total sont plus nombreuses et plus sûres que celles des deux angles partiels. On pourroit donc retrancher 1″2 de chacun des deux angles partiels, pour les faire accorder avec l'angle total : je me suis borné à en retrancher 0″7.

Entre le clocher de Saint-Jean de Rieupeiroux et le signal de Montsalvy.

32   2044ᵇ44025   63ᵇ8887563 = 57° 29′ 59″57

D. nᵒ 1. 24 messidor, de 10 à 11ʰ ¾.

Le 20ᵉ angle donnoit 63ᵇ88925 = 57° 30′ 1″17

Fortes ondulations à Montsalvy; Rieupeiroux un peu obscur. Le clocher est gros et court, et point facile à bien observer.

20   1277ᵇ7955   63ᵇ889775 = 57° 30′ 2″87

D. et B. nᵒ 1. Le 25, midi. Rieupeiroux plus difficile; Montsalvy éclairé obliquement et moins beau. Point d'ondulations, et vent assez fort.

La Bastide.

20   1277^{s}80275   638^{s}8901375 $=$ 57° 30′ 4″05

D. et B. n° 1. Le 28, 10^h. Rieupeiroux un peu foible ; Montsalvy beau : vent considérable.

20   1277^{s}800   638^{s}8900 $=$ 57° 30′ 3″6

D. et B. n° 1. Le 28, midi. Objets passables.

20   1277^{s}848   638^{s}8924 $=$ 57° 30′ 11″4

D. et B. n° 1. Le 28, 11^h. Fils en croix verticale +.

20   1277^{s}802   638^{s}8901 $=$ 57° 30′ 3″92

D. n° 1. Fils en +.

Les 132   9072^{s}3805   638^{s}900035 $=$ 57° 30′ 3″6

Je m'en tiens à ce résultat moyen, qui diffère très-peu de celui des trois meilleures séries.

$-$ 0″209

Horizon . . . . 57° 30′ 3″391

SIGNAL DE MONTSALVY.

Montsalvy.

LXIX.

CE signal étoit, comme les précédens, une pyramide quadrangulaire. Elle étoit placée sur le puy de l'arbre, à peu de distance de Montsalvy, à droite du chemin qui mène à Aurillac. Au haut de ce puy on trouve les vestiges d'un ancien fort environné de fossés et de retranchemens.

Les restes de ce fort sont de figure ovale irrégulière ; ils ont 115 pas de circuit. En partant du centre du signal pour faire le tour, et me dirigeant d'abord sur Montsalvy, j'ai compté 40 pas sur le bord d'un trou en losange dans lequel étoit autrefois plantée une croix. Ce trou est à peu près au plus haut point du contour.

On y auroit placé le signal, si cet endroit avoit eu une

largeur suffisante.

A 16 pas du centre du signal, en allant vers Mont-salvy, est un petit sentier par lequel on descend vers l'extrémité d'un retranchement qui environne et défend le fort du côté de Montsalvy et dans les trois quarts environ du pourtour.

Entre le signal de la Bastide et l'une des diagonales du signal l'angle étoit de $83^t5 = 75° 9'$. $dH = 3^t$.

DISTANCES AU ZÉNIT.

Signal de Violan.

4   396^s665 $99^s14125 = 89°$ 13′ 37″65   (dans le ciel.)
D. et B. n° 1.   Le signal étoit foible; il a disparu après le 4ᵉ angle.

Puy-Violan.

10   991^s476 $99^s1476 = 89°$ 13′ 58″2   (dans le ciel.)
D. et B. n° 1.   25 thermidor, 8ʰ.   On ne voyoit pas le signal.

Signal de la Bastide.

10   1002^s130 $100^s2130 = 90°$ 11′ 30″12   (dans le ciel.)
D. et B. n° 1.   24 thermidor, 11ʰ ¼.   Beaucoup de vent.

Clocher de la chapelle Saint-Jean de Rieupeiroux.

10   1002^s340 $100^s2340 = 90°$ 12′ 38″16   (dans le ciel.)
D. et B. n° 1.   Midi.   Beaucoup de vent.

Tour de Rodez.

10   1003^s736 $100^s3736 = 90°$ 20′ 10″5   (en terre.)
D. et B. n° 1.   0ʰ ¼.   Foible et enfumée. On ne voyoit pas assez la statue pour l'observer.

Clocher de Montsalvy.

10   1009g145   1008g9145 $= 90°$ 49′ 22″98   (en terre.)
D. et B. n° 1. 10^h ½. Beaucoup de vent.

Col de Cabre.

10   989g253   988g9253 $= 89°$ 1′ 58″0   (dans le ciel.)
D. et B. n° 1. 7^h du matin. Beaucoup de vent.

Grosse montagne entre le col de Cabre et Violan.

10   988g527   988g527 $= 88°$ 58′ 2″7   (dans le ciel.)
D. et B. n° 1. 7^h ½. Assez de vent.

Plomb du Cantal.

6   592g101   988g6835 $= 88°$ 48′ 54″5   (dans le ciel.)
8^h ½. Les nuages ont empêché d'en observer davantage.

Arcs du vertical.

Entre Rodez et le point opposé de l'horizon. 200g398
Entre Saint-Jean de Rieupeiroux et le point opposé (sur le
Cantal). 199g226
Entre la Bastide et le point opposé 199g927
Ces observations prouvent que le signal de Montsalvy ne peut être vu
dans le ciel que de Rodez, et l'expérience l'a vérifié,

ANGLES.

Entre les signaux de Violan et de la Bastide.

20   1652g813   82g64065 $= 74°$ 22′ 35″7
                                          — 15″2
                                   ____
Horizon. . . . . 74° 22′ 20″5
D, n° 1, 25 thermidor, 5^h, Violan très-foible, sur-tout aux deux derniers

angles ; de plus éclairé obliquement : ce qui peut avoir augmenté l'angle ; car on ne voyoit le plus souvent que la partie noire. Au reste le signal est si mince que l'erreur doit être peu de chose. La Bastide bien visible. Point de vent.

Bellet a voulu observer à son tour. La foiblesse du signal de Violan ne lui a pas permis de passer l'angle double, qui s'est trouvé le même que le mien.

Entre le signal de la Bastide et le clocher de Saint-Jean de Rieupeiroux.

20 1949ᵍ378 97ᵍ4689 = 87° 43′ 19″24

D, et B. n° 1. 24 thermidor. Objets passables ; vent très-incommode, qui nous a forcés d'interrompre pendant 3ʰ après le 4ᵉ angle. Fini à 6ʰ ½.

20 1949ᵍ3955 97ᵍ469775 = 87° 43′ 22″07

D. et B. n° 1. 25 thermidor, 1ʰ. Objets passables d'abord, foibles vers la fin ; beaucoup moins de vent.

20 1949ᵍ38875 97ᵍ4694375 = 87° 43′ 20″98

26 thermidor, 3ʰ ½. Objets beaux ; ni vent ni soleil.

On feroit mieux de s'en tenir au milieu entre les deux dernières séries ; l'angle augmenteroit de 0″86.

Les 60 . . . . 87° 43′ 20″76
          + 2″44
         ———————
Horizon . . . . 87° 43′ 23″20

Entre Saint-Jean de Rieupeiroux et Rodez.

40 1520ᵍ42725 38ᵍ010678125 = 34° 12′ 34″6

D. et B n° 1. 26 thermidor, 2ʰ ½. Ni vent ni soleil. Objets bien visibles pendant les 20 premiers angles ; un peu foibles pendant le reste de la série.

Les 20 premiers 38ᵍ0109 = 34° 12′ 35″3

20 760ᵍ2175 38ᵍ010875 = 34° 12′ 35″2

D. et B n° 1. Ni vent ni soleil. Saint-Jean beau, Rodez passable.

Les 60 2280ᵍ64475 38ᵍ010745833 = 34° 12′ 34″82
           + 0″75
          ———————
Horizon . . . . 34° 12′ 36″05

Je m'en tiens aux 20 premiers angles, confirmés par les 20 derniers.

 # CLOCHER DE LA CHAPELLE SAINT-JEAN DE RIEUPEIROUX.

L X X.

Le clocher de la chapelle Saint-Jean est sur une montagne voisine de Rieupeiroux. C'est une tour quadrangulaire terminée par une pyramide un peu écrasée ; elle forme le vestibule de la chapelle. La face principale AB (*fig.* 18), celle dans laquelle est le portail, a 2^{t}417 de largeur. Les faces latérales sont moindres, et un peu inégales entre elles : l'une est de 2^{t}2361 ; l'autre, de 2^{t}1944. J'ai supposé par un milieu 2^{t}2153. Ces mesures ont été prises en bornoyant avec un fil à plomb, et en faisant marquer sur les murs latéraux de la chapelle des points d et e dans le plan du mur DE.

On ne peut guère observer dans l'intérieur : les fenêtres ne sont ni assez larges ni assez bien tournées vers les objets, et la pyramide a trop peu de hauteur. Je me suis placé à l'extérieur, comme en 1740.

J'ai placé l'instrument en O à 0^{t}4167 du milieu du mur qui regarde Montsalvy et Rodez : ainsi la distance au centre OC est de 1^{t}625 $= r$. Cette quantité est constante pour toute la station.

Entre Montsalvy et le centre 188^{g}832 $= 169°$ 56′ 56″
Donc entre la Bastide et le centre . . . 135° 10′ 20″
Entre Rodez et le centre . . . . 225° 57′ 19″

DISTANCES AU ZÉNIT.

Signal de la Bastide.

10    $1002^{g}637$ $100^{g}2637$ = 90° 16′ 14″4   (dans le ciel.)

D. et B. n° 1. 4 fructidor, $0^{h}\frac{1}{2}$. Le signal est foible et ne se montre que par intervalles.

Signal de Montsalvy.

10    $1001^{g}753$ $100^{g}1753$ = 90° 9′ 28″0   (en terre.)

D. et B. n° 1. 4 fructidor, $10^{h}\frac{1}{2}$. Il se projette sur le Cantal. Le signal est en ce moment presque invisible.

Tour de Rodez.

10    $1003^{g}381$ $100^{g}3381$ = 90° 18′ 15″4   (en terre.)

D. et B. n° 1. 3 fructidor, 6^{h}. On ne voit que la pointe et la balustrade de la tour octogone.

Col de Cabre.

10    $997^{g}908$ $99^{g}7908$ = 89° 48′ 42″2   (dans le ciel.)

D. et B. n° 1. 4 fructidor, 2^{h}.

Plomb du Cantal.

10    $996^{g}727$ $99^{g}6727$ = 89° 42′ 19″55   (dans le ciel.)

D. et B. n° 1. 5 fructidor, 3^{h}. Des nuages couvroient par intervalles le sommet du Cantal.

Clocher de Saint-Jean de Rieupeiroux.

4    $272^{g}855$ $68^{g}214$ = 61° 23′ 33″36

Cette distance a été prise à $9^{t}889$ du centre. On a par conséquent $dH =$ $9^{t}889$ *cot.* 61° 23′ 33″3, et la hauteur du clocher $= dH + 0^{t}5972$.

ANGLES.

Entre les signaux de Montsalvy et de la Bastide.

$$
\begin{array}{llll}
20 & 772^g81725 & 38^g6408625 & = 34° \ 46' \ 36''4 \\
\text{Les 10 premiers} & & 38^g6403 & = 34° \ 46' \ 34''57 \\
\text{Les 10 derniers} & & 38^g641425 & = 34° \ 46' \ 38''22 \\
\end{array}
$$

Différence . . . .   3''65

D. et B. n° 1. Le 4, 4ʰ. · Les deux signaux éclairés jusqu'au 10ᵉ angle ; après cela souvent noirs et par fois éclairés. L'angle augmente visiblement quand les objets sont noirs. Le résultat des 20 angles est donc trop petit ; le résultat des 10 derniers est même encore trop foible.

$$
30 \quad 1559^g250 \quad 38^g641667 = 34° \ 46' \ 39''0
$$

Les 10 premiers angles de la première série
ont donné . . . .   34° 46' 34''6

Différence. . . . .   4''4

Le 5, 5ʰ. Objets très-passables. Montsalvy blanc le plus souvent, rarement noir ; quelquefois on voyoit en même temps la face noire et la face blanche.

Cet angle a besoin d'une correction, mais moindre que si les objets eussent été constamment éclairés.

Par la comparaison des 10 premiers angles de la première série avec les 10 suivans, on voit que l'angle diminuoit de plus de 3''65 quand les signaux étoient éclairés. Par la comparaison des 10 premiers angles de la première série avec les 30 de la seconde, on voit que l'angle diminuoit de plus de 4''4.

Quand le signal de Montsalvy étoit éclairé, le point qu'on observoit étoit à 0ᵗ667 du centre ; et cette distance faisoit, avec le rayon visuel dirigé au centre du signal, un angle de 57° 34'.

La correction de l'angle observé étoit de $+ \dfrac{0^t6667 \ sin. \ 57° \ 34'}{25259^t \ sin. \ 1''} = + 4''595$

Quand le signal de la Bastide étoit
éclairé, la correction étoit de . . . . $+ \dfrac{0^t6667 \ sin. \ 6° \ 23'}{29925^t \ sin. \ 1''} = + 0''511$

Correction totale . . . . . $+ 5''1$

Si j'ajoute à la première série les deux tiers de la correction, ou 3″4, elle donnera ⁕ . . . . 34° 46′ 39″8

    Si j'ajoute à la seconde série le tiers de la correction, ou 1″7, elle donnera . . . . 34° 46′ 40″7

    Par un milieu entre les 50 observations j'aurai . . . . 34° 46′ 40″3 et je suis persuadé que cette quantité sera trop foible, parce que je n'ai pas employé de corrections assez fortes. On pourroit supposer 34° 46′ 41″ : je m'en tiendrai cependant à 40″3.

Rieupeiroux.

$$\begin{array}{lr}
\text{Angle observé} \ldots & 34° \ 46′ \ 40″3 \\
r = 1^{t}625 \quad y = 135° \ 10′ \ 20″ & - \ 5″58 \\
\hline
\text{Centre} \ldots & 34° \ 46′ \ 34″72 \\
& + \ 0″31 \\
\hline
\text{Horizon} \ldots & 34° \ 46′ \ 35″03
\end{array}$$

Entre la tour de Rodez et le signal de Montsalvy.

   18 1120⁵128   62⁵2293   = 56° 0′ 22″93

D. et B. n° 1. 4 fructidor, 5ʰ ¼. Objets blancs au commencement, puis noirs le plus souvent; à la fin-Montsalvy très-foible.

   22 1369⁵017   62⁵228045 = 56° 0′ 18″57

D. et B. n° 1. Le 5, de 11 à 2ʰ. Objets foibles et beaucoup de vent.

   20 1244⁵59675 62⁵2298375 = 56° 0′ 24″6735

D. et B. n° 1. Le 5, 6ʰ du soir. Objets noirs le plus souvent; quelquefois blancs, et Montsalvy par fois noir et blanc.

   20 1244⁵576   62⁵2288   = 56° 0′ 21″312

D. et B. n° 1. Le 6, 6ʰ du soir. Objets foibles et éclairés du soleil.

$$\begin{array}{lr}
\text{Les 80} \ldots \quad 62⁵228962 & = 56° \ 0′ \ 21″84 \\
r = 1^{t}625 \quad y = 169° \ 56′ \ 56″ & - \ 19″28 \\
\hline
\text{Centre} \ldots & 56° \ 0′ \ 2″56 \\
& + \ 1″16 \\
\hline
\text{Horizon} \ldots & 56° \ 0′ \ 3″72
\end{array}$$

La partie sud de cette station a été faite par le citoyen Méchain. Voyez page 289.

TOUR DE RODEZ.

LXXI.

On monte à la tour de Rodez par un escalier de 397 marches ; les unes de 9, les autres de 8, 7, 6 et 5 pouces ; mais le plus grand nombre est de 6 pouces.

La tour finit par une plate-forme entourée d'une balustrade de 1ᵗ667 de hauteur, et qui, sans empêcher tout-à-fait l'observation, la rend au moins fort difficile.

Au milieu de la plate-forme s'élève une tourelle qui renferme le timbre de l'horloge, et qui est surmontée d'une statue de la Vierge, en pierre, qui a servi de point de mire. La tourelle est octogone, ainsi que la tour.

L'apothème de la tourelle est de 0ᵗ6111 ; celui de la tour est de 2ᵗ1528 intérieurement.

Contre la face de la tourelle, celle qui regarde le plus exactement Rieupeiroux, j'ai fait placer un échafaud de 1ᵗ125 de hauteur. De là on pouvoit voir les signaux par-dessus la balustrade, diriger la lunette supérieure au centre de la station, et mesurer directement la distance au centre.

DISTANCES AU ZÉNIT.

Signal de Montsalvy.

10   999^{g}612   99^{g}9612 $=$ 89° 57' 54"3   (dans le ciel.)

D. et B. n° 1.   9 fructidor, 6^h ½.   Horizon pur ; grand vent.

La même.

10   999^{g}6925   99^{g}9625 $=$ 89° 57' 58"5

D. et B. n° 1.   10 fructidor, 4^h ¼.   Objets un peu foibles ; presque point de vent.

Clocher de Saint-Jean de Rieupeiroux.

10   998^{g}502   99^{g}8502 $=$ 89° 51' 54"6   (dans le ciel.)

D. et B. n° 1.   9 fructidor, 6^h ¼ du soir.   Horizon pur, grand vent.

La même.

10   998^{g}540   99^{g}8540 $=$ 89° 52' 6"96

10 fructidor, 11^h.   Objet bien visible.

Statue de la Vierge, dont la tête a servi de point de mire.

4   97^{g}455   24^{g}36375 $=$ 21° 55' 38^{g}55

Cette distance a été observée à 2^{t}167 du centre et du milieu de la statue.

Hauteur de la tourelle au-dessus de la plate-forme,

$$= 2^t1667 \ cot. \ 21° \ 55' \ 39 + 0^t6667.$$
$$dH = 0^t6667 \ cot. \ 21° \ 55' \ 39 - 1^t125.$$

ANGLES.

Entre le signal de Montsalvy et le clocher de Saint-Jean de Rieupeiroux.

$$30 \quad 2993^{g}0685 \quad 99^{g}876895 \; = \; 89° \; 47' \; 31''4$$

D. et B. n° 1. 9 fructidor, de 5 à 6^h. Objets bien visibles, point de soleil, vent assez fort.

$$20 \quad 1995^{g}389 \quad 99^{g}876945 \; = \; 89° \; 47' \; 33''0$$

D. et B. n° 1. 10 fructidor, 4^h $\frac{1}{2}$. Objets passables. Calme pendant les 12 premières observations; vent comme le 9 pendant les 8 dernières.

$$\text{Les } 50 \quad 4988^{g}4575 \quad 99^{g}8769115 = 89° \; 47' \; 32''05$$
$$r = 1^{t}1667 \quad y = 186° \; 34' \; 28'' \qquad - \quad 9''48$$

$$\text{Centre} \; \ldots \ldots \ldots \ldots \; 89° \; 47' \; 22''57$$
$$+ \quad 0''25$$

$$\text{Horizon} \; \ldots \ldots \ldots \ldots \; 89° \; 47' \; 22''82$$

La partie sud de cette station et toutes les stations suivantes ont été faites par le citoyen Méchain.

De-Rodez je suis revenu à Paris dans les premiers jours de vendémiaire an 6, pour fixer définitivement les termes de la base de Melun, commander les signaux et observer les angles qui devoient servir à joindre cette base au triangle qui a pour côté la distance de Montlhéri à Malvoisine, et enfin pour terminer la station de Brie, restée incomplète en 1792. Ces différens soins m'ont occupé depuis vendémiaire jusqu'en ventose,

CLOCHER DE LA CHAPELLE SAINT-JEAN DE RIEUPEYROUX.

TOUTES les observations suivantes, et jusqu'au terme austral de la méridienne, sont présentées dans le même ordre et de la même manière que les précédentes du citoyen Delambre : il n'y a que deux légères différences, que je ferai connoître.

Depuis cette station-ci jusqu'aux Pyrénées je ne me suis servi que d'un seul cercle. Il est absolument semblable à celui n°. 1 du citoyen Delambre, de même diamètre, divisé en 400 parties ou *grades*, et construit aussi par l'habile artiste Lenoir. Au Puy de la Estella, qui tient au Canigou, et à quelques stations en Catalogne, on a fait usage d'un autre cercle divisé en 360 degrés, mais de même diamètre que le premier. Quand cela aura eu lieu, on en avertira ; d'ailleurs il sera aisé de le reconnoître, parce qu'alors les arcs ne seront rapportés qu'en parties sexagésimales.

Ces deux cercles ont aussi quatre alidades, qu'on lisoit toujours en commençant et en finissant une série d'angles, et souvent plusieurs fois dans le cours d'une même série ; et, excepté dans une ou deux circonstances, on n'a jamais manqué de lire la première alidade à chaque double observation, afin de reconnoître la marche des observations, et de s'assurer qu'il ne s'y glissoit point d'erreurs notables. Les quatre alidades de l'un et de l'autre cercle ne sont pas non plus tout-à-fait à angles droits ; les différences en sont même sujettes à varier, soit par l'effet de la température, soit par de petites altérations qu'on a crû reconnoître après que les instrumens avoient été démontés pour les nettoyer, soit enfin par l'inexactitude de l'estime, parce que les verniers ne donnant que deux décimales, la troisième n'est qu'évaluée ; mais on a toujours vérifié ces différences, apprécié leurs variations, et on en a tenu compte.

Les distances au zénith ont été observées communément dix fois, et assez souvent on en a fait plusieurs séries pour un même objet. Dans ces observations, on mettoit ordinairement le fil de la lunette en contact extérieur avec le sommet du signal ou l'extrémité supérieure de l'objet. Ce sont les distances observées de cette manière qui ont servi pour calculer la réduction des angles à l'horizon ; mais dans le calcul de la différence de niveau et celui de la réfraction terrestre, on doit augmenter ces distances au zénith de la demi-épaisseur du fil, qui a été déterminée de 3″. J'y applique encore une autre correction, qui est le petit arc sous-tendu par l'excès de la hauteur du signal observé au-dessus du sol, sur celle du cercle prise de même au point de l'observation. Par là on obtient la distance au zénith telle qu'elle auroit été observée si le centre du cercle eût pu être placé au pied du signal de la station, et qu'on eût visé au pied de l'autre signal. Cette deuxième correction est désignée par dH' ; elle est donnée en parties de la toise et en arc de cercle. Voilà les seules différences qu'on trouvera entre les données de mes observations de distances au zénith et celles du citoyen Delambre. D'ailleurs je rapporterai quelquefois la quantité qu'il a nommée dH, c'est-à-dire la hauteur du signal ou de l'objet où se faisoit l'observation au-dessus de la lunette du cercle; mais cela ne sera pas toujours utile, à cause que plusieurs des signaux ayant été détruits par la malveillance ou autrement, dans l'intervalle du passage d'une station à une autre, la hauteur des nouveaux signaux n'étoit plus la même que celle des premiers. Ces changemens jetteroient au moins quelque confusion pour les réductions, ou les rendroient plus embarrassantes.

Les angles des triangles principaux ont été observés au moins vingt fois, et souvent beaucoup plus, si ce n'est dans quelques circonstances particulières qui forçoient de finir plutôt; mais, autant qu'il a été possible, on a fait plusieurs séries d'un même angle, et à différentes heures du jour.

Quelquefois j'ai disposé le réticule des lunettes en sorte que les deux fils faisoient un angle de 45 degrés avec l'horizon; je l'indiquerai, comme le citoyen Delambre, par le signe ×. Mais cette disposition ne me paroissant point présenter un grand avantage, j'ai le plus souvent laissé les fils droits, c'est-à-dire l'un parallèle et l'autre perpendiculaire à l'horizon : dans ce cas, il n'y aura point de signe particulier.

Outre la réduction des angles au centre et celle à l'horizon, on y en a encore fait une troisième, que le citoyen Delambre a négligée, parce qu'elle est en effet très-négligeable : elle dépend de l'excentricité de la lunette inférieure, qui est de 26 lignes environ pour mes deux cercles, et à droite du centre. J'avois employé cette correction dans une première rédaction, et la commission spéciale, chargée de discuter toutes nos observations l'ayant conservée, j'ai dû la rapporter.

Le résultat définitif pour chaque angle des triangles principaux, sera toujours celui que la commission a adopté. J'en avertis ici une fois pour toutes.

Parmi les observations des distances au zénith et des angles, on en trouvera un assez grand nombre qui appartiennent à des triangles secondaires que j'ai formés, toutes les fois que l'occasion s'en est présentée, pour lier des points remarquables à la chaîne principale. Les angles de ces triangles secondaires n'ont pas été observés autant de fois que ceux des triangles de la méridienne, et le troisième angle n'en a été mesuré que bien rarement : il sera conclu des deux autres.

Les objets que j'avois à observer de Rieupeyroux étant situés dans la partie méridionale, je ne pouvois pas placer mon cercle au même point que le citoyen Delambre avoit choisi ; j'ai été obligé de m'en éloigner de 4 toises environ, et vers le nord-ouest, afin d'apercevoir d'un même endroit le Puy-Saint-Georges, la Gaste et Rodez. Ce nouveau point est désigné sur la *fig.* 18, par la lettre *O'*.

Au moyen de plusieurs aplombs établis avec soin, on a marqué sur le sol, dans l'intérieur du clocher, le

point C, centre) de la station, et pied d'une verticale
abaissée du centre de la figure de ce clocher, prise à
la hauteur du bord du toit ; une portion de cette verticale étoit même représentée par un cordeau attaché
par en haut à la voûte, et fixé par le bas sur un piquet
enfoncé au point C. La distance horizontale du centre
du cercle à cette verticale étoit de 3ᵗ8854, et l'angle
entre la même verticale et la tour de Rodez, résultant
de plusieurs mesures, a été trouvé de 326ᵍ283 = 293°
39′3 de la division sexagésimale. Le citoyen Delambre
a désigné la première de ces quantités par la lettre r,
et la seconde par la lettre y : je les désignerai de
même.

Le centre du cercle a toujours été placé exactement
au même point pour tous les angles mesurés ici ; on le
faisoit convenir chaque fois, sous l'intersection de deux
ficelles attachées à des repaires bien fixes.

Par une petite opération trigonométrique j'ai déterminé la hauteur totale du clocher ou celle de l'épi du
toit au-dessus du centre C de la station, de 5ᵗ9618 ;
et la hauteur du même point au-dessus de la lunette
du cercle, placé verticalement pour l'observation des
distances au zénith, de 5ᵗ3947 ; c'est ce que le citoyen
Delambre appelle dH.

Les noms des observateurs sont indiqués par des lettres initiales ; d'ailleurs je les ferai connoître successivement. Depuis Rieupeyroux jusqu'à Carcassonne, j'ai
observé seul les angles des triangles ; mais, pour les
distances au zénith, j'ai été aidé par le citoyen Agoustenc

de Carcassonne : il caloit le niveau. Ce jeune homme m'a secondé dans toute cette partie de la chaîne des triangles avec bien du zèle, de l'activité et de l'intelligence.

DISTANCES AU ZÉNITH.

Rodez (sommet de la tête de la statue sur la tour de).

10   1003ˢ38175   1008338175 $=$ 90° 18' 15"7   (en terre.)

M. et A. 20 thermidor an 6, à 5ʰ ¼ du soir. Soleil. Objet très-distinct.

La même.

10   1003ˢ3485   1008 33485 $=$ 90° 18' 4"9

M. et A. 24 thermidor, à 5ʰ ½ du soir. Thermomètre $+$ 13ᵈ6 en 80ᵈ. Calme. L'objet est dans l'ombre ; on le voit bien.

Milieu des deux séries . . . . . 90° 18' 10"3
pour la réduction à l'horizon.

Demi-épaisseur du fil . . . . . $+$ 3"0

$dH' = -$ 0ˢ5671 $= -$ 8"2
____
90° 18' 5"1

pour la différence de niveau et la réfraction.

Signal de la Gaste.

10   999ˢ5615   9989 5615 $=$ 89° 57' 37"9   (dans le ciel.)

M. et A. 18 thermidor, à 6ʰ ¼ du soir. Thermomètre 15ᵈ0. Soleil. Le grand vent agite le niveau, et le signal est difficile à distinguer.

La même.

10   999ˢ5285   9989 5285 $=$ 89° 57' 27"2

M. et A. 21 thermidor, à 7ʰ ¼ du matin. Thermomètre 15ᵈ0. Calme. Objet assez net ; il n'y a point d'ondulations.

Moyenne . . . . 89° 57' 32"6
pour la réduction à l'horizon.

Demi-épaisseur du fil . . . . $+$ 3"0

dH' 1ˢ7665 $= +$ 18"4
____
89° 57' 54"0

pour la différence de niveau et la réfraction.

Signal de Puy-Saint-Georges.

10   1006⁸9030   100⁸69030 = 90° 37′ 16″6   (en terre.)

M. et A. 18 thermidor, à 6ʰ ¼ après midi, Thermomètre 15ᵈo. Vapeurs, et le vent agitoit le niveau.

La même.

10   1006⁸92725   100⁸692725 = 90° 37′ 24″4

M. et A. 21 thermidor, à 8ʰ ½ du matin. Thermomètre, 9ᵈ7. Soleil; signal un peu diffus.

Moyenne . . . .   90° 37′ 20″5

pour la réduction à l'horizon.

Demi-épaisseur du fil . . ⸵ . .   +   3″o

$d\,H'$ 2ᵗ4885 = + 29″3

90° 37′ 52″8

pour la différence de niveau et la réfraction.

Albi (tourelle sur la tour de la cathédrale d').

10   ,101⁰⁸0655   101⁸00655 = 90° 54′ 21″2   (en terre.)

pour la réduction à l'horizon. M. et A. 25 thermidor, à 3ʰ ¼. Thermomètre, 19ᵈo. Soleil; air très-clair; l'objet est bien visible.

Demi-épaisseur du fil . . . . .   +   3″o

$d\,H'$ = — 0ᵗ5671   —   5″2

90° 54′ 19″o

pour la différence de niveau et la réfraction.

La Rogière, montagne (au pied du signal de).

10   997⁸39125   99⁸739125 = 89° 45′ 54″8 (dans le ciel.)

M. et A. 20 thermidor, à 11ʰ 20′. Vapeurs. Le sommet de la montagne est mal terminé.

La même.

$$10 \quad 997^g430 \quad 998^g743o \quad = \quad 89°\ 46'\ 7''3$$

A préférer pour la réduction à l'horizon. M. et A. 25 thermidor, à 3ʰ ½. Thermomètre, 20ᵈ. Soleil; calme; atmosphère très-pure; sommet bien tranché.

Demi-épaissur du fil . . . . . .   +   3''o

$$d\,H' = 0^g5671 \qquad\qquad - \quad 3''2$$

$$89°\ 46'\ 7''1$$

pour la différence de niveau et la réfraction.

A N G L E S.

Entre le signal de la Gaste et la tour de Rodez.

$$24 \quad 106^g89675 \quad 44^g4569792 \quad = \quad 40°\ 0'\ 40''61$$

M. 20 thermidor, vers 6ʰ du matin. Soleil; un peu de vapeurs pour la Gaste; Rodez dans l'ombre et dans la direction du soleil. On visoit à la tête de la statue, qui se distinguoit bien.

$$16 \quad 71^g83285 \quad 44^g45803125 \quad = \quad 40°\ 0'\ 44''02$$

M. 6ʰ du soir. Objets très-nets; bien éclairés du soleil jusqu'à la seizième observation, après quoi ils se sont embrumés, et l'on n'a pas pu continuer.

$$24 \quad 106^g99425 \quad 44^g45809375 \quad = \quad 40°\ 0'\ 44''22$$

M. Le 23, à 6ʰ ½ du matin. Calme; soleil foible; la statue de Rodez bien visible; la Gaste dans l'ombre et assez nét.

Les 64 284^g29625 $44^g4576601^{\prime}56$ $=$ $40°\ 0'\ 42''82$

Correction pour l'excentricité . .   —   0''04

$r = 3^t8854$ $x = 293°\ 39'3.$ Réduction

au centre . . . .   + 33''78

Angle au centre . . . .   40° 1' 16''56

Réduction à l'horizon . . . . . .   —   4''71

Angle à l'horizon . . . .   40° 1' 11''85

Nota. Même angle par Cassini et Lacaille : 40° 1' 10''. (*Méridienne vérifiée*, p. xliv.)

Entre les signaux de Puy-Saint-Georges et de la Gaste.

32   185181125   57ᵇ84726525 $=$ 52° 3′ 45″141

M. 20 thermidor, 7ʰ du matin. Signaux dans l'ombre, mais un peu difficiles à voir, et il y a des vapeurs.

24   138883307.5   57ᵇ847114583 $=$ 52° 3′ 44″65 ×

M. 21 thermidor, 6ʰ du soir. Signaux parfaitement distincts. Celui de Puy-Saint-Georges éclairé en face, et celui de la Gaste sur les deux côtés tournés vers l'observateur.

16   925856625   57ᵇ847890625 $=$ 52° 3′ 47″17

M. 24, à 7ʰ du matin. Signaux très-diffus, et ils le sont devenus tellement qu'on a été obligé de discontinuer. On a rejeté cette dernière série, et on a pris le milieu arithmétique des deux premières.

Donc moyen	52° 3′ 44″896
Excentricité	$+$ 0″014
$r =$ 3ᵗ8854 $y =$ 333° 40′	$+$ 37″839
Centre	52° 4′ 22″749
	$-$ 11″555
Horizon	52° 4′ 11″194

Entre le signal de Puy-Saint-Georges et Rodez.

20   204589415   102ᵇ297075 $=$ 92° 4′ 2″52

M. 28 thermidor, 6ʰ du soir. Objets très-apparens

Excentricité	$-$ 0″03
$r =$ 3ᵗ8854 $y =$ 293° 39′3	$+$ 1′ 11″61
Centre	92° 5′ 14″10
	$+$ 12″40
Horizon	92° 5′ 26″50
Somme des deux angles partiels précédens	92° 5′ 23″05
Différence	3″45

La commission n'a pas jugé à propos d'avoir égard à cet angle total, à cause du petit nombre d'observations, en comparaison de celles pour chacun des deux angles partiels.

1.

Entre Albi et le signal de la Gaste.

12   898g7310   748g9425 $=$ 67° 24′ 17″37

M. 24 thermidor, 6ʰ après midi. Soleil. Les objets sont bien éclairés; mais il est si rare de voir Albi qu'on n'a pu faire que ces 12 observations.

Excentricité	— 0″01
$r = 3^{t}8854$ $y = 333° 40′0$	+ 41″42
Centre	67° 24′ 58″78
	— 13″26
Horizon	67° 24′ 45″52

Entre les signaux de la Gaste et de la Rogière.

12   747g0710   6282559166 $=$ 56° 1′ 49″17

M. 25 thermidor, 4ʰ ¼. On voit passablement bien le signal de la Rogière; celui de la Gaste est très-distinct.

Excentricité	— 0″05
$r = 3^{t}8854$ $y = 227° 38′2$	+ 3″72
Centre	56° 1′ 52″84
	— 0″45
Horizon	56° 1′ 52″39

Entre les signaux de Montrédon et de la Gaste.

20   1166g41475   58g3207375 $=$ 52° 29′ 19″19

M. 25 thermidor, 5ʰ ¼ après midi. Temps calme et très-serein. Les deux signaux bien éclairés jusqu'à la douzième observation; après quoi, celui de Montrédon a disparu dans l'ombre du château.

Excentricité	— 0″04
$r = 3^{t}8854$ $y = 333° 40′$	+ 28″53
Centre	52° 29′ 47″68
	— 6″59
Horizon	52° 29′ 41″09

On ne fait pas usage de cet angle. On avoit tenté de l'observer pour former un grand triangle, lequel, joint à celui de la Gaste, Montrédon et Montalet, auroient pu dispenser des stations intermédiaires Puy-Saint-Georges et Puy-Cambatjou ; mais le signal de Montalet ayant été abattu pendant qu'on étoit à la Gaste, tous les angles des deux grands triangles n'ont pu être mesurés. D'ailleurs la disposition du temps et la grande distance d'ici à Montrédon n'ont permis de faire que la seule série qu'on vient de rapporter ; on n'a même pas pu observer la distance de Montrédon au zénith : on l'a calculée, et on l'a supposée 90° 26′ 54″.

Ricupeyroux.

TOUR DE RODEZ.

L X X I *bis.*

Rodez.

Les vides qui se trouvent dans les ornemens dont la balustrade qui termine la tour est décorée, m'ont donné la facilité de voir, de dessus la plate-forme, les objets que j'avois à observer. J'ai marqué sur la dernière pierre du noyau de l'escalier dans la tourelle, le pied de la verticale abaissée du milieu de la tête de la statue qui surmonte la tourelle, et qui a servi de point de mire aux autres stations correspondantes. Ce point a été déterminé avec précision au moyen de plusieurs fils à plomb. J'y avois établi verticalement une grande règle de bois ; en sorte que l'une de ses arêtes représentoit l'axe de la station. C'est à cette arête que l'on a visé pour prendre l'angle qui sert à calculer la réduction des angles au centre, et c'est de là qu'on a mesuré la distance horizontale au centre du cercle, désignée par la lettre r.

Lorsque le cercle étoit disposé pour observer les

distances au zénith, la lunette étoit, au-dessous du niveau de la tête de la statue, de 5ᵗ4255 $= dH$.

En l'an 8, le citoyen Tedenat, professeur de mathématiques à l'école centrale de l'Aveyron, et associé de l'Institut national, a déterminé la hauteur de la tête de la statue, au-dessus du niveau du pavé de l'église, de 43ᵗ5o : c'est 6ᵗ534 de plus que la hauteur de la tour méridionale de Notre-Dame de Paris, aussi au-dessus du pavé de l'église, et seulement oᵗ145 de moins que celle du sommet du dôme du Panthéon. Le citoyen Tedenat avoit mesuré une base sur la place qui est au-devant de l'église ; et il a observé les angles avec un cercle de 6 pouces de diamètre que je lui ai fait construire, et avec lequel il exerce ses élèves.

DISTANCES AU ZÉNITH.

Rieupeyroux (l'épi du toit du clocher de la chapelle de).

10   998ᵍ53575   99ᵍ853575 $=$ 89° 52' 5″58   (dans le ciel.)

M. et A. 2 thermidor, à 11ʰ. L'objet est bien visible.

La même.

10   998ᵍ4765   99ᵍ847650 $=$ 89° 51' 46″39

M. et A. 2 thermidor, une demi-heure avant le coucher du soleil. Vent d'est violent. Thermomètre, 16ᵈ. L'objet est dans l'ombre et très-distinct.

La même.

8   798ᵍ7820   99ᵍ847750 $=$ 89° 51' 46″71

M. et A. 4 thermidor, une demi-heure avant le coucher du soleil. Thermomètre, 9ᵈ. Objet ombré et très-net.

La même.

10   99$85550   99$85550 $= 89°\ 52'\ 11''82$

M. et A.   11 thermidor, à midi $\frac{1}{4}$. Soleil; un peu de vapeurs. Thermo-mètre, 16^d.

Moyenne des 4 séries . . . . . $89°\ 51'\ 57''62$

Je préfère la moyenne des 2 séries observées

vers midi . . . . $89°\ 51'\ 46''55$

pour la réduction à l'horizon.

Pour le fil . . . . $0''00$

$dH' = 11^t38715$ $+\ 2'\ 45''53$

$89°\ 54'\ 32''08$

pour la différence de niveau et la réfraction.

Nota. Je prends le sommet de la tête de la statue pour terme de la tour de Rodez.

Signal de la Gaste.

10   995$810625$ 995$810625$ $= 89°\ 33'\ 34''43$

M. et A.   1 thermidor, à 10^h $\frac{1}{4}$. Calme; temps très-serein. On voit bien le signal.

La même.

10   995$80680$ 995$50680$ $= 89°\ 33'\ 22''03$

M. et A.   4 thermidor, à 6^h $\frac{1}{4}$ du soir. Thermomètre, 10^{d}5. Signal éclairé; un peu de vapeurs.

La même.

10   995$811425$ 995$811425$ $= 89°\ 33'\ 37''02$

M. et A.   5 thermidor, à 6^h $\frac{1}{2}$ du soir. Thermomètre, 14^{d}7. Objet très-distinct.

Moyenne . . . . $89°\ 33'\ 31''16$

pour la réduction à l'horizon.

Demi-épaisseur du fil . . . . . . $+\ 0'\ 3''00$

$dH' = 7^t7587$ $+\ 2'\ 5''37$

$89°\ 35'\ 39''5$

pour la différence de niveau et la réfraction.

La Rogière (au pied du signal de).

10   991g47725   99g147725   = 89° 13' 58"63 (dans le ciel.)

M. et A.   9 thermidor, à 6ʰ ¼ du soir. Thermomètre, 9ᵈo. Soleil ; le sommet de la montagne est bien tranché.

La même.

10   991g47250   99g147250   = 89° 13' 57"09

M. et A.   11 thermidor, à 11ʰ. Thermomètre, 16ᵈo. Un peu de vapeurs.

Moyenne. . . . .   89° 13' 57"86

pour la réduction à l'horizon.

Demi-épaisseur du fil . . . . .   + 3"oo
$d H' = 5^t42535$ + 47"95
____

89° 14' 48"81

pour la différence de niveau et la réfraction.

Signal du Montsalvy.

12   1199g61475   99g96789583   = 89° 58' 15"98 (dans le ciel.)

M.   2 thermidor, à 6ʰ du soir. Thermomètre, 18ᵈo. Vent d'est assez fort ; signal noir : on le voit très-nettement.

La même.

12   1199g85990   99g9665833   = 89° 58' 11"73 .

M. et A.   8 thermidor, à 5ʰ 30'. Beau temps ; signal éclairé d'un côté : on le voit bien.

Moyenne . . . .   89° 58' 13"86
Demi-épaisseur du fil . . . . .   + 0' 3"oo
$d H' = 8^t92535$ + 1' 28"oo
____

89° 59' 44"86

pour la différence de niveau et la réfraction.

Plomb du Cantal.

12   1193ᵍo495   99ᵍ4207917 = 89° 28' 43"4 (dans le ciel.)

M. 2 thermidor, à 6ʰ ½ du soir. Thermomètre, 17ᵈo. Vent d'est fort ; sommet bien tranché ; point d'ondulations.

Demi-épaisseur du fil . . . . .   ⊹   3"o
$dH' = 5^{\iota}42535$ ⊹   27"2
————————————
89° 29'   i3"6

pour la différence de niveau et la réfraction.

Puy-Violan (sommet occidental le plus haut du)

10   997ᵍ18i5   998ᵍ718i5 = 89° 44' 46"8 (dans le ciel.)

M. et A. 10 thermidor, à 6ʰ ¼ du soir. On vise au pied du signal, qui est bien visible.

Demi-épaisseur du fil . . . . .   ⊹   3"o
$dH' = 5^{\iota}42535$ ⊹   25"2
————————————
89° 45'   i5"o

pour la différence de niveau et la réfraction.

A N G L E S.

Entre le clocher de Saint-Jean de Rieupeyroux et le signal de la Gaste.

24   25i6ᵍo5o25   io4ᵍ8354270833 = 94° 21' 6"78

M. 2 thermidor, à 10ʰ. Temps serein ; la Gaste noir ; le clocher de Rieupeyroux a l'une de ses faces éclairée ; on pointe alternativement à l'un et l'autre des deux angles opposés et les plus saillans. . ·

3o   3i45ᵍo6275   io4ᵍ835425o   = 94° 21' 6"78 x

M. 4 thermidor, à 4ʰ ½ du soir. On voit bien les objets. Rieupeyroux noir ; la Gaste quelquefois éclairé d'un côté, et quelquefois noir.

24   25i6ᵍo47o   io4ᵍ83529i667   = 94° 21' 6"35

M. 5 thermidor, à 6ʰ du soir. Les objets sont très-distincts. Rieupeyroux paroît noir ; le signal de la Gaste présente une face éclairée, mais on vise au milieu de la base supérieure. Rieupeyroux n'a jamais été bien visible que vers la fin de l'après-midi.

Moyen arithmétique	94° 21′ 6″64
Excentricité	— 0″01
$r = 2^{t}06343$ $y = 223°$ 37′4	+ 2″92
Centre	94° 21′ 9″55
	+ 4″22
Horizon	94° 21′ 13″77

Nota. Même angle . . . . 94° 21′ 24″00   (*Méridienne vérifiée*, p. xlij.)

Entre les signaux de la Gaste et de la Rogière.

12   1483895225   1236626875 = 111° 17′ 47″11
M.   9 thermidor, à 6ʰ. du soir.

Excentricité	+ 0″08
$r = 1^{t}84537$ $y = 272°$ 23′9	+ 28″29
Centre	111° 18′ 15″48
	+ 32″44
Horizon	111° 18′ 47″92

Le citoyen Bonaterre, professeur d'histoire naturelle à l'école centrale de l'Aveyron, qui a parcouru toutes les montagnes d'Aubrac dans le département de la Lozère, présume que le sommet nommé *la Rogière* est le point le plus élevé de cette chaîne. C'est à la demande de ce savant, et sur l'invitation de l'administration départementale de l'Aveyron, que j'ai lié ce sommet aux triangles de la méridienne. L'administration envoya y placer un signal pendant que j'étois à Rodez ; mais comme il étoit un peu foible pour être aisément aperçu de Rieupeyroux et de la Gaste, les citoyens Bonaterre et Tedenat, qui alloient passer les vacances à Saint-Geniès, se rendirent à la montagne, qui n'en est pas bien éloignée, et ils y firent ériger un nouveau signal beaucoup plus grand que le premier, et qui fut très-visible de Rieupeyroux et de la Gaste : la Rogière et ces deux points forment un triangle plus avantageux que celui appuyé sur Rodez et la Gaste.

SIGNAL DE LA GASTE.

LXXII.

CE signal a été élevé dans la partie la plus haute du sommet de la montagne, et presque à l'extrémité nord. On a tâché de le placer au même endroit que celui de 1739, dont la position avoit été retrouvée et marquée par le citoyen Deslongschamps, ci-devant ingénieur-géographe employé à la grande carte de France, et actuellement propriétaire d'une métairie dite le *Vittarel*, qui est située sur le revers de la montagne du côté du midi, au-dessus du village de Durenque.

Notre signal étoit une pyramide quadrangulaire tronquée, semblable à celles que le citoyen Delambre a employées et décrites à plusieurs des stations précédentes. La hauteur de celle-ci au-dessus du sol étoit de 2ᵗ333, la base inférieure avoit 1ᵗ056 de côté, et la base supérieure 0ᵗ333. Les quatre faces étoient garnies de planches depuis le haut jusqu'à une toise du sol.

Au centre de la base supérieure on avoit fixé un petit crochet à vis, auquel on suspendoit un fil-aplomb qui représentoit l'axe du signal ; et lorsqu'on disposoit le cercle pour prendre les angles entre les objets, on faisoit convenir son centre très-exactement sous la pointe du plomb, ou bien sous l'intersection de deux ficelles attachées aux arêtiers, laquelle intersection se trouvoit également dans l'axe du signal.

Quand on établissoit une pyramide ou un signal de cette forme, on enfonçoit dans le terrain, et vers le milieu de la base, un gros piquet de bois dur, et, sur la tête de ce piquet, au point où répondoit la pointe de l'aplomb on frappoit une cheville de fer qui marquoit le centre de la station. Cela servoit aussi à examiner de temps en temps si l'action du vent sur le corps du signal, ou quelqu'autre accident, ne le dérangeoit point. Les mêmes précautions ont été prises pour tous les signaux semblables. D'ailleurs, afin de leur donner toute la stabilité possible, les quatre arêtiers de la pyramide étoient enfoncés de plusieurs pieds en terre, et fermement callés avec des pierres et de la terre battue. Chaque arêtier étoit encore consolidé par des étaies inclinées, assemblées par un bout près de la partie supérieure du signal, et dont l'autre bout étoit enfoncé dans le terrain et entouré de grosses pierres.

Le premier signal que j'avois fait élever ici, l'été précédent, étoit beaucoup plus grand que celui dont je viens de donner les dimensions; mais comme des malveillans l'avoient coupé à quatre pieds de terre, il a fallu se servir pour le nouveau des bois qui restoient de l'autre. Tous les signaux érigés aussi dans le cours de l'été précédent, depuis la Montagne-Noire jusqu'ici, ont été pareillement abattus ou incendiés, même plusieurs fois de suite, et je ne pus parvenir cette fois-ci à conserver les nouveaux que par l'effet des proclamations que les administrations départementales firent publier et afficher dans les villages et métairies des environs;

on fut même obligé d'en faire garder plusieurs par la
force armée. Ces obstacles et quelques autres ont beau‑
coup retardé la mesure des triangles entre Carcassonne et
Rodez.

La Gaste,

DISTANCES AU ZÉNIT.

$$dH = 1^t 6667.$$

Rodez (*sommet de la tête de la statue sur la tour de*).

    10   1006⁸68575   1008668575 = 90° 36′ 6″18 (en terre.)

M. et A. 2 fructidor, à 4ʰ 40′ après midi. Thermomètre, 17ᵈ5. Objet bien
visible.

La même.

    10   1006⁸68575   1008668575 = 90° 36′ 6″18

M. et A. 3 fructidor, à 11ʰ. Therm. 21ᵈ5. Objet légèrement embrumé.

    Moyenne . . . . 90° 36′ 6″18

pour la réduction à l'horizon.

    Demi-épaisseur du fil . . . . . .   + 3″00

      $dH' = - 0^t6667$ — 10″77
                              ——————
                              90° 35′ 58″41

pour la différence de niveau et la réfraction.

Rieupeyroux (*l'épi du toit du clocher de la chapelle de*).

    10   1003⁸5370   1008535370 = 90° 19′ 5″99 (dans le ciel.)

M. et A. 2 fructidor, à 5ʰ ¼ après midi. Therm. 17ᵈ. Objet bien distinct.

La même.

    10   1003⁸5370   1008535370 = 90° 19′ 5″99

M. et A. 4 fructidor, à 4ʰ du soir. Thermomètre, 21ᵈ. Soleil; vent d'est
très-fort; objet très-apparent.

Moyenne . . . . 90° 19' 5"99

pour la réduction à l'horizon.

Demi-épaisseur du fil . . . . .   + 3"00

$dH' = 5^t 29514$ + 55"18

90° 20' 4"17

pour la réfraction et la différence de niveau.

Signal de Puy Saint-Georges.

10   1009^g61975   100^g961975   = 90° 51' 56"8   (dans le ciel.)

M. et A. 2 fructidor, à 5ʰ 35' soir. Therm. 16ᵈ. Soleil foible ; le sommet du signal est bien terminé.

La même.

8   807^g70575   100^g96321875 = 90° 52' 0"83

M. et A. 4 fructidor, à 10ʰ ½. Therm. 19ᵈ. Vent d'est très-fort, mais on est abrité ; signal un peu embrumé.

Moyenne . . . . 90° 51' 58"81

pour la réduction à l'horizon.

Demi-épaisseur du fil . . . . . ;   + 3"00

$dH' = 2^t 3889$ + 29"86

90° 52' 31"67

pour la réfraction et la différence de niveau.

Albi (tourelle sur la tour de la cathédrale d')

10   1011^g84810   101^g814810 = 91° 1' 59"84 (en terre)

M. et A. 5 fructidor, à 9ʰ 20'. Therm. 18ᵈ3. Soleil ; objet très-diffus ; on ne fait que soupçonner la tourelle.

La même.

10   1011^g83860   101^g813860 = 91° 1 29"06, à préférer.

M. et A. 8 fructidor, à 8ʰ du matin. Therm. 12ᵈ. La tour est éclairée du soleil et se voit bien.

Demi-épaisseur du fil . . . . . ;   + 3"00

$dH' = - 0^t 6667$ — 5"84

91° 1' 26"22.

pour la réfraction et la différence de niveau.

Signal de Montrédon.

8 . 805^s827925   1006^s659906 = 90° 35′ 38″1 (en terre.)

M. et A. 2 fructidor, à 6ʰ 8′ du soir. Therm. 15ᵈ5. Signal embrumé, difficile à voir.

La même.

10   1006^s86160   1006^s66160 = 90° 35′ 43″58

M. et A. 8 fructidor, à 5ʰ 10′ du soir. Signal dans l'ombre très-net ; mais fort petit, à cause de l'éloignement.

Moyenne	90° 35′ 40″84
Demi-épaisseur du fil	+ 3″00
$dH' = 2^t 5486$	+ 19″87
	90° 36′ 3″71

pour la réfraction et la différence de niveau.

Signal du Puy-Cambatjou.

10   1003^s83750   1006^s383750 = 90° 20′ 43″35 (en terre.)

M. et A. 2 fructidor, à 6ʰ ¼ du soir. Therm. 15ᵈ. Signal très-visible ; éclairé en face.

La même.

10   1003^s38355   1006^s383550 = 90° 20′ 42″70

M. et A. 7 fructidor, à 7ʰ ¼ du matin. Therm. 13ᵈ. Objet passable et éclairé du soleil.

Moyenne	90° 20′ 43″02

pour la réduction à l'horizon.

Demi-épaisseur du fil	+ 3″00
$dH' = 2^t 6111$	+ 34″57
	90° 21′ 20″59

pour la réfraction et la différence de niveau.

Signal de Montalet.

10　997ᵍ89525　99ᵍ789525 = 89° 48′ 38″06 (dans le ciel.)

M. et A. 3 fructidor, à 7ʰ ½ du matin. Therm. 15ᵈ5. Temps couvert; signal dans l'ombre.

Demi-épaisseur du fil . . . . . .　　+ 3″00

$dH' = 2^t500$　　+ 19″86

89° 49′ 0″92

pour la réfraction et la différence de niveau.

Nota. Dans la nuit du 3 au 4, ce signal a été détruit pour la troisième fois, et l'on n'a pu répéter ici l'observation de sa distance au zénit, ni prendre l'angle avec Montrédon, comme on se le proposoit.

La Rogière (au pied du signal de).

10　997ᵍ06925　99ᵍ706925 = 89° 44′ 10″43 (dans le ciel.)

M. et A. 3 fructidor, à 9ʰ 25′ du matin. Therm. 18ᵈ. Soleil; la montagne est un peu embrumée.

La même.

10　997ᵍ0460　99ᵍ70460 = 89° 44′ 2″9, à préférer, et pour la réduction à l'horizon. M. et A. 5 fructidor, à 10ʰ ¼. Therm. 18ᵈ7. Soleil; vent d'est; sommet assez bien terminé, et beaucoup mieux que le 3.

Demi-épaisseur du fil. . . . . .　　+ 3″0

$dH' = - 0^t6667$　　— 4″5

89° 44′ 1″4

pour la réfraction et la différence de niveau.

ANGLES observés au centre.

Entre Rodez et Rieupeyroux.

24　1216ᵍ72775　50ᵍ6969896 = 45° 37′ 38″25

M. 3 fructidor, vers 6ʰ du soir. Les objets sont dans l'ombre; Rodez bien distinct; Rieupeyroux un peu embrumé.

24   1216871450   5086964375 = 45° 37′ 36″46 ×

M. 4 fructidor, à 6ʰ ½ du matin. Soleil; Rieupeyroux éclairé en face; Rodez l'est de côté, et un peu embrumé; on voit cependant la statue.

24   1216870575   5086960729 = 45° 37′ 35″27

M. 6 fructidor, vers 5ʰ ¼ du soir. Soleil; les deux objets noirs. Rodez et Rieupeyroux se voient bien nettement.

Moyenne des deux dernières séries . . . . 45° 37′ 35″86
Excentricité . . . .   + 0″06
                                          + 2″60
                                    ____
Horizon . . . .   45° 37′ 38″52

Nota. Même angle . . . .   45° 37′ 36″00 (Méridienne vérifiée, p. xliv.)

Entre Rieupeyroux et le Puy Saint-Georges.

24   1515836050   6384002083 = 56° 49′ 33″668 ×

M. 4 fructidor, à 8ʰ du matin. Soleil; Rieupeyroux en face, mais embrumé; Saint-Georges éclairé de côté, et très-distinct.

24   1515836825   6384034375 = 56° 49′ 34″714 ×

M. 4 fructidor, à 5ʰ ¼ du soir. Les objets sont dans l'ombre, et assez visibles.

18   1136853850   6384102778 = 56° 49′ 36″93

M. 5 fructidor, de 4 à cinq heures du soir. Soleil; les objets présentent les côtés ombrés, et sont très-nets. Après la 18ᵉ observation Rieupeyroux s'est embrumé.

24   1515838810   6384408750 = 56° 49′ 36″435

M. 8 fructidor, à 4ʰ ½ après midi. Beau temps; objets bien terminés; vent nord-ouest assez fort, qui agite un peu le cercle.

Les 90   5682864825   6384053611 = 56° 49′ 35″34
Excentricité . . . .   — 0″02
                                          + 3″21
                                    ____
Horizon . . . .   56° 49′ 38″53

Entre les signaux de Puy Saint-Georges et de Puy-Cambatjou.

22 · 1303⁵07325   59⁵23060227 = 53° 18′ 27″151

M. 5 fructidor, de 6 à 7ʰ 40′ du matin. Les signaux sont éclairés du soleil, mais un peu embrumés. Celui de Cambatjou est encore plus mal terminé que le premier ; il est devenu invisible après la 22ᵉ observation. Le grand vent a aussi rendu les observations longues et difficiles.

24 - 1421⁵5490   59⁵23120833 = 53° 18′ 29″115

M. 7 fructidor, de 5ʰ ¼ à 6ʰ ½ du soir. Temps très-favorable ; les signaux sont éclairés du soleil et se voient parfaitement.

24   1421⁵53375   59⁵23057292 = 53° 18′ 27″056

M. 8 fructidor, de 5ʰ ½ à 9ʰ ¼ du matin. Soleil ; Puy Saint-Georges éclairé de côté, mais bien visible en entier ; Cambatjou éclairé sur la face tournée vers l'observateur.

Ajoutant la seconde série à la demi-somme de la première et de la troisième, et divisant par deux, on a eu pour

l'angle adopté. . . . . 53° 18′ 28″109

Excentricité . . . .   — 0″008

+ 3″074

Horizon . . . . 53° 18′ 31″18

Entre les signaux de Rieupeyroux et de Montrédon.

24   2432⁵30350   1018⁵3459792 = 91° 12′ 40″973

M. 8 fructidor, vers 10ʰ ¼ du matin. Rieupeyroux éclairé ; Montrédon dans l'ombre, et difficile à voir,

Excentricité . . . .   + 0″028

+ 12″200

Horizon . . . . 91° 12′ 53″20

On n'a pas fait usage de cet angle, par les raisons rapportées page 299.

Entre Rieupeyroux et Albi.

La Gaste.

20   1370844225 · 6885221125 = 61° 40' 11"645 ,

M. 5 fructidor, vers 8ᵸ ¼. On vise à la tourelle de la tour d'Albi. Cet objet est un peu embrumé.

Excentricité	+ 0"016
	+ 3"783
Horizon	61° 40' 15"44

Entre le signal de la Rogière et Rieupeyroux.

12   1217816 25   101843020833 = 91° 17' 13"874

M. 7 fructidor, vers 7ᵸ ¼ du matin. Soleil ; on voit bien le signal de la Rogière, et Rieupeyroux est très-apparent.

Excentricité	— 0"037
	— 5"197
Horizon	91° 17' 8"64

Nota. Au moyen de quelques opérations secondaires dont les résultats doivent être assez exacts, on a trouvé qu'un petit tertre contre lequel la métairie du *Vittarel* est adossée, et qui la domine très-peu, est éloigné du centre du signal de 549 toises, et qu'il est au-dessous du niveau du sol de la Gaste de 25ᵗ7 ; d'où l'on a conclu la hauteur de ce tertre sur le niveau de la mer de 445 toises environ.

PUY SAINT-GEORGES.

LXXIII.

Puy Saint-
Georges.

J'AI pris cette station et la suivante au Puy-Cambatjou, pour former quatre triangles au lieu de deux entre Rieupeyroux, la Gaste, Montrédon et Montalet, parce que les distances des deux derniers lieux aux deux premiers étoient trop grandes. Le sommet du Puy Saint-Georges est divisé en deux buttes assez remarquables ; elles gissent à peu près nord et sud. C'est sur celle du sud que se trouve une ancienne chapelle qui avoit été dédiée à saint Georges, d'où la montagne a pris son nom. La chapelle est surmontée d'une petite campanille, que Cassini et Lacaille avoient prise pour point de mire de leurs stations de Rieupeyroux et de la Gaste ; mais de Montrédon ils avoient été obligés de viser au coin oriental de la chapelle, parce que la campanille n'y étoit point visible. En effet, nous avons reconnu qu'elle étoit trop petite et trop courte pour présenter un point de mire assez précis des autres stations correspondantes ; qu'il seroit fort difficile, et même dispendieux de s'y établir pour observer, à cause que les murs voisins sont en ruines : d'après ces considérations, on a fait élever un signal sur la butte nord, qui est même plus haute que l'autre.

Ce signal, de même forme que celui de la Gaste, a été placé à 149^{t}5 du milieu de la Campanille. Sa hauteur au-dessus du piquet qui marquoit le pied de l'axe de la pyramide, ou le centre de la station, étoit de 3^{t}1111 ; la base inférieure avoit une toise de côté, et la supérieure 0^{t}3333. L'une des diagonales étoit dans la direction du Puy-Cambatjou.

DISTANCES AU ZÉNIT.

$$dH = 2^{t}4167.$$

Rieupeyroux (l'épi du toit du clocher de la chapelle de).

    10   995^s7740   99^s57740 = 89° 37′ 10″78 (dans le ciel.)

M. et A. 12 fructidor, à 3ʰ. Therm. 23ᵈ. Soleil ; objet bien éclairé, mais un peu tremblant par l'effet des vapeurs.

La même.

    10   9995^s7335   99^s57335 = 89° 36′ 57″654

M. et A. 12 fructidor, à 6ʰ du soir. Therm. 19ᵈ7. Vent sud-ouest ; très-beau temps ; objet parfaitement terminé.

    Moyenne . . . . 89° 37′ 4″22

pour la réduction à l'horizon.

    Demi-épaisseur du fil . . . . . 0″00

        $dH' = 5^{t}3229$ + 1′ 2″70

                    89° 38′ 6″9

pour la différence de niveau et la réfraction.

Signal de la Gaste.

    10   992^s9995   99^s29995 = 89° 22′ 11″84

M. et A. 12 fructidor, à 4ʰ ½ après midi. Therm. 22ᵈ. Très-beau temps, mais il y a un peu de vapeurs.

La même.

    10   992^s97875   99^s297875 = 89° 22′ 5″12

M. et A. 14 fructidor, à 6ʰ. 5′. Therm. 19ᵈ. Soleil ; on distingue bien le signal.

    Moyenne . . . . 89° 22′ 8″48

pour la réduction à l'horizon.

    Demi-épaisseur du fil . . . . .   + 3″00

        $dH' = 1^{t}6944$ + 21″18

                    89° 22′ 32″7

pour la différence de niveau et la réfraction.

Signal du Puy-Cambatjou.

10　　$994^{g}42375$　　$99^{g}442375 = 89°\ 29'\ 53''30$
pour la réduction à l'horizon.

$$\text{Demi-épaisseur du fil} \dots \dots \quad +\ 3''00$$
$$d\,H' = 2^{t}6389 \quad +\ 37''08$$
$$\overline{\qquad\qquad\qquad}$$
$$89°\ 30'\ 33''38$$

pour la différence de niveau et la réfraction.

Signal de Montrédon.

10　　$1000^{g}01225$　　$100^{g}001225 = 90°\ 0'\ 0''37$
pour la réduction à l'horizon. M. et A. 12 fructidor, à $5^{h}\ \frac{3}{4}$ du soir.
Therm. 20^{d}. Objet très-net.

$$\text{Demi-épaisseur du fil} \dots \dots \quad +\ 3''00$$
$$d\,H' = 2^{t}5764 \quad +\ 33''38$$
$$\overline{\qquad\qquad\qquad}$$
$$90°\ 0'\ 36''7$$

pour la différence de niveau et la réfraction.

Albi (tourelle sur la tour de la cathédrale d')

10　　$1012^{g}3230$　　$101^{g}23230 = 91°\ 6'\ 32''65$
pour la réduction à l'horizon.

$$\text{Demi-épaisseur du fil} \dots \dots \quad +\ 3''00$$
$$d\,H' = -\ 0^{t}6389 \quad -\ 18''21$$
$$\overline{\qquad\qquad\qquad}$$
$$91°\ 6'\ 17''4$$

pour différence de niveau et la réfraction.

A N G L E S observés au centre.

Entre le signal de la Gaste et Rieupeyroux.

24　　$1896^{g}0260$　　$79^{g}0010833 = 71°\ 6'\ 3''510$　×
M. 13 fructidor, à $7^{h}\ \frac{1}{4}$ du matin. -Beau temps, calme; la Gaste éclairée
de côté, et un peu de vapeurs; Rieupeyroux éclairé du côté de l'est, et
assez bien terminé.

24   1896ᵗᵒᵒ4225   79ᵗᵒᵒ17604 $=$ 71° 6′ 5″704 ×

M. 13 fructidor, à 4ʰ ¼ du soir. Très-beau temps ; objets bien visibles, ils sont éclairés de côté.

24   1896ᵗᵒᵒ0425   79ᵗᵒᵒ01771 $=$ 71° 6′ 0″574

M. 14 fructidor, à 8ʰ du matin. Beau temps ; la Gaste dans l'ombre et mal terminée ; Rieupeyroux éclairé du côté de l'est et diffus. On a rejeté cette série.

24   1896ᵗᵒᵒ5375   79ᵗᵒᵒ22396 $=$ 71° 6′ 7″256

M. 13 fructidor, 5ʰ ½ après midi. Temps favorable ; les objets se voient très-nettement.

A la demi-somme des résultats de cette 4ᵉ série et de la 2ᵉ on a ajouté celui de la première série, et, divisant par

deux, on a . . . . 71° 6′ 4″995

Excentricité . . . . ⸮   + 0″007

+ 10″160

____

Horizon . . . . 71° 6′ 15″16

Entre les signaux de Cambatjou et de la Gaste.

30   200ᵗᵒ1085   66ᵗᵒ736950 $=$ 60° 3′ 47″738 ×

M. 13 fructidor, de 5ʰ 20′ à 6ʰ 15′. Très-beau temps ; les signaux sont éclairés du soleil et se voient bien distinctement.

24   1601ᵗᵒ66975   66ᵗᵒ7362396 $=$ 60° 3′ 45″416

M. 14 fructidor, vers 9ʰ du matin. Beau temps. Les faces des signaux tournées vers l'observateur sont dans l'ombre. Il y a des vapeurs dont l'effet est assez sensible.

24   1601ᵗᵒ6725   66ᵗᵒ73635417 $=$ 60° 3′ 45″788

M. 15 fructidor, vers les 9ʰ du matin. Mêmes circonstances que pour la première série.

Les 78   5205ᵗᵒ45075   66ᵗᵒ7365481 $=$ 60° 3′ 46″416

Excentricité . . . .   + 0″019

+ 11″201

____

Horizon . . . . 60° 3′ 57″64

Entre les signaux de Montrédon et de Cambatjou.

24   1325ᵍ9470   55ᵍ24779167 $=$ 49° 23' 22°845 ×

M. 13 fructidor, entre 10 et 11ʰ. Beau temps ; vent très-foible. Signaux dans l'ombre et très-distincts, quoiqu'il y ait un peu de vapeurs.

24, 1325ᵍ94425   55ᵍ2476771 $=$ 49° 23' 22"474

M. 15 fructidor, vers les 4ʰ après midi. Temps très - favorable. On voit très-distinctement les côtés des signaux éclairés du soleil et ceux qui sont dans l'ombre, et l'on vise au milieu.

Moyen arithmétique . . . . . . 49° 23' 22"659

Excentricité . . . . — 0"014

— 06"710

Horizon . . . . 49° 23' 15"94

Entre le signal de Montrédon et la tourelle sur la tour de la cathédrale d'Albi.

12   723ᵍ67475   60ᵍ3062292 $=$ 54° 16' 32"185

M. 14 fructidor, à 5ʰ ½ du soir. Temps favorable; on distingue parfaitement les objets.

Excentricité . . . . $+$ 0"163

— 27"790

Horizon . . . . 54° 16' 4"56

Nota. Si l'on veut réduire ces angles au centre de la campanille, ou comparer le premier et le dernier avec ceux de la *Méridienne vérifiée*, pages 234 et 236, qui se rapportent à ce centre, voici des élémens que j'ai déterminés avec assez de précision pour cela.

Entre le milieu de la campanille et Rieupeyroux, 168° 8' 10".

Distance du centre du signal au centre de la campanille, 149ᵗ5402. Cette distance ne peut pas être en erreur de 0ᵗ08.

Le sommet de la campanille est au-dessous du niveau du centre de la base du signal de 2ᵗ2336.

PUY DE CAMBATJOU.

LXXIV.

L E Puy de Cambatjou est une éminence qui se trouve à l'extrémité nord de la montagne de *Montfranc*, et à demi-lieue environ du village de ce nom. Le signal a été établi vers le milieu du plateau de l'éminence, à trois cents pas au nord d'un amas de maisons qu'on nomme aussi *Cambatjou*. Ces maisons sont situées dans un petit fond par où passe le grand chemin de Montfranc à Albi.

Le signal étoit semblable à celui de Puy Saint-Georges. Hauteur, 3ᵗ2778; côtés, à fleur de terre, 1ᵗ0556; de la base supérieure, 0ᵗ3333.

DISTANCES AU ZÉNIT.

$$dH = 2^{t}6458.$$

Signal de la Gaste.

10. 998.5685   998.5685 = 89° 52′ 16″19 (dans le ciel.)
M. et A. Le 1ᵉʳ complémentaire, à 10ʰ ½. Therm. 16ᵈ. Beau temps et calme; signal dans l'ombre. Il n'y a presque pas d'ondulations.

La même.

10. 998.45775   998.45775 = 89° 51′ 40″31
M. et A. 2ᵉ complémentaire, à 6ʰ 20′ du matin. Therm. 11ᵈ. Temps favorable; calme; soleil. Objet parfaitement terminé; point d'ondulations.

Moyenne . . . . 89° 51′ 58″25

 pour la réduction à l'horizon.

Demi-épaisseur du fil . . . . . 　+ 3″00

$dH' = 1^t7014$ 　+ 22″53

____

89° 52′ 23″78

pour la différence de niveau et la réfraction.

Signal de Puy Saint-Georges.

10　1007ᵇ77775　1008ᵇ777775 = 90° 41′ 59″99 (en terre.)

M. et A. 1ᵉʳ complémentaire, à 9ʰ ¼. Therm. 15ᵈ7. Beau temps. Le signal est éclairé du soleil; mais il y a de fortes ondulations, occasionnées principalement par les vapeurs qui s'élèvent du sol de la montagne qui se prolonge dans la direction vers l'objet.

La même.

10　1008ᵇ760025　1008ᵇ760025 = 90° 41′ 2″48

M. et A. 2 complémentaire, à 7ʰ du matin. Therm. 12ᵈ7. Soleil; calme. L'objet paroît très-bien; il y a de légères ondulations.

Moyenne . . . . 90° 41′ 31″24

Demi-épaisseur du fil . . . . . 　+ 3″00

$dH' = 2^t4236$ 　+ 34″68

____

90° 42′ 8″92

pour la différence de niveau et la réfraction.

Signal de Montrédon.

10　1006ᵇ95475　1008ᵇ695475 = 90° 37′ 33″34

M. et A. 1ᵉʳ complémentaire, à 9ʰ. Therm. 15ᵈ. Calme; signal éclairé; il est un peu ondoyant.

La même.

10　1006ᵇ91175　1008ᵇ691175 = 90° 37′ 19″41

M. et A. 1ᵉʳ complémentaire, à 5ʰ 50′ du soir. Therm. 15ᵈ. Soleil; calme; objet très-bien terminé. Cette distance paroîtroit devoir être préférée à la précédente et à la suivante.

La même.

10 .100𝑠68425   100𝑠68425 ─── 90° 36′ 56″97

M. et A. 2 complémentaire, à 7ʰ ½ du matin. Therm. 14ᵈ5. Très-beau temps; soleil; signal très-apparent, mais il y a de légères ondulations.

      Moyenne . . . .   90° 37′ 16″57
pour la réduction à l'horizon.

      Demi-épaisseur du fil . . . . . .   ─+─ 3″00

$$d\,H' = 2^{\rm t}5833 \quad = +\ 41''55$$

                            90° 38′ 1″12

pour la différence de niveau et la réfraction.

Signal de Montalet.

10 98𝑠92860   98𝑠92860 ─── 89° 2′ 8″66 (dans le ciel.)

M. et A. 1ᵉʳ complémentaire, à 8ʰ ½. Thermomètre, 14ᵈ7. Temps favorable. Le soleil est presque dans la direction du signal, et il y a de l'ondulation assez sensiblement.

La même.

8   79𝑠84340   98𝑠92925 ─── 89° 2′ 10″77

M. et A. 1ᵉʳ complémentaire, à 6ʰ du soir. Thermomètre, 13ᵈ5. Soleil; très-beau temps; objet bien terminé.

      Moyenne . . . .   89° 2′ 9″71
pour la réduction à l'horizon.

      Demi-épaisseur du fil . . . . .   ─+─ 3″00

$$d\,H' = 2^{\rm t}5208 \quad = +\ 40''57$$

                            89° 2′ 53″28

pour la différence de niveau et la réfraction.

Nota. J'ai remarqué à cette station, plus que par-tout ailleurs, de très-grandes variations dans la réfraction terrestre; cela provenoit sans doute de ce que les rayons visuels rasoient le sol dans une grande longueur. Le sommet de cette montagne, quoiqu'élevé au-dessus de la mer de plus de 400 toises, est presque une plaine; elle est assez étendue, et cultivée dans la plus grande partie.

1.

ANGLES observés au centre.

Entre les signaux de la Gaste et de Puy Saint-Georges.

24   1776ᵍ7925   74ᵍ033020833   = 66° 37′ 46″988   ×

M. 2 complémentaire, de 8 à 9ʰ ¼. Très-beau temps; soleil; calme. Le signal de la Gaste paroît sombre; celui de Puy Saint-Georges est éclairé sur les deux faces qui sont visibles d'ici; il est un peu ondoyant.

20   1480ᵍ6630   74ᵍ033150   = 66° 37′ 47″406

M. 2 complémentaire, de 5 à 6ʰ après midi. Il y a quelques nuages; mais le temps est très-favorable. Les deux signaux sont toujours dans l'ombre, et on les voit très-bien.

Les 44   3257ᵍ4555   74ᵍ0330795   = 66° 37′ 47″177
   Excentricité . . . . — 0″011
   . . . . — 13″095
   Horizon . . . . 66° 37′ 34″07

Entre les signaux de Puy Saint - Georges et de Montrédon.

30   2375ᵍ1075   79ᵍ170250   = 71° 15′ 11″610   ×

M. 30 fructidor, vers 4ʰ ¼. Soleil; très-beau temps; Saint-Georges éclairé du sud à l'ouest jusqu'à la 16ᵉ observation, et ensuite tout dans l'ombre. Montrédon toujours noir.

24   1900ᵍ0805   79ᵍ170020833   = 71° 15′ 10″861

M. 2 complémentaire, de 7 à 8ʰ du matin. Il y a quelques nuages; mais le temps est favorable. Montrédon tout dans l'ombre. Puy Saint-Georges présente une face éclairée; mais on distingue bien l'autre, et l'on vise au milieu de la base supérieure du signal.

Les 54   4275ᵍ1880   79ᵍ1701481.5   = 71° 15′ 11″280
   Excentricité . . . . — 0″018
   . . . . + 19″307
   Horizon . . . . 71° 15′ 30″57

Entre les signaux de Montrédon et de Montalet.

24   2407^s9270   100^s33029166 = 90° 17′ 50″145 ×

M. 30 fructidor, de 5ʰ ¼ jusqu'au coucher du soleil. Circonstances favorables ; les signaux sont parfaitement distincts. Celui de Montrédon est dans l'ombre ; Montalet présente une face éclairée, mais on voit très-bien l'autre.

24   2407^s9190   100^s32995833 = 90° 17′ 49″065

M. 2 complémentaire, de 10ʰ ¼ à midi. Soleil ; on voit passablement bien les signaux, quoiqu'il y ait un peu d'ondulation. La face la plus inclinée de celui de Montalet est éclairée ; mais on distingue fort bien l'autre qui est dans l'ombre, et l'on vise au milieu de la base supérieure.

Moyen arithmétique	90° 17′ 49″605
Excentricité	— 0″000
	— 37″422
Horizon	90° 17′ 12″18

Entre les signaux de Montalet et de la Gaste, pour compléter le tour de l'horizon.

24   3515^s14475   146^s464364583 = 131° 49′ 4″541

M. 1ᵉʳ complémentaire, vers 3ʰ ¼. Très-beau temps ; soleil ; la Gaste noire ; Montalet présente une face éclairée, l'autre est dans l'ombre, et l'on vise au milieu de la base supérieure.

Excentricité	+ 0″018
	+ 37″506
Horizon	131° 49′ 42″06
La Gaste et Puy Saint-Georges	66° 37′ 34″07
Puy Saint-Georges et Montrédon	71° 15′ 30″57
Montrédon et Montalet	90° 17′ 12″18
Somme	359° 59′ 58″88
Donc erreur sur le tour de l'horizon . .	— 1″12

Cette erreur est si légère que la commission spéciale n'a pas cru devoir en tenir compte pour les trois angles entre la Gaste et Montalet ; elle y a vu seulement une preuve qu'il ne s'étoit point glissé d'erreur sensible dans la mesure de ces angles.

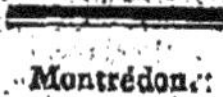

MONTRÉDON.

LXXV.

Montrédon est assez escarpé, ainsi que sa dénomination l'indique. Il est dans le nord-ouest du bourg de *la Bessonié*, à mille toises environ de distance, et à trois lieues au nord-nord-est de Castres. Il y a sur le sommet de cette montagne un édifice qui en occupe presque toute l'étendue ; c'est un ancien château-fort, abandonné et en ruines depuis long-temps : il est de forme quadrangulaire. Au milieu de la façade d'entrée s'élève une tour carrée de 4ᵗ8333 de côté. En 1740 on avoit pris cette tour pour signal, et son centre pour centre de la station. C'étoit un assez mauvais signal, et dont les dimensions étoient trop considérables. Depuis ce temps-là deux pans de la tour et sa plate-forme se sont écroulés, en sorte qu'il n'étoit même plus possible d'y établir un signal particulier. J'en ai donc fait placer un sur une butte isolée qui se trouve en avant de la tour. Ce signal étoit semblable aux précédens. Sa hauteur au-dessus du piquet qui marque le centre de la station, 3ᵗ2156 ; la base avoit une toise de côté à fleur du sol ; celle supérieure, 0ᵗ3333.

Voici des élémens qui pourront servir pour réduire nos angles au centre de la tour, si l'on veut les comparer à ceux de la *Méridienne vérifiée* qui sont rapportés à ce centre.

Distance du centre du signal
à celui de la tour 20ᵗ5138

Angle entre Puy Saint-
Georges et le centre de la tour, 72ᵍ8500 $=$ 65° 15′

Angle entre le centre de la
tour et le signal de Nore . . . . 121ᵍ9814 $=$ 109° 47′

DISTANCES AU ZÉNIT.

$$dH = 2^t5764.$$

Signal de Puy Saint-Georges.

10   1002ᵍ42825   100ᵍ242825 $=$ 90° 13′ 6″75 (en terre.)

M. et A. 23 fructidor, à 9ʰ ¼. Therm. 15ᵈ. Vent sud-est fort ; objet foiblement éclairé.

La même.

10   1002ᵍ41225   100ᵍ241225 $=$ 90° 13′ 1″57

M. et A. 25 fructidor, à 5ʰ ¼ après midi. Therm. 14ᵈ5. Beau temps ; signal éclairé du soleil.

Moyenne. . . . . 90° 13′ 4″16
pour la réduction à l'horizon.

Demi-épaisseur du fil . . . . . . $+$ 3″00
$$dH' = 2^t4167 \qquad + 31″45$$

90° 13′ 38″61

pour la différence de niveau et la réfraction.

Signal de Puy-Cambatjou.

10   994ᵍ95175   99ᵍ495175 $=$ 89° 32′ 44″37

pour la réduction à l'horizon. M. et A. 23 fructidor, à 10ʰ ½ du matin. Therm. 16ᵈ. Vent sud-est fort ; signal dans l'ombre.

Demi-épaisseur du fil . . . . . . $+$ 3″00
$$dH' = 2^t6389 \qquad + 42″44$$

89° 33′ 29″81

pour la différence de niveau et la réfraction.

Signal de Montalet.

10   988ᵍ99375   988899375 = 89°. 0′ 33″98 (dans le ciel.) pour la réduction à l'horizon. M. et A. 23 fructidor, à midi ¼. Therm. 17ᵈ. Grand vent qui agite un peu le niveau ; le signal ne se voit pas bien clairement.

Demi-épaisseur du fil . . . . .   + 3″00
$dH' = 2^t5139$ = + 28″52
                       89° 1′   5″50

pour la différence de niveau et la réfraction.

Signal de Saint-Pons.

10   994ᵍ4780.   99ᵍ44780   = 89° 30′ 10″87 (dans le ciel.) pour la réduction à l'horizon. M. et A. 23 fructidor, à 1ʰ ¼. Therm. 17ᵈ5. Grand vent qui agite un peu le niveau ; objet passable.

Demi-épaisseur du fil . . . . .   + 3″00
$dH' = 2^t1979$ = + 21″44
                    89° 30′ 35″31

pour la différence de niveau et la réfraction.

Signal de Nore.

10   990ᵍ27825   99ᵍ027825   = 89° 7′ 30″15 (dans le ciel.) M. et A. 24 fructidor, à 1ʰ. Therm. 18ᵈ5. Beau temps, calme ; signal dans l'ombre, et passablement terminé.

La même.

8   792ᵍ18175   99ᵍ02271875 = 89° 7′ 13″61 M. et A. 24 fructidor, à 6ʰ après midi. Therm. 15ᵈ. Temps sombre ; on voit bien l'objet ; il n'y a point de vapeurs.

Moyenne . . . . 89° 7′ 21″88
pour la réduction à l'horizon.

Demi-épaisseur du fil . . . . .   + 3″00
$dH' = 1^t8056$ = + 19″89
                   89° 7′ 44″77

pour la différence de niveau et la réfraction.

Castres (sommet de la flèche de la cathédrale de).   Montrédon

10 . 101584965   101³549650 = 91° 23′ 40″87 (en terre.)
pour la réduction à l'horizon. M. et A. 23 fructidor, à 11ʰ ¼. Therm.
16ᵈ5. Vent sud-est fort; temps à demi-couvert.
Pour le fil . . . .   0″00
$$dH' = - 0^\text{t}6389 \qquad \underline{- 19″00}$$
$$91° 23′ 21″87$$

pour la différence de niveau et la réfraction.

Pic des Pyrénées. (On croyoit que c'étoit le pic du
midi de Bigorre; mais on a reconnu depuis que c'est
le sommet d'une montagne qui est beaucoup plus
vers l'orient.)

8   796³86975   99³60871875. = 89° 38′ 52″25 (dans le ciel.)
M. et A. 23 fructidor, à midi. Therm. 17ᵈ. Vent sud-est assez fort; temps
entre-couvert. Le pic n'est pas bien terminé.

La même.

10   996³0880   99³60880 . = 89° 38′ 52″51
M. et A. 24 fructidor. Therm. 18ᵈ5. Beau temps, calme; le pic est assez
bien terminé.
Moyenne . . . .   89° 38′ 52″38
pour la réduction à l'horizon.
Demi-épaisseur du fil . . . .   + 3″00
$$dH' = - 0^\text{t}6389 \qquad \underline{= - 1″10 \text{ à peu près.}}$$
$$89° 38′ 54″28$$

pour la différence de niveau et la réfraction.

*Rieupeyroux (sommet du toit du clocher de la chapelle
de).*

10 . 100083590   100³03590 = 90° 1′ 56″32 (dans le ciel.)
pour la réduction à l'horizon. M. et A. 23 fructidor, à 3ʰ 40′. therm. 15ᵈ5.

Vent sud-est très-fort; temps à demi-couvert; point d'ondulations, mais l'objet est foible à cause de son grand éloignement.

Pour le fil . . . .   0″00

$$d\,H' = 5^{t}3229 \qquad = + 32″84$$

$$90°\ 2'\ 29″16$$

pour la différence de niveau et la réfraction.

Signal de la Gaste.

10   997⁸7160   99⁸77160 $= 89°\ 47'\ 39″98$ (dans le ciel.)
pour la réduction à l'horizon. M. et A. 23 fructidor, à 4ʰ. Therm. 15ᵈ5. Même temps que pour Rieupeyroux. On voit le signal très-nettement; il est dans l'ombre et paroît fort petit à cause de l'éloignement.

Demi-épaisseur du fil . . . . . .   + 3″00

$$d\,H' = 1^{t}6944 \qquad = + 13″16$$

$$89°\ 47'\ 56″14$$

pour la différence de niveau et la réfraction.

A N G L E S observés au centre.

Entre les signaux de Puy - Cambatjou et de Puy Saint-Georges.

24   1573⁸9895   65⁸582895833 $= 59°\ 1'\ 28″583$
M. 22 fructidor, vers les 10ʰ ½. Temps favorable; soleil. Cambatjou éclairé sur une face; mais on voit l'autre qui est obscure, et l'on vise au milieu des deux. Saint-Georges éclairé en plein.

24   1573⁸9945   65⁸583104167 $= 59°\ 1'\ 29″258$
M. 23 fructidor, vers 8ʰ ¼. Temps entre-couvert; vent sud-est fort. Cambatjou dans l'ombre; Saint-Georges foiblement éclairé.

18   1180⁸49325   65⁸582895833 $= 59°\ 1'\ 28″785$
M. 23 fructidor, de 5ʰ 20' à 6ʰ après midi. Cambatjou éclairé en plein; Saint-Georges l'est foiblement. Après la 18ᵉ observation il s'est obscurci, et l'on n'a pu continuer de l'observer.

Les 66   4328⁸47725   65⁸582⁸98864 $= 59°\ 1'\ 28″883$
Excentricité . . . .   + 0″033

— 12″041

Horizon . . . . $59°\ 1'\ 16″87$

Entre les signaux de Montalet et du Puy de Cambatjou.

24   1195ᵍ44925   49ᵍ810385417 = 44° 49′ 45″649

M.   22 fructidor, vers 11ʰ ¼. Soleil ; circonstances favorables ; on distingue parfaitement les objets.

24   1195ᵍ42625   49ᵍ8094271   = 44° 49′ 42″544

M.   24 fructidor, vers 5ʰ ½ du soir. Temps sombre ; les signaux sont extrêmement diffus. On a rejeté cette série.

30   1494ᵍ3115   49ᵍ8103833   = 44° 49′ 45″642

M.   25 fructidor, vers 3ʰ ½. Temps entre-couvert ; calme. Les signaux sont très-souvent éclairés en plein.

1ʳᵉ et 3ᵉ 54 2689ᵍ76075   49ᵍ81038426   = 44° 49′ 45″645

Excentricité . . . .   — 0″049

+ 2″576

Horizon . . . .   44° 49′ 48″17

Entre les signaux de Saint-Pons et de Montalet.

24   666ᵍ06025   27ᵍ75251041167 = 24° 58′ 38″134

M.   23 fructidor, vers 7ʰ du matin. Temps entre - couvert ; vent sud - est assez fort. Les signaux sont dans l'ombre, mais un peu déformés par les ondulations, qui sont assez sensibles.

24   666ᵍ05775   27ᵍ75240625   = 24° 58′ 37″796

M.   24 fructidor, vers les 8ʰ du matin. Beau temps ; calme absolu. Signaux dans l'ombre ou dans la direction du soleil : celui de Montalet très-net ; celui de Saint-Pons un peu affoibli par les vapeurs.

24   666ᵍ05325   27ᵍ75221875   = 24ᵍ 58′ 37″149

M.   25 fructidor, de 4ʰ 20′ à 5ʰ après midi. Temps favorable ; calme. Les signaux sont éclairés de temps en temps, mais le plus souvent dans l'ombre.

Moyen des 3 séries . . . . . .   24° 58′ 37″693

Excentricité . . . .   — 0″017

— 9″585

Horizon . . . .   24° 58′ 28″09

Entre les signaux de Nore et de Saint-Pons.

24   963ᵍ7200   40ᵍ155000   = 36° 8′ 22″20

M.   24 fructidor, de 6ʰ ¼ à 7ʰ du matin. Très-beau temps ; calme absolu. Nore dans l'ombre, et très-net ; Saint-Pons est aussi dans l'ombre, mais il y a des ondulations.

30   1204ᵍ6650   40ᵍ15550   = 36° 8′ 23″82

M.   24 fructidor, de 3ʰ ¼ à 4ʰ ¼. Temps sombre. Les objets sont très-bien terminés ; mais comme on a été troublé par beaucoup de monde dans le cours de cette série, et qu'il y a de grandes différences entre les résultats des premières observations et ceux des dernières, on l'a rejetée.

24   963ᵍ72525   40ᵍ15521875 = 36° 8′ 22″909 ×

M.   24 fructidor, de 5ʰ ¼ à 6ʰ du soir. Temps sombre ; les objets se distinguent parfaitement.

Moyen de la 1ᵉʳᵉ et de la 3ᵉ série . . . . .   36° 8′ 22″554
Excentricité . . . .   + ˙0″013
                                     + 2″716
                                     ____
Horizon . . . .   36° 8′ 25″28

Entre le signal de la Gaste et le clocher de la chapelle de Rieupeyroux.

18   725ᵍ88475   40ᵍ32693055 = 36° 17′ 39″255

M.   23 fructidor, de 4ʰ 25′ à 5ʰ après midi. La Gaste dans l'ombre, et très-foible ; Rieupeyroux se voit assez bien. Après la 18ᵉ observation la Gaste est devenu imperceptible.

Excentricité . . . .   + 0″017
                                         — 2″557
                                         ____
Horizon . . . .   36° 17′ 36″715

Nota. On n'emploie point le grand triangle, dont cet angle est le troisième, parce qu'on n'a pu faire qu'une série d'observations de chacun des trois angles, et parce qu'on n'a mesuré que deux angles du triangle qui lui est adjacent. (*Voyez* p. 299.)

Entre le clocher de la cathédrale de Castres et le signal de Nore.

      10   452ᵍ53625   45ᵍ253625 = 40° 43′ 41″745

M. 24 fructidor, à 11ʰ ¼. Temps favorable.

    Excentricité . . . .   + 0″195

                                           — 3′ 37″203

    Horizon . . . .   40° 40′ 4″74

Entre la plus grande flèche de Castres et le signal de Nore.

    10   455ᵍ3450   45ᵍ53450   = 40° 58′ 51″78

Excentricité et réduction à l'horizon . . .   — 3′ 37″01

    Horizon . . . .   40° 55′ 14″77

Entre le pic des Pyrénées, dont la distance au zénit est rapportée page 327, et le signal de Nore.

    8   569ᵍ7320   71ᵍ21650   = 64° 5′ 41″56.

M. 24 fructidor, à 10ʰ ¼. Le pic paroît bien nettement ; on vise au milieu.

                                             + 7″95

    Horizon . . . .   64° 5′ 49″51

Un mamelon sur l'extrémité occidentale du pic . . . .   + 1′ 16″04

    Donc . . . .   64° 7′ 5″155

MONTALET.

LXXVI.

C'EST l'un des trois sommets les plus remarquables des montagnes de la Caune, et le plus oriental. Il est moins élevé de 1^t5 que celui du milieu, et de 3 à 4 toises que le plus occidental. Ce sommet est surmonté d'un rocher escarpé qui forme un plateau long de 15 toises et large de 3 à 4 toises, et c'est ce qui a fait donner à cette montagne le nom de *roc de Montalet*. Il est à une lieue de la petite ville de la Caune, dans l'est-sud-est, et à une demi-lieue du village de Nages, dans l'ouest-nord-ouest.

Le signal a été établi sur le roc, à très-peu près au même point que celui de 1740. Il étoit pareil aux précédens. Sa hauteur au-dessus de la tête du piquet qui en marque le centre, étoit de 3^t1528.

Il existe encore sur ce roc une croix de pierre de une toise de hauteur, qui pourroit servir à retrouver le centre de la station, au moyen des mesures que j'ai prises, et qui sont :

Distance du centre du signal
à l'axe de la croix . . . . 1^t6945

Au même centre, entre l'axe de la croix et le signal de Montrédon, à gauche . . . . $99^g830 = 89° 22' 12''$

DISTANCES AU ZENIT.

$$dH = 2^{t}5139.$$

Signal de la Gaste.

10   100₆₂855   100₆₂8550 $= 90°$ 33′ 56″150 (dans le ciel.)

M. et A. 3 vendémiaire an 7, à 4ʰ ¼. Therm. 11ᵈ7. Soleil ; objet très-foible à cause de son éloignement ; point d'ondulations.

La même.

10   100₆30025   100₆300250 $= 90°$ 34′ 1″28

M. et A. 9 vendémiaire, à midi ¼. Therm. 6ᵈ5. Vent sud froid ; on voit très-bien le signal, et il n'y a point d'ondulations.

Moyenne . . . .   90° 33′ 58″89

pour la réduction à l'horizon.

Demi-épaisseur du fil . . . . .   + 3″00

        $dH' = 1^{t}6944$ $= +$ 12″97

                       90° 34′ 14″86

pour la différence de niveau et la réfraction.

Signal de Cambatjou.

10   101₂59175   101₂59175 $= 91°$ 7′ 59″73 (en terre.)

M. et A. 4 complémentaire, à 3ʰ ¼. Therm. 11ᵈ6. Ciel couvert en grande partie ; il y a un peu de brume.

La même.

19   101₂60025   101₂60025 $= 91°$ 8′ 2″48

M. et A. 3 vendémiaire, à 3ʰ ¼. Therm. 14ᵈ7. Beau temps ; calme ; signal éclairé. On le distingue bien, et il n'y a pas d'ondulations.

Moyenne . . . . 91° 8′ 1″10

pour la réduction à l'horizon.

Demi-épaisseur du fil . . . . .   + 3″00

        $dH' = 2^{t}6389$ $= +$ 42″44

                       91° 8′ 46″54

pour la différence de niveau et la réfraction.

Signal de Montrédon.

10   1013ᴳ91225   1018391225 = 91° 15′ 7″57

(contre le château.) M. et A. 3 vendémiaire, à midi. Therm. 14ᵈ7. Soleil ; point d'ondulations.

La même.

10   1013889675   1018389675 = 91° 15′ 2″55

M. et A. 6 vendémiaire, à 1ʰ. Therm. 8ᵈ. Vent du nord ; air un peu brumeux. Le signal est éclairé du soleil, mais un peu diffus ; cependant l'ondulation n'est pas sensible.

Moyenne . . . .   91° 15′ 5″06
pour la réduction à l'horizon.

Demi-épaisseur du fil . . . . . .   + 3″00
$dH' = 2ˢ5765$ = + 29″23

91° 15′ 37″29

pour la différence de niveau et la réfraction.

Signal de Nore.

10   1002ᴳ3685   1008236850 = 90° 12′ 47″39

M. et A. 4 vendémiaire, à 3ʰ ¼. Therm. 15ᵈ5. Beau temps ; objet dans l'ombre.

La même.

10   1002ᴳ3505   1008235050 = 90° 12′ 41″56

6 vendémiaire, à 1ʰ ¼. Therm. 8ᵈ. Soleil ; vent nord. Signal dans l'ombre ; un peu d'ondulations.

La même.

10   1002ᴳ37150   1008237150 = 90° 12′ 48″37

9 vendémiaire, à midi ¼. Therm. 6ᵈ0. Vent sud, assez fort et froid. Signal dans l'ombre, et très-apparent ; il se projette sur les Pyrénées, qui sont couvertes de neige.

Moyenne . . . .   90° 12′ 45″77
pour la réduction à l'horizon.

Demi-épaisseur du fil . . . . . .   + 3″00
$dH' = 1ˢ8055$ = + 19″83

90° 13′ 8″60

pour la différence de niveau et la réfraction.

Signal de Saint-Pons.

10   1008567725   1008877250   = 90° 47' 22"29 (dans le ciel.)
M. et A. 3 vendémiaire, à 4ʰ ¼. Therm. 12ᵈ. Soleil; calme. L'objet est
dans l'ombre, et bien terminé.

La même.

10   1008577715   1008877150   = 90° 47' 21"97
.4 vendémiaire, à 2ʰ ½. Therm. 13ᵈ7. Mêmes circonstances que pour la première série.

Moyenne . . . .   90° 47' 22"13
pour la réduction à l'horizon.

Demi-épaisseur du fil . . . . .   + 3"00
$dH' = 2^{t}1979$ = + 52"79
____
90° 48' 17"92

pour la différence de niveau et la réfraction.

Pic du Canigou.

10   998571780   998817800   = 89° 50' 9"67 (dans le ciel.)
M. et A. 6 vendémiaire, à 2ʰ. Therm. 8ᵈ. Soleil; vent nord-ouest fort.
Le pic est un peu embrumé.

La même.

10   998571460   998814600   = 89° 49' 59"30
Même jour, vers 4ʰ. Therm. 8ᵈ5. Vent ouest fort. Le pic est assez bien
terminé; point d'ondulations.

Moyenne . . . .   89° 50' 4"48
pour la réduction à l'horizon.

Demi-épaisseur du fil . . . . . .   + 3"00
$dH' = -0^{t}6389$ = — 2"25
____
89° 50' 5"23

pour la différence de niveau et la réfraction.

La mer. (Direction, 22° 30′ du sud à l'est).

16   1618^{g}7285   101^{g}17053125 = 91° 3′ 12″52

M. et A. 8 vendémiaire, à 3^h ¼. Therm. 4^d. Vent ouest très-froid. Horizon un peu embrumé, mais encore assez bien tranché.

La même (même direction).

16   1618^{g}79575   101^{g}1747344 = 91° 3′ 26″14 à préférer.

9 vendémiaire, à 2^h ¼. Therm. 6^d. Vent froid, sud en bas, nord en haut. Horizon parfaitement tranché.

Demi-épaisseur du fil . . . . . .   + 3″oo

Pour la différence de niveau . . . . . .   91° 3′ 29″14

Il faut tenir compte de la hauteur du cercle sur le roc, de o^{r}6389.

ANGLES observés au centre.

Entre les signaux du Puy de Cambatjou et de Montrédon.

24   1196^{g}64525   49^{g}86021875 = 44° 52′ 27″109

M. 4 vendémiaire, vers midi. Soleil; signaux très-apparens : celui de Cambatjou éclairé en plein; celui de Montrédon ne présente qu'une face éclairée, mais on voit bien l'autre.

24   1196^{g}65175   49^{g}86048958 = 44° 52′ 27″986 ×

6 vendémiaire, vers 5^h. Soleil foible; vent nord-ouest très-froid; objets très-nets. Cambatjou ne présente qu'une face éclairée, mais on voit bien l'autre. Signal de Montrédon dans l'ombre; mais sa blancheur le détache des murs du château, sur lesquels il se projette d'ici.

Milieu des deux séries . . . . . 44° 52′ 27″548

Excentricité . . . .   + o″o5o

                              + 36″373

Horizon . . . . 44° 53′ 3″97

Entre les signaux de Montrédon et de Saint-Pons.

Montalet.

22 2354ᴳ7025   107ᴳ0122841 $= 96°$ 18' 39"801 ×

M. 4 vendémiaire, de 1 à 2ʰ. Soleil; air assez calme. Montrédon foiblement éclairé; Saint-Pons noir. Ils paroissent très-nettement l'un et l'autre.

24 2568ᴳ29475 107ᴳ01228125 $= 96°$ 18' 39"791

6 vendémiaire, vers midi. Temps assez calme, mais un peu brumeux. Signal de Montrédon éclairé du soleil; celui de Saint-Pons noir.

24 2568ᴳ2920   107ᴳ012166 $= 96°$ 18' 39"420 ×

8 vendémiaire, vers 5ʰ. Therm. 2ᵈ5. Vent ouest-nord-ouest, fort et très-froid; signaux très-visibles. Celui de Montrédon noir; celui de Saint-Pons éclairé en plein.

Moyen arithmétique des trois résultats . .   96° 18' 39"670
Excentricité . . . .   — 0"121
                                    -+- 1' 10"078
                                    ————————————
Horizon . . . .   96° 19' 49"63

Entre les signaux de Montrédon et de Nore.

24 1623ᴳ6355 67ᴳ65147917 $= 60°$ 53' 10"792

M. 3 vendémiaire, vers 1ʰ ¼. Beau temps; soleil; Montrédon foiblement éclairé, Nore noir.

24 1623ᴳ6185 67ᴳ65077083 $= 60°$ 53' 8"497 ×

9 vendémiaire, à 10ʰ. Vent sud très-froid; Montrédon éclairé, Nore dans l'ombre.

20 1353ᴳ0360 67ᴳ651800 $= 60°$ 53' 11"832

9 vendémiaire, à 11ʰ ¼. Mêmes circonstances que pour la seconde série.

Les 68 4600ᴳ2900 67ᴳ65132353 $= 70°$ 53' 10"288
Excentricité . . . .   0"000
                                    — 9"046
                                    ————————————
Horizon . . . .   60° 53' 1"24

Entre les signaux de Nore et de Saint-Pons.

20   787ᵍ57760   39ᵍ388800   = 35° 26′ 59″7ₗ2

M. 3 vendémiaire, vers 2ʰ ¼. Beau temps; soleil; les deux signaux noirs. Nore un peu foible; Saint-Pons bien apparent et très-net.

20   787ᵍ79275   39ᵍ3896375   = 35° 27′ 2″426 ×

9 vendémiaire, vers les 11ʰ. Soleil; vent sud; objets noirs et bien distincts.

Moyen	35° 27′ 1″069
Excentricité	— 0″124
	— 11″303
Horizon	35° 26′ 49″64
Angle précédent	60° 53′ 1″24
Somme des deux angles partiels .	96° 19′ 50″88
Angle total	96° 19′ 49″63
Différence	1″25

SIGNAL DE SAINT-PONS.

LXXVII.

CE signal a été placé sur la haute montagne qui domine Saint-Pons de *Thomières* du côté du nord-ouest. C'étoit au milieu d'un amas de rochers, et à peu près à l'endroit où celui de 1740 avoit été planté. On nomme cette partie de la montagne *Roc en grenier*. La métairie dite le *Moulinet*, à une demi-lieue vers le nord, est l'habitation qui en soit plus proche; nous nous y retirions.

Le premier signal que j'avois fait élever ici n'a été observé que d'Alaric; sa hauteur étoit de 2ᵗ7917.

Le nouveau signal, au temps que j'y ai observé, et
qui l'a été de Montrédon, Montalet et Nore, étoit Saint-Pons.
semblable au premier et à ceux des lieux qu'on vient
de citer. Il a été replacé très-exactement au même point
que l'autre, au moyen du piquet enfoncé en terre, sur
la tête duquel on avoit frappé une pointe de fer qui
marquoit le pied de l'axe de la pyramide. Sa hauteur
étoit de 2^t8368.

DISTANCES AU ZÉNIT.

$$dH = 2^t22685.$$

Signal de Montalet.

10   992^b46775 $99^b2467750$ $= 89° 19' 19''55$ (dans le ciel.)

M. et A.   11 vendémiaire, à $2^h \frac{1}{4}$. Therm. 10^d. Soleil ; vent nord-ouest
très-fort ; signal bien visible.

La même.

10   992^b46350 $99^b246350$ $= 89° 19' 18''17$

18 vendémiaire, $2^h \frac{1}{4}$. Therm. 12^d5. Vent d'est ; ciel sans nuages, mais un
peu de vapeurs ; signal éclairé.

Moyenne . . . . $89° 19' 18''86$
pour la réduction à l'horizon.

Demi-épaisseur du fil . . . . . . $+ 3''00$
$$dH' = 2^t5417 \quad = + 58''37$$

$89° 20' 20''23$

pour la différence de niveau et la réfraction.

Signal de Montrédon.

10   1008^b9615 $100^b896150$ $= 90° 48' 23''53$

M. et A.   13 vendémiaire, à $10^h \frac{1}{4}$. Therm. 7^d8. Vent sud-est ; signal
éclairé du soleil, mais un peu diffus, et il y a de l'ondulation.

La même.

10　1009ᵍ00925　1008ᵍ900925 = 90° 48′ 38″99

18 vendémiaire, à midi ¾. Therm. 12ᵈ5. Vent d'est ou marin; horizon sans nuages; signal embrumé. Il ne s'élève que de très-peu au-dessus du terrain et des bois environnans.

Moyenne. . . . . 90° 48′ 31″26

pour la réduction à l'horizon.

Demi-épaisseur du fil . . . . . 　+ 3″00

$dH' = $ 2ᵗ6042　　　= + 25″41

90° 48′ 59″67

pour la différence de niveau et la réfraction.

Signal de Nore.

10　996ᵍ3805　998ᵍ638050 = 89° 40′ 27″28 (dans le ciel.)

M. et A. 11 vendémiaire, sur les 3ʰ. Therm. 10ᵈ. Vent nord-ouest fort; temps serein; signal noir et bien visible.

La même.

10　996ᵍ3795　998ᵍ637950 = 89° 40′ 26″96

18 vendémiaire, à midi ¼. Therm. 12ᵈ. Vent d'est ou marin. Il y a un peu de vapeurs.

Moyenne . . . . 89° 40′ 27″12

pour la réduction à l'horizon.

Demi-épaisseur du fil . . . . . 　+ 3″00

$dH' = $ 1ᵗ8333　　= + 20″15

89° 40′ 50″27

pour la différence de niveau et la réfraction.

Signal d'Alaric.

10　1008ᵍ2225　1008ᵍ822250 = 90° 44′ 24″09 (en terre.)

M. et A. 11 vendémiaire, à 3ʰ¾. Therm. 9ᵈ5. Beau temps; grand vent de nord-ouest; objet assez visible, mais un peu foible.

La même.

10   1008521225   1008521225 $=$ 90° 44' 20″77

17 vendémiaire, à 5ʰ après midi. Therm. 9ᵈ5. Vent du nord; soleil; objet foible.

Moyenne . . . .   90° 44' 22″43

pour la réduction à l'horizon.

Demi-épaisseur du fil . . . . . $+$ 3″00

$dH' =$ 1ᵗ9055 $= +$ 17″89

90° 44' 43″32

pour la différence de niveau et la réfraction.

Narbonne (donjon de la tour méridionale de la cathédrale de).

10   1015585675   1015585675 $=$ 91° 25' 37″59 (en terre.)

pour la réduction à l'horizon.   M. et A.   7 vendémiaire, à 4ʰ. Therm. 9ᵈ. Vent violent de nord-ouest. L'objet est éclairé du soleil et bien visible.

Demi-épaisseur du fil . . . . . . $+$ 3″00

$dH' = -$ 0ᵗ6111 $= -$ 5″61

91° 25' 34″98

pour la différence de niveau et la réfraction.

Beziers (sommet de la tour de la cathédrale de).

10   1015522900   1015522900 $=$ 91° 22' 14″16 (en terre.)

pour la réduction à l'horizon.   M. et A.   Même jour que la précédente, et mêmes circonstances.

Demi-épaisseur du fil . . . . . . $+$ 3″00

$dH' = -$ 0ᵗ6111 $= -$ 5″61

91° 22' 11″55

pour la différence de niveau et la réfraction.

Pic des Pyrénées. (Celui qu'on a observé de Montrédon.)

12   1199^{g}1215   998^{g}92679167 $=$ 89° 56' 2"80 (dans le ciel.) pour la réduction à l'horizon. M. et A. 19 vendémiaire, à 1^h. Therm. 11^d. Point d'ondulations, mais l'objet est foible.

$$\begin{aligned} \text{Demi-épaisseur du fil} & \ldots\ldots & + \quad 3''00 \\ dH' = -\ 0^t61^t11 & & = -\quad 1''58 \\ \hline & & 89°\ 56'\quad 4''2 \end{aligned}$$

pour la différence de niveau et la réfraction.

Nota. Ce pic peut être celui de *Mont-Vallier*, à l'est de celui du midi de Bigorre, qui étoit caché par la Montagne-Noire.

Puy-Prigue. (Le même point du pic du milieu, observé de Norè.

10   99583750   998537500 $=$ 89° 35' 1"5o (dans le ciel.) M. et A. 19 vendémiaire, à 5^h $\frac{1}{7}$, vers le coucher du soleil. Le pic est bien visible.

La même.

10   99582265   998522650 $=$ 89° 34' 13"14

22 vendémiaire, à midi $\frac{1}{4}$. Therm. 6^d. Soleil; vent nord - ouest. Objet un peu embrumé et légères ondulations.

$$\begin{aligned} \text{Moyenne} & \ldots\ldots\ldots & 89°\ 34'\ 37''32 \end{aligned}$$

pour la réduction à l'horizon.

$$\begin{aligned} \text{Demi-épaisseur du fil} & \ldots\ldots & + \quad 3''00 \\ dH' = -\ 0^t61^t11 & & = -\quad 2''10 \\ \hline & & 89°\ 34'\ 38''22 \end{aligned}$$

pour la différence de niveau et la réfraction.

Nota. C'est à Puy-Prigue que la rivière de la *Tét*, qui passe à Perpignan, prend sa source. Cette montagne est plus haute que le Canigou; elle est située dans le nord - ouest de Mont - Libre, à huit mille toises environ de distance. Son sommet est divisé en trois pointes ou mornes très-remarquables. Le morne du milieu paroît ici le plus gros et le plus haut; c'est à sa pointe orientale que l'on a visé.

Pic de Salfare (observé de Nore).

10   1003ᵉ62750   1008362750 $= 90°\ 19'\ 35''31$ (dans le ciel.)
pour la réduction à l'horizon.   M. et A.   22 vendémiaire, à $11^h \frac{1}{4}$. Therm.
5ᵈ5. Soleil; vent nord-ouest; pic légèrement embrumé, mais point d'ondulations.

$$
\begin{array}{lr}
\text{Demi-épaisseur du fil} \ldots\ldots & +\ 3''00 \\
dH' = -\ 0^t6111 \quad = -\ & 1''93 \\
\hline
90°\ 19'\ 36''4
\end{array}
$$

pour la différence de niveau et la réfraction.

Nota. Le pic de Salfare paroît être le point le plus élevé des montagnes
nommées les *Albères*. Ces montagnes sont la continuation des Pyrénées vers
l'orient, entre Bellegarde et la mer.

La mer. (Direction est.)

10   1010ᵉ59775   1018059775 $= 90°\ 57'\ 13''67$
M. et A.   11 vendémiaire, à $4^h \frac{1}{2}$. Therm. 9ᵈ2. Soleil; vent nord - ouest
violent. L'horizon n'est pas très-bien terminé.

La même. (Direction sud-ouest.)

10   1010ᵉ5055   1018050550 $= 90°\ 56'\ 43''78$
22 vendémiaire, à $11^h \frac{1}{4}$. Therm. 5ᵈ. Soleil; vent nord-ouest. Cette partie
de la mer réfléchit la lumière du soleil et paroît bien tranchée.

La même. (Direction 20ᵈ plus à l'ouest et vers Beziers.)

12   1212ᵉ7000.   1018058333 $= 90°\ 57'\ 9''00$
26 vendémiaire, dans l'après-midi. Therm. 9ᵈ5. Vent nord-ouest fort. L'horizon est parfaitement tranché.

$$
\begin{array}{lr}
\text{Moyenne} \ldots\ldots\ldots\ldots & 90°\ 57'\ 2''15 \\
\text{Demi-épaisseur du fil} \ldots\ldots & +\ 3''00 \\
\hline
90°\ 57'\ 5''15
\end{array}
$$

pour la différence de niveau et la réfraction.

Il faut tenir compte de la hauteur du
cercle de $\ldots\ldots\ldots\ldots\ldots\ldots\ldots\ldots$ 0ᵗ6111

ANGLES observés au centre.

Entre les signaux de Montalet et de Montrédon.

24　1565.86760　65.8236500　= 58° 42' 46"260

M.　13 vendémiaire, sur les 11ʰ. Signaux éclairés du soleil. Celui de Montrédon se voit bien, l'autre assez difficilement. Ondulations sensibles.

24　1565.868875　65.823703125 = 58° 42' 47"981　×

19 vendémiaire, vers les 10ʰ. Vent d'est ou marin. Le soleil éclaire les deux signaux ; il y a un peu d'ondulation.

24　1565.868325　65.82368021　= 58° 42' 47"239

26 vendémiaire, vers les 10ʰ. Vent du nord très-fort, mais on en est abrité ; temps très-clair ; signaux éclairés, et ils se voient très-nettement.

Moyen des trois résultats . . . 58° 42' 47"160
Excentricité . . . . 　 + 　0"138
　　　　　　　　　　　　　　　　 — 　1' 1"599
　　　　　　　　　　　　　　　　———————
Horizon . . . . 58° 41' 45"70

Entre les signaux de Montrédon et de Nore.

24　1637.839525　68.82248021　= 61° 24' 8"359

M.　17 vendémiaire, vers 3ʰ ¼. Temps à demi-couvert. Les deux objets sont dans l'ombre : Montrédon beau en commençant, foible à la fin ; Nore toujours très-apparent et bien net.

24　1637.84050　68.82251875　= 61° 24' 9"607　×

18 vendémiaire, vers les 9ʰ ¼. Vent d'est foible. Il n'y a point de nuages, mais l'air est un peu brumeux ; Montrédon éclairé, Nore obscur.

24　1637.838925　68.8224552083 = 61° 24' 7"549

19 vendémiaire, vers 4ʰ ¼. Circonstances favorables.

Moyen . . . . 61° 24' ·8"505
Excentricité . . . . 　 — 　0"069
　　　　　　　　　　　　　　　　 — 　31"879
　　　　　　　　　　　　　　　　———————
Horizon . . . . 61° 23' 36"56

Entre les signaux de Nore et d'Alaric.

28   1598ᵍ49575   57ᵍ0891391   = 51° 22′ 48″811   ×

M.   18 vendémiaire, vers les 4ʰ. Beau temps. Les deux signaux noirs : celui de Nore très-distinct; Alaric foible, à cause de son éloignement et parce qu'il se projette sur des montagnes. Point d'ondulations.

24   1370ᵍ14275   57ᵍ08928125   = 51° 22′ 49″271   ×

19 vendémiaire, vers les 3ʰ. Les deux objets dans l'ombre ; Nore très-net, Alaric un peu foible.

24   1370ᵍ12725   57ᵍ08863541 7 = 51° 22′ 47″179

22 vendémiaire, vers 5ʰ ¼. Beau temps ; mêmes circonstances que pour la seconde série. On ne pouvoit apercevoir le signal d'Alaric que vers le milieu de l'après-midi.

20   1141ᵍ77275   57ᵍ0886375   = 51° 22′ 47″186

26 vendémiaire, vers les 2ʰ. Vent nord-ouest très-fort, mais on est abrité; soleil; air très-pur. Objets dans l'ombre; Nore très-distinct, Alaric toujours foible.

Les 96   5480ᵍ53850   57ᵍ08894271   = 51° 22′ 48″174

Excentricité . . . , ...   + 0″073

                                              — 35″775

Horizon . . . .   51° 22′ 12″47

Entre le signal d'Alaric et le donjon de la tour méridionale de la cathédrale de Narbonne.

24   1110ᵍ9635   46ᵍ29014583 = 41° 39′ 40″072

M.   16 vendémiaire, vers 4ʰ ¼. Soleil; grand vent de nord-ouest; on est abrité. Alaric foible et difficile à voir; Narbonne très-distinct.

Excentricité . . . .   + 0″002

                                              + 8″539

Horizon . . . .   41° 39′ 48″61

Entre le signal d'Alaric et la tour de Beziers.

24   1965846375   8.889432292 = 73° 42' 17"606

M.   16 vendémiaire, à 3ʰ ½. Soleil; grand vent de nord-ouest. Les objets sont diffus et peu apparens.

Excentricité . . . .   -- 0"002
                                         + 44"087
                                         ———————————
Horizon . . . .   73ᵈ 43' 1"69

Entre Beziers et le signal de Montalet, pour compléter le tour de l'horizon.

20   2551857940   1278589700 = 114° 49' 50"628

M.   17 vendémiaire, vers les 10ʰ. Soleil; vent nord; Beziers dans l'ombre, Montalet bien visible.

Excentricité . . . .   — 0"143
                                         — 30"479
                                         ———————————
Horizon . . . .   114° 49' 20"01

Tour de l'horizon.

Entre Montalet et Montrédon . . . . .   58° 41' 45"70
Entre Montrédon et Nore . . . .   61° 23' 36"56
Entre Nore et Alaric . . . .   51° 22' 12"47
Entre Alaric et Beziers . . . .   73° 43' 1"69
Entre Beziers et Montalet . . . . . . 114° 49' 20"01
                                       ——————————————
Somme . . . .   359° 59' 56"43
Erreur . . . .   —   3"57

Il est probable que cette erreur provient plutôt des deux derniers angles, dont on n'a fait qu'une série d'observations, que des autres pour lesquels il y a eu au moins trois séries.

Entre le signal de Montrédon et le pic des Pyrénées observé de Montrédon.

16   115180480   718940500 $= 64°\ 44'\ 47''22$

M. 19 vendémiaire, à midi ¼. Vent d'est ; Montrédon difficile à voir ; le pic très-foible. On pointe au milieu.

$-\ 13''46$

Horizon . . . . $64°\ 44'\ 33''76$

Entre le signal de Nore et Puy-Prigue.

10   35080770   358007700 $= 31°\ 34'\ 24''95$

M. 19 vendémiaire, à 5ʰ. Objets très-nets.

$+\ 1''99$

Horizon . . . . $31°\ 34'\ 26''94$

Entre le signal de Nore et le pic de Salfare sur les Albères.

6   47685400   798423333 $= 71°\ 28'\ 51''60$

$-\ 9''29$

Horizon . . . . $71°\ 28'\ 42''31$

Pour lier la ville de Saint-Pons aux triangles, on n'a pu obtenir que les données suivantes :

Distance du clocher de la cathédrale au zénit, réduite au pied du signal . . . . $98°\ 21'\ 33''3$

Angle entre le signal de Nore et le clocher, réduit au centre et à l'horizon . . . . $91°\ 4'\ 23''9$

Distance horizontale du centre de la station au clocher, prise sur la grande carte de France, feuille 113, n° 18 . . . . 2000 toises.

SIGNAL DE NORE.

LXXVIII.

LA partie du sommet de la *Montagne-Noire* que l'on nomme *Nore*, en est la plus haute. C'est une espèce de butte ou proéminence assez étendue, et qui de loin se distingue bien du reste du sommet. On a trouvé sur Nore plusieurs enfoncemens qui rendoient incertain sur le véritable emplacement du signal de 1740 ; mais quelques indications données par un habitant de *Pradelles*, village situé dans la même montagne, à demi-lieue dans le sud-ouest de Nore, et 220 toises plus bas, ont fait présumer cet emplacement. On y a érigé le nouveau signal ; il étoit de même forme que les précédens, et sa hauteur au-dessus du piquet enfoncé au centre de sa base étoit de $2^t 4445$.

En quittant cette station on a rempli l'intérieur du signal d'un amas considérable de pierres, pour conserver le piquet et servir par la suite à le retrouver.

Les mauvais temps dont j'ai été accueilli à Nore, et sur-tout la destruction de presque tous les autres signaux correspondans, m'ont obligé d'y faire vingt-un voyages. Mon séjour dans un climat si âpre, et presque aussi sauvage que celui de Montalet, a été bien long, et il eût été assez pénible, si le citoyen Lavalette-Fabas, qui voulut bien me donner l'hospitalité chez lui à Pradelles, n'en eût adouci la rigueur et l'ennui par son aménité et l'intérêt dont il me donna des marques très-affectueuses.

DISTANCES AU ZÉNIT.

$$dH = 1^t 8056.$$

Signal de Montrédon. (Le premier, hauteur $3^t 2708$.)

10   1012^s72875   101^s272875 $= 91°$ 8′ 44″12 (en terre.)

M.   18 vendémiaire an 6, vers midi. Signal éclairé; mais il y a des vapeurs et de l'ondulation.

La même.

10   1012^s7310   101^s273100 $= 91°$ 8′ 44″84

1 brumaire, à $3^h \frac{1}{4}$. On voit bien l'objet.

Moyenne . . . . 91° 8′ 44″48

pour la réduction à l'horizon.

Demi-épaisseur du fil . . . . . ⸫   + 3″00

$dH' = 2^t 6319$ + 28″99

91° 9′ 16″47

pour la différence de niveau et la réfraction.

Extrémité de la tour du château de Montrédon.

8   809^s9915   101^s2489375 $= 91°$ 7′ 26″56

pour la réduction à l'horizon. M.   14 frimaire. Therm. 11^d. Soleil; un peu de vapeurs.

Demi-épaisseur du fil . . . . . .   + 3″00

$dH' = - 0^t 6389$ — 7″04

91° 7′ 22″52

pour la différence de niveau et la réfraction.

Montalet (bord du roc, le signal étant abattu).

10   1000^s7615   100^s076150 $= 90°$ 4′ 6″73 (dans le ciel.)

pour la réduction à l'horizon. M.   18 vendémiaire, à midi $\frac{1}{4}$. Soleil; un peu d'ondulation.

Pour le fil . . . .   0″00

$dH' = - 0^t 6389$ — 7″03

90° 3′ 59″70

pour différence de niveau et la réfraction.

Signal de Saint-Pons.

10   1005ᵇ49475   1008549475 = 90° 29′ 40″30 (en terre.)
M.   17 vendémiaire, à 5ʰ après midi. Objet très-net.

La même.

10   1005ᵇ50325   1008550325 = 90° 29′ 43″05
1 brumaire, à 4ʰ ¼. Therm. + 2ᵈ. On ne pouvoit apercevoir ce signal que vers la fin de l'après-midi. L'objet est dans l'ombre, et très-apparent.

Moyenne . . . .   90° 29′ 41″68
pour la réduction à l'horizon.

Demi-épaisseur du fil . . . . .   + 3″00
        $dH' = 2^{t}1979$ + 36″04
                                  ____
                                   90° 30′ 20″72
pour la différence de niveau et la réfraction.

Signal d'Alaric.

10   1012ᵇ9155   1018291550 = 91° 9′ 44″62 (en terre.)
M.   18 vendémiaire, à 3ʰ. Objet un peu embrumé.

La même.

10   1012ᵇ9475   1018294750 = 91° 9′ 54″99
1 brumaire, à 4ʰ. Therm. + 3ᵈ. Soleil; signal bien visible.

Moyenne . . . .   91° 9′ 49″80
pour la réduction à l'horizon.

Demi-épaisseur du fil . . . . .   + 3″00
        $dH' = 1^{t}8778$ + 22″52
                                  ____
                                   91° 10′ 15″32
pour la différence de niveau et la réfraction.

Signal de Carcassonne.

10   1027ᵇ75075   1028775075 = 92° 29′ 51″24 (en terre.)
M.   18 vendémiaire, à 3ʰ ½. Signal dans l'ombre, difficile à voir; on ne peut le distinguer que dans l'après-midi.

La même.

10   1027^s7650   102^s776500 = 92° 29′ 55″86

1 brumaire, à 2^h ¼. Therm. 6^d environ. Beau temps, mais l'objet est un peu diffus.

Moyenne . . . . 92° 29′ 53″55

pour la réduction à l'horizon.

Demi-épaisseur du fil . . . . . .   + 3″00

$dH' = $ 1^t3404   + 21″53

92° 30′ 18″08

pour la différence de niveau et la réfraction.

Castelnaudary (boule de la flèche de Saint-Michel de).

12   1219^s6185   101^s634875 = 91° 28′ 17″00 (en terre.)

pour la réduction à l'horizon. M. 1 brumaire, à 1^h. Objet dans l'ombre, et assez visible.

Pour le fil . . . .   0″00

$dH' = - $ 0^t6389   — 6″01

91° 28′ 11″00

pour la réfraction et la différence de niveau.

La hauteur de la boule de cette flèche au-dessus du pavé de l'église est de 24^t7361, selon la mesure qui en a été faite avec soin par le curé et un ancien ingénieur du district.

Castres (sommet du toit d'une tour carrée de).

10   1024^s84325   102^s484325 = 92° 14′ 9″21 (en terre.)

pour la réduction à l'horizon. M. 26 vendémiaire, à 3^h ½. Objet bien apparent.

Pour le fil . . . .   0″00

$dH' = - $ 0^t6389   — 9″41

92° 13′ 59″8

pour la réfraction et la différence de niveau.

Nota. Ce n'est point le clocher de la cathédrale observé de Montrédon.

Pic du midi de Bigorre.

12   1203ʙ5285   100ʙ2940167 $= 90°\ 15'\ 52''70$ (dans le ciel.) pour la réduction à l'horizon.   M.   16 frimaire, à 11ʰ ¼. Therm. 8ᵈ. Soleil; extrémité du pic bien tranchée.

$$\begin{array}{lr} \text{Pour le fil} \ldots\ldots\ldots & 0''00 \\ dH' = -\ 0^{\mathrm{t}}6389 & -\ 1''32 \\ \hline & 90°\ 15'\ 51''38 \end{array}$$

pour la réfraction et la différence de niveau.

Puy-Prigue, observé de Saint-Pons.

10   993ʙ7540   99ʙ375400 $= 89°\ 26'\ 16''30$ (dans le ciel.) pour la réduction à l'horizon.   M.   24 brumaire, à 2ʰ. Therm. 7ᵈ. Soleil; sommet bien tranché.

$$\begin{array}{lr} \text{Pour le fil} \ldots\ldots\ldots & 0''00 \\ dH' = -\ 0^{\mathrm{t}}6389 & -\ 2''62 \\ \hline & 89°\ 26'\ 13''7 \end{array}$$

pour la réfraction et la différence de niveau.

Pic de Salfare sur les Albères, observé de Saint-Pons.

8   803ʙ53525   100ʙ441906 $= 90°\ 23'\ 51''77$ (dans le ciel.) pour la réduction à l'horizon.   M.   24 frimaire, à 2ʰ ½. Therm. $+$ 2ᵈ. Soleil; vent nord-nord-ouest. Le pic bien terminé.

$$\begin{array}{lr} \text{Demi-épaisseur du fil} \ldots\ldots & +\ 3''00 \\ dH' = -\ 0^{\mathrm{t}}6389 & -\ 2''16 \\ \hline & 90°\ 23'\ 52''6 \end{array}$$

pour la réfraction et la différence de niveau.

La mer. (Direction, 55ᵈ du sud vers l'est.)

16   1618ʙ2135   101ʙ13834375 $= 91°\ 1'\ 28''23$ M.   20 vendémiaire, à 9ʰ ¼. Vent nord foible. La mer réfléchit la lumière

du soleil, en sorte que ce n'est peut-être pas le véritable horizon que l'on
voit. Point de correction pour le fil. Noré.

La même. (Direction., 59° sud-est.)

10   101^g22290   101^g122900   = 91° 0′ 38″20

14 frimaire, à 11^h ¼. Therm. 11^d. .Soleil; vent sud foible.. L'horizon est
assez bien terminé, et encore mieux que la première fois.

Demi-épaisseur du fil . . . . . .   + 3″00

Il faut avoir égard à la hauteur du cercle
sur le sol, qui étoit de . . . .   0^t6389

Distances au zénit de plusieurs autres points remarquables, mais qui n'appartiennent pas aux triangles qui ont ici l'un de leurs sommets.

La Gaste (le plus haut de la montagne de).

10   1005^g5950   100^g559500   = 90° 30′ 12″78 (dans le ciel.)

M. 21 brumaire, à 3^h ¼. Therm. 7^d5. Soleil; vent sud-est fort; objet un
peu embrumé.

$$dH' = -\ 0^t6389 \qquad -\ 3''21$$
$$\overline{\qquad\qquad 90° 30′ 9″57}$$

pour la différence de niveau.

Signal de Cambatjou. (Le premier. Hauteur, 3^t1389.)

10 . 1007^g2990   100^g729900   = 90° 39′ 24″88 (en terre.)

M. 26 brumaire, à 3^h ¼. Soleil; vent d'ouest; signal très-apparent.

Demi-épaisseur du fil . . . . .   + 3″00
$$dH' = +\ 2^t5000 \qquad +\ 20''31$$
$$\overline{\qquad\qquad 90° 39′ 48″19}$$

pour la différence de niveau.

Rieupeyroux (sommet de la montage de).

10   100688235   1008682350 $=$ 90° 50′ 36″81 (dans le ciel.)

M. 21 brumaire, vers 4ʰ. Therm. 7ᵈ. Vent sud-est fort. La montagne est un peu embrumée, et l'on ne distinguoit pas assez bien la chapelle pour y pointer.

Demi-épaisseur du fil . . . . . $+$ 3″00

$dH' = -$ 0ᵗ6389 $-$ 2″55

                   90° 50′ 37″26

pour la différence de niveau et la réfraction.

Pic du Canigou.

12   1193800190   998418250 $=$ 89° 28′ 35″13 (dans le ciel.)

M. 26 vendémiaire, à 1ʰ ¼. Therm. 10ᵈ. Vent d'est très-foible ; soleil. Le pic, qui est couvert de neige, paroît bien terminé.

La même.

10   994827600   998427600 $=$ 89° 29′ 5″42

24 brumaire, à 2ʰ ¼. Therm. 6ᵈ. Soleil

Moyenne . . . .   89° 28′ 50″28

Pour le fil . . . .   0″00

$dH' = -$ 0ᵗ6389 $-$ 2″64

                  89° 28′ 47″64

pour la différence de niveau.

Pic de la Estella, à l'est du Canigou, et l'une de nos stations.

10   1000873475   1008073475 $=$ 90° 3′ 58″06 (dans le ciel.)

M. 24 frimaire, à midi ¼. Therm. $+$ 2ᵈ. Vent nord-nord-ouest ; temps couvert ; objet terminé.

Demi-épaisseur du fil . . . . . $+$ 3″00

$dH' = -$ 0ᵗ6389 $-$ 2″57

                  90° 3′ 58″5

pour la différence de niveau et la réfraction.

Tour de Baterre, dans l'est du Canigou.

10 100⁵⁸8200 : 100⁵282000 $=$ 90° 15′ 13″68 (dans le ciel.)
M. 24 brumaire, à 3ʰ ¼. Therm. 6ᵈ. Soleil ; vent ouest. La tour est légèrement embrumée.

Demi-épaisseur du fil . . . . .   + 3″00
$dH' = $ — 0ᵗ6389   — 2″52
____

90° 15′ 14″16

pour la différence de niveau.

Nota. Cette tour est liée aux triangles de Catalogne.

Costa-Bona, haute montagne des Pyrénées.

10 997⁸6510   99⁵765100 $=$ 89° 47′ 18″92 (dans le ciel.)
M. 24 brumaire, à 4ʰ. Therm. 5ᵈ5. Soleil ; vent d'ouest fort. On visoit à
une pyramide en pierres sèches que j'avois fait élever sur le sommet de cette
montagne en 1792.

Pour le fil . . . .   0″00
$dH' = $ — 0ᵗ6389   — 2″28
____

89° 47′ 16″64

pour la différence de niveau.

Nota. Ce point est lié aux triangles de Catalogne.

ANGLES observés au centre.

Entre les signaux de Saint-Pons et de Montrédon.

20 183⁵4040 91⁵620200 $=$ 82° 27′ 29″448
M. 2 brumaire, de 2ʰ ¼ à 3ʰ ¼. Temps sombre ; on voit bien les deux objets.

24 2198⁸9095 91⁵62122917 $=$ 82° 27′ 32″783
3 brumaire, de midi à 2ʰ ¼. Temps sombre. Signal de Saint-Pons très-apparent ; celui de Montrédon foible, et quelquefois presque invisible.

20 1832847180 918620900 $= 82° \, 27' \, 31''716$ ×

8 frimaire, à midi $\frac{1}{4}$. Soleil; temps calme et doux. Montrédon éclairé en face; Saint-Pons l'est de côté, mais on pointe au milieu de sa base supérieure.

Les 64   586387315   918620804690 $= 82° \, 27' \, 31''407$
Excentricité . . . . $+ \; 0''056$
$+ \; 29''451$

Horizon . . . . $82° \, 28' \, 0''91$

Entre les signaux d'Alaric et de Saint-Pons.

24 250086180 1048192467 $= 93° \, 46' \, 23''430$

M. 3 brumaire, vers $3^h \frac{1}{2}$. Temps sombre. On voit très-bien les signaux, et sur-tout celui de Saint-Pons.

20 208388415 1048192070750 $= 93° \, 46' \, 22''323$ ×

24 brumaire, à midi $\frac{1}{4}$. Soleil; Alaric dans l'ombre, Saint-Pons éclairé.

Les 44   458484595   1048192261236 $= 93° \, 46' \, 22''927$
Excentricité . . . . $- \; 0''046$
$+ \; 39''591$

Horizon . . . . $93° \, 47' \, 2''47$
Nota. Même angle . . . . $93° \, 46' \, 53''00$ (*Méridienne vérifiée*, p. xlvj.)

Entre les signaux de Carcassonne et d'Alaric (hors du centre).

24 120088185 508034104170 $= 45° \, 1' \, 50''498$

M. 19 vendémiaire, vers $3^h \frac{1}{2}$. Carcassonne dans l'ombre, Alaric éclairé du soleil. On a été obligé d'éloigner un peu l'instrument du centre, parce que l'un des arêtiers du signal y cachoit Carcassonne.

24 1200881425 508033927083 $= 45° \, 1' \, 49''924$ ×

20 brumaire, à $10^h \frac{1}{2}$. Carcassonne éclairé de côté; Alaric sombre, mais on le voit bien.

Milieu	45° 1' 50"211
$r = 0^{t}0625 \quad y = 9^{\circ} 3'3$ . .	+ 0"695
Excentricité	+ 0"043
Centre	45° 1' 50"949
	+ 19"843
Horizon	45° 2' 10"79
Nota. Même angle	45° 2' 8"5 (*Méridienne*

vérifiée , p. xlvj.)

Entre le clocher de Castelnaudary et le signal de Carcassonne.

20 　1168.55125　58.4275625 = 52° 35' 5"303

M. 1 brumaire, à midi. Objets noirs et assez visibles.

$r = 0^{t}06597 \quad y = 54^{\circ} 5'2$.	— 0"250
Excentricité	— 0"068
Centre	52° 35' 4"985
	+ 1' 28"819
Horizon	52° 36' 33"80

Entre la tour de Montrédon et Castelnaudary.

20 　1911.85525　95.592625 = 86° 2' 0"105 (au centre.)

M. 16 frimaire, à 2ʰ ¼. On pointoit au milieu de la façade d'entrée de la tour, qui est visible d'ici, et la seule qui subsiste encore en entier; le signal avoit été abattu.

	+ 1' 36"734
Horizon.	86° 3' 36"84
Réduction au signal, comme on le verra plus bas	+ 2' 36"68
Castelnaudary et signal de Montrédon . .	86° 6' 13"52

Cet angle complète le tour de l'horizon.

Nore.

Entre le signal de Saint-Pons et la tour de Montrédon.

20 1833ᵗ38525   91ᵗ6692625 = 82° 30′ 8″410 ×

M. 13 frimaire, à 11ʰ ½. Objets très-apparens.

20 1833ᵗ3750   91ᵗ668750 = 82° 30′ 6″750

14 frimaire, à 3ʰ 40′. Temps sombre, mais on voit assez bien les objets.

Milieu . . . . 82° 30′ 7″580

Excentricité . . . . ╶╴ 0″056

╶╴ 29″021

Horizon . . . . 82° 30′ 36″66

Pour réduire cet angle au signal de Montrédon on a :

Au signal de Montrédon, entre le milieu de la façade
de la tour et le signal de Nore . . . . 128° 25′

Au milieu de la même façade de la tour, entre le signal
de Nore et celui de Montrédon . . . . 51° 32′4

Distance du centre du dernier signal { au milieu de la façade de la tour = 18ᵗ1667
au signal de Nore 18727ᵗ

D'où, réduction . . . . — 2′ 36″68

Donc entre les signaux de Saint-Pons et de Montrédon . . 82° 27′ 59″98

Mais par l'observation directe, p. 356 . . . . 82° 28′ 0″91

Tour de l'horizon.

Signaux de Montrédon et de Saint-Pons . . . . 82° 28′ 0″91

Saint-Pons et Alaric . . . . 93° 47′ 2″47

Alaric et Carcassonne . . . . 45° 2′ 10″79

Carcassonne et Castelnaudary . . . . 52° 36′ 33″80

Castelnaudary et Montrédon réduit au signal . . . . . 86° 6′ 13″52

Somme . . . . 360° 0′ 1″49

Et . . . {

Tour de Montrédon et Saint-Pons . . . . . . 82° 30′ 36″66

Saint-Pons et Alaric . . . . 93° 47′ 2″47

Alaric et Carcassonne . . . . 45° 2′ 10″79

Carcassonne et Castelnaudary . . . . 52° 36′ 33″80

Castelnaudary et tour de Montrédon . . . . . 86° 3′ 36″84

Somme . . . . 360° 0′ 0″56

Entre le signal de Montrédon et une petite tour carrée de Castres, qui est peu élevée au-dessus d'une grosse église.

20   486ᵇ3730   24ᵇ318650 $=$ 21° 53′ 12″43

M.   26 vendémiaire, à 2ʰ ¼. Soleil ; calme. On voit bien les objets.

$$— \quad 1′ \ 1″93$$

Horizon . . . . 21ᵈ 52′ 10″50

Nous avions mesuré cet angle pour servir, avec celui que nous nous proposions d'observer à Montrédon, à lier Castres à nos triangles, et rectifier sa position déterminée dans la *Méridienne vérifiée*, que nous croyions fautive de 700 à 800 toises; mais notre objet n'a point été rempli, parce que les indicateurs qui nous avoient désigné ici cette tour de Castres pour le clocher de la cathédrale, se sont mépris, et que de Montrédon nous n'avons pu retrouver la même tour. Ainsi l'angle observé ici et celui observé à Montrédon ne pourront servir que comme directions; mais peut-être on pourroit les réduire à un même objet de Castres, au moyen d'un bon plan de cette ville.

Angles pour quelques points des Pyrénées qui ont été observés de Saint-Pons.

Entre le Puy-Prigue et le signal d'Alaric.

6   314ᵇ9230   52ᵇ487167 $=$ 47° 14′ 18″42

$$— \quad 1′ \ 44″57$$

Horizon . . . . 47° 12′ 33″85

Entre Alaric et Saint-Pons . . . . 93° 47′ 2″47

Donc entre Puy-Prigue et Saint-Pons . . 140° 59′ 36″32

Entre le pic de Salfare et le signal de Saint-Pons.

2   214ᵇ4630   107ᵇ2315 $=$ 96° 30′ 30″06

M.   24 frimaire. Il n'a pas été possible d'observer cet angle un plus grand nombre de fois.

$$+ \quad 13″88$$

Horizon . . . . 96° 30′ 43″94

Entre le signal de Montrédon et le pic du midi de Bigorre.

10   94788410   948784100 $=$ 85° 18′ 20″48
M. 8 frimaire, vers 3ʰ. Objets très-clairs.

$+$ 15″54

Horizon . . . . 85° 18′ 36″02

Cet angle ne servira que comme direction. Étant à Montrédon, j'ai reconnu qu'on n'y pouvoit pas voir le pic du midi, et les circonstances ou les mauvais temps ne m'ont point permis non plus de l'observer à aucune des autres stations.

Entre Costa-Bona et le signal d'Alaric.

20   63780170   318850850 $=$ 28° 39′ 56″75
M. 14 frimaire, vers 1ʰ. Soleil; signal d'Alaric très-distinct. La pyramide de Costa-Bona est un peu foible, à cause de son grand éloignement; cependant on la voit assez bien.

$-$ 1′ 52″77

Horizon . . . . 28° 38′ 3″98

Cet angle ne servira encore ici que comme direction, Costa-Bona n'étant liée qu'aux triangles de Catalogne.

Pour lier le clocher de Pradelles à la station de Nore, j'ai mesuré l'angle entre ce clocher et le signal de Carcassonne, lequel angle, réduit au centre et à l'horizon $=$ 16° 0′ 41″, Pradelles vers l'ouest; et, par quelques opérations secondaires, la distance entre le centre du signal et la verticale du clocher de Pradelles a été trouvée de 1293 toises. Ayant aussi la distance de la pointe du toit de ce clocher au zénit, observée et réduite au pied du signal de 99° 1′ 9″5, j'ai conclu des deux dernières données la différence de niveau de 205 toises, et la hauteur du clocher au-dessus du niveau de la mer de 415 toises, en supposant celle de Nore de 620.

ALARIC.

LXXIX.

L A montagne d'Alaric est à demi-lieue environ de la route de Carcassonne à Narbonne, et au sud de l'étang de Marseillette; son sommet a près d'une lieue de longueur. C'est sur la partie la plus haute de ce sommet, vers l'extrémité orientale, que le signal de 1740 ayoit été planté. Il étoit assez difficile d'en retrouver la place; cependant on l'a reconnue, du moins à fort peu près, au moyen des indications données par un ancien habitant de la commune de Montlaur, et un amas de pierres sembloit encore indiquer cette place. C'est à cent pas environ des rochers qui sont au bord escarpé de la montagne, au-dessus et au nord-ouest du village de *Camplong*.

Le nouveau signal qu'on y a établi étoit pareil à celui de Nore : hauteur, 2^{t}5162; côtés de la base inférieure, 0^{t}8333; ceux de la base supérieure, 0^{t}4549. Le pied de l'axe de ce signal répondoit à l'intersection des deux diagonales d'un trou carré percé dans une grosse pierre, que j'ai fait placer et maçonner dans le terrain, au milieu de la base. Ce repaire servira au besoin à retrouver le centre de la station : il a été recouvert d'un très-gros tas de pierres et de terre.

J'ai été secondé à cette station, et à la plupart des suivantes jusqu'à Barcelone, par le citoyen Tranchot,

1.

46

ingénieur-géographe, et par le citoyen Esteveny, artiste chargé du soin et des réparations des instrumens.

DISTANCES AU ZENIT.

$$dH = 1^t 88195.$$

Signal de Saint-Pons. (*Hauteur,* $2^t 7917$.)

10 $995^s 2915$ $99^s 52915$ $= 89° 34' 34''45$ (dans le ciel.)

M. et T. 14 vendémiaire an 5, à $2^h \frac{1}{4}$. Therm. $15^d 2$. Vent d'est; ciel couvert en partie.

La même.

10 $995^s 2940$ $99^s 52940$ $= 89° 34' 35''26$

18 vendémiaire, à $4^h \frac{1}{4}$. Vent violent de l'ouest-sud-ouest; objet très-net.

La même.

8 $796^s 23025$ $99^s 52878125 = 89° 34' 33''25$

27 vendémiaire, à midi. Vent nord-ouest assez fort; on voit bien le signal.

Moyenne . . . . $89° 34' 34''32$

pour la réduction à l'horizon.

Demi-épaisseur du fil . . . . . . $+ 3''00$

$dH' = 2^t 1574$ $+ 20''26$

____

$89° 34' 57''58$

pour la différence de niveau et la réfraction.

Signal de Nore.

10 $989^s 7610$ $98^s 976100$ $= 89°\ 4'\ 42''56$ (dans le ciel.)

M. et T. 14 vendémiaire, à $3^h \frac{1}{4}$. Therm. $15^d 2$. Vent d'est; ciel entre-coupé de nuages; signal noir.

La même.

10   98g7580   98g975800 = 89° 4′ 41″59

17 vendémiaire, à 4ʰ 3o″. Ce signal ne se voyoit bien que dans l'après-midi. Vent violent de l'ouest-sud-ouest ; objet dans l'ombre.

Moyenne . . . . 89° 4′ 42″08

pour la réduction à l'horizon.

Demi-épaisseur du fil . . . .   + 3″00

$dH' = 1^s8102$ + 21″71

89° 5′ 6″79

pour la différence de niveau et la réfraction.

Signal de Carcassonne.

10   1012g7800   101g278000 = 91° 9′ 0″72 (en terre.)

M. et T.   13 vendémiaire, à midi ¼. Vent ouest assez fort ; signal très-apparent.

La même.

10   1012g7820   101g278200 = 91° 9′ 1″37

14 vendémiaire, à 11ʰ. Therm. 12ᵈ6. Ciel entrecoupé de nuages ; objet bien visible.

La même.

10   1012g77925   101g277925 = 91° 9′ 0″48

17 vendémiaire, à 4ʰ ¼. Signal éclairé du soleil, mais il y a beaucoup de brume.

Moyenne . . . . 91° 9′ 0″86

pour réduire à l'horizon les angles observés en l'an 5.

La même.

12   1215g2580   101g2778600 = 91° 8′ 39″66

M.   15 frimaire an 4. Soleil ; signal un peu embrumé ; vent nord-ouest fort.

Cette distance au zénit sert pour calculer la réduction à l'horizon des angles

entre Carcassonne et Bugarach, entre Carcassonne et le Canigou, observés
l'an 4.

Alaric.

Moyenne des quatre . . . . . . 91° 8′ 55″65
Demi-épaisseur du fil . . . . . .   + 3″00
$dH' = 1^{t}3450$ + 22″75

pour la différence de niveau et la réfraction. . . . 91° 9′ 21″40

Signal de Bugarach. (*Hauteur,* 1ᵗ50.)

12. 1,88590205 · 99807670833 = 89° 10′ 8″54 (en terre.)
pour la réduction à l'horizon.　M. 15 frimaire an 4, à 3ʰ ½. Soleil.

Demi-épaisseur du fil . . . . . .   + 3″00
$dH' = 0^{t}86574$ + 9″27

pour la différence de niveau et la réfraction. 89° 10′ 21″21

Signal de Tauch. (*Hauteur,* 2ᵗ1875.)

10 · 9948ᵉ4050 · 99840500 = 89° 29′ 47″22 (dans le ciel.)
pour la réduction à l'horizon.　M. 22 frimaire an 4. Vent sud-est, ou
de mer.

Demi-épaisseur du fil . . . . .   + 3″00
$dH' = 1^{t}55324$ + 23″35

pour la différence de niveau et la réfraction. . . . 89° 30′ 13″57

Pic du Canigou.

10 · 98389075 · 98389075 = 88° 30′ 18″60 (dans le ciel.)
M. 14 frimaire an 4, à 11ʰ. Vent ouest-nord-ouest très-violent et froid.
Vapeurs et ondulations considérables.

La même.

8   786.67675   98.334594 = 88° 30′ 4″08

1 nivose, au milieu du jour. Therm. 10^d. Soleil; vent nord-est foible; objet très-net; point d'ondulations.

Moyenne. . . . . 88° 30′ 11″34

pour la réduction à l'horizon.

Demi-épaisseur du fil . . . .   + 3″00

$dH' = -$ 0.6343   − 3″58

88° 30′ 10″76

pour la différence de niveau et la réfraction.

Narbonne (*Donjon de la tour méridionale de la cathédrale de*).

10   1012.2210   101.222100 = 91° 5′ 59″60 (en terre.)

pour la réduction à l'horizon de l'angle observé en l'an 4. M. 13 frimaire an 4, à 2^h ¼. Soleil; grand vent de nord-ouest, et très-froid.

La même.

10   1012.2450   101.224500 = 91° 6′ 7″38

pour la réduction à l'horizon de l'angle observé en l'an 5. M. et T. 14 vendémiaire, à 1^h. Vent d'est; ciel parsemé de nuages; objet bien distinct.

Moyenne . . . .   91° 6′ 3″49

Demi-épaisseur du fil. . . . . .   + 3″00

$dH' = -$ 0.6343   − 8″27

91° 5′ 58″22

pour la différence de niveau et la réfraction.

Beziers (*partie la plus éminente sur la tour de la cathédrale de*).

12   1209.61975   100.8016458 = 90° 43′ 17″33 (en terre.)

pour la réduction à l'horizon de l'angle observé en l'an 4. M. 1 nivose an 4, à 1^h. Therm. 10^d. Soleil, et temps serein; vent nord-est foible.

La même.

10   1008ᵇ14325   1008814325 = 90° 43′ 58″41

pour la réduction à l'horizon de l'angle observé en l'an 5.   M. et T.   27
vendémiaire an 5, à 11ʰ ¼. Vent nord-ouest fort; objet bien éclairé.

Moyenne . . . .   90° 43′ 37″87

Demi-épaisseur du fil . . . . .   + 3″00

$dH' = - 0^{t}6343$ — 4″90
____

90° 43′ 35″97

pour la différence de niveau et la réfraction.

La mer. (Direction à l'est.)

12   120985940   1008799500   = 90° 43′ 10″38

M. et E.   13 frimaire an 4, à midi. Grand vent de nord-ouest très-froid;
horizon assez bien terminé.

La même. (6 degrés de l'est au nord.)

10   1008ᵇ0855   1008808550   = 90° 43′ 39″70

M. et T.   18 vendémiaire an 5, à 3ʰ ¼. Vent violent ouest-sud-ouest;
horizon bien tranché.

Moyenne . . . .   90° 43′ 25″04

Demi-épaisseur du fil . . . . .   + 3″00
____

90° 43′ 28″04

pour la différence de niveau et la réfraction.

Il faudra tenir compte de la hauteur du
cercle sur le sol, de 0ᵗ6343

ANGLES observés au centre.

Entre les signaux de Saint-Pons et de Nore.

24　929ᵍ2610　38ᵍ71920833 = 34° 50′ 50″235

M. 13 vendémiaire an 5, vers 3ʰ ¼. Objets très - difficiles à observer. Le signal de Saint-Pons est de temps en temps éclairé du soleil, et ce n'est qu'alors qu'on peut l'apercevoir; celui de Nore est dans l'ombre, et ordinairement assez distinct : cependant des reflets de lumière le font souvent disparoître.

28　1084ᵍ16375　38ᵍ72013393 = 34° 50′ 53″234

17 vendémiaire, vers 10ʰ ¼. On voit assez bien les objets.

20　774ᵍ39825　38ᵍ7199125 = 34° 50′ 52″516

22 vendémiaire, à 4ʰ ¼. Air brumeux. Signaux difficiles à voir : celui de Saint-Pons éclairé; celui de Nore dans l'ombre. Après la 20ᵉ observation ils sont devenus presque invisibles, et on a cessé d'observer. On a rejeté la première série.

Les 48 dernières 1858ᵍ5620　38ᵍ72001467 = 34° 50′ 52″935

Excentricité . . . . — 0″027

— 3″484

Horizon . . . . 34° 50′ 49″42

Méridienne vérifiée, p. xlvj . 34° 50′ 30″5

Entre les signaux de Nore et de Carcassonne.

20　1070ᵍ8845　53ᵍ544225　 = 48° 11′ 23″289

M. 13 vendémiaire, vers 4ʰ ¼. Objets passables; Nore dans l'ombre; Carcassonne éclairé d'un côté, mais on distingue bien l'autre.

24　1285ᵍ0720　53ᵍ544667　 = 48° 11′ 24″720

17 vendémiaire, entre 11ʰ et midi : on ne voit jamais Carcassonne plutôt. Objets assez apparens.

24　1285ᵍ0745　53ᵍ544770833 = 48°.11′ 25″057

Même jour, entre 3 et 4ʰ. Nore dans l'ombre, et très-distinct; signal de

Alaric.

Carcassonne bien apparent : l'une de ses faces est éclairée; l'autre est dans l'ombre, mais très-visible. On pointe au milieu de la base supérieure.

Les 68   3641ᵍ50310   53ᵍ54457353   = 48° 11′ 24″418

Excentricité. . . . .   — 0″050

— 2′ 30″78

Horizon . . . .   48° 8′ 53″59
Méridienne vérifiée, p. xlvj .   48° 9′ 5″00

Entre les signaux de Carcassonne et de Bugarach.

30   251ᵍ66595   83ᵍ9219833   = 75° 31′ 47″226

M. et E.   15 frimaire an 4, de midi ½ à 1ʰ ½. Objets un peu embrumés; Carcassonne éclairé du soleil. Esteveny visoit à un signal, et moi je pointois à l'autre.

24   201ᵍ51165   83ᵍ921520833   = 75° 31′ 45″728

M. et E.   1 nivose, vers 3ʰ. Temps un peu brumeux; Bugarach difficile à observer.

Les 54   4531ᵍ7760   83ᵍ92177778   = 75° 31′ 46″560

Excentricité . . . .   + 0″065

— 1′ 17″945

Horizon . . . .   75° 30′ 28″68
Méridienne vérifiée, p. xlvj .   75° 30′ 33″00

Entre les signaux de Bugarach et de Tauch.

34   1582ᵍ7540   46ᵍ55158823   = 41° 53′ 47″146

M. et E.   22 frimaire, de 2ʰ ¼ à 3ʰ ¼. On voit les deux signaux très-distinctement, ce qui est bien rare, sur-tout pour celui de Bugarach, à cause qu'il se projette sur les Pyrénées.

24   1117ᵍ23925   46ᵍ55516354   = 41° 53′ 47″299

M. et E.   1 nivose, de 8ʰ à 9ʰ ½. Objets bien terminés.

Les 58   2699ᵍ99325   46ᵍ55160776   = 41° 53′ 47″209

Excentricité . . . .   — 0″045

+ 6″311

Horizon . . . .   41° 53′ 53″48
Méridienne vérifiée, p. xlvj .   41° 53′ 50″00

Entre le signal de Tauch et le donjon de la tour méridionale de Saint-Just de Narbonne.

Alaric.

20 19708'7550   988'537750 = 88° 41' 2"310

M. et E. 29 frimaire, après-midi. Narbonne éclairé du soleil.

Excentricité . . . .   + 0"021

— 35"871

Horizon . . . . 88° 40' 26"46
Méridienne vérifiée, p. xlvij . 88° 40' 26"00

Entre le signal de Tauch et la tour de Beziers.

26 3050'84260   1178'324076923 = 105° 35' 30"009

M. et E. 1 nivose, de 11ʰ ¼ à midi. On voit bien les objets.

Excentricité . . . .   + 0"076

— 16"912

Horizon . . . . 105° 35' 13"17

Entre Narbonne et le signal de Saint-Pons.

20 1576'83875   788'819375 = 70° 56' 14"775

M. 22 vendémiaire an 5, vers 2ʰ ¼. Air brumeux; Narbonne et Saint-Pons éclairés du soleil.

Excentricité . . . .   + 0"038

— 46"187

Horizon . . . . 70° 55' 28"63
Méridienne vérifiée, p. xlvij . 70° 55' 17"00

mais il y a erreur dans la réduction à l'horizon, et il faut lire 36" au lieu de 17".

Entre Beziers et le signal de Saint-Pons.

20 1200'85180   608'025900 = 54° 1' 23"916

M. 27 vendémiaire, à 11ʰ. Objets éclairés et très-distincts.

Excentricité . . . .   — 0"017

— 40"469

Horizon . . . . 54° 0' 43"43
Méridienne vérifiée, p. 254 . 54° 1' 5"00

Entre Carcassonne et le Canigou.

10   1077ᵍ25975   1078725975 $=$ 96° 57′ 12″159

M. et E.   15 frimaire an 4, à 3ʰ. Les objets sont assez nets.

Excentricité . . . .   —   0″117

                    —   1′ 34″851

Horizon . . . .   96° 55′ 37″19

Tour de l'horizon.

Saint-Pons et Nore . . . .   34° 50′ 49″42

Nore et Carcassonne . . . .   48° 8′ 53″59

Carcassonne et Bugarach . . . .   75° 30′ 28″58

Bugarach et Tauch . . . .   41° 53′ 53″48

Tauch et Narbonne . . . .   88° 40′ 26″46

Narbonne et Saint-Pons . . . .   70° 55′ 28″62

Somme . . . .   360° 0′ 0″15

Et

Saint-Pons et Tauch. Somme des quatre
premiers angles . . . .   200° 24′ 5″07

Tauch et Beziers . . . .   105° 35′ 13″17

Beziers et Saint-Pons . . . .   54° 0′ 43″43

Somme . . . .   360° 0′ 1″67

CARCASSONNE. (Sur la tour de Saint-Vincent.)

L X X X.

CETTE tour est octogone dans la partie supérieure ;
elle est terminée par une plate-forme entourée d'un
parapet. Sa hauteur, depuis le seuil de la porte d'entrée

de l'escalier jusqu'au bord du parapet, est de 25^{t}833.

Je n'ai pu savoir si l'on y avoit élevé un signal en 1740 ; peut-être on a visé au milieu apparent de la tour, mais ce ne seroit pas un bon signal : le diamètre de la tour est trop grand, et sa figure est irrégulière, à cause de la cage de l'escalier qui y est liée. Pour avoir un point de mire plus précis, j'ai fait établir sur la plate-forme un signal semblable aux précédens. Sa hauteur totale étoit de 2^{t}6805 ; mais il n'excédoit le bord du parapet que de 1^{t}97917.

Un pilier qui sert à conduire des fils de fer qui tirent les marteaux du timbre de l'horloge, a empêché de faire répondre le pied de l'axe du signal précisément au centre de la plate-forme. Voici les distances perpendiculaires de ce pied ou du centre de la station aux parois intérieures de quatre côtés opposés du parapet :

$$\text{Aux côtés} \dots \left\{ \begin{array}{lll} \text{du nord} \dots & 2^t3750 \\ \text{du sud} \dots & 2^t30556 \\ \text{de l'est} \dots & 2^t30556 \\ \text{de l'ouest} \dots & 2^t40278 \end{array} \right.$$

DISTANCES AU ZÉNIT.

$$dH = 1^t9236.$$

Signal de Nore.

48 4675^{s}7450 97^{s}41135417 = 87° 40′ 12″79 (dans le ciel.)

M. et T. Ces 48 observations sont la somme de celles de 5 séries faites à différentes époques en l'an 4 et l'an 5, le matin vers midi et dans l'après-midi, et par des températures entre 8 et 19ᵈ5. Les résultats extrêmes diffèrent du moyen de— 22″ et + 8″.

Demi-épaisseur du fil . . . . . . 　　+ 3″00

$dH' = 2^{t}3889$　　　　+ 38″36

　　　　　　　　87° 40′ 54″15

pour la différence de niveau et la réfraction.

Nota. On prend pour terme de la hauteur de la tour de Carcassonne le bord du parapet de sa plate-forme.

Signal d'Alaric.

48　　4747ˢ3535　　98ˢ9031979　= 89° 0′ 46″36 (dans le ciel.) pour réduire à l'horizon l'angle entre Alaric et Nore. M. et T. Ces 48 observations sont, comme les précédentes, la somme de 5 séries qui ont été faites dans les mêmes circonstances. Mais pour réduire à l'horizon l'angle entre Bugarach et Alaric, j'ai employé 89° 0′ 42″1 , résultat moyen des deux premières séries qui ont été observées dans le même temps que cet angle.

Demi-épaisseur du fil . . . . . . 　　+ 3″00

$dH' = 2^{t}4611$　　　　+ 41″63

　　　　　　　　89° 1′ 30″99

pour la différence de niveau et la réfraction.

Signal de Bugarach.

10　　984ˢ02025　　98ˢ402025 = 88° 33′ 42″56 (dans le ciel.) M. et E. 21 brumaire, à 3ʰ ½. Temps sombre; froid. Le signal ne se voit pas très-bien.

La même.

10　　984ˢ05325　　98ˢ405325 = 88° 33′ 53″25 M. et E. 28 brumaire, à 4ʰ. Objet bien visible.

Moyenne . . . . 　　88° 33′ 47″91 pour la réduction à l'horizon.

Demi-épaisseur du fil . . . . . 　　+ 3″00

$dH' = 1^{t}44444$　　　　+ 14″85

　　　　　　　　88° 34′ 5″76

pour la différence de niveau et la réfraction.

Pic du Canigou.

12   1178ᵍ06225   98ᵍ17ᵢ85417 = 88° 21' 16"81 (dans le ciel.)
M. et E.   2 frimaire, dans l'après-midi. Therm. 8ᵈ. Pic bien terminé; il est couvert de neige.

La même.

8   785ᵍ4130   98ᵍ176625   = 88° 21' 32"27
M. et T.   28 floréal, après midi. Therm. 19ᵈ. Pic bien terminé; il n'y a point de neige.

Moyenne . . . . 88° 21' 24"54
pour la réduction à l'horizon.

Demi-épaisseur du fil . . . . . .   + 3"00
$dH' = -$ 0ᵗo556   — 0"29
88° 21' 27"25
pour la différence de niveau.

Mont Saint-Barthélemy (pic de Lestangtost, ou pic oriental et le plus haut du).

10   980ᵍ52725   98ᵍ052725 = 88° 14' 50"83 (dans le ciel.)
pour la réduction à l'horizon.   M. et E.   27 brumaire, à 11ʰ. Soleil; vent sud-est fort et froid. Air brumeux; cependant le pic est assez bien terminé: il est couvert de neige.

Demi-épaisseur du fil . . . . . .   + 3"00
$dH' = -$ 0ᵗo556   — 0"35
88° 14' 53"48
pour la différence de niveau.

Castelnaudary (boule de la flèche de Saint-Michel de).

8   799ᵍ9060   99ᵍ988250 = 89° 59' 21"93 (en terre.)
pour la réduction à l'horizon.   M. et T.   28 floréal, à 6ʰ du soir. Therm. 19ᵈ. L'objet est presque dans la direction du soleil; on ne peut l'apercevoir que vers la fin de l'après-midi.

Pour le fil . . . .   0"00
$dH' = -$ 0ᵗo556   — 0"66
89° 59' 21"27
pour la différence de niveau.

ANGLES.

Entre les signaux d'Alaric et de Nore.

20 192⁵84145 96⁵420725 = 86° 46' 43"149

M. 12 brumaire an 5, vers 11ʰ. Alaric dans l'ombre; Nore éclairé, mais un peu déformé par l'effet des vapeurs.

24 231⁵807875 96⁵41994792 = 86° 46' 40"631

M. Même jour, à 4ʰ ½. Beau temps; signaux éclairés du soleil, mais ondulations pour Nore.

32 308⁵845475 96⁵42046094 = 86° 46' 42"293

T. 30 brumaire, entre 2 et 4ʰ. Objets éclairés et bien visibles.

16 154⁵87160 96⁵419750 = 86° 46' 39"990

M. 28 floréal, à 7ʰ ¼, fini après le coucher du soleil.

20 192⁵83990 96⁵419950 = 86° 46' 40"638

M. 7 prairial, à 10ʰ ¼. Soleil; un peu d'ondulation.

20 192⁵840325 96⁵4201625 = 86° 46' 41"327

M. 8 prairial, de 6ʰ ½ à 7ʰ ½ du soir. Très-beau temps.

Les 132 12727⁵46625 96⁵4201989 = 86° 46' 41"444

Excentricité . . . . + 0"009

$r = 0^{t}55845$ $y = 35°$ 0' + 2"888

Centre . . . . 86° 46' 44"341

+ 2' 13"46

Horizon . . . . 86° 48' 57"80
Méridienne vérifiée, p. xlvij . 86° 48' 30"00

Entre les signaux de Bugarach et d'Alaric.

32 243⁵36025 76⁵01125781 = 68° 24' 36"475

M. et E. 28 brumaire an 4, de 11ʰ ½ à midi ½. Soleil foible; objets dans l'ombre; Alaric beau, Bugarach difficile à distinguer.

28 212⁵82905 76⁵010375 = 68° 24' 33"615

M. et E. 29 brumaire, de 11ʰ ¼ à 2ʰ ½. Signaux embrumés. Les observations ont été interrompues par la pluie. La commission spéciale a rejeté cette

série.

    24 182482580 768010750 = 68° 24′ 34″830

M. et E. 1 frimaire, de 3ʰ ¼ à 4ʰ ¼. Bugarach un peu embrumé jusqu'à la 10ᵉ observation; Alaric clair.

    36 2736?4060 768011277?8 = 68° 24′ 36″540

M. et E. 2 frimaire, de 2ʰ ¼ à 4ʰ ¼. Soleil; calme; signaux aussi nets qu'on puisse le desirer.

Les 92 6993802425 768011133?5 = 68° 24′ 36″071

Excentricité . . . .   — 0″069

$n = 1^{\iota}020833$ $y = 266°\ 9'6$ + 12″728

Centre . . . .   68° 24′ 48″730

    + 58″156

Horizon . . . .   68° 25′ 46″89

Méridienne vérifiée, p. xlvij .   68° 25′ 41″00

Entre le signal de Nore et Castelnaudary.

    20 203488605 1018743025 = 91° 34′ 7″401

M. 28 floréal an 5, à 5ᵈ ¼. Objets très-beaux.

Excentricité . . . .   + 0″042

$r = 0^{\iota}93403$ $y = 87°\ 36'9$ — 10″850

Centre . . . .   91° 33′ 56″593

    + 6″212

Horizon . . . .   91° 34′ 2″81

Entre le pic du Canigou et le signal d'Alaric.

    12 87280720 728672666?7 = 65° 24′ 19″440

M. et E. 2 frimaire, vers 4ʰ ¼. Soleil; calme; objets très-nets.

Excentricité . . . .   + 0″122

$r = 1^{\iota}020833$ $y = 266°\ 9'6$ + 14″838

Centre . . . .   65° 24′ 34″40

    + 59″40

Horizon . . . .   65° 25′ 33″80

*Entre le pic de Lestangtost du mont Saint-Barthélemy
et le signal de Bugarach.*

12 667ᵇ88775 55ᵇ6573125 = 50° 5′ 29″693

M. et E. 27 brumaire. On vise à un petit mamelon très-remarquable sur
le haut du pic. Bugarach légèrement embrumé.

Excentricité	—	0″042
$r =$ 0ᵗ66667 $y =$ 185° 17′9	—	2″813
Centre . . . •	50° 5′	26″838.
	—	1′ 11″325
Horizon . . . . . . •	50° 4′	15″51

PIC DE BUGARACH.

L X X X I.

LA montagne de Bugarach est la plus haute *des
Corbières ;* elle tire son nom de celui d'un village qui
est au pied et dans le nord-ouest. Elle est très-escarpée,
sur-tout du côté du sud-est, où elle est coupée à pic
sur une hauteur de plus de deux cents toises. Dans
plusieurs directions elle présente la forme d'une pyramide tronquée. Son sommet a peu d'étendue, et l'accès
en est extrêmement difficile : il se divise en trois pointes,
qui sont formées par deux grandes brèches dans la partie
tranchée à pic. Ces trois pointes sont en ligne droite,
et gissent à peu près nord et sud.

C'est sur la pointe méridionale qu'on avoit établi le
premier signal en vendémiaire de l'an 2, et qui a été
observé du Puy de la Estella. Il étoit formé d'un baliveau

planté bien verticalement, et maintenu dans cette position par de forts arcs-boutans ; sa tête, ou le point de
mire, étoit un cylindre de 0^{t}8333 de hauteur, et de
0^{t}4167 de diamètre. La hauteur totale étoit de 2^{t}167
environ. Il y a tout lieu de croire que ce signal a été
placé au même point que celui de 1739 ; car on a retrouvé un trou creusé dans le roc, qu'un habitant de
Bugarach a indiqué comme étant le trou dans lequel
l'ancien signal avoit été planté. D'ailleurs on ne pouvoit guère se méprendre d'une toise, parce que le
plateau a si peu d'étendue, qu'à peine y pouvoit-on
mettre les arcs-boutans.

Le second signal a été élevé en vendémiaire de l'an 4,
lors de la reprise des opérations. C'étoit une pyramide
en bois quadrangulaire, surmontée d'un prisme de 0^{t}6111
de hauteur, et de 0^{t}50 de côté : hauteur totale, 2^{t}3333.
Il a été facile de faire répondre l'axe du prisme et de la
pyramide au même point que celui du premier signal,
au moyen des repaires marqués la première fois, et d'un
tronçon du baliveau, resté dans le roc. Le prisme n'a
servi de point de mire que pour l'angle entre la Estella et
Bugarach, observé dans ce même temps à Forceral, parce
que le signal fut renversé presque aussitôt par un ouragan.
Lorsque je fus rendu à cette station pour y faire relever
le signal et y mesurer les angles, je fis supprimer le
prisme, et on ne rétablit que la pyramide, afin de
donner moins de prise au vent. Sa hauteur au-dessus
du piquet du centre n'étoit plus que de 1^{t}50. C'est dans
cet état qu'elle a été observée d'Alaric, de Carcassonne,

Bugarach.

de Tauch, et une dernière fois de Forceral, pour l'angle entre Tauch et ce point.

DISTANCES AU ZÉNIT.

Signal de Carcassonne.

10   1019⁸09425   1018⁸909425 = 91° 43′ 6″54 (en terre.)

pour la réduction à l'horizon.   M. et E.   6 brumaire an 4, à 3ʰ ¼. Signal éclairé et bien distinct.

$$\begin{aligned}
&\text{Demi-épaisseur du fil} \ldots \ldots && + \quad 3''00 \\
&d H' = 1^{\text{t}}36806 && + \quad 14''07 \\
&&& \overline{} \\
&&& 91° \ 43' \ 23''61
\end{aligned}$$

pour la différence de niveau et la réfraction.

Signal d'Alaric.

10   1012⁸2200   1016⁸222000 = 91° 5′ 59″28 (dans le ciel.)

pour la réduction à l'horizon.   M. et E.   6 brumaire, à 3ʰ ¼. Soleil; objet très-apparent.

$$\begin{aligned}
&\text{Demi-épaisseur du fil} \ldots \ldots && + \quad 3''00 \\
&d H' = 1^{\text{t}}90556 && + \quad 20''40 \\
&&& \overline{} \\
&&& 91° \ 6' \ 22''68
\end{aligned}$$

pour la différence de niveau et la réfraction.

Signal de Tauch. (Hauteur, 2ᵗ50.)

10   1009⁸69875   1008⁸969875 = 90° 52′ 22″40 (dans le ciel.)

pour la réduction à l'horizon.   M. et E.   2 brumaire, à 2ʰ. Soleil; mais il y a des vapeurs et un peu d'ondulation.

$$\begin{aligned}
&\text{Demi-épaisseur du fil} \ldots \ldots && + \quad 3''00 \\
&d H' = 1^{\text{t}}8889 && + \quad 30''26 \\
&&& \overline{} \\
&&& 90° \ 52' \ 55''66
\end{aligned}$$

pour la différence de niveau et la réfraction.

Signal de Forceral. (*Hauteur*, 2ᵗ8808.)

10   1016ᵇ22175   1016ᵇ221750 $=$ 91° 27′ 35″85

M. et E.   2 brumaire, à 2ʰ ¾. Soleil; objet bien visible.

La même.

8   813ᵇ03025   1016ᵇ2878125 $=$ 91° 27′ 59″25

10 brumaire, à 2ʰ ¼. Signal un peu diffus.

Moyenne . . . .   91° 27′ 47″55

pour la réduction à l'horizon.

Demi-épaisseur du fil . . . . . . $+$ 3″00

$dH' =$ 2ᵗ2708 $+$ 30″09
____

91°. 28′ 20″64

pour la différence de niveau et la réfraction.

Signal du puy de la Estella. (*Hauteur*, 2ᵗ3333.)

10   993ᵇ28025   998ᵇ328025 $=$ 89° 23′ 42″80 (dans le ciel.)

pour la réduction à l'horizon.   M. et E.   10 brumaire, à 1ʰ ½. Soleil; objet terminé.

Pour le fil . . . .   0″00

$dH' =$ 1ᵗ55556 $+$ 15″12
____

89° 23′ 57″92

pour la différence de niveau et la réfraction.

Pic du Canigou.

8   780ᵇ9295   976ᵇ161875 $=$ 87° 51′ 16″65 (dans le ciel.)

M. et E.   2 brumaire, à 2ʰ ¼. Soleil; pic parfaitement tranché; point d'ondulations. On vise, comme dans toutes les autres observations, au tas de
pierres qui entoure le pied de la croix qui y est érigée.

Demi-épaisseur du fil . . . . . $+$ 3″00

$dH' = -$ 0ᵗ6111 $-$ 6″33
____

87° 51′ 13″32

pour la différence de niveau.

Mont Saint-Barthélemy, pic oriental ou de Lestangtost.

10   987ᵉ2330   988723300 = 88° 51′ 3″49 (dans le ciel.)

pour la réduction à l'horizon. M. et E. 5 brumaire, à 1ʰ ¼. Les observations ont été interrompues de temps en temps par des nuages qui enveloppoient le pic; mais lorsqu'il paroissoit il étoit bien terminé.

$$\begin{array}{lr} \text{Demi-épaisseur du fil} \dots\dots & + 3″00 \\ dH' = - 0^{\iota}6111 & - 5″00 \\ \hline & 88° 50′ 1″49 \end{array}$$

pour la différence de niveau.

La mer. (Direction, 60° du sud à l'est.)

10   1011ᵉ2760   1018127600 = 91° 0′ 53″42

M. et E. 2 brumaire, à 3ʰ. Soleil; calme et temps très-clair, mais l'horizon est un peu embrumé.

La même. (Même direction.)

8   809ᵉ1590   1018145250 = 91° 1′ 49″40

15 brumaire. Grand vent de nord-ouest, mais on est abrité; horizon légèrement embrumé.

$$\begin{array}{lr} \text{Moyenne} \dots\dots\dots\dots\dots & 91° 1′ 21″41 \\ \text{Demi-épaisseur du fil} \dots\dots & + 3″00 \\ \hline & 91° 1′ 27″41 \end{array}$$

pour la différence de niveau.

Nota. Il faut tenir compte de la hauteur du cercle au-dessus du pic, de 0ᶦ6111.

ANGLES observés au centre.

Entre les signaux d'Alaric et de Carcassonne.

18   72ᵉ1290   40ᵉ06272222 = 36° 3′ 23″220

M. et E. 6 brumaire, de 4 à 5ʰ. Soleil jusqu'à son coucher. Les signaux se voyoient très-bien jusqu'à la 18ᵉ observation, après quoi le jour a manqué.

30   1201^s89745 $40^s06315833$ = 36° 3′ 24″633

9 orumaire, de $11^h \frac{1}{2}$ à 1^h. Soleil; objets éclairés, mais un peu embrumés.

Bugarach.

    Moyen arithmétique . . . . . .   36° 3′ 23″927
    Excentricité . . . .   + 0″004
                               + 22″137
                                   ―――――
    Horizon . . . .   36° 3′ 46″07
    Méridienne vérifiée, p. xlvij .   36° 4′ 0″00

Entre les signaux de Tauch et d'Alaric.

24   1209^s1810 $50^s3825417$ = 45° 20′ 39″435

M. et E. 6 brumaire, de $1^h \frac{3}{4}$ à $2^h \frac{3}{4}$. Soleil; objets bien apparens. Vent nord-ouest assez fort; mais on en est abrité, et le cercle n'est point agité.

24   1209^s17525 $50^s3823o2083$ = 45° 20′ 38″659

9 brumaire, de $1^h \frac{1}{4}$ à $2^h \frac{1}{2}$. Soleil; air un peu brumeux, cependant les signaux sont bien visibles; vent du sud froid et assez fort, mais le cercle est abrité.

    Moyen arithmétique . . . . .   45° 20′ 39″047
    Excentricité . . . .   + 0″055
                               + 23″586
                                   ―――――
    Horizon . . . .   45° 21′ 2″69
    Méridienne vérifiée, p. xlvij .   45° 21′ 8″00

Entre les signaux de Forceral et de Tauch.

18   839^s0500 $46^s6138889$ = 41° 57′ 9″00

M. et E. 2 brumaire, de 3 à 4^h. Soleil; temps serein; objets très-nets.

24   1118^s72875 $46^s61369792$ = 41° 57′ 8″381

9 brumaire, de $3^h \frac{1}{4}$ à $4^h \frac{1}{4}$. Temps serein; objets bien visibles, quoiqu'il y ait un peu de brume à l'horizon.

    Les 42 1957^s77875 $46^s613779762$ = 41° 57′ 8″646
    Excentricité . . . .   ― 0″029
                               + 18″563
                                   ―――――
    Horizon . . . .   41° 57′ 27″18

Nota. On ne rapporte pas l'angle de la *Méridienne vérifiée*, parce que notre signal de Forceral n'étoit pas au même endroit que celui de 1739.

Entre les signaux de la Estella et de Forceral.

20　　884⁵4370　　44⁵221850　　= 39° 47′ 58″794

M. et E. 6 brumaire, de 9 à 10ʰ. Objets dans l'ombre, et bien nets.

30　　1326⁵66175　44⁵22205833 = 39° 47′ 59″469

10 brumaire, de 2ʰ ¼ à 4ʰ. Forceral éclairé du soleil ; la Estella dans l'ombre, mais bien visible. Pour observer ces deux séries on a été obligé d'écarter un peu le cercle du centre du signal, parce que l'un de ses arêtiers cachoit la Estella.

Les 50　221⁵809875　44⁵22219750　= 39° 47′ 59″199

r = 0′0289352　y = 50° 12′　　　— 0″013

Centre . . . . 39° 47′ 59″186

Excentricité . . . .　　— 0′ 0″037

　　　　　　　　　　　　　　— 3′ 1″534

Horizon . . . . 39° 44′ 57″61

Entre le signal de Carcassonne et le mont Saint-Barthélemy.

8　820⁵84925　102⁵60615625 = 92° 20′ 43″946

M. et E. 9 brumaire, à 4ʰ ¼. On visoit à un petit mamelon très-remarquable sur le pic de l'Estangtost. Le soleil, près de son coucher, a été couvert par les nuages, et le signal de Carcassonne s'est tellement embrumé après la 8ᵉ observation, qu'on a été forcé de discontinuer.

Excentricité . . . .　　— 0′ 0″022

　　　　　　　　　　　　　　— 1′ 58″199

Horizon . . . . 92° 18′ 45″73

Entre le pic du Canigou et le signal de Forceral.

20　1127⁵24775　56⁵3623875 = 50° 43′ 34″136

M. et E. 6 brumaire, de midi à 1ʰ ¼. Soleil ; pic du Canigou très-net ; Forceral un peu diffus.

Excentricité . . . .　　+ 0′ 0″029

　　　　　　　　　　　　　　— 7′ 8″693

Horizon . . . . 50° 36′ 25″47

SIGNAL DE TAUCH.

LXXXII.

L A montagne de Tauch, située entre les villages de Mont-Gaillard et de Tuchan, dans le sud-est du département de l'Aude, est la plus considérable des *Corbières;* son sommet a près d'une lieue de longueur et de largeur. C'est sur une butte qui se trouve dans la partie nord de ce sommet, et que l'on nomme le mont *Peyrous*, parce que son sol est de pierres, que le signal de 1739 avoit été planté. Le nouveau signal a été érigé au même endroit, autant qu'il a été possible de le reconnoître. Il étoit semblable aux précédens, et il avoit 2^t5o de hauteur au-dessus du piquet enfoncé au milieu de sa base, lorsqu'on l'observa de Forceral et de Bugarach en vendémiaire et brumaire de l'an 4; mais comme il fut renversé peu de temps après par un ouragan, sa hauteur a été réduite à 2^t1875 lorsqu'on le releva; et c'est dans ce dernier état qu'on l'a observé d'Alaric, de Forceral en pluviose, et de Perpignan.

DISTANCES AU ZÉNIT.

Signal d'Alaric.

$$10 \quad 1007^g67275 \quad 1008^g767275 = 90° \; 41' \; 25''97$$

pour la réduction à l'horizon. M. et E. 6 nivose, à $1^h \frac{1}{4}$. Soleil; très-peu de vapeurs.

$$\begin{aligned}
\text{Demi-épaisseur du fil} \ldots \ldots &\quad + \; 3''00 \\
d\,H' = 1^t9125 &\quad + \; 28''75 \\
\hline
&\quad 90° \; 41' \; 57''72
\end{aligned}$$

pour la différence de niveau et la réfraction.

Signal de Bugarach.

10   992805425   998054250   = 89° 17′ 5″56

pour la réduction à l'horizon. M. et E. 6 nivose, à 1ʰ ¼. Soleil ; un peu d'ondulations.

$$
\begin{array}{ll}
\text{Demi-épaisseur du fil . . . . .} & +\ 3''00 \\
dH' = 0^t8952 & +\ 14''34 \\
\hline
& 89°\ 17'\ 22''90
\end{array}
$$

pour la différence de niveau et la réfraction.

Signal de Forceral. (*Hauteur,* 3ᵗ0278.)

10   1012829500   1018229500   = 91° 6′ 23″58

pour la réduction à l'horizon. M. et E. 6 nivose, à 2ʰ. Soleil ; un peu de vapeurs.

$$
\begin{array}{ll}
\text{Demi-épaisseur du fil . . . . .} & +\ 3''00 \\
dH' = 2^t4236 & +\ 47''67 \\
\hline
& 91°\ 7'\ 14''25
\end{array}
$$

pour la différence de niveau et la réfraction.

Signal du mont d'Espira.

10   1020818800   1028018800   = 91° 49′ 0″91 (en terre.)

pour la réduction à l'horizon. M. et E. 7 nivose, à 2ʰ 20′. Soleil ; air brumeux, mais l'objet est bien visible, parce qu'il n'est pas très-éloigné.

$$
\begin{array}{ll}
\text{Demi-épaisseur du fil . . . . .} & +\ 3''00 \\
dH' = 1^t5868 & +\ 46''78 \\
\hline
& 91°\ 49'\ 50''69
\end{array}
$$

pour la différence de niveau et la réfraction.

Narbonne (*donjon de la tour méridionale de*).

10   1014838300   1018438300   = 91° 17′ 40″09 (en terre.)

pour la réduction à l'horizon. M. 8 nivose, à 2ʰ. Soleil ; calme, et température très-douce.

$$
\begin{array}{ll}
\text{Demi-épaisseur du fil . . . . .} & +\ 3''00 \\
dH' = -\ 0^t6042 & -\ 6''02 \\
\hline
& 91°\ 17'\ 37''07
\end{array}
$$

pour la différence de niveau.

Béziers (tour de la cathédrale de).

8　808ᵇ12775　101ᵇ01596875 = 90° 54′ 51″74 (en terre.)
pour la réduction à l'horizon.　M.　8 nivose, à 2ʰ. Mêmes circonstances
que pour la précédente.

$$\begin{array}{lr} \text{Demi-épaisseur du fil} \ldots \ldots & +\ 3''\text{oo} \\ dH' = -\ \text{o}^{\text{t}}\text{6o42} & -\ 3''76 \\ \hline & 90°\ 54'\ 5\text{o}''98 \end{array}$$

pour la différence de niveau.

Perpignan (tourillon nord-ouest de la tour de Saint-Jaumes de).

10　101ᵇ83950　101ᵇ8839500 = 91° 39′ 19″98 (en terre.)
pour la réduction à l'horizon.　T.　11 nivose, à 1ʰ ½. Vapeurs.

$$\begin{array}{lr} \text{Demi-épaisseur du fil} \ldots \ldots & +\ 3''\text{oo} \\ dH' = -\ \text{o}^{\text{t}}\text{6o42} & -\ 8''15 \\ \hline & 91°\ 39'\ 14''83 \end{array}$$

pour la différence de niveau.

Fort de Bellegarde (sommet de la tour du).

8　805ᵇ9450　100ᵇ743125 = 90° 40′ 7″73 (dans le ciel.)
pour la réduction à l'horizon.

$$\begin{array}{lr} \text{Pour le fil} \ldots \ldots \ldots & \text{o}''\text{oo} \\ dH' = -\ \text{o}^{\text{t}}\text{6o42} & -\ 4''62 \\ \hline & 90°\ 40'\ 3''11 \end{array}$$

pour la différence de niveau.

La mer. (Direction, 40° du sud à l'est).

10　1009ᵇ5305　100ᵇ953050 = 90° 51′ 27″85
M. et E.　8 nivose, à 1ʰ 40′. Soleil; très-beau temps et calme; température fort douce, mais l'horizon de la mer est brumeux et mal tranché.

La même.

2   1201ᵍ8980   1008ᵍ9490   = 90° 51′ 14″76

T.   11 nivose, entre 3 et 4ʰ.

Moyen proportionnel . . . . .   90° 51′ 25″67

pour la différence de niveau.

Il faut avoir égard à la hauteur du centre du cercle sur le sol, de 0ᵐ6042.

ANGLES observés au centre.

Entre les signaux d'Alaric et de Bugarach.

30   3091ᵍ99925   1038ᵍ06664167 = 92° 45′ 35″919

M. et E.   6 nivose, de 10ʰ ½ à 11ʰ ½. Alaric éclairé en plein, Bugarach dans l'ombre ; l'un et l'autre bien distincts.

20   2061ᵍ83285   1038ᵍ0664250 = 92° 45′ 35″217

M.   6 nivose, entre 3 et 4ʰ. Alaric très-clair, Bugarach un peu ondoyant.

Les 50   5153ᵍ83277   1038ᵍ066554   = 92° 45′ 35″635

Excentricité . . . .   + 0″010

                                     − 29″579
                                    ─────────────
Horizon. . . . .   92° 45′ 6″05

Méridienne vérifiée, p. xlviij .   92° 45′ 13″00

Entre les signaux de Bugarach et de Forceral.

30   2763ᵍ80390   92ᵍ8101300   = 82° 53′ 28″212

M. et E.   6 nivose, de 11ʰ ¼ à midi ¼. Les deux signaux dans l'ombre et très-distincts.

38   3499ᵍ87745   92ᵍ8101961842 = 82° 53′ 30″356

M. et E.   8 nivose, de 11ʰ ¼ à midi ¼. Mêmes circonstances que pour la première série.

24   2210ᵍ84275   92ᵍ810114583   = 82° 53′ 27″713

T.   10 nivose, de midi ¼ à 2ʰ. Le résultat de cette troisième série paroît un peu foible, mais on n'a pas cru devoir le rejeter.

Les 92 8473ᵉ3410 92ᵉ10153261 = 82° 53' 28"966
Excentricité . . . .   — 0"038
                                                 — 56"946
                                      ____
Horizon . . . . 82° 52' 31"98

On ne peut pas comparer cet angle à celui de la *Méridienne vérifiée*, parce que notre signal de Forceral n'étoit point à la même place que celui de 1739.

Entre les signaux de Forceral et du mont d'Espira.

24 1116ᵉ9630 46ᵉ540125 . = 41° 53' 10"005
M. et E. 7 nivose, de midi ¼ à 1ʰ ¼. Soleil, mais les objets sont embrumés.

30 1396ᵉ2020 46ᵉ5400667 = 41° 53' 9"816
M. et E. 8 nivose, de 10ʰ ¼ à 11ʰ ¼. Soleil; les deux signaux dans l'ombre, et point d'ondulations.

20 9308ᵉ015 46ᵉ540075 = 41° 53' 9"843
T. 11 nivose, de 11ʰ ¼ à 1ʰ. Les objets sont dans l'ombre et se voient très-bien.

Les 74 3443ᵉ9665 . 46ᵉ54008784 = 41° 53' 9"885
Excentricité . . . .   — 0"102
                                               + 30"674
                                    ____
Horizon . . . . 41° 53' 40"46

Entre Narbonne (donjon de la tour méridionale) et
 le signal d'Alaric.

20 1107ᵉ3055 55ᵉ365275 = 49° 49' 43"491
M. 8 nivose, à 3ʰ ½. Objets très-beaux.
Excentricité . . . .   — 0"053
                                               + 16"418
                                    ____
Horizon . . . . 49° 49' 50"86

Entre la tour de Beziers et le signal d'Alaric.

20   1130\.892575   56\.854628,75 = 50° 53' 29″972

M.   8 nivose, à 2ʰ ¾. Objets bien visibles.

Excentricité . . . .   — 0″092

+ 17″599
____

Horizon. . . . .   50° 53' 47″48

Entre le signal de Forceral et la tour de Saint-Jaumes de Perpignan.

20   737\.85880   368\.879400 = 33° 11' 29″257

T.   10 nivose, de 2ʰ ¼ à 3ʰ ½.

Excentricité . . . .   + 0″064

+ 19″843
____

Horizon . . . .   33° 11' 49″16

Entre le signal de Forceral et la tour de Bellegarde.

12   1568\.91475   13807\.622917 = 11° 47' 6″983

M.   8 nivose, à midi ½. On voit très-nettement les objets.

Excentricité . . . .   + 0″101

— 24″081
____

Horizon . . . .   11° 46' 43″00

SIGNAL DE FORCERAL.

LXXXIII.

Lₐ montagne de Forceral, qui est à quatre lieues environ dans l'ouest de Perpignan, présente, sur son sommet, deux têtes ou pointes assez remarquables.

Il y a un ancien hermitage et une chapelle sur la pointe
occidentale; mais c'est sur la pointe orientale que le
signal de 1739 avoit été planté, parce qu'elle est un
peu plus haute que l'autre, et qu'on y découvre toute
la plaine de Perpignan. Le nouveau signal a été établi
sur cette pointe, dans l'angle sud-ouest des restes des
murs d'un ancien fort, à 9^t72222 vers l'ouest du centre
de l'ouverture d'une citerne qui se trouve encore au
milieu du plateau. Il paroît que le signal de 1739 étoit
près de l'extrémité orientale de ce plateau, ou de 20
toises environ plus proche de Perpignan.

Notre signal étoit formé d'un baliveau très-droit,
planté bien verticalement, maintenu par de forts arcs-
boutans, et surmonté d'un prisme quadrangulaire de
0^t73 de hauteur et 0^t4 de côté. Il a été élevé plusieurs fois:
la première, en vendémiaire de l'an 2, pour être observé,
du côté du sud, de la Estella et du Puy-Cameillas,
lorsqu'on terminoit la mesure des triangles en Catalogne, et qu'on espéroit pouvoir continuer la chaîne en
France; mais des obstacles insurmontables résultans de
la guerre s'y sont opposés alors. La suite des opérations
de la méridienne fut interrompue même en France pendant près de deux ans; on la reprit vers la fin de l'an 3,
en vertu d'un décret de la Convention qui en ordonnoit
la continuation et l'achèvement; en conséquence je fis
relever les signaux de Cameillas, de la Estella et de
Forceral, aussitôt après la paix avec l'Espagne. Le dernier fut encore renversé à cette deuxième époque par
un ouragan des plus violens: ainsi sa hauteur a varié;

mais on la trouve indiquée telle qu'elle étoit à chacune des stations correspondantes d'où l'on a observé ce signal. Par une opération secondaire, j'ai trouvé qu'il étoit distant du milieu de la porte de la chapelle de 111ᵗ47 vers l'orient.

DISTANCES AU ZÉNIT.

Signal du mont d'Espira.

8   802ᵇ29825   1008²8728125 $=$ 90° 15′ 30″79 (dans le ciel.)

M. et E.   28 nivose, à 4ʰ ¼. Objet bien terminé.

La même.

12   1203ᵇ46825   1008²8902083 $=$ 90° 15′ 36″43

M. et E.   1 pluviose, à 1ʰ ¼. Beau temps.

Moyenne . . . .   90° 15′ 33″61

pour la réduction à l'horizon.

Demi-épaisseur du fil . . . . . $+$ 3″00

$dH' =$ 1ᵗ0382 $+$ 30″38

————————

90° 16′ 6″99

pour la différence de niveau et la réfraction.

Signal de Tauch. (Hauteur, 2ᵗ50.)

12   1187ᵇ00075   98ᵇ9167292 $=$ 89° 1′ 30″20 (dans le ciel.)

pour la réduction à l'horizon des angles entre Tauch et Bugarach, Tauch et la Estella, Tauch et Perpignan. M. et E. 20 vendémiaire, à 4ʰ ¼. Objet très-distinct.

Pour le fil . . . .   0″00

$dH' =$ 1ᵗ8611 $+$ 36″61

————————

89° 2′ 6″81

pour la différence de niveau et la réfraction.

La même. (Hauteur, 2^{t}1875.)

10   980^{s}2010   98^{s}920100 $=$ 89° 1′ 41″12

pour la réduction à l'horizon de l'angle entre Tauch et le mont d'Espira. M. et E. 3 pluviose, à midi ¼.

Demi-épaisseur du fil . . . . . . $+$ 3″00

$\qquad d\,H' = $ 1^{t}0347 $+$ 20″35

$\qquad\qquad\qquad\qquad\qquad\qquad$ 89° 2′ 4″47

pour la différence de niveau et la réfraction.

Signal de Bugarach. (Hauteur, 2^{t}3333.)

12   1183^{s}1850   98^{s}598750 $=$ 88° 44′ 19″95 (dans le ciel.)

pour la réduction à l'horizon des angles entre ce point et la Estella et le Canigou. M. et E. 17 vendémiaire, à 4^h ¼. Calme; temps clair; objet beau.

Demi-épaisseur du fil . . . . . . $+$ 3″00

$\qquad d\,H' = $ 1^{t}69444 $+$ 22″45

$\qquad\qquad\qquad\qquad\qquad\qquad$ 88° 44′ 45″40

pour la différence de niveau et la réfraction.

La même. (Hauteur, 1^{t}50.)

10   986^{s}0615   98^{s}606150 $=$ 88° 44′ 43″93

pour la réduction à l'horizon de l'angle entre Tauch et Bugarach.   M. et E. 7 pluviose.

Demi-épaisseur du fil . . . . . . $+$ 3″00

$\qquad d\,H' = $ 0^{t}86111 $+$ 11″41

$\qquad\qquad\qquad\qquad\qquad\qquad$ 88° 44′ 58″34

pour la différence de niveau et la réfraction.

Pic du Canigou.

12   1144^{s}6545   95^{s}387875 $=$ 85° 50′ 56″72 (dans le ciel.)

M. et E. 15 vendémiaire, vers 11^h. Therm. 15^d. On vise à l'amas de pierres qui est au pied de la croix. Pic bien terminé. Il n'y a point de neige. Grand vent qui agite un peu le niveau.

La même.

12　1244^{s}68775　9583906458 = 85° 51′ 5″69

M. et E.　20 vendémiaire, à 8ʰ ¼. Temps assez calme; pic bien distinct.

Moyenne . . . . 85° 51′ 1″70

pour la réduction à l'horizon.

Pour le fil . . . .　　0″00

$dH' = - 0^t 6389$　　— 8″38

____

85° 50′ 53″32

pour la différence de niveau.

Signal de la Estella. (Hauteur, 2ᵗ3333.)

12　1164^{s}58125　97^{80}484375 = 87° 20′ 38″14 (dans le ciel.)

pour la réduction à l'horizon.　M. et E.　20 vendémiaire, à 8ʰ ¼. Beau temps et calme.

Pour le fil . . . .　　0″00

$dH' = + 1^t 52778$　　+ 23″17

____

87° 21′ 1″31

pour la différence de niveau et la réfraction.

Signal du Puy-Cameillas. (Hauteur, 2ᵗ3333.)

12　1296^{s}3540　99^{s}6961667 = 89° 43′ 35″58 (dans le ciel.)

pour la réduction à l'horizon.　M. et E.　17 vendémiaire, à 1ʰ ¼. Calme; temps serein; objet bien net.

Pour le fil . . . .　　0″00

$dH' = 1^t 52778$　　+ 18″32

____

89° 43′ 53″90

pour différence de niveau et la réfraction.

Perpignan (tourillon nord-ouest de la tour de Saint-Jaumes de).

12   1220⁵3300   101⁵694,667 $=$ 91° 31′ 29″10 (en terre.)

pour la réduction à l'horizon des angles entre ce point et Cameillas et Tauch. M. et E.   14 vendémiaire, à 11ʰ. Le vent agite un peu le niveau.

$$dH' = - 0^t6389 \qquad - 15″17$$

$$91° 31′ 13″93$$

La même.

10   101⁵69305   101⁵693050 $=$ 91° 31′ 25″48

pour la réduction à l'horizon de l'angle entre Perpignan et le signal d'Espira.   M. et E.   1 pluviose, à midi $\frac{1}{4}$. Calme; objet éclairé du soleil.

$$dH' = - 1^t15278 \qquad - 27″37$$

$$91° 30′ 58″11$$

Moyenne . . . . 91° 31′ 6″02

pour la différence de niveau et la réfraction.

Tour de Bellegarde, sommet de la lanterne.

12   1203⁵0920   100⁵2576667 $=$ 90° 13′ 54″84 (dans le ciel.)

M. et E.   17 vendémiaire.

$$dH' = - 0^t6389 \qquad - 7″88$$

$$90° 13′ 46″96$$

La même.

6 . 601⁵5755   100⁵2625833 $=$ 90° 14′ 10″77

pour la réduction à l'horizon.   M. et E.   30 nivose.

Demi-épaisseur du fil . . . . . $+$ 3″00

$$dH' = - 1^t15278 \qquad - 14″23$$

$$90° 13′ 59″54$$

Moyenne . . . . 90° 13′ 53″25

pour la différence de niveau.

1.   50

Signal du Vernet, à l'extrémité sud de la base.

10   1020.21775   102.021775 = 91° 49' 10"55 (en terre.)
M. et E.   28 nivose, à 3ʰ ¼. Objet bien terminé.

La même.

10   1020.2215   102.022150 = 91° 49' 11"77
M. et E.   1 pluviose, à midi. Un peu d'ondulations.

Moyenne . . . .   91° 49' 11"16
pour la réduction à l'horizon.

Demi-épaisseur du fil . . . . . .   + 0' 3"00
$dH' = 3^t19722$ + 1' 24"17

———————

91° 50' 38"33

pour la différence de niveau et la réfraction.

Signal près Salces, à l'extrémité nord de la base.

8   81.6490   101.581125 = 91° 25' 22"85
M. et E.   1 pluviose, à 3ʰ. Temps sombre.

Demi-épaisseur du fil . . . . . .   + 0' 3"00
$dH' = 3^t14237$ + 1' 0"77

———————

91° 26' 26"62

pour la différence de niveau et la réfraction.

Tour de Tautavel.

6   600.1600   100.026667 = 90° 1' 26"40
pour la réduction à l'horizon.   M. et E.   30 nivose.

Demi-épaisseur du fil . . . . . .   + 3"00
$dH' = - 1^t15278$ — 45"99

———————

90° 0' 43"41

pour la différence de niveau.

La mer. (Direction sud-est.)

12   1208ᵍ8480   1008ᵍ737333 $=$ 90° 39′ 49″08

M. et E.   14 vendémiaire. Therm. 15ᵈ. Horizon bien tranché; grand vent qui agite le niveau.

La même. (Direction, 80ᵈ du sud à l'est.)

10   1007ᵍ2525   1008ᵍ725250 $=$ 90° 39′ 9″81

M. et E.   7 pluviose. Beau temps; vent d'est très-foible.

Moyenne . . . . 90° 39′ 29″45

Demi-épaisseur du fil . . . . . . $+$ 3″00

$$\overline{}$$

90° 39′ 32″45

pour la différence de niveau.

Le centre du cercle étoit élevé de 0ᵗ6389.

ANGLES.

Entre les signaux du mont d'Espira et de Tauch.

24   1107ᵍ0615   468ᵍ1275625 $=$ 41° 30′ 53″303

M.   28 nivose, de 2 à 3ʰ. Horizon parsemé de nuages qui de temps en temps cachent le signal de Tauch.

24   1107ᵍ0700   468ᵍ1279167 $=$ 41° 30′ 54″450

M.   3 pluviose, de 11ʰ à midi ¼. Vent sud-est fort; objets bien apparens; Espira toujours éclairé du soleil, Tauch quelquefois noir.

Milieu . . . . 41° 30′ 53″8₇₇

$r =$ 0ᵗ524306 $y =$ 130° 34′9 $-$ 5″₇33

Excentricité . . . . $+$ 0″₁00

$$\overline{}$$

Centre . . . . 41° 30′ 48″244

$-$ 59″833

$$\overline{}$$

Horizon . . . . 41° 29′ 48″41

Entre les signaux de Tauch et de Bugarach.

32   1961813475   618285460 94 $=$ 55°   9' 24″893

T. 6 pluviose, de 2^h ½ jusqu'au coucher du soleil. Vent sud-ouest assez fort; ondulations en commençant, mais elles ont cessé à la 4ᵉ observation, et les objets sont devenus bien terminés.

20   122586945   618284 7250 $=$ 55°   9' 22″509

M. 7 pluviose, de 2^h ½ à 3^h ½. Signal de Tauch quelquefois dans les nuages; Bugarach constamment beau.

32   196181120   618284750 $=$ 55°   9' 22″590

M. 8 pluviose, de 11^h à 1^h. Forte ondulation jusqu'après la 6ᵉ observation, ensuite les objets ont été bien terminés.

Milieu arithmétique	55° 9' 23″331
$r = 1'208333$ $y = 78°$ 32'3	+ 1″491
Excentricité	+ 0″067
	————————
Centre	55° 9' 24″889
	+ 38″437
	————————
Horizon	55° 10' 3″33

Entre les signaux de Bugarach et de la Estella.

20   206883335   1038416675 $=$ 93°   4' 30″027

M. 16 vendémiaire, de 1^h ½ à 2^h ½. Temps brumeux; objets noirs. On les voit assez difficilement; mais par intervalles ils paroissent assez bien. Le vent incommode un peu.

24   2481899025   1038416260 42 $=$ 93°   4' 28″684

M. 17 vendémiaire, de 2^h ½ à 3^h ½. Soleil; calme; Bugarach éclairé, la Estella noire.

20   206883285   1038416425 0 $=$ 93°   4' 29″217

M. et E. 19 vendémiaire, de 7^h ¼ à 8^h ½ du matin. Beau temps; Bugarach éclairé en plein; la Estella dans les vapeurs.

Les 64   66188865225   1038541644141 = 93° 4' 29"270
    r = 1ˢ3912037 y = 333° 18'5   + 26"373
Excentricité . . . .   — 0"020
                                    ____
Centre . . . .   93° 4' 55"623
                                    + 3' 45"598
                                    ____
Horizon . . . .   93° 8' 41"22

Entre les signaux de Tauch et de la Estella.

20   329182821925   16485609625 = 148° 6' 17"519
M. et E.   22 vendémiaire, de 11ʰ à 1ʰ. Temps calme; Tauch éclairé en plein, la Estella dans l'ombre. On a pris cet angle provisoirement, pour en déduire celui entre Tauch et Bugarach, parce que le signal de Bugarach avoit été renversé dans la nuit du 19 au 20.

            r = 1ˢ37152778 y = 333° 6'   + 32"511
Excentricité . . . .   + 0"047
                                    ____
Centre . . . .   148° 6' 50"077
                                    + 11' 54"868 et 11' 56"135
par la formule du citoyen Legendre.
                                    ____
Horizon . . . .   148° 18' 44"945
Somme des deux partiels ci-dessus . . .   148° 18' 44"547

Entre les signaux de la Estella et de Puy-Cameillas.

24   121189150   5085964583 = 45° 26' 48"525
M. et E.   17 vendémiaire, de midi à 1ʰ. Beau temps et calme; objets dans l'ombre, et bien nets.

20   100889290   50849645o = 45° 26' 48"498
M. et E.   22 vendémiaire, de 2ʰ ¾ à 3ʰ ½. Signaux dans l'ombre; celui de Cameillas un peu embrumé.

Moyen arithmétique . . . . . .   45° 26' 48"512
    r = 1ˢ3750 y = 288° 9'9   + 6"400
Excentricité . . . .   + 0"033
                                    ____
Centre . . . .   45° 26' 54"945
                                    — 2' 36"647
                                    ____
Horizon . . . .   45° 24' 18"30

Entre les signaux du Vernet et du mont d'Espira.

24　1481ᵇ58475　6187326969　= 55° 33′ 33″938

M.　28 nivose, de midi ½ à 1ʰ ¼. Temps calme; soleil; signal d'Espira très-distinct, celui du Vernet moins bien terminé.

24　1481ᵇ5790　6187324583　= 55° 33′ 33″165

M.　30 nivose. Objets noirs, mais bien terminés.

24　1481ᵇ58675　6187327815　= 55° 33′ 34″211

M.　1 pluviose, de 1ʰ ½ à 2ʰ ¼. Soleil; objets parfaitement distincts.

Moyen	55° 33′ 33″771
$r = 0^t 5243055$　$y = 172° 6′4$	— 12″318
Excentricité	— 0″031
Centre	55° 33′ 21″422
	— 36″869
Horizon	55° 32′ 44″55

Entre Perpignan et le signal de Tauch.

20　234ᵇ3560　1178167800　= 105° 27′ 3″672

M. et E.　20 vendémiaire, de 3 à 4ʰ. Beau temps et calme. Il n'y avoit point de signal sur la tour de Perpignan; on pointoit alternativement à l'un et à l'autre des deux angles opposés et les plus saillans.

$r = 1^t 30787$　$y = 122° 56′4$	— 44″825
Excentricité	+ 0″043
Centre	105° 26′ 18″890
	— 1′ 8″47
Horizon	105° 25′ 10″42

Entre Perpignan et le signal du mont d'Espira.

20   142066295   7180314750 = 63° 55' 41"979

M.   3o nivose, entre midi et 1ʰ. Objets beaux.

$r = 0^t5243056$ $y = 172°$ 6'4   — 12"438

Excentricité . . . .   — 0"057

Centre . . . .   63° 55' 29"484

                                          — 9"095

Horizon . . . .   63° 55' 20"39

Entre le signal de Cameillas et Perpignan.

20   1352690525   6786452125 = 60° 52' 50"489

M. et E.   20 vendémiaire, de midi à 1ʰ. Un peu de vent ; Cameillas foible,
tour de Perpignan claire.

$r = 1^t354167$ $y = 228°$ 6'4   + 8"582

Excentricité . . . .   — 0"123

Centre . . . .   60° 52' 58"948

                                          — 1' 11"751

Horizon . . . .   60° 51' 47"20

Tour de l'horizon.

Espira et Tauch . . . .   41° 29' 48"41

Tauch et Bugarach . . . .   55° 10' 3"33

Bugarach et la Estella . . . .   93ᵈ 8' 41"22

La Estella et Cameillas . . . .   45° 24' 18"30

Cameillas et Perpignan . . . .   60° 51' 47"20

Perpignan et Espira . . . .   63ᵈ 55' 20"39

Somme . . . .   359° 59' 58"85

Erreur . . . .   — 1"15

Et . { Tauch et Perpignan. Somme des
       quatre angles . . . .   254° 34' 50"05
       Perpignan et Tauch . . . .   105° 25' 10"42

Somme . . . .   360° 0' 0"47

Erreur . . . .   + 0"47

Entre le signal de Bugarach et le pic du Canigou.

16   1407ᵉ98025   87ᵉ9987656 = 79° 11′ 56″001

M. et E.   19 vendémiaire, de 6ʰ ¼ à 7ʰ ½ du matin. Circonstances favorables.

$$r = 1^t37847 \quad y = 347° 45′6 \qquad + 20″522$$

Excentricité . . . .   + 0″001
                                        ____
Centre . . . ᷄ . . . .   79° 12′ 16″524
                                        + 3′ 42″412
                                        ____
Horizon . . . .   79° 15′ 58″34

Entre la tour de Bellegarde et le signal du mont d'Espira.

12   1591ᵉ8630   132ᵉ655250 = 119° 23′ 23″010

M.   30 nivose, vers midi. Temps sombre ; objets bien visibles.

$$r = 0^t5243056 \quad y = 172° 5′9 \qquad - 8″135$$

Excentricité . . . .   — 0″180
                                        ____
Centre . . . .   119° 23′ 14″695
                                        + 6″601
                                        ____
Horizon . . . .   119° 23′ 21″30

Entre le signal du Vernet et la tour de Tautavel.

20   1382ᵉ7325   69ᵉ136625 = 62° 13′ 22″665

M.   30 nivose, vers 1ʰ ¼. Temps sombre ; objets noirs et bien tranchés.

$$r = 0^t5243056 \quad y = 165° 26′1 \qquad - 15″470$$

Excentricité . . . .   — 0″169
                                        ____
Centre . . . .   62° 13′ 7″026
                                        — 51″752
                                        ____
Horizon . . . .   62° 12′ 15″27

SIGNAL DU MONT D'ESPIRA.

LXXXIV.

Cette montagne se nomme *la Sierra d'Espira*, c'est-à-dire la chaîne ou file des montagnes d'Espira, qui est un village situé dans le sud-est, à une lieue environ de distance et sur la rive droite de l'Agly. Son gissement est sud-ouest et nord-est; elle commence au nord du village de Vingrau, et s'étend jusque dans le sud de la tour de Tautavel. J'y ai fait une station pour servir à lier la seconde base, que j'ai prise sur la route de Salces au Vernet, près Perpignan, aux triangles de *la Méridienne*.

Le signal a été établi sur la partie la plus élevée de cette chaîne, dans le nord-est, vers Vingrau. Il étoit pareil à celui de Tauch, et il avoit 2^t19097 de hauteur au-dessus du piquet enfoncé au milieu de sa base.

DISTANCES AU ZÉNIT.

$$dH = 1^t59028.$$

Signal de Tauch. (*Hauteur*, $2^t1875.$)

10   9806180   98061800 = 88° 15′ 20″23 (dans le ciel.)

M. et E.   21 nivose, vers 10^h. Soleil; vent d'est ou marin.

La même.

8 784⁵5170 98⁵064625 = 88° 15′ 29″39

M. et E. 25 nivose, vers 1ʰ ¼. Soleil; grand vent de nord-ouest qui agite le niveau.

Moyenne . . . . 88° 15′ 24″81

pour la réduction à l'horizon.

Demi-épaisseur du fil . . . . .   + 3″00
$dH' = 1^t5729$ + 46″37
──────────
88° 16′ 14″18

pour la différence de niveau et la réfraction.

Signal de Forceral. (Hauteur, 3ᵗ0278.)

10 997⁵9240 99⁵792400 = 89° 48′ 47″18 (dans le ciel.)

M. et E. 20 nivose, vers midi. Temps sombre; objet bien terminé.

La même.

10 997⁵9270 99⁵792700 = 89° 48′ 48″35

M. et E. 25 nivose, à midi ¼. Soleil; grand vent de nord-ouest, mais on est abrité.

Moyenne . . . . 89° 48′ 47″76

pour la réduction à l'horizon.

Demi-épaisseur du fil . . . . .   + 0′ 3″00
$dH' = 2^t4271$ + 1′ 11″02
──────────
89° 50′ 1″78

pour la différence de niveau et la réfraction.

Signal du Vernet, à l'extrémité sud de la base.

6 612⁵0400 102⁵006667 = 91° 48′ 21″60 (en terre.)

M. et E. 21 nivose. Au coucher du soleil; point d'ondulations.

La même.

10 102⁵0695 102⁵006950 = 91° 48′ 22″52

22 nivose, à 4ʰ.

La même.

```
12   1224⁶0475   10260039583 = 91° 48' 12"83
```
25 nivose, à 2ʰ ½. Objets très-beaux.

```
Moyenne . . . . . . . . . .   91° 48' 18"98
```
pour la réduction à l'horizon.

```
Demi-épaisseur du fil . . . . .    + 0'  3"00
dH' = 3ˡ74889                       + 1' 50"93
                                   ──────────
                                    91° 50' 12"91
```
pour la différence de niveau et la réfraction.

Signal près Salces, à l'extrémité nord de la base.

```
12   1235⁶36775   10269473125 = 92° 39'  9"23 (en terre.)
```
M. et E.   20 nivose, à 2ʰ ¼. Objet dans l'ombre·et parfaitement terminé.

La même.

```
10   1029⁶4760   10269476oo = 92° 39' 10"22
```
25 nivose, à 2ʰ. Grand vent du nord, mais on est abrité.
```
Moyenne . . . . . . . . . .   92° 39'  9"73
```
pour la réduction à l'horizon.
```
Demi-épaisseur du fil . . . . .    + 0'  3"00
dH' = 3ˡ69444                       + 2' 35"89
                                   ──────────
                                    92° 41' 48"62
```
pour la différence de niveau et la réfraction.

Pic du Canigou.

```
10   968⁶3435   96⁶834350 = 87°  9'  3"29 (dans le ciel.)
```
pour la réduction à l'horizon.   M. 26 nivose, à midi ½. Temps serein ;
pic bien terminé, et point d'ondulations.
```
Demi-épaisseur du fil . . . . .        + 3"00
dH' = — 0ˡ6007                         — 5"59
                                      ─────────
                                       87°  9'  0"70
```
pour la différence de niveau.

Tour de Bellegarde (sommet de la lanterne de la).

$$8 \quad 801^{g}5225 \quad 100^{g}1903125 = 90° \ 10' \ 16''49$$

pour la réduction à l'horizon. M. 26 nivose, à 1ʰ.

$$
\begin{array}{lr}
\text{Demi-épaisseur du fil} \ldots \ldots & + \ 3''00 \\
d\,H' = - \ 0^{g}6007 & - \ 5''96 \\
\hline
& 90° \ 10' \ 13''53
\end{array}
$$

Perpignan, tourillon nord-ouest de la tour de Saint-Jaumes.

$$12 \quad 121^{g}84060 \quad 101^{g}533833 = 91° \ 22' \ 49''62 \ \text{(en terre.)}$$

pour la réduction à l'horizon. M. et E. 20 nivose, à 1ʰ ¼. Objet bien visible.

$$
\begin{array}{lr}
\text{Demi-épaisseur du fil} \ldots \ldots & + \ 3''00 \\
d\,H' = - \ 0^{g}6007 & - \ 14''82 \\
\hline
& 91° \ 22' \ 37''80
\end{array}
$$

pour la différence de niveau et la réfraction.

Tour de Rivesaltes.

$$4 \quad 41^{g}81150 \quad 103^{g}8028750 = 92° \ 43' \ 33''15 \ \text{(en terre.)}$$

pour la réduction à l'horizon. M. 25 nivose, vers la fin du jour.

$$
\begin{array}{lr}
\text{Demi-épaisseur du fil} \ldots \ldots & + \ 3''00 \\
d\,H' = - \ 0^{g}6007 & - \ 28''55 \\
\hline
& 92° \ 43' \ 7''60
\end{array}
$$

pour la différence de niveau et la réfraction.

La mer. (Direction est.)

$$10 \quad 100^{g}896875 \quad 100^{g}696875 = 90° \ 37' \ 37''88$$

M. et E. 26 nivose, à midi. Temps serein; vent nord-ouest assez fort; mais on est abrité; horizon légèrement embrumé.

La même.

10   1006ˢ76875   100ˢ676875 = 90° 36′ 33″08

Même jour, dans l'après-midi. Horizon plus embrumé. Cette distance paroît trop foible, et ne correspond point à la hauteur de la station. Il est plus sûr de préférer la première.

Il faut tenir compte de la demi-épaisseur du fil + 3″00, et de la hauteur du cercle sur le sol = 0ᵗ6007.

ANGLES observés au centre.

Entre les signaux de Tauch et de Forceral.

24   2575ˢ9955   107ˢ33314583 = 96° 35′ 59″393

M. 25 nivose, de 11ʰ ¼ à midi ¼. Soleil ; Tauch bien terminé ; Forceral passable.

24   2575ˢ9970   107ˢ3332083 = 96° 35′ 59″595

M. 26 nivose, de 1ʰ ¼ à 2ʰ ¼. Soleil ; Tauch éclairé d'un côté, mais on voit bien l'autre ; Forceral noir.

Milieu . . . .   96° 35′ 59″494
Excentricité . . . .   + 0″002
                                            + 31″769
                                          ____

Horizon . . . .   96° 36′ 31″27

Entre les signaux de Forceral et du Vernet.

30   2265ˢ1310   75ˢ50436667 = 67° 57′ 14″148

M. et E. 21 nivose, de 1ʰ ¼ à 2ʰ ¼. Beau temps ; Forceral dans l'ombre ; Vernet éclairé d'un côté, mais l'autre est bien visible.

24   1812ˢ1095   75ˢ5045625 = 67° 57′ 14″783

M. et E. 22 nivose, de 2 à 3ʰ ¼. Les observations ont été interrompues plusieurs fois par des brumes qui déroboient le signal de Forceral pendant 5 à 6 minutes.

24   1812ᵍ10225   75ᵍ5042604 $=$ 67° 57′ 13″804

M. De midi ½ à 1ʰ ½. Forceral dans l'ombre; Vernet éclairé de temps en temps.

Les 78   5889ᵍ34275   75ᵍ5043942 $=$ 67° 57′ 14″237

Excentricité . . . .   — 0′ 0″034

— 1′ 4″794

Horizon. . . . .   67° 57′ 9″41

La commission a trouvé 9″44 : la différence est insensible.

Entre les signaux du Vernet et de Salces, ou les deux termes de la base.

24   1539ᵍ0240   64ᵍ126000 $=$ 57° 42′ 48″240

M. 22 nivose, de midi ¼ à 1ʰ ½. Les deux signaux dans l'ombre. On ne voit jamais celui du Vernet que dans l'après-midi.

26   1667ᵍ2635   64ᵍ1255154 $=$ 57° 42′ 46″640

M. et E. 24 nivose, de 2 à 3ʰ. Soleil par intervalles; objets très-apparens.

24   1539ᵍ0195   64ᵍ1258125 $=$ 57° 42′ 47″630

M. 25 nivose, de 3 à 4ʰ. Soleil; objets bien nets.

Les 74   4745ᵍ3070   64ᵍ1257703 $=$ 57° 42′ 47″496

Excentricité . . . .   — 0′ 0″143

+ 2′ 31″655

Horizon . . . .   57° 45′ 19″01

Entre le signal de Forceral et la tour de Bellegarde.

12   582ᵍ2480   48ᵍ5206667 $=$ 43° 40′ 6″960

M. 26 nivose, à 2ʰ 40′. Objets très-beaux.

Excentricité . . . .   + 0″204

— 5″017

Horizon . . . .   43° 40′ 2″15

Entre le signal de Forceral et la tour de Perpignan.

20   150082240   758011200   = 67° 30′ 36″288

M.   20 nivose, à 3ʰ. Les deux objets dans l'ombre, et bien terminés.

Excentricité . . . .   + 0″051

— 43″192
____

Horizon . . . .   67° 29′ 53″15

Entre la tour de Perpignan et le signal près Salces.

20   129285710   648628550   = 58° 9′ 56″502

M.   24 nivose. Temps couvert, mais on distingue bien les objets.

Excentricité . . . .   — 0′ . 0″186

+ 1′ 36″452
____

Horizon . . . .   58° 11′ 32″77

Entre la tour de Rivesaltes et le signal près Salces.

8   38789490   488493625   = 43° 38′ 39″345

Excentricité . . . .   + 0′ 0″013

+ 3′ 1″929
____

Horizon . . . .   43° 41′ 41″29

SIGNAL DU VERNET.

LXXXV.

Terme austral de la seconde base.

CETTE base s'étend le long de la grande route de
Perpignan à Narbonne, entre le Vernet et Salces. J'ai
préféré cet emplacement à celui sur la plage de la mer

où l'on avoit mesuré une base en 1701, et une autre en 1739, parce que cette plage est remplie d'inégalités, que le terrain en est très-mobile et changeant par le transport des sables; qu'il est entrecoupé par les rivières de l'Agly, de la Tet, par plusieurs ruisseaux et quelques marais, ce qui auroit obligé de construire des ponts; et encore parce qu'une base située à cet endroit eût été trop éloignée des sommets des triangles auxquels il falloit la lier. La partie de la grande route comprise entre le Vernet et Salces ne présentoit point ces obstacles; elle est en ligne droite, dans une longueur de 6500 toises environ. La rivière de l'Agly la traverse à peu près vers le milieu; mais il y a un pont qui dispensoit de faire aucune disposition particulière pour conduire la mesure de la base dans toute sa longueur sans interruption. Cependant, comme le pont n'a que 11 pieds de largeur, et que la direction de la route n'est pas tout-à-fait en ligne droite, j'avois bien prévu qu'on pourroit être obligé de briser la base sur le pont ou aux environs; mais ce n'étoit qu'un très-léger inconvénient, et qui ne pouvoit introduire la moindre inexactitude dans la mesure réduite en ligne droite. Les ruisseaux qui traversent la route sont couverts par des ponceaux qui embrassent toute sa largeur.

La chaussée n'ayant que six toises de largeur, on n'auroit pu y établir les signaux sans gêner la voie publique et les exposer à être dérangés; on les a donc élevés sur le revers du fossé, et du côté de l'ouest.

Ces signaux étoient de même forme que les précédens,

mais beaucoup plus grands. On les avoit blanchis, parce que, vus des stations correspondantes, ils se projettoient en terre. Au milieu de la base inférieure on a fait construire un massif de maçonnerie de 0ᵗ5 de profondeur et de côté. On avoit inclus dans cette maçonnerie un piquet de bois dur, qui étoit encore enfoncé en terre de 0ᵗ3, et sur la tête duquel on avoit frappé une fiche de fer qui répondoit exactement sous la pointe de l'aplomb abaissé du centre de la base supérieure du signal. Ce premier massif servoit de fondement à un autre construit en briques, de 0ᵗ625 de hauteur et 0ᵗ417 de côté, lequel étoit destiné à porter le cercle et à l'élever assez pour qu'on pût découvrir une partie de l'autre signal, que les inégalités du terrain et la convexité de l'arc intercepté déroboient plus bas. L'observateur étoit placé sur des planches posées sur les traverses du signal et isolées du massif, afin de ne point communiquer de mouvement au cercle.

Le terme austral de la base est au coude formé par la première partie de la route qui vient de Perpignan au Vernet, et par la seconde et la plus longue partie du Vernet à Salces. Hauteur du signal de ce terme, depuis la tête du piquet jusqu'à la base supérieure, 4ᵗ349537; distance du centre au milieu de la fenêtre du rond-point de la chapelle du Vernet, 23 toises; distance du même centre à la porte du faubourg de Perpignan, 1078 toises, à très-peu près.

Vernet.

DISTANCES AU ZENIT.

$$dH = 3^{t}02083.$$

Signal de Salces, terme boréal de la base.

36   3604ˢ59625   100ˢ₁₁55451 = 90° 6′ 14″25 (en terre.)
pour la réduction à l'horizon. M. et T. Ces 36 observations sont la
somme de celles de quatre séries faites entre le 8 et le 25 ventose, toutes
vers la fin de l'après-midi, parce que le signal n'étoit jamais visible plutôt.
Des quatre résultats, les extrêmes diffèrent du moyen de + 27″ et — 21″.
Hauteur moyenne du baromètre, 28 pouces 1 ligne ; celle du therm. + 6ᵈ.

Demi-épaisseur du fil	+ 0′ 3″00
$dH' = 2^{t}966435$	+ 1′ 41″88
	90° 7′ 59″13

pour la différence de niveau et la réfraction.

Signal du mont d'Espira.

46   4510ˢ885125   98ˢ06272 = 88° 15′ 23″21 (dans le ciel.)
pour la réduction à l'horizon. M. et T. Ces 46 observations sont la somme
de celle de cinq séries faites entre le 4 et le 25 ventose, depuis midi jusque
vers 4ʰ ¼. Les résultats extrêmes diffèrent du moyen de + 6″ et — 6″.
Hauteur moyenne du baromètre, 28 pouces 1 ligne ; celle du therm. + 6ᵈ7.

Demi-épaisseur du fil	+ 3″00
$dH' = 0^{t}862268$	+ 25″52
	88° 15′ 51″73

pour la différence de niveau et la réfraction.

Signal de Forceral. (Hauteur, 3ᵗ0278.)

10   9808ˢ6645   98ˢ066450 = 88° 15′ 35″30 (dans le ciel.)
M. et T. 4 ventose, à midi ¾. Barom. 28ᵖ 07¹, therm. 10ᵈ. Le soleil paroît
de temps en temps.

La même.

Vernet.

10   98⁶06520   98⁶06520 $= 88^o$ 15′ 31″25

M. et T.   12 ventose, vers 3ʰ. Barom. 27ᵖ 8ˡ3, therm. ⊹ 1ᵈ4. Temps couvert; signal bien visible.

Moyenne . . . .   88° 15′ 33″27
pour la réduction à l'horizon.

Demi-épaisseur du fil . . . . .   ⊹ 3″00
$dH' =$ 1ˡ69792   ⊹ 43″66

——————————

88° 16′ 19″93

pour la différence de niveau et la réfraction.

Et . . . .   88° 15′ 10″00

pour la réduction à l'horizon du seul angle entre Forceral et la tour de Perpignan, parce que le cercle étoit placé plus bas que pour les autres angles de 0ˡ8854.

Tour de Tautavel.

10   97⁶85915   97⁶859150 $= 88^{\bullet}$ 4′ 23″65 (dans le ciel.)
pour la réduction à l'horizon. M. et T. 4 ventose, dans l'après‑midi. Barom. 28ᵖ 0ˡ7, therm. 10ᵈ. Objet très‑net.

Demi-épaisseur du fil . . . . .   ⊹ 3″00
$dH' = -$ 1ˡ3287   — 38″64

——————————

88° 3′ 48″01

pour la différence de niveau.

Perpignan (tourillon nord-ouest de la tour de Saint-Jaumes de).

8   792⁶0630   99⁶007875 $= 89^o$ 6′ 25″52
pour la réduction à l'horizon. M. et T. 26 ventose, à 9ʰ du matin. Barom. 28ᵖ 1ˡ $\frac{1}{4}$, therm. 8ᵈ. Un peu d'ondulations.

$dH' = -$ 0ˡ4444   — 1′ 2″11

——————————

89° 5′ 23″41

pour la différence de niveau.

ANGLES.

Entre les signaux d'Espira et de Forceral.

24　1506ᵇ3910　62ᵇ76622917 = 56° 29' 22"79

M.　4 ventose, de 4ʰ à 4ʰ ¼. Objets dans l'ombre et très-bien terminés.

24　1506ᵇ39925　62ᵇ7666354 = 56° 29' 23"90

8 ventose, de 9ʰ ½ à 10ʰ ½. Temps favorable ; objets éclairés du soleil.

20　1255ᵇ33475　62ᵇ7667375 = 56° 29' 24"23

25 ventose, entre 1 et 2ʰ. Soleil.

Les 68　4268ᵇ1250　62ᵇ76654412 = 56° 29' 23"603

Excentricité . . . . 　　　＋　0"034

$r = 0^{t}1099537$　$y = 60° 30'5$ 　　　＋　0"378

Centre . . . . 　56° 29' 24"015

　　　　　　　　　　　　　　＋　1' 42"493

Horizon . . . . 　56° 31' 6"51

Entre les signaux de Salces et d'Espira.

12　579ᵇ4550　48ᵇ28791667 = 43° 27' 32"850

M.　4 ventose, vers le coucher du soleil. Le signal de Salces n'ayant pas été visible plus tôt, les deux signaux dans l'ombre et bien terminés.

16　772ᵇ6065　48ᵇ28790625 = 43° 27' 32"816

T.　17 ventose, de 4ʰ ½ à 5ʰ ¼. Therm. 1ᵈ6. Objets beaux jusqu'à 5ʰ ½, que le signal d'Espira s'est embrumé.

Milieu . . . . 　43° 27' 32"833

$r = 0^{t}1099537$　$y = 117° 0'$ 　　　—　1"636

Centre . . . . 　43° 27' 31"197

16   77²86065   48²28790625 $=$ 43° 27′ 32″816

M.   24 ventose, vers le coucher du soleil. On ne voit jamais le signal de
Salces plus tôt. _

24   1158²92775   48²28865625 $=$ 43° 27′ 32″246

M.   25 ventose, de 4ʰ ½ à 5ʰ ½. Objets très-nets; signal d'Espira éclairé de
côté, mais on vise au milieu de sa base supérieure.

Moyen de ces deux séries . .	43° 27′ 34″031
$r =$ 0ᵗ1137153 $y =$ 136° 32′5	— 2″314
Centre	43° 27′ 31″717
Moyen des deux premières séries,	43° 27′ 31″197
Moyen des quatre séries	43° 27′ 31″457
Excentricité ;	— 0′ 0″049
	— 1′ 57″775
Horizon	43° 25′ 33″73

Entre le signal de Salces et la tour de Tautavel.

12   797²45125   66²45427083 $=$ 59° 48′ 31″838

M.   A 5ʰ ¼. On voit assez bien les objets.

Excentricité . . . . ; .	— 0″055
$r =$ 0ᵗ059028 $y =$ 75° 11′6	— 0″226
Centre	59° 48′ 31″667
	— 1′ 22″66
Horizon	59° 47′ 9″01

Entre la tour de Tautavel et le signal de Forceral.

20   891²92115   44²5960750 $=$ 40° 8′ 11″283   M. Vers 3ʰ.

Excentricité . . . . ;	— 0″029
$r =$ 0ᵗ1099537 $y =$ 243° 0′	— 0″533
Centre	40° 8′ 10″779
	— 1′ 15″968
Horizon	40° 9′ 26″75

Entre le signal de Forceral et la tour de Saint-Jaumes de Perpignan.

$$8 \quad 1075806_{70} \quad 134^s38833_{75} = 120° \ 56' \ 42''135 \quad T. \ \text{Vers } 9^h.$$
$$r = 0^t708333 \quad y = 129° \ 59'2 \quad\quad - \ 1' \ 33''592$$

Excentricité . . . . $+\ 0'\ \ 0''175$

———————————

Centre . . . . $120°\ 55'\ \ 8''718$

$+\ 3'\ \ 6''816$

———————————

Horizon . . . . $120°\ 58'\ 15''53$

Les deux entre Salces et Forceral . . . . $99°\ 56'\ 40''24$

———————————

Somme . . . . $120°\ 54'\ 55''77$

Donc entre Perpignan et le signal de Salces, $139°\ \ 5'\ \ 4''23$

SIGNAL DE SALCES.

LXXXVI.

Terme boréal de la base.

CE signal étoit établi, comme celui du Vernet, sur le revers du fossé occidental de la route, et on y avoit fait les mêmes dispositions.

Hauteur totale . . . . 4^t29514

Hauteur de la lunette . . . . 1^t27778

Distance à l'angle de la première maison sur la droite à l'entrée de Salces, 532 toises, à très-peu près.

Après que les observations furent terminées à ce signal et à celui du Vernet, je fis démolir le second massif, qui n'étoit destiné que pour porter le cercle. On découvrit la tête du piquet, où l'on avoit marqué

le pied de l'axe du signal; on y fixa avec des vis une
plaque de cuivre poli, de 4 pouces $\frac{1}{2}$ de côté; sur la
surface on grava profondément un petit point, qui
répondoit exactement sous la pointe de l'aplomb abaissé
du centre de la base supérieure du signal, et de ce
point on traça fortement deux cercles concentriques,
dont l'un de 3 lignes, et l'autre de 6 lignes de rayon.
La plaque de cuivre, ainsi marquée, a été recouverte
d'une plaque de plomb dont les bords étoient repliés
sur les côtés du piquet. Les deux repaires ainsi établis
ont été entourés et recouverts de grandes briques plates,
qui laissoient un vide entre elles et les plaques; puis
on a construit par-dessus, et sur toute l'étendue de la
fondation, une pyramide très-écrasée, et dont les faces
ont été enduites de ciment, afin d'empêcher la filtration
de l'eau de pluie. Enfin on recouvrit les deux massifs
d'un tas considérable de terre, pour les garantir de
toute insulte.

Ces précautions suffirent pour bien conserver les
deux termes de la base, et le citoyen Delambre les a
retrouvés intacts lorsqu'il a été effectuer la mesure de
cette base vers la fin de l'an 6. Je n'ai point pris part à
cette dernière opération.

Salces.

DISTANCES AU ZÉNIT. $dH = 3^{t}01736.$

Signal d'Espira.

10   97087075   97807070750 $= 87°$ 21' 49"23 (dans le ciel.)
M. et T. 16 pluviose, à midi $\frac{1}{2}$. Barom. 27ᵖ 11¹ $\frac{1}{2}$, therm. 8ᵈ $\frac{1}{4}$. Temps
calme; soleil, vapeurs et fortes ondulations.

La même.

10   97086850   978068 5o $= 87^\circ\ 21'\ 41''94$

M.   19 pluviose, à 2^h $\frac{1}{4}$. Barom. 27^p 9^l $\frac{1}{2}$, therm. 12^d. Calme; soleil pâle; point d'ondulations.

La même.

10   97087035   978070350 $= 87^\circ\ 21'\ 47''93$

M. et T.   2 ventose, à 4^h. Barom. 28^p 2^l $\frac{1}{2}$, therm. 9^{d}6. Calme; soleil; point d'ondulations.

Moyenne . . . . $87^\circ\ 21'\ 46''37$
pour la réduction à l'horizon.

$$
\begin{aligned}
&\text{Demi-épaisseur du fil . . . . . .} && +\ 3''\text{oo}\\
&dH' = \text{o}^l\text{9132} && +\ 38''55\\
\hline
&&& 87^\circ\ 22'\ 27''92
\end{aligned}
$$

pour la différence de niveau et la réfraction.

Signal du Vernet.

12   11998o240   998918 6667 $= 89^\circ\ 55'\ 36''48$ (en terre.)
pour la réduction à l'horizon. M. 19 pluviose, à 3^h $\frac{1}{4}$. Barom. 27^p 9^l $\frac{1}{2}$, therm. 11^d. Calme; soleil un peu obscurci; point d'ondulations. Il ne s'est point présenté d'autres circonstances assez favorables pour répéter ces observations.

$$
\begin{aligned}
&\text{Demi-épaisseur du fil . . . . .} && +\ \text{o}'\ 3''\text{oo}\\
&dH' = 3^l\text{07176} && +\ 1'\ 45''49\\
\hline
&&& 89^\circ\ 57'\ 24''97
\end{aligned}
$$

pour la différence de niveau et la réfraction.

Tour de Tautavel.

10   975893oo   978593000 $= 87^\circ\ 50'\ 1''32$ (dans le ciel.)
pour la réduction à l'horizon. M. et T. 16 pluviose, à 1^h. Barom. 27^p 11^l $\frac{1}{2}$, therm. 8^d $\frac{1}{4}$. Calme; soleil; ondulations.

$$
\begin{aligned}
&\text{Demi-épaisseur du fil . . . . .} && +\ 3''\text{oo}\\
&dH' = -\ 1^l\text{2778} && -\ 39''92\\
\hline
&&& 87^\circ\ 49'\ 24''4
\end{aligned}
$$

pour la différence de niveau.

Tour de Rivesaltes.

8   797ᵍ2900   99ᵍ661250 = 89° 41' 42″45 (en terre.)
pour la réduction à l'horizon.   T.   19 pluviose, dans la matinée.

$$\begin{aligned}
&\text{Demi-épaisseur du fil} \ldots \ldots \quad &+ \; 0' \; 3''00 \\
&dH' = - \; 1'2778 \quad &- \; 1' \; 15''74 \\
\hline
& &89° \; 40' \; 29''7
\end{aligned}$$

pour la différence de niveau et la réfraction.

Perpignan (tourillon nord-ouest de la tour de Saint-Jaumes de).

12   1197ᵍ3370   99ᵍ7780333 = 89° 48'. 0″99 (en terre.)
M.   19 pluviose, à 1ʰ ¼. Barom. 27ᵖ 9¹ ¼, therm. 11ᵈ6. Calme; soleil;
peu d'ondulations.

La même.

10   997ᵍ7790   99ᵍ77790 = 89ᵈ 48' 0″40
M.   2 ventose, à 3ʰ ¼. Barom. 28ᵖ 2¹ ½, therm. 9ᵈ ¼. Soleil; foibles ondulations.

$$\text{Moyenne} \ldots \ldots \ldots \ldots \quad 89° \; 48' \; 0''70$$

pour la réduction à l'horizon.

$$\begin{aligned}
&\text{Demi-épaisseur du fil} \ldots \ldots \quad &+ \; 3''00 \\
&dH' = - \; 1'2778 \quad &- \; 36''66 \\
\hline
& &89° \; 47' \; 27''04
\end{aligned}$$

pour la différence de niveau et la réfraction.

Pic du Canigou.

10   967ᵍ3255   96ᵍ732550 = 87° 3' 33″46 (dans le ciel.)
pour la réduction à l'horizon.   M. et T.   2 ventose, à midi ¼. Barom. 28ᵖ
2¹ ⅟, therm. 9ᵈ8. Calme; soleil; très-peu d'ondulations au pic, quoiqu'il
y en ait beaucoup pour les objets plus bas. Le pic et une grande partie de
la montagne sont couverts de neige.

$$\begin{aligned}
&\text{Demi-épaisseur du fil} \ldots \ldots \quad &+ \; 3''00 \\
&dH' = - \; 1'2778 \quad &- \; 9''95 \\
\hline
& &87° \; 3' \; 26''5
\end{aligned}$$

pour la différence de niveau.

1.

Cap de Leucate (sommet de la redoute sur le).

4   399ᵍ5750.   99ᵍ893750   = 89° 54′ 15″75 (dans le ciel.)
pour la réduction à l'horizon.   M.

Demi-épaisseur du fil . . . . .   + 3″00
$dH' = -$ 1ᵗ2778   — 35″14
____

89° 53′ 43″6

pour la différence de niveau.

ANGLES observés au centre.

Entre les signaux d'Espira et du Vernet.

20   175ᵍ87105   87ᵍ5855250 = 78° 49′ 37″101
M.   14 pluviose, de 3ʰ ⁴⁄₄ à 4ʰ ¹⁄₄. Calme; temps sombre. On voit parfaitement bien les signaux.

20   175ᵍ87230   87ᵍ586150 = 78° 49′ 39″126
19 pluviose, de 3ʰ ⁴⁄₄ à 4ʰ 5′. Objets beaux en commençant, vaporeux à la
fin. Le signal du Vernet se déforme et devient presque invisible ; ce qui force
de discontinuer les observations.

22   192ᵍ88845   87ᵍ5856591 = 78° 49′ 37″535
20 pluviose, de 3ʰ ⁴⁄₄ à 4ʰ ¹⁄₄. Soleil par intervalles ; un peu d'ondulations ;
mais ordinairement le signal du Vernet est assez visible.

20   176ᵍ87250   87ᵍ586250 = 78° 49′ 39″450
2 ventose, de 4 à 5ʰ. Soleil ; objets beaux.

Moyen arithmétique . . . . . . 78° 49′ 38″303
Excentricité . . . .   + 0″082
— 30″852
____

Horizon . . . . 78° 49′ 7″53

Entre le signal d'Espira et la tour de Rivesaltes.

Salces.

12 806^g16875   67^g1807292 $=$ 60° 27′ 45″563
M. A 2^h ¼. Temps sombre.

    Excentricité . . . .   — 0′ 0″172
    . . . . . .   — 1′ 7″471

    Horizon . . . .   60° 26′ 37″92

Retranchant cet angle du précédent, on a
pour l'angle entre Rivesaltes et le signal du
Vernet . . . .   18° 22′ 9″61

Entre le signal d'Espira et la tour de Perpignan.

24 2307^g7190   96^g1549583 $=$ 86° 32′ 22″065
M. A 3^h ½. Objets passables.

20 1923^g0935   96^g1546750 $=$ 86° 32′ 21″147
M. A 3^h ¼. Ondulations à la tour.

    Moyen . . . .   86° 32′ 21″606
    Excentricité . . . .   + 0″141
    . . . . . .   + 20″179

    Horizon . . . .   86° 32′ 41″93

Entre la tour de Tautavel et le signal du Vernet.

20 1518^g1580   75^g907900 $=$ 68° 19′ 1″596
M. 18 pluviose, vers 4^h. Fortes ondulations.

    Excentricité . . . .   + 0″104
    . . . . . .   — 48″00

    Horizon . . . .   68° 18′ 13″70

Entre le signal du Vernet et la redoute du cap de Leucate.

$$8 \quad 126085775 \quad 157857721875 = 141° \; 48' \; 53''89$$

M. A 2^h. Temps favorable.

$$+ \; 1''29$$

Horizon . . . . 141° 48' 55''18

Cet angle ne peut servir que pour l'orientation du cap, parce que l'objet n'a pas été observé d'une autre station.

Opérations faites pour déterminer la hauteur du pied du signal de Salces ou du terme austral de la base au-dessus du niveau de la mer.

Il eût été assez difficile et long de faire un nivellement par la méthode ordinaire, depuis le pied du signal jusqu'au bord de la mer; on auroit eu près de six mille toises à parcourir, en faisant bien des détours pour éviter divers obstacles : mais on pouvoit obtenir cette détermination par un moyen beaucoup plus simple, plus court, et suffisamment exact, en observant la distance du sommet du signal au zénit sur le bord de l'étang de Leucate; c'est le parti que j'ai pris.

L'étang n'est séparé de la mer que par une longue langue de sable très-étroite, et il y communique souvent par une coupure près du Château-Saint-Ange, dans la partie du sud; du côté de l'ouest, il forme un enfoncement dans les terres jusqu'à une petite distance de Salces. J'ai placé le cercle à cet endroit, tout au bord d'une crique où les pêcheurs retirent leurs bateaux.

Distance du sommet du signal au zénit.

12   1193ᵍ56875   99ᵍ4640625 = 89° 31′ 3″56
Demi-épaisseur du fil . . . . .   + 3″00

M. et T. 1 ventose, vers 1ʰ. Très-beau temps ; vent nord. Des pêcheurs que je trouvai dans la crique, et qui venoient de parcourir l'étang, m'assurèrent qu'il communiquoit alors avec la mer, et qu'ils n'avoient vu ni courant ni remoux dans la coupure.

Hauteur du centre du cercle et de la lunette au-dessus de
l'étang 1ᵗ02667
Hauteur du signal au-dessus de la plaque de cuivre qui
en marque le centre 4ᵗ29514
Distance du centre du cercle au centre du signal 1123ᵗ33

Cette distance a été mesurée en ligne droite avec une chaîne d'arpenteur bien vérifiée, et on y a mis assez de soin pour qu'il n'y ait pas un quart de toise d'erreur ; ce qui d'ailleurs n'en produiroit point de sensible sur la différence de niveau, qui n'est que de 6 toises.

PONT DE L'AGLY.

Le pont de l'Agly est presque au milieu de la longueur de la base ; il étoit donc avantageux d'y observer la distance de ses deux termes au zénit, afin d'avoir un autre moyen d'en déterminer la différence de niveau.

Le cercle a été placé à l'entrée de la partie du pont qui est en bois, vers Salces, et contre le parapet en retour du côté occidental de la route.

Hauteur de la lunette au-dessus du bord du parapet, 0ᵗ2604.

DISTANCES AU ZÉNIT.

Signal du terme septentrional. (Hauteur, 4ᵗ29514.)

$$10 \qquad 100084440 \qquad 100804440 = 90° \; 2' \; 23''86$$
$$\text{Demi-épaisseur du fil} \ldots \ldots \qquad + \; 3''00$$

M. et T. 28 ventose, à 11ʰ. Barom. 28ᵖ 2ˡ, therm. + 11ᵈ. Signal éclairé de temps en temps par le soleil ; ondulations sensibles.

Signal du terme austral. (Hauteur, 4ᵗ34954.)

$$10 \qquad 998835525 \qquad 998835525 = 89° \; 51' \; 7''10$$
$$\text{Demi-épaisseur du fil} , \ldots \ldots \qquad + \; 3''00$$

M. et T. 28 ventose, à 10ʰ ¼. Baromètre et thermomètre comme ci-dessus. Signal dans l'ombre et bien terminé.

Selon une détermination approchée que j'avois faite de la longueur de la base, de 6007ᵗ2, la distance du cercle au signal septentrional auroit été de 3000ᵗ7
Et celle du signal austral de 3006ᵗ5
Mais comme la base, réduite au niveau de la mer, est plus courte d'une toise, d'après la mesure du citoyen Delambre, il faut diminuer les deux distances de 0ᵗ5.

RIVESALTES (sur la tour de l'église de).

LA tour de Rivesaltes, située au nord de la route du Vernet à Salces, offroit encore une station favorable pour déterminer la différence de niveau des deux extrémités de la base, en y observant la distance des deux signaux au zénit. Cette tour est déja liée au terme boréal de la base par un triangle dont le troisième sommet est au mont d'Espira ; et l'on aura facilement sa distance au terme austral, parce qu'elle est le troisième côté d'un autre triangle dont deux côtés et l'angle sont connus; savoir, le côté du terme boréal au mont d'Espira; le second côté, qui est la base même et l'angle, entre le mont d'Espira et le terme austral : on a même de plus l'angle observé à Rivesaltes.

Le cercle étoit placé sur le haut de la tour, dans la gouttière entre le toit et le parapet. Hauteur de la lunette au-dessus de ce parapet ou de l'extrémité de la tour, 0ᵗ3958.

DISTANCES AU ZÉNIT.

Signal du terme boréal de la base. (Hauteur, 4ᵗ29514.)

$$10 \quad 100384990 \quad 100834990 = 90^\circ \; 18' \; 53''68$$
Demi-épaisseur du fil . . . . . . $\quad$ + 3''00

M. et T. 10 germinal, à 4ʰ 40'. Barom. 28ᵖ 1ᵗ ½, therm. + 9ᵈ6. Beau temps; soleil; un peu de vent.

Signal du terme austral. (Hauteur, 4ᵗ34954.)

$$10 \quad 100189360 \quad 100819360 = 90^\circ \; 10' \; 27''26$$
Demi-épaisseur du fil . . . . . . $\quad$ + 3''00

M. et T. 10 germinal, à 4ʰ ¼. Mêmes circonstances que pour l'observation précédente.

Pont de l'Agly, bord du parapet où les distances au zénit, page 422, ont été observées.

$$4 \quad 4389340 \quad 100898350 = 90^\circ \; 53' \; 6''54$$
Demi-épaisseur du fil . . . . . $\quad$ + 0' 3''00
$$dH' = - 0^t3958 = - 1' \; 11''81$$
$$\overline{}$$
$$90^\circ \; 51' \; 57''73$$

pour la différence de niveau.

La mer, direction est.

$$8 \quad 80189545 \quad 10082443125 = 90° \ 13' \ 11''57$$
Demi-épaisseur du fil . . . . .　　　+ 3''00

Même jour, vers les 5^h du soir. Horizon parfaitement tranché.

ANGLE.

Entre les deux signaux de la base.

$$4 \quad 62083950 \quad 155809875o = 139° \ 35' \ 19''95$$
$$r = 1^t41667 \quad y = 49° \ 34'3 \qquad - \ 1' \ 19''84$$

Centre . . . . 139° 34' 0''11

　　　　　　　　　　　　　+ 10''09

Horizon . . . . 139° 34' 10''20

Nota. Cet angle ne diffère que de — 1''5 de celui calculé d'après les deux côtés et l'angle compris connus.

PERPIGNAN (sur la tour de Saint-Jaumes de).

LXXVII.

CETTE tour n'est le sommet d'aucun de nos principaux triangles; mais il étoit intéressant de la lier à ces triangles, parce qu'elle est le terme austral de la *Méridienne vérifiée en 1739 et 1740.* Dans le temps que j'étois à Perpignan, occupé des dispositions pour continuer nos opérations vers le nord, il ne me fut pas possible de faire élever un signal sur la tour, ni même d'y mesurer l'angle entre les signaux des puys de la Estella et de Camellas, que l'on venoit de relever, et où les deux autres angles avoient été mesurés deux

ans auparavant. L'intérieur de l'église et la cage de
l'escalier de la tour étoient tellement encombrés de
fourrages et d'autres approvisionnemens pour l'armée,
qu'on ne pouvoit y monter : c'est ce qui m'obligea
de l'observer des stations du nord, comme je l'ai dit
page 398.

A mon retour de ces stations, l'accès de la tour étoit
libre; j'en profitai pour y faire les observations suivantes.

La tour est carrée, terminée par des creneaux, avec
une tourelle à chacun des quatre angles. L'intérieur
en est couvert d'un toit en charpente, très-plat et
garni de tuiles. Le cercle a été placé sur ce toit, à
l'endroit le plus solide, et aussi près qu'on le pouvoit
du centre de la tour.

DISTANCES AU ZENIT.

Le centre du cercle, ou la lunette, étoit de 1ᵗ0556
au-dessous du niveau de la tourelle nord-ouest dont on
a observé les distances au zénit aux stations précédentes.

Signal du terme boréal de la base.

10   100380840   100830840 $=$ 90° 16′ 39″22
pour la réduction à l'horizon. M. et T. 15 thermidor, à 9ʰ ¼. Therm.
19ᵈ0. Ondulations très-fortes.

Cette distance n'est pas assez sûre pour être employée à calculer la différence de niveau.

Signal d'Espira.

12   1183̸80060   988583833 = 88° 43′ 31″62

pour la réduction à l'horizon. M. et T. 15 thermidor, à 9ʰ ¼. Foibles ondulations.

Demi-épaisseur du fil . . . . .   + 0′ 3″00

$dH' = 3^{t}2466$ + 1′ 19″30

—————————

88° 44′ 53″92

pour la différence de niveau et la réfraction.

Signal de Tauch.

10   983̸899075   988399075̸0 = 88° 33′ 33″00

pour la réduction à l'horizon. M. 25 thermidor, à 8ʰ ¼ du matin. Barom. 28ᴾ 1¹5, therm. 20ᵈ0. Un peu de brume.

Demi-épaisseur du fil . . . . . .   + 3″00

$dH' = 3^{t}2431$ + 43″00

—————————

88° 34′ 19″00

pour la différence de niveau et la réfraction.

Signal de Forceral.

10   984̸82665   988426650 = 88° 35′ 2″35

pour la réduction à l'horizon. M. et T. A 6ʰ ¼.

Demi-épaisseur du fil . . . . . .   + 0′ 3″00

$dH' = 3^{t}3333$ + 1′ 19″16

—————————

88° 36′ 24″51

pour la différence de niveau.

Puy Camellas, sommet, le signal n'existant plus.

10   986̸88750   988687̸50 = 88° 49′ 7″50

M. 25 thermidor, à 9ʰ ¼. Barom. 28ᴾ 1¹5, therm. 20ᵈ0.

Demi-épaisseur du fil . . . . .   + 3″00

$dH' = 1^{t}0556$ + 14″49

—————————

88° 49′ 24″99

pour la différence de niveau et la réfraction.

Pic du Canigou.

12   115284870   9680405333 = 86° 26′ 11″49

M. et T. 15 thermidor, vers midi $\frac{1}{4}$. Barom. 28ᵖ 1¹5, therm. 23ᵈ0. Légères ondulations.

La même.

10   9608394o   9680394o = 86° 26′ 7″66

M. 25 thermidor, à 11ʰ $\frac{1}{4}$. Barom. 28ᵖ 1¹5, therm. 23ᵈ $\frac{1}{4}$. Vent ouest assez fort; pic parfaitement net et terminé.

Moyenne . . . .   86° 26′ 9″57
Démi-épaisseur du fil . . . . . .   + 3″oo
$d H' = 1^t$o556   + 10″16
                                 ____
                              86° 26′ 22″73

pour la différence de niveau.

La mer, direction 20ᵈ nord-est.

16   160484045 100827528125 = 90° 14′ 51″91

M. et T. 15 thermidor, à 5ʰ après midi. Barom. 28ᵖ 1¹5, therm. 20ᵈo.
Horizon bien tranché.

La même, direction 80ᵈ sud-est.

10   100287645   100827645o = 90° 14′ 55″7o

M. et T. 15 thermidor, à 6ʰ $\frac{1}{2}$ du soir. Baromètre et thermomètre comme la première fois. Horizon toujours bien tranché.

La même, direction 80ᵈ sud-est.

6   6o186o35   100826725o = 90° 14′ 25″90

M. 25 thermidor, à 11ʰ $\frac{1}{4}$. Barom. 28ᵖ 1¹5, therm. 23ᵈ $\frac{1}{4}$. Horizon brumeux et mal terminé. La chaleur raccourcissoit si fort la bulle du niveau qu'il n'étoit plus possible de la rapporter aux divisions de la règle, et sa mobilité étoit si grande qu'on avoit bien de la peine à la fixer. D'après ces considérations, il paroîtroit à propos de rejeter cette troisième série.

Moyenne des 2 premières séries, 90° 14′ 53″81
Demi-épaisseur du fil. . . . . + 3″co

On se rapellera que la lunette étoit 1ᵗo556 au-dessous du niveau du sommet du tourillon nord-ouest.

ANGLES.

Entre le signal du terme boréal de la base et celui du mont d'Espira.

24   94ᵍᵗ1470   39ˢ2144583 = 35° 17′ 34″845
M. 15 thermidor, de 8 à 9ʰ du matin. Beau temps et calme. Signal de la base un peu ondoyant ; celui d'Espira très-net.

r = 0ᵗ20139 y = 316° 34′   + 2″564
Excentricité . . . .   + 0″o44

Centre . . . .   35° 17′ 37″453
                                  — 1′ 54″o98

Horizon . . . .   35° 15′ 43″36

Entre les signaux d'Espira et de Forceral.

24   1295ᵗo8o   53ˢ9616667 = 48° 33′ 55″8oo
M. 15 thermidor, de 11ʰ¼ à midi¼. Soleil. Un peu d'ondulations au signal d'Espira ; celui de Forceral est plus net.

r = 0ᵗ20139 y = 268ᵘ o′2,   + 1″398
Excentricité . . . .   + 0″071

Centre . . . .   48° 33′ 57″269
                                  + 50″615

Horizon . . . .   48° 34′ 47″88

Entre les signaux de Tauch et de Forceral.

20   919ᵍ35275   45ᵍ9676375 = 41° 21′ 15″146

M.   25 thermidor, de 5 à 6ʰ du soir.   Soleil; objets beaux.

$r = 0^t04514$ $y = 99° 9'6$ — 0″671

Excentricité . . . .   — . 0″107

Centre . . . .   41° 21′ 14″368

                                 + 48″386

Horizon . . . .   41° 22′ 2″75

SIGNAL DU PUY LA ESTELLA.

L a Estella est le pic de la montagne que Lemonnier le médecin a appelée *la Patere* dans ses *Observations d'histoire naturelle*, p. ccxiij de la *Méridienne vérifiée*. La mine de fer nommée *la Pinose* en est peu éloignée; la tour de Baterre, à mille toises de distance dans le sud-sud-est, et le pic du Canigou à quatre mille toises vers l'ouest.

J'ai préféré la Estella au Canigou, parce qu'il est moins élevé et qu'il n'étoit pas aussi difficile de s'y établir et d'y séjourner.

Le citoyen Tranchot y a fait seul toutes les obser-vations au commencement de l'an 2. Nous étions alors en Catalogne : les armées françaises et espagnoles étoient en présence, vers les limites et aux environs des lieux où nous opérions. M. Bueno, capitaine du génie mili-taire, l'un des deux commissaires que la cour d'Espagne m'avoit adjoints, devoit m'accompagner par-tout; mais, dans des circonstances aussi critiques, il n'eût pas été prudent que cet officier se hasardât d'aller à la Estella ; c'est pourquoi je fus obligé de confier cette station au citoyen Tranchot seul : d'ailleurs il avoit assez acquis la pratique des observations avec le cercle, depuis que nous étions ensemble, pour que je pusse me reposer sur lui comme sur moi-même. Dans le cours de ses observations, des *Miquelets* vinrent l'enlever et le menèrent à Perpignan ; mais dès qu'il eut fait connoître l'objet de notre mission aux autorités civiles et militaires, qui en étoient déja prévenues, on lui donna toutes facilités pour retourner à la station. Cependant, comme le président du département venoit de recevoir une lettre que je lui avois fait passer de Figuières par des officiers espagnols prisonniers de guerre qui se rendoient à Perpignan, pour le prier de faire élever des signaux à Forceral et à Bugarach, il engagea le citoyen Tranchot à aller lui-même établir ces signaux, avant de retourner à la Estella. Cet événement nous assura les moyens de compléter en l'an 2 nos observations à la Estella et au puy Camellas, qui sont les deux stations communes aux derniers triangles en France et à ceux qui traversent les Pyrénées.

On a établi un signal ici à deux époques différentes. Le premier signal, qui a été observé en l'an 2, de trois stations en Catalogne, étoit pareil au premier de Forceral. Sa hauteur sur le roc étoit de 2^{t}o833.

Le second signal, planté au commencement de l'an 4, a été replacé exactement au même point que l'autre, au moyen de repaires bien fixes : c'étoit une forte solive dressée verticalement, fermement contenue par des arcs-boutans, et portant pour mire un parallélogramme formé de planches de 4 pieds de longueur et trois pieds de largeur. Son plan étoit perpendiculaire à la direction moyenne entre Forceral et Bugarach, d'où il a été observé. Hauteur totale de ce signal, 2ᵗ333.

La Estella.

DISTANCES AU ZÉNIT.

Nota. Ces observations et celles des angles ont été faites avec le cercle divisé en parties sexagésimales. Chaque degré y est divisé de 10 en 10 minutes, et les verniers subdivisent les dixaines de minutes en vingt parties égales, ou de 30 en 30 secondes. Hauteur de la lunette, 0ᵗ6319.

Signal de Forceral. (*Hauteur*, 2ᵗ75.)

12   1114° 0′ 4ᵖ78 = 1114° 2′ 23″50 . . 92° 50′ 11″96
pour la réduction à l'horizon. T. 5 brumaire an 2. Ciel nébuleux; calme.

Demi-épaisseur du fil . . . .   — 3″00
parce que le fil étoit tangente inférieure.

$dH' =$ 2ᵗ1181 . . . .   + 32″11
____
92° 50′ 41″07

pour la différence de niveau et la réfraction.

Signal de Bugarach. (*Hauteur*, 2ᵗ167.)

12   1090° 50′ 19ᵖ19 = 1090° 59′ 35″75 . . 90° 54′ 57″98
pour la réduction à l'horizon. T. 2 brumaire, dans la matinée. Vent sud-est.

Demi-épaisseur du fil . . . .   — 3″00
$dH' =$ 1ᵗ5351 . . . .   + 14″91
____
90° 55′ 9″89

pour la différence de niveau et la réfraction.

Signal de Puig-se-Calm, en Catalogne. (*Hauteur,* 2ᵗ4583.)

10 . . 905° 0′ 0ᵖ56 = 905° 0′ 1″68 . .   90° 30′ 0″17
pour la réduction à l'horizon. T. 15 vendémiaire, dans la matinée. Temps favorable.

     Pour le fil . . . .   — 3″00
     $dH' =$ 1ᵗ8264 . . . .   + 16″18
                                    ⎯⎯⎯⎯⎯
pour la différence de niveau et la réfraction.   90° 30′ 13″35

Signal de Notre-Dame-du-Mont, en Catalogne. (*Hauteur du point où l'on visoit,* 3ᵗ4167.)

12 . . 1095° 40′ 5ᵖ78 = 1095° 44′ 53″40 . .   91° 18′ 44″45
pour la réduction à l'horizon. T. 15 vendémiaire, dans la matinée.

     Pour le fil . . . .   — 3″00
     $dH' =$ 2ᵗ7848 . . . .   + 36″00
                                      ⎯⎯⎯⎯⎯
pour la différence de niveau et la réfraction.   91° 19′ 17″45

Signal du puy Camellas, sur la limite. (*Hauteur,* 2ᵗ1736.)

10 . . 925° 30′ 14ᵖ70 = 925° 37′ 21″00 . .   92° 33′ 44″10
pour la réduction à l'horizon. T. 15 vendémiaire, dans la matinée.

     Pour le fil . . . .   — 3″00
     $dH' =$ 1ᵗ5417 . . . .   + 25″75
                                      ⎯⎯⎯⎯⎯
                                      92° 34′ 6″85
pour la différence de niveau et la réfraction.

Perpignan (tourillon sud-ouest de la tour de Saint-Jaumes de).

10 . . 928° 50′ 19ᵖ55 = 928° 59′ 46″15 . . 92° 53′ 58″65
pour la réduction à l'horizon. T. 12 brumaire, dans la matinée. Beau temps.

Demi-épaisseur du fil . . . . — 3″oo
$dH' = — 0^\iota 6319$ . . . . — 7″21
____
92° 53′ 48″44

pour la différence de niveau.

La mer, direction 80ᵈ du nord à l'est.

12 . . 1094° 40′ 12ᵖ63 = 1094° 46′ 18″9 . . 91° 13′ 51″58
T. 12 brumaire, vers le coucher du soleil. Horizon bien terminé.

Demi-épaisseur du fil . . . . — 3″oo

ANGLES.

Entre les signaux de Forceral et de Bugarach.

32 . . 1507° 40′ 2ᵖ56 = 1507° 41′ 8″875 . . 47° 6′ 54″902
T. 4 brumaire, de 8ʰ à 10ʰ ½. Les signaux se voient bien.

$r = 0^\iota 513889$ $y = 18° 15′$ . . . . — + 5″521
____
47° 7′ 0″423

32 . . 1507° 40′ 1ᵖ21 = 1507° 40′ 36″25 . . 47° 6′ 53″633
T. 12 brumaire, de 9ʰ jusque vers midi. Objets très-distincts.

$r = 0^\iota 510417$ $y = 17° 57′6$ . . . — + 5″491
____
47° 6′ 59″124

Moyenne . . . . 47° 6′ 59″773
Excentricité . . . . — + 0″057
____
Centre . . . . 47° 6′ 59″830
— 36″5o
____
Horizon . . . . 47° 6′ 23″33

1.

 Entre les signaux de Puy-Camellas et de Forceral.

26 . . 2154° 40′ 10ᴘ43 = 2154° 45′ 12″75 . .   82° 52′ 30″490

T. 4 brumaire, de midi à 3ʰ. On voyoit bien les signaux ; mais le vent s'étant élevé, on a été obligé de cesser d'observer.

$r = 0^{\iota}496528$ $y = 151° 18′5$ . . . .   — 10″341

82° 52′ 20″149

32 . . 2652° 0′ 1ᴘ104 = 2652° 0′ 33″12 . .   82° 52′ 31″035

T. 5 brumaire, de 1ʰ jusqu'au coucher du soleil. Objets bien distincts.

$r = 0^{\iota}500$. $y = 152° 36′2$ . . . . . .   — 10″371

82° 52′ 20″664

Moyen proportionnel des deux séries .   82° 52′ 20″433
Excentricité . . . .   + 0″016

Centre . . . .   82° 52′ 20″449
                                             + 6′ 43″378

Horizon . . . .   82° 59′ 3″83

Entre Camellas et la tour de Saint - Jaumes de Perpignan.

16 . . 886°-40′ 2ᴘ225 = 886° 41′ 6″75 . .   55° 25′ 4″172

T. 12 brumaire, depuis 2ʰ jusqu'au coucher du soleil. Beau temps.

$r = 0^{\iota}50925$. $y = 92° 30′4$ . . . .   — 1″415
Excentricité . . . .   + 0″055

Centre . . . .   55° 25′ 2″812
                                          + 4′ 3″086

Horizon . . . .   55° 29′ 5″90

Entre les signaux de Notre-Dame-du-Mont et de Camellas.

32 . . 1476° 40′ 1ᵖ64 = 1476° 40′ 49″20 . . 46° 8′ 46″537

T. 13 vendémiaire, depuis 2ʰ jusqu'au coucher du soleil. Vent nord assez fort.

$r = 0^t590278$ $y = 151° 43′2$ . . . — 7″011

──────────

46° 8′ 39″526

32 . . 1476° 30′ 19ᵖ31 = 1476° 39′ 39″30 . . 46° 8′ 44″353

T. 7 brumaire, de 1 à 4ʰ. Beau temps.

$r = 0^t517361$ $y = 147° 52′4$ . . . — 6″215

──────────

46° 8′ 38″138

Moyen des deux séries . . . . 46° 8′ 38″831

Excentricité . . . . — 0″039

──────────

Centre . . . . 46° 8′ 38″792

+ 42″850

──────────

Horizon . . . . 46° 9′ 21″64

Entre les signaux de Puig-se-Calm et de Notre-Dame-du-Mont.

32 . . 1328° 20′ 0ᵖ962 = 1328° 20′ 28″86 . . 41° 30′ 38″402

T. 10 vendémiaire, de midi à 3ʰ. Beau temps.

$r = 0^t513889$ $y = 199° 55′5$ . . . — 1″744

Excentricité . . . . — 0″042

──────────

Centre . . . . 41° 30′ 36″616

— 7″798

──────────

Horizon . . . . 41° 30′ 28″82

SIGNAL DE PUY-CAMELLAS.

LXXXIX.

CAMELLAS est une grosse butte située dans le col de *Portell*, 1800 toises environ au sud-ouest de Belle-garde, et de 150 toises plus élevée que les remparts de ce fort. On y découvre du côté du nord une grande partie du département des Pyrénées-Orientales et les *Corbières*; vers le midi, la vue s'étend sur toute la plaine de l'*Ampourdan*, et jusqu'aux montagnes de la partie nord-est de la Catalogne que j'avois choisies pour stations.

Ici, et à tous les autres points en Catalogne, j'ai été secondé avec le plus grand zèle par M. Bueno, l'un des commissaires que la cour d'Espagne avoit nommés pour assister à nos opérations ; il prenoit aussi la peine de caler le niveau pour les observations des distances au zénit.

C'est à Camellas et à la Estella que notre mesure trigonométrique s'est terminée en l'an 2, parce que le général en chef de l'armée espagnole refusa de nous laisser passer en France, et nous obligea de rentrer en Catalogne, pour y rester jusqu'à la paix.

Le premier signal, établi en l'an 2, étoit pareil au premier de la Estella ; le second, qu'on éleva en l'an 4, étoit aussi de même forme que le second relevé en même temps à la Estella. Sa partie supérieure, ou le plan qui servoit de point de mire, étoit perpendiculaire à la direction vers Forceral d'où il a été observé. Une roue de bois, que j'avois fait enterrer de trois à quatre pieds, et dont le centre assuroit la position de l'axe du premier signal, a servi à replacer l'axe du second très-exactement au même point.

Camellas.

DISTANCES AU ZÉNIT.

$$dH = 1^{t}5347.$$

Perpignan (tourillon sud-est de la tour Saint-Jaumes de).

  4   406ᵉ2430   101ᵉ560750 $=$ 91° 24′ 16″83 (en terre.)
pour la réduction à l'horizon. M. et B. 2 vendémiaire an 2, dans l'après-midi. Objet éclairé du soleil. Le vent a empêché de faire un plus grand nombre d'observations.

    Demi-épaisseur du fil . . . . . $+$ 3″00
        $dH' = -\ 0^{t}6389$ $-$ 8″77
                                  91° 24′ 11″06
pour la différence de niveau et la réfraction.

Tour de Tautavel.

  10   1005ᵉ2650   100ᵉ52650 $=$ 90° 28′ 25″86 (dans le ciel.)
M. et B. 1 brumaire. Temps sombre, objet net.
    Demi-épaisseur du fil . . . . . $+$ 3″00
        $dH' = -\ 0^{t}6389$ $-$ 6″94
                                  98° 28′ 21″92
pour la différence de niveau et la réfraction.

Signal de Forceral.

  12 120ᵉ8470 100ᵉ5705833 $=$ 90° 30′ 48″69 (en terre.)
M. et B. 1 brumaire. Signal noir, mais bien distinct. On pointoit au milieu de la tête.

La même.

8   ·804˙562   100˙570250 $= 90°\ 30'\ 47''61$

M. et E. 4 brumaire, à midi. Signal très-apparent. On vise au milieu de la tête.

Moyenne . . . . $90°\ 30'\ 48''15$

pour la réduction à l'horizon.

$$dH' = 1^t6111 \qquad + 19''32$$

$$\overline{}$$

$$90°\ 31'\ 7''47$$

pour la différence de niveau et la réfraction.

Bugarach (sommet de).

4   398˙9230   99˙73050 $= 89°\ 45'\ 27''63$ (dans le ciel.)

pour la réduction à l'horizon. M. et B. 2 vendémiaire après midi. Le signal n'étant point encore élevé, on a visé à l'extrémité du pic, qui paroissoit très-clairement.

Demi-épaisseur du fil . . . . . $+ 0'\ 3''00$

$$dH' = -\ 0^t6389 \qquad -\ 4''30$$

$$\overline{}$$

$$89°\ 45'\ 26''33$$

pour la différence de niveau et la réfraction.

Puy la Estella.

12   1168˙1775   97˙348185 $= 87°\ 36'\ 47''92$ (dans le ciel.)

M. et B. 1 vendémiaire, à 10^h du matin. On pointoit au bord du pic et au pied du signal.

Hauteur du point de mire . . . 2^t0833 $- 34''79$

$$\overline{}$$

$$87°\ 36'\ 13''13$$

La même.

12   1168˙0550   97˙3379167 $= 87°\ 36'\ 14''85$

M. et E. 3 brumaire, à 3^h. Signal bien éclairé. On visoit au milieu de la tête.

Camellas.

Moyenne . . . . 87° 36′ 13″99

pour la réduction à l'horizon.

$$d H' = + 1^t4444 \qquad + 24″12$$

$$\overline{87° \ 36′ \ 38″11}$$

pour la différence de niveau et la réfraction.

Signal de Notre-Dame-du-Mont. (Hauteur du point de mire, 3ᵗ1667.)

12   1187ᵍ8560   98ᵍ9880   = 89° 5′ 21″12 (dans le ciel.)

pour la réduction à l'horizon. M. et B. 1 vendémiaire, vers 10ʰ ½. Beau temps.

$$d H' = 2^t5278 \qquad + 45″02$$

$$\overline{89° \ 6′ \ 6″14}$$

pour la différence de niveau et la réfraction.

Figuières (tour de l'église de).

4   408ᵍ0290   102ᵍ007250   = 91° 48′ 23″89 (en terre.)

pour la réduction à l'horizon. M. et B. 2 vendémiaire.

Demi-épaisseur du fil . . . . .   + 3″00

$$d H' = - 0^t6389 \qquad - 11″63$$

$$\overline{91° \ 48′ \ 15″26}$$

pour la différence de niveau.

Tour du cap Mongò ou de la Mugà.

2   202ᵍ1270   101ᵍ06350   = 90° 57′ 25″74 (en terre.)

pour la réduction à l'horizon. M. et B. 2 vendémiaire.

Demi-épaisseur du fil . . . . .   + 0′ 3″00

$$d H' - 0^t6389 \qquad - 5″53$$

$$\overline{90° \ 57′ \ 23″21}$$

pour la différence de niveau.

Clocher de Montsalvy.

10   1009ᵍ145   1008ᵍ9145 = 90° 49′ 22″98   (en terre.)
D. et B. n° 1. 10ʰ ¼. Beaucoup de vent.

Col de Cabre.

10   989ᵍ253   988ᵍ9253 = 89° 1′ 58″0   (dans le ciel.)
D. et B. n° 1. 7ʰ du matin. Beaucoup de vent.

Grosse montagne entre le col de Cabre et Violan.

10   988ᵍ527   988ᵍ8527 = 88° 58′ 2″7   (dans le ciel.)
D. et B. n° 1. 7ʰ ¼. Assez de vent.

Plomb du Cantal.

6   592ᵍ101   988ᵍ6835 = 88° 48′ 54″5   (dans le ciel.)
8ʰ ¼. Les nuages ont empêché d'en observer davantage.

Arcs du vertical.

Entre Rodez et le point opposé de l'horizon. . . . . 200ᵍ398.
Entre Saint-Jean de Rieupeiroux et le point opposé (sur le
Cantal). 199ᵍ226
Entre la Bastide et le point opposé 199ᵍ927
Ces observations prouvent que le signal de Montsalvy ne peut être vu
dans le ciel que de Rodez, et l'expérience l'a vérifié.

ANGLES.

Entre les signaux de Violan et de la Bastide.

20   165ᵍ813   82ᵍ64065 = 74° 22′ 35″7
                                  — 15″2
                            ————————
Horizon. . . . . 74° 22′ 20″5
D, n° 1. 25 thermidor, 5ʰ. Violan très-foible, sur-tout aux deux derniers

La mer, direction sud-est.

12   121°87315   100°894293 = 90° 48' 17"51...

M. et B. 1 vendémiaire, dans la matinée. L'horizon n'étoit pas bien tranché.

Demi-épaisseur du fil . . . . $+$ 3"00

On aura égard à la hauteur de la lunette au-dessus du sol de 0'6389.

ANGLES.

Entre la tour de Saint-Jaumes de Perpignan et le signal de Forceral.

24 808°656750 338°69403125 = 30° 19' 28"661

M. 3 brumaire, entre midi et 1ʰ ½. Temps favorable.

Excentricité . . . . $+$ 0"018

$r = 0'79861$ $y = 33°$ 23'1 $+$ 4"557

Centre . . . .   30° 19' 33"236

$-$ 30"345

Horizon . . . .   30° 19' 2"89

Entre les signaux de Forceral et de la Estella.

6   344°85233   57°420550   = 51° 40' 42"58

M. 3 brumaire, vers 9ʰ. Cette série a été interrompue par des nuages qui ont tout-à-coup enveloppé le Canigou et la Estella; ce qui a duré jusqu'à 3ʰ ½.

32 1837°420125 57°4193794 = 51° 40' 38"789

M. Même jour, de 3ʰ ¼ à 4ʰ ½. Forceral éclairé du côté de l'ouest ou en dedans de l'angle, et un peu diffus; la Estella dans l'ombre et très-distinct.

32 1837°443525 57°42011016 = 51° 40' 41"157

M. 4 brumaire, de 8 à 9ʰ ¼ du matin. Temps calme; Forceral toujours

1.

bien éclairé du soleil, mais du côté de l'est; la Estella éclairé en face, quelquefois ombré par les nuages, mais très-net. On a rejeté la première série.

Moyen des deux autres	51° 40′ 39″973
Excentricité	— 0″049
$r = 0^t798611$ $y = 341°\ 42′5$	+ 9″457
Centre	51° 40′ 49″381
	— 4′ 7″767
Horizon	51° 36′ 41″61

Entre les signaux de la Estella et de Notre-Dame-du-Mont.

24　2228ᵍ94975　92ᵍ87253125 = 83° 35′ 7″001

M. 1 vendémiaire, de 8 à 9ʰ⅟₄. La Estella éclairé en face; mais le point de mire de Notre-Dame, qui étoit un cylindre de 3 pieds de diamètre, ne présentoit qu'une moitié éclairée du côté de l'est, ou en dehors de l'angle; et comme l'on visoit à cette partie, il faut

retrancher de l'angle	2″225

pour le quart du diamètre apparent.

Donc	83° 35′ 4″776
$r = 1^t5439815$ $y = 204°\ 52′$	— 12″896
Centre	83° 34′ 51″880

32　2971ᵍ83775　92ᵍ86992969 = 83° 34′ 58″572

M. 2 vendémiaire, de 1ʰ à 2ʰ⅟₄. Signal de Notre-Dame noir, parce que le soleil est derrière. Le point de mire de celui de la Estella ne présente que la moitié de sa partie éclairée en dedans de l'angle, au milieu de laquelle on pointoit; et comme c'étoit un cylindre de 0ᵗ527 de diamètre, la réduction à l'axe est de . . . . + 2″087

Donc	83° 35′ 0″659
$r = 0^t50926$ $y = 163°\ 22′6$	— 10″422
Centre	83° 34′ 50″237

Milieu proportionnel au nombre des observations de chaque série . . . .   83° 34′ 50″955

Excentricité . . . .   —   0″011

                         + 1′ 54″825

Horizon . . . .   83° 36′ 45″77

Ou, selon la commission spéciale . . . .   83° 36′ 45″72

Nota. L'angle total entre Forceral et Notre-Dame-du-Mont, observé vingt
fois seulement, et dans des circonstances défavorables, ne diffère que très-
peu de la somme des deux angles partiels précédens; on ne le rapporte pas
ici, parce que la commission n'a point cru devoir y avoir égard.

Entre le signal de Notre-Dame-du-Mont et la tour de Figuières.

     10   622ᵍ9875   628298750   =   56° 4′ 7″95

M. 1 vendémiaire.

     $r = 1^g5463$ $y = 148° 48′0$ — 26″18

Centre . . . .   56° 3′ 41″77

                         — 3′ 31″41

Horizon . . . .   56° 0′ 10″36

Entre le signal de Notre-Dame-du-Mont et la tour du cap Mongò.

     4   286ᵍ7800   718695o   =   64° 31′ 31″80

M. 2 vendémiaire.

     $r = 1^g6463$ $y = 140° 21′0$ — 20″13

Centre . . . .   64° 31′ 11″67

                         — 1′ 24″95

Horizon ⁼ , ...   64° 29′ 46″72

Entre le signal de Notre-Dame-du-Mont et le clocher de Perelada.

$$2 \qquad 159^g590 \qquad 79^g7950 \quad = 71° \ 48' \ 55''80$$

M. 2 vendémiaire.

$$r = 1^t5463 \qquad y = 133° \ 4'0 \qquad\qquad - 33''31$$

Centre . . . .   71° 48' 22''49

           — 2' 43''82

Horizon . . . .   71° 45' 38''67

Entre le signal de Notre-Dame-du-Mont et la tour de Castellon.

$$2 \qquad 160^g130 \qquad 80^g0650 \quad = 72° \ 3' \ 30''60$$

M. 2 vendémiaire.

$$r = 1^t5463 \qquad y = 132° \ 49'0 \qquad\qquad - 27''49$$

Centre . . . .   72° 3' 3''11

           — 1' 58''76

Horizon . . . .   72° 1' 4''35

Entre le signal de Notre-Dame-du-Mont et la tour de la Mala-Vehina.

$$2 \qquad 180^g480 \qquad 90^g2400 \quad = 81° \ 12' \ 57''60$$

M. 2 vendémiaire. Cette tour, très-ancienne et isolée, est située dans l'Ampourdan, au nord-est de Perelada, et sur un terrain appartenant à M. Bueno.

$$r = 1^t5463 \qquad y = 123° \ 40'0 \qquad\qquad - 36''15$$

Centre . . . .   81° 12' 21''45

           — 2' 2''89

Horizon . . . .   81° 10' 18''56

Entre le signal de Notre-Dame-du-Mont et le fort de la Trinité ou Bouton-de-Roses.

4   357ᵍ3520   89ᵍ3380 $=$ 80° 24' 15"12

M. 2 vendémiaire. On visoit à un point remarquable au plus haut de l'édifice, qui paroissoit répondre au milieu du fort. Cet édifice peut avoir été détruit pendant le siége du fort qui eut lieu peu de temps après.

$r = $ 1ᵗ5463 $y = $ 124° 28'0 $-$ 25"69

Centre . . . .   80° 23' 49"43
                                            $-$ 1' 17"97

Horizon . . . .   80° 22' 31"46

SIGNAL DE NOTRE-DAME-DU-MONT.

X C.

CETTE montagne est située entre les rivières de la Mugà et de la Fluvia, à quatre lieues et demie dans l'oüest de Figuières, et à une lieue au nord de Besalù : elle est assez escarpée. On trouve sur son sommet un hermitage qui en occupe presque toute l'étendue. C'est du nom de cet hermitage (*Nuestra Senõra del Monte* ou *del Mundo*) que la montagne prend le sien.

L'hermitage et sa chapelle n'offrant aucun objet qui pût servir de point de mire, j'ai fait élever un signal sur l'angle le plus nord d'un massif de maçonnerie, reste de ruines, ou plutôt de bâtisses qui paroissent n'avoir jamais été achevées.

C'est à cette station que nous avons commencé la mesure des triangles de Catalogne. Nous avions fait des dispositions pour la commencer sur la cîme des

Pyrénées; mais notre apparition sur ces montagnes, et celle des officiers espagnols qui nous accompagnoient, ayant jeté l'alarme dans les villages français voisins (la guerre n'étoit point encore déclarée), le capitaine général de la Catalogne avoit ordonné aux officiers de se retirer dans l'intérieur de la province, et de m'engager à remettre mes opérations sur les limites à un temps plus tranquille. Je fus donc obligé de prendre ce parti, puisque je ne pouvois rien faire sans l'assistance des officiers espagnols. Il en résulta qu'il fallut aller deux fois à Notre-Dame-du-Mont; la première en septembre 1792, pour n'y mesurer qu'un angle du côté du midi, celui entre Puig-se-Calm et Roca-Corva. La suite du travail jusqu'à Mont-Jouy, les observations astronomiques à faire à ce terme austral de la méridienne, un cruel accident qui m'arriva, et les dispositions du général de l'armée espagnole, ne me permirent de retourner à Notre-Dame-du-Mont, et de faire élever des signaux à Camellas et à la Estella, que vers le commencement de l'an 2.

Le premier signal, placé à l'endroit désigné ci-dessus, n'a été observé que de Puig-se-Calm et de Roca-Corva. J'avois engagé l'hermite à en faire scier la tige un peu au-dessus du mur, à l'entrée de l'hiver, afin que la violence du vent, qui est extrême dans ce lieu, ne le déracinât point entièrement. Ainsi le tronçon resté dans la maçonnerie a servi pour replacer le second signal précisément au même point.

La tête de l'un et de l'autre de ces signaux étoit un

cylindre de 3 pieds de diamètre et de 4 pieds de
hauteur.

Distance de l'axe au milieu de la porte
de la chapelle . . . . 20ᵗ7463.

Angle entre ce milieu et le signal de
Roca-Corva . . . . 76° 11′ 39″.

DISTANCES AU ZENIT.

Signal de Puy-Camellas.

12   121452266   1018185550 = 91°. 4′ 1″18 (dans le ciel.)
pour la réduction à l'horizon. M. et B. 5 vendémiaire an 2, à 10ʰ. Objet
bien distinct. On visoit au milieu de la tête.

$$dH' = 1^t2847 \qquad \underline{+\ 22″88}$$
$$91°\ 4′\ 24″06$$

pour la différence de niveau et la réfraction.

Tour de Baterre (dans le col au-dessous et à l'est de la Estella.

8   79585015   9984376875 = 89° 29′ 38″11 (dans le ciel.)
pour la réduction à l'horizon. M. et B. 5 vendémiaire.

Demi-épaisseur du fil . . . . . .   + 3″00
$$dH' = - 0^t6389 \qquad \underline{-\ 8″64}$$
$$89°\ 29′\ 32″47$$

Signal de Puy-la-Estella.

12   118585115   9887926125 = 88° 54′ 48″11 (dans le ciel.)
pour la réduction à l'horizon. M. et B. 5 vendémiaire, entre 10 et 11ʰ.
Objet bien apparent. On visoit au milieu de la tête.

$$dH' = 1^t0278 \qquad \underline{+\ 13″29}$$
$$88°\ 55′\ 1″40$$

pour la différence-de niveau et la réfraction.

Pic du Canigou le plus proche d'ici.

10   96g9440   96g99440 $= 87°$ 17′ 41″86 (dans le ciel.)
pour la réduction à l'horizon. M. et B. En vendémiaire. Quoique ce pic
paroisse d'ici le plus haut, on présume que ce n'est pas celui qui a été
observé des stations du côté du nord.

Pour un autre pic qui est peut-être le véritable, et qui paroissoit plus
éloigné et plus vers l'orient . . . . $+$ 9′ 8″53
      Donc . . . .   87° 26′ 50″39
      Demi-épaisseur du fil . . . . . . $+$ 3″00
      $d H' = -$ 0ᵗ6389 $-$ 6″94

      Premier pic . . . .   87° 17′ 37″92
      Second pic . . . .   87° 26′ 46″45
pour la différence de niveau.

Sommet de Costa-Bona.

8   78i85150   97g689375 $= 87°$ 55′ 13″58 (dans le ciel.)
pour la réduction à l'horizon. M. et B. En vendémiaire.
      Demi-épaisseur du fil . . . . . $+$ 3″00
      $d H' = -$ 0ᵗ6389 $-$ 7″40

      87° 55′ 9″18
pour la différence de niveau.

Signal de Puig-se-Calm.

12   119i86266   99g3022167 $= 89°$ 22′ 19″15 (dans le ciel.)
pour la réduction à l'horizon de l'angle entre ce signal et celui de Puy-
Camellas. M. et B. 5 vendémiaire. Hauteur du milieu de la tête du signal
où l'on visoit, 2ᵗ0417.
      $d H' =$ 1ᵗ4028 . $+$ 18″67

      Réduite au pied du signal . .   89° 22′ 37″82

Distance de ce pied au zénit, observée directement.

Notre-Dame-du-Mont.

8   794ᵍ4630   99ᵍ307875   =   89° 22′ 37″52

M. et B.   13 septembre 1792, vers midi. La tête du signal disparoissoit dans le ciel.

Demi-épaisseur du fil	+ 3″00
Hauteur de ce signal, 1ᵗ4583 .	— 19″41
	89° 22′ 21″01

pour la réduction à l'horizon de l'angle entre ce même signal et celui de Roca-Corva, observé les 13 et 14 septembre 1792.

dH' = 0ᵗ8194	+ 10″90
	89° 22′ 31″91
Milieu des deux séries	89° 22′ 34″82

pour la différence de niveau et la réfraction,

Roca-Corva.

8   803ᵍ9980   100ᵍ499750   =   90° 26′ 59″19 (dans le ciel.)

M. et B.   13 septembre 1792, vers midi. Des reflets de lumière faisoient disparoître la tête du signal. On a pointé au pied.

Hauteur du signal, 1ᵗ6528 . .	— 31″99
	90° 26′ 27″20

pour la réduction à l'horizon de l'angle entre ce signal et celui de Puig-se-Calm, observé les 13 et 14 septembre 1792.

Demi-épaisseur du fil	+ 3″00
dH' = 0ᵗ9584	— 18″55
	90° 26′ 11″65

pour la différence de niveau et la réfraction.

Figuières (tour de l'église de).

6   619ᵍ6833   103ᵍ28055   =   92° 57′ 8″98 (en terre.)

pour la réduction à l'horizon.   M. et B.   5 vendémiaire an 2,

Demi-épaisseur du fil	+ 3″00
dH' = — 0ᵗ6389	— 12″25
	92° 54′ 59″73

pour la différence de niveau.

1.

Tour du cap Mongò ou de la Mugà.

$$4 \quad 406^{g}8920 \quad 101^{g}7230 \quad = 91^{\circ} \ 33' \ 2''52$$
pour la réduction à l'horizon. M. et B. 6 vendémiaire.

Demi-épaisseur du fil . . . . . . $\quad$ + 3''00

$dH' = - 0^{t}6389 \quad$ — 6''12

$$91^{\circ} \ 32' \ 59''40$$

pour la différence de niveau.

Perelada (clocher de).

$$4 \quad 410^{g}9860 \quad 102^{g}74650 \quad = 92^{\circ} \ 28' \ 18''66 \ \text{(en terre.)}$$
pour la réduction à l'horizon. M. et B. 5 vendémiaire.

Demi-épaisseur du fil . . . . . $\quad$ + 3''00

$dH' = - 0^{t}6389 \quad$ — 10''06

$$92^{\circ} \ 28' \ 11''60$$

pour la différence de niveau.

Castellon (tour de San-Domingo de).

$$4 \quad 409^{g}4440 \quad 102^{g}3610 \quad = 92^{\circ} \ 7' \ 29''64 \ \text{(en terre.)}$$
pour la réduction à l'horizon. M. et B. 5 vendémiaire.

Demi-épaisseur du fil . . . . . $\quad$ + 3''00

$dH' = - 0^{t}6389 \quad$ — 8''41

$$92^{\circ} \ 7' \ 24''23$$

pour la différence de niveau.

Tour de la Mala-Vehina.

$$4 \quad 409^{g}5775 \quad 102^{g}394375 \quad = 92^{\circ} \ 9' \ 17''78 \ \text{(en terre.)}$$
pour la réduction à l'horizon. M. et B. 6 vendémiaire.

Demi-épaisseur du fil . . . . . $\quad$ + 3''00

$dH' = - 0^{t}6389 \quad$ — 9''04

$$92^{\circ} \ 9' \ 11''74$$

pour la différence de niveau.

Fort de la Trinité.

4 . 407ᵇ3010 . 101ᵇ825250 = 91° 38′ 33″81

pour la réduction à l'horizon. M. et B. 5 vendémiaire.

Demi-épaisseur du fil . . . . . + 3″00
$d\,H' = -$ 0ᵗ6389 — 6″51
____

91° 38′ 30″30

pour la différence de niveau.

La mer, direction nord-est.

8 . 808ᵇ8280 . 101ᵇ10350 = 90° 59′ 35″34

M. et B. 13 septembre, à 11ʰ du matin. Horizon assez mal terminé.

Demi-épaisseur du fil . . . . . + 3″00

Hauteur de la lunette, 0ᵗ6944.

A N G L E S.

Entre les signaux de Camellas et de la Estella.

8 . 446ᵇ927875 . 55ᵇ8659844 = 50° 16′ 45″789

M. 4 vendémiaire an 2, après midi. Très-grand vent : il est devenu si fort qu'on a été obligé de cesser et de porter le cercle plus près du mur, pour se mettre à l'abri et faire une autre série.

$r =$ 1ᵗ5555 $y =$ 203° 24′ — 18″607
____

Centre . . . . 50° 16′ 27″182

32 . 178ᵇ85159 . 55ᵇ85987188 = 50° 16′ 25″985

M. Même jour, de 4 à 5ʰ ½. Très-peu de vent dans cette nouvelle position ; objets très-clairs.

$r =$ 1ᵗ025463 $y =$ 278° 15′3 + 3″581
____

Centre . . . . 50° 16′ 29″566

32 1787·71777,5 55·866180,5 $=$ 50° 16' 46"425

M. 5 vendémiaire, de 8 à 9ʰ ½ du matin. Signaux parfaitement distincts.

$r = $ 1ᵗ5555 $y = $ 203° 24'   — 18"607

Centre . . . .   50° 16' 27"818

On a rejeté la première série. Milieu des
deux dernières. . . . .   50° 16' 28"692

Excentricité . . . .   + 0"051

— 2' 35"348

Horizon. . . . .   50° 13' 53"39

Entre les signaux de la Estella et de Puig-se-Calm.

32 3394·840125 106·088753,9 $=$ 95° 28' 47"563

M. 4 vendémiaire, vers 9ʰ du matin. Un peu de vent. La tête du signal
de Puig - se - Calm étoit un cylindre de 0ᵗ5278 ; le soleil n'éclairoit que
la moitié de la partie visible d'ici ; et comme l'on pointoit au milieu de
cette moitié, l'angle mesuré est trop grand du quart du diamètre apparent :
donc, réduction à l'axe du signal . . . . . .   — 1"755

$r = $ 1ᵗ55555 $y = $ 105° 57'2   — 27"244

Excentricité . . . .   — 0"004

Centre . . . .   95° 28' 18"560

+ 47"821

Horizon. . . . .   95° 29' 6"38

Et selon la commission spéciale . . . . .   6"37

Entre les signaux de Puig-se-Calm et de Roca-Corva.

18 1121·61125 628·117361,1 $=$ 56° 4' 50"025

M. 13 septembre 1792, au soir. On pointoit sur des réverbères fixés au
centre des signaux ; mais, à notre grand regret, nous n'avons pu continuer
d'employer cet excellent moyen, parce que nous n'avions que deux réverbères, et sur-tout parce que cela inquiétoit trop les habitans d'un pays où
nous étions étrangers et où l'on craignoit déja la guerre.

16 996·99960 628·312250 $=$ 56° 4' 51"690

M. 14 septembre 1792, vers midi,

Notre-Dame-du-Mont.

Les 34	2118ᵍ60725	6283ᵍ1197794 =	56° 4′ 50″809
r = 1ᵗ72222	y = 58° 16′		— 7″478
Excentricité			— 0″063
Centre			56° 4′ 43″268
			— 33″432
Horizon			56° 4′ 9″84
Et selon la commission spéciale			9″74

Nota. Cette légère différence de 0″10 est bien au-dessous de celle des deux séries, et ne peut produire d'erreur sensible sur les côtés du triangle.

Entre la tour du cap Mongò et le signal de Camellas.

4	384ᵍ2750	96ᵍ068750 =	86° 27′ 42″75
M. 6 vendémiaire an 2.			
r = 1ᵗ86111	y = 197° 0′		— 7″64
Centre			86° 27′ 35″11
			+ 1′ 37″30
Horizon			86° 29′ 12″41

Entre le signal de Roca-Corva et la tour de Figuières.

4	432ᵍ9850	108ᵍ246250 =	97° 25′ 17″85
M. 13 septembre 1792.			
r = 1ᵗ72222	y = 320° 51′		+ 49″20
Centre			97° 26′ 7″05
			+ 1′ 59″13
Horizon			97° 28′ 6″18

Entre la tour de Figuières et le signal de Camellas.

8	539ᵍ790	67ᵍ473750 =	60° 43′ 34″95
M. 5 vendémiaire an 2.			
r = 1ᵗ555555	y = 253° 41′		+ 5″24
Centre			60° 43′ 40″19
			+ 53″37
Horizon			60° 44′ 33″56

Entre Perelada et Camellas.

M. 5 vendémiaire.

$$4 \quad 226\text{\tiny g}9240 \quad 56\text{\tiny g}7310 \; = \; 51° \; 3' \; 28''44$$

$$r = 1^t 55555 \qquad y = 253° \; 41' \qquad \qquad + \quad 6''46$$

Centre . . . . 　51°　3'　34''90

$$+ \; 29''04$$

Horizon . . . . 　51°　4'　3''94

Entre Castellon et Camellas.

M. 5 vendémiaire.

$$4 \quad 281\text{\tiny g}1900 \quad 70\text{\tiny g}29750 \; = \; 63° \; 16' \; 3''90$$

$$r = 1^t 55555 \qquad y = 253° \; 41' \qquad \qquad + \quad 12''61$$

Centre . . . . 　63°　16'　16''51

$$+ \; 1' \; 11''92$$

Horizon . . . . 　63°　17'　28''43

Entre la tour de la Mala-Vehina et Camellas.

M. 6 vendémiaire.

$$4 \quad 209\text{\tiny g}2790 \quad 52\text{\tiny g}319750 \; = \; 47° \; 5' \; 15''99$$

$$r = 1^t 86111 \qquad y = 197° \; 0' \qquad \qquad - \quad 13''99$$

Centre . . . . 　47°　5'　2''00

$$+ \; 28''38$$

Horizon . . . . 　47°　5'　30''38

Entre le fort de la Trinité et Camellas.

M. 5 vendémiaire.

$$6 \quad 434\text{\tiny g}9730 \quad 72\text{\tiny g}49550 \; = \; 65° \; 14' \; 45''42$$

$$r = 1^t 55555 \qquad y = 253° \; 41' \qquad \qquad + \quad 16''12$$

Centre . . . . 　65°　15'　1''54

$$+ \; 1' \; 5''71$$

Horizon . . . . 　65°　16'　7''25

Entre la tour de Baterre et le signal de Puig-se-Calm.

$$8 \quad 8736390 \quad 1095204875 \;=\; 98°\ 17'\ 3''80$$

M. 5 vendémiaire.

$$r = 1^{\text{t}}55555 \qquad y = 107°\ 55' \qquad\qquad - 28''97$$

Centre	98° 16′ 34″83
	+ 23″52
Horizon	98° 16′ 58″35

Entre la tour de Bellegarde et le signal de Puig-se-Calm.

$$4 \quad 6616464o \quad 16583660 \;=\; 148°\ 49'\ 45''84$$

M. 14 septembre 1792.

$$r = 1^{\text{t}}72222 \qquad y = 114°\ 21' \qquad\qquad - 47''72$$

Centre	148° 48′ 58″12
Distance de Bellegarde au zénit, calculée 91° 35′ 22″	+ 30″49
Horizon	148° 49′ 28″61
Puig-se-Calm et Roca-Corva .	56° 4′ 9″84
Somme	204° 53′ 38″45
Donc entre Roca-Corva et Bellegarde . .	155° 6′ 21″55

Entre Costa-Bona et le signal de Puig-se-Calm.

$$8 \quad 53284701 \quad 6685587625 \;=\; 59°\ 54'\ 10''39$$

M. septembre 1792. Pour Costa-Bona on visoit à une pyramide en pierres
sèches que nous avions élevée sur son sommet un mois auparavant.

$$r = 1^{\text{t}}72222 \qquad y = 114°\ 21' \qquad\qquad - 18''89$$

Centre	59° 53′ 51″50
	+ 8″90
Horizon	59° 54′ 0″40

Entre Perelada et Camellas.

$$4 \quad 226^{s}9240 \quad 56^{s}7310 \quad = 51° \ 3' \ 28''44$$

M. 5 vendémiaire.

$$r = 1^{t}55555 \quad y = 253° \ 41' \qquad + \quad 6''46$$

Centre . . . . $51° \ 3' \ 34''90$

$$+ \ 29''04$$

Horizon . . . . $51° \ 4' \ 3''94$

Entre Castellon et Camellas.

$$4 \quad 281^{s}1900 \quad 70^{s}29750 \quad = 63° \ 16' \ 3''90$$

M. 5 vendémiaire.

$$r = 1^{t}55555 \quad y = 253° \ 41' \qquad + \ 12''61$$

Centre . . . . $63° \ 16' \ ,16''51$

$$+ \ 1' \ 11''92$$

Horizon . . . . $63° \ 17' \ 28''43$

Entre la tour de la Mala-Vehina et Camellas.

$$4 \quad 209^{s}2790 \quad 52^{s}319750 \quad = 47° \ 5' \ 15''99$$

M. 6 vendémiaire.

$$r = 1^{t}86111 \quad y = 197° \ 0' \qquad - \ 13''99$$

Centre . . . . $47° \ 5' \ 2''00$

$$+ \ 28''38$$

Horizon . . . . $47° \ 5' \ 30''38$

Entre le fort de la Trinité et Camellas.

$$6 \quad 434^{s}9730 \quad 72^{s}49550 \quad = 65° \ 14' \ 45''42$$

M. 5 vendémiaire.

$$r = 1^{t}55555 \quad y = 253° \ 41' \qquad + \ 16''12$$

Centre . . . . $65° \ 15' \ 1''54$

$$+ \ 1' \ 5''71$$

Horizon . . . . $65° \ 16' \ 7''25$

Entre la tour de Baterre et le signal de Puig-se-Calm.

$$8 \quad 8736390 \quad 1098204875 = 98° \ 17' \ 3''80$$

M. 5 vendémiaire.

$$r = 1^t55555 \quad y = 107° \ 55' \qquad - 28''97$$

Centre . . . .   98° 16' 34''83

+ 23''52

Horizon . . . .   98° 16' 58''35

Entre la tour de Bellegarde et le signal de Puig-se-Calm.

$$4 \quad 6618464o \quad 1658366o = 148° \ 49' \ 45''84$$

M. 14 septembre 1792.

$$r = 1^t72222 \quad y = 114° \ 21' \qquad - 47''72$$

Centre . . . .   148° 48' 58''12
Distance de Bellegarde au zénit,
  calculée 91° 35' 22'' . . . .   + 3o''49

Horizon . . . .   148° 49' 28''61
Puig-se-Calm et Roca-Corva .   56° 4' 9''84

Somme . . . .   204° 53' 38''45
Donc entre Roca-Corva et Bellegarde . .   155° 6' 21''55

Entre Costa-Bona et le signal de Puig-se-Calm.

$$8 \quad 5328470i \quad 6685587625 = 59° \ 54' \ 1o''39$$

M. septembre 1792. Pour Costa-Bona on visoit à une pyramide en pierres sèches que nous avions élevée sur son sommet un mois auparavant.

$$r = 1^t72222 \quad y = 114° \ 21' \qquad - 18''89$$

Centre . . . .   59° 53' 51''5o

+ 8''9o

Horizon . . . .   59° 54' .o''4o

Entre la Estella et un grand clocher de la ville d'Aulot.

$$4 \qquad 40682800 \qquad 10185700 = 91° \; 24' \; 46''80$$

M. 6 vendémiaire an 2.

$$r = 0{,}77778 \qquad \gamma = 77° \; 35' \qquad\qquad - 13''36$$

Centre . . . .   91° 24' 33''44
Distance d'Aulot au zénit, estimée 92° 0' .   — 2' 12''66

Horizon . . . .   91° 22' 20''8
La Estella et Puig-se-Calm . . . .   95° 29' 6''4

Donc entre Aulot et Puig-se-Calm . . .   4° 6' 45''6

Entre le signal de Roca - Corva et la tour de la cathédrale de Girone.

$$4 \qquad 10184450 \qquad 25836125o = 22° \; 49' \; 30''45$$

M. 14 septembre 1792.

Par estime . . . $r = 3{,}0$ $y = 10° \; 0''$ $+ 25''19$

Centre . . . .   22° 49' 55''64
Distance de Girone au zénit, calculée 91° 28'   — 1' 10''40

Horizon . . . .   22° 48' 45''24
Puig-se-Calm et Roca-Corva . . . . . .   56° 4' 9''84

Donc entre Puig-se-Calm et Girone . . .   78° 52' 55''1

Les angles suivans n'ont été observés qu'une seule fois, et pour servir de directions.

Entre Costa-Bona et le plus haut sommet de Nuria, qui est plus élevé que le Canigou . . . . 4° 55' 55'' ⎫
⎬ dans l'ouest de Costa-Bona.
Entre Costa-Bona et la plus haute pointe de Piedra-Horca . . . . . 31° 4' 35'' ⎭

Entre le signal de Puig-se-Calm et *Suroca*, butte située près de l'extrémité occidentale du sommet de la Caballera, montagne des environs de Campredon, 34° 0'.

SIGNAL DE PUIG-SE-CALM. Puig-se-Calm.

XCI.

J'AI choisi Puig-se-Calm pour l'une de nos stations,
d'après les relèvemens que j'en avois pris de dessus les
montagnes de Serrateix, Costa-Bona, Tosa, la Caballera près Campredon, et du Col-de-Jaù. C'est le plus
haut sommet des montagnes de Vidra ; il est d'une lieue
environ dans le nord du village de ce nom, d'autant
dans le sud-ouest de celui de Saint-Privat, et à deux
lieues et demie de la ville d'Aulot. On trouve sur
cette montagne, et à demi-lieue du pic, la métairie de
Platravé.

Le signal placé à cette station en 1793, étoit pareil
à ceux de Notre-Dame-du-Mont et de la Estella, d'où
il a été observé.

Celui de 1792, qui a servi pour les stations méridio-
nales, et qu'on a observé aussi de Notre-Dame-du-Mont
à cette époque, étoit une tente conique. La carcasse
en étoit formée de trois fortes pièces de bois, qui s'as-
sembloient par en haut dans un plateau circulaire de
deux pieds de diamètre. Les extrémités inférieures de
ces montans étoient liées entre elles par des triangles
de fer de six pieds de longueur, pour en empêcher
l'écartement. Du centre du plateau s'élevoit un axe
vertical et cylindrique de six pouces de diamètre, et
long de trois pieds ; le plateau formoit la base d'un

petit cône de vingt pouces de hauteur, couvert d'une toile blanche, et bordé par en bas d'une large ceinture de coutil rayé; l'axe étoit terminé par un gros corps rond, blanchi ou non, suivant les circonstances. Quand on vouloit compléter la tente, on accrochoit au bord du plateau une grande toile que l'on tendoit et arrêtoit circulairement par le bas avec des piquets de fer enfoncés dans la terre ou dans les fentes des rochers. Il étoit facile de placer le centre de l'instrument dans la verticale du point de mire ou l'axe du signal, au moyen d'un fil attaché au centre du plateau, et qui portoit un plomb terminé en pointe. On marquoit toujours sur le sol le pied de l'axe par un clou frappé sur la tête d'un gros piquet, enfoncé dans le terrain aussi profondément qu'il étoit possible. Ce repère servoit encore à rétablir l'axe et le point de mire dans leur première situation, quand ils en étoient dérangés par la violence du vent ou par quelqu'autre accident.

La difficulté, et quelquefois l'impossibilité de se procurer du bois de charpente et des ouvriers sur les montagnes de Catalogne, m'avoit déterminé à faire construire à Barcelone trois tentes semblables à celle que je viens de décrire. Elles nous servoient tout à la fois d'abris et de signaux : on les observoit avec facilité et précision. J'ai beaucoup regretté de n'en pouvoir pas faire toujours usage, soit à raison des circonstances, soit parce que cela exigeoit un certain nombre de gardiens et coopérateurs que la modicité de nos moyens et d'autres raisons ne nous permettoient pas d'avoir.

J'avois d'abord destiné ces tentes pour signaux de
nuit, en y plaçant un réverbère au centre dans l'intérieur, ou en le fixant extérieurement au haut de l'axe
du petit cône. J'ai dit ci-dessus pourquoi nous avions
été obligés de renoncer à l'usage des réverbères.

C'est le citoyen Tranchot qui a fait ici les observations du côté du nord-ouest, en 1793 et au commencement de l'an 2 : il s'est servi du cercle divisé en
parties sexagésimales. J'y avois fait toutes les autres
observations l'année précédente, et avec le cercle divisé
en quatre cents grades. J'étois accompagné de M. Bueno
et de l'artiste Esteveny.

DISTANCES AU ZÉNIT.

Sommet de Costa-Bona.

8 . .   707° 30′ 18ᵖ,83 = 707° 39′ 5″49 . .   88° 27′ 23″19
(dans le ciel.) Pour la réduction à l'horizon. T. 2 vendémiaire an 2,
entre 7 et 8ʰ du matin.

Demi-épaisseur du fil . . . .   + 3″oo
$dH' = $ — 0ᵗ6389 . . . .   — 7″87
—————————
88° 27′ 18″32

pour la différence de niveau.

La Estella.

8 . .   718° 40′ 8ᵖ862 = 718°. 44′ 25″87 . .   89° 50′ 33″23
T. 2 vendémiaire, vers midi. On visoit au pied du signal, dont la hauteur de la tête étoit de 2ᵗo833. Le centre du cercle étoit de 0ᵗ6667 au-dessus
du sol de Puig-se-Calm.

Donc corrections . . { dH' . . . .
— 18″46
— 5″66
Le fil . . . .   + 3″oo
—————————
Pour la réduction à l'horizon . . . .   89° 50′ 14″77
Pour la différence de niveau et la réfraction . .   89° 50′ 30″57

Signal de Notre-Dame-du-Mont.

8 . . 726° 40′ 14ᵖ471 = 726° 47′ 14″13 . . 90° 50′ 54″27

T. 2 vendémiaire. Le fil étoit en contact avec le bord inférieur de la tête du signal, élevé sur le sol de 2ᵗ75.

Demi-hauteur de cette tête . . . .   — 4″98
─────────
90° 50′ 49″29

pour la réduction à l'horizon.

$dH' = $ 2ᵗ0833   + 27″72
─────────
90° 51′ 17″01

pour la différence de niveau et la réfraction.

La même (pour le signal de 1792).

8   807ᵇ5640   100ᵇ94550 = 90° 51′ 3″42 (dans le ciel.)

M. et B. 3 vendémiaire an premier. On visoit au pied du signal sur le mur, qui étoit plus bas que la tête de 1ᵗ0.

Donc . . . .   — 13″00
─────────
90° 50′ 50″42

pour la réduction à l'horizon. Et par rapport aux deux sols . . . . . . $dH' = $ 0ᵗ6667   + 8″87

Demi-épaisseur du fil . . . . .   + 3″00
─────────
90° 51′ 2″29

pour la différence de niveau et la réfraction.

Et par un milieu . . . . . .   90° 51′ 9″65

Tour de Baterre.

6   601ᵇ7475   100ᵇ291250 = 90° 15′ 43″65

pour la réduction à l'horizon. M. et B. 3 vendémiaire.

$dH' = $ — 0ᵗ6389   — 5″66

Demi-épaisseur du fil . . . . .   + 3″00
─────────
90° 15′ 41″0

pour la différence de niveau et la réfraction.

Roca-Corva.

8   81183433   101⁵4179125 $=$ 91° 16′ 34″04 (dans le ciel.)
M. et B. 2 vendémiaire, dans la matinée. On visoit au pied du signal,
ou 1ᵗ6528 au-dessous de son point de mire.

Donc . . . .   — 26″01
                                    ————————
                                    91° 16′ 8″03

pour la réduction à l'horizon.

Hauteur du cercle, 0ᵗ6389 . . . . .   — 10″01
Demi-épaisseur du fil . . . . .   + 3″00
                                    ————————
                                    91° 16′ 27″03

pour la différence de niveau et la réfraction.

Matagall (pic nord de Monseñ).

8   798⁵5510   99°818875 $=$ 89° 50′ 13″16 (dans le ciel.)
M. et B. 2 vendémiaire. On visoit au pied du signal, parce qu'on n'en
voyoit pas assez distinctement la tête ; elle étoit élevée de 1ᵗ6667.

Donc . . . .   — 19″06
Hauteur du cercle, 0ᵗ6389 . .   — 7″31
Demi-épaisseur du fil . . . . .   + 3″00
                                    ————————
                                    89° 49′ 54″10

pour la réduction à l'horizon.

                                    89° 50′ 8″85

pour la différence de niveau et la réfraction.

Puig-Rodòs.

6   605⁵64667   100⁵9411113 $=$ 90° 50′ 49″2
M. et B. 2 vendémiaire. On visoit au pied du signal, dont la tête, qui
ne se voyoit pas assez bien, étoit élevée de 1ᵗ9780.

Donc . . . .   — 21″14
Hauteur du cercle, 0ᵗ6389 . .   — 6″83
Demi-épaisseur du fil . . . . .   + 3″00
                                    ————————
                                    90° 50′ 27″86

pour la réduction à l'horizon.

                                    90° 50′ 45″37

pour la différence de niveau et la réfraction.

 Nota. La mer ayant toujours été embrumée, on n'a point pu en mesurer
la distance au zénit.

ANGLES.

Entre le signal de Notre-Dame-du-Mont et la pyramide de Costa-Bona.

8 . . 535° 0′ 2ᵖ3875 = 535° 1′ 11″625 . . 66° 52′ 38″953
T. 2 vendémiaire an 2, de 8 à 9ʰ du matin. Temps calme.

$r = 0'750 \quad y = 75° 47'5$ . . . . . — 2″905

Centre . . . . 66° 52′ 36″048
— 2′ 10″986

Horizon . . . . 66° 50′ 25″06

Entre les signaux de Notre-Dame-du-Mont et de la Estella.

24 . . 1032° 20′ 16ᵖ80 = 1032° 28′ 11″0 . . 43° 1′ 11″00
T. 1 vendémiaire, de 9 à 11ʰ. Beau temps et calme ; mais la tête du signal de Notre-Dame-du-Mont n'étant qu'à moitié éclairée par rapport à l'observateur, et en dehors de l'angle, il faut corriger cet angle de . . . . — 1″66
Et pour l'excentricité de la lunette inférieure . . + 0″046

Donc . . . . 43° 1′ 9″386
$r = 0'74884 \quad y = 99° 47'0$ . . . . . — 0″513

Centre . . . . 43° 1′ 8″873
— 37″733

Horizon . . . . 43° 0′ 31″14

Nota. Une autre série de trente-deux observations donnoit environ une seconde de plus. La commission spéciale l'a rejetée, parce qu'elle a été faite dans des circonstances très-défavorables.

A N G L E S observés au centre.

Entre le signal de Notre-Dame-du-Mont et la tour de Baterre.

$$6 \quad 269^{g}7700 \quad 44^{g}9616667. \; = 40° \; 27' \; 57''80$$

M. 3 vendémiaire an premier.

$$— \; 7''46$$
$$\text{Horizon} \ldots\ldots\ldots\ldots 40° \; 27' \; 50''34$$

Entre les signaux de Roca-Corva et de Notre-Dame-du-Mont.

$$10 \quad 47^{g}84208 \quad 47^{g}542080 \; = 42° \; 47' \; 16''339$$

M. 3 vendémiaire, dans l'après - midi. Après la dixième observation les nuages ont enveloppé les deux signaux, puis tout l'horizon s'est embrumé. On n'avoit entrepris cette série que pour vérifier le résultat d'une autre, faite le matin, et qu'on va rapporter. La commission n'a pas cru devoir l'employer; d'ailleurs on n'avoit lu l'arc parcouru que pour une seule alidade.

$$20 \quad 950^{g}8400 \quad 47^{g}54200 \; = 42° \; 47' \; 16''080$$

M. 3 vendémiaire, de 7 à $8^h \frac{1}{2}$ du matin. Temps calme; objets noirs et bien nets.

$$\text{Excentricité} \ldots\ldots\ldots \quad + \; 0''026$$
$$+ \; 20''423$$
$$\text{Horizon} \ldots\ldots\ldots\ldots 42° \; 47' \; 36''53$$

Entre les signaux de Matagall et de Roca-Corva.

$$8 \quad 688^{g}386625 \quad 86^{g}048338125 \; = 77° \; 26' \; 36''616$$

M. 22 septembre 1792, entre midi et 1^h. Après la huitième observation le vent s'est élevé avec tant de violence qu'il n'a pas été possible de continuer.

$$8 \quad 688^{g}385275 \quad 86^{g}048159375 \; = 77° \; 26' \; 36''036$$

M. 1 vendémiaire an premier, entre 2 et 3^h après midi. Le vent est encore devenu si impétueux qu'il a fallu se retirer.

32   2753855025   865048445312.5 = 77° 26′ 36″963

Puig-sc-Calm. M. 2 vendémiaire, de 8 à 10ʰ. Il y avoit un peu de vapeurs ; vent froid et assez fort. Thermomètre exposé au soleil + 4ᵈ5.

Les 48   4130832215   865048378125 = 77° 26′ 36″745

Excentricité . . . .   — 0″046
                                         — 25″213
                                        ____
Horizon . . . .   77° 26′ 11″49

Entre les signaux de Puig-Rodòs et de Matagall.

32   1240885225   385776632.8 = 34° 53′ 56″290

M. 3 vendémiaire, de 9ʰ à 10ʰ ¼. Matagall beau ; Rodòs un peu foible.

Excentricité . . . .   — 0″008
                                         — 48″530
                                        ____
Horizon . . . .   34° 53′ 7″75

Entre Matagall et Aulot.

2   2848.3233   1425161750 = 127° 56′ 43″75

M. 2 vendémiaire.

Distance d'Aulot au zénit, estimée 97° 40′ .   + 14′ 54″7
                                               ____
Horizon . . . .   128° 11′ 38″4
Matagall et Notre-Dame-du-Mont . . . .   120° 13′ 48″0
                                        ____
Donc entre Notre-Dame-du-Mont et Aulot,   7° 57′ 50″4

Entre Girone et Notre-Dame-du-Mont.

4   2328.4175   5881043750 = 52° 17′ 38″18

M. 2 vendémiaire.

Distance de Girone au zénit, estimée 92° 5′ .   + 16″01
                                               ____
Horizon . . . .   52° 17′ 54″2

SIGNAL DE ROCA-CORVA.

XCII.

La montagne de Roca-Corva, qui prend son nom de la forme d'un gros rocher très-apparent sur son sommet, est située entre les rivières de la Fluvia et du Ter, ou entre les villes de Castelfollit et Girone. Il y a un hermitage vers l'extrémité sud du sommet; mais comme il ne présentoit aucun objet qui fût propre à servir de point de mire, on a placé un signal dans la partie septentrionale du même sommet, à 500 toises environ de l'hermitage, sur une butte nommée *Puchon*, et près du bord escarpé du côté de Girone. Ce signal étoit une tente conique. C'est M. Alvarez, enseigne de vaisseau et adjoint de M. Gonzalez, l'un des deux commissaires espagnols, qui a fait établir cette tente; et il a même eu la complaisance d'y séjourner, d'y coucher, avec un gardien, durant tout le temps nécessaire pour l'observer des trois autres stations correspondantes.

DISTANCES AU ZÉNIT.

Notre-Dame-du-Mont.

8   797^{g}3870   99^{g}673375 = 89° 42' 21"74

M. et B. 17 septembre 1792, dans l'après-midi. On visoit au pied du signal, dont la tête étoit plus élevée de 1^{t}0.

Donc . . . .   — 19"36

                                         89° 42' 2"38

pour la réduction à l'horizon.

dH' relativement aux deux sols = 1^{t}6389   + 31"72

Demi-épaisseur du fil . . . . . .   + 3"00

                                         89° 42' 37"1

pour la différence de niveau et la réfraction.

Puig-se-Calm.

8   790^{g}3820   98^{g}797750 = 88° 55' 4"71 (dans le ciel.)

M. et B. 17 septembre, à 5^h du soir. On visoit au pied du signal, dont la tête étoit plus élevée de 1^{t}4583.

Donc . . . .   — 23"11

                                         88° 54' 41"60

pour la réduction à l'horizon.

dH' relativement aux deux sols = 0^{t}76389   + 12"10

Demi-épaisseur du fil . . . . . .   + 3"00

                                         88° 54' 56"7

pour la différence de niveau et la réfraction.

Matagall.

8   791^{g}9675   98^{g}9959375 = 89° 5' 46"84 (dans le ciel.)

pour la réduction à l'horizon. M. et B. 18 septembre, à 11^h du matin. Un peu d'ondulations.

$dH' = $ 0^{t}97222   + 10"12

Demi-épaisseur du fil . . . . .   + 3"00

                                         89° 5' 59"96

pour la différence de niveau et la réfraction.

La mer, direction vers l'est.

6   606ᵍ2300   1016038333 = 90° 56' 4"20

M. et B. 18 septembre, à 11ʰ ¼. Horizon mal terminé.

Demi-épaisseur du fil . . . . .   + 3"00

Il faut avoir égard à la hauteur de la lunétte, ou du centre du cercle sur le sol, qui étoit de 0ᵗ69444.

A N G L E S observés au centre.

Entre les signaux de Notre-Dame-du-Mont et de Puig-se-Calm.

8   721ᵍ18133   90ᵍ14766625 = 81° 7' 58"439

M. 17 septembre, à 7ʰ ½ du matin. Après la huitième observation les nuages ont caché le signal de Puig-se-Calm, et il n'a reparu que dans l'après-midi.

24   2163ᵍ555625   90ᵍ14815104 = 81° 8' 0"009

M. Même jour, de 2ʰ ½ à 3ʰ ½. Soleil; on voyoit bien les objets.

32   2884ᵍ7177   90ᵍ147428125 = 81° 7' 57"667

M. et A. 19 septembre, de 6ʰ ½ à 8ʰ du matin. La tête du signal de Notre-Dame-du-Mont ne présentoit que la moitié de sa partie éclairée, et en dehors de l'angle. M. Alvarez, qui observoit ce signal, mettoit le fil vertical en contact avec le bord intérienr de la partie éclairée, afin de la mieux distinguer. Ainsi il faut ajouter la demi-épaisseur de ce fil.   = + 3"00

Donc . . . .   81° 8' 0"667

Moyen proportionnel des deux
dernières séries . . . .   81° 8' 0"385

Excentricité . . . .   + 0"037
        + 14"483

Horizon . . . .   81° 8' 14"90

 Entre les signaux de Puig-se-Calm et de Matagall.

32   22288365125   698636410156 $=$ 62° 40′ 21″969

M. 18 septembre, dans le milieu de la matinée. Soleil; fortes ondulations. On ne pouvoit point disposer les filets des réticules à 45ᵈ, et comme les signaux disparoissoient sous le fil vertical, on ne lui faisoit couvrir que la moitié de la tête de chaque signal, et en dehors de l'angle; en sorte qu'il faut retrancher l'épaisseur totale du fil . . . $=-$ 6″000

Donc . . . . 62° 40′ 15″969

16   11148514975   698634359375 $=$ 62° 40′ 15″324

M. Même jour, au coucher du soleil et dans le crépuscule. Objets noirs et parfaitement terminés.

Moyen proportionnel . . . . . 62° 40′ 15″754

Excentricité . . . . $+$ 0″057

  $+$ 37″309

Horizon . . . . 62° 40′ 53″12

Entre les signaux de Notre-Dame-du-Mont et de Matagall.

24   38348672525   1598778021875 $=$ 143° 48′ 0″791

M. Même jour, entre 1 et 2ʰ. Objets éclairés du soleil.

Excentricité . . . . $+$ 0′ 0″093

  $+$ 1′ 7″713

Horizon . . . . 143° 49′ 8″50

Somme des deux partiels . . . 149° 49′ 8″02

Différence . . . .   0″48

On n'a observé cet angle total que pour vérifier les deux dont il est composé; et la commission spéciale ne l'a considéré que comme une preuve que ceux-ci étoient suffisamment exacts.

Entre la tour de Bellegarde et le signal de Puig-se-Calm.

4   42^s7840   105^s4460 = 94° 54′ 5″04

M. 17 septembre.

Distance de Bellegarde au zénit, calculée 90° 51′ 34″	— 53″83
Horizon	94° 53′ 11″21
Notre-Dame-du-Mont et Puig-se-Calm . .	81° 8′ 14″90
Donc entre Bellegarde et Notre-Dame-du-Mont	13° 44′ 56″31

Entre la tour de la cathédrale de Girone et le signal de Notre-Dame-du-Mont.

4   553^s8820   138^s4550 = 124° 56′ 34″20

M. 18 septembre. Pour observer cet angle et le suivant, on a été obligé d'éloigner le cercle du centre du signal.

$r = 1^{t}5694$ $y = 70° 21′7$ — 39″30

Centre	124° 55′ 54″90
Distance de Girone au zénit, calculée 93° 7′	+ 2′ 23″83
Horizon	124° 58′ 18″73

Entre la tour de Figuières et le signal de Notre-Dame-du-Mont.

2   92^s2970   46^s14850 = 41° 32′ 1″14

M. 18 septembre.

$r = 1^{t}5694$ $y = 70° 21′7$ — 9″95

Centre	41° 31′ 51″19
Distance de Figuières au zénit, calculée 91° 47′ 53″	— 2′ 49″10
Horizon	41° 29′ 2″09

SIGNAL DE MATAGALL OU DE MONSÊN.

XCIII.

MONSÊN est la montagne la plus considérable de la partie sud-est de la Catalogne. Son sommet se divise en deux pics très-remarquables, qui gissent à peu près nord et sud. Le signal a été placé sur le pic septentrional, qui se nomme *Matagall :* c'étoit une tente conique. L'hermitage de Saint-Sigismond est à une heure et demie de chemin de ce pic, et dans la même partie de la montagne. Le pic méridional est un peu plus élevé que l'autre; son nom est *Homa-Mort.*

Les observations de cette station ont été faites avec le cercle divisé en 360 degrés, et concurremment par le citoyen Tranchot, M. Planez, lieutenant de vaisseau et adjoint de M. Gonzalez, et par M. Chaix, que le gouvernement d'Espagne avoit autorisé à suivre nos opérations. Ce savant est actuellement vice-directeur de l'observatoire royal de Madrid.

DISTANCES AU ZENIT.

Signal de Roca-Corva.

20 . . . 1823° 50′ 9ᵖ6 $=$ 1823° 54′ 48″0 . . . 91° 11′ 44″40

pour la réduction à l'horizon. T. 20 septembre 1792.

Pour le fil, ... 0″00

$$dH' = 1\text{ᵗ}0139 \qquad +\ 10″6$$

91° 11′ 55″0

pour la différence de niveau et la réfraction,

Signal de Puig-se-Calm.

20 . . 1808° 30′ 16ᵖ4 = 1808° 38′ 12″0 . . 90° 25′ 54″60
T. 20 octobre 1792.

La même.

6 . . 542° 30′ 12ᵖ75 = 542° 36′ 22″5 . . 90° 26′ 3″75
M. Chaix. 21 octobre.

Moyenne proportionnelle . . . . 90° 25′ 56″71
pour la réduction à l'horizon.

Pour le fil . . . . 0″00
$dH' = 1ᵗ0625$ . . . . + 12″15
____
90° 26′ 8″86

pour la différence de niveau et la réfraction.

Signal de Puig-Rodòs.

12 . . 1101° 0′ 9ᵖ8 = 1101° 4′ 54″0 . . 91° 45′ 24″5
T. 6 octobre.

La même.

12 . . 1101° 0′ 11ᵖ67 = 1101° 5′ 50″0 . . 91° 45′ 29″17
M. Chaix. 7 octobre.

Moyenne . . . . 91° 45′ 26″83
pour la réduction à l'horizon.

Demi-épaisseur du fil . . . . + 3″00
$dH' = 1ᵗ3403$ . . . . + 24″55
____
91° 45′ 54″38

pour la différence de niveau et la réfraction.

Signal de Mont-Matas.

12 . . 1105° 50′ 14ᵖ6 = 1105° 57′ 18″0 . . 92° 9′ 46″5
pour la réduction à l'horizon. T. 6 octobre.

Pour le fil . . . . 0″00
$dH' = 2ᵗ0278$ . . . . + 23″53
____
92° 9′ 09″83

pour la différence de niveau et la réfraction.

On n'a point observé l'abaissement de l'horizon de la mer.

ANGLES observés au centre.

Entre les signaux de Roca-Corva et de Puig-se-Calm.

20 . . 797° 40′ 5ᴾ67　=　797° 42′ 50″1 . .　39° 53′ 8″50
T.　18 septembre, de 6ʰ à 9ʰ ½ du matin.

24 . . 957° 10′ 10ᴾ625　=　957° 15′ 18″75 . . 39° 53′ 8″281
T. et M. Planez..　19 septembre, de 7ʰ à 11ʰ ½.

20 . . 797° 40′ 4ᴾ0　=　797° 42′ 0″0 . . 39° 53′ 6″0
M. Chaix. 19 septembre, de 1 à 3ʰ. Les vapeurs empêchoient de voir distinctement le signal de Roca-Corva ; celui de Puig-se-Calm étoit très-apparent. La commission spéciale n'a pas cru devoir faire concourir le résultat de cette série avec ceux des deux autres.

Les 44 premières observat. . 1754° 58′ 8″85 . . 39° 53′ 8″383

Excentricité . . . . — 0″011

— 10″117

Horizon . . . . 39° 52′ 58″25
Et selon la commission . . . . 58″20
La différence est insensible.

Entre les signaux de Puig-se-Calm et de Puig-Rodòs.

22 . . 1731° 30′ 6ᴾ8　=　1731° 33′ 24″0 . . 78° 42′ 25″636
T, 3 octobre, de 7 à 10ʰ du matin.

6 . . 472° 10′ 8ᴾ75　=　472° 14′ 22″5 . . 78° 42′ 23″75
M. Chaix. 3 octobre. Brouillard ; il est devenu si épais qu'on n'a point pu continuer les observations. La commission spéciale a négligé le résultat de cette série.

Excentricité . . . . — 0″072
Centre . . . . 78° 42′ 25″564

+ 28″168

Horizon . . . . 78° 42′ 53″73

Entre les signaux de Puig-Rodos et de Mont-Matas.

16 . . 1374° 0′ 19ᵖ2375 = 1374° 9′ 37″125 . .   85° 53′ 6″070
T. 7 octobre, entre 7 et 9ʰ du matin. Temps favorable.

16 . . 1374° 0′ 19ᵖ75   = 1374° 9′ 52″5   . .   85° 53′ 7″031
C. 6 octobre, entre 9 et 10ʰ du matin. En commençant les observations
les signaux étoient très-distincts ; mais celui de Mont-Matas s'est affoibli
progressivement ; et si fort qu'avant 10ʰ on ne faisoit plus que le soupçonner. En conséquence la commission spéciale n'a attribué au résultat de
cette seconde série que moitié de la valeur du résultat de la première.

        Donc . . . .   85° 53′ 6″390
        Excentricité . . . .   + 0″072

        Centre . . . .   85° 53′ 6″462
                                                            + 3′ 42″055

        Horizon . . . .   85° 56′ 48″52

SIGNAL DE PUIG-RODOS.

XCIV.

PUIG-RODÒS est le point le plus élevé du sommet
d'une montagne dont la partie orientale s'étend entre
le village de l'Estan et le bourg de Moïa ; il est dans
le sud du premier de ces deux lieux, à une heure de
chemin ; d'autant au nord du second, et de trois à
quatre lieues dans le sud-ouest de la ville de Vicq.

MM. Gonzalez, Bueno et Alvarez m'ont accompagné
à cette station.

Le signal étoit une tente conique, comme aux stations précédentes.

DISTANCES AU ZÉNIT.

Signal de Puig-se-Calm.

8　　79⁵⁸0915　　99ᵍ3864375 = 89° 26′ 52″06 (dans le ciel.)

pour la réduction à l'horizon. M. 10 vendémiaire an premier, dans la matinée.

Pour le fil . . . .　　　　0″00

$dH' = $ 0ᵗ8194　　　　+ 8″76

89° 27′ 0″82

pour la différence de niveau et la réfraction.

Signal de Matagall.

12　　11788290　　98ᵍ235750 = 88° 24′ 43″83 (dans le ciel.)

M. 10 vendémiaire. On visoit au pied du signal.

Hauteur . { du sommet du signal . . 1ᵗ6667　　　— 30″53
{ du cercle . . . . 0ᵗ6389　　　— 11″70

Demi-épaisseur du fil . . . . .　　　+ 3″00

88° 24′ 13″30

pour la réduction à l'horizon.

88° 24′ 35″13

pour la différence de niveau et la réfraction.

Signal de Mont-Matas.

12　　1213⁸38667　　1018115555 = 91° 0′ 14″40 (sur la mer.)

M. 14 vendémiaire, à midi ¼. On visoit au pied du signal, parce que son sommet étoit trop diffus.

Hauteur . { du sommet du signal . 2ᵗ6667　　　— 27″03
{ du cercle . . . . . . 0ᵗ6389　　　— 6″48

Demi-épaisseur du fil . . . . .　　　+ 3″00

90° 59′ 47″37

pour la réduction à l'horizon.

91° 0′ 10″92

pour la différence de niveau et la réfraction.

Mont - Serrat.

12   119852080   998506667 $=$ 89° 51′ 56″16 (dans le ciel.)
pour la réduction à l'horizon. M. 15 vendémiaire, dans l'après-midi. On
visoit au faîte du toit de la petite chapelle qui est sur le plus haut pic de
la montagne, parce que le signal qu'on y avoit érigé étoit trop foible pour
être bien visible d'ici.

$d\,H'$ relativement au pavé de l'intérieur de
la chapelle $=$ 1ᵗ0532 . . . . $+$ 11″30
Demi-épaisseur du fil . . . . . $+$ 3″00
____
89° 52′ 10″46
pour la différence de niveau et la réfraction.

Signal de Serrateix.

8   80850550   1008756875 $=$ 90° 40′ 52″27 (en terre.)
pour la réduction à l'horizon et la différence de niveau. M. 14 vendémiaire, vers les 8ʰ du matin. Objet très-apparent. On visoit au sommet
d'un signal que j'avois fait placer sur la tour de l'église de l'abbaye qui se
trouve sur le plateau de la montagne de Serrateix, et à deux lieues environ
dans l'est de la ville de Cardona. J'avois choisi cette station pour un autre
système de triangles qui n'a pu être suivi.

La mer. Direction, 18ᵈ du sud à l'est.

8   80885950   1018074375 $=$ 90° 58′ 0″98
M. 11 vendémiaire, vers le milieu du jour. Horizon assez mal terminé.

La même.

16   161782020   1018075125 $=$ 90° 58′ 3″41
M. 14 vendémiaire, vers les 3ʰ après-midi. Horizon bien tranché. Cette
série est préférable à la première. On ne voit la mer d'ici que dans la direction de Mont-Matas.

Demi-épaisseur du fil . . . . . $+$ 3″00
____
Donc pour la différence de niveau . . .   90° 58′ 3″41
Hauteur de la lunette sur le sol, 0ᵗ6389.

ANGLES observés au centre.

Entre les signaux de Matagall et de Puig-se-Calm.

32   2360ᵍ684825   73ᵍ7714008   = 66ᵇ 23′ 39″339

M.   10 vendémiaire, de 8ʰ ½ à 10ʰ ½. Vapeurs et ondulations ; soleil par intervalles.

16   1180ᵍ34700   73ᵍ7716875   = 66° 23′ 40″267

M.   Même jour, entre 4 et 5ʰ après midi. Signal de Puig-se-Calm un peu foible ; celui de Matagall très-net.

Les 48   3541ᵍ031825   73ᵍ771496354 = 66° 23′ 39″648
Excentricité . . . .   + 0″080
                                          + 21″273
                                     ——————————————
Horizon . . . .   66° 24′ 1″00

Entre les signaux de Mont-Matas et de Matagall.

8   538ᵍ831ᵣ05   67ᵍ35388125 = 60° 37′ 6″575

M.   13 vendémiaire, vers les 10ʰ ¼ du matin. On s'est arrêté à la huitième observation, parce que le soleil et la brume ne permettoient plus de voir assez bien le signal de Mont-Matas. D'après ces remarques, et vu le petit nombre d'observations de cette série, la commission spéciale en a rejeté le résultat.

24   1616ᵍ48150   67ᵍ35339583 = 60° 37′ 5″003

M.   Même jour, de 4ʰ ¼ à 5ʰ ½ après midi. Matagall très-beau ; Matas passable et éclairé du soleil de temps en temps.

Excentricité . . . .   — 0′ 0″085
                                          — 2′ 57″356
                                     ——————————————
Horizon . . . .   60° 34′ 7″56

Entre les signaux de Mont-Serrat et de Mont-Matas.

Quoique j'aie passé quinze jours à Puig-Rodòs, je n'y ai jamais eu un temps assez favorable pour voir distinctement et à la fois les signaux de Mont-Serrat et de Mont-Matas. Lorsque l'un des deux paroissoit clairement, l'autre étoit affoibli par les brumes ou enveloppé de nuages ; en sorte que plusieurs séries de l'angle entre ces objets, que j'avois tentées, étoient si

incertaines que j'ai dû les rejeter. J'en ai pourtant obtenu deux qui ont toute
la précision requise ; mais ce n'a été qu'en abandonnant le signal de Mont-
Serrat, qui étoit le plus difficile à voir et le plus foible, parce qu'il n'avoit
point été possible de lui donner d'assez grandes dimensions.

Ce signal étoit planté au milieu de la porte d'une petite chapelle bâtie
sur le plus haut de tous les pics de la montagne. Pour la première série
je visois au milieu apparent de la chapelle, et le signal restoit un peu en
dedans de l'angle, ou du côté de Mont-Matas ; mais, lorsque je fus rendu
à la chapelle, me fut facile de déterminer la correction qu'il falloit appliquer à ce premier angle pour le réduire au signal. Par des mesures et
alignemens pris avec grand soin, j'ai trouvé que la perpendiculaire abaissée
du centre du signal sur la ligne tirée de Rodòs au milieu apparent de la
chapelle étoit de 0ᵗ3540, et la distance absolue des deux stations étant de
19288 toises à très-peu près, il s'ensuit que la réduction de l'angle est
de — 3″786.

A la seconde série je pointois au coin oriental de la chapelle, et je met-
tois le fil de la lunette en contact extérieur : le signal étoit alors en dehors
de l'angle observé. Ayant ensuite mesuré la perpendiculaire abaissée du centre
du signal sur la ligne tirée du coin de la chapelle à Puig-Rodòs de 0ᵗ95091,
j'ai conclu la réduction de ce second angle au signal + 10″169, à quoi il
faut ajouter 3″ pour la demi-épaisseur du fil. Voici les deux séries.

24   1641ᵍ51025 68ᵍ3962604 = 61° 33′ 23″884

M. 6 octobre. On pointoit au milieu apparent de la chapelle ; le signal
ne se voyoit que de temps en temps.

Réduction au signal de Mont-Serrat . .	— 3″786
Centre	61° 33′ 20″098

32 2188ᵍ52125 68ᵍ39128906 = 61° 33′ 7″777

M. 7 octobre. On visoit à l'angle oriental de la chapelle.

Réduction au signal	+ 10″169
Demi-épaisseur du fil	+ 3″000
Centre	61° 33′ 20″946
Milieu proportionnel au nombre des ob- servations de chaque série	61° 33′ 20″582
Excentricité	+ 0″006
	— 26″778
Horizon.	61° 32′ 53″81

Entre les signaux de Serrateix et de Mont-Serrat.

Dans ma première excursion pour le choix des stations j'avois fait élever un signal sur la tour de l'abbaye de Serrateix, située sur une montagne à deux lieues environ et dans l'est de la ville de Cardona. Ce point entroit dans la disposition d'une autre chaîne de triangles que les circonstances m'ont obligé d'abandonner ; mais comme sa position géodésique peut être utile, j'ai cru devoir rapporter les observations qui la lient à la méridienne.

16   1184541825   7450261406 — 66° 37′ 24″696

M. 6 octobre. Je visois au milieu apparent de la chapelle de Mont-Serrat ; ainsi pour réduire cet angle au signal il faut y appliquer la même correction qu'à celui de la première des deux séries précédentes, mais avec un signe contraire. Donc . . . .   —|— 3″786

Excentricité . . . .   —|— 0″025

Centre . . . .   66° 37′ 28″507
                                           — 12″813

Horizon. . . . .   66° 37′ 15″69

Entre le signal de Mont-Serrat et l'épi du toit du gros pavillon de l'ermitage de Saint-Laurent-du-Mont.

4   1025200   2565300 ═ 22° 58′ 37″20

M. 11 octobre, vers le coucher du ☉. On visoit au signal de Mont-Serrat, qui parut distinctement pendant quelques minutes.

Distance au zénit calculée 89° 57′ 53″ . .   — 0″66

Horizon . . . .   22° 58′ 36″54
Mais entre Mont-Serrat et Matas . . . .   61° 32′ 53″81
Donc entre Saint-Laurent et Matas . . .   38° 34′ 17″27

SIGNAL DE MONT-MATAS.

XCV.

Mont-Matas est le nom d'une butte située dans la partie sud-ouest du sommet du *Mont-Alègre*, au nord-nord-est de Barcelone, et à trois lieues environ de distance. Il y a une chartreuse à mi-côte, et qui n'en est éloignée que d'un quart-d'heure de chemin.

Les observations suivantes ont été faites avec le cercle divisé en 360 degrés, par le citoyen Tranchot, MM. Planez et Chaix.

DISTANCES AU ZÉNIT.

$$dH = 2^t0278.$$

Signal de Matagall.

20 . . 1761° 40′ 16ᵖo = 1761° 48′ 0″o . . 88° 5′ 24″00 (dans le ciel.) pour la réduction à l'horizon. T. 18 octobre 1792, dans l'après-midi. Beau temps.

Pour le fil . . . . 0″00
$dH' = 1^t0278$ . . . . $+ 11″92$
———————
88° 5′ 35″92

pour la différence de niveau et la réfraction.

Signal de Puig-Rodòs.

24 . . 2143° 10′ 0ᵖ5 = 2143° 10′ 15″0 . . 89° 17′ 55″625 pour la réduction à l'horizon. T. 16 octobre, dans la matinée. Temps serein.

Demi-épaisseur du fil . . . . $+ 3″00$
$dH' = 1^t0555$ . . . . $+ 10″697$
———————
89° 18′ 9″32

pour la différence de niveau et la réfraction.

Saint-Laurent-du-Mont (*l'épi du toit de*).

6 . .   531° 50' 7ᵖ2 = 531° 53' 36"0 . .   88° 38' 56"00

pour la réduction à l'horizon.   T. 31 octobre.

Demi-épaisseur du fil . . . .   + 3"00

$dH' = -$ 0ᵗ6389 . . . .   − 10"07

                                          ─────────────

                                          88° 38' 48"93

pour la différence de niveau et la réfraction.

Mont-Serrat.

16 . . 1424° 30' 11ᵖ67 = 1424° 35' 50"0 . .   89° 2' 14"375

(dans le ciel.) pour la réduction à l'horizon.   T. 28 octobre, dans l'après-midi. Objet très-net. On visoit du sommet du toit de la chapelle.

Demi-épaisseur du fil . . . .   + 3"000

$dH' =$ 1ᵗ0532 . . . .   + 10"719

                                          ─────────────

                                          89° 2' 28"09

pour la différence de niveau et la réfraction.

Signal de Valvidrera.

16 . . 1440° 50' 12ᵖ25 = 1440° 56' 7"50 . .   90° 3' 30"47

(dans le ciel.) T. 18 octobre au matin. Temps nébuleux. On visoit au milieu de la tête de l'axe de la tente-signal.

La même.

16 . . 1440° 50' 12ᵖ2 = 1440° 56" 6"60 . .   90° 3' 30"37

M. Chaix. Même jour, vers midi. On pointoit au sommet du cône de la tente, qui étoit 0ᵗ178 au-dessous de la tête de l'axe. Donc réduction à ce point . . . .   − 3"83

Demi-épaisseur du fil . . . .   + 3"00

                                          ─────────────

Réduite . . . .   90° 3' 29"54

Moyenne . . . .   90° 3' 30"00

pour la réduction à l'horizon.

$dH' =$ 1ᵗ2500 . . . .   + 26"88

                                          ─────────────

                                          90° 3' 56"88

pour la différence de niveau et la réfraction.

Tour de Montjouy.

16 . .   1454° 20' 8ᴘᴏ = 1454° 24' 0"0 . . 90° 54' 0"00

(sur la mer.) T. 28 octobre après midi. Très-beau temps. On visoit au bord des créneaux qui terminent la tour.

La même.

16 . $\div$ 1454° 20' 8ᴘᴏ = 1454° 24' 0"0 . . 90° 54' 0"00

pour la réduction à l'horizon. M. Chaix. Il visoit au même point que le citoyen Tranchot.

Demi-épaisseur du fil . . . . $\div$. $+$ 3"00

$dH' = - $ 0ᵗ6389 . . . . $-$ 14"07
____

90° 53' 48"93

pour la différence de niveau et la réfraction.

La mer. (*Direction*, 41ᵈ *du sud à l'est.*)

24 . .   2175° 20' 6ᴘᴏ = . 2175° 23' 0"0 . .   90° 38' 27"50

T. 16 octobre, avant le coucher du soleil. Horizon parfaitement tranché.

Il faut tenir compte de la demi-épaisseur du fil $+$ 3"00, et de la hauteur de la lunette sur le sol $=$ 0ᵗ6389.

ANGLES.

Entre les signaux de Matagall et de Puig-Rodòs.

20 . . 669° 50' 12ᴘ2 = 669° 56' 6"0 . . 33° 29' 48"30

M. Chaix. 19 octobre, entre 2 et 3ʰ après midi. Objets très-distincts. On n'a marqué l'arc parcouru que d'après une seule alidade.

$r = $ 0ᵗ38889 $y = $ 248° 40'2 . . . . $-$ 0"739

Excentricité . . . . $+$ 0"015
____

Centre . . . . 33° 29' 47"58

1.

24 . . 803° 50′ 13ᵖ,08 = 803° 56′ 33″24 . . 33° 29′ 51″385

T. 20 octobre, de 8 à 11ʰ. Les objets se voyoient très-bien.

r = 0ᵗ37963 y = 250° 10′7 . . . . . — 0″660

Excentricité. . . . . + 0″015

Centre . . . . 33° 29′ 50″740

La commission spéciale n'a adopté que ce résultat : . — 44″081

Horizon. . . . . 33° 29′ 6″66

Entre les signaux de Puig-Rodòs et de Mont-Serrat.

20 . . 1132° 50′ 6ᵖ28 = 1132° 53′ 8″4 . . 56° 38′ 39″420

T. 15 octobre, depuis 11ʰ du matin jusqu'à 2ʰ après midi. Signal de Rodòs très-apparent, mais celui de Mont-Serrat, qui de Matas répondoit directement à l'angle oriental de la chapelle, étant trop foible, on a pointé à cet angle et mis le fil en contact extérieur ; en sorte qu'il faut retrancher la demi-épaisseur du fil, ou 3″0 de l'arc observé.

r = 0ᵗ3750 y = 183° 0′   — 3″080

Demi-épaisseur du fil . . . . . — 3″00

Excentricité . . . . — 0″00

Centre . . . . 56° 38′ 33″34

+ 21″44

Horizon . . . . 56° 38′ 54″78

Nota. M. Chaix avoit aussi observé cet angle en visant directement sur les deux signaux. Son résultat s'accordoit avec le précédent, à peu de dixièmes de seconde près ; mais il a perdu la feuille de ses observations avant de pouvoir nous en donner copie.

Entre les signaux de Mont-Serrat et de Valvidrera.

24 . . 1190° 30′ 7ᵖ03 = 1190° 33′ 30″90 . . 49° 36′ 23″787

T. 25 octobre, de 8 à 10ʰ ½ du matin. Objets distincts. Comme on mettoit

le fil en contact avec l'angle de la chapelle de Mont-Serrat, il faut ajouter
la demi-épaisseur du fil . . . .   + 3″000
$r = $ 0ᵗ390046 $y = $ 151° 2′3 . . .   — 5″460

Centre . . . .   49° 36′ 21″327

16 . . 793° 40′ 5ᵖ0 = 793° 42′ 30″0 . .   49° 36′ 24″375
C. 28 octobre. Même correction pour le fil . . .   + 3″000
$r = $ 0ᵗ39815 $y = $ 145° 23′6 . . . .   — 5″911

Centre . . . .   49° 36′ 21″464

A raison du nombre d'observations de chaque série, et parce que M. Chaix n'a marqué l'arc parcouru que par une seule alidade, on n'a attribué à son résultat que moitié de la valeur de celui de la première série.

Donc . . . .   49° 36′ 21″373
Excentricité . . . .   — 0″119

Centre . . . .   49° 36′ 21″254
    — 29″61

Horizon . . . .   49° 35′ 51″64

Entre les signaux de Valvidrera et de Montjouy.

12 . . 342° 0′ 18ᵖ75 = 342° 9′ 22″50 . .   28° 30′ 46″875
M. Planez. 24 octobre.
$r = $ 0ᵗ395833 $y = $ 111° 54′2 . . .   — 2″662

Centre . . . .   28° 30′ 44″213

24 . . 684° 10′ 19ᵖ545 = 684° 19′ 46″35 . .   28° 30′ 49″431
T. 25 octobre, de 2 à 5ʰ après midi.
$r = $ 0ᵗ377315 $y = $ 123° 49′2 . . .   — 3″134

Centre . . . .   28° 30′ 46″297

20 . . 570° 10′ 12ᵖ17 = 570° 16′ 5″10 . .   28° 30′ 48″255
M. Chaix. 25 octobre, dans la matinée.
$r = $ 0ᵗ38889 $y = $ 123° 3′5 . . .   — 3″194
Centre . . . .   28° 30′ 45″061

La commission spéciale n'a pris que les deux dernières séries, dont le moyen proportionnel au nombre des observations est . 28° 30′ 45″731

Excentricité . . . .　　　　— 0″006
　　　　　　　　　　　　　　　　　　　　— 40″145

Horizon . . . . 28° 30′ 5″58
Ou, selon la commission, ... 28° 30′ 5″60

Entre les signaux de Puig-Rodòs et de Valvidrera.

20 . . 2124° 50′ 15ᵖ55 = 2124° 57′ 46″50 . . 106° 14′ 53″325
T. 28 octobre, dans la matinée.

Excentricité . . . .　　　　— 0″119
$r = 0^t38796$　$y = 142°$ 25′3 . . . .　　　　— 8″749
Centre . . . . 106° 14′ 44″457
　　　　　　　　　　　　　　　　　　　+ 1″850

Horizon . . . . 106° 14′ 46″31
Mais ci-dessus, entre Rodòs et
Mont-Serrat . . . . 56° 38′ 54″78
Et entre Mont-Serrat et Val-
vidrera . . . . 49° 35′ 51″64
Somme . . . . 106° 14′ 46″42
Ce qui diffère très-peu de l'angle observé en une seule fois.

Entre les signaux de Mont-Serrat et de Mont-Jouy.

24 . . 1874° 50′ 08ᵖ062 = 1874° 54′ 1″86 . . 78° 7′ 15″078
T. 24 octobre. On visoit directement au signal de Mont-Serrat, qui se voyoit assez bien en ce moment.

Excentricité . . . .　　　　— 0″123
$r = 0^t37588$　$y = 120°$ 52′0 . . .　　　　— 8″184
Centre . . . . 78° 7′ 06″771
　　　　　　　　　　　　　　　　　　— 1′ 7″410

Horizon . . . . 78° 5′ 59″36
Somme des deux angles partiels . . . . 78° 5′ 57″22
Différence . . . .　　　　2″14

Nota. J'avois recommandé d'observer ces angles pour vérifier les angles partiels des triangles adjacens dont ils sont les sommes; la commission spéciale ne les a considérés que sous ce rapport, et comme preuve qu'il n'y avoit point d'erreurs sensibles dans la mesure des angles de ces triangles. Il en a été de même pour deux autres angles totaux que M. Chaix a mesurés en particulier, et que je me dispense de rapporter, puisqu'on n'en a pas fait d'autre usage que des deux précédens, et parce qu'il n'a lu les arcs parcourus que par le Vernier d'une seule alidade.

Entre l'épi du toit de Saint-Laurent-du-Mont et le signal de Valvidrera.

$$8 \ . \ . \quad 551^\circ \ 50' \ 10^p138 = 551^\circ \ 55' \ 4''14 \ . \ . \quad 68^\circ \ 59' \ 23''017$$

T. 31 octobre.

$$r = 0^t41667 \quad y = 155^\circ \ 40' \ . \ . \ . \ . \quad\quad\quad — \ 8''318$$

Centre . . . . 68° 59' 14''699

$$\quad\quad\quad\quad\quad\quad\quad\quad\quad\quad\quad — \ 27''395$$

Horizon . . . . 68° 58' 47''304
Mais on a entre Rodòs et Valvidrera . . . . 106° 14' 46''42
Entre Mont-Serrat et Valvidrera . . . . 49° 35' 51''64

Donc entre ⎰Rodòs et Saint-Laurent . . . . 37° 15' 59''12
⎱Saint-Laurent et Mont-Serrat . . . 19° 22' 55''66

SIGNAL DE MONT-SERRAT.
XCVI.

L E sommet de cette móntagne est divisé, dans toute son étendue, en un grand nombre de pics isolés, très-élevés, et dont la plupart sont inaccessibles. J'ai choisi pour station le plus haut de tous, qui se trouve vers le milieu du sommet, et où l'on peut monter du côté de l'ermitage Saint-Gérôme, qui est même fort proche de son extrémité. Sur le plateau de ce pic il y a une petite chapelle dédiée à Notre-Dame : elle en occupe presque toute la surface. Le signal a été planté au milieu de la porte de cette chapelle. Il étoit formé d'une longue solive fermement arrêtée contre la muraille, et terminée par une petite pyramide tronquée dont la base supérieure étoit élevée au-dessus du faîte du toit de 1^t0208, et au-dessus du pavé intérieur de la chapelle de 2^t713. Le pied de l'axe de la pyramide tomboit exactement au milieu de la largeur de la porte et à fleur de la face extérieure du mur.

J'ai été accompagné à cette station par MM. Gonzalez et Alvarez.

L'abbaye de Mont-Serrat, célèbre par ses richesses, le nombre de religieux et ses pélérinages, est située dans la partie sud-ouest de la montagne, dans une espèce de gorge, environ deux cents toises au-dessous des pics, dont plusieurs l'entourent de fort près et semblent menacer de la détruire par leur éboulement. Il y a treize ermites répandus dans cette montagne, qui dépendent de l'abbaye, et dont chacun habite seul sa résidence isolée.

DISTANCES AU ZÉNIT.

Signal de Puig-Rodòs.

10 · 100⁵46790   100⁵46790 $=$ 90° 25′ 16″00 (en terre.)

M. 15 octobre. On visoit au pied du signal, parce que son point de mire n'étoit pas assez net en ce moment.

Hauteur du signal, 1ᵗ978 . . . .   — 21″15
Demi-épaisseur du fil . . . . . .   ＋ 3″00
                                          90° 24′ 57″85

pour la réduction à l'horizon.

Hauteur du cercle au-dessus du pavé de la chapelle, 0ᵗ667 . . . .   — 7″13
                                          20° 25′ 11″87

pour la différence de niveau et la réfraction.

Signal du Mont-Matas.

6   60⁵⁸4165   101⁵40275 $=$ 91° 15′ 44″91 (sur la mer.)

M. 15 octobre. On visoit au pied du signal, dont la tête étoit élevée de 2ᵗ6667.

Donc réduction . . . .   — 27″09
Demi-épaisseur du fil . . . . . .   ＋ 3″00
Hauteur du cercle, 0ᵗ4722 . . . .   — 4″94
                                          91° 15′ 20″82

pour la réduction à l'horizon.

                                          91° 15′ 42″97

pour la différence de niveau et la réfraction.

Signal de Valvidrera.

10   101⁵80425   101⁵70425 $=$ 91° 32′ 1″77 (sur la mer.)

pour la réduction à l'horizon. M. 14 octobre. On visoit au milieu de la tête du signal.

$dH' =$ 1ᵗ1731   ＋ 13″13
                                          91° 32′ 14″90

pour la différence de niveau et la réfraction.

Nota. La mer a été embrumée pendant les cinq à six jours qu'on a passé ici.

ANGLES.

Entre les signaux de Mont-Matas et de Puig-Rodòs.

$$32 \quad 21975501775 \quad 6886719305 = 61° \ 48' \ 17''055$$

M. 15 octobre, de midi $\frac{1}{4}$ à 3^h. Signaux bien visibles.

$$r = 0^t 967593 \qquad y = 95° \ 4'6 \qquad — \ 6''447$$

Excentricité	— 0''006
Centre	61° 48' 10''602
	+ 7''773
Horizon	61° 48' 18''38

Entre les signaux de Valvidrera et de Matas.

$$32 \quad 97486080ò \quad 308456525 = 27° \ 24' \ 39''141$$

M. 15 octobre, de 9 à 11^h du matin. Les deux objets sont dans l'ombre.

$$r = 0^t 5752315 \quad y = 79° \ 13'8 \qquad + \ 1''423$$

Excentricité	+ 0''030
Centre	27° 24' 40''594
	+ 24''788
Horizon	27° 25' 5''38

Entre les signaux de Matas et de Serrateix.

$$8 \quad 97686510 \quad 1228081375 = 109° \ 52' \ 23''655$$

M. et A. 15 octobre. Le peu d'espace qu'il y a autour de la chapelle ne permettoit pas de se placer de manière à voir Puig-Rodòs et Serrateix.

$$r = 1^t 59028 \quad y = 307° \ 50'4 \qquad + \ 26''961$$

Excentricité	— 0''004
Centre	109° 52' 50''612
Distance de Serrateix au zénit, calculée 90° 52' 2''4	+ 1' 39''829
Horizon	109° 54' 30''44
Mais entre Matas et Rodòs	61° 48' 18''38
Donc entre Rodòs et Serrateix	48° 6' 12''06

Entre le signal de Valvidrera et l'épi du toit de Saint-Laurent-du-Mont. *

Mont-Serrat.

    8   498ˢ160   62ˢ270 $=$ 56° 2' 34"80

M. 16 octobre.

    $r = 1$'66667 $y = 34$° 56' $-$ 0"15

    Centre . . . . $-$. 56° 2' 34"65

                       $-$ 0"03

    Horizon . . . . 56° 2' 34"62

On a ci-dessus, entre Valvidrera et Matas, 27° 25' 5"38

Entre Matas et Rodòs . . . . 61° 48' 18"38

Donc entre { Matas et Saint-Laurent . . 28° 37' 29"24

           { Saint-Laurent et Rodòs . . 33° 10' 49"14

On a encore observé par une quadruple mesure, entre Matas et la tour du château de Cardona . . . . 122° 27' 2"3

Entre Saint-Laurent-du-Mont et la tour de la cathédrale de Manreza . . . . 71° 8' 56"6 } simples.

    Le cercle étoit placé, par rapport au signal, comme pour l'observation de l'angle entre Valvidrera et Saint-Laurent; mais ces deux derniers angles ne pourront servir que de directions, parce que Cardona et Manreza n'étoient visibles d'aucune autre de nos stations.

SIGNAL DE VALVIDRERA.

Valvidrera.

XCVII.

LA montagne de Valvidrera, qui n'est distante de Montjouy que de deux petites lieues, bornant absolument de ce point la vue du côté du nord-ouest, j'ai été obligé d'y prendre une station pour être le sommet commun des deux derniers triangles principaux de la méridienne.

Le signal de cette station étoit une tente conique placée assez proche, et vers l'Est d'un grand arbre isolé qui se trouve sur le sommet de la montagne, et dont la tige trop tortueuse, en partie couverte par les branches, ne présentoit pas un point de mire assez bien défini ; mais comme cet arbre est très-remarquable, qu'il se voit de tous les côtés, et de fort loin, on a pris les mesures suivantes pour déterminer sa position relativement au centre de la station.

Du centre de la station à l'axe de l'arbre . . . . $7^t 29167$

Entre l'axe de l'arbre et le signal de Montjouy, à droite . . . . $28° 39' 50''$

DISTANCES AU ZÉNIT.

Mont-Serrat (sommet du toit de la chapelle Notre-Dame de).

12 $1.18^s 55845$ $9^s 548708$ = $88° 41' 37''81$ (dans le ciel.)
M. 24 octobre, à 4^h après midi. Très-beau temps.

Réduction à la tête du signal pour $0^t 8542$,
et demi-épaisseur du fil . . . . — $8''10$

$88° 41' 29''71$

pour la réduction à l'horizon.

$d H' = - 0^t 6319$ — $8''22$

$88° 41' 21''5$

pour la différence de niveau et la réfraction.

Mont-Serrat (campanille de la tour de l'abbaye de).

6   596ᵍ879   99ᵍ479833 = 89° 31′ 54″67

pour la réduction à l'horizon. M.

dH' et demi-épaisseur du fil .   = 5″00

____

89° 31′ 49″67

pour la différence de niveau.

Signal de Mont-Matas.

10   1000ᵍ7133   100ᵍ7133 = 90ᵘ 3′ 51″11 (dans le ciel.)

pour la réduction à l'horizon. M. 20 octobre, dans l'après-midi. Beau temps.

$dH' = 2^{t}0348$ + 40″19

____

90° 4′ 31″3

pour la différence de niveau et la réfraction.

Montjouy.

12   1222ᵍ8410   101ᵍ903417 = 91° 42′ 47″07

pour la réduction à l'horizon. M. 24 octobre. On visoit au pied du grand mât, à fleur du bord des créneaux qui terminent la tour.

dH' ou hauteur du cercle 0ᵗ6319 . .   — 27″90

____

91° 42′ 19″17

pour la différence de niveau et la réfraction.

Barcelone (tablette de la balustrade de la tour septentrionale de la cathédrale de).

10   618ᵍ0480   103ᵍ0080 = 92° 42′ 25″92 (en terre.) M.

Demi-épaisseur du fil . . . . .   + 0′ 3″00

Réduction à la tige de la girouette (2ᵗ2500)   — 1′ 43″41

dH' pour la tablette = — 0ᵗ6319 . .   — 0′ 24″37

____

92° 40′ 46″33

pour la réduction à l'horizon.

92° 42′ 4″55

pour la différence de niveau et la réfraction.

Tour de la citadelle de Barcelone.

4   41ᵇ88733   102ᵇ968325   = 92° 40′ 17″37 (en terre.)
M. On visoit au bord de l'entablement
Demi-épaisseur du fil . . . . .   -+- 3″oo
                                   ____
                                   92° 40′ 20″37
pour la réduction à l'horizon.
dH' ou hauteur du cercle = — oᵗ6875 .   — 29″71
                                           92° 39′ 5o″66
pour la différence de niveau et la réfraction.

Sommet de la lanterne à l'entrée du port de Barcelone.

6   61ᵇ85825   102ᵇ930417   = 92° 38′ 14″55
pour la réduction à l'horizon. M.
Demi-épaisseur du fil . . . . .   -+- 3″oo
dH' ou hauteur du cercle = — oᵗ6319 .   — 26″o1
                                           ____
                                           92° 37′ 51″54
pour la différence de niveau.

Campanille de Saint-Pierre-Martyr.

4   40ᵇ87720   101ᵇ6930   = 91° 31′ 25″32
pour la réduction à l'horizon. M.
Demi-épaisseur du fil . . . . .   -+- 3″oo
dH' = — oᵗ6319   — 38″23
                    ____
                    91° 3o′ 5o″1
pour la différence de niveau.

Tour de Castel-de-Fells.

6   60ᵇ85275   101ᵇ42125   = 91° 16′ 44″85
pour la réduction à l'horizon. M.
Demi-épaisseur du fil . . . . .   -+- 3″oo
dH' = — oᵗ6319   — 12″69
                    ____
                    91° 16′ 35″16
pour la différence de niveau.

Valvidrera.

La mer. (Direction, 51ᵈ du sud à l'est.)

12   1208ᵍ5775   100ᵍ7147917 $=$ 90° 38′ 35″92

M. 20 octobre, un peu avant le coucher du soleil. Horizon bien tranché.

Demi-épaisseur du fil . . . . . $+$ 3″00

Hauteur du centre du cercle, 0ᵗ6319.

A N G L E S observés au centre.

Entre les signaux de Matas et de Mont-Serrat.

36   4119ᵍ2880   114ᵍ4246667 $=$ 102° 58′ 55″920

24 octobre, de 2ʰ à 4ʰ après midi. Objets très-apparens et nets.

Excentricité . . . . $+$ 0″088

    $+$ 7″028

Horizon . . . .   102° 59′ 3″04

Entre les signaux de Montjouy et de Matas.

32   2598ᵍ735875   81ᵍ2104961 $=$ 73° 5′ 22″007

M. 20 octobre, de 1ʰ ½ à 3ʰ. Les signaux se voient très-distinctement.

Excentricité . . . . $+$ 0″236

    $-$ 20″859

Horizon . . . .   73° 5′ 1″38

Entre la tour septentrionale de la cathédrale de Barcelone et le signal de Matas.

10   640ᵍ4033   64ᵍ04033 $=$ 57° 38′ 10″669

M. On visoit à la tige de la girouette, au-dessus du timbre de l'horloge.

Excentricité . . . . $+$ 0′ 0″260

    $-$ 2′ 10″235

Horizon . . . .   57° 36′ 0″69

Mais on a entre Montjouy et Matas . .   73° 5′ 1″38

Donc entre Montjouy et la tour de la

cathédrale . . . .   15° 29′ 0″69 .

Entre la tour de la citadelle de Barcelone et le signal de Matas.

$$4 \quad 235^{s}1100 \quad 58^{s}77750 \; = \; 52°\ 53'\ 59''10$$

Excentricité . . . . $+\ 0'\ 0''22$

                                  $-\ 2'\ 36''46$

Horizon . . . . $52°\ 51'\ 22''86$

Montjouy et Matas . . . . . $73°\ 5'\ 1''38$

Donc entre Montjouy et la tour de la citadelle . . . . $20°\ 13'\ 38''5$

Entre la lanterne du port de Barcelone et le signal de Matas.

$$10 \quad 68^{s}180510 \quad 68^{s}10510 \; = \; 61°\ 17'\ 40''52$$

Excentricité . . . . $+\ 0'\ 0''23$

                                  $-\ 1'\ 47''79$

Horizon . . . . $61°\ 15'\ 52''96$

Montjouy et Matas . . . . . $73°\ 5'\ 1''38$

Donc entre Montjouy et la lanterne du port de Barcelone . . . . $11°\ 49'\ 8''4$

Entre Montjouy et Saint-Pierre-Martyr.

$$6 \quad 149^{s}7400 \quad 24^{s}956667 \; = \; 22°\ 27'\ 39''61$$

                                  $+\ 29''88$

Horizon . . . . $22°\ 28'\ 9''5$

Entre le signal de Matas et la tour de l'abbaye de Mont-Serrat.

$$8 \quad 906^{s}6300 \quad 113^{s}328750 \; = \; 101°\ 59'\ 45''15$$

                                  $-\ 0''44$

Horizon . . . . $101°\ 59'\ 44''7$

Entre Montjouy et la tour de Castel-de-Fells.

6   55o^g3o2o   91^g7170   =   82° 32′ 43″08

On a été obligé de placer le cercle en avant du centre de la station, pour voir Castel-de-Fells.

$r = 1^{t}4282$ $y = 234° 44′5$ + 31″o4

Centre . . . .   82° 33′ 14″12

+ 2′ o″21

Horizon . . . .   82° 35′ 14″3

TOUR DE MONTJOUY.

X C V I I I.

CETTE tour est au milieu d'un des grands côtés du corps des casernes du fort, vers Barcelone.

Un mât d'environ vingt pieds, élevé et fermement établi sur la plate-forme de la tour, auquel on hisse des pavillons pour signaler les vaisseaux, nous a servi de point de mire pour toutes les stations correspondantes à celle-ci. On visoit à la partie de ce mât qui paroissoit à fleur des créneaux dont la plate-forme est surmontée, et qui terminent la tour.

C'est au bord de ces créneaux que nous réduirons les distances des autres objets au zénit de la tour, pour les différences de niveau.

On trouvera, dans la suite de cet ouvrage, les détails d'un nivellement et des mesures directes qui ont donné la hauteur du bord des créneaux au-dessus du niveau de la mer de 105^to96.

DISTANCES AU ZÉNIT.

Signal du Mont-Matas.

8   79³⁶¹¹²⁰   99³¹³⁹⁰⁰ = 89° 13′ 30″36 (dans le ciel.)
pour la réduction à l'horizon.   M. 28 octobre, vers midi.

$$\begin{array}{lr} \text{Demi-épaisseur du fil},\ldots\ldots & +\ 3''00 \\ dH' = -\ 2^t55555 & +\ 56''29 \\ \hline & 89°\ 14'\ 29''65 \end{array}$$

pour la différence de niveau et la réfraction.

La même.

12   1070° 40′ 6″3 = 1060° 43′ 9″0 — 89° 13′ 35″75
pour la réduction à l'horizon.   M. 16 ventose an 1. Cette deuxième distance est employée pour la réduction de l'angle entre les signaux de Matas et du sommet de *las Agujas*, et de plusieurs autres angles qui ont été observés vers cette dernière époque.

$$\begin{array}{lr} dH' = 2^t8681 & +\ 1'\ 3''15 \\ \text{Demi-épaisseur du fil}\ldots\ldots & +\ 0'\ 3''00 \\ \hline & 89°\ 14'\ 41''90 \end{array}$$

pour la différence de niveau.

Signal de Valvidrera.

16   1570³⁵⁴⁴⁰   98³¹⁵⁹⁰ = 88° 20′ 35″16 (dans le ciel.)
pour la réduction à l'horizon.   M. 28 octobre 1792.

$$\begin{array}{lr} dH' = 1^t77778 & +\ 1'\ 3''15 \\ \hline & 88°\ 21'\ 38''31 \end{array}$$

pour la différence de niveau et la réfraction.

Mataró (base de la flèche du clocher de).

4   401³⁷⁰³⁰   100³⁴²⁵⁷⁵ = 90° 22′ 50″4
pour la réduction à l'horizon.

$$\begin{array}{lr} dH' = -\ 0^t1111 & -\ 1''4 \\ \hline & 90°\ 22'\ 49''0 \end{array}$$

pour la différence de niveau.

Lanterne ou fanal à l'entrée du port de Barcelone.

Montjouy.

4   42^{g}89250   105^{g}48125 = 94° 55' 59"26 (sur la mer.)
pour la réduction à l'horizon.

$$dH' = - 0^t1111 \qquad - 21"74$$

$$94°\ 55'\ 38"52$$

pour la différence de niveau.

Tour de la citadelle.

4   41^{g}87510   103^{g}18775 = 92° 52' 8"31 (en terre.)
pour la réduction à l'horizon.

Demi-épaisseur du fil . . . . .   + 3"00
$dH' = - 0^t1111$ — 13"79

$$92°\ 51'\ 57"52$$

pour la différence de niveau.

Tour septentrionale de la cathédrale.

8   82^{g}88670   103^{g}483375 = 93° 8' 6"14

Et pour 3 pouces et demi dont le centre
du cercle étoit plus bas que lors de la mesure des angles . . . . . \. . . . .   + 8"02

$$93°,\ 8'\ 14"16$$

pour la réduction à l'horizon.

Nota. On visoit à un point de la tige de la girouette élevée au-dessus de
la cloche de l'horloge.

La même, en pointant au bord de la balustrade de la tour.

4   41^{g}83870   103^{g}59675 = 93° 14' 13"47
Demi-épaisseur du fil . . . . . .   + 3"00
$dH' = - 0^t1111$ — 18"32

$$93°\ 13'\ 58"15$$

pour la différence de niveau.

Signal placé sur une terrasse de l'auberge de la Fontana de oro, où l'on a fait des observations astronomiques.

     8   843ᵇ8840   105ᵇ48550 = 94° 56' 13″0

pour la réduction à l'horizon. M.

Saint-Pierre-Martyr (sommet de la campanille de).

     4   392ᵇ6840   98ᵇ17100 = 88° 21' 14″04 (dans le ciel.)

M. Alvarez.

     Demi-épaisseur du fil . . . . .   + 3″00
                               ————————
                               88° 21' 17″04

pour la réduction à l'horizon.

        $dH' = -$ 0ᵗ1111 $-$ 6″72
                               ————————
                               88° 21' 10″32

pour la différence de niveau.

Signal sur las Agujas, *l'un des sommets de la* Sierra-Morella, *près des côtes de* Garaff.

     12   1069° 0' 3ᴾ3 = 1069° 1' 39″0   89° 5' 8″25 (dans le ciel.)

pour la réduction à l'horizon. M. 16 ventose an 1.

     Demi-épaisseur du fil . . . . .   + 3″00
        $dH' =$ 1ᵗ8680   + 37″09
                               ————————
                               89° 5' 48″34

pour la différence de niveau.

Signal sur un autre sommet de la Sierra-Morella.

$$4 \quad 395^g9150 \quad 98^g97875 = 89° \ 4' \ 51''2 \quad \text{(dans le ciel.)}$$
M. On visoit au pied du signal.

Demi-épaisseur du fil	$+ \ 3''00$
$dH' = 0^t2222$	$+ \ 4''1$

$$89° \quad 4' \ 58''3$$

pour la différence de niveau.

Hauteur du signal, 1^t0	$- \ 18''3$

$$89° \quad 4' \ 40''0$$

pour la réduction à l'horizon.

Tour de Castel-de-Fells.

$$4 \quad 402^g060 \quad 100^g5150 = 90° \ 27' \ 48''60 \quad M.$$

Demi-épaisseur du fil	$+ \ 3''00$
$dH' = - \ 0^t1111$	$- \ 2''23$

$$90° \quad 27' \ 49''37$$

pour la différence de niveau.

Ile Mayorque, sommet de Silla de Torellas.

$$16 \quad 1604^g2820 \quad 100^g267625 = 90° \ 14' \ 27''11 \quad \text{(dans le ciel.)}$$
M. 12 germinal an 1, vers les 5^h du soir. Baromètre, $27^p \ 5^l95$; thermomètre $+ \ 10^d4$ en 80.

$dH' = 6^t4167$	$+ \ 14''31$
Demi-épaisseur du fil	$+ \ 3''00$

$$90° \quad 14' \ 44''42$$

pour la réduction à l'horizon et la différence de niveau.

La mer. (Direction sud 30^d est.)

$$8 \quad 803^g7790 \quad 100^g472375 = 90° \ 25' \ 30''50$$
T. 23 novembre 1792, dans l'après-midi, entre 3 et 4^h. Temps serein; horizon bien tranché. Barom. $27^p \ 6^l0$; therm. 9^d6 en 80.

Centre du cercle au-dessus du bord des créneaux, 0^t0833.

Deuxième série, au même point et le même jour.

6   60^s88420   100^g473667 = 90° 25' 34"68

M. Vent incommode.

*Troisième série. Centre du cercle, ou lunette plus basse
que le bord des créneaux de 0ᵗ2514.*

10   1004^g86500   100^g4650   = 90° 25' 6"6

M. 18 ventose an 1, vers le coucher du soleil. Très-beau temps; horizon
bien tranché; vent sud-sud-est. Barom. 27ᵖ 6¹5; therm. 8ᵈ8.

*Quatrième série. Cercle dans la même position que
pour la troisième série.*

14   1406^g85930   100^g4709286 = 90° 25' 25"81

M. 6 germinal an 1, vers le coucher du soleil. Temps couvert; horizon
bien tranché; vent ouest-sud-ouest très-froid. Barom. 27ᵖ 3¹3; therm. 7ᵈ64.
La distance a été en décroissant à mesure que le soleil a baissé. Par la
première double observation elle étoit de 90° 25' 37"38.

*Cinquième série. Position du cercle comme pour les
troisième et quatrième séries.*

12   1205^g86470   100^g470583 = 90° 25' 24"69

M. 8 germinal, avant le coucher du soleil. Vent d'est assez fort; temps
nébuleux : cependant l'horizon est assez bien terminé. Barom. 27ᵖ 2¹6;
therm. 8ᵈo. La distance a diminué de 11" de la première à la dernière
observation.

*Sixième série. Centre du cercle, 6ᵗ30208 au-dessous
du bord des créneaux de la tour.*

14   1406^g8219   100^g444214 = 90° 23' 59"25

T. 12 germinal, vers le coucher du soleil, et tant que le jour a permis de
distinguer nettement la ligne de mer. Vent ouest; temps serein. On voyoit

très-bien les montagnes de Mayorque. Barom. 27ᵖ 5ˡ95 ; therm. 10ᵈ4. La dernière observation de cette série ne diffère pas sensiblement de la première ; elle donne même 3″ de plus.

Ajoutez 3″ à toutes ces distances pour la demi-épaisseur du fil.

ANGLES.

Entre les signaux de Matas et de Valvidrera.

$$24 \quad 2090^g938325 \quad 87^g1224302 = 78° \ 24' \ 36''674$$

M. 27 octobre 1792, de 3ʰ ½ à 4ʰ ¼ après midi. Signal de Valvidrera très-distinct ; celui de Matas un peu diffus. Le vent agitoit le cercle de temps en temps.

$$r = 1^t5313426 \quad y = 169° \ 27'7 \qquad - 43''633$$

Centre . . . . 78° 24′ 53″041

La commission spéciale a rejeté cette série, à cause qu'elle a été faite dans des circonstances peu favorables, qu'on avoit oublié de la comprendre dans l'envoi des observations en l'an 2, et sur-tout parce que la série suivante a paru très-concluante.

$$32 \quad 2787^g96850 \quad 87^g1240156 = 78° \ 24' \ 41''811$$
$$r = 1^t653935 \quad y = 169° \ 33'6 \qquad - 46''983$$

Excentricité . . . .   — 0″231

Centre . . . . 78° 23′ 54″597

                                                + 1′ 0″791

Horizon . . . . 78° 24′ 55″39

Cet angle est le troisième du dernier triangle de la chaîne principale, ou le terme austral de la méridienne. Les angles suivans appartiennent à des triangles secondaires, formés pour lier quelques points remarquables à cette méridienne.

Entre la lanterne, à l'entrée du port de Barcelone, et le signal de Valvidrera.

$$8 \quad 91^{s}83700 \qquad 114^{s}046250 = 102° \; 38' \; 29''85 \quad M.$$
$$r = 1^{s}65046 \qquad y = 169° \; 20' \qquad - \; 5' \; 35''71$$
Excentricité . . . . $\qquad + \; 0' \; 1''66$

Centre . . . . $102° \; 32' \; 55''80$
$$\qquad\qquad\qquad\qquad - \; 5' \; 37''95$$

Horizon . . . . $102° \; 27' \; 17''85$

Entre la tour de la citadelle et le signal de Valvidrera.

$$4 \quad 37^{s}80700 \qquad 92^{s}51750 = 83° \; 15' \; 56''70 \quad M.$$
Excentricité . . . . $\qquad + \; 0' \; 0''83$
$$r = 1^{s}65436 \quad y = 169° \; 33'6 \qquad - \; 3' \; 29''32$$

Centre . . . . $83° \; 12' \; 28''21$
$$\qquad\qquad\qquad\qquad - \; 5' \; 42''27$$

Horizon . . . . $83° \; 6' \; 45''94$

Entre la tour septentrionale de la cathédrale de Barcelone et le signal de Valvidrera. (On visoit à la tige de la girouette.)

$$24 \quad 190^{s}8167750 \quad 79^{s}84236563 = 71° \; 28' \; 52''65$$
M. 16 nivose an 2.
Excentricité . . . . $\qquad + \; 0' \; 1''24$
$$r = 1^{s}65972 \quad y = 165° \; 10'8 \qquad - \; 4' \; 7''16$$

Centre . . . . $71° \; 24' \; 46''73$
$$\qquad\qquad\qquad\qquad - \; 7' \; 57''43$$

Horizon . . . . $71° \; 16' \; 49''30$

Entre le signal de la Fontana *de oro et la tour* Montjouy
septentrionale de la cathédrale.

24. 25o^s28550, 1o^s42856255 = 9° 23′ 8″54

M. 26 ventose an 2.

Excentricité . . . .   + 0″25

$r = 1^{t}66667$ $y = 236° 26′1$ — 56″71

Centre . . . .   9° 22′ 12″08

                          — 9′ 5″69

Horizon . . . . 9° 13′ 6″39

Entre le signal de Valvidrera et la campanille de
Saint-Pierre-Martyr.

6   6o^s9600   1o^s1600 = 9° 8′ 38″4o M.

$r = 1^{t}6539$ $y = 160° 25′$ — 20″33

Centre . . . . 9° 8′ 18″07

                          + 13″66

Horizon . . . . 9° 8′ 31″73

Entre le signal de Valvidrera et la tour de Castel-
de-Fells.

6   47o^s8000,   78^s466667 = 70° 37′ 12″11 M.

$r = 0^{t}6296$ $y = 90° 16′6$ — 3″55

Centre . . . . 70° 37′ 8″56

                          — 1′ 23″89

Horizon . . . . 70° 35′ 44″67

Entre les signaux de Matas et du pic las Agujas de la Sierra-Morella.

$$18 \ . \ . \quad 2426° \ 0' \ 12^p75 = 2426° \ 06' \ 22''5 \ . \ . \quad 134° \ 47' \ 1''250$$

M.   15 ventose an 1.

$$r = 2^t08102 \qquad y = 237° \ 45'0 \ . \ . \ . \ . \qquad + 44''865$$

Centre $\ . \ . \ . \ . \ . \ . \ . \ . \ . \ . \ . \ . \ .$ 134° 47' 46''115

$$24 \ . \ . \quad 3234° \ 50' \ 6^p69 = 3234° \ 53' \ 20''7 \ . \ . \quad 134° \ 47' \ 13''362$$

M.   16 ventose an 1.

$$r = 0^t8177083 \qquad y = 288^d \ 7'8 \ . \ . \ . \qquad + 31''443$$

Centre $\ . \ . \ . \ . \ . \ . \ . \ . \ . \ . \ . \ . \ .$ 134° 47' 44''805
Moyen proportionnel des deux séries .   134° 47' 45''366
Excentricité $\ . \ . \ . \ . \ . \ . \ . \ . \ .$ + 0''023
   + 1' 47''396

Horizon $\ . \ . \ . \ . \ . \ . \ . \ . \ . \ . \ . \ .$ 134° 49' 32''78

Nota. Cet angle sera employé dans la détermination de l'azimut du signal de Matas, par rapport au méridien de Montjouy.

Entre les signaux de Matas et d'un autre pic de la Sierra-Morella.

$$12 \ . \ . \quad 1644° \ 10' \ 18^p625 = 1644° \ 19' \ 18''75 \ . \ . \quad 137° \ 1' \ 36''56$$

14 décembre 1792.

$$r = 2^t1111 \qquad y = 235^d \ 30'9 \ . \ . \ . \ . \qquad + 40''97$$

Centre $\ . \ . \ . \ . \ . \ . \ . \ . \ . \ . \ . \ .$ 137° 2' 17''53
   + 1' 54''85

Horizon $\ . \ . \ . \ . \ . \ . \ . \ . \ . \ . \ .$ 137° 4' 12''38
Excès de cet angle sur le précédent $\ . \ . \ . \ . \ .$ 2° 14' 39''60

Entre le signal de la Sierra-Morella *et* Silla de Torellas *de Majorque.*

2 . . 175° 40′ 14ᵖ4 . = 175° 47′ 12″00 . . 47° 53′ 36″00

On n'a pas multiplié la mesure de cet angle, parce que ce n'étoit qu'un premier essai, et qu'il n'y avoit pas de marque assez apparente au sommet de *Torellas* pour être assuré de viser toujours au même point.

r = 2ᵗ1111 y = 147° 37′3 . . . . . .   — 34″4

Centre . . . .   87° 53′ 1″6

: — 15″4

Horizon . . . .   87° 52′ 46″2

Excès du premier des deux angles précédens sur le second . . . .   2° 14′ 39″6

Donc entre *las Aguyas* et *Silla de Torellas* . .   90° 7′ 25″8

Ce dernier angle est celui d'un triangle qui donnera la distance de *Silla de Torellas* à Montjouy, et celle à *las Aguyas* par approximation.

Entre Silla de Torellas *et le signal de Matas.*

1   1508o375 . . . . 135° 2′ 1″5

La mesure de cet angle n'a point été répétée, par les mêmes motifs que pour le précédent.

r = 2ᵗ1111 y = 12° 32′5   — 7″6

Centre , ... 135° 1′ 53″9

+ 3″8

Horizon . . . . 135° 1′ 57″7
Matas et la *Sierra Morella* . . . . . . 137° 4′ 12″4
La *Sierra Morella* et *Silla de Torellas* . . 87° 52′ 46″2

Somme . . . . 359° 58′ 56″3
Erreur sur le tour d'horizon .   — 1′ 3″7

Cette erreur doit être principalement attribuée aux deux angles par rapport à *Silla de Torellas*, qui n'ont été mesurés que provisoirement.

Entre le clocher de Mataró et Saint-Pierre-Martyr.

$$6 \quad 73^{s}81160 \quad 121^{g}852667 = 109° \; 40' \; 2''60$$
$$r = 2^{t}0972 \quad y = 286° \; 28'2 \qquad + 2' \; 17''79$$

Centre . . . . 109° 42' 20''39
$$\qquad\qquad\qquad\qquad\qquad - 9''95$$

Horizon . . . . 109° 42' 10''44

Combinant cet angle avec plusieurs des précédens, on a entre Mataró et
las Aguyas . . . . 156° 58' 16''2

BARCELONE.

XCIX.

Tour septentrionale de la cathédrale.

DISTANCES AU ZÉNIT.

Signal de Valvidrera.

$$6 \quad 58^{s}283833 \quad 97^{g}063883 = 87° \; 21' \; 27''00$$

M. 2 ventose an 2. Pour cette distance, la suivante et la mesure des
angles, le centre du cercle étoit à peu près au niveau de la tablette de la
balustrade de la tour ; mais comme on visoit au pied du signal de Valvidrera,
on a . . . . $dH' = - 1^{t}4097 \qquad - 1' \; 6''00$
$$\qquad\qquad\qquad\qquad\qquad\qquad \overline{\quad 87° \; 20' \; 21''00 \quad}$$
pour la réduction à l'horizon.

Montjouy.

$$6 \quad 57^{s}883180 \quad 96^{g}386333 = 86° \; 44' \; 51''7$$

pour la réduction à l'horizon. On visoit à un point du mât un peu plus élevé
que le bord des créneaux de la tour, sur lequel on a aussi visé pour mesurer les angles.

Signal sur la terrasse de la Fontana de oro.

$$6 \quad 637^{\text{g}}3430 \quad 106^{\text{g}}223833 = 95° \ 36' \ 5''2$$
pour la réduction à l'horizon.

A N G L E S.

Entre les signaux de Valvidrera et de Montjouy.

$$16 \quad 1655^{\text{g}}801075 \quad 103^{\text{g}}4381719 = 93° \ 5' \ 39''677$$
M.   Le premier signal de Valvidrera n'existoit plus, et un massif de maçonnerie qui avoit été bâti dans le terrain pour en conserver le centre, ne permettant pas de placer le nouveau signal dans ce centre, on l'avoit planté six
pieds en avant, et exactement dans la direction du même centre au mât de
la tour de Montjouy; en sorte que l'angle entre ce mât et la tige de la
girouette de la tour de la cathédrale étoit de 9° 30'1. Il résulte de-là, pour
réduction à l'ancien signal de Valvidrera . . $+$ 0' 12''426

On a de plus, pour la réduction de l'angle au pied de l'axe de la girouette :

$r =$ 07'881944 $y =$ 51° 14'3 $-$ 1' 20''090

Excentricité . . . . $-$ 0' 1''234
____

Centre . . . .   93° 4' 30''779
                               $+$ 9' 35''387
____

Horizon . . . . 93° 14' 6''17

Entre les signaux de Montjouy et de la Fontana de oro.

$$16 \quad 830^{\text{g}}443825 \quad 51^{\text{g}}90273g1 = 46° \ 42' \ 44''875 \quad M.$$

$r =$ 0'800926 $y =$ 7° 22'8 $+$ 20''493

Excentricité . . . . $-$ 7''086
____

Centre . . . .   46° 42' 58''282
                               $-$ 47' 24''422
____

Horizon . . . . 45° 55' 33''86

Signal de la Fontana de oro.

DISTANCES AU ZENIT.

Tige de la girouette de la tour septentrionale de la cathédrale.

8   745ᵇ2590   93ᵇ157375 = 83° 5o′ 29″9

pour la réduction à l'horizon.

Montjouy.

10   944ᵇ7650   94ᵇ476500 = 85° 1′ 43″9

pour la réduction à l'horizon. On visoit au même point du mât que pour la mesure de l'angle suivant.

ANGLE observé au centre.

Entre la tour de la cathédrale et Montjouy.

16   22o1ᵇ458175   137ᵇ5911359 = 123° 49′ 55″28
Excentricité . . . .   +   6″84
____
Centre . . . . 123° 5o′ 2″12
                                 + 1° 1′ 20″20
____
Horizon . . . . 124° 51′ 22″32

ANGLES mesurés avec un graphomètre à lunettes, à la *Sierra Morella*, sur le pic de *las Agujas* et sur celui situé au sud-ouest, appartenant à des triangles secondaires qui serviront à déterminer par approximation les distances de ces points à Montjouy, Matas

et Mataró, et même celles de *Silla de Torellas* à
Montjouy et à *las Agujas.*
Le graphomètre a été construit par feu Canivet; il a
9 pouces de diamètre, et au moyen des verniers de
l'alidade on peut estimer les arcs parcourus en quarts
de minute. La lunette supérieure ayant un mouvement vertical sur le plan du limbe, on obtient par
ce moyen les angles dans le plan de l'horizon, ou à
fort peu près.

Barcelone.

Las Agujas.

Entre le signal de Montjouy et celui de Matas . . . . 21° 21′ 30″o
Entre le signal de Montjouy et le clocher de Mataró . 13° 55′ 0″o
Entre *Silla de Torellas* et le signal de Montjouy . . . 83° 28′ 15″o

Pic au sud-ouest de las Agujas.

Entre les signaux de Montjouy et de Matas . . . . . . 19° 24′ 0″o

Dans le dessein d'étendre la mesure de la méridienne
jusqu'aux îles Baléares, en sorte que l'arc total se trouvât
divisé en deux parties égales par le quarante-cinquième
parallèle, on avoit formé un canevas de nouveaux
triangles, dont les premiers s'étendoient sur les côtes
de Catalogne, depuis Matas et Mont-Serrat jusqu'au
Mont-Sia près de Tortose. Ces triangles fournissoient une
base commune à deux autres plus grands, qui aboutis-
soient à Majorque et Ivice. La plupart des angles de
ces triangles avoient été mesurés avec le graphomètre,
et seulement pour essai. Nous nous proposons de les
rapporter ici, et d'y joindre le figuré de la nouvelle

chaîne, quoique la guerre et d'autres obstacles nous eussent empêchés d'exécuter ce travail intéressant; mais le Gouvernement vient d'ordonner qu'il sera repris incessamment : ainsi nous attendrons les observations et les résultats, pour les donner dans un supplément.

C'EST ici que se termine la partie rédigée par M. Méchain. Depuis la page 289, tout est de lui, observations, notes, calculs et renseignemens. Il avoit lui-même présidé à l'impression et revu toutes les feuilles. En partant pour la prolongation de la méridienne, il m'a remis la copie au net de toutes ses observations astronomiques, réduites et calculées; il n'y manquoit qu'un discours préliminaire que je n'ai pu obtenir de lui. Je tâcherai d'y suppléer, en faisant usage du peu de notes que je pourrai trouver dans ses manuscrits ou dans ses lettres. Autant qu'il me sera possible, j'emploierai ses propres expressions, en le citant, et marquant ces passages par des guillemets, ainsi que j'ai toujours fait ci-dessus, dans le discours préliminaire.

TABLEAU GÉNÉRAL

DES

TRIANGLES.

Les deux premières colonnes de ce tableau n'ont aucun besoin d'explication.

La troisième indique la page de ce volume à laquelle il faut recourir pour trouver les observations de chaque angle.

La quatrième offre les angles tels qu'ils ont été arrêtés par la commission spéciale chargée d'examiner nos registres.

La cinquième contient, sous le titre d'excès sphérique, la différence entre l'angle sphérique des arcs et l'angle rectiligne des cordes. Cet excès a été calculé par les tables qui sont à la suite du discours préliminaire. La somme des trois excès sphériques particuliers a été comparée à l'excès sphérique du triangle calculé par le théorème de Wallis, ou par quelques-unes des formules que j'ai démontrées dans le discours préliminaire, et l'accord a toujours été tel qu'on pouvoit le desirer.

La sixième contient les angles sphériques corrigés pour le calcul. Ces angles, diminués chacun de son excès sphérique, ont fourni la colonne suivante, qui porte pour titre, *angle des cordes*.

Enfin la dernière colonne renferme, sous le titre d'*angles moyens*, les angles sphériques, corrigés chacun du tiers de l'excès sphérique selon le théorème de M. Legendre, et suivant le procédé qu'on suivoit généralement et comme par instinct avant que M. Legendre eût donné son curieux théorème.

Les triangles peuvent se calculer avec une égale facilité, soit qu'on emploie les angles sphériques, ou les angles des cordes, ou enfin les angles moyens, et j'ai fait ces triples calculs pour tous les triangles depuis Dunkerque jusqu'à Mont-Joui. Pour l'arc du méridien qui traverse les triangles, on peut le calculer par les arcs et les angles sphériques tout seuls, ou par les angles sphériques et les cordes, ou enfin suivant la méthode de M. Legendre, par les arcs, par les angles moyens et les angles sphériques combinés, et j'ai fait encore ces triples calculs.

Enfin, l'objet des notes est de comparer les angles de notre mesure à ceux de la *Méridienne vérifiée*, ou bien de donner quelques renseignemens sur les angles qui ne paroissent pas tout-à-fait de la même précision que les autres.

N°s.	NOMS des stations.	Pages.	ANGLES observés.	EXCÈS sphérique.	ANGLES sphériques.	ANGLES des cordes.	ANGLES moyens.
1	Dunkerque ··	11	42° 6' 9"34	— 0"34	42° 6' 9"73	6' 9"39	6' 9"34
	Watten ·····	19	74° 28' 44"88	— 0"45	74° 28' 45"28	28' 44"83	28' 44"88
	Cassel ·····	25	63° 25' 5"78	— 0"39	63° 25' 6"17	25' 5"78	25' 5"78
			180° 0' 0"00	— 1"18	180° 0' 1"18	0' 0"0	0' 0"0
Somme des erreurs ·			— 1"18				
2	Dunkerque ··	12	46° 52' 0"32	— 0"21	46° 52' 0"32	52' 0"11	52' 0"3
	Watten ·····	20	45° 33' 44"65	— 0"23	45° 33' 44"65	33' 44"42	33' 44"37
	Gravelines ···	*	87° 34' 15"89	— 0"42	87° 34' 15"89	34' 15"47	34' 15"60
			180° 0' 0"86	— 0"86	180° 0' 0"86	0' 0"0	0' 0"0

L'astérisque est la marque d'un angle conclu.

N°s.	NOMS des stations.	Pages.	ANGLES observés.	EXCÈS sphérique.	ANGLES sphériques.	ANGLES des cordes.	ANGLES moyens.
3	Watten ·····	20	69° 34' 45"08	— 0"54	69° 34' 45"38	34' 44"84	34' 44"82
	Cassel ······	25	79° 48' 35"05	— 0"68	79° 48' 35"35	48' 34"67	48' 34"79
	Fiefs ········	32	30° 36' 40"64	— 0"45	30° 36' 40"94	36' 40"49	36' 40"39
			180° 0' 0"77	— 1"67	180° 0' 1"67	0' 0"0	0' 0"0
Somme des erreurs ·			— 0"90				
4	Watten ·····	21	74° 39' 23"20	— 0"28	74° 39' 23"20	39' 22"92	39' 22"96
	Cassel ······	27	43° 37' 35"73	— 0"21	43° 37' 35"73	37' 35"52	37' 35"50
	Helfaut ·····	*	61° 43' 1"78	— 0"22	61° 43' 1"78	43' 1"56	43' 1"54
			180° 0' 0"71	— 0"71	180° 0' 0"71	0' 0"0	0' 0"0

(2) Dunkerque, *Méridienne vérifiée*, 46° 52' 0", page XII; 46° 52' 30", page 167.

Le triangle 2, dans lequel l'angle à Gravelines a été conclu, ne doit servir qu'à trouver la distance de Gravelines à Watten, pour réduire au centre les observations d'azimut faites à Watten.

Les triangles 4 et 5, dans chacun desquels un angle a été conclu, ne serviront qu'à

Nos.	NOMS des stations.	Pages.	ANGLES observés.	EXCÈS sphérique.	ANGLES sphériques.	ANGLES des cordes.	ANGLES moyens.
5	Cassel.........	28	36° 10′ 59″60	— 0″11	36° 10′ 59″0	10′ 58″89	10′ 58″63
	Fiefs.........	30	34° 3′ 15″47	— 0″12	34° 3′ 15″47	3′ 15″35	3′ 15″10
	Helfaut	*	109° 45′ 46″64	— 0″88	109° 45′ 46″64	45′ 45″76	45′ 46″27
			180° 0′ 1″11	— 1″11	180° 0′ 1″11	0′ 0″0	0′ 0″0
6	Cassel.........	27	29° 50′ 27″59	— 0″41	29° 50′ 27″95	50′ 27″54	50′ 27″35
	Fiefs.........	31	91° 11′ 19″04	— 0″93	91° 11′ 19″40	11′ 18″47	11′ 18″80
	Mesnil.........	41	58° 58′ 14″09	— 0″46	58° 58′ 14″45	58′ 13″99	58′ 13″85
			180° 0′ 0″72	— 1″80	180° 0′ 1″80	0′ 0″0	0′ 0″0
Somme des erreurs.			— 1″08				
7	Cassel	28	39° 42′ 10″51	— 0″51	39° 42′ 10″51	42′ 10″0	42′ 9″91
	Béthune.....	36	78° 39′ 44″58	— 0″73	78° 39′ 44″58	39′ 43″85	39′ 43″98
	Fiefs.........	*	61° 38′ 6″71	— 0″56	61° 38 6″71	38′ 6″15	38′ 6″11
			180° 0′ 1″80	— 1″80	180° 0′ 1″80	0′ 0″0	0′ 0″0
8	Béthune.....	38	62° 55′ 40″04	— 0″16	62° 55′ 40″04	55′ 39″88	55′ 39″84
	Mesnil......	41	87° 31′ 2″11	— 0″27	87° 31′ 2″11	31′ 1″84	31′ 1″91
	Fiefs.........	*	29° 33′ 18″44	— 0″16	29° 33′ 18″44	33′ 18″28	33′ 18″25
			180° 0′ 0″59	— 0″59	180° 0′ 0″59	0′ 0″0	0′ 0″0

donner de la position d'Helfaut deux déterminations différentes, qu'on pourra comparer entre elles et avec celle qu'on trouve dans la *Méridienne vérifiée*, p. 183.

Les triangles 7 et 8 sont inutiles ; mais il sera curieux de comparer la distance de Fiefs au Mesnil qui en sera déduite, à celle qui est donnée directement par le triangle 6, dans lequel tout a été observé.

Nos.	NOMS des stations.	Pages.	ANGLES observés.	EXCÈS sphérique.	ANGLES sphériques.	ANGLES des cordes.	ANGLES moyens.
	Cassel	28	75° 53' 9"51	— 0"64	75° 53' 9"51	53' 8"87	53' 8"96
9	Béthune	35	37° 29' 18"86	— 0"45	37° 29' 18"86	29' 18"41	29' 18"32
	Helfaut	*	66° 37' 33"27	— 0"55	66° 37' 33"27	37' 32"72	37' 32"72
			180° 0' 1"64	— 1"64	180° 0' 1"64	0' 0"0	0' 0"0
	Helfaut	*	43° 8' 13"37	— 0"28	43° 8' 13"37	8' 13"09	8' 12"94
10	Béthune	38	41° 10' 25"44	— 0"26	41° 10' 25"44	10' 25"18	10' 25"01
	Fiefs	*	95° 41' 22"48	— 0"75	95° 41' 22"48	41' 21"73	41' 22"5
			180° 0' 1"29	— 1"29	180° 0' 1"29	0' 0"0	0' 0"0
	Fiefs	33	42° 59' 49"22	— 0"22	42° 59' 49"63	59' 49"41	59' 49"22
11	Mesnil	42	102° 38' 9"22	— 0"80	102° 38' 9"63	38' 8"83	38' 9"22
	Sauti	43	34° 22' 1"56	— 0"22	34° 22' 1"98	22' 1"76	22' 1"56
			180° 0' 0"0	— 1"24	180° 0' 1"24	0' 0"0	0' 0"0
Somme des erreurs			— 1"24				
	Fiefs	34	34° 32' 52"13	— 0"34	34° 32' 51"42	32' 51"08	32' 50"93
12	Sauti	44	54° 45' 9"38	— 0"38	54° 45' 8"66	45' 8"28	45' 8"17
	Bonnières	48	90° 42' 2"11	— 0"75	90° 42' 1"39	42' 0"64	42' 0"90
			180° 0' 3"62	— 1"47	180° 0' 1"47	0' 0"0	0' 0"0
Somme des erreurs			+ 2"15				

Les triangles 9 et 10 fournissent des comparaisons du même genre ; dans le dixième, l'angle à Helfaut est la différence des angles conclus des triangles 5 et 9.

(9) *Méridienne vérifiée*, p. 186. Les trois angles sont 75° 53' 30", 37° 29' 0", et 66° 37' 30", triangle secondaire dont les observations ne sont pas rapportées.

(12) *Méridienne vérifiée*, 34° 32' 48"; 54° 45' 4"; 90° 41' 46", p. xiv et xv.

Nᵒˢ	NOMS des stations.	Pages.	ANGLES observés.	EXCÈS sphérique.	ANGLES sphériques.	ANGLES des cordes.	ANGLES moyens.
	Bonnières · · ·	48	51° 56' 48"69	— 0"25	51° 56' 49"41	56' 49"16	56' 49"13
13	Sauti · · · · · · ·	45	64° 36' 51"28	— 0"29	64° 36' 51"99	36' 51"70	36' 51"72
	Beauquêne · · ·	50	63° 26' 18"71	— 0"28	63° 26' 19"42	26' 19"14	26' 19"15
			179° 59' 58"68	— 0"82	180° 0' 0"82	0' 0"0	0' 0"0
Somme des erreurs ·		· ·	— 2"14				
	Sauti · · · · · · ·	46	52° 57' 13"76	— 0"18	52° 57' 13"04	57' 12"86	57' 12"85
14	Beauquêne · · ·	51	59° 3' 28"53	— 0"19	59° 3' 27"81	3' 27"62	3' 27"62
	Mailli · · · · · ·	53	67° 59' 20"45	— 0"21	67° 59' 19"73	59' 19"52	59' 19"53
			180° 0' 2"74	— 0"58	180° 0' 0"58	0' 0"0	0' 00"
Somme des erreurs ·		· ·	+ 2"16				
	Mailli · · · · · ·	54	78° 53' 28"70	— 0"38	78° 53' 28"70	53' 28"32	53' 28"39
15	Villersbreton ·	61	35° 10' 33"65	— 0"25	35° 10' 33"65	10' 33"40	10' 33"35
	Beauquêne · · ·	*	65° 55' 58"56	— 0"28	65° 55' 58"56	55' 58"28	55' 58"26
			180° 0' 0"91	— 0"91	180° 0' 0"91	0' 0"0	0' 0"0

(13) *Méridienne vérifiée*, 51° 56' 53"; 64° 36' 39"; 63° 26' 14", p. xv et xvi.

(14) *Méridienne vérifiée*, 52° 57' 0"; 59° 3' 25"; 67° 59' 11", p. xv et xvi.

(14) La commission n'a eu aucun égard à la première des cinq séries de l'angle à Beauquêne, parce qu'elle diffère des quatre suivantes, qui s'accordent fort bien entre elles.

(15) *Méridienne vérifiée*, 78° 53' 22"; 35° 10' 40"; 65° 55' 55", p. xv-xvii.

(15) et (16) Villersbretonneux étoit devenu invisible à l'observateur placé à Beauquêne; on a été forcé de conclure un angle dans chacun des triangles 15 et 16. Pour vérification, on a formé une autre suite de triangles dans lesquels tout a été observé, mais dont la disposition est moins favorable. A l'exception de ces deux angles à Beauquêne, aucun angle conclu n'entre dans le calcul de la méridienne.

Nᵒˢ.	NOMS des stations.	Pages.	ANGLES observés.	EXCÈS sphérique	ANGLES sphériques.	ANGLES des cordes.	ANGLES moyens.
16	Villersbreton·	61	·35° 4′ 56″87	— 0″29	35° 4′ 56″87	4′ 56″58	4′ 56″52
	Vignacourt ··	74	65° 14′ 50″05	— 0″33	65° 14′ 50″05	14′ 49″72	14′ 49″70
	Beauquêne···	*	79° 40′ 14″14	— 0″44	79° 40′ 14″14	40′ 13″70	40′ 13″78
			180° 0′ 1″06	— 1″06	180° 0′ 1″06	0′ 0″0	0′ 0″0
17	Villersbreton·	62	99° 5′ 50″45	— 0″83	99° 5′ 50″46	5′ 49″63	5′ 50″00
	Vignacourt ··	74	31° 49′ 57″91	— 0″30	31° 49′ 57″92	49′ 57″62	49′ 57″47
	Sourdon·····	70	49° 4′ 12″98	— 0″23	49° 4′ 12″98	4′ 12″75	4′ 12″53
			180° 0′ 1″34	— 1″36	180° 0′ 1″36	0′ 0″0	0′ 0″0
Somme des erreurs ·		··	+ 0″02				
18	Villersbreton·	63	60° 20′ 43″62	— 0″24	60° 20′ 43″56	20′ 43″32	20′ 43″32
	Sourdon·····	69	52° 0′ 56″06	— 0″22	52° 0′ 56″0	0′ 55″78	0′ 55″76
	Arvillers ····	67	67° 38′ 21″22	— 0″26	67° 38′ 21″16	38′ 20″90	38′ 20″92
			180° 0′ 0″90	— 0″72	180° 0′ 0″72	0′ 0″0	0′ 0″0
Somme des erreurs ·		··	— 0″18				
19	Beauquêne···	51	52° 5′ 16″65	— 0″19	52° 5′ 17″43	5′ 17″24	5′ 17″13
	Mailli ······	53	98° 8′ 54″40	— 0″55	98° 8′ 55″18	8′ 54″63	8′ 54″88
	Bayonvillers ·	56	29° 45′ 47″51	— 0″17	29° 45′ 48″30	45′ 48″13	45′ 47″99
			179° 59′ 58″56	— 0″91	180° 0′ 0″91	0′ 0″0	0′ 0″0
Somme des erreurs ·		··	— 2″35				

(16) *Méridienne vérifiée*, 35° 4′ 50″; 65° 14′ 38″; 79° 40′ 3″, p. xvi et xvii.

(17) *Méridienne vérifiée*, 99° 5′ 32″; 31° 49′ 55″; 49° 4′ 8″, p. xvii et xix.

(18) *Méridienne vérifiée*, 60° 20′ 45″; 52° 0′ 42″; 67° 8′ 21″, p. xvii et xix.

(18) J'avois fait l'angle à Sourdon de 0″1 plus grand; la commission a pris le milieu entre les deux séries.

(19), (20), (21), servent à vérifier les triangles 15, 16, 17 et 18.

Nos.	NOMS des stations.	Pages.	ANGLES observés.	EXCÈS sphérique.	ANGLES sphériques.	ANGLES des cordes.	ANGLES moyens.
20	Mailli	54	19° 15' 25"70	— 0"13	19° 15' 24"14	15' 24"01	15' 23"98
	Bayonvillers .	56	79° 54' 17"65	— 0"18	79° 54' 16"09	54' 15"91	54' 15"92
	Villersbreton.	61	80° 50' 21"83	— 0"18	80° 50' 20"26	50' 20"08	50' 20"10
			180° 0' 5"18	— 0"49	180° 0' 0"49	0' 0"0	0' 0"0
Somme des erreurs .	. .		+ 4"69				
21	Bayonvillers .	57	102° 20' 59"12	— 0"15	102° 20' 57"90	20' 57"75	20' 57"81
	Villersbreton .	63	49° 27' 36"45	— 0"04	49° 27' 35"23	27' 35"19	27' 35"14
	Arvillers	67	28° 11' 28"35	— 0"07	28° 11' 27"13	11' 27"06	11' 27"05
			180° 0' 3"92	— 0"26	180° 0' 0"26	0' 0"0	0' 0"0
Somme des erreurs .	. .		+ 3"66				
22	Villersbreton .	62	75° 1' 3"02	— 0"30	75° 1' 3"02	1' 2"72	1' 2"76
	Sourdon	70	44° 27' 3"75	*— 0"22	44° 27' 3"75	27' 3"53	27' 3"50
	Amiens	*	60° 31' 54"00	— 0"25	60° 31' 54"00	31' 53"75	31' 53"74
			180° 0' 0"77	— 0"77	180° 0' 0"77	0' 0"0	0' 0"0

(20) Les angles sont ici, comme par-tout ailleurs, tels qu'ils ont été arrêtés par la commission, en prenant le résultat le plus probable des observations : mais il est évident que ces angles sont trop forts ; dans ce cas, j'avois cru pouvoir choisir parmi les différentes séries celles qui donnoient des angles moindres, et par ce choix je réduisois l'erreur du triangle à 1"75. Cette erreur répartie sur les trois angles de la manière qui me paroissoit la plus juste, mes angles étoient 19° 15' 25"13, 79° 54' 16"18, et 80° 50' 19"18 ; au reste, peu importe, puisque ce triangle avec les deux précédens ne servent que de vérification.

(21) Par le choix que j'avois fait entre les différentes séries, l'erreur du triangle n'étoit que de 2"46 ; au reste, ce triangle ne sert que de vérification.

(21) *Méridienne vérifiée*, 102° 21' 10" ; 49° 27' 40" ; 28° 11' 10", page 156.

(22) *Méridienne vérifiée*, 75° 0' 46" ; 44° 26' 58" ; 60° 31' 56" 66" } p. 158.

(22) Sourdon, dès 1740, ne se voyoit pas d'Amiens ; pour l'apercevoir, on avoit été

Nᵒˢ.	NOMS des stations.	Pages.	ANGLES observés.	EXCÈS sphérique.	ANGLES sphériques.	ANGLES des cordes.	ANGLES moyens.
23	Villersbreton·	62	24° 4′ 47″59	+ 0″07	24° 4′ 48″74	4′ 48″81	4′ 48″59
	Vignacourt ··	74	25° 10′ 54″43	+ 0″06	25° 10′ 55″58	10′ 55″64	10′ 55″43
	Amiens ·····	70	130° 44′ 14″98	— 0″58	130° 44′ 16″13	44′ 15″55	44′ 15″98
Somme des erreurs ·	··		179° 59′ 57″00 — 3″45	— 0″45	180° 0′ 0″45	0′ 0″0	0′ 0″0
24	Arvillers ····	68	60′ 29″ 18″51	— 0″31	60° 29′ 18″89	29′ 18″58	29′ 18″59
	Sourdon·····	71	69° 17′ 27″78	— 0″33	69° 17′ 28″16	17′ 27″83	17′ 27″85
	Coivrel······	78	50° 13′ 13″48	— 0″27	50° 13′ 13″86	13′ 13″59	13′ 13″56
Somme des erreurs ·	··		179° 59′ 59″77 — 1″14	— 0″91	180° 0′ 0″91	0′ 0″0	0′ 0″0
25	Sourdon·····	71	62° 33′ 20″65	— 0″33	62° 33′ 21″29	33′ 20″96	33′ 20″98
	Coivrel······	78	57° 10′ 38″17	— 0″30	57° 10′ 38″82	10′ 38″52	10′ 38″51
	Noyers······	82	60° 16′ 0″18	— 0″31	60° 16′ 0″83	16′ 0″52	16′ 0″51
Somme des erreurs ·	··		179° 59′ 59″00 — 1″94	— 0″94	180° 0′ 0″94	0′ 0″0	0′ 0″0

obligé de porter une simple lunette avec un micromètre 50 pieds plus haut que le lieu de la station. Voyez la *Méridienne vérifiée*, p. XVII.

(23) *Méridienne vérifiée*, 24° 4′ 45″; 25° 11′ 3; 130° 44′ 9″, p. XVI et XVII.

(23) L'angle à Villersbretonneux est trop petit, parce que la flèche d'Amiens, qui a 27 toises de longueur au-dessus du faîte de l'église, penche d'une manière sensible à la vue, mais qu'il est difficile d'estimer. Autant que je puis voir par les observations que j'ai faites dans cette vue, la correction seroit au moins de 1″3, ce qui réduit déjà l'erreur à 2″1. De plus, à Amiens, on n'a pu s'assurer du centre à quelques pouces, et la réduction au centre, qui est de 64″, varie de deux tiers de seconde pour chaque pouce. Ce triangle ne sert que pour déterminer la position d'Amiens : or, pour cet objet, une erreur de quelques pouces est fort indifférente.

(24) *Méridienne vérifiée*, 60° 29′ 21″; 69° 17′ 37″; 50° 13′ 9″, p. XVIII et XIX.

Nᵒˢ.	NOMS des stations.	Pages.	ANGLES observés.	EXCÈS sphérique.	ANGLES sphériques.	ANGLES des cordes.	ANGLES moyens.
26	Coivrel......	79	62° 21′ 39″67	— 0″35	62° 21′ 38″68	21′ 38″33	21′ 38″34
	Noyers......	84	59° 57′ 16″30	— 0″34	59° 57′ 15″31	57′ 14″97	57′ 14″97
	Clermont....	86	57° 41′ 8″02	— 0″34	57° 41′ 7″04	41′ 6″70	41′ 6″69
			180° 0′ 3″99	— 1″03	180° 0′ 1″03	0′ 0″0	0′ 0″0
Somme des erreurs .	. .		+ 2″96				
27	Coivrel......	80	62° 59′ 9″84	— 0″37	62° 59′ 9″47	59′ 9″10	59′ 9″12
	Clermont....	86	58° 32′ 27″67	— 0″35	58° 32′ 27″30	32′ 26″95	32′ 26″95
	Jonquières...	90	58° 28′ 24″65	— 0″34	58° 28′ 24″29	28′ 23″95	28′ 23″93
			180° 0′ 2″16	— 1″06	180° 0′ 1″06	0′ 0″0	0′ 0″0
Somme des erreurs .	. .		+ 1″10				
28	Clermont....	86	49° 18′ 59″11	— 0″25	49° 18′ 58″93	18′ 58″68	18′ 58″65
	Jonquières...	90	53° 5′ 26″10	— 0″26	53° 5′ 25″91	5′ 25″65	5′ 25″63
	St.-Christophe	93	77° 35′ 36″19	— 0″33	77° 35′ 36″00	35′ 35″67	35′ 35″72
			180° 0′ 1″40	— 0″84	180° 0′ 0″84	0′ 0″0	0′ 0″0
Somme des erreurs .	. .		+ 0″56				
29	Coivrel......	79	32° 49′ 40″18	— 0″13	32° 49′ 39″79	49′ 39″66	49′ 39″46
	Clermont....	86	107° 51′ 26″78	— 0″74	107° 51′ 26″38	51′ 25″64	51′ 26″05
	St.-Christophe	93	39° 18′ 55″21	— 0″12	39° 18′ 54″82	18′ 54″70	18′ 54″49
			180° 0′ 2″17	— 0″99	180° 0′ 0″99	0′ 0″0	0′ 0″0
Somme des erreurs .	. .		+ 1″18				

(26) L'angle à Noyers est de 0″3 plus fort que celui auquel je m'arrêtois, page 84. Je donne ici, comme par-tout, les angles arrêtés par la commission spéciale. En se permettant un choix entre les séries, on feroit évanouir l'erreur.

(29) Ce triangle est inutile, au moyen des deux précédens ; il est moins bien conditionné, et les observations beaucoup moins sûres.

Nᵒˢ.	NOMS des stations.	Pages.	ANGLES observés.	EXCÈS sphérique.	ANGLES sphériques.	ANGLES des cordes.	ANGLES moyens.
30	Clermont · · · ·	87	54° 39′ 58″89	— 0″33	54° 39′ 57″66	39′ 57″33	39′ 57″26
	St.-Christophe	93	87° 43′ 29″69	— 0″56	87° 43′ 28″46	43′ 27″90	43′ 28″06
	St.-Martin · · ·	95	37° 36′ 36″30	— 0″30	37° 36′ 35″07	36′ 34″77	36′ 34″68
			180° 0′ 4″88	— 1″19	180° 0′ 1″19	0′ 0″0	0′ 0″0
Somme des erreurs ·	· ·		+ 3″69				
31	St.-Christophe	94	62° 36′ 58″79	— 0″45	62° 36′ 58″37	36′ 57″92	36′ 57″93
	St.-Martin · · ·	97	56° 20′ 9″41	— 0″43	56° 20′ 9″0	20′ 8″57	20′ 8″56
	Dammartin · ·	100	61° 2′ 54″37	— 0″45	61° 2′ 53″96	2′ 53″51	2′ 53″51
			180° 0′ 2″57	— 1″33	180° 0′ 1″33	0′ 0″0	0′ 0″0
Somme des erreurs ·	· ·		+ 1″24				
32	Clermont · · · ·	87	38° 1′ 22″80	— 0″43	38° 1′ 22″43	1′ 22″0	1′ 21″79
	Dammartin · ·	100	48° 1′ 54″53	— 0″48	48° 1′ 54″16	1′ 53″68	1′ 53″52
	St.-Martin · ·	95-97	93° 56′ 45″71	— 1″01	93° 56′ 45″33	52′ 44″32	56′ 44″69
			180° 0′ 3″04	— 1″92	180° 0′ 1″92	0′ 0″0	0′ 0″0
Somme des erreurs ·	· ·		+ 1″12				
33	Clermont · · · ·	87	65° 57′ 33″39	— 0″67	65° 57′ 33″31	57′ 32″64	57′ 32″58
	Jonquières · · ·	90	80° 45′ 32″25	— 0″91	80° 45′ 32″16	45′ 31″25	45′ 31″44
	Dammartin · ·	101	33° 16′ 56″78	— 0″59	33° 16′ 56″70	16′ 56″11	16′ 55″98
			180° 0′ 2″42	— 2″17	180° 0′ 2″17	0′ 0″0	0′ 0″0
Somme des erreurs ·	· ·		+ 0″25				

(31) Il y a ici une différence de — 0″11 entre l'angle arrêté par la commission et celui qu'on trouve page 94.

(32) Ce triangle est inutile, au moyen des deux précédens qui sont mieux conditionnés. Ici le 33ᵉ angle est la somme de deux autres observés séparément pour les triangles 30 et 31.

(33) Ce triangle est encore inutile, et il n'est pas trop sûr. Il en est de même du suivant.

N°s.	NOMS des stations.	Pages.	ANGLES observés.	EXCÈS sphérique.	ANGLES sphériques.	ANGLES des cordes.	ANGLES moyens.
34	Jonquières····	1	36° 15' 48"57	— 0"66	36° 15' 48"57	15' 47"91	15' 47"77
	Dammartin ··	102	81° 18' 52"89	— 1"03	81° 18' 52"89	18' 51"86	18' 52"09
	St.-Martin···	*	62° 25' 20"94	— 0"71	62° 25' 20"94	25' 20"23	25' 20"14
			180° 0' 2"40	— 2"40	180° 0' 2"40	0' 0"0	0' 0"0
35	St.-Martin···	97	76° 2' 30"83	— 0"72	76° 2' 31"25	2' 30"53	2' 30"66
	Dammartin ··	103	57° 20' 17"99	— 0"57	57° 20' 18"42	20' 17"85	20' 17"82
	Panthéon····	106	46° 37' 11"69	— 0"50	46° 37' 12"12	37' 11"62	37' 11"52
			180° 0' 0"51	— 1"79	180° 0' 1"79	0' 0"0	0' 0"0
Somme des erreurs ·	··		— 1"28				
36	Dammartin ··	103	59° 52' 3"15	— 0"63	59° 52' 2"86	52' 2"23	52' 2"20
	Panthéon····	107	48° 17' 35"44	— 0"59	48° 17' 35"15	17' 34"56	17' 34"50
	Bellassise····	119	71° 50' 24"25	— 0"75	71° 50' 23"96	50' 23"21	50' 23"30
			180° 0' 2"84	— 1"97	180° 0' 1"97	0' 0"0	0' 0"0
Somme des erreurs ·	··		+ 0"87				
37	Dammartin ··	103	63° 49' 26"66	— 0"71	63° 49' 26"66	49' 25"95	49' 26"02
	Bellassise····	121	70° 30' 24"54	— 0"77	70° 30' 24"54	30' 23"77	30' 23"90
	Les Invalides·	*	45° 40' 10"71	— 0"43	45° 40' 10"71	40' 10"28	40' 10"08
			180° 0' 1"91	— 1"91	180° 0' 1"91	0' 0"0	0' 0"0

(37) Ce triangle ne sert qu'à déterminer la position des Invalides. Quand j'ai voulu prendre l'angle aux Invalides, le clocher de Dammartin n'existoit plus.

Nos.	NOMS des stations.	Pages.	ANGLES observés.	EXCÈS sphérique.	ANGLES sphériques.	ANGLES des cordes.	ANGLES moyens.
38	Panthéon	107	37° 1' 41″04	— 0″34	37° 1' 41″00	1' 40″66	1' 40″59
	Bellassise	119	57° 21' 2″32	— 0″34	57° 21' 2″28	21' 1″94	21' 1″87
	Brie	125	85° 37' 18″00	— 0″55	85° 37' 17″95	37' 17″40	37' 17″54
Somme des erreurs .	. .		180° 0' 1″36	— 1″23	180° 0' 1″23	0' 0″0	0' 0″0
			+ 0″13				
39	Panthéon	107	61° 13' 48″60	— 0″47	61° 13' 48″41	13' 47″94	13' 47″94
	Brie	127	55° 51' 49″40	— 0″44	55° 51' 49″21	51' 48″77	51' 48″75
	Montlhéri ...	134	62° 54' 23″97	— 0″48	62° 54' 23″77	54' 23″29	54' 23″31
Somme des erreurs .	. .		180° 0' 1″97	— 1″39	180° 0' 1″39	0' 0″0	0' 0″0
			+ 0″58				
40	Brie		39° 42' 39″00	— 0″00	39° 42' 39″00	00' 00″0	42' 39″0
	Montlhéri	132	74° 38' 4″00	— 0″00	74° 38' 4″00	00' 0″0	38' 4″0
	Tour de Croy.	*	65° 39' 17″00	— 0″00	65° 39' 17″00	00' 0″0	39' 17″0
			180° 0' 0″00		00° 0' 0″00	0' 0″0	0' 0″0
41	Brie	127	40° 32' 37″96	— 0″28	40° 32' 37″94	32' 37″66	32' 37″60
	Montlhéri ...	131	45° 18' 40″77	— 0″34	65° 18' 40″76	18' 40″41	18' 40″41
	Malvoisine ..	138	74° 8' 42″35	— 0″39	74° 8' 42″32	8' 41″93	8' 41″99
Somme des erreurs .	. .		180° 0' 1″08	— 1″01	180° 0' 1″01	0' 0″0	0' 0″0
			+ 0″07				

(39) L'angle à Montlhéri est plus foible de 0″57, page 134. On le voit ici tel qu'il a été arrêté par la commission.

(40) En renonçant à la base de Villejuif et Juvisi nous rendions inutile le signal de Croy, et je n'ai point imprimé les observations que j'en avois faites à Brie.

Nᵒˢ.	NOMS des stations.	Pages.	ANGLES observés.	EXCÈS sphérique.	ANGLES sphériques.	ANGLES des cordes.	ANGLES moyens.
42	Montlhéri · · ·	135	49° 34′ 22″62	— 0″20	49° 34′ 22″56	34′ 22″36	34′ 22″32
	Malvoisine · ·	141	76° 47′ 43″28	— 0″28	76° 47′ 43″21	47′ 42″93	47′ 42″98
	Lieursaint · · ·	146	53° 37′ 55″00	— 0″22	53° 37′ 54″93	37′ 54″71	37′ 54″70
			180° 0′ 0″90	— 0″70	180° 0′ 0″70	0′ 0″0	0′ 0″0
Somme des erreurs ·	· ·		+ 0″20				
43	Malvoisine · ·	140	40° 36′ 56″81	— 0″13	40° 36′ 56″84	36′ 56″71	36′ 56″68
	Lieursaint · · ·	147	75° 39′ 29″81	— 0″19	75° 39′ 29″83	39′ 29″64	39′ 29″67
	Melun · · · · · ·	144	63° 43′ 33″79	— 0″17	63° 43′ 33″82	43′ 33″65	43′ 33″65
			180° 0′ 0″41	— 0″49	180° 0′ 0″49	0′ 0″0	0′ 0″0
Somme des erreurs ·	· ·		— 0″08				
44	Montlhéri · · · { 134 131 }		55° 10′ 0″10	— 0″14	55° 10′ 1″18	10′ 1″04	10′ 1″03
	Malvoisine · ·	141	43° 52′ 2″31	— 0″12	43° 52′ 3″39	52′ 3″27	52′ 3″25
	Torfou · · · · · ·	150	80° 57′ 54″79	— 0″17	80° 57′ 55″86	57′ 55″69	57′ 55″72
			179° 59′ 57″20	— 0″43	180° 0′ 0″43	0′ 0″0	0′ 0″0
Somme des erreurs ·	· ·		— 3″23				
45	Malvoisine · ·	139	21° 15′ 12″46	— 0″00	21° 15′ 12″46	15′ 12″46	15′ 12″36
	Torfou · · · · · ·	150	114° 54′ 56″52	— 0 28	114° 54′ 56″52	54′ 56″24	54′ 56″42
	Bruyère · · · · ·	148	43° 49′ 51″32	— 0″02	43° 49′ 51″32	49′ 51″30	49′ 51″22
			180° 0′ 0″30	— 0″30	180° 0′ 0″30	0′ 0″0	0′ 0″0

(45) Ce triangle ne sert qu'à déterminer la position de l'observatoire que j'ai à Bruyère.

Nᵒˢ.	NOMS des stations.	Pagos.	ANGLES observés.	EXCÈS sphérique.	ANGLES sphériques.	ANGLES des cordes.	ANGLES moyens.
46	Montlhéri ...	132	19° 37' 23"00				
	Torfou	151	58° 19' 54"00				
	St.-Yon	*	102° 2' 43"00				
			180° 0' 0"00				
47	Malvoisine ..	138	53° 22' 24"25	— 0"15	53° 22' 25"11	22' 24"96	22' 24"93
	Torfou	151	81° 36' 49"23	— 0"23	81° 36' 50"09	36' 49"86	36' 49"90
	Forêt	153	45° 0' 44"49	— 0"17	45° 0' 45"35	0' 45"18	0' 45"17
			179° 59' 57"97	— 0"55	180° 0' 0"55	0' 0"0	0' 0"0
Somme des erreurs ·		. .	— 2"58				
48	Malvoisine ..	139	70° 51' 38"40	— 0"44	70° 51' 38"16	51' 37"72	51' 37"77
	Forêt	154	62° 47' 30"17	— 0"40	62° 47' 29"93	47' 29"53	47' 29"54
	Chapelle	157	46° 20' 53"32	— 0"34	46° 20' 53"09	20' 52"75	20' 52"69
			180° 0' 1"89	— 1"18	180° 0' 1"18	0' 0"0	0' 0"0
Somme des erreurs ·		. .	+ 0"71				
49	Forêt	155	68° 36' 0"17	— 0"53	68° 35' 59"64	35' 59"11	35' 59"16
	Chapelle	158	51° 5' 14"27	— 0"43	51° 5' 13"75	5' 13"32	5' 13"26
	Pithiviers....	161	60° 18' 48"59	— 0"49	60° 18' 48"06	18' 47"57	18' 47"58
			180° 0' 3"03	— 1"45	180° 0' 1"45	0' 0"0	0' 0"0
Somme des erreurs ·		. .	+ 1"58				

(46) Ce triangle ne servira qu'à rectifier la position du clocher de Saint-Yon, qui est défectueuse dans la *Méridienne vérifiée*, p. 203.

(49) Pour l'angle à Forêt, la commission n'a tenu compte que des trois dernières séries.

N^os.	NOMS des stations.	Pages.	ANGLES observés.	EXCÈS sphérique.	ANGLES sphériques.	ANGLES des cordes.	ANGLES moyens.
50	Chapelle	160	35° 31' 38"00	— 0"00	35° 31' 38"00	0' 0"0	31' 38"0
	Pithiviers....	162	29° 55' 18"00	— 0"00	29° 55' 18"00	0' 0"0	55' 18"0
	Bromeille....	*	114° 33' 4"00	— 0"00	114° 33' 4"00	0' 0"0	33' 4"0
			180° 0' 0"00	— 0"00	180° 0' 0"00	0' 0"0	0' 0"0
51	Forêt	155	57° 11' 18"00				
	Pithiviers....	164	30° 40' 20"00				
	Méréville....	*	92° 8' 22"00				
			180° 0' 0"00				
52	Chapelle.....	159	31° 58' 53"92	— 0"34	31° 58' 53"31	58' 52"97	58' 52"87
	Pithiviers....	162	91° 55' 6"75	— 0"67	91° 55' 6"13	55' 5"46	55' 5"70
	Boiscommun .	168	56° 6' 2"48	— 0"30	56° 6' 1"87	6' 1"57	6' 1"43
			180° 0' 3"15	— 1"31	180° 0' 1"31	0' 0"0	0' 0"0
Somme des erreurs ,	. .		+ 1"84				
53	Pithiviers....	167	31° 53' 1"65	— 0"09	31° 53' 2"52	53' 2"43	53' 2"40
	Boiscommun .	168	52° 33' 4"73	— 0"07	52° 33' 5"59	33' 5"52	33' 5"48
	Châtillon	173	95° 33' 51"37	— 0"18	95° 33' 52"23	33' 52"05	33' 52"12
			179° 59' 57"75	— 0"34	180° 0' 0"34	0' 0"0	0' 0"0
Somme des erreurs ,	. .		— 2"59				

(50) et (51) Ces triangles ne serviront qu'à déterminer Bromeille et Méréville.

(52) L'angle à Boiscommun est ici de + 0"58 plus fort que le résultat auquel j'ai donné la préférence, page 168.

(52) *Méridienne vérifiée*, 31° 58' 42"; 91° 54' 57"; 56° 5' 51", p. XXVI et XXVII.

Nos.	NOMS des stations.	Pages.	ANGLES observés.	EXCÉS sphérique.	ANGLES sphériques.	ANGLES des cordes.	ANGLES moyens.
54	Boiscommun	169	62° 31' 29"63	— 0"11	62° 31' 30"50	31' 30"39	31' 30"34
	Châtillon	174	93° 0' 16"56	— 0"24	93° 0' 17"43	0' 17"19	0' 17"27
	Châteauneuf	175	24° 28' 11"67	— 0"13	24° 28' 12"55	28' 12"42	28' 12"39
			179° 59' 57"86	— 0"48	180° 0' 0"48	0' 0"0	0' 0"0
Somme des erreurs	. .		— 2"62				
55	Châtillon	174	50° 28' 6"71	— 0"31	50° 28' 6"82	28' 6"51	28' 6"42
	Châteauneuf	176	87° 35' 9"23	— 0"58	87° 35' 9"34	35' 8"76	35' 8"93
	Orléans	179	41° 56' 44"94	— 0"32	41° 56' 45"05	56' 44"73	56' 44"65
			180° 0' 0"88	— 1"21	180° 0' 1"21	0' 0"0	0' 0"0
Somme des erreurs	. .		— 0"33				
56	Châteauneuf	176	73° 48' 14"28	— 0"60	73° 48' 14"14	48' 13"54	48' 13"62
	Orléans	179	58° 27' 25"75	— 0"49	58° 27' 25"61	27' 25"12	27' 25"09
	Vouzon	183	47° 44' 21"94	— 0"46	47° 44' 21"80	44' 21"34	44' 21"29
			180° 0' 1"97	— 1"55	180° 0' 1"55	0' 0"0	0' 0"0
Somme des erreurs	. .		+ 0"42				
57	Orléans	180	22° 7' 35"05	— 0"24	22° 7' 35"05	7' 34"81	7' 34"74
	Vouzon	183	87° 38' 40"00	— 0"44	87° 38' 40"00	38' 39"56	38' 39"69
	Chaumont	189	70° 13' 45"89	— 0"26	70° 13' 45"89	13' 45"63	13' 45"57
			180° 0' 0"94	— 0"94	180° 0' 0"94	0' 0"0	0' 0"0

(56) *Méridienne vérifiée*, 73° 48' 33"; 58° 27' 21"; 47° 44' 27", p. xxvii et xxix.

(57) *Méridienne vérifiée*, 22° 7' 43"; 70° 13' 33"; 87° 38' 40", p. xxvii et xxix.

(57) Ici la commission a cru devoir s'écarter de la règle qu'elle s'étoit faite de dis-

Nᵒˢ.	NOMS des stations.	Pages.	ANGLES observés.	EXCÈS sphérique.	ANGLES sphériques.	ANGLES des cordes.	ANGLES moyens.
58	Vouzon	184	94° 40′ 25″41	— 0″39	94° 40′ 24″01	40′ 23″62	40′ 23″77
	Chaumont ···	189	58° 19′ 4″89	— 0″15	58° 19′ 3″49	19′ 3″34	19′ 3″25
	Soême	191	27° 0′ 34″61	— 0″17	27° 0′ 33″21	0′ 33″04	0′ 32″98
			180° 0′ 4″91	— 0″71	180° 0′ 0″71	0′ 0″0	0′ 0″0
Somme des erreurs ·	. .		─+─ 4″20				
59	Vouzon	185	89° 3′ 17″2				
	Oison	196	34° 37′ 43″6				
	Châteauneuf ·	*/	56° 18′ 59″2				
			180° 0′ 0″0				
60	Vouzon	185	40° 53′ 7″5				
	Oison	197	32° 49′ 51″9				
	Soême	*	105° 17′ 0″6				
			180° 0′ 0″0				

tribuer l'erreur également entre les trois angles. Une incertitude de quelques secondes, qu'on n'avoit pu éviter dans la réduction au centre, rendoit l'angle à Vouzon beaucoup moins sûr que les deux autres. Heureusement l'angle approche si fort de 90° que cette incertitude devient fort indifférente. On auroit pu également conclure cet angle d'après les deux autres; on auroit à très-peu près trouvé la même valeur.

(58) L'erreur provient probablement, en grande partie, de la réduction au centre à Vouzon. En se permettant un choix parmi les séries, l'erreur se réduiroit à 2″74.

(59) Les deux premiers angles diffèrent ici de ce qu'ils sont parmi les observations; c'est que dans ce tableau je donne les angles arrêtés par la commission, et que, parmi les observations, j'ai donné pour dernier résultat ce qui m'a paru le plus probable quand il n'est pas le moyen arithmétique.

N°s.	NOMS des stations.	Pages.	ANGLES observés.	EXCÈS sphérique.	ANGLES sphériques.	ANGLES des cordes.	ANGLES moyens.
61	Vouzon	185	25° 3' 47"37	— 0"15	25° 3' 47"37	3' 47"22	3' 47"16
	Soême	194	94° 42' 18"86	— 0"36	94° 42' 18"86	42' 18"50	42' 18"65
	Ste.-Montaine	199	60° 13' 54"40	— 0"12	60° 13' 54"40	13' 54"28	13' 54"19
			180° 0' 0"63	— 0"63	180° 0' 0"63	0' 0"0	0' 0"0
62	Soême	193	34° 34' 51"33	— 0"04	34° 34' 51"33	34' 51"29	34' 51"26
	Ste.-Montaine	199	95° 54' 58"12	— 0"14	95° 54' 58"12	54' 57"98	54' 58"04
	Ennordre	201	49° 30' 10"78	— 0"05	49° 30' 10"78	30' 10"73	30' 10"70
			180° 0' 0"23	— 0"23	180° 0' 0"23	0' 0"0	0' 0"0
63	Vouzon	184	19° 23' 8"03	+ 0"07	19° 23' 7"66	23' 7"73	23' 7"46
	Soême	192	129° 17' 7"95	— 0"90	129° 17' 7"57	17' 6"67	17' 7"38
	Ennordre	201	31° 19' 45"74	+ 0"23	31° 19' 45"37	19' 45"60	19' 45"16
			180° 0' 1"72	— 0"60	180° 0' 0"60	0' 0"0	0. 0"0
Somme des erreurs			+ 1"12				
64	Soême	192	35° 7' 26"45	— 0"08	35° 7' 26"99	7' 26"91	7' 26"82
	Ennordre	202	108° 17' 52"34	— 0"34	108° 17' 52"88	17' 52"54	17' 52"71
	Méri	204	36° 34' 40"09	— 0"08	36° 34' 40"63	34' 40"55	34' 40"47
			179° 59' 58"88	— 0"50	180° 0' 0"50	0' 0"0	0' 0"0
Somme des erreurs			— 1"62				

(61) et (62) Même remarque que sur le triangle (59).

(63) Triangle inutile et très-douteux, quoique la somme des erreurs soit presque nulle.

N°.	NOMS des stations.	Pages.	ANGLES observés.	EXCÈS sphérique.	ANGLES sphériques.	ANGLES des cordes.	ANGLES moyens.
65	Ennordre ••••	202	47° 23' 37"64	— 0"12	47° 23' 37"57	23' 37"45	23' 37"35
	Méri ••••••••	204	99° 42' 6"96	— 0"41	99° 42' 6"89	42' 6"48	42' 6"67
	Morogues •••	206	32° 54' 16"27	— 0"14	32° 54' 16"21	54' 16"07	54' 15"98
			180° 0' 0"87	— 0"67	180° 0' 0"67	0' 0"0	0' 0"0
Somme des erreurs •	• •		+ 0"20				
66	Méri ••••••••	204	77' 55" 22"78	— 0"46	77° 55' 22"27	55' 21"81	55' 21"90
	Morogues •••	207	58° 39' 22"23	— 0"34	58° 39' 21"73	39' 21"39	39' 21"36
	Bourges •••••	213	43° 25' 17"61	— 0"31	43° 25' 17"11	25' 16"80	25' 16"74
			180° 0' 2"62	— 1"11	180° 0' 1"11	0' 0"0	0' 0"0
Somme des erreurs •	• •		+ 1"51				
67	Morogues •••	209	15° 21' 24"5				
	Bourges •••••	213	43° 50' 47"8				
	Vasselai •••••	*	120° 47' 47"7				
			180° 0' 0"0				
68	Les Ais •••••	209	26° 23' 16"0				
	Bourges •••••	213	50° 28' 8"0				
	Vasselai •••••	*	103° 8' 36"0				
			180° 0' 0"0				

(67) et (68) Ces deux triangles ne servent qu'à donner la distance de Bourges à Vasselai, nécessaire au calcul d'une réduction au centre dans les observations d'azimut. L'un des deux suffiroit, l'autre servira de vérification.

N°s.	NOMS des stations.	Pages.	ANGLES observés.	EXCÈS sphérique.	ANGLES sphériques.	ANGLES des cordes.	ANGLES moyens.
69	Morogues ...	208	33° 36′ 18″27	— 0″20	33° 36′ 17″36	36′ 17″16	36′ 16″81
	Bourges	215	110° 27′ 12″64	— 1″28	110° 27′ 11″72	27′ 10″44	27′ 11″17
	Dun	218	35° 56′ 33″49	— 0″17	35° 56′ 32″57	56′ 32″40	56′ 32″02
			180° 0′ 4″40	— 1″65	180° 0′ 1″65	0′ 0″0	0′ 0″0
Somme des erreurs ·	· ·		+ 2″75				
70	Bourges	216	40° 27′ 27″32	— 0″30	40° 27′ 26″50	27′ 26″20	27′ 25″92
	Dun	218	101° 48′ 17″34	— 1″09	101° 48′ 16″51	48′ 15″42	48′ 15″94
	Morlac......	220	37° 44′ 19″53	— 0″33	37° 44′ 18″71	44′ 18″38	44′ 18″14
			180° 0′ 4″19	— 1″72	180° 0′ 1″72	0′ 0″0	0′ 0″0
Somme des erreurs ·	· ·		+ 2″47				
71	Dun	219	41° 17′ 14″39	— 0″12	41° 17′ 13″42	17′ 13″30	17′ 13″18
	Morlac......	221	35° 21′ 27″64	— 0″15	35° 21′ 26″68	21′ 26″53	21′ 26″43
	Belvédère....	224	103° 21′ 21″61	— 0″47	103° 21′ 20″64	21′ 20″17	21′ 20″39
			180° 0′ 3″64	— 0″74	180° 0′ 0″74	0′ 0″0	0′ 0″0
Somme des erreurs ·	· ·		+ 2″90				
72	Morlac......	221	74° 5′ 49″75	— 0″33	74° 5′ 48″19	5′ 47″86	5′ 47″90
	Belvédère....	225	55° 25′ 2″31	— 0″27	55° 25′ 0″74	25′ 0″47	25′ 0″46
	Cullan	227	50° 29′ 13″49	— 0″26	50° 29′ 11″93	29′ 11″67	29′ 11″64
			180° 0′ 5″55	— 0″86	180° 0′ 0″86	0′ 0″0	0′ 0″0
Somme des erreurs ·	· ·		+ 4″69				

(70) La commission a pris le milieu entre les quatre séries de l'angle à Bourges, quoique dans les trois premières cet angle fût augmenté par la manière oblique dont Morlac étoit éclairé. Je crois l'angle exact plus petit de 1″5; la répartition égale de l'erreur, le diminue de 1″1.

(70) *Méridienne vérifiée*, 40° 27′ 30″; 101° 48′ 19″; 37° 44′ 16″, p. lxx.

(72) Pour l'angle à Cullan, la commission a pris le milieu entre les deux dernières

N°s.	NOMS des stations.	Pages.	ANGLES observés.	EXCÈS sphérique.	ANGLES sphériques.	ANGLES des cordes.	ANGLES moyens.
73	Morlac......	222	37° 28' 27"33	— 0"17	37° 28' 27"40	28' 27"23	28' 27"14
	Cullan	228	92° 36' 35"19	— 0"42	92° 36' 35"25	36' 34"83	36' 34"99
	St.-Saturnin .	230	49° 54' 58"06	— 0"18	49° 54' 58"12	54' 57"94	54' 57"87
Somme des erreurs .	. .		180° 0' 0"58 — 0"19	— 0"77	180° 0' 0"77	0' 0"0	0' 0"0
74	Cullan	228	60° 16' 9"44	— 0"26	60° 16' 8"95	16' 8"69	16' 8"67
	St.-Saturnin .	231	80° 51' 29"37	— 0"34	80° 51' 28"88	51' 28"54	51' 28"59
	Laage	232	38° 52' 23"51	— 0"24	38° 52' 23"01	52' 22"77	52' 22"74
Somme des erreurs .	. .		180° 0' 2"32 + 1"48	— 0"84	180° 0' 0"84	0' 0"0	0' 0"0
75	Cullan	229	33° 18' 3"72	— 0"10	33° 18' 2"27	18' 2"17	18' 1"77
	Laage	233	114° 54' 55"29	— 1"26	114° 54' 53"84	54' 52"58	54' 53"34
	Arpheuille...	235	31° 47' 6"83	— 0"13	31° 47' 5"38	47' 5"25	47' 4"89
Somme des erreurs .	. .		180° 0' 5"84 + 4"35	— 1"49	180° 0' 1"49	0' 0"0	0' 0"0
76	Laage	233	56° 19' 32"67	— 0"61	56° 19' 32"90	19' 32"29	19' 32"18
	Arpheuille...	236	84° 11' 25"85	— 0"98	84° 11' 26"08	11' 25"10	11' 25"36
	Sermur......	241	39° 29' 2"94	— 0"56	39° 29' 3"17	29' 2"61	29' 2"46
Somme des erreurs .	. .		180° 0' 1"46 — 0"69	— 2"15	180° 0' 2"15	0' 0"0	0' 0"0

séries; il me semble que j'aurois préféré la troisième, qui est la seule dans laquelle le belvédère se vit parfaitement, et qui ne fut pas troublée par le soleil. L'angle seroit plus foible de 0"29. L'angle à Morlac est de toute l'opération celui qui présente le plus

Nᵒˢ.	NOMS des stations.	Pages.	ANGLES observés.	EXCÈS sphérique.	ANGLES sphériques.	ANGLES des cordes.	ANGLES moyens.
77	Laage	233	42° 53′ 42″05	— 0″56	42° 53′ 41″27	53′ 40″71	53′ 40″56
	Sermur	242	50° 27′ 50″45	— 0″57	50° 27′ 49″67	27′ 49″10	27′ 48″96
	Orgnat	248	86° 38′ 3ı″98	— 1″01	86° 38′ 3ı″20	38′ 30″ı9	38′ 30″48
			180° 0′ 4″48	— 2″14	180° 0′ 2″14	0′ 0″0	0′ 0″0
Somme des erreurs •		..	+ 2″34				
78	Laage	234	61° 12′ 38″73	— 0″41	61° 12′ 37″87	12′ 37″46	12′ 37″43
	Orgnat	249	38° 0′ 40″10	— 0″37	38° 0′ 39″25	0′ 38″88	0′ 38″8ı
	Évaux	25ı	80° 46′ 45″06	— 0″54	80° 46′ 44″20	46′ 43″66	46′ 43″76
			180° 0′ 3″89	— 1″32	180° 0′ 1″32	0′ 0″0	0′ 00″
Somme des erreurs ••		..	+ 2″57				
79	Sermur	243	62° 7′ 48″09	— 0″57	62° 7′ 48″05	7′ 47″48	7′ 47″50
	Orgnat	249	59° 1′ 4ı″35	— 0″55	59° 1′ 4ı″3ı	1′ 40″76	1′ 40″76
	Bordes	252	58° 50′ 32″33	— 0″53	58° 50′ 32″29	50′ 3ı″76	50′ 3ı″74
			180° 0′ 1″77	— 1″65	180° 0′ 1″65	0′ 0″0	0′ 0″0
Somme des erreurs •		..	+ 0″ı2				
80	Sermur	243	33° 45′ 5ı″80	— 0″3ı	33° 45′ 52″2ı	45′ 5ı″90	45′ 5ı″83
	Bordes	253	80° 3′ 30″62	— 0″45	80° 3′ 3ı″03	3′ 30″58	3′ 30″65
	Lafagitière ...	254	66° 10′ 37″49	— 0″38	66° 10′ 37″90	10′ 37″52	10′ 37″52
			179° 59′ 59″9ı	— 1″14	180° 0′ 1″14	0′ 0″0	0′ 0″0
Somme des erreurs •		..	— 1″23				

de bizarrerie. Par le choix que j'avois cru devoir faire entre les séries, l'erreur de ce triangle étoit seulement de 3″54, et j'aurois pu la faire disparoître en n'employant que des angles réellement observés ; au reste, il n'y a que quelques fractions entre les angles

N°s.	NOMS des stations.	Pages.	ANGLES observés.	EXCÈS sphérique.	ANGLES sphériques.	ANGLES des cordes.	ANGLES moyens.
81	Sermur	244	52° 5' 48"37	— 0"49	52° 5' 47"72	5' 47"23	5' 47"19
	Lafagitière ...	255	58° 48' 46"96	— 0"52	58° 48' 46"30	48' 45"78	48' 45"77
	Hermant	257	69° 5' 28"23	— 0"58	69° 5' 27"57	5' 26"99	5' 27"04
Somme des erreurs .		..	180° 0' 3"56 + 1"97	— 1"59	180° 0' 1"59	0' 0"0	0' 0"00
82	Lafagitière ...	255	69° 20' 48"51	— 0"83	69° 20' 48"14	20' 47"31	20' 47"32
	Hermant	258	75° 18' 46"00	— 0"95	75° 18' 45"62	18' 44"67	18' 44"80
	Bort	260	35° 20' 29"07	— 0"68	35° 20' 28"70	20' 28"02	20' 27"88
Somme des erreurs .		..	180° 0' 3"58 + 1"12	— 2"46	180° 0' 2"46	0' 0"0	0' 0"0
83	Lafagitière ...	256	49° 57' 51"44	— 0"33	49° 57' 51"69	57' 51"36	57' 51"10
	Bort	260	30° 56' 10"12	— 0"37	30° 56' 10"37	56' 10"00	56' 9"79
	Meimac	263	99° 5' 59"45	— 1"05	99° 5' 59"69	5' 58"64	5' 59"11
Somme des erreurs .		..	180° 0' 1"01 — 0"74	— 1"75	180° 0' 1"75	0' 0"0	0' 0"0
84	Bort	260	80° 5' 59"13	— 1"18	80° 5' 58"95	5' 57"77	5' 58"03
	Meimac	263	52° 5' 36"17	— 0"79	52° 5' 35"99	5' 35"20	5 35"07
	Aubussin	265	47° 48' 27"99	— 0"79	47° 48' 27"82	48' 27"03	48' 26"90
Somme des erreurs .		..	180° 0' 3"29 + 0"53	— 2"76	180° 0' 2"76	0' 0"0	0' 0"0

de la commission et les miens, lorsqu'on les corrige pour le calcul, en distribuant l'erreur également entre les trois.

Nos.	NOMS des stations.	Pages.	ANGLES observés.	EXCÈS sphérique.	ANGLES sphériques.	ANGLES des cordes.	ANGLES moyens.
85	Bort..........	261	65° 4′ 1″92	— 0″89	65° 4′ 1″54	4′ 0″65	4′ 0″71
	Aubassin....	266	53° 45′ 12″53	— 0″78	53° 45′ 12″16	45′ 11″38	45′ 11″33
	Violan......	268	61° 10′ 49″16	— 0″82	61° 10′ 48″79	10′ 47″97	10′ 47″96
			180° 0′ 3″61	— 2″49	180° 0′ 2″49	0′ 0″0	0′ 0″0
Somme des erreurs •	..		+ 1″12				
86	Violan......	269	51° 10′ 11″31	— 0″99	51° 10′ 11″45	10′ 10″46	10′ 10″29
	Aubassin....	266	83° 15′ 22″17	— 1″55	83° 15′ 22″31	15′ 20″76	15′ 21″15
	Bastide......	276	45° 34′ 29″57	— 0″94	45° 34′ 29″72	34′ 28″78	34′ 28″56
			180° 0′ 3″05	— 3″48	180° 0′ 3″48	0′ 0″0	0′ 0″0
Somme des erreurs •	..		— 0″43				
87	Violan......	271	40° 19′ 25″95	— 1″07	40° 19′ 25″61	19′ 24″54	19′ 24″34
	Bastide......	276	65° 18′ 18″38	— 1″28	65° 18′ 18″03	18′ 16″75	18′ 16″77
	Montsalvy...	280	74° 22′ 20″50	— 1″44	74° 22′ 20″15	22′ 18″71	22′ 18″89
			180° 0′ 4″83	— 3″79	180° 0′ 3″79	0′ 0″0	0′ 0″0
Somme des erreurs •	..		+ 1″04				
88	Bastide......	278	57° 30′ 3″40	— 1″12	57° 30′ 3″95	30′ 2″83	30′ 2″57
	Montsalvy...	281	87° 43′ 24″06	— 1″98	87° 43′ 24″61	43′ 22″63	43′ 23″23
	Rieupeiroux..	285	34° 46′ 35″03	— 1″05	34° 46′ 35″59	46′ 34″54	46′ 34″20
			180° 0′ 2″49	— 4″15	180° 0′ 4″15	0′ 0″0	0′ 0″0
Somme des erreurs •	..		— 1″66				

(86) et (87) On a retranché 1″3 de chacun des deux angles à la Bastide, d'après les observations de la page 277.

N°ˢ	NOMS des stations.	Pages.	ANGLES observés.	EXCÈS sphérique	ANGLES sphériques.	ANGLES des cordes.	ANGLES moyens.
89	Montsalvy ···	281	34° 12' 36″00	— 0″72	34° 12' 36″11	12' 35″39	12' 35″16
	Rieupeiroux ·	285	56° 0' 3″72	— 0″72	56° 0' 3″83	0' 3″11	0' 2″88
	Rodez········	288	89° 47' 22″81	— 1″42	89° 47' 22″92	47' 21″50	47' 21″96
			180° 0' 2″53	— 2″86	180° 0' 2″86	0' 0″0	0' 0″0
Somme des erreurs ·	··		— 0″33				
90	Rieupeiroux ·	296	40° 1' 11″85	— 0″40	40° 1' 11″05	1' 10″65	1' 10″47
	Rodez········	304	94° 21' 13″77	— 0″94	94° 21' 12″97	21' 12″03	21' 12″39
	Lagaste ······	311	45° 37' 38″52	— 0″40	45° 37' 37″72	37' 37″32	37' 37″14
			180° 0' 4″14	— 1″74	180° 0' 1″74	0' 0″0	0' 0″0
Somme des erreurs ·	··		+ 2″40				
91	Rieupeiroux ·	297	52° 4' 11″20	— 0″81	52° 4' 10″45	4' 9″64	4' 9″57
	Lagaste ·····	311	56° 49' 38″53	— 0″83	56° 49' 37″78	49' 36″95	49' 36″90
	St.-Georges ··	317	71° 6' 15″16	— 0″99	71° 6' 14″40	6' 13″41	6' 13″53
			180° 0' 4″89	— 2″63	180° 0' 2″63	0' 0″0	0' 0″0
Somme des erreurs ·	··		+ 2″26				
92	Lagaste ·····	312	53° 18' 31″18	— 0″62	53° 18' 30″89	18' 30″27	18' 30″22
	St.-Georges ··	319	60° 3' 57″64	— 0″66	60° 3' 57″34	3' 56″68	3' 56″68
	Cambatjou ···	322	66° 37' 34″07	— 0″72	66° 37' 33″77	37' 33″05	37' 33″10
			180° 0' 2″89	— 2″00	180° 0' 2″00	0' 0″0	0' 0″0
Somme des erreurs ·	··		+ 0″89				

(90) *Méridienne vérifiée*, 40° 1' 10″; 94° 21' 24″; 45° 37' 36″, p. XLIV et XLV.

N.os	NOMS des stations.	Pages.	ANGLES observés.	EXCÈS sphérique.	ANGLES sphériques.	ANGLES des cordes.	ANGLES moyens.
93	St-Georges · ·	318	49° 43′ 15″94	— 0″51	49° 43′ 15″38	43′ 14″87	43′ 14″82
	Cambatjou · · ·	322	71° 15′ 30″57	— 0″64	71° 15′ 30″00	15′ 29″36	15′ 29″44
	Montredon · ·	328	59° 1′ 16″87	— 0″54	59° 1′ 16″31	1′ 15″77	1′ 15″74
			180° 0′ 3″38	— 1″69	180° 0′ 1″69	0′ 0″0	0′ 0″0
Somme des erreurs ·	· ·		+ 1″69				
94	Cambatjou · · ·	323	90° 17′ 12″18	— 0″80	90° 17′ 11″26	17′ 10″46	17′ 10″74
	Montredon · ·	329	44° 49′ 48″17	— 0″39	44° 49′ 47″26	49′ 46″87	49′ 46″73
	Montalet · · · ·	336	44° 53′ 3″97	— 0″39	44° 53′ 3″06	53′ 2″67	53′ 2″53
			180° 0′ 4″32	— 1″58	180° 0′ 1″58	0′ 0″0	0′ 0″0
Somme des erreurs ·	· ·		+ 2″74				
95	Montredon · · ·	329	24° 58′ 28″09	— 0″36	24° 58′ 27″48	58′ 27″12	58′ 26″95
	Montalet · · · ·	337	96° 19′ 49″63	— 0″90	96° 19′ 49″01	19′ 48″11	19′ 48″49
	St.-Pons · · · · ·	344	58° 41′ 45″70	— 0″31	58° 41′ 45″08	41′ 44″77	41′ 44″56
			180° 0′ 3″42	— 1″57	180° 0′ 1″57	0′ 0″0	0′ 0″0
Somme des erreurs ·	· ·		+ 1″85				
96	Montredon · ·	330	36° 8′ 25″28	— 0″60	36° 8′ 25″11	8′ 24″51	8′ 24″37
	St.-Pons · · · ·	344	61° 23′ 36″56	— 0″66	61° 23′ 36″39	23′ 35″73	23′ 35″64
	Nore · · · · · · · ·	356	82° 28′ 0″91	— 0″98	82° 28′ 0″74	27′ 59″76	27′ 59″99
			180° 0′ 2″75	— 2″24	180° 0′ 2″24	0′ 0″0	0′ 0″0
Somme des erreurs ·	· ·		+ 0″51				

1.

N°⁵.	NOMS des stations.	Pages.	ANGLES observés.	EXCÈS sphérique.	ANGLES sphériques.	ANGLES des cordes.	ANGLES moyens.
97	St.-Pons ••••	345	51° 22′ 12″48	— 0″47	51° 22′ 11″71	22′ 11″24	22′ 11″02
	Nore••••••••	356	93° 47′ 2″47	— 1″12	93° 47′ 1″70	47′· 0″58	47′ 1″01
	Alaric.•••••••	367	34° 50′ 49″42	— 0″47	34° 50′ 48″65	50′ 48″18	50′ 47″97
			180° 0′ 4″37	— 2″06	180° 0′ 2″06	0′ 0″0	0′ 0″0
Somme des erreurs •	• •		+ 2″31				
98	Nore••••••••	357	45° 2′ 10″79	— 0″39	45° 2′ 10″57	2′ 10″18	2′ 10″07
	Alaric •••••••	368	48° 8′ 53″59	— 0″40	48° 8′ 53″36	8 52″96	8′ 52″86
	Carcassone•••	371	86° 48′ 57″80	— 0″71	86° 48′ 57″57	48′ 56″86	48′ 57″07
			180° 0′ 2″18	— 1″50	180° 0′ 1″50	0′ 0″0	0′ 0″0
Somme des erreurs •	• •		+ 0″68				
99	Alaric•••••••	368	75° 30′ 28″68	— 0″85	75° 30′ 28″86	30′ 28″01	30′ 28″13
	Carcassone•••	375	68° 25′ 46″89	— 0″76	68° 25′ 47″07	25′ 46″31	25′ 46″34
	Bugarach ••••	381	36° 3′ 46″07	— 0″58	36° 3′ 46″26	3′ 45″68	3′ 45″53
			180° 0′ 1″64	— 2″19	180° 0′ 2″19	0′ 0″0	0′ 0″0
Somme des erreurs •	• •		— 0″45				
100	Alaric•••••••	368	41° 53′ 53″48	— 0″40	41° 53′ 53″31	53′ 52″91	53′ 52″74
	Bugarach ••••	381	45° 21′ 2″69	— 0″42	45° 21′ 2″52	21′ 2″10	21′ 1″95
	Tauch ••••••	386	92° 45′ 6″05	— 0″88	92° 45′ 5″87	45′ 4″99	45′ 5″31
			180° 0′ 2″22	— 1″70	180° 0′ 1″70	0′ 0″0	0′ 0″0
Somme des erreurs •	• •		+ 0″52				

(97) *Méridienne vérifiée*, 51° 22′ 42″; 93° 46′ 53″; 34° 50′ 30″, p. XLVI et XLVII.
(98) *Méridienne vérifiée*, 45° 2′ 8″; 48° 9′ 5″; 86° 48′ 30″, *ibid.*
(99) *Méridienne vérifiée*, 75° 30′ 33″; 68° 25′ 41″; 36° 4′ 0″, *ibid.*
(100) *Méridienne vérifiée*, 41° 53′ 50″; 45° 21′ 8″; 92° 45′ 13″, *ibid.*

Nᵒˢ.	NOMS des stations.	Pages.	ANGLES observés.	EXCÈS sphérique.	ANGLES sphériques.	ANGLES des cordes.	ANGLES moyens.
101	Bugarach	381	41° 57′ 27″18	— 0″32	41° 57′ 26″78	57′ 26″46	57′ 26″35
	Tauch	387	82° 52′ 31″98	— 0″58	82° 52′ 31″57	52′ 30″99	52′ 31″15
	Forceral.....	396	55° 10′ 3″33	— 0″37	55° 10′ 2″92	10′ 2″55	10′ 2″50
			180° 0′ 2″49	— 1″27	180° 0′ 1″27	0′ 0″0	0′ 0″0
Somme des erreurs •		. .	+ 1″22				
102	Tauch........	387	41° 53′ 40″46	— 0″10	41° 53′ 40″57	53′ 40″47	53′ 40″41
	Forceral	395	41° 29′ 48″41	— 0″11	41° 29′ 48″53	29′ 48″42	29′ 48″37
	Espira........	405	96° 36′ 31″27	— 0″27	96° 36′ 31″38	36′ 31″11	36′ 31″22
			180° 0′ 0″14	— 0″48	180° 0′ 0″48	0′ 0″0	0′ 0″0
Somme des erreurs •		. .	— 0″34				
103	Forceral	398	55° 32′ 44″55	— 0″13	55° 32′ 44″53	32′ 44″40	32′ 44″39
	Espira........	406	67° 56′ 9″44	— 0″17	67° 56′ 9″42	56′ 9″25	56′ 9″27
	Vernet......	412	56° 31′ 6″51	— 0″14	56° 31′ 6″49	31′ 6″35	31′ 6″34
			180° 0′ 0″50	— 0″44	180° 0′ 0″44	0′ 0″0	0′ 0″0
Somme des erreurs •		. .	+ 0″06				
104	Espira........	406	57° 45′ 19″01	— 0″08	57° 45′ 19″01	45′ 18″93	45′ 18″92
	Vernet......	413	43° 25′ 33″74	— 0″08	43° 25′ 33″74	25′ 33″66	25′ 33″65
	Salces.......	418	78° 49′ 7″53	— 0″12	78° 49′ 7″53	49′ 7″41	49′ 7″43
			180° 0′ 0″28	— 0″28	180° 0′ 0″28	0′ 0″0	0′ 0″0
Somme des erreurs •		. .	0″00				

Nᵒˢ.	NOMS des stations.	Pages.	ANGLES observés.	EXCÈS sphérique.	ANGLES sphériques.	ANGLES des cordes.	ANGLES moyens.
105	Bugarach	382	39° 44' 57"61	— 0"48	39° 44' 57"56	44' 57"08	44' 56"89
	Forceral	397	93° 8' 41"22	— 1"05	93° 8' 41"17	8' 40"12	8' 40"50
	Estella	433	47° 6' 23"33	— 0"48	47° 6' 23"28	6' 22"80	6' 22"61
			180° 0' 2"16	— 2"01	180° 0' 2"01	0' 0"0	0' 0"0
Somme des erreurs .	. .		+ 0"15				
106	Forceral	397	45° 24' 18"30	— 0"43	45° 24' 17"59	24' 17"16	24' 17"06
	Estella	434	82° 59' 3"83	— 0"71	82° 59' 3"11	59' 2"40	59' 2"58
	Camellas	442	51° 36' 41"61	— 0"45	51° 36' 40"8?	36' 40"44	36' 40"36
			180° 0' 3"74	— 1"59	180° 0' 1"59	0' 0"0	0' 0"0
Somme des erreurs .	. .		+ 2"15				
107	Estella	435	46° 9' 21"64	— 0"37	46° 9' 21"85	9' 21"48	9' 21"39
	Camellas	443	83° 36' 45"72	— 0"61	83° 36' 45"92	36' 45"31	36' 45"47
	N.D.du Mont.	452	50° 13' 53"39	— 0"38	50° 13' 53"59	13' 53"21	13' 53"14
			180° 0" 0"75	— 1"36	180° 0' 1"36	0' 0"0	0' 0"0
Somme des erreurs .	. .		— 0"61				
108	Estella	435	41° 30' 28"82	— 0"53	41° 30' 27"50	30' 26"97	30' 26"71
	N.D.du Mont.	453	95° 29' 6"37	— 1"31	95° 29' 5"05	29' 3"74	29' 4"26
	Secalm	462	43° 0' 31"14	— 0"53	43° 0' 29"82	0' 29"29	0' 29"03
			180° 0' 6"33	— 2"37	180° 0' 2"37	0' 0"0	0' 0"0
Somme des erreurs .	. .		+ 3"96				

N.os	NOMS des stations.	Pages.	ANGLES observés.	EXCÈS sphérique.	ANGLES sphériques.	ANGLES des cordes.	ANGLES moyens.
109	N. D. du Mont	453	56° 4' 9″74	— 0″39	56° 4' 9″79	4' 9″40	4' 9″35
	Secalm	463	42° 47' 36″53	— 0″36	42° 47' 36″58	47' 36″22	47' 36″14
	Roca	467	81° 8' 14″90	— 0″57	81° 8' 14″95	8' 14″38	8' 14″51
			180° 0' 1″17	— 1″32	180° 0' 1″32	0' 0″0	0' 0″0
Somme des erreurs			— 0″15				
110	Secalm	464	77° 26' 11″49	— 0″89	77° 26' 11″28	26' 10″39	26' 10″55
	Roca	468	62° 40' 53″12	— 0″70	62° 40' 52″92	40' 52″22	40' 52″18
	Matagalls	472	39° 52' 58″20	— 0″61	39° 52' 58″00	52' 57″39	52' 57″27
			180° 0' 2″81	— 2″20	180° 0' 2″20	0' 0″0	0' 0″0
Somme des erreurs			+ 0″61				
111	Secalm	464	34° 53' 7″75	— 0″52	34° 53' 7″57	53' 7″05	53' 6″93
	Matagalls	472	78° 42' 53″73	— 0″78	78° 42' 53″54	42' 52″76	42' 52″90
	Rodos	476	66° 24' 1″00	— 0″62	66° 24' 0″81	24' 0″19	24' 0″17
			180° 0' 2″48	— 1″92	180° 0' 1″92	0' 0″0	0' 0″0
Somme des erreurs			+ 0″56				
112	Matagalls	473	85° 56' 48″52	— 0″89	85° 56' 48″24	56' 47″35	56' 47″60
	Rodos	476	60° 34' 7″56	— 0″53	60° 34' 7″29	34' 6″76	34' 6″65
	Matas	482	33° 29' 6″66	— 0″50	33° 29' 6″39	29' 5″89	29' 5″75
			180° 0' 2″74	— 1″92	180° 0' 1″92	0' 0″0	0' 0″0
Somme des erreurs			+ 0″82				

N.os	NOMS des stations.	Pages.	ANGLES observés.	EXCÈS sphérique.	ANGLES sphériques.	ANGLES des cordes.	ANGLES moyens.
113 {	Rodos..........	477	61° 32' 53"81	— 1"12	61° 32' 52"59	32' 51"47	32' 51"49
	Matas..........	482	56° 38' 54"78	— 1"07	56° 38' 53"57	38' 52"50	38' 52"46
	Mont-Serrat .	488	61° 48' 18"38	— 1"13	61° 48' 17"16	48' 16"03	48' 16"05
			180° 0' 6"97	— 3"32	180° 0' 3"32	0' 0"0	0' 0"0
Somme des erreurs .	. .		+ 3"65				
114 {	Matas..........	483	49° 35' 51"64	— 0"20	49° 35' 52"10	35' 51"90	35' 51"62
	Mont-Serrat .	488	27° 25' 5"38	— 0"29	27° 25' 5"84	25' 5"55	25' 5"36
	Valvidrera ...	493	102° 59' 3"04	— 0"94	102° 59' 3"49	59' 2"55	59' 3"02
			180° 0' 0"06	— 1"43	180° 0' 1"43	0' 0"0	0' 0"0
Somme des erreurs .	. . .		— 1"37				
115 {	Matas..........	484	28° 30' 5"60	— 0"11	28° 30' 4"95	30' 4"84	30' 4"81
	Valvidrera ...	493	73° 5' 1"38	— 0"14	73° 5' 0"73	5' 0"59	5' 0"59
	Montjoui	501	78° 24' 55"39	— 0"16	78° 24' 54"73	24' 54"57	24' 54"60
			180° 0' 2"37	— 0"41	180° 0' 0"41	0' 0"0	0' 0"0
Somme des erreurs .	. .		+ 1"96				

Les triangles qui suivent ont été formés pour lier aux triangles principaux la maison de l'intendance, où j'ai pris la hauteur du pôle à Dunkerque; mon observatoire, rue de Paradis, à Paris, où j'ai pris également la hauteur du pôle, et enfin l'observatoire impérial, où M. Méchain a fait des observations semblables.

Pour l'intendance à Dunkerque, chacun des trois premiers triangles suffiroit séparément; mais comme j'ai été forcé d'y conclure un angle fort petit, j'ai voulu me procurer une double vérification.

Dans le troisième triangle, j'ai emprunté de la *Méridienne vérifiée* la distance de Dunkerque à Bollezèle.

Les triangles 4 et 5 donneront une double détermination du dôme des Invalides. Les angles au Panthéon sont des sommes d'angles réellement observés, mais que je n'ai point imprimés. Les deux angles aux Invalides ont été conclus. Quoique ces deux triangles

TRIANGLES SECONDAIRES.

NOMS DES STATIONS.	PAGES.		ANGLES.	
1 { Tour de Dunkerque	14	94°	57′	29″0
Tourelle de l'intendance	15	84°	7′	15″0
Cassel	*	0°	55′	16″0
2 { Tour de Dunkerque	11 - 14	137°	3′	38″0
Tourelle de l'intendance	15	42°	15′	55″0
Watten	*	0°	40′	27″0
3 { Tour de Dunkerque	14	122°	1′	49″0
Tourelle de l'intendance	15	56°	51′	22″0
Bollezèle	*	1°	6′	49″0
4 { Dammartin	102 - 103	3°	57′	24″5
Panthéon		114°	46′	12″6
Invalides	*	61°	16′	22″9
5 { Bellassise	119 - 121	1°	19′	59″7
Panthéon		163°	3′	48″0
Invalides	*	15°	36′	12″3
6 { Brie		16°	9′	1″0
Panthéon		90°	11′	36″0
Tour de Croy		73°	39′	23″0
7 { Invalides		89°	36′	1″0
Panthéon		69°	42′	51″0
Tour de Croy		20°	41′	8″0

Ces deux triangles ont été observés par M. Tranchot.

donnassent, à un ou deux pieds près, la même distance du Panthéon aux Invalides, j'avois desiré la déterminer plus sûrement encore, et j'avois observé de Brie et du Panthéon la tour de Croy; mais mon signal avoit été détruit avant que j'eusse pu voir moi-même à quel point il avoit été placé. M. Tranchot ayant eu depuis besoin de cette même tour, du Panthéon et des Invalides, voulut bien me fournir les triangles 6 et 7. Par là j'obtenois une base pour les triangles 8 et 9, et mon observatoire de la rue de Paradis étoit lié aux triangles principaux.

NOMS DES STATIONS.	PAGES.	ANGLES.
8 { Panthéon..............................	111	59° 34′ 3″o
Pyramide de Montmartre..........	113	34°. 35′. 49″o
Invalides............................	*	85° 50′ 8″o
9 { Panthéon..............................	111.	37° 53′ 42″o
Observatoire de la rue de Paradis......	115	124° 20′ 45″o
Pyramide de Montmartre...........	113	17° 45′ 33″o
10 { Panthéon..............................		49° 0′ 53″o
Dammartin............................		6° 23′ 7″o
Belvédère Flécheux, à Montmartre......		124°. 36′ 0″o
11 { Panthéon..............................		31° 42′ 30″o
Observatoire de la rue de Paradis.......		131° 58′ 24″o
Belvédère Flécheux, à Montmartre.......	*	16° 19′ 6″o
12 { Panthéon..............................		78° 30′ 36″o
Observatoire impérial.................		73° 45′ 56″o
Invalides............................		27° 43′ 28″o
13 { Panthéon..............................		138° 4′ 39″o
Observatoire impérial.................		33° 13′ 53″o
Pyramide de Montmartre...........		8° 41′ 28″o

Dans le 10°, l'angle au Panthéon a été réellement observé; les autres ont été déduits d'observations ou de calculs fondés sur ces observations.

Le 11° me donne une seconde fois le belvédère Flécheux d'où j'avois, en 1792, observé le signal que j'avois placé sur la terrasse de l'observatoire, à 8 ⅓ toises de la face méridionale, sur l'espèce de puits qui descendoit jusqu'au fond des caves. Voyez le plan de l'observatoire dans l'*Histoire céleste* de M. Lemonnier. Ce signal ayant été déplacé pendant les orages de la révolution, j'eus recours, pour la position de l'observatoire, à la table des clochers de Paris que j'ai mise dans le tome VIII des *Éphémérides* de M. Lalande, p. LXI.

Les triangles 12 et 13 sont déduits de mes observations et de plusieurs distances prises dans cette table. Les angles ne sont sûrs qu'à quelques secondes près; ce qui est plus que suffisant. Je n'ai pas eu le loisir de les observer directement. J'espérois les trouver dans les papiers de M. Méchain, mais je n'en ai vu nulle trace, et j'ignore comment il a déterminé la différence de latitude entre l'observatoire impérial et le Panthéon.

TRIANGLES SECONDAIRES FORMÉS PAR M. MÉCHAIN.

Nos.	NOMS des stations.	Pages.	ANGLES observés.	Nos.	NOMS des stations.	Pages.	ANGLES observés.
1	Rieupeyroux . .	298	56° 1' 52"4	4	Rieupeyroux . .	298	52° 29' 41"1
	Lagaste	313	91° 17' 8"6		Lagaste	312	91° 12' 53"2
	La Rogière . .	*	32° 41' 4"6		Montredon . .	330	36° 17' 36"7
			180° 0' 5"6				180° 0' 11"0
					Somme des erreurs . . .		+ 8"14
2	Rodez	304	111° 18' 47"9	5	Montredon . .	329	61° 6' 55"4
	Lagaste	311-313	45° 39' 30"1		Montalet . . .	337	60° 53' 1"2
	La Rogière . .	*	23° 1' 44"7		Nore	359	58° 0' 15"9
			180° 0' 2"7				180° 0' 12"5
					Somme des erreurs . . .		+ 9"64
3	Rieupeyroux . .	298	67° 24' 45"5	6	Nore	357	52° 36' 33"8
	Lagaste	313	61° 40' 15"4		Carcassonne . .	375	91° 34' 2"8
	Alby	*	50° 55' 2"9		Castelnaudari .	*	35° 49' 25"5
			180° 0' 3"8				180° 0' 2"1

J'ai conclu le troisième angle d'après l'excès sphérique calculé par la table VI pour tous les points qui sont sur les planches VII et VIII ; pour les autres j'ai pris le supplément à 180°. Quand les trois angles ont été observés, j'ai rapporté ces angles sans aucun changement, et j'ai indiqué la somme des erreurs. Pour le calcul, j'ai distribué cette somme ou l'excès sphérique également entre les trois angles. Les triangles secondaires que j'ai formés dans la partie nord sont à leur rang parmi les triangles principaux.

N°s.	NOMS des stations.	Pages.	ANGLES observés.	N°s.	NOMS des stations.	Pages.	ANGLES observés.
7	St.-Pons . . .	346	73° 43' 1"7	11	Nore	359	140° 59' 36"3
	Alaric.	369	54° 0' 43"4		St.-Pons . . .	347	31° 34' 26"9
	Beziers	*	52° 16' 19"6		Puy Prigue . .	*	7° 25' 56"8
			180° 0' 4"7				180° 0' 0"0
8	St.-Pons . . .	345	41° 39' 48"6	12	Carcassonne . .	376	50° 4' 15"5
	Alaric.	369	70° 55' 28"6		Bugarach . . .	382	92° 18' 45"7
	Narbonne . . .		67° 24' 54"2		St.-Barthélemi .	*	37° 36' 58"8
			180° 0' 11"4				180° 0' 0"0
Somme des erreurs .		. .	+ 8"0				
9	Alaric.	369	105° 35' 13"2	13	Carcasconne . .	375	65° 25' 33"8
	Tauch	388	50° 53' 47"5		Alaric	370	96° 55' 37"2
	Beziers	*	23° 31' 2"9		Canigou. . . .	*	17° 38' 49"0
			180° 0' 3"6				180° 0' 0"0
10	Alaric.	369	88° 40' 26"5	14	Bugarach . . .	382	50° 36' 25"5
	Tauch	387	49° 49' 50"9		Forceral	400	79° 15' 58"3
	Narbonne . . .	*	41° 29' 44"6		Canigou	*	50° 7' 36"2
			180° 0' 2"0				180° 0' 0"0

Dans le triangle 8 j'ai observé l'angle à Narbonne : Saint-Pons étoit très-difficile à voir. Cet angle doit être le moins sur des trois.

Nos.	NOMS des stations.	Pages.	ANGLES observés.	Nos.	NOMS des stations.	Pages.	ANGLES observés.
15	Espira	407	58° 11′ 32″8	19	Tauch	388	33° 11′ 49″2
	Salces	419	86° 32′ 41″9		Forceral	398	105° 25′ 10″4
	Perpignan . . .	428	35° 15′ 43″4		Perpignan . . .	429	41° 23′ 2″7
			179° 59′ 58″1				180° 0′ 2″3
Somme des erreurs .	. .		— 2″3	Somme des erreurs .	. .		+ 0″65
16	Espira	407	67° 29′ 53″2	20	Forceral	400	119° 23′ 21″3
	Perpignan . . .	428	48° 34′ 47″9		Espira	406	43° 20′ 2″1
	Forceral	399	63° 55′ 20″4		Bellegarde . . .	*	17° 16′ 37″5
			180° 0′ 1″5				180° 0′ 0″9
Somme des erreurs .	. .		+ 1″0				
17	Forceral	399	60° 51′ 47″2	21	Salces	419	60° 26′ 37″9
	Camellas . . .	441	30° 19′ 2″9		Espira	407	43° 41′ 41″3
	Perpignan . . .	*	88° 49′ 11″1		Rivesaltes . . .	*	75° 51′ 41″0
			180° 0′ 1″2				180° 0′ 0″2
18	Stella	434	55° 29′ 5″9	22	Salces	419	18° 22′ 9″6
	Camellas . . .	441	81° 55′ 44″5		Rivesaltes . . .	424	139° 34′ 10″2
	Perpignan . . .	*	42° 35′ 11″4		Vernet	*	22° 3′ 40″2
			180° 0′ 1″8				180° 0′ 0″0

Nos.	NOMS des stations.	Pages.	ANGLES observés.	Nos.	NOMS des stations.	Pages.	ANGLES observés.
23	Forceral	400	62° 12′ 15″3	28	Camellas . . .	444	71° 45′ 38″7
	Vernet	413	40° 9′ 26″7		N.-D.-du-Mont.	454	51° 4′ 3″9
	Tautavel . . .	*	77° 38′ 18″0		Pérélada. . . .	*	57° 10′ 17″4
			180° 0′ 0″0				180° 0′ 0″0
24	Vernet	413	59° 47′ 9″0	29	Camellas . . .	444	81° 10′ 18″6
	Salces.	419	68° 18′ 13″7		N.-D.-du-Mont.	454	47° 5′ 30″4
	Tautavel . . .	*	51° 54′ 37″3		Malavehina . .	*	51° 44′ 11″0
			180° 0′ 0″0				180° 0′ 0″0
25	Camellas . . .	445	80° 22′ 31″5	30	Camellas . . .	444	72° 1′ 4″4
	N.-D.-du-Mont.	454	65° 16′ 7″2		N.-D.-du-Mont.	454	63° 17′ 28″4
	La Trinité . . .	*	34° 21′ 23″3		Castellon . . .	*	44° 41′ 27″2
			180° 0′ 2″0				180° 0′ 0″0
26	Camellas . . .	443	56° 0′ 10″4	31	N.-D.-du-Mont.	455	59° 54′ 0″4
	N.-D.-du-Mont.	453	60° 44′ 33″6		Puisecalm . . .	462	66° 50′ 25″1
	Figuières . . .	*	63° 15′ 17″1		Costabonne . .	*	53° 15′ 36″7
			180° 0′ 1″1				180° 0′ 2″2
27	Camellas . . .	444	64° 29′ 46″7	32	N.-D.-du-Mont.	456	78° 52′ 55″1
	N.-D.-du-Mont.	453	86° 29′ 12″4		Puisecalm . . .	464	52° 17′ 54″2
	Mouga	*	29° 1′ 3″1		Girone	*	48° 49′ 13″1
			180° 0′ 2″2				180° 0′ 2″4

Nᵒˢ.	NOMS des stations.	Pages.	ANGLES observés.	Nᵒˢ.	NOMS des stations.	Pages.	ANGLES observés.
33	N.-D.-du-Mont.	455	98° 16′ 58″3	38	Matas	485	37° 15′ 59″1
	Puisecalm . . .	463	40° 27′ 50″3		Rodos.	478	38° 34′ 17″3
	Baterre	*	41° 15′ 13″6		St.-Laurent . .	*	104° 9′ 43″6
			180° 0′ 2″2				180° 0′ 0″0
34	N.-N.-du-Mont.	453	97° 28′ 6″2	39	Matas	485	19° 22′ 55″7
	Roca	469	41° 29′ 2″1		Montserrat . .	489	28° 37′ 29″2
	Figuières . . .	*	41° 2′ 52″8		St.-Laurent . .	*	131° 59′ 35″1
			180° 0′ 1″1				180° 0′ 0″0
35	N.-D.-du-Mont.	455	155° 6′ 21″6	40	N.-D.-du-Mont.	489	33° 10′ 49″1
	Roca	469	13° 44′ 56″3		Rodes	478	22° 58′ 36″5
	Bellegarde . . .	*	11° 8′ 42″4		St.-Laurent . .	*	123° 50′ 34″4
			180° 0′ 0″3				180° 0′ 0″0
36	N.-D.-du-Mont.	456	22° 48′ 45″2	41	Rodes	478	66° 37′ 15″7
	Roca	469	124° 38′ 18″7		Montserrat . .	488	48° 6′ 12″1
	Girone	*	32° 32′ 57″3		Serrateix. . . .	*	65° 16′ 35″0
			180° 0′ 1″2				180° 0′ 2″8
37	N.-D.-du-Mont.	456	4° 6′ 45″6	42	Valvidrera . . .	493	15° 29′ 0″7
	Puisecalm . . .	464	7° 57′ 50″4		Montjouy . .	. .	71° 16′ 49″3
	Aulot	*	167° 55′ 24″0		Barcelone, Cath.	507	93° 14′ 6″2
			180° 0′ 0″0				179° 59′ 56″2

N°s.	NOMS des stations.	Pages.	ANGLES observés.	N°s.	NOMS des stations.	Pages.	ANGLES observés.
43	Valvidrera . . .	494	20° 13′ 38″5	47	Valvidrera . . .	495	82° 35′ 14″3
	Montjouy . . .	502	83° 6′ 45″9		Montjouy . . .	503	70° 35′ 44″7
	Barcel. citadelle.	*	76° 39′ 35″6		Castel de Fells . .	*	26° 49′ 1″4
			180° 0′ 0″0				180° 0′ 0″4
44	Valvidrera . . .	494	11° 49′ 8″4	48	Montjouy . . .	503	9° 13′ 6″4
	Montjouy . . .	502	102° 27′ 17″8		Barcelone . . .	507	45° 55′ 33″9
	Barcel. fanal. .	*	65° 43′ 33″8		Fontana de oro .	508	124° 51′ 22″3
			180° 0′ 0″0				180° 0′ 2″6
					Somme des erreurs .	. .	+ 2″6
45	Valvidrera . . .	494	22° 28′ 9″5	49	Montjouy . . .	504	134° 49′ 32″8
	Montjouy . . .	503	9° 8′ 31″7		Matas	*	23° 48′ 57″6
	S.-Pierre-Martyr	*	148° 23′ 18″8		Las Agujas . .	509	21° 21′ 30″0
			180° 0′ 0″0				180° 0′ 0″4
46	Valvidrera . . .	494	101° 59′ 44″7	50	Montjouy . . .	505	90° 7′ 25″8
	Matas	Inéd.	47° 18′ 39″9		Torellas	*	6° 24′ 19″2
	Montserrat, ab.	*	30° 41′ 35″4		Las Agujas . .	509	83° 28′ 15″0
			180° 0′ 0″0				180° 0′ 0″0

Nᵒˢ.	NOMS des stations.	Pages.	ANGLES observés.	Nᵒˢ.	NOMS des stations.	Pages.	ANGLES observés.
51	Montjouy . . .	506	156° 58′ 16″2	52	Matas	*	23° 31′ 47″6
	Las Agujas . .	509	13° 55′ 0″0		Montjouy . . .	504	137° 4′ 12″4
	Matas	*	9° 6′ 44″0		Sierra-Morella .	509	19° 24′ 0″0
			180° 0′ 0″2				180° 0′ 0″0

53	Montjouy . . .	Inéd.	146° 49′ 40″0
	Las Agujas . .	*	13° 51′ 0″0
	Ch. de Mongat.		19° 19′ 20″0
			180° 0′ 0″0

FIN DU TOME PREMIER.

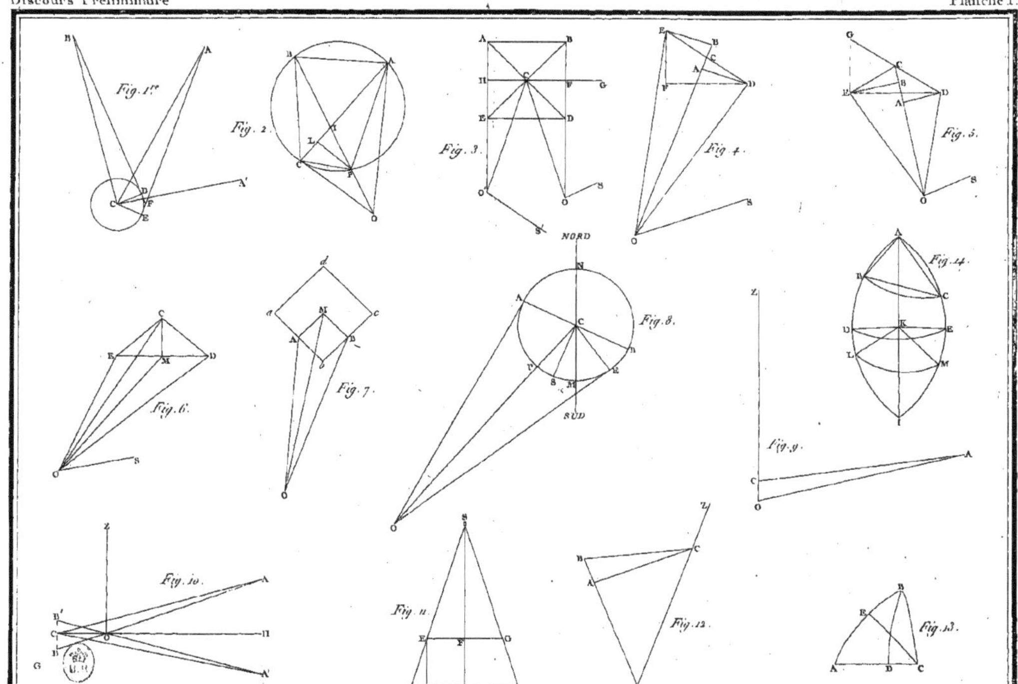

Fig. 1.re
Fig. 2.
Fig. 3.
Fig. 4.
Fig. 5.
Fig. 6.
Fig. 7.
Fig. 8.
Fig. 9.
Fig. 10.
Fig. 11.
Fig. 12.
Fig. 13.
Fig. 14.
NORD
SUD

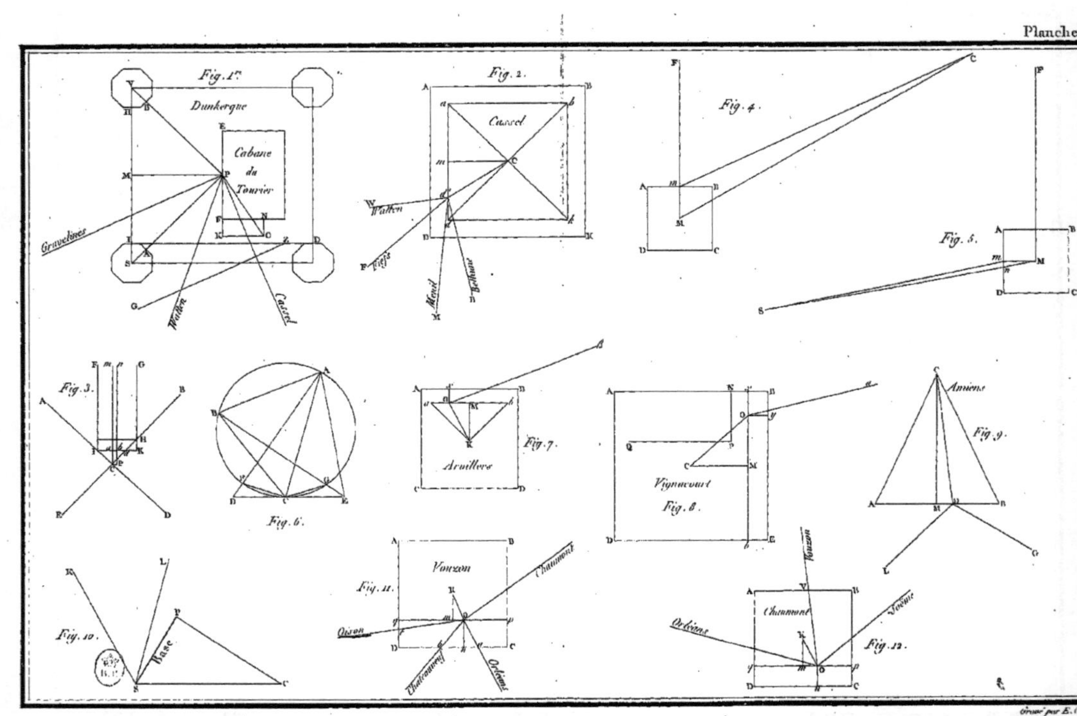

Fig. 1.
Dunkerque
Cabane du Tourier
Gravelines
Fig. 2.
Cassel
Fig. 4.
Fig. 5.
Fig. 3.
Fig. 6.
Arvillers
Fig. 7.
Vignacourt
Fig. 8.
Amiens
Fig. 9.
Fig. 10.
Base
Vouzon
Chaumont
Oison
Fig. 11.
Chaumont
Orléans
Fig. 12.

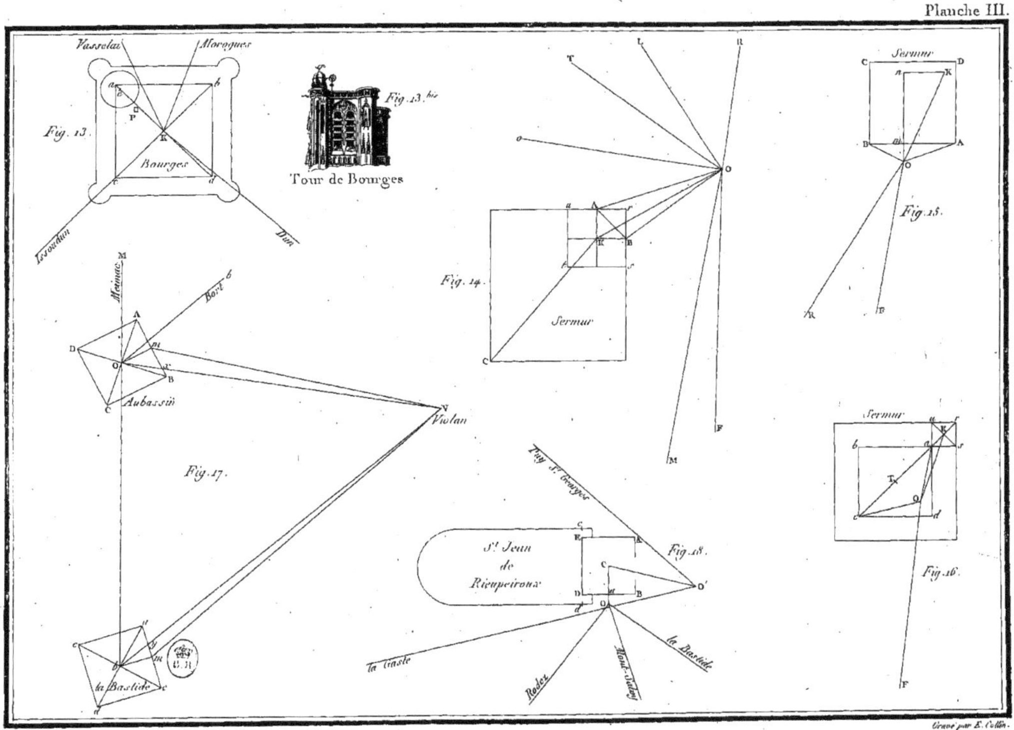
Vasselai
Aloroques
a
b
P
Fig. 13.
Bourges
c
d
K
Issoudun
Dun
Fig. 13. bis
Tour de Bourges
Fig. 14.
Sermur
T
L
R
o
O
F
M
Sermur
C
K
a
D
B
m
A
O
Fig. 15.
R
D
M
Meouac
b
Bort
A
m
D
O
B
C
Aubassin
N
Violan
Fig. 17.
Puy St Georges
Sermur
a
f
b
g
E
R
T
O
c
d
Fig. 16.
F
St Jean
de
Rieupeiroux
C
E
A
D
m
B
C
O'
Fig. 18.
d
O
la Traste
Rodez
Mont-valier
la Bastide
c
a
b
m
la Bastide
a
d

Gravé par E. Collin.

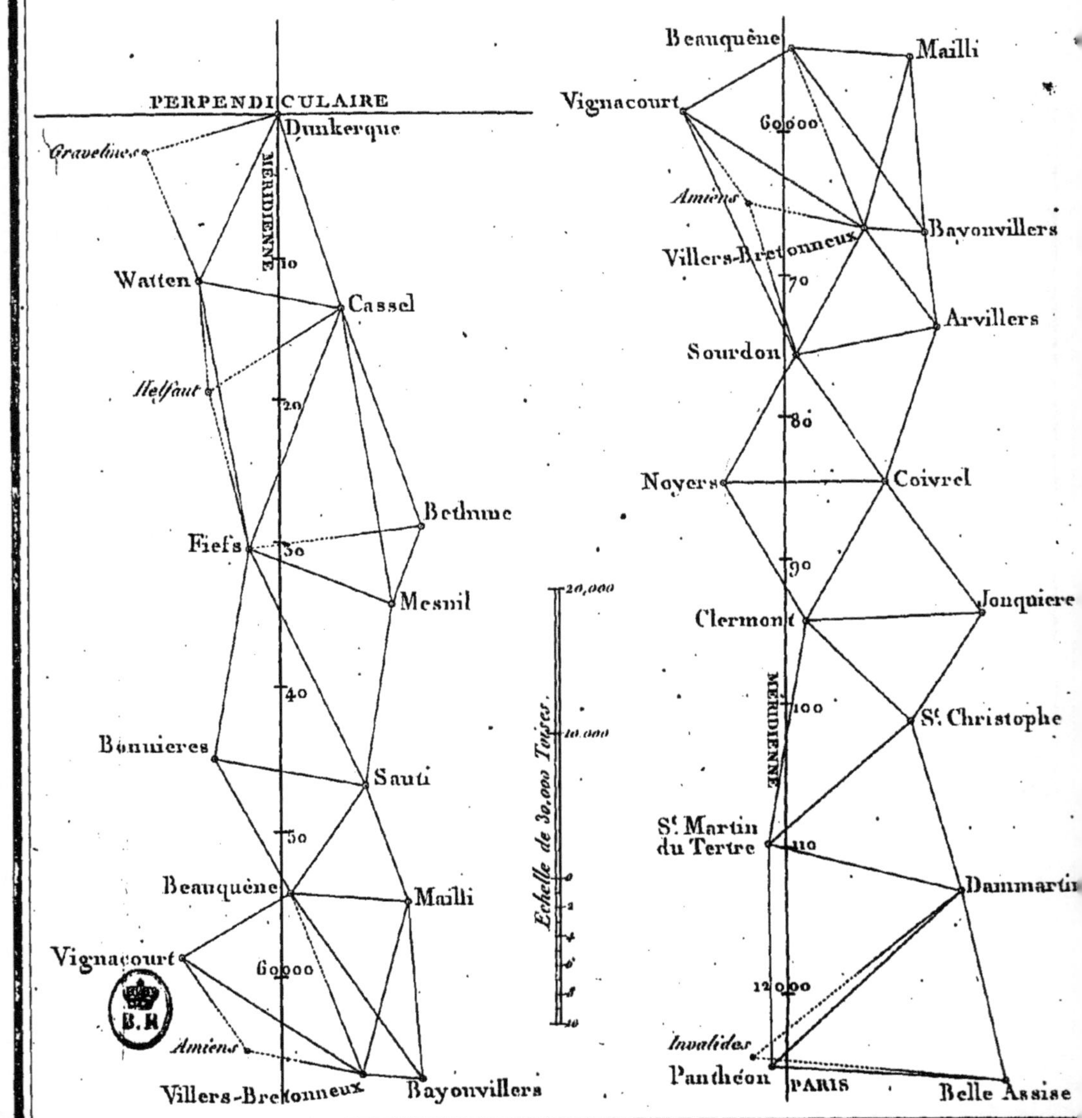

CHAINE DES TRIANGLES
de Dunkerque à Barcelone
mesurée par MM. Delambre et Méchain.
PERPENDICULAIRE
Dunkerque
Gravelines
MÉRIDIENNE
10
Watten
Cassel
Helfaut
20
Bethune
Fiefs
30
Mesnil
40
Bonnieres
Sauti
50
Beauquène
Mailli
Vignacourt
60000
Amiens
Villers-Bretonneux
Bayonvillers
Beauquène
Mailli
Vignacourt
60000
Amiens
Bayonvillers
Villers-Bretonneux
70
Arvillers
Sourdon
80
Noyers
Coivrel
90
Clermont
Jonquiere
100
St. Christophe
MÉRIDIENNE
St. Martin
du Tertre
110
Dammartin
120000
Invalides
Panthéon
PARIS
Belle Assise
Echelle de 30,000 Toises.
20,000
10,000
Gravé par E. Col

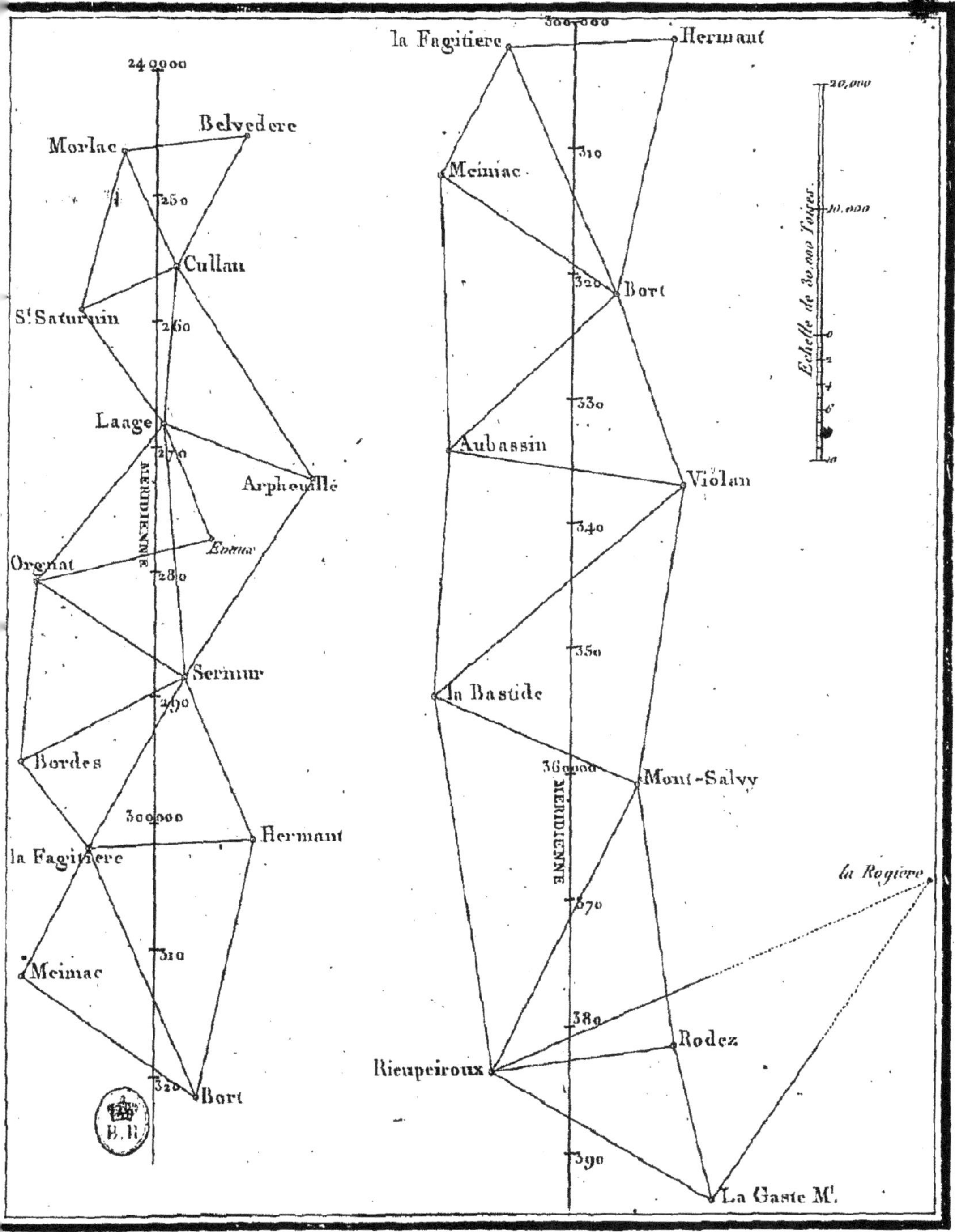
240000
Morlac
Belvedere
250
Cullau
St Saturnin
260
Laage
MERIDIENNE
270
Arpheuille
Epeau
Orgnat
280
Sernur
290
Bordes
300000
la Fagitiere
Hermant
310
Meimac
320
Bort
la Fagitiere
360000
Hermant
310
Meimac
320
Bort
330
Aubassin
Violan
340
350
la Bastide
360000
Mont-Salvy
MERIDIENNE
370
la Rogiere
380
Rodez
Rieupeiroux
390
La Gaste Mt.
Echelle de 30.000 Toises
20.000
10.000
0
2
4
6

Gravé par E.Collin.

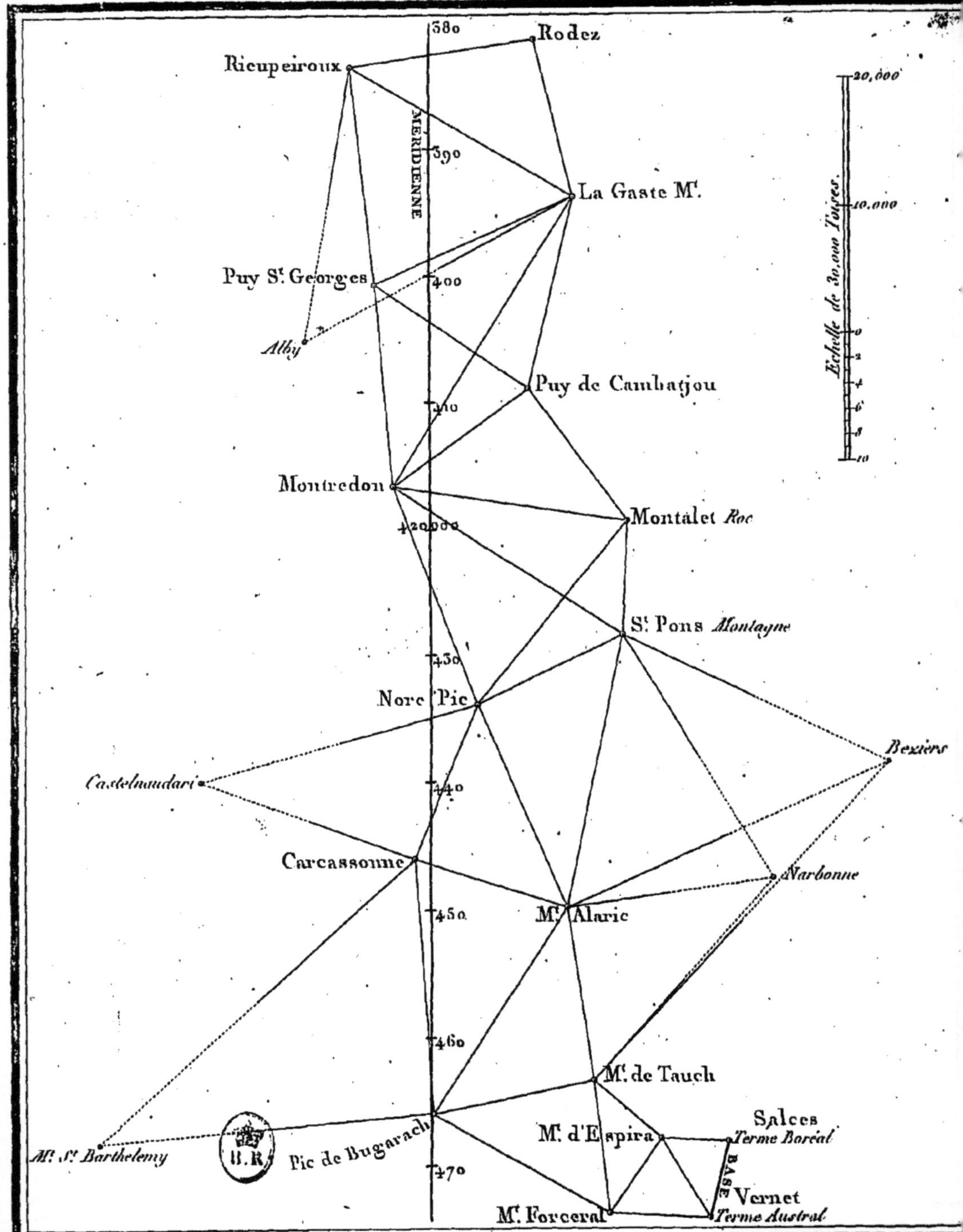

380
Rodez
Ricupeiroux
MERIDIENNE
390
La Gaste M.
Echelle de 30,000 Toises.
20,000
10,000
0
2
4
6
8
10
Puy St. Georges
400
Alby
Puy de Cambatjou
410
Montredon
420000
Montalet Roc
St. Pons Montagne
430
Norc Pic
Beziers
Castelnaudari
440
Carcassonne
Narbonne
450
Mt. Alaric
460
Mt. de Tauch
Salces
Terme Boréal
Mt. St. Barthelemy
B.R.
Pic de Bugarach
470
Mt. d'Espira
BASE
Vernet
Terme Austral
Mt. Forceral
Gravé par E. Coll

Planche VIII

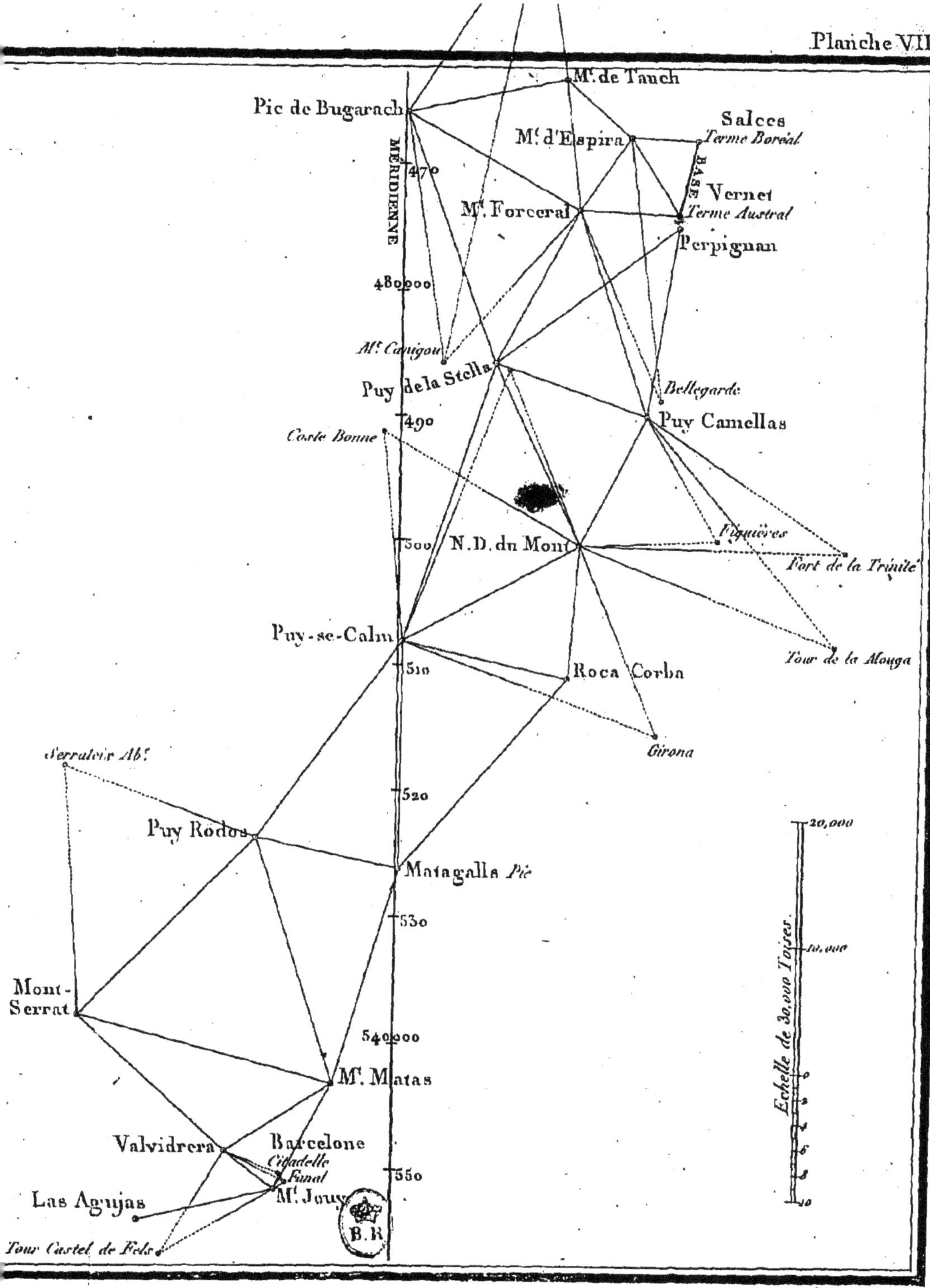
M.t de Tauch
Pic de Bugarach
Salces
Terme Boréal
M.t d'Espira
MÉRIDIENNE
470
BASE
Vernet
M.t Forceral
Terme Austral
Perpignan
480,000
M.t Canigou
Puy de la Stella
Bellegarde
490
Puy Camellas
Coste Bonne
Figuières
500
N. D. du Mont
Fort de la Trinité
Puy-se-Calm
Tour de la Mouga
510
Roca Corba
Girona
Serrateix Ab.t
520
20,000
Puy Rodos
Matagalla Pic
530
10,000
Echelle de 30,000 Toises
Mont-Serrat
540,000
M.t Matas
0
2
4
6
8
10
Valvidrera
Barcelone
Citadelle
Fanal
550
Las Agujas
M.t Jouy
B. R
Tour Castel de Fels

Gravé par E. Collin.

9 782019 166366